普通高等教育“十一五”国家级规划教材
PUTONG GAODENG JIAOYU SHIYIWU GUOJIAJI GUIHUA JIAOCAI

MONI DIANZI JISHU JICHU

模拟电子技术基础

（第二版）

主　编　赵世平
编　写　郭亚军　向远红
主　审　王小海　杨世成

内 容 提 要

本书为普通高等教育“十一五”国家级规划教材。

本书共分十章，主要内容包括半导体器件基础、基本放大电路、放大电路的频率响应、集成运算放大器、集成运算放大器的线性应用、集成放大器的非线性应用、放大电路中的负反馈、正弦波振荡电路、功率放大电路和直流电源。本书在选材和内容编排上力求体现该课程与工程实践的紧密联系，突出其工程技术属性。为了帮助读者加深对课堂教学内容的理解，每章后均附有小结和习题。

本书主要作为普通高等院校电气信息类专业教材，也可作为高职高专有关专业教材，同时还可供从事电子技术工作的工程技术人员参考。

图书在版编目（CIP）数据

模拟电子技术基础/赵世平主编. —2 版. —北京：中国电力出版社，2009.4（2020.8 重印）
普通高等教育“十一五”国家级规划教材
ISBN 978-7-5083-8407-8

Ⅰ.模… Ⅱ.赵… Ⅲ.模拟电路-电子技术-高等学校-教材 Ⅳ.TN710

中国版本图书馆 CIP 数据核字（2009）第 015981 号

中国电力出版社出版、发行
（北京市东城区北京站西街 19 号 100005 http：//www.cepp.sgcc.com.cn）
北京传奇佳彩数码印刷有限公司印刷
各地新华书店经售
*
2004 年 8 月第一版
2009 年 4 月第二版 2020 年 8 月北京第十次印刷
787 毫米×1092 毫米 16 开本 20.5 印张 494 千字
定价 **32.00** 元

前　言

本书第一版为普通高等教育“十五”规划教材，于2004年8月出版。现第二版被列为普通高等教育“十一五”国家级规划教材。

根据几年来本书在教学实践中的应用情况和任课教师、学生的宝贵建议和意见，第二版在维持第一版教材内容及体系基本不变的基础上，对第一版教材进行了局部调整和完善，删减了部分冗余内容，以附录的形式增加了电子仿真软件Electronic Workbench的介绍和模拟电子电路虚拟实验练习，使之更适应各高校师生的教学需要。

本书由山西大学工程学院赵世平担任主编，并负责修改第一、二、三、七章和全书统稿，郭亚军老师修改第四、五、六、九章，向远红老师修改第八、十章，附录由赵世平编写。

本书由浙江大学王小海和北京科技大学杨世成担任主审，并中肯地提出许多建设性的意见，借此机会向两位老师表示衷心感谢。同时再版过程中得到许多人士和出版社编辑的关心与支持，也在此表示衷心感谢。

限于编者水平，书中疏漏与不妥之处，敬请读者批评指正。

编　者

2008年12月

第一版前言

本书是根据普通高等教育"十五"规划教材的编写原则和编写要求来编写的。

模拟电子技术基础与数字电子技术基础是电力工程类各专业重要的技术基础课，是研究各种模拟电子器件的特性、电路及其应用的学科。在编写过程中，编者注意总结多年来的教学实践经验，注重基本概念、基本分析方法和各种电路工作原理的阐述，遵循从实际出发，由浅入深，侧重物理概念的理解，从感性上升到理性等原则来组织内容，并力求能够反映电子技术的发展，联系工程实际，通过对各种半导体器件及其电路的分析来阐明电子技术中的基本原理和基本规律。为了加深对课堂教学内容的理解，每章后均附有小结，精选了一定数量的例题、思考题和习题。书中带 * 号的选修内容，使用者可以根据具体情况决定取舍。

本书共十章，第一章为半导体的基本知识，本书中涉及的分立半导体器件集中在本章介绍，同时对于目前应用广泛的稳压二极管、发光二极管、VMOS 功率场效应管也有介绍。第二章为基本放大电路，模拟电子技术中的许多基本概念、主要理论、基本分析方法是本章的主要内容。第三章是放大电路的频率响应，第四章介绍集成运算放大器的组成单元和运放实例。第五章和第六章按集成运算放大器的线性应用和非线性应用分别介绍了各种信号运算电路及处理电路。第七章是放大电路中的负反馈。第八章是正弦波振荡电路。第九章是功率放大电路。第十章是直流电源电路，除了介绍基本的整流、滤波电路和线性集成稳压电路外，还加入了已成为电源变换电路应用，主流的开关稳压电路的内容。考虑到集成电路的广泛应用，本书在第四章之后，电路形式基本上以集成电路组成的单元电路为主。

本书由山西大学工程学院赵世平主编，第一、二章由赵世平编写，第三、四、五、六、九章由郭亚军编写，第七、八章由向远红编写，第十章由向远红和赵世平共同完成。北京科技大学杨世成教授为本书的主审，屈文老师参与了审稿工作，他们对本书提出了详细的修改意见，在此一并表示衷心的感谢。

限于编者水平，不当和疏漏之处在所难免，恳请读者批评指正。

本书所用符号说明

一、基本符号

u、U　电压

i、I　电流

p、P　功率

η　效率

r、R　电阻

L　电感

C　电容

M　互感

X　电抗

Z　阻抗

g　电导

A　放大倍数

F　反馈系数

f　频率

t　时间

ω　角频率

K　绝对温度

T　温度、周期

T　变压器

Q　静态工作点

VD　二极管

VZ　稳压二极管

VT　三极管

G　石英晶体

二、电压、电流、电源电动势

$u(i)$小写下标　交流电压（电流）分量瞬时值

$U(I)$大写下标　直流电压（电流）值

$u(i)$大写下标　含有直流的电压（电流）总瞬时值

$U(I)$小写下标　正弦交流电压（电流）有效值

$\dot{U}(\dot{I})$　正弦交流电压（电流）相量

V_{BB}　基极电源电位

V_{CC}　集电极电源电位

V_{EE}　发射极电源电位

V_{GG}　栅极电源电位

V_{DD}　漏极电源电位

V_{SS}　源极电源电位

U_{BEQ}　基极一发射极的静态电压

$U_i(I_i)$　输入电压（电流）

$U_o(I_o)$　输出电压（电流）

$U_s(I_s)$　信号源电压（电流）

$U_f(I_f)$　反馈电压（电流）

$U_d(I_d)$　净输入电压（电流）

$U_+(I_+)$　集成运放同相输入端的电压（电流）

$U_-(I_-)$　集成运放反相输入端的电压（电流）

$U_{O(AV)}$　输出电压平均值

U_{om}　最大输出电压

U_{REF}　参考电压

U_T　温度的电压当量

I_{BQ}　基极静态电流

I_{REF}　基准电流

三、电阻

R　电路中外接电阻、电路的等效电阻

r　器件的等效电阻

R_s　信号源内阻

R_L　负载电阻

R_o　输出电阻

R_{if}　有反馈时电路的输入电阻

R_{of}　有反馈时电路的输出电阻

四、放大倍数

$\dot{A}_u$　电压放大倍数

$\dot{A}_{us}$　源电压放大倍数

$\dot{A}_i$　电流放大倍数

$\dot{A}_r$　互阻放大倍数

$\dot{A}_g$　互导放大倍数

$\dot{A}_f$　闭环放大倍数

$\dot{A}_{uf}$　闭环电压放大倍数

A_m　中频放大倍数

A_{um}　中频电压放大倍数

A_L　低频放大倍数

A_H　高频放大倍数

A_d　差模电压放大倍数

A_c　共模电压放大倍数

五、功率

P_{om}　最大输出功率

P_V　电源提供的功率

六、频率

f_L　下限频率

f_H　上限频率

f_{Lf}　有反馈时放大电路的下限频率

f_{Hf}　有反馈时放大电路的上限频率

BW　通频带

BW_f　有反馈时放大电路的通频带

f_0　谐振回路固有振荡频率

七、有关器件参数符号

1. 二极管

I_p　空穴电流

I_n　自由电子电流

I_R　反向电流

U_F　正向电压

U_{th}　门槛电压、死区电压

U_{BR}　反向击穿电压

i_D　二极管电流

u_D　二极管两端的外加电压

I_S　二极管的反向饱和电流

I_F　最大整流电流

U_R　最高反向工作电压

U_Z　稳压管稳定电压

I_Z　稳压管稳定电流

P_M　稳压管最大耗散功率

r_Z　稳压管动态电阻

2. 晶体三极管

b　基极

c　集电极

e　发射极

I_b　基极电流

I_c　集电极电流

I_e　发射极电流

U_{BE}　基极与发射极间电压

U_{CE}　集电极与发射极间电压

α　共基极交流电流放大系数

β　共发射极交流电流放大系数

$\overline{\alpha}$　共基直流电流放大系数

$\overline{\beta}$　共射直流电流放大系数

I_{CBO}　集电极一基极反向饱和电流

I_{CEO}　集电极一发射极反向饱和电流（穿透电流）

I_{CM}　集电极最大允许电流

BV_{CEO}　基极开路时，集电极与发射极之间的反向击穿电压

BV_{CER}　b一e之间接一电阻时的集电极和发射极之间的反向击穿电压

BV_{CES}　短接b一e时的集电极与发射极之间的反向击穿电压

P_{CM}　最大允许集电极耗散功率

$r_{bb'}$　基区体电阻

$r_{b'e}$　发射结动态电阻

r_{be}　三极管基极一发射极之间的等效电阻

f_β　共射截止频率

f_α　共基截止频率

f_T　特征频率

3. 场效应三极管（FET）

g　栅极

d　漏极

s　源极

U_T　增强型FET开启电压

U_P　耗尽型FET夹断电压

I_D　漏极电流

U_{GS}　栅源电压

U_{DS}　漏源电压

I_{DSS}　漏极饱和电流

BU_{DS}　最大漏源电压

BU_{GS}　最大栅源电压

R_{GS}　JFET 直流输入电阻

g_m　低频跨导（互导）

r_d　FET 输出电阻

r_{gs}　栅源之间输入电阻

f_{ds}　漏极输出电阻

4．集成运放

A_{od}　开环差模电压增益

K_{CMR}　共模抑制比

R_{id}　差模输入电阻

U_{io}　输入失调电压

A_{uio}　输入失调电压温漂

I_{io}　输入失调电流

A_{iio}　输入失调电流温漂

I_{iB}　输入偏置电流

U_{icm}　最大共模输入电压

U_{idm}　最大差模输入电压

BW_G　单位增益带宽

S_R　转换速率

八、其他符号

γ　非线性失真系数

K　波耳兹曼常数

q　一个电子的电荷量

目　录

第一章　半导体器件基础

半导体器件是组成各种电子电路的基础。本章首先介绍半导体的基本知识、组成半导体器件的核心——PN结；然后介绍半导体二极管、双极型三极管和场效应三极管的物理结构、工作原理、特性曲线和主要参数；同时，对目前广泛使用的稳压二极管、发光二极管也做了简略介绍。

第一节　半导体的基本知识

一、半导体材料

半导体是导电能力介于导体和绝缘体之间的一大类物质的总称。在自然界的各种物质中，按导电能力可分为导体、绝缘体和半导体。衡量导电能力的一个指标是电阻率，导体的电阻率小于$10^{-4}\Omega\cdot cm$，绝缘体的电阻率大于$10^{10}\Omega\cdot cm$，在两者之间的是半导体材料。常用的半导体材料有硅（Silicon，元素符号Si）、锗（Germanium，元素符号Ge）和化合物半导体如砷化镓（GaAs）等，硅是目前最常用的半导体材料。

半导体材料之所以有用，并不在于它的导电能力介于导体和绝缘体之间，而是它具有其他物质所没有的下列特性：①半导体材料的导电能力随温度的升高会迅速增强。以硅为例，当温度从20℃增加到30℃时，电阻率减小1倍，而导体或绝缘体即使温度增加到100℃，电阻率也不会有太大的变化。②半导体的导电能力在光线（包括各种射线）照射其表面或有电场、磁场作用时，会有显著的变化。③在半导体中掺入微量的其他元素（称为杂质），其导电能力也会显著增加。利用这些特点，人们才制造出了各种各样的半导体器件。显然，欲了解半导体器件，就先要了解半导体材料的导电机理。

半导体的导电能力取决于它的原子结构。以硅为例，硅的原子序数是14，有14个核外电子围绕原子核旋转，其排布规律为2、8、4，在最外层的4个电子称为价电子（四价元素）。由于物质的化学性质取决于价电子，所以在以后的讨论中采用其原子结构简化模型，将原子核和除最外层电子外的核外电子合并表示，带电量为+4。如图1-1所示的简化模型。锗的原子序数是32，核外电子排布为2、8、18、4，显然也可以采用与硅相同的简化模型表示。

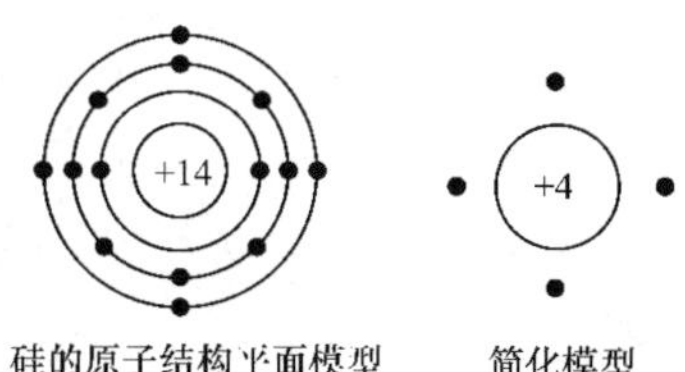

图1-1　硅原子结构的表示

当大量的硅原子形成晶体结构时，相邻原子之间价电子共用，形成稳定结构。这种价电子共用所形成的化学结合力即为共价键。可以想象到，每一个硅原子周围都有4个硅原子由于共价键而紧密地结合起来，形成一个三维的空间立体结构。其平面示意图如图1-2所示。

在晶体中原子间距很小，相邻原子的价电子的运行轨道相互交叠，这就意味着此时围绕A原子核旋转的价电子，在下一个时刻会通过运行轨道的交叠区转移到B原子核附近运动，并以这种方式不断转移，从而可以在整个晶体中运动。这种价电子运动是在共价键内进

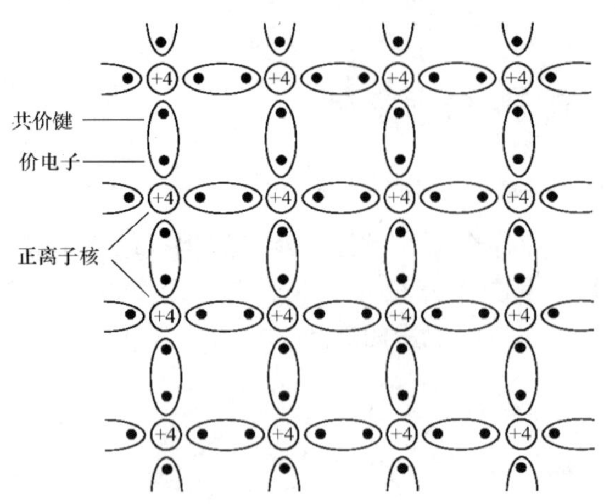

图 1-2 硅晶体的结构（平面示意图）

行的。

二、本征半导体

本征半导体是指纯净的、结构完整的半导体晶体。

在热力学温度零度（即 $T=0$K，约为 -273℃）下，所有价电子均被束缚在共价键内，不能成为自由电子。所以此时的晶体表现得和绝缘体一样。

随着温度的上升，价电子的热运动会因为获得能量而加剧。温度越高，原先只能围绕原子核运动的价电子会最终摆脱共价键的束缚成为自由电子。同时在共价键内留下一个空位，相关原子会因丢失一个核外电子而成为正离子。如前所述，相邻原子的价电子会很容易地转移过来填补这个空位使该原子重新变成电中性，但相邻提供价电子的原子会变成正离子。如此推演下去，可以发现这种空位在晶体中也是可以移动的，且空位的移动伴随着正电荷（正离子）的转移。为讨论方便，人们把空位和正电荷合二为一，将空位看成是一种可以移动的，带正电荷的载流子，称其为空穴。

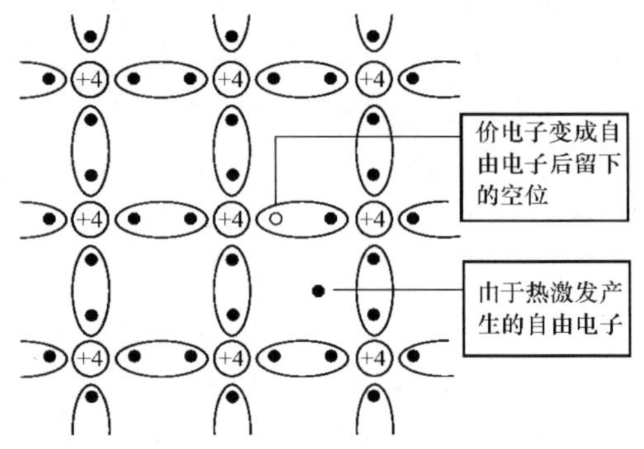

图 1-3 热激发（自由电子—空穴对的产生）

综上所述，在本征半导体内有两种载流子：自由电子和空穴——两者带电量相同而极性相反，且均可移动。从其产生的过程来看，自由电子和空穴是成对产生的，每当价电子摆脱共价键的束缚成为自由电子，就会形成相同数量的空穴。这个过程是由于热运动产生的，称为热激发，如图 1-3 所示。

当温度升高时，载流子的热激发加剧，自由电子和空穴的浓度增加，电阻率减小。这就是为什么半导体材料的导电能力会随温度的升高而增大的原因。另外，在光（射）线直接照射半导体表面和在磁场电场作用等环境下，同样会出现类似情况。

伴随着热激发的进行，自由电子和空穴在运动的过程中也会相遇，自由电子重新变为价电子，于是自由电子和空穴成对消失，这一现象称为复合。在热激发中产生自由电子—空穴对是价电子获得能量摆脱共价键束缚的过程，而复合则是自由电子释放出所获得的能量重新被共价键俘获的过程。

在某一温度下，自由电子和空穴的浓度最终会稳定下来。这是因为热激发是产生自由电子—空穴对的过程，只要有一定的温度，就会有自由电子—空穴对源源不断地产生出来；而随着自由电子和空穴数量的增多，相遇复合的几率也相应上升，最后达到动态平衡。此时由于热激发产生的自由电子—空穴对的数量正好等于因复合而消失的数目，表现为在此温度下自由电子—空穴对的浓度宏观上不再变化，称为此温度下的热平衡浓度（由于本征热激发过程中自由电子和空穴是成对产生的，复合也是成对消失的过程，所以自由电子和空穴的热平衡浓度相等）。当把温度提高后，热激发产生的自由电子—空穴对的数量出现新的增长，带动复合数量的增加，最终达到新的动态平衡，在新的温度下形成新的热平衡浓度。

本征半导体中载流子热平衡浓度的高低取决于温度和价电子摆脱共价键所需的能量，而锗材料中价电子摆脱共价键的束缚成为自由电子所需要的能量为 0.68eV（eV——电子伏特），硅为 1.12eV。这就是在相同温度条件下，锗硅两种材料制作的半导体器件电气特性不同的原因。

在半导体中，自由电子带负电荷、空穴带正电荷，都是可以移动的带电粒子，它们所做的定向运动将形成电流，故称其为载流子。

既然半导体中有两种载流子（导体中只有自由电子一种），则半导体的导电机理显然与导体不同：在外加电场的作用下，带正电荷的空穴和带负电荷的自由电子的运动方向相反。如果用 I_p 表示空穴移动形成的电流，用 I_n 表示自由电子移动形成的电流，则总电流为两种载流子电流之和，即 $I=I_n+I_p$，如图 1-4 所示。

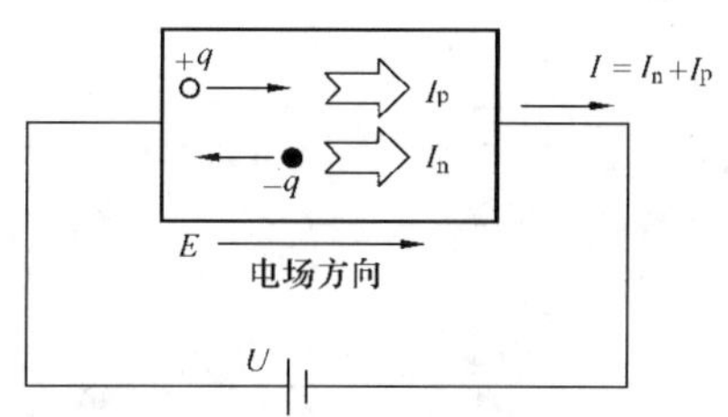

图 1-4　半导体的导电机理
→—载流子运动方向；
⇨—电流方向

三、杂质半导体

在本征半导体中通过掺入微量其他元素，可以改变半导体的导电能力。根据掺入的是五价或三价元素，可以得到 N 型和 P 型两种类型的杂质半导体。

1. N 型半导体

在本征半导体中掺入五价元素磷（或砷、锑），浓度为万分之一到百分之一，这就意味着一个磷原子周围有上百个硅原子。由于掺入的杂质比例很小，不会破坏原来的晶体结构。当磷原子取代晶体中的硅原子时，五个价电子中有四个与相邻的硅原子组成共价键，还有一个价电子仅受磷原子核的吸引，这种引力比共价键的化学结合力小得多，在室温下即可摆脱磷原子核的吸引变成自由电子，磷原子因丢失一个价电子而带正电，电离成不能移动的正离子。由于掺入的磷原子可提供自由电子，所以掺入的五价元素又称为施主元素，电离后出现的正离子称为施主离子，如图 1-5 所示。

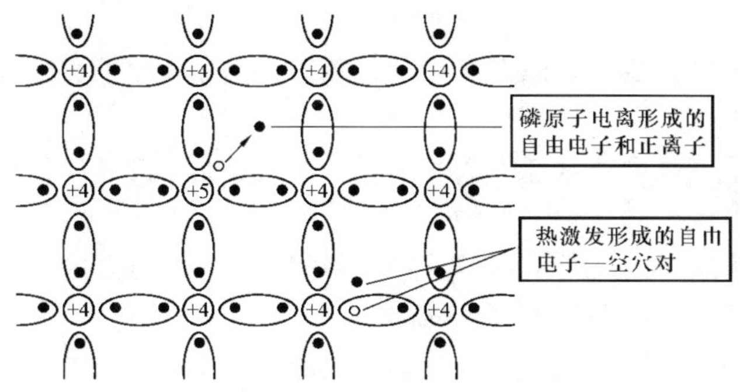

图 1-5　N 型半导体室温下掺入的每个磷原子均提供一个自由电子

由于每立方厘米硅原子的数量极大（数量级为 $10^{22}/cm^3$），按万分之一的浓度掺杂，每立方厘米中磷原子提供的自由电子数也将达到 $10^{18}/cm^3$ 这样一个数量级。而室温下由本征热激发产生的自由电子和空穴浓度只有约 $10^{10}/cm^3$。上述数据表明，在本征半导体中按万分之一掺杂可使导电能力提高 10^8 倍。

同时考虑到热激发所产生的自由电子—空穴对将使晶体中存有微量空

穴，所以可知这种半导体中自由电子占多数，称之为多数载流子，简称多子；空穴数量少，称为少数载流子，简称少子。由于这种特征，该杂质半导体称为电子型半导体或N型半导体❶。

2. P型半导体

在本征半导体中掺入微量三价元素硼（或铟和铝），硼原子在嵌入硅晶体中的时候，只能提供三个价电子和相邻的四个硅原子中的三个组成共价键，这就形成了一个空位，而在其他硅原子附近运动的价电子可以很容易地过来填补这一空位。硼原子因多了一个价电子成为不能移动的负离子，同时在提供价电子处出现一个空穴。

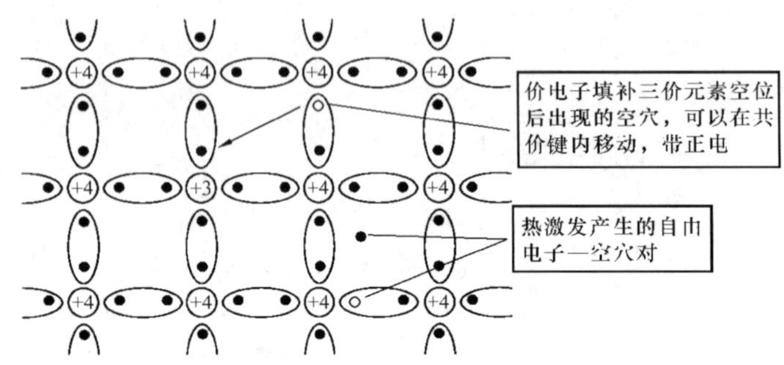

图 1-6　P型半导体

在室温下，掺入的硼原子均可提供一个空穴，自己电离成负离子。同时半导体中原有热激发产生的微量自由电子—空穴对将使该半导体中有少量自由电子。因为掺入的三价元素会接受电子，故称三价元素为受主元素，电离后的负离子称为受主离子，如图1-6所示。

在这种半导体中，空穴是多数载流子，自由电子是少数载流子，导电时将以空穴电流为主，故将其称为空穴型半导体或P型半导体。

在杂质半导体中多数载流子主要是由掺入的杂质元素提供的，所以通过控制掺杂浓度，即可改变半导体的导电能力。

在电中性的本征半导体中掺入电中性的杂质元素是不会使整个晶体带电的，所以杂质半导体也应是电中性的。这一点可以从下面等式看出：

对N型半导体有：

$$自由电子数=空穴数+正离子数$$

对P型半导体有：

$$空穴数=自由电子数+负离子数$$

四、PN结及单向导电性

1. 载流子的运动方式

载流子在晶体内的运动方式有扩散运动、漂移运动和热运动。热运动是物质中的普遍现象，不在这里讨论。

扩散运动是由于浓度差，载流子由浓度高向浓度低方向的运动。其动力是浓度差，浓度差越大，则扩散进行得越剧烈。

漂移运动是载流子在电场作用下做的定向运动。自由电子带负电荷，在电场力的作用下，它逆着电场方向运动；空穴带正电荷，它将顺着电场方向运动。

在后面的内容中因载流子扩散形成的电流叫扩散电流，漂移形成的电流称为漂移电流。

❶ N型半导体的命名来自于Negative，因为自由电子带负电。同理，P型半导体则因空穴带正电，故用P（Positive）表示。

2. PN结的形成

在一块半导体中一边做成P型，另一边做成N型，则在P区和N区的交界处将形成PN结。

由于交界面存在着自由电子和空穴的浓度差，因此P区的空穴将向N区扩散，N区的自由电子要向P区扩散。随着这种扩散运动的进行，P区靠近边界处的区域只剩下带负电的硼离子，形成一个带负电荷的区域；N区靠近边界处的区域只剩下带正电的磷离子，形成一个带正电荷的区域。由于硼离子和磷离子都固定在晶体结构中不能移动，所以在PN交界面处形成的正负电荷区称为空间电荷区。空间电荷区中的电荷会形成一个由N区指向P区的电场，这个电场是由于载流子的扩散运动在半导体内部形成的，并不是由外加电压产生的，故称为内建电场，如图1-7所示。空间电荷区中正负电荷的数量会随载流子的扩散逐渐增多，所以内建电场会由小到大逐渐增强。而内建电场的出现，将对载流子的运动产生两方面的影响：

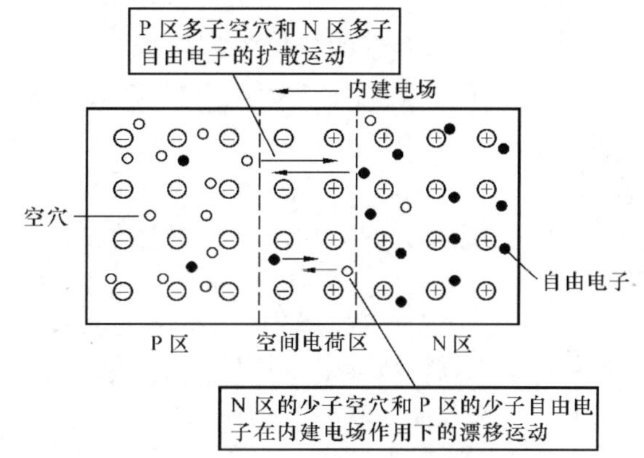

图1-7　PN结的形成

1）阻碍两边多子的扩散。N区的自由电子和P区的空穴在扩散穿越空间电荷区时，要克服电场力做功，这就使得能扩散到对方的多数载流子的数量减少。

2）有利于两边少数载流子的漂移。内建电场对于两边区域的多数载流子的扩散运动是一个阻力场（或减速场），而对于两边区域的少数载流子却是一个加速场。少数载流子只要因热运动进入内建电场的势力范围，就会在电场力的作用下加速漂移到达对方。

随着内建电场逐渐增强，两边多子的扩散越来越困难，少子的漂移则有所增强。最终这两种运动会达到一种动态平衡，即有多少自由电子扩散到P区，就同时有同等数量的自由电子漂移回来；空穴亦然。达到动态平衡后，PN结空间电荷区的电荷数量不再变化，PN结的宽度稳定了下来，PN结也就形成了。

因为PN结空间电荷区中能够移动的带电粒子（自由电子和空穴）都扩散到对方区域复合掉了（载流子都消耗尽了），所以PN结也叫做耗尽区。

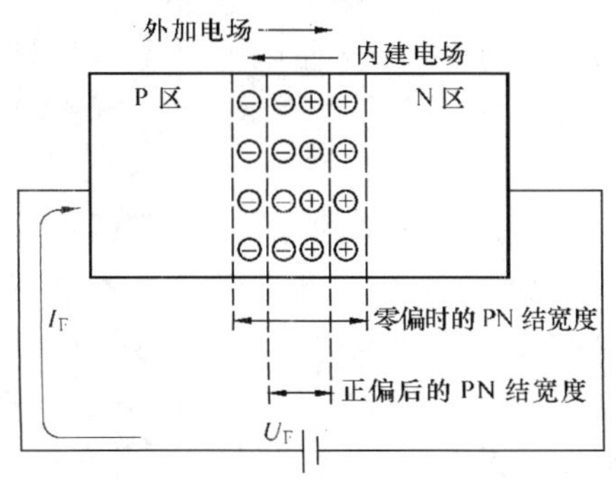

图1-8　正偏时的PN结

3. PN结的单向导电性

PN结的特点是具有单向导电性，在外加电压的作用下，PN结只允许通过单向电流。

（1）外加正向电压，PN结导通。在图1-8中，将外加电压U_F的正端接P区，负端接N区，U_F所产生的外加电场与内建电场方向相反。这样的接法称为正向连接，PN结处于正偏状态。此时PN结两端的电压降称为正向偏置电压，这个电压降分为三部分：P区上的压降、PN结上的压降和N区上的压降。其中由于P半导体和N半导体的体电阻小，外加电压在这两个区域上的压降很小，而PN结内载流子都消耗尽了，是一个高阻区，所以外加电压大部分降落在PN结上。在外加电场的作用下，P区的多子空穴向右移动，进入空间电荷区与硼离子中和，N区多子自由电子向左移动，抵消空间电荷区的部分磷离子，空间电荷区中的正负电荷量减少，PN结将变窄。同时外加电场与内建电场的方向相反，削弱了空间电荷区的电场。这就减小了对多数载流子扩散的阻碍作用，因此两边多数载流子能够越过PN结扩散进入对方的数量大大增加。这时扩散运动大于漂移运动，PN结内的电流便由起主导作用的扩散电流所决定，在外电路形成一个流入P区的电流，称为正向电流 I_F。此时的正向压降在0.6～0.8V（硅管）之间，正向电流是由多数载流子扩散形成的，是一个比较大的电流。当外加正向电压稍有增大时，PN结内电场将进一步被削弱，正向电流还将随之显著增加。这就是PN结的正向导通状态。

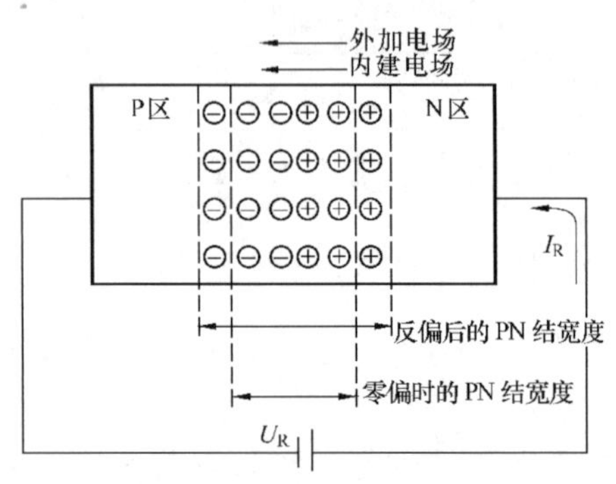

图 1-9 反偏时的PN结

（2）外加反向电压，PN结截止。在图1-9中，将外加电压 U_R 的负端接P区，正端接N区，U_R 产生的外加电场与内建电场方向相同。这样的接法称为反向连接，PN结处于反偏状态。此时PN结两端的压降称为反向偏置电压，外加电场与内建电场方向相同，使得PN结内的总电场大大加强，P区的空穴和N区的自由电子将离开PN结，PN结将变宽。外加电场与内建电场叠加在一起，一方面将使P区和N区多数载流子的扩散变得极为困难，因此多子的扩散电流趋近于零；另一方面更有利于P区和N区的少数载流子的漂移运动。在这种情况下，PN结中的电流就是少子的漂移电流，宏观表现为外电路出现一个流入N区的反向电流 I_R。这个电流是由少数载流子作漂移运动形成的，而少数载流子的浓度很小，故 I_R 很小，一般为微安数量级以下。而且 I_R 与反向电压的大小关系不大，表现为当反向电压增大时，I_R 基本上保持恒定。所以又将 I_R 叫做反向饱和电流。

半导体中少数载流子是由热激发产生的，当温度增加时，少数载流子的数量增多，I_R 会随之增大。通过实验得知，温度升高12℃，硅材料PN结的 I_R 增加近1倍，温度每升高8℃，锗材料PN结的 I_R 增加近1倍。工程上估算时常统一认为温度每升高10℃时增加一倍，即

$$I_{R(T_2)}=I_{R(T_1)}\times 2^{\frac{T_2-T_1}{10}} \tag{1-1}$$

正向连接时，PN结的正向压降小，通过的正向电流大；反向连接时，PN结两端的反向电压约等于外加电压，通过的反向电流极小，在一般情况下，可按反向电流等于零处理。所以，PN结具有只允许正向电流通过，不允许反向电流通过的特性，这就是PN结的单向导电性。

如果用PN结两端的电压除以通过PN结的电流，得到的是PN结的直流等效电阻。用PN结两端的电压变化量除以通过PN结的电流变化量，得到的是PN结的交流等效电阻。正偏时，PN结两端压降在0.6～0.8V之间，正向电流可在几十毫安或以上，而且在正常工作情况下，正向压降稍有变化，就会引起正向电流较大的变化，说明PN结的正向电阻（直流电阻和交流等效电阻）小。反偏时，PN结两端的压降可以很大，电流却很小，当反偏电压有较大变化时，反向电流基本上不随之而变，表明PN结的反向电阻很大。

*4. PN 结电容

PN 结上电压大小变化时，PN 结内储存的电荷量也随之发生变化，这种电荷数量随外加电压而变的特点，说明 PN 结还具有一定的电容效应。这种 PN 结电容包括两部分，即势垒电容和扩散电容。

势垒电容来源于 PN 结内空间电荷区的电荷数随外加电压的变化而变这一现象（空间电荷区又称为势垒区）。例如当外加反向电压增大时，空间电荷区变宽，电荷量增多；而当反向电压减小时，空间电荷区变窄，电荷量减少。当外加正向电压变化时，也有类似情况。这种 PN 结上外加电压改变时，电荷量也随之发生变化的现象，与普通电容的充放电过程相似，所不同的是势垒电容不是一个常数（非线性电容）。

扩散电容是由于多数载流子在扩散过程中的积累电荷量随外加正向电压而变这一现象引起的。PN 结正偏时，P 区的空穴和 N 区的自由电子扩散进入对方，并形成一定的浓度分布，离结近的地方浓度高，离结远的地方浓度低。也就是说，在 P 区有自由电子的积累，在 N 区有空穴的积累。当外加正向电压增大时，扩散运动增强，正向电流加大，就会有更多的多数载流子扩散到对方积累起来，以满足电流加大的要求。反之，若正向电压减小，则积累的电荷量就会减少。这个现象也与普通电容的充放电过程相似，这就是所谓的扩散电容效应。

PN 结电容的大小与本身结构和工艺有关，一般为几微微法到几百微微法。由于电容量较小，在低频工作时，PN 结电容的影响可以忽略不计，但在工作频率较高的场合则必须考虑其影响，选择结电容小的管子，否则将失去单向导电性。

第二节 半导体二极管

一、半导体二极管概述

在 PN 结两端做上引线，并用不透光的管壳密封起来，就可以制成半导体二极管，管壳材料有金属、塑料、玻璃等。图 1-10（a）列出了几种常见的二极管的外形图；图 1-10（b）是二极管的电路图形符号，阳极 A（也叫正极）从 P 区引出，阴极 K（也叫负极）从 N 区引出。

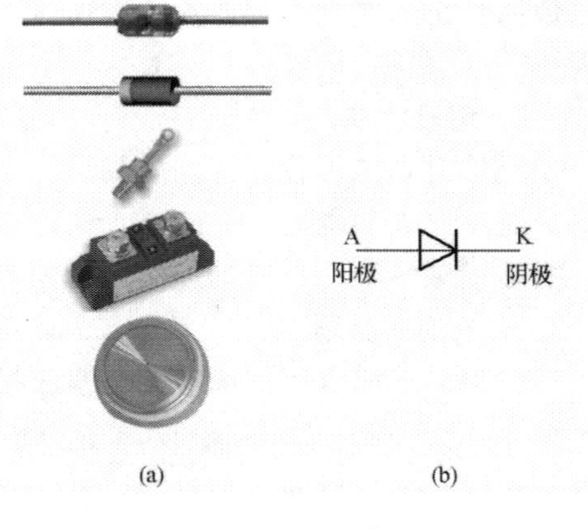

图 1-10 二极管
(a) 外形图；(b) 电路图形符号

二极管的类型有多种，按材料来分，有锗二极管和硅二极管；按功能来分，有整流二极管、检波二极管、稳压二极管、发光二极管、开关二极管、光敏二极管、恒流二极管、变容二极管等；按结构来分，有点接触型和面接触型两类，如图 1-11 所示。点接触型二极管的 PN 结结面积很小，不能流过较大的电流，但它的结电容也很小，适用于工作频率高的场合，例如收音机中的检波电路，脉冲数字电路中的开关元件，也可以作高频小电流整流。面接触型二极管因结面积较大，可以通过较大的电流，不过它的结电容也较大，只能工作在工作频率较低的场合，如整流电路。2AP7 是国产锗材料点接触型检波二极管，它的最大整流电流为 12mA，最高工作频率为 150MHz。

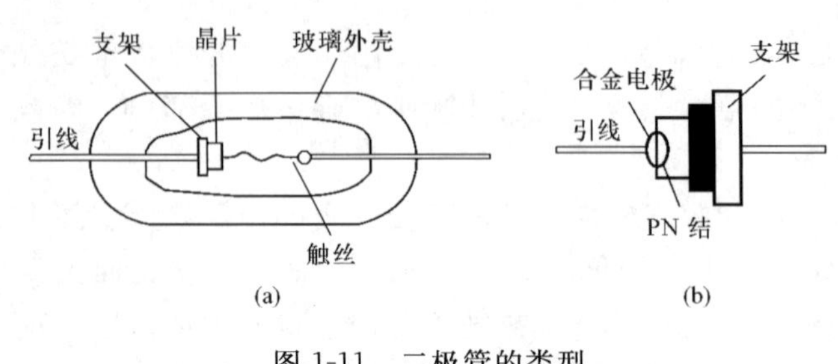

图 1-11　二极管的类型

(a) 点接触型；(b) 面接触型

2CZ54 是国产硅材料面接触型整流二极管，它的最大整流电流为 500mA，最高工作频率为 3kHz。

在二极管外壳上除了印有其型号外，还标注了管脚极性，有的是在外壳上印上二极管的符号，有的是在二极管的阴极一侧印一色圈（一般塑料封装印白色、玻璃封装印黑色）。在无法辨认管脚极性或不知其含义的情况下，还可以用万用表的欧姆档来判断。

二、二极管的特性曲线

以硅二极管为例，观察测量二极管中的电流随正反向电压的变化情况，可以得到图1-12所示的伏安特性曲线。下面根据各自的特点分三部分说明。

1. 正向特性

正偏时，二极管上的电压和电流为正向电压和正向电流，所以曲线在第一象限。此时二极管两端的正向压降只有零点几伏，但流过的电流却较大，而且正向电压稍有增加，电流增大的很快，在特性曲线上表现为一条随正向电压的增加，电流也迅速增大的曲线。这是二极管的正向导通状态。

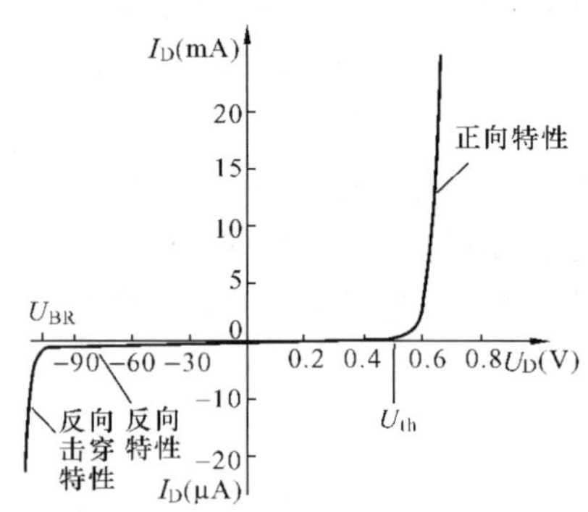

图 1-12　硅二极管的伏安特性

在正向特性的起始部分，因为外加的正向电压较小，外加电场还不足以对空间电荷区的电场强度产生明显的抵消作用，因而此时的正向电流几乎为零，PN 结呈现为一个大电阻，不能导电。而当正向电压超过某一数值后，正向电流才明显地增大。这一数值通常称为“门槛电压”或“死区电压”，用 U_{th} 表示。硅材料二极管的 U_{th} 约为 0.5V，锗材料二极管的 U_{th} 约为 0.1V。

2. 反向特性

反偏时，二极管的特性曲线是一条与横轴接近、基本上水平的直线，表示流过二极管的电流是反向饱和电流，方向与正向电流相反，其值很小且基本上不随反向电压而变，表现为一条在横轴的下方与横轴近似平行的直线。

3. 反向击穿特性

如果使反向电压继续增大，当超过 U_{BR} 后，曲线突然向下弯曲，反向电流急剧变大，这种现象称为击穿，U_{BR} 叫做反向击穿电压。这种 PN 结的击穿，包括雪崩击穿和齐纳击穿。这类击穿会导致反向电流猛增，PN 结消耗功率过大，使 PN 结因温度升高而烧毁。所以，除了专门制造的供稳压用的稳压二极管外，要注意可能出现在 PN 结两端的最大反向电压不能超过产品技术手册中给出的最高反向工作电压。

二极管的伏安特性可近似表达为

$$I_D = I_S(e^{U_D/U_T} - 1) \tag{1-2}$$

式中：I_D 为通过二极管的电流。U_D 为二极管两端的外加电压。I_S 为二极管的反向饱和电流。U_T 为温度的电压当量，$U_T=\frac{kT}{q}=\frac{1.38\times10^{-23}\times T}{1.6\times10^{-19}}$，其中，$k$ 是波耳兹曼常数，$k=1.38\times10^{-23}$J/K；q 为一个电子的电荷量，$q=1.6\times10^{-19}$C；T 为热力学温度，在室温约27℃时，$T=300$K，此时的 $U_T\approx26$mV。

当二极管正向偏置时两端的正向电压在 0.6～0.8V 之间，满足 U_D 远大于 U_T，则式(1-2) 中的 $e^{U_D/U_T}\gg1$，所以 $I_D\approx I_S e^{U_D/U_T}$，说明正偏时电流 I_D 与电压 U_D 基本上是指数关系。如果给二极管加反向电压，即 $U_D<0$ 且 $|U_D|$ 远大于 U_T，则 $I_D\approx-I_S$，即反偏时二极管中的电流为反向饱和电流。

三、二极管的主要参数

1. 最大整流电流 I_F

最大整流电流是指二极管长期运行时，允许通过的最大正向平均电流。因为电流流过PN 结会引起管子发热，电流过大，温度超过限度，就会烧毁 PN 结，所以 I_F 的数值是由二极管允许的温升所限定。使用时，通过管子的平均电流不得超过此值。

2. 最高反向工作电压 U_{RM}

工作时加在二极管两端的反向电压不得超过此值。为确保管子安全运行，一般产品手册上给出的最高反向工作电压约为击穿电压 U_{BR}的一半。

3. 反向电流 I_R

在室温条件下，在二极管两端加上规定的反向电压时，流过二极管的电流称为反向电流。其值愈小，单向导电性就愈好。由于反向电流是由少数载流子形成的，温度升高，I_R会明显增大，所以使用二极管时要注意这一点。

4. 最高工作频率

二极管两端电压变化的频率不能超过此值。当频率过高时，PN 结的电容效应将使 PN结的单向导电性变劣。结电容小的二极管，最高工作频率就比较高。

表 1-1～表 1-3 是一些常见二极管的参数。

表 1-1　2AP 型检波二极管（点接触锗管）参数

型号 \ 参数	最大整流电流 (mA)	最高反向工作电压（峰值）(V)	反向击穿电压（反向电流为 400μA 时）(V)	正向电流（正向电压为 0.5V）(mA)	最高工作频率 (MHz)	用　途
2AP1	16	20	≥40	≥2.5	150	检波
2AP2	16	25	≥45	≥2.5	150	检波
2AP3	25	25	≥45	≥7.5	150	检波

表 1-2　2CZ33 整流二极管（面接触硅管）参数

型号 \ 参数	最大整流电流 (A)	最高反向工作电压 U_{RM} (V)	正向电压 $I=3I_F$ (V)	反向电流 $U_R=U_{RM}$ (μA)		最高工作频率 (kHz)	用　途
				25℃	130℃		
2CZ33A 2CZ33B 2CZ33E 2CZ33F 2CZ33J	1.5	50 100 400 600 1200	≤1.6	<10	<75	3	整流

表 1-3　　1N4000 系列整流二极管参数

<table>
<tr><th rowspan="2">参数
型号</th><th rowspan="2">最大整流电流（A）</th><th rowspan="2">最高反向工作电压（峰值）（V）</th><th rowspan="2">正向电压（V）</th><th colspan="2">反向电流 $U_R=U_{RM}$ （μA）</th><th rowspan="2">最高工作频率（kHz）</th><th rowspan="2">用　途</th></tr>
<tr><th>100℃</th><th>25℃</th></tr>
<tr><td>1N4001
1N4002
1N4003
1N4004
1N4005
1N4006
1N4007</td><td>1A</td><td>50
100
200
400
600
800
1000</td><td>≤1</td><td><500</td><td><5</td><td>3</td><td>整　流</td></tr>
</table>

四、二极管电路的分析方法与应用

1. 二极管电路的图解分析法

二极管是非线性器件。它的伏安特性曲线［见图 1-13（a）］说明它两端的电压与流过的电流之比不是一个常数，随着电流的变化，它的等效电阻是变化的（R 随不同的工作电流而变，所以用万用表测量二极管的正向电阻时，不同的欧姆档测得的阻值不一样）。线性电阻的阻值不会随外加电压电流而变，体现在伏安特性曲线上就是一条直线，其斜率的倒数即为阻值。图 1-13（b）中是一个 2kΩ 电阻的伏安特性。

在电子电路的分析中，常常要用到非线性器件的直流电阻和交流电阻（也称为静态电阻和动态电阻）这两个概念。直流电阻的定义是

$$R=\frac{U}{I} \tag{1-3}$$

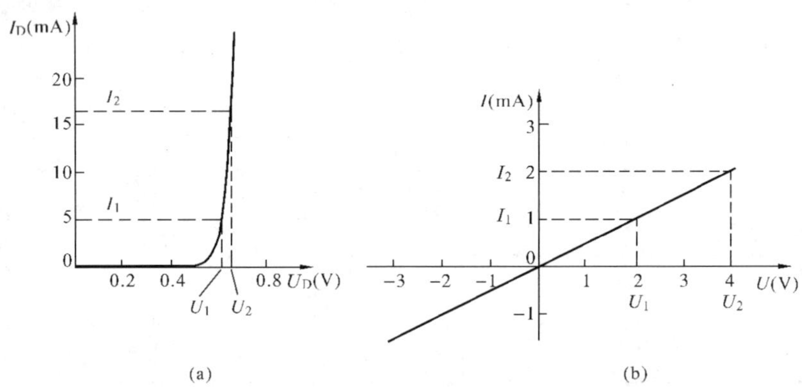

图 1-13　非线性元件与线性元件伏安特性曲线的对比

（a）二极管的伏安特性曲线；（b）普通电阻的伏安特性曲线

交流电阻的定义为

$$r=\frac{\mathrm{d}U}{\mathrm{d}I} \tag{1-4}$$

在实际分析计算中，常用有限小量 ΔU、ΔI 替代无限小量 $\mathrm{d}U$、$\mathrm{d}I$，所以交流电阻可以近似表示为

$$r\approx\frac{\Delta U}{\Delta I} \tag{1-5}$$

图 1-13（a）所示二极管的特性曲线是一条曲线，在曲线上 I_1、I_2 对应的两点处，直流电阻并不相等，而且各点处的交流电阻也不相等。这就说明了二极管具有非线性特性。含有非线性器件的电路属于非线性电路，对非线性电路进行分析时，不能沿用线性电路的分析方法。例如线性电路中常用的叠加原理在非线性电路中就不能使用。下面通过例题介绍二极管电路的图解分析法。

【例 1-1】 计算图 1-14（a）所示电路中，流过二极管的电流（即回路电流）I_D 和二极管上的电压降 U_D 的大小。

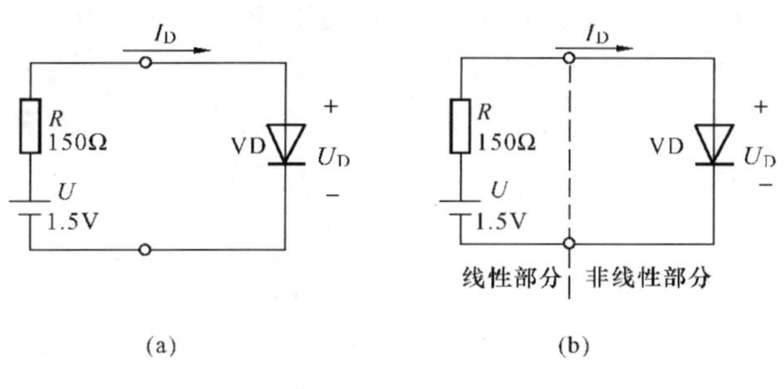

图 1-14　二极管电路

解　图 1-14（a）所示电路是最简单的二极管电路，即便是这样，用求解解析式的方法也是非常困难的。而借助于图解法则容易得多。图解分析法的依据是解析几何中用曲线相交来求解联立方程的方法。图 1-14（a）电路可以分成两部分：非线性电路和线性电路，如图 1-14（b）所示。非线性电路由二极管组成，其两端电压和流过电流的函数关系是由二极管的伏安特性曲线反映的，如图 1-15（b）所示；线性电路由直流电压 U 和电阻 R 组成，其两端电压和流过电流的函数关系为 $U_D=U-I_DR=1.5-0.15I_D$，在 U_D-I_D 坐标系中，这是一条直线，如图1-15（a）所示。这条直线描述的正是线性电路端电压 U_D 和流出电流 I_D 之间的关系。当 $U_D=0$时，电流 I_D 最大（10mA）；当 $I_D=0$ 时，$U_D=U$；而当 I_D 在 0～10mA 之间变化时，U_D 在 1.5～0V 之间随之而变。所以这条直线就是由 U_D 和 I_D 所决定的点在坐标系中的运动

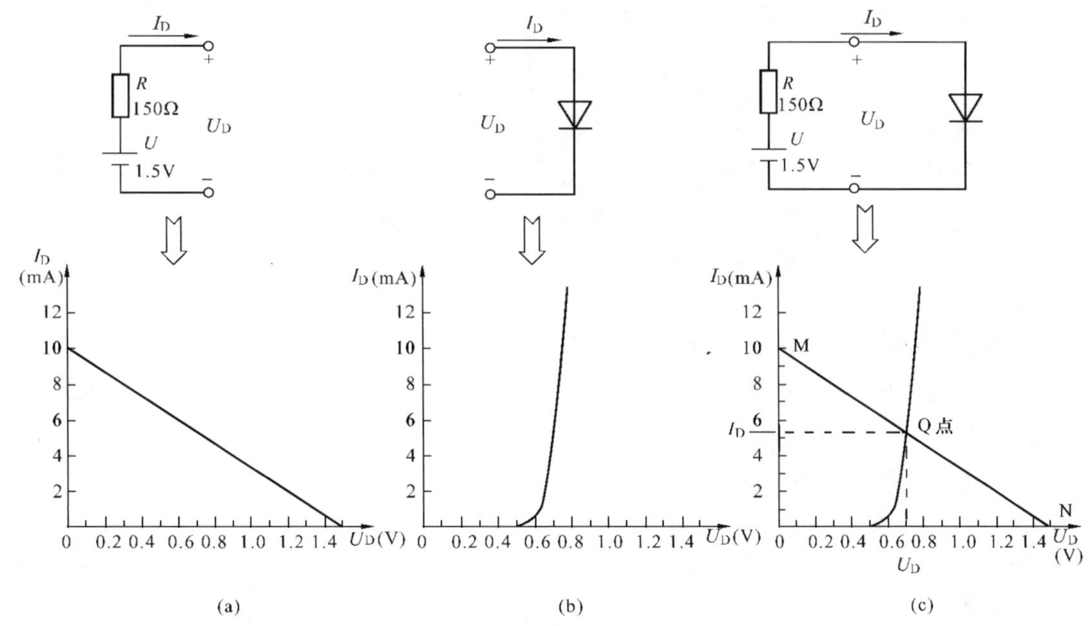

图 1-15　二极管电路的图解分析法

（a）线性电路及其伏安特性；（b）非线性电路及其伏安特性；（c）Q 点坐标是实际 U_D 值和 I_D 值

轨迹。电阻 R 决定了直线的斜率，而电阻 R 被看做是二极管的负载，所以这条直线称为负载线。因为图中线性电路和非线性电路构成一个完整的回路，回路电流既是流过二极管的电流也是流过线性电路的电流，U_D 是二极管两端电压同时也是线性电路的端电压。显然 U_D 和 I_D 是两个函数关系的共同解，所以应将负载线与二极管的伏安特性曲线画在同一个坐标系中，如图 1-15（c）所示。其相交点对应的横坐标和纵坐标分别表示了二极管两端电压及其中的电流大小。此交点被称为工作点，用 Q 表示。图 1-15 表示了图解法的求解过程。从图中 Q 点位置可读出此时二极管两端电压 U_D 约为 0.71V，电流约为 5.3mA。

负载线的做法采用两点定一直线的办法比较简单，先根据负载线方程 $U_D=U-I_DR=1.5-0.15I_D$ 找出与横轴、纵轴的交点，然后在两点之间画一条直线即为负载线。具体做法是：

设负载线方程中的 $I_D=0$，则有 $U_D=1.5\text{V}$。这是负载线在横轴上的交点，设为 N 点；再设负载线方程中的 $U_D=0\text{V}$，则 $I_D=U/R=10\text{mA}$，这是负载线在纵轴上的交点，设为 M 点。用直线连 NM 两点，即可得到直流负载线。

2. 二极管电路的估算分析法

估算法是工程实践中经常采用的方法。它根据二极管的特点，对电路进行合理的近似计算，其特点是简便迅速。从图 1-13 所示硅二极管的伏安特性可以看出，二极管正偏时，曲线比较陡峭。在正向电流有较大变化的情况下，正向压降 U_D 的变化却较小，在 0.6～0.8V 之间变化（I_F 大的管子可达 1V 以上）。所以在近似计算中，可将 U_D 看成一个不变的常量，典型值为 0.7V（硅管）或 0.2V（锗管）；在参与运算的外加电压远大于 U_D 的情况下，还可将 U_D 的影响忽略不计，按理想二极管进行计算（理想二极管是为简化运算而提出的一种理想模型，其特性是正偏时正向电阻为零，正向压降为零；反偏时，反向电阻无穷大，电流为零）。下面通过例题说明其应用。

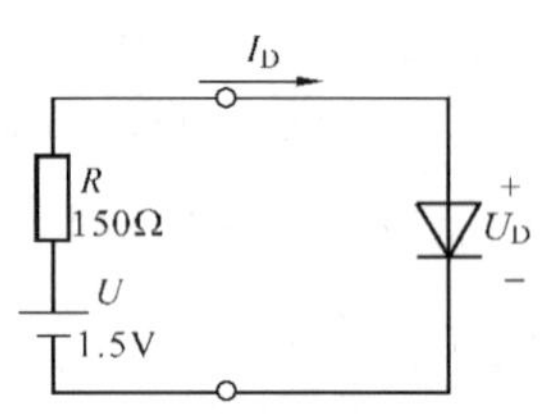

图 1-16 计算回路电流

【例 1-2】 估算图 1-16 所示电路的回路电流。

解 根据 KVL 可列出计算公式

$$U_D=\frac{U-U_D}{R}=\frac{1.5-0.7}{150}\approx 5.3\ (\text{mA})$$

此结果与图 1-14 中对同一电路的图解分析结果基本上是吻合的。

3. 二极管简单应用电路分析举例

【例 1-3】 画出图 1-17（a）中二极管两端电压波形和输出电压 u_o 的波形。已知输入正弦电压峰值 $U_{im}=20\text{V}$。

解 分析：因输入电压峰值远大于二极管正向压降，所以二极管的正向压降可以忽略不计，将二极管按理想二极管处理。

在输入正弦波的正半周，二极管因承受正向电压而导通，正向压降为

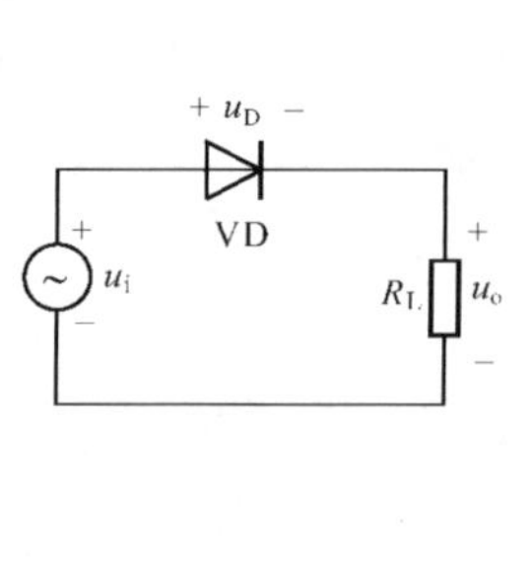

(a)

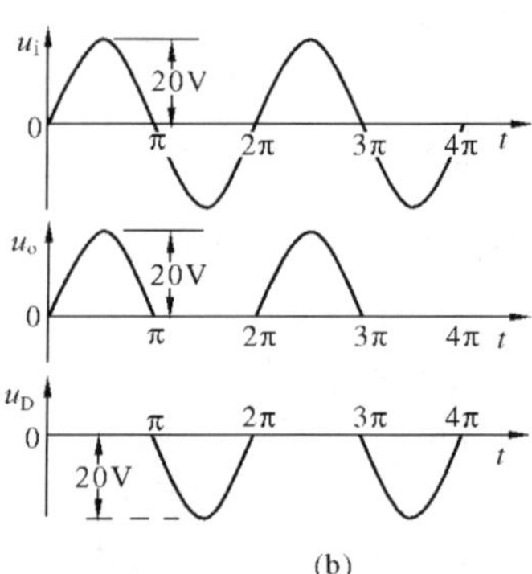

(b)

图 1-17 二极管整流电路

零，回路电流由输入交流电压和负载电阻 R_L 决定，R_L 上电压波形与输入波形相同。

在输入正弦波的负半周，二极管承受反向电压而截止，回路电流为零，输入正弦电压全部降落在二极管上，R_L 上电压为零。

根据以上分析，可画出各波形于图 1-17（b）中。

电路用途：此电路具有波形变换作用，当输入波形为大小、极性均不断变化的正弦波时，输出波形却为单一极性的正弦波半波，这种输出波形中包含了直流成分，若配之以波形平滑电路（滤波电路），将其中包含的交流分量滤除，则可以实现交流到直流的转换。这种电路称为整流电路，常见于各种电子设备的电源电路中。

【例 1-4】 限幅电路的作用是将信号幅度限制在一定的电平范围内。二极管限幅电路如图 1-18（a）所示。已知输入电压峰值为 6V，基准电压 $U_{REF}=3V$。画出输出电压波形。

解　该电路中二极管一旦正偏导通，将把输出电压限制在 3.7V 上（$u_o=U_{REF}+U_D=3.7V$），而当二极管反偏截止时，回路电流为零，限流电阻 R 上压降亦为零，输出电压波形与输入电压波形相同。

在输入电压为正半周且幅值大于 3.7V 后，二极管阳极电位高于阴极电位，故正偏导通，输出电压被限制在 3.7V，输入电压波形中大于 3.7V 部分降落在限流电阻 R 上。在输入电压虽然是正半周但幅值小于 3.7V 时，二极管截止。进入负半周后，二极管亦截止，最大反偏电压出现在负半周峰值处，为 $-6V$。只要二极管截止，输出电压波形就与输入电压波形相同。

由此分析，可画出输出波形于图 1-18（b）中。

实际上二极管在正向电压超过 U_{th} 后就开始导通，只是刚开始导通时电流增长较慢，所以输出端观察到的波形并不是如图 1-18（b）所示在 3.7V 处形成一个平台，而是在 3.5～3.7V 之间是一段圆弧，如图 1-19 所示。

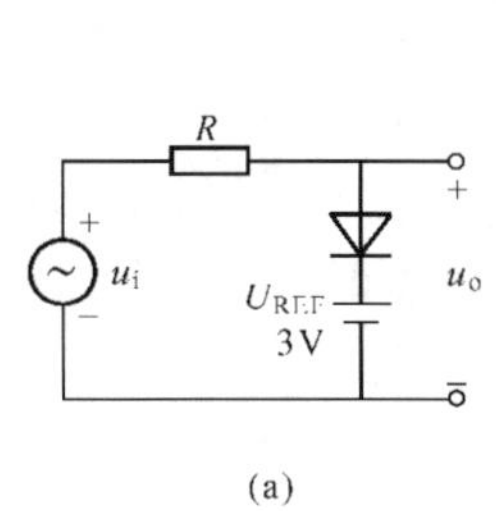

(a)

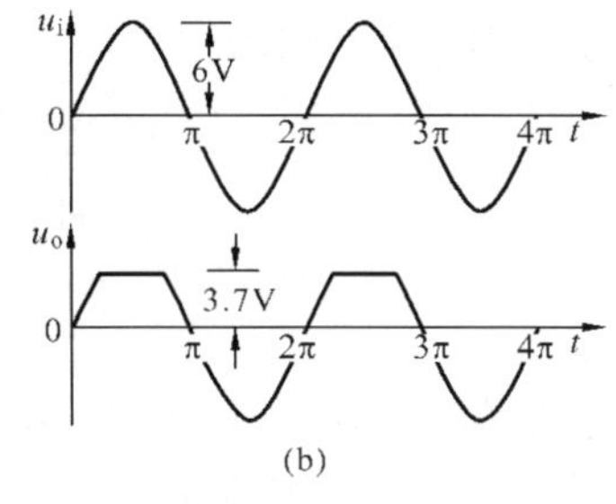

(b)

图 1-18　二极管限幅电路

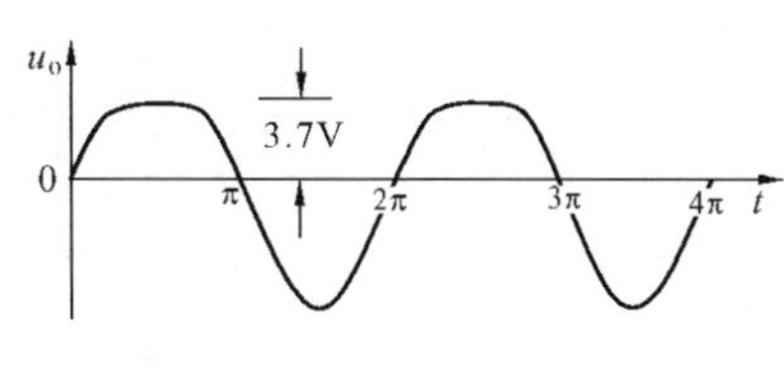

图 1-19　二极管限幅电路的实际波形

五、其他常用二极管

1. 稳压二极管

（1）稳压二极管的工作原理。稳压二极管是利用二极管的反向击穿特性实现电压稳定的特殊硅二极管。它的两个电极也叫阳极 A、阴极 K（或正极、负极），外形与普通二极管没有什么区别。稳压管的电路图形符号及伏安特性如图 1-20 所示。

稳压二极管的伏安特性曲线也分为正向导通区、反向截止区和反向击穿区。与普通二极管的伏安特性曲线相比较，两者的正向特性相同，正向压降也在 0.6～0.8V 之间，反向截止区的特点也相同。不同之处是稳压二极管的反向击穿区要比普通二极管陡峭，且反向击穿电压值随稳定电压值的不同，有小有大。

由于特性曲线在反向击穿区很陡峭，当电流有较大的变化量时，相应的电压变化量却很小，或者说是当管子两端的电压稍有变化时就会引起较大的电流变化量。利用这一特性便可实现稳压作用。而且曲线愈陡，动态电阻 $r_Z=\Delta U_Z/\Delta I_Z$ 愈小，稳压效果愈好。所以在设计稳压电路时要选择动态电阻小的稳压管。

因为稳压管工作于稳压状态（反向击穿区）时，两端电压基本稳定，当流过的电流增大时两端电压会稍有增加，所以稳压二极管的等效电路如图 1-21 所示。

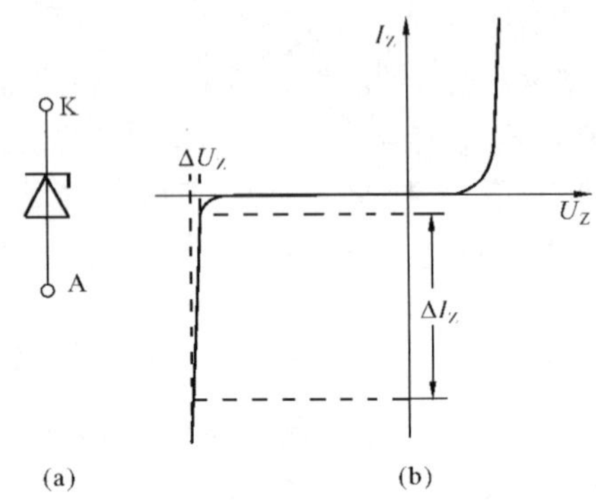

图 1-20 稳压二极管的电路符号与伏安特性
（a）电路符号；（b）伏安特性

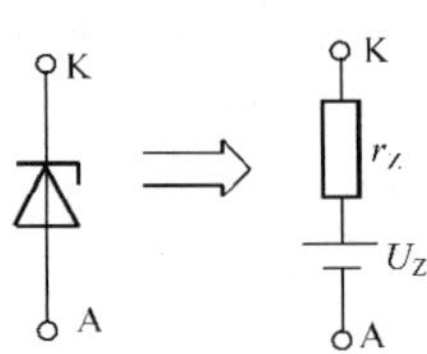

图 1-21 稳压二极管的等效电路

（2）稳压二极管的主要参数。

稳定电压 U_Z：是稳压管反向击穿后的稳定电压值，由于参数的离散性，产品手册中给出的稳压值是一个范围，例如 2CW1 型稳压管的稳定电压是 7～8.5V。不过对于每一个管子来说，工作电流确定后，稳压值就是确定的。

稳定电流 I_Z：是工作电压等于稳定电压时的工作电流，是稳压管工作时的参考电流值。

最大耗散功率 P_M：是由管子的允许温升限定的最大功率耗散。根据公式 $P_M=U_ZI_{ZM}$ 可以计算出稳压管的最大稳定电流 I_{ZM}。

动态电阻 r_Z：是管子工作在稳压条件下两端电压变化随电流变化的比值。反向击穿区曲线愈陡，r_Z 愈小，稳压性能愈好 。

电压温度系数：是指当稳压管中的电流等于稳定电流时，温度变化 1℃，稳定电压变化的百分数。它表示稳压管稳压值的温度稳定性，电压温度系数愈小，温度稳定性愈好。

（3）稳压二极管的应用。稳压二极管正常工作时应处于反向击穿区，所以稳压管必须反向连接，且输入电压要大于稳压管的稳定电压。当稳压二极管反向击穿时，电流增加很快，稳压管的功率消耗大增，而功耗增大将使管子发热剧增，又促使管子中的电流增加，使发热量进一步变大。这种情况如不加限制，必会发生热击穿——管子被烧毁。为安全起见，需要限制稳压管反向击穿时的电流大小。方法是串入一个阻值恰当的限流电阻，保证稳压二极管有一个大小合适的工作状态。稳压二极管的典型应用电路如图 1-22 所示。电路中输入电压是待稳定的直流电源电压，比如是经由整流滤

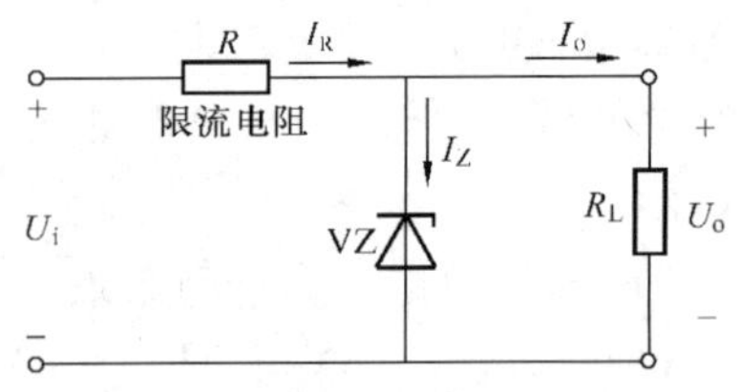

图 1-22 稳压二极管稳压电路

波电路提供的不稳定电压（见第十章）。电阻 R 是限流电阻，R_L 是用电设备电阻，在这里相当于负载。稳压管 VZ 在电路中起着关键作用，当 U_i 或 R_L 变化时，VZ 两端电压的微小变化会引起 I_Z 的较大变化，这种电流变化会改变限流电阻 R 上的压降，达到维持输出电压基本稳定的目的。例如当 R_L 固定而 U_i 增大时，将有下面的自动调整过程：

$$U_i\uparrow \rightarrow U_o\uparrow \rightarrow I_Z\uparrow \rightarrow I_R\uparrow \rightarrow I_RR\uparrow \rightarrow U_o\downarrow$$

其结果是输出电压基本上维持恒定。同理，当 U_i 减小或 R_L 变化时，也会有一个自动调整的过程，以维持输出电压的基本不变。读者可自行分析之。

除了构成稳压管稳压电路外，稳压管还可以用来把信号电压的幅度限制在一定的电平上，作为限幅元件使用。

【例 1-5】 已知图 1-23（a）所示电路的输入电压 $u_i=12\sin\omega t$V，稳压管稳定电压 $U_Z=$ 6V。试画出电路输出电压 u_o 的波形。

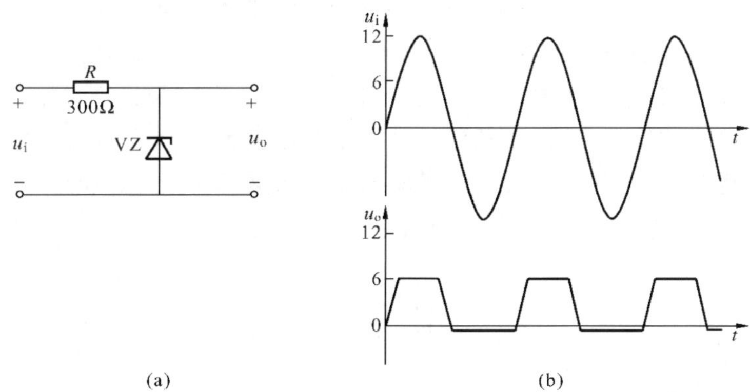

图 1-23 稳压管限幅电路

（a）电路原理图；（b）输入输出波形图

解 当输入正弦波电压为正半周，且幅值大于 U_Z 时，稳压管进入反向击穿区，将输出电压稳定在 6V 上；当输入的正半周波形幅值小于 U_Z 时，稳压管处于反向截止状态，既然稳压管截止，限流电阻中的电流为零，电阻上的压降亦为零，则输出波形与输入波形相同；当输入波形进入负半周时，稳压管正偏导通，若考虑其正向压降为 0.7V，则输出电压将被限制在−0.7V 上。

根据以上分析，可画出输出波形于图 1-23（b）中。

2. 发光二极管

（1）发光二极管的工作原理。发光二极管（LED）是一种将电能直接转换成光能的固体发光器件。制造发光二极管的材料是化合物半导体，如砷化镓、磷砷化镓等。制造 PN 结所用材料不同，光的颜色也不同，例如砷化镓（GaAs）材料发出的是不可见的红外线，磷化镓（GaP）材料发红光或绿光，磷砷化镓（GaAsP）材料发红光或黄光，氮化镓（GaN）材料发蓝光。所以发光二极管的发光颜色有红、绿、黄、蓝等，还有红外发光二极管和激光二极管。其原理是通过正向电流时，PN 结内部 P 区和 N 区的多数载流子扩散到对方区域，并与对方区域中的多数载流子复合，而这种复合所释放的能量会产生光辐射。其电路图形符号和外形如图 1-24 所示。

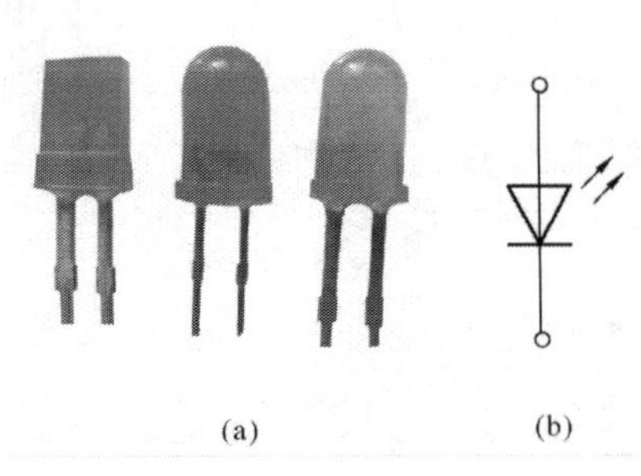

图 1-24　发光二极管
(a) 外形；(b) 电路图形符号

发光二极管的伏安特性与普通小电流二极管相比，除了正向压降较大一些和反向击穿电压较小外，在电气性能方面基本相同。发光二极管的正向压降在 1.3～2.5V 之间（材料不同压降亦不同），反向击穿电压一般为 5～6V。工作电流通常在几毫安到十几毫安之间。一般来说，发光二极管的发光亮度与正向电流的大小有关。在 1～10mA 之间亮度与电流基本上成正比，超过 25mA，亮度随电流增长变慢。此外，发光二极管还有响应速度快、寿命长、稳定性好、抗震性强、体积小等优点。

(2) 发光二极管的应用。发光二极管的应用极其广泛。下面仅举几个简单例子予以说明。

1) 电源指示灯和工作状态指示灯。在许多电子设备中，都会采用发光二极管作为电源指示灯和工作状态指示灯。用来指示设备工作情况。当 LED 用于直流电源的指示时，电路如图 1-25 所示。图中电阻 R 用来限制回路电流的大小。当 LED 用于交流电源的指示时，可以采用图 1-26 所示电路，在图 1-26 (a) 中为避免在交流电的负半周 LED 因反向电压过高而损坏，将一普通二极管与 LED 串联，二极管的最高反向工作电压要大于交流电的峰值电压。在图 1-26 (b) 中，普通二极管与 LED 反向并联，可保证 LED 承受的反向电压只有零点几伏。限流电阻 R 的大小用来调整 LED 的亮度（注意要核算限流电阻的消耗功率，并由此决定其额定功率）。

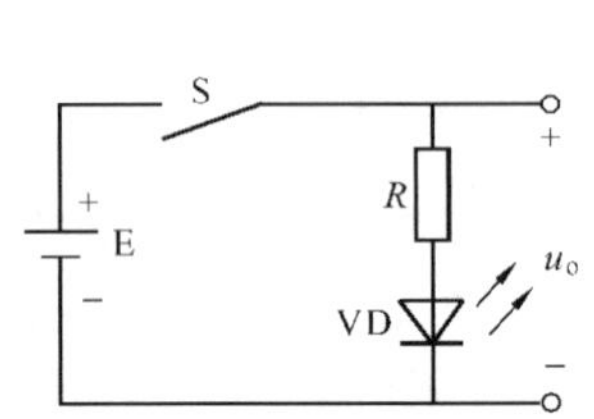

图 1-25　LED 用于直流电源的指示

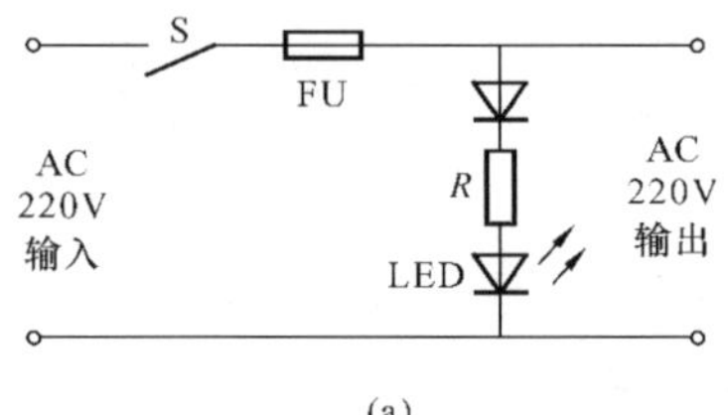

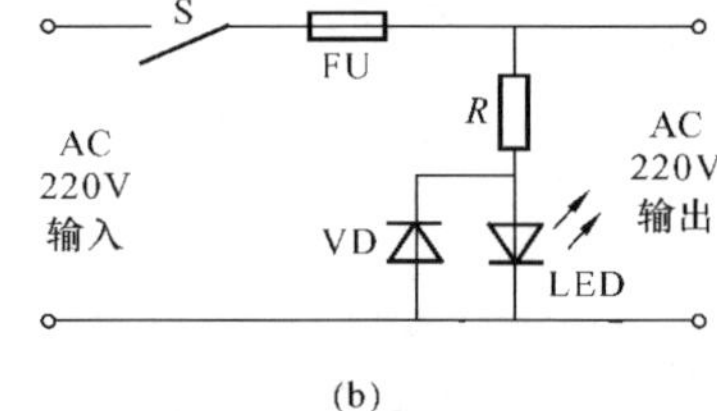

图 1-26　LED 用于交流电源的指示
(a) LED 与二极管串联；(b) LED 与二极管反向并联

2) 数码显示器。图 1-27 所示数码显示器可以显示从 0～9 的阿拉伯数字，7 个 LED 组成了显示器的各段，从 0～9 的所有数字都可以让相应的段通过电流显示出来。

3) 电压超限报警。LED 与稳压二极管配合，可以组成一个简单的电压超限报警电路，如图 1-28 所示。图中若稳压管的稳压值为 U_Z，则当电源电压超过 U_Z+U_D 后，LED 亮，发出报警信号。当然，如果采用本书后面介绍的电路，可以组成检测精度高、功能完善的电压超限报警电路。

4) 作为光电检测中的光源。由于 LED 有驱动功率小、长寿耐振的特点，因此它是小功率便携式光电检测、遥控设备中首选的辐射光源，比如红外发光二极管大量用于各种音像设备中的红外遥控器、计算机鼠标中的位置检测、软盘驱动器中磁盘磁道检测。激光二极管是计算机的光盘驱动器、CD、VCD、DVD 和激光打印机等设备中的激光源。

5) 在光通信设备中作为光辐射源。由于发光二极管的响应速度快，可以将频率较高的脉冲信号转变成光信号，经过光纤传输后，用光电器件接收，还原成电信号。由于光纤传输

图 1-27　LED 数码管

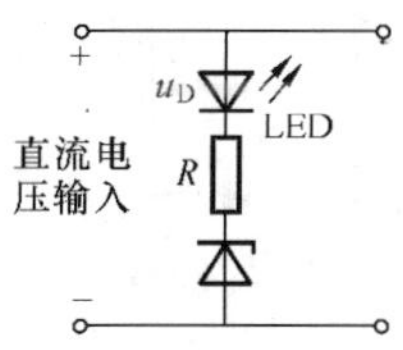

图 1-28　简单的超限报警电路

光信号的过程不受电磁干扰的影响，且传输信息容量大，是当今一种非常重要的信息传输手段。

利用发光二极管和光电器件可以实现两个相互绝缘隔离的电路系统之间的电—光—电信号的转换。光电耦合器就是这样一类器件。

6）照明用点光源。由于发光二极管具有工作电压低、电流小的优点，在各种电子仪器设备中常用作照明光源，如手机的液晶显示屏照明、收音机的刻度照明、汽车仪表盘照明等。特别是白光 LED 的问世，更是开创了人类照明史上的新纪元。

第三节　半导体三极管

一、半导体三极管概述

半导体三极管又称为晶体三极管、双极型三极管，简称三极管，常见外形如图 1-29 所示。三极管的基本组成结构是两个相距很近的 PN 结。由于两个 PN 结之间的相互影响，使三极管表现出与单个 PN 结完全不同的特性，且具有电流放大（控制）能力。

图 1-29　几种三极管的外形

根据 PN 结排列方式的不同，三极管可分为 NPN 和 PNP 两种类型。图 1-30 是 NPN 型和 PNP 型三极管的结构示意图。以 NPN 型为例，两个 PN 结对应的三个区域按顺序称为发射区、基区和集电区，发射区和集电区是 N 型半导体，基区是 P 型半导体，它们的三个电极引出线分别叫做发射极 e、基极 b 和集电极 c。在 N 型和 P 型半导体之间的 PN 结分别是发射结和集电结。PNP 型管与 NPN 型管类似。图 1-30 中还画出了两种类型三极管的电路图形符号，其中发射极的箭头方向反映了发射结正偏时发射极电流的实际方向。三极管的种类很多，按照使用材料分，有硅管、锗管；按功率分类，有小、中、大功率管；按照工作频

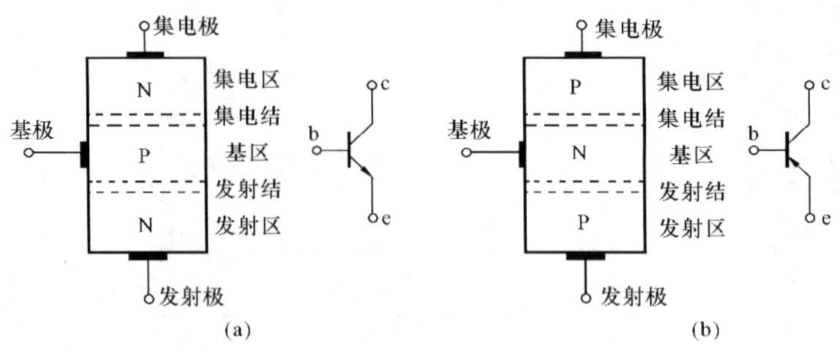

图 1-30　三极管的结构示意图和电路图形符号

(a) NPN 型；(b) PNP 型

率分，有低频管、高频管等。

二、三极管的工作原理

为使三极管有较大的放大系数，在制造工艺上要使基区的宽度做得很薄，且为低掺杂，发射区为高掺杂，而且集电结的面积要比发射结大。

1. 三极管内载流子的传输过程

在三极管内部，发射区的任务是向基区注入载流子，集电区的任务是收集载流子。为达此目的，应给发射结加正向电压（正偏），集电结加反向电压（反偏），这是使三极管工作于放大状态的外部条件。当满足上述两条件时，三极管内部载流子将产生如下运动过程，如图 1-30（a）所示（以 NPN 型三极管为例）：

（1）发射区向基区注入电子。由于发射结正向偏置，发射结宽度将变薄，有利于 PN 结两边多数载流子的扩散运动，所以发射区的自由电子将连续不断地通过发射结向基区扩散，形成电子扩散电流。与此同时，基区的空穴也将向发射区扩散，形成空穴扩散电流。发射极电流 I_E 应是上述两个电流之和。但由于发射区掺杂浓度远大于基区，基区空穴形成的扩散电流远小于发射区电子的扩散电流，可以忽略不计。所以 I_E 基本上是由发射区电子的扩散运动产生的。

（2）电子在基区边复合边扩散。从发射区注入的大量电子进入基区后（称其为非平衡少数载流子），使得基区靠近发射结处的电子浓度升高很多，而基区离发射结远的地方电子的数量很少（基区靠近集电结处的电子浓度因集电结反偏的原因为零）。所以电子进入基区后将由于浓度差继续扩散。在扩散过程中，有些电子会与基区多子空穴复合，使最终到达集电结的电子数量减少。若在基区复合越多，到达集电结的电子就越少，三极管的放大系数就越小。故为减少这种复合，必须将基区做得很薄，而且基区掺杂浓度很低，以减少电子与空穴的相遇几率。所以电子在这种扩散过程中与基区空穴复合的数量很少，大多数都能到达集电结处。

在基区与电子复合的空穴由接在基极的正电源 U_{BB} 补充，以维持其浓度。随着发射区电子源源不断地注入，这种基区空穴的复合和补充也将连续进行，由此形成的电流 I_{Bn} 是基极电流 I_B 的主要部分。

（3）集电区收集扩散过来的电子。由于集电结反偏，在集电结内产生了一个较强电场，该电场阻止了集电区电子和基区空穴的扩散，却有利于从基区扩散过来的电子漂移通过集电结，进入集电区而形成集电极电流 I_C 的大部分。只要集电结反偏，集电结内电场就对扩散过来的电子有吸引作用或抽取作用，所以基区靠近集电结处电子的浓度为零。另外，因为集电结反偏，所以集电结还存在反向饱和电流 I_{CBO}。该电流是由集电结两边区域中的少数载流子（基区中的电子和集电区中的空穴）形成的漂移电流，如图 1-31 所示。该电流的大小取决于少数载流子的浓度，由于室温下少数载流子数量很小，所以电流很小。因为少数载流子的浓度与温度有关，当温度升高时此电流将会增大。所以这个电流对放大不仅没有贡献（不受输入信号的控制），还会大大降低管子的温度稳定性，因此在三极管的制造生产过程中要尽量设法减小 I_{CBO}。

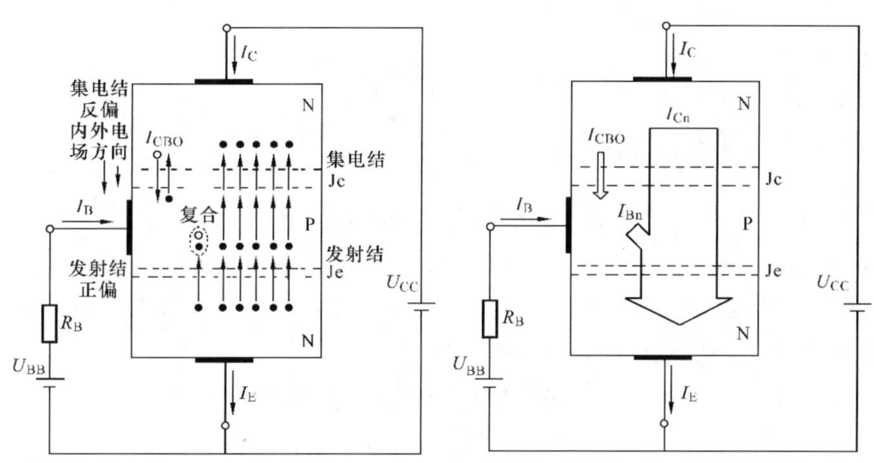

图 1-31　三极管内载流子的运动和电流关系

综上所述，欲使三极管具有放大能力，需为其提供一定的工作条件。内部条件是：①发射区高掺杂；②基区低掺杂且很薄；③集电结面积比发射结大。外部条件是发射结正偏，集电结反偏。当发射结的正偏电压变化时，在基区中复合的载流子和到达集电区的载流子数量都会随之而变。

三极管工作时有两种极性的载流子参与导电，既有自由电子又有空穴，故称其为双极型晶体管（Bipolar Junction Transistor，BJT）。

2. 电流分配规律

在上述过程中，通过发射结的电子中，到达集电区的电子数和在基区复合的电子数具有一定的比例关系。这种比例关系是表征三极管放大能力的重要参数，如果考察到达集电区的电子数与发射区发射的电子数之间的关系，可以用一个系数 $\bar{\alpha}$ 来表示，即

$$\bar{\alpha}=\frac{I_{Cn}}{I_E} \tag{1-6}$$

式中：$\bar{\alpha}$ 称为共基极直流电流放大系数。如果考察到达集电区的电子数与在基区复合的电子数之间的关系，也可以用一个系数 $\bar{\beta}$ 表示，即

$$\bar{\beta}=\frac{I_{Cn}}{I_{Bn}} \tag{1-7}$$

式中：$\bar{\beta}$ 称为共发射极直流电流放大系数。由于在基区复合数很少，所以三极管的 $\bar{\alpha}$ 是一个小于 1 但接近 1 的数，而 $\bar{\beta}$ 则远大于 1，通常为几十倍至几百倍（对小功率三极管而言）。

由图 1-31 可知，集电极电流由两部分组成：$I_C=I_{Cn}+I_{CBO}$，而基极电流 $I_B=I_{Bn}-I_{CBO}$，将 $I_{Cn}=\bar{\beta}I_{Bn}$ 和 $I_{Bn}=I_B+I_{CBO}$ 两式代入 $I_C=I_{Cn}+I_{CBO}$，可得

$$I_C=\bar{\beta}(I_B+I_{CBO})+I_{CBO}=\bar{\beta}I_B+(1+\bar{\beta})I_{CBO}$$

根据 KCL（Kichhoff's Current Law），三极管各管脚电流满足关系式 $I_E=I_C+I_B$，则

$$I_E=(1+\bar{\beta})I_B+(1+\bar{\beta})I_{CBO}$$

I_{CBO}是三极管在发射极开路的条件下，集电结的反向饱和电流，其方向是从集电极流入，从基极流出（对于 PNP 管则相反）。该电流的下标 CBO 就表明了电流流向是从 C 到 B，且除了 C、B 之外的另一管脚 E 开路（Open）。

这样就得到了描述三极管各管脚电流分配规律的关系式

$$\left.\begin{aligned}I_C&=\bar{\beta}I_B+(1+\bar{\beta})I_{CBO}=\bar{\beta}I_B+I_{CEO}\\I_E&=(1+\bar{\beta})I_B+(1+\bar{\beta})I_{CBO}=(1+\bar{\beta})I_B+I_{CEO}\\I_E&=I_C+I_B\end{aligned}\right\}\tag{1-8}$$

在式（1-8）中，集电极和发射极电流中都包含了一个相同的电流成分：$(1+\bar{\beta})I_{CBO}$，此电流定义为穿透电流 I_{CEO}，即 $I_{CEO}=(1+\bar{\beta})I_{CBO}$。这是一个当基极开路时从集电极流入，从发射极流出（对于 PNP 管则相反）的电流，此电流大小一般在微安数量级上。因其与 I_{CBO}有关，是一个受温度影响较大的电流。所以在选择三极管时要选 I_{CEO}小的管子。

由于通常 I_{CEO}很小，一般可以忽略不计，则式（1-8）可简化成

$$\left.\begin{aligned}I_C&\approx\bar{\beta}I_B\\I_E&\approx(1+\bar{\beta})I_B\\I_E&=I_C+I_B\end{aligned}\right\}\tag{1-9}$$

这是三极管处于放大状态时的电流分配规律，反映了当三极管处于放大状态时管脚之间的电流关系。其中的 $I_C\approx\bar{\beta}I_B$ 说明了三极管的集电极电流受基极电流控制，如果能控制基极电流 I_B，就能控制集电极电流 I_C。这种以小电流控制大电流的能力就是所谓三极管的电流放大作用。

式（1-8）和式（1-9）描述的电流分配规律反映了基极电流对集电极电流的控制作用，适用于以基极作为电路的输入端的情况。

由图 1-31 还可以得出下列关系式

$$\left.\begin{aligned}I_C&=\bar{\alpha}I_E+I_{CBO}\\I_E&=I_C+I_B\\I_B&=(1-\bar{\alpha})I_E-I_{CBO}\end{aligned}\right\}\tag{1-10}$$

忽略 I_{CBO}后的近似关系为

$$\left.\begin{aligned}I_C&\approx\bar{\alpha}I_E\\I_E&=I_C+I_B\\I_B&\approx(1-\bar{\alpha})I_E\end{aligned}\right\}\tag{1-11}$$

式（1-10）和式（1-11）描述的电流分配规律反映了发射极电流对集电极电流的控制作用。式 $I_C\approx\bar{\alpha}I_E$ 说明了可以通过改变 I_E 实现对集电极电流 I_C 的控制，适用于以发射极作为电路输入端的情况。

3．放大作用

三极管的基本应用之一是将微弱电信号放大。图 1-32 所示是一个简单的三极管放大电路。图中三极管的基极是信号输入端，基极电流 i_B 是输入控制电流。集电极电流 i_C 是输出电流，发射极是输入、输出回路的公共端，所以称其为共发射极电路。电路中直流电源 U_{BB} 用来保证三极管的发射结正偏，U_{CC} 用来使集电结反偏。在放大信号 u_i 加入以前，三极管发射结的正偏电压为 $U_{BE}=U_{BB}$，基极电流和集电极电流分别为 I_B 和 I_C，此时电路的各电流和电压均为直流量。加入输入信号 u_i 后，u_i 与 U_{BB} 叠加，使发射结两端电压在原正偏电压的基础上开始按 u_i 的规律变化，从而改变发射区进入基区的载流子数量，所以基极电流和集电极电流中会出现与 u_i 相同变化规律的交流成分 i_b 和 i_c，且 i_c 的幅值比 i_b 大 β 倍。设三极管的 $\beta=50$，输入信号幅值为 10mV 时产生的基极交流电流 i_b 为 $10\mu A$。则集电极交流电流 $i_c=\beta i_b=0.5mA$，在 $2k\Omega$ 的集电极电阻上得到的交流输出电压 $u_o=-i_cR_c=-0.5mA\times2k\Omega=-1V$，输出电压比输入电压大了 100 倍。

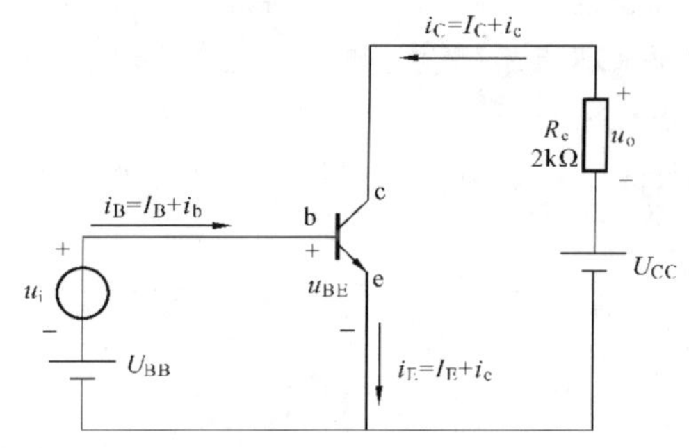

图 1-32　简单的共射极放大电路

由此可见，电路的放大过程是通过输入信号电压改变三极管发射结正偏电压的大小，使从发射区进入基区的载流子数量随输入电压而变，利用 $i_c=\beta i_b$ 实现对集电极电流的控制作用，在输出回路利用电阻将变化的集电极电流变换成输出电压。

在由三极管组成的放大电路中，三极管的一个电极作为输入端（因为需要用输入信号电压控制发射结的正偏电压，所以能作输入端的只能是基极或发射极），一个作为输出端，另一个作为输入、输出回路的公共端。根据公共端的不同，三极管可有三种连接方式（也称三种组态）：共发射极、共基极和共集电极接法。为了保证三极管工作于放大状态，具有对集电结电流的控制能力，都必须使这三种接法中的三极管发射结正偏，集电结反偏。这三种电路的详细分析将在第二章中讨论。

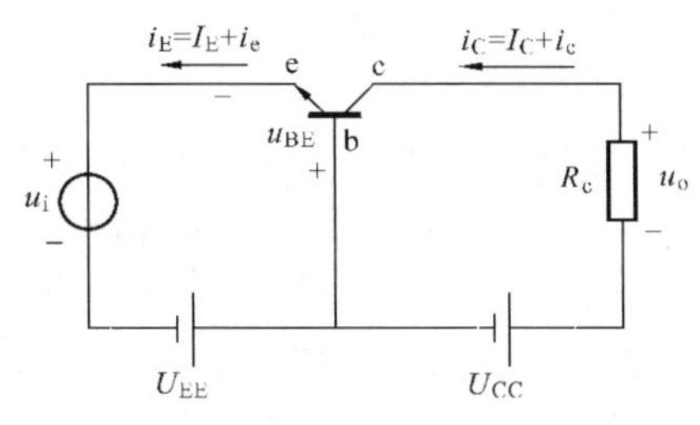

图 1-33　共基极放大电路原理图

图 1-33 所示电路以发射极作输入端，输出端是集电极，基极是输入、输出回路的公共端，所以是共基极电路。交流输入电压 u_i 加入后将使发射结两端电压等于 $U_{EE}+u_i$，由于输入电压的变化，将使发射极电流的大小发生变化，出现交流电流 i_e，而 $i_c=\alpha i_e$，所以集电极电流中也会出现交流电流 i_c，i_c 在 R_c 上产生的交流压降即为输出电压 u_o。

上述关于 NPN 型三极管放大电路工作原理的讨论同样适用于 PNP 型三极管电路。所不同的是当采用 PNP 管时，需要将图 1-32 和图 1-33 中电源电压的极性改变，以保证 PNP 管的发射结正偏、集电结反偏。图 1-34 是采用 PNP 管的共发射极放大电路，图中标出了三极管各电极直流电流的实际方向，U_{BE} 和 U_{CE} 的实际极性与假定正方向相反，为负值。

三、三极管的伏安特性曲线

三极管的伏安特性曲线是描述电极间电压与电极电流之间关系的曲线，它是三极管内部载流子运动规律的外部宏观表现。因为三极管电路可分为输入回路和输出回路，所以若想全面完整地描述三极管电压电流关系，需要选用两组伏安特性曲线；一组以输出端电压为参变量，描述三极管输入端电压、电流关系的曲线称为输入特性曲线；另一组以输入端电流作为参变量，描述输出端电压、电流关系的曲线称为输出特性曲线。

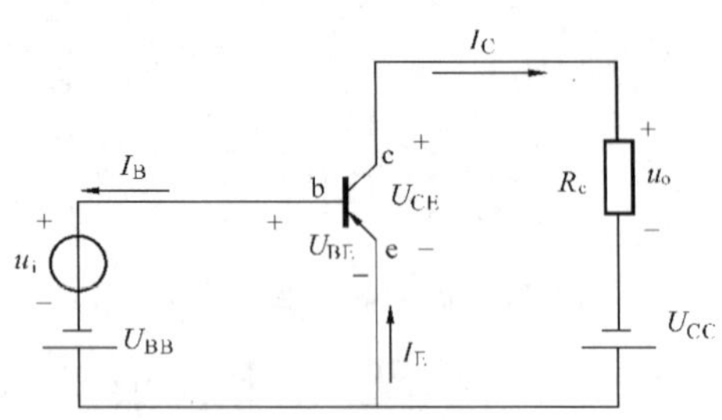

图 1-34 PNP 管共射极放大电路

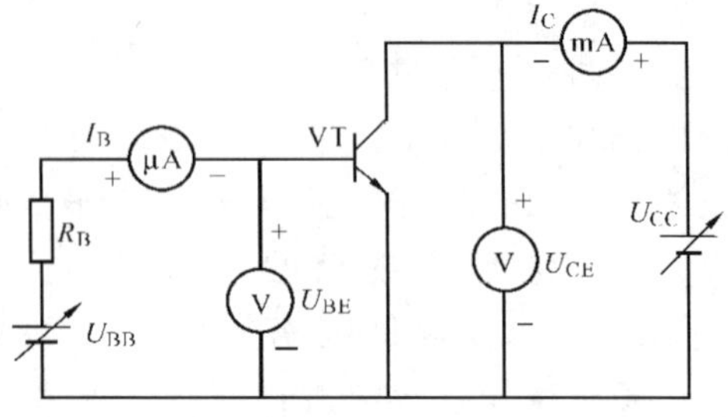

图 1-35 三极管共射特性曲线测试电路

当使用三极管设计、调试或维修各种电子电路时，了解三极管的外部特性曲线和参数尤为重要。有的半导体器件手册中给出了某些三极管的典型伏安特性曲线，但因半导体器件特性参数有较大的离散性，即使同一型号的三极管，其特性也会有较大的差异，所以只能将其视为同型号器件的参考曲线。在实际应用中，所用三极管的特性曲线需要通过测试电路或利用专用测试仪器（晶体管特性图示仪）测量得出。图 1-35 所示电路就是采用描点法测试三极管输入、输出特性曲线的实验电路。

下面仍以 NPN 型硅材料三极管为例，讨论共发射极接法下的伏安特性曲线和参数，以及与三极管内部载流子运动规律的关系。

1. 输入特性曲线

三极管接成共发射极电路时，基极是输入端，集电极为输出端，所以输入端的电流为 I_B，输入端的电压为 U_{BE}，输出端的电压为 U_{CE}，输出端的电流为 I_C。因此共发射极输入特性曲线是指以集电极与发射极之间电压 U_{CE} 为参变量时，三极管基极与发射极之间的电压 U_{BE} 与基极电流 I_B 之间的关系曲线，即

$$I_B = f\ (U_{BE})\ \bigg|_{U_{CE}=\text{常数}}$$

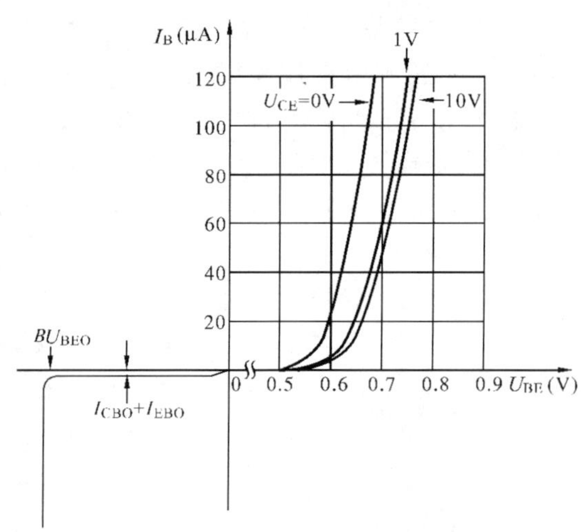

图 1-36 共发射极输入特性曲线族

图 1-36 是 NPN 型硅三极管的输入特性曲线。图中当参变量 U_{CE} 取不同值时对应不同的曲线，规律是从 $U_{CE}=0V$ 开始，随着 U_{CE} 的增大，输入曲线将右移，且 U_{CE} 从 0V 变到 1V 时，曲线右移距离较大，而 U_{CE} 大于 1V 后再增大，曲线右移现象减缓，表现为 U_{CE} 大于 1V 后各条曲线基本上重合在一起。所以用 U_{CE} 大于 1V 后的任何一条曲线都可以近似代表 U_{CE} 大于 1V 后的各种情况。因三极管实际使用时 U_{CE} 都将大于 1V，所以在实际工作中用到的输入特性曲线是 U_{CE} 大于 1V 后的某一条曲线而不

再加以区分。产生这种现象的原因是：由于 $U_{CE}=U_{CB}+U_{BE}$，当 $U_{CE}=0$ 时，$U_{BE}=-U_{CB}=U_{BC}$，即集电结和发射结均承受正偏电压，此时发射结和集电结相当于两个并联正偏的 PN 结，三极管集电结不仅没有收集电子的能力，还会向基区注入电子，这就使得基区中电子的浓度增加很多，大量的电子增加了与基区多数载流子空穴复合的机会，相应的基极电流较大。而当 U_{CE}等于 U_{BE}时，集电结上的偏置电压为零，U_{CE}再增大，比如增加到 1V，集电结已经反偏，吸收电子的能力增强，使得从发射区进入基区的电子更多地流入集电区，基区中堆积的电子数量大为减少，因此对应于相同的 U_{BE}，基极电流 I_B 比 $U_{CE}=0$ 时减小了，特性曲线也就相应地向右移动了。U_{CE}大于 1V 后，集电结上的反偏电压已能够将到达集电结处的电子绝大部分吸收到集电区，致使 U_{CE}再增大时，基极电流 I_B 也不会有明显的减小，所以 U_{CE}大于 1V 后的各条曲线十分密集。

从特性曲线看，当发射结电压 U_{BE}大于一定值后，才出现基极电流，否则基极电流为零，这意味着欲使三极管导通，发射结正偏电压 U_{BE}要大于此值，故将这个电压称为门槛电压或死区电压 U_{th}。在室温条件下硅管的门槛电压绝对值约为 0.5V，而锗管的约为 0.1V。

当环境温度升高时，特性曲线将左移，规律是温度每升高 1℃，对应一定基极电流所需的 U_{BE}减小 2～2.5mV，即其温度系数为

$$\frac{\mathrm{d}|U_{BE}|}{\mathrm{d}T}=-(2\sim 2.5)\mathrm{mV/^\circ C}$$

当 $U_{BE}<0$ 时，发射结反偏，I_B 等于发射结和集电结反向饱和电流之和，即 $I_B=-(I_{CBO}+I_{EBO})$，当反偏电压增加到 BU_{BEO}时，I_B 急剧增大，发射结反向击穿。一般小功率三极管的 BU_{BEO}只有几伏。

2. 输出特性曲线

共发射极输出特性曲线是指以基极电流 I_B 为参变量时，三极管集电极电流 I_C 与电压 U_{CE}之间的关系曲线，即

$$I_C=f(U_{CE})\Big|_{I_B=\text{常数}}$$

图 1-37 是实测的共发射极输出特性曲线族，根据各处不同的特点，可以将其划分为放大区、饱和区和截止区三个区域。

(1) 放大区。在此区域内，特性曲线是一组间隔基本均匀、比较平坦的直线。这是因为三极管处于放大区时，发射结正偏，集电结反偏，集电极电流 I_C 与基极电流 I_B 之间满足式(1-8)，即

$$I_C=\bar{\beta}I_B+I_{CEO}\approx\bar{\beta}I_B$$

因此当参变量 I_B 为定值时，I_C 的值基本上不随 U_{CE}而变。当基极电流 I_B 有一个微小的变化量 ΔI_B 时，相应的集电极电流将产生一个较大的变化量 ΔI_C，即 $\Delta I_C=\beta\Delta I_B$，体现出了受控电流源的基本特性。这是因为在放大区集电结的反偏电压所形成的电场已足够强，能将从发射区扩散到基区的电子绝大部分吸收到集电区，故 U_{CE}再增加，I_C 也增加不多，使放大区特性曲线具有恒流特性，改变 I_B 的值，就可以得到一组输出特性曲线。

实际上放大区输出曲线并不是水平线，而是略微向上倾斜，反映了在 I_B 为定值时，U_{CE}增大 I_C 会相应的有所增加。其原因是当 U_{CE}增加时，因 U_{BE}变化很小，故集电结反偏电压 U_{CB}随之增大，集电结的空间电荷区宽度增加，基区有效宽度变薄，基区内载流子的复合机

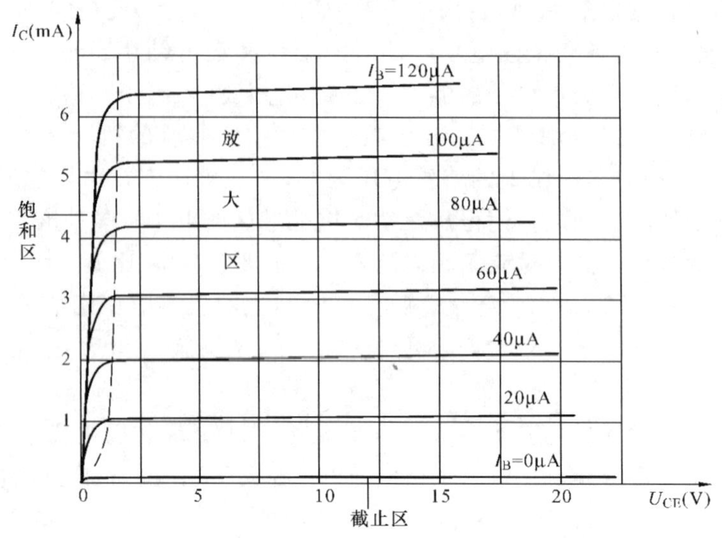

图 1-37 三极管的共发射极输出特性曲线

会减少，由此导致到达集电区的载流子数与基区复合数的比值增大，即 β 增大，在 I_B 不变的情况下，I_C 将随 U_{CE} 增大，特性曲线略微向上倾斜。这种现象称为"基区宽度调制效应"。

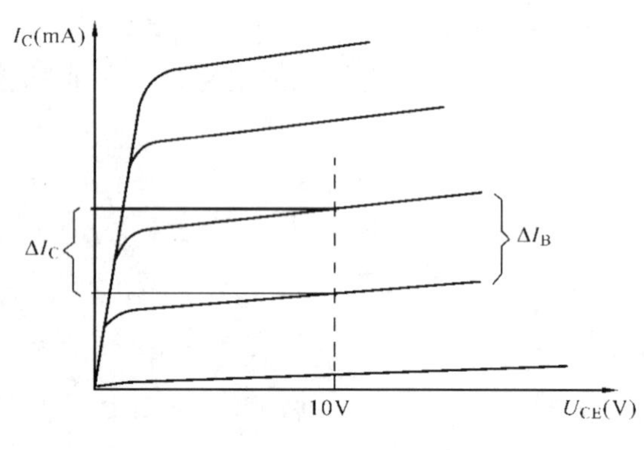

图 1-38 β 值的估算

需要说明的是，一般来说三极管的 β 值只是在 I_C 的一定范围内才保持常数，当 I_C 过大或较小时 β 值都将减小，表现为在输出特性曲线上 I_C 过大和过小的区域，特性曲线会因 β 下降而显得间距近一些。放大电路中的三极管应工作在输出曲线比较均匀的区域，三极管的 β 值可以根据式 $\beta=\frac{\Delta I_C}{\Delta I_B}$ 估算，如图 1-38 所示。

对于 NPN 型三极管，处于放大区时的电位关系为 $U_C>U_B>U_E$，且 $U_B-U_E=U_{BE}$。对于 PNP 型三极管，其电位关系为 $U_C<U_B<U_E$，且 U_{BE} 为负值。

（2）饱和区。当 $U_{CE}<U_{BE}$ 时，三极管进入饱和区，此时随着 U_{CE} 的减小，I_C 将迅速减小到零。在此区域内，各条特性曲线间距迅速减小并重合，说明进入饱和区后，三极管的 β 值急剧减小，集电极电流 I_C 基本上不再受基极电流 I_B 的控制，所以电流分配关系式 $I_C\approx\bar{\beta}I_B$ 不再成立，三极管失去放大作用。三极管饱和管压降用 U_{CES} 表示，一般小功率硅三极管的饱和管压降只有零点几伏，典型值常取 0.3V。

三极管进入饱和区后，除了发射结正偏外，集电结也开始承受正向偏置电压，因此集电结收集能力减弱，从发射区进入基区的载流子会在基区"堆积"起来，基区中载流子的复合数量剧增，导致了 β 的减小。

当 $U_{CE}=U_{BE}$，即 $U_{CB}=0$ 时，集电结上的偏置电压为零，三极管处于临界饱和状态，这是放大区和饱和区之间的分界线。在放大区，集电结反偏；在饱和区，集电结正偏；在临界线上集电结零偏。

三极管处于饱和区时，NPN 型三极管的管脚电位关系为 $V_B > V_E$，$V_B > V_C$。对于 PNP 管，则为 $V_B < V_E$，$V_B < V_C$。

（3）截止区。通常取特性曲线中 $I_B \leqslant 0$ 的区域为截止区，在图中是 $I_B = 0$ 对应曲线以下部分。因基极电流 I_B 为零，此时 I_C 也基本为零，三极管处于截止状态，没有放大作用。

严格地说，当 $I_B = 0$ 时，I_C 并不为零，而是有一个很小的穿透电流 I_{CEO}，由于硅三极管的 I_{CEO} 一般为微安级以下，所以输出特性曲线上 $I_B = 0$ 对应的那条曲线基本上与横轴重合。

当发射结反偏，集电结也反偏时，三极管处于截止状态，从三极管输入特性曲线可知，当发射结电压 U_{BE} 小于门坎电压时，基极电流就已为零，所以当发射结处于正偏电压小于门坎电压、偏置电压为零和反偏这三种情况下都会使三极管进入截止区。

实际上，当三极管的管压降 U_{CE} 过大时，集电结反向击穿，出现 I_C 不受 I_B 控制急剧增大的情况，特性曲线迅速上扬，形成一个击穿区。为避免三极管损坏，保证三极管正常工作，三极管应工作在图 1-41 所示的安全工作区内。

三极管的特性曲线全面地反映了电极之间电压、电流关系，掌握三极管的外部特性，对于理解三极管在电路中的工作状态及分析工作原理是非常必要的。

四、三极管的主要参数

用来描述三极管技术性能的参数很多，这里仅就一般使用中常用的主要参数为例，分三类介绍。

1. 电流放大系数

电流放大系数是反映三极管电流控制能力的重要参数，综合前面相关内容的详细讨论，有以下几个参数：

（1）共射直流电流放大系数 $\bar{\beta}$。$\bar{\beta}$ 用来描述三极管集电极直流电流 I_C 与基极直流电流 I_B 之间的控制关系，根据 $I_C = \bar{\beta} I_B + I_{CEO}$，在忽略穿透电流 I_{CEO} 后，三极管的直流电流放大系数为

$$\bar{\beta} \approx \frac{I_C}{I_B}$$

（2）共射交流电流放大系数 β。β 的定义是集电极电流与基极电流的变化量之比，即

$$\beta = \frac{\Delta I_C}{\Delta I_B}$$

它体现了共射接法时三极管的电流放大能力（或控制能力），是今后使用最多的一个参数。因为交流信号加入后，基极、集电极电流中出现的交流成分 i_b 和 i_c 就是电流变化量，所以 β 还可以理解为是集电极电流与基极电流中交流成分之比。

显然，三极管的 $\bar{\beta}$ 和 β 的定义是不同的，而且由于三极管特性曲线的非线性，放大区中不同位置的 β 值也是有些差异的。只有在特性曲线间距基本相等的情况下，β 才可以认为是基本恒定的。如果 I_{CEO} 可忽略，则 $\bar{\beta}$ 和 β 的大小相等。

（3）共基直流电流放大系数 $\bar{\alpha}$。$\bar{\alpha}$ 描述三极管发射极直流电流对集电极直流电流的控制作用，根据电流关系式 $I_C = \bar{\alpha} I_E + I_{CBO}$，在忽略 I_{CBO} 的情况下，三极管的共基直流电流放大系数为

$$\bar{\alpha} \approx \frac{I_C}{I_E}$$

（4）共基极交流电流放大系数 α。α 为集电极电流与发射极电流变化量之比，即

$$\alpha=\frac{\Delta I_C}{\Delta I_E}$$

α 反映的是发射极电流对集电极电流的控制能力。当发射极电流变化时，三极管的集电极电流也会发生相应变化，这种电流变化在输入正弦电压的情况下，也可以理解为是集电极电流与发射极电流中的交流电流之比。

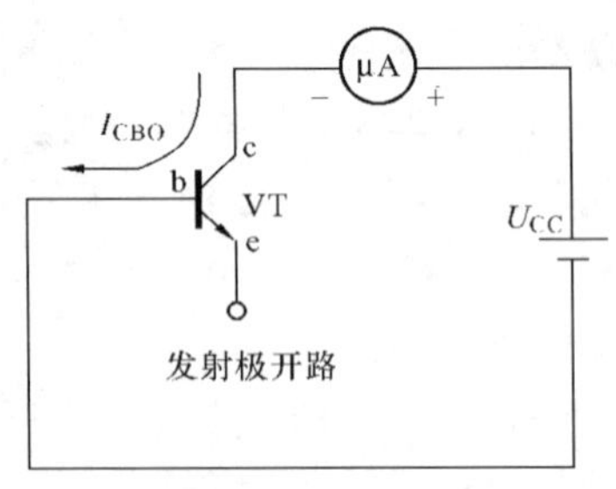

图 1-39 I_{CBO}的测量

α 和 β 都是描述三极管内电流关系的参数，根据其定义可得出它们之间的关系是

$$\beta=\frac{\alpha}{1-\alpha},\quad \alpha=\frac{\beta}{1+\beta}$$

2. *极间反向电流*

（1）集电极—基极反向饱和电流 I_{CBO}。I_{CBO}是当三极管发射极开路，集电结加上反偏电压时的反向电流，如图 1-39 所示。其特点与普通 PN 结反偏时相同，I_{CBO}的值在一定温度下基本上是个常数，不随反偏电压而变，故称为反向饱和电流。一般 I_{CBO}的值很小，为纳安级，但其值会随温度的升高而增大。

（2）集电极—发射极反向饱和电流 I_{CEO}。I_{CEO}是当基极开路时，集电极与发射极之间加上电压 U_{CE}时的集电极电流。测量电路如图 1-40 所示。因 I_{CEO}从集电极流入，穿过基区从发射极流出，所以又叫穿透电流。它和 I_{CBO}的关系是 $I_{CEO}=(1+\beta)I_{CBO}$。一般小功率硅管的 I_{CEO}在几微安以下，比较小，所以在分析计算时往往将其忽略不计。另外，由于 I_{CBO}与温度有关，所以 I_{CEO}也会随温度的升高而增大。

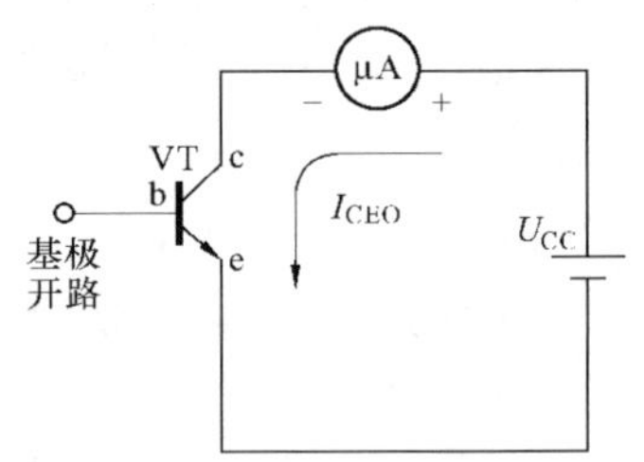

图 1-40 I_{CEO}的测量

3. *极限参数*

（1）集电极最大允许电流 I_{CM}。三极管的电流放大系数 β 是与集电极电流的大小有关的，引起 β 明显下降时的最大集电极电流称为 I_{CM}。当电流超过 I_{CM}时，三极管的性能显著下降，失去放大作用。小功率管的 I_{CM}一般在十几毫安至 200mA 以内，而大功率管的 I_{CM}则在几安以上。

（2）反向击穿电压 BU_{CEO}。当集电结的反偏电压足够大时，三极管产生反向击穿，表现为集电极电流迅速增大。输出特性曲线在击穿处急剧上升。三极管的反向击穿电压不仅与管子本身的特性有关，还取决于三极管的接法。在半导体器件手册上常用的有 BU_{CBO}和 BU_{CEO}。BU_{CBO}是指当发射极开路时，三极管集电极与基极之间的反向击穿电压，是三极管共基极接法时允许加到集电极与基极之间电压的极限值；BU_{CEO}是当基极开路时，三极管集电极与发射极之间的反向击穿电压，三极管在共发射极接法时所加电压不能超过此值。另外还有 BU_{CES}和 BU_{CER}两个击穿电压，BU_{CER}是在 b-e 之间接一电阻时的集电极和发射极之间的反向击穿电压，BU_{CES}是短接 b-e 时的集电极与发射极之间的反向击穿电压。对于同一根管子来说，各击穿电压的大小关系为

$$BU_{CEO}<BU_{CER}<BU_{CES}<BU_{CBO}$$

（3）最大允许集电极耗散功率 P_{CM}。P_{CM}是指集电结允许损耗功率的最大值。在三极管两个 PN 结上消耗的功率之和是三极管消耗功率的总和，而加到集电结上的电压远大于发射

结上的电压，所以集电结上消耗的功率远比发射结大。此功耗约等于 I_C 与 U_{CE} 的乘积。集电结上消耗的功率称为集电结耗散功率，用 P_C 表示，此功率将导致集电结发热，结温升高，当结温超过允许的最高工作温度时，管子可能会烧坏。因此集电结的允许最高工作温度决定了三极管所能承受的最大集电极耗散功率，用 P_{CM} 表示。在三极管的共发射极输出特性曲线上可以根据 P_{CM} 画出最大功耗线，如图 1-41 所示。最大功耗线与 I_{CM}、BU_{CEO} 一起，为三极管划出一个安全工作区。在实际实用时，三极管的 I_C 和 U_{CE} 都必须在安全工作区内。

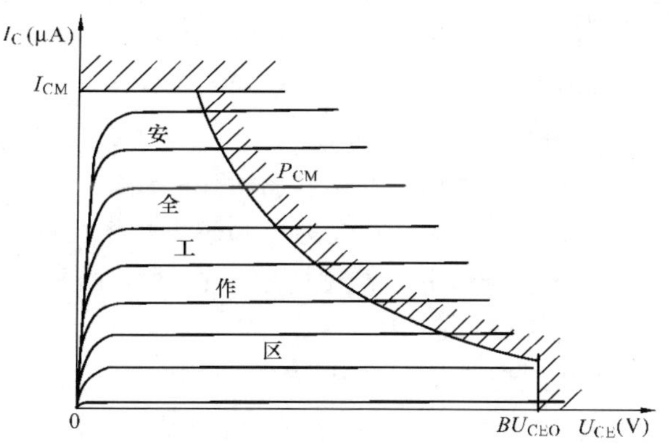

图 1-41　三极管的安全工作区

表 1-4 给出常用三极管的特性表。

表 1-4　常用三极管的特性表

型　号	P_{CM}	I_{CM}	BU_{CBO}	BU_{CEO}	BU_{EBO}	U_{CES}	f_T (MHz)	用　途
3DG6	100mW	20mA		15V			100	NPN 高频放大
3DX204D	700mW	700mA		50V				NPN 低频放大
JE9012	625mW	500mA	40V	20V	5V	<0.6V		PNP 低频放大
JE9013	625mW	500mA	40V	20V	5V	<0.6V		NPN 低频放大
JE9014	0.45W	100mA	50V	45V	5V	0.3V	150	NPN 中低频
JE9015	0.45W	100mA	50V	45V	5V	0.3V	150	PNP 中低频
JE9016	0.4W	25mA	30V	15V	4V	<0.3V	400	NPN 高频放大
JE9018	0.4W	50mA	30V	15V	5V	0.5V	1000	NPN 高频放大
2SC1855	0.25W	20mA		20V			550	NPN 中高频
2N2222	0.5W	800mA		60V				NPN 低频放大
TIP127	65W	8A		100V				PNP 达林顿管
BUT11A	100W	5A		450V				NPN 低频放大
MJE10007	60W	2.5A		1500V				NPN 大功率管

第四节　场效应三极管

一、场效应三极管概述

场效应三极管，简称场效应管（Field Effect Transistor，FET），是工作原理完全不同于前面介绍的半导体三极管（BJT）的放大器件。BJT 需要用输入电压改变发射结上的正偏电压，利用随输入电压而变的输入电流对输出电流的控制关系来实现信号的放大过程，所以BJT属于电流控制电流器件。而FET是利用输入电压的电场效应来控制输出电流的，属于电压控制电流器件。在这种类型的器件中，参与导电的只有一种载流子（多数载流子），所以FET又称为单极型三极管（BJT是双极型三极管）。与BJT相比，FET具有输入阻抗高、噪声小、热稳定性好、耐辐射能力强、制造工艺简单、占用硅片面积小等优点，因而在许多场合都有应用，特别是在大规模和超大规模集成电路中得到了广泛的应用。

FET根据结构分为结型场效应管（JFET❶）和绝缘栅场效应管（IGFET❷）两大类。

二、结型场效应管

结型场效应管是一种利用输入电压改变反偏PN结的厚度，进而控制输出电流的器件。

1. 结型场效应管的结构和工作原理

（1）结构。JFET的结构示意图如图1-42（a）和图1-43（a）所示。在图1-42（a）中，N型半导体两侧制作了高掺杂的P型区（用P＋表示），形成了两个PN结，在两个P＋区做引线，并连在一起作为控制电极，称为栅极g（Gate）；在N型半导体的两端引出的电极分别称为源极s（Source）和漏极d（Drain），两个PN结之间的N型区域称为导电沟道（Channel）。图1-42（b）和图1-43（b）表示两种结构的JFET的电路图形符号，用来区分N型沟道或P型沟道的是栅极的箭头方向，指向沟道的是N沟道JFET。图1-42（c）是实际N沟道JFET的结构剖面图，其中P型衬底栅要和栅极连接。源极、漏极电极下方的N＋区是为了减小铝电极与半导体之间的接触电阻，提供低阻通路。

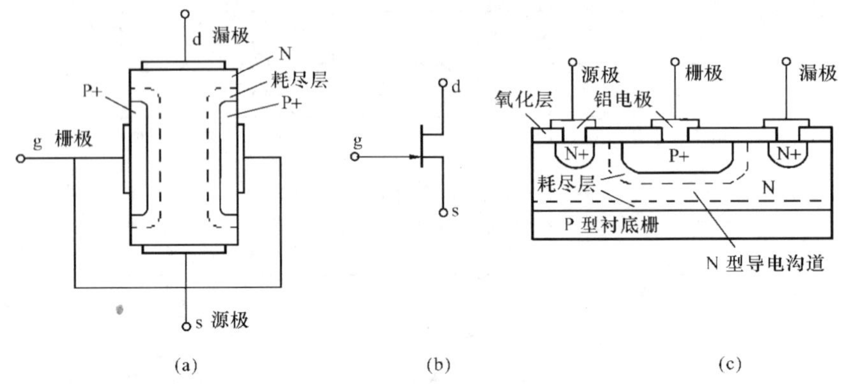

图1-42　N沟道JFET

（a）结构示意图；（b）电路图形符号；（c）实际JFET结构剖面图

（2）工作原理。当PN结两侧掺杂浓度相差悬殊时，称为不对称PN结。这种不对称PN结加上反向电压时，耗尽层将主要向掺杂浓度低的一侧扩展，如图1-44所示。JFET的PN结就是一个不对称PN结，工作时，要求PN结始终处于反向偏置状态。这个反偏电压在图1-45中由栅源电源电压U_{GG}提供。在漏极与源极之间还需加一正电压U_{DS}，使N型沟道中的多数载流子（电子）在电场作用下由源极向漏极运动，形成漏极电流I_D。

---

❶　JFET是Junction Field Effect Transistor的英文缩写。

❷　IGFET是Insulated Gate Field Effect Transistor的英文缩写。

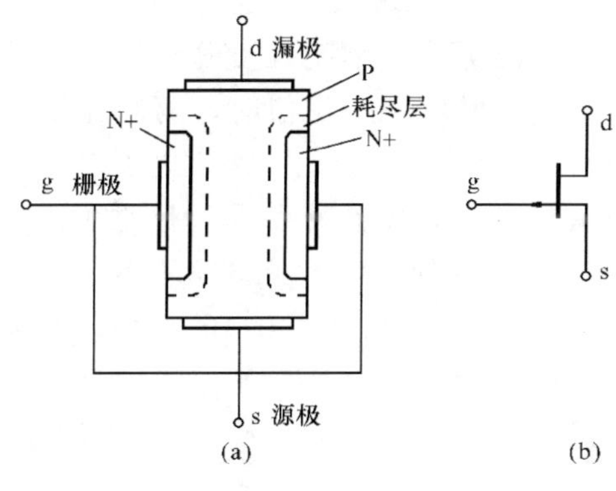

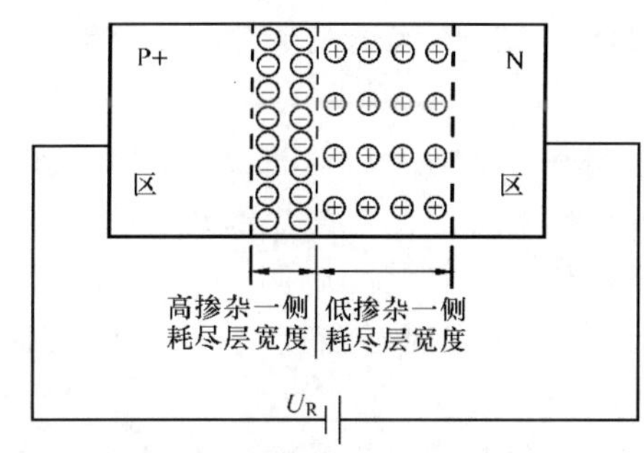

图 1-43　P 沟道 JFET

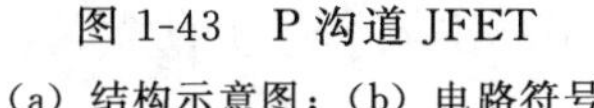
(a) 结构示意图；(b) 电路符号

图 1-44　PN 结的耗尽层宽度

因栅源电压 U_{GS} 和漏源电压 U_{DS} 的大小都会对 JFET 的工作情况产生影响，所以在下面工作原理的讨论中分两种情况进行。

1) U_{GS} 变化对导电沟道的影响。将电源电压 U_{DD} 减到足够小（图 1-45 是在 $U_{DS}=0$ 的情况下画出的），排除 U_{DS} 对导电沟道的影响。当栅源电压 $U_{GS}=0$ 时，PN 结零偏，耗尽层最薄（因 PN 结的 N 区掺杂浓度低于 P+区，耗尽层在低掺杂一侧的宽度远大于高掺杂区，所

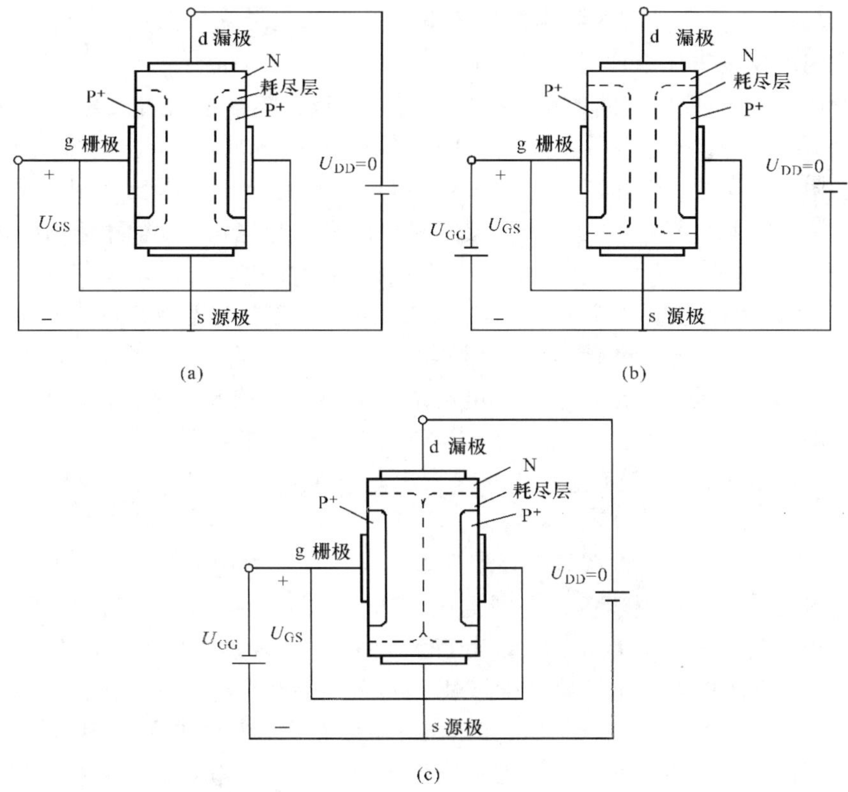

图 1-45　$U_{DS}=0$ 时，改变 U_{GS} 对导电沟道的影响

(a) $U_{GS}=0$，$U_{DS}=0$；(b) $U_P<U_{GS}<0$，$U_{DS}=0$；(c) $U_{GS}\leqslant U_P$，$U_{DS}=0$

以图 1-45 中只画出了 N 区的耗尽层变化情况），导电沟道的截面积最大，沟道电阻最小，如图 1-45（a）所示。随着 U_{GS}绝对值的增大，PN 结上的反偏电压将使耗尽层变宽，导电沟道变窄，沟道电阻增大，如图 1-45（b）所示。当 U_{GS}的绝对值增大到一定值时，两侧耗尽层将在中间合拢，导电沟道消失（称为夹断），如图 1-45（c）所示。夹断后，沟道电阻趋于无穷大。此时对应的 U_{GS}值称为夹断电压，用符号 U_P 表示（在半导体器件手册和有的教材中用 $U_{GS(off)}$表示夹断电压）。一般来说，结型场效应管的 $|U_P|$ 多在 2～6V 之间，而其 PN 结的反向击穿电压通常在十几伏到几十伏。由以上分析可知，改变栅源电压 U_{GS}的大小，就可以有效地控制导电沟道的电阻。若在场效应管的漏源之间加上一定的电压 U_{DS}，通过改变 U_{GS}的大小就可以实现对漏极电流 I_D 的控制，其规律是，$|U_{GS}|$ 增大时，沟道电阻增大，I_D 减小。

2）U_{DS}变化对导电沟道的影响。首先分析栅源反偏电压在 $U_{GS}=0V$ 时的情况，此时导电沟道截面积最大，沟道电阻最小。

当 U_{DS}从零开始增加时，漏极电流 I_D 也将从零开始增大。而且 U_{DS}在 0V 附近较小范围内增长时，导电沟道的形状不会产生明显的变化，沟道电阻具有线性电阻的特点，表现为随着 U_{DS}的增大，I_D 从零开始线性增大。因沟道电阻小，所以电流随电压增长速度很快。

随着 U_{DS}的增大，一方面将引起沟道中电流增长，另一方面 U_{DS}在漏极与源极之间的导电沟道中形成的电场会逐渐增强。若以源极为公共参考点，则导电沟道中沿沟道长度方向各点的电位各不相同，越接近漏极，电位越高，漏极处电位最高。只要 $U_{DS}>0$，这种情况便存在。U_{DS}增大时，沟道中从漏极指向源极的电场强度随之增强，造成 PN 结 P 区一侧与 N 区（沟道）之间的反偏电压沿沟道长度方向发生变化。由于沟道中从源极到漏极的电位是逐渐升高的，所以 P 区与 N 区之间的反偏电压也是从源极到漏极逐渐增大的，PN 结在源极处的反偏电压最低，等于 $|U_{GS}|$，在漏端处的反偏电压最高，是 $|U_{GS}|$ 与 U_{DS}之和。这种 PN 结反偏电压的不均匀必然引起 PN 结耗尽层厚度的变化，反偏电压大则耗尽层厚。而耗尽层向导电沟道扩展将使导电沟道变窄，所以靠近漏端处导电沟道截面积将小于源端处，导电沟道呈现楔形，如图 1-46（a）所示。由于沟道截面积变小，沟道电阻将增大，将会减缓漏极电流随 U_{DS}增长的速度。所以 U_{DS}的增大，在引起沟道中电流增长的同时，还将因导电沟道形状变化，使得沟道电阻增大，产生阻碍电流增长的因素。只是在 U_{DS}较小时，沟道中的这种电位变化影响微弱，靠近漏端处导电沟道的截面积还较大，这种阻碍因素仅处于次要地位，故漏极电流 I_D 呈随 U_{DS}线性增长的态势。但随着 U_{DS}的增长，靠近漏端处沟道截面积越来越小，阻碍漏极电流 I_D 随 U_{DS}增长的因素逐渐成为主要因素。I_D 随 U_{DS}增长的速度明显变缓。

若 U_{DS}继续增大，耗尽层将在靠近漏端处首先合拢，称为预夹断，如图 1-46（b）所示。此时栅极与漏极之间的反偏电压等于夹断电压 $|U_P|$，即 $U_{GD}=U_{GS}-U_{DS}=U_P$。在 $U_{GS}=0$ 的条件下，出现预夹断所需的 $U_{DS}-U_P$。当 $U_{GS}\neq0$ 时，出现预夹断所需的 U_{DS}为 $U_{GS}-U_P$。此后 U_{DS}再增大，将使栅漏之间反偏电压超过 $|U_P|$，夹断点将向源端延伸形成一小段夹断区，如图 1-46（c）所示。由于夹断区（耗尽层）电阻极大，所以自从出现预夹断后，U_{DS}的增加量大部分降落在夹断点（区）上，使夹断区上形成较强的电场，而夹断点与源端之间的剩余导电沟道中电场强度不再随 U_{DS}的增大而明显增强。既然沟道中电场强度基本上不再随 U_{DS}增大，则沟道中自由电子在电场作用下漂移的数量也就基本上不再随 U_{DS}而变了。这些

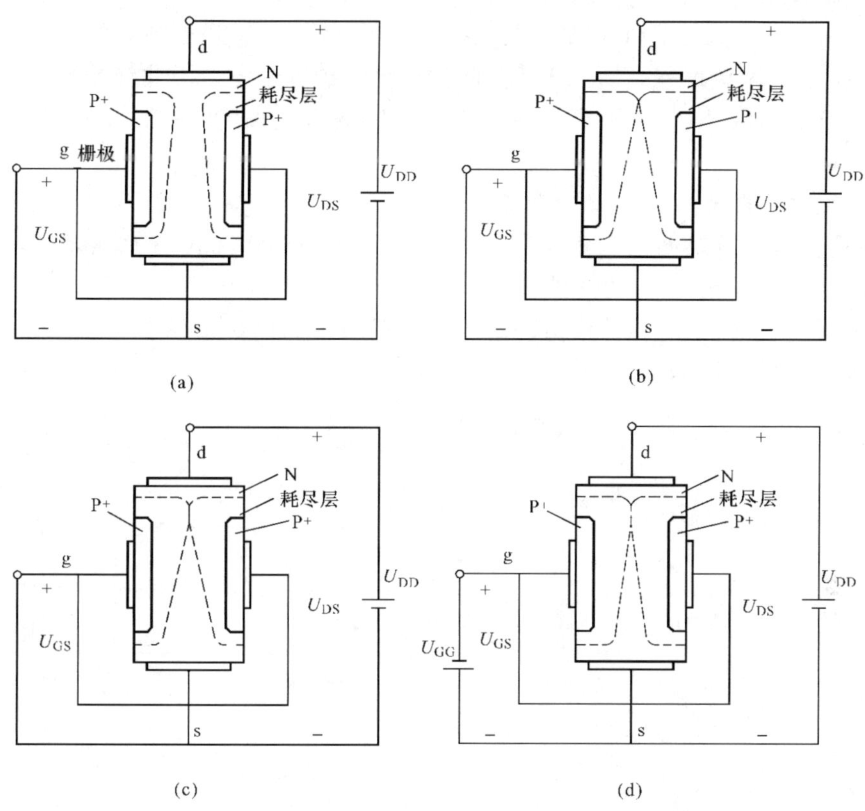

图 1-46　改变 U_{DS} 对导电沟道的影响

(a) $U_{GS}=0$，$U_{DS}<|U_P|$ 时的情况；(b) $U_{GS}=0$，$U_{DS}=|U_P|$ 时的情况；
(c) $U_{GS}=0$，$U_{DS}>|U_P|$ 时的情况；(d) $U_P<U_{GS}<0$，$U_{DS}>|U_P|$ 时的情况

自由电子到达夹断区后，在夹断区电场作用下，穿过夹断区形成漏极电流。为保证场效应管处于放大状态，在夹断区上形成较强电场是必需的。它的作用与双极型三极管反偏集电结中的电场相似，担负着收集载流子的任务。由以上分析可知，自预夹断后，漏极电流便基本上不再随 U_{DS} 增大，呈现出恒流特性。

综上所述，在栅源电压 $U_{GS}=0$V 时的情况下，U_{DS} 从 0V 开始增加时，漏极电流 I_D 呈线性迅速增长；当 U_{DS} 接近 $|U_P|$ 时，沟道截面积显著变窄，I_D 增长速率变缓；当 $U_{DS}=|U_P|$ 时，导电沟道在漏端处夹断；当 $U_{DS}>|U_P|$ 后，U_{DS} 的增加量几乎全部降落在夹断点上，使得夹断点扩展成一小段夹断区，而导电沟道中的电场强度并没有明显增大，所以自沟道夹断后，漏极电流 I_D 便不再随 U_{DS} 增大，呈现出饱和状态，JFET 开始具有恒流特性。

如果在栅极与源极之间加入一个负电压 U_{GS}，使 $U_P<U_{GS}<0$，则由于耗尽层宽度增大，夹断点到源极之间的导电沟道变窄，沟道电阻变大，因而漏极电流 I_D 将减小，如图 1-46 (d) 所示。

若 U_{GS} 较大，满足 $U_{GS}\leqslant U_P$，则耗尽层全部合拢，导电沟道完全夹断，I_D 基本上等于零。

由以上分析可知：① 通过改变栅源电压 U_{GS} 即可控制漏极电流 I_D，所以 JFET 是利用输入端电压控制输出电流的器件，称为电压控制器件。② 为达到控制目的，栅源之间要加反向偏置电压，使 PN 结反偏，所以 JFET 的栅极电流约等于零，因此结型场效应管的输入电阻很高，一般在 $10^7\Omega$ 以上。③ 沟道预夹断前，I_D 与 U_{DS} 呈近似线性关系，预夹断后，I_D 具有恒流特性。

2. JFET 的特性曲线

JFET 的电压和电流之间的关系可用两种特性曲线描述：输出特性曲线和转移特性曲线。如果采用描点法来测绘其特性曲线，则测试实验电路如图 1-47 所示。

（1）输出特性曲线。JFET 的输出特性曲线反映的是当栅源电压 U_{GS} 为一定值时，漏极电流 I_D 与漏源电压 U_{DS} 的关系，即

$$I_D = f\ (U_{DS})\Big|_{U_{GS}=常数}$$

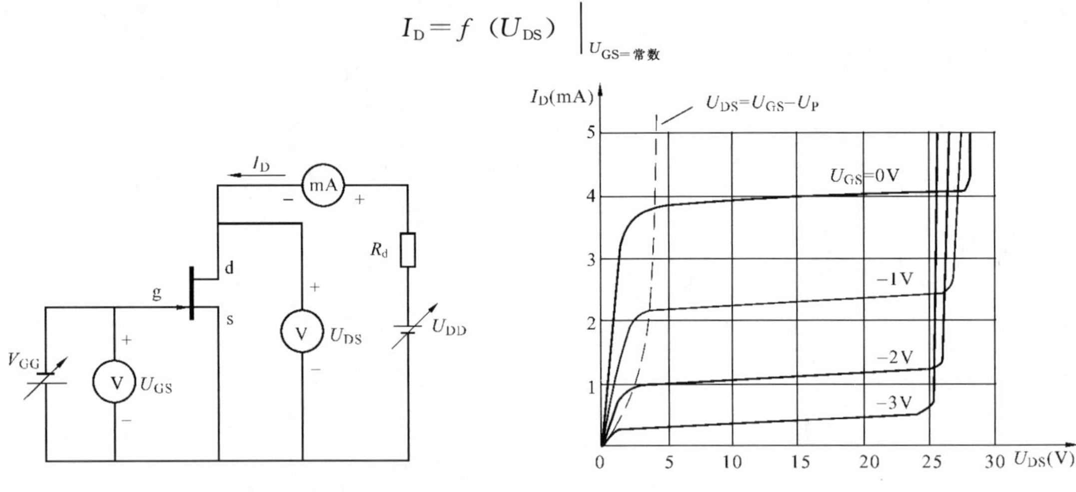

图 1-47　JFET 特性曲线测试电路

图 1-48　N 沟道 JFET 输出特性曲线

它是一个曲线族，当 U_{GS} 每取一个定值时，就可以得到一条 I_D-U_{DS} 曲线。图 1-48 所示是一 N 沟道 JFET 的共源极输出特性曲线。根据其特征，特性曲线可以划分成可变电阻区、恒流区和击穿区。

1）可变电阻区。特性曲线最左侧 U_{DS} 比较小的部分，即图 1-48 中虚线左侧部分所示的区域就是可变电阻区，虚线分界线由 $U_{GD}=U_P$ 确定，即 $U_{GD}=U_{GS}-U_{DS}=U_P$，所以虚线方程为 $U_{DS}=U_{GS}-U_P$。在这个区域内，场效应管的导电沟道尚未被预夹断，I_D 同时受 U_{GS} 和 U_{DS} 的控制。在 U_{DS} 较小的时候，U_{DS} 对沟道形状的影响可以忽略不计，沟道的宽度和沟道电阻值仅受 U_{GS} 控制，因此 I_D 随 U_{DS} 的增加呈直线上升，两者之间基本上是线性关系。改变 U_{GS} 就可以得到一组直线，规律是当 U_{GS} 的值变负时，直线的斜率减小，沟道电阻变大。可见，在 U_{DS} 较小时，结型场效应管相当于一个受 U_{GS} 控制的可变线性电阻。U_{GS} 越大，沟道电阻也越大，所以将此区称为可变电阻区。

当 U_{DS} 较大时，U_{DS} 对沟道的影响变大，由于靠近漏端处的沟道宽度开始明显减小，相应的沟道电阻增大，所以 I_D 就不再随 U_{DS} 成比例增大，增长速度逐步趋于平缓，致使输出曲线向水平方向呈弯曲状。

2）恒流区。图 1-48 中虚线右侧直到被击穿之前的区域是恒流区。进入此区后导电沟道已被预夹断，I_D 几乎不随 U_{DS} 而变，所以此区内的特性曲线是一组受 U_{GS} 控制的水平线，故

称为恒流区，也叫做饱和区。实际上，当 U_{GS} 一定时，随着 U_{DS} 的增大，沟道夹断点会向源极方向移动，夹断点与源极间的沟道长度略有缩短，相应的沟道电阻也会略有减小，同时沟道中的电场强度也会稍有增强。因此，I_D 会随 U_{DS} 稍有增大，特性曲线会向上倾斜。

需要注意的是，场效应管的饱和区相当于双极型三极管输出特性曲线中的放大区。它是根据该区中 I_D 呈现出饱和特性，几乎与 U_{DS} 无关的特点命名的，与双极型三极管的饱和区不同。

3）击穿区。当 U_{DS} 增加到一定值后，栅漏之间的 PN 结首先因反偏电压过大而击穿，致使 I_D 急剧上升。JFET 的特性曲线进入击穿区。开始出现击穿的 U_{DS} 称为击穿电压，用 BU_{DS} 表示。多数 JFET 的击穿电压在 20～50V 之间。

（2）转移特性曲线。场效应管的转移特性曲线从另一个角度反映栅源电压 U_{GS} 对漏极电流 I_D 的控制作用。它是以 U_{DS} 为参变量时描述 I_D 随 U_{GS} 变化规律的曲线族，其表达式为

$$I_D = f(U_{GS})\Big|_{U_{DS}=\text{常数}}$$

N 沟道结型场效应管的转移特性曲线如图 1-49 所示。当 U_{DS} 取不同值时，应画出不同的转移特性曲线，因在恒流区 I_D 几乎不随 U_{DS} 而变，对应于不同 U_{DS} 值的转移特性曲线相差甚微，所以通常用一条曲线近似表示。从图中可知，当 $U_{GS}=0$ 时，漏极电流最大，此电流称为场效应管的漏极饱和电流 I_{DSS}，它是结型场效应管的最大漏极电流，I_{DSS} 前两个下标的排列顺序表示这是一个从漏极 d 流入，从源极 s 流出的电流，第三个下标 S 表示栅源之间短路。曲线与 U_{GS} 轴相交点电压为夹断电压 U_P。在 U_P 与原点之间，I_D 随 U_{GS} 的增加近似按平方律上升，即转移特性曲线服从平方律函数，即

$$I_D = I_{DSS}\left(1-\frac{U_{GS}}{U_P}\right)^2 \quad (U_P \leqslant U_{GS} \leqslant 0) \tag{1-12}$$

场效应管的转移特性曲线不是孤立的，可以通过输出特性曲线画出转移特性曲线。因为转移特性曲线是当 U_{DS} 为某一常数时的 I_D-U_{GS} 关系，所以可以在输出特性曲线上做一垂线，垂线过横轴上 U_{DS} 为某值的点，根据垂线与各条特性曲线的交点，便可做出相应的转移特性曲线。图 1-50 所示是作图过程。图中画出的是对应于 $U_{DS}=15$V 的转移特性曲线。

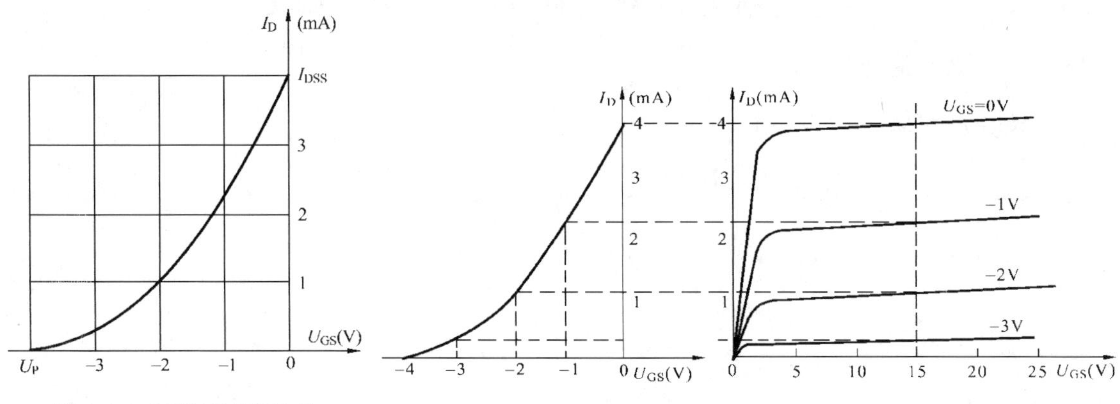

图 1-49　N 沟道 JFET 的转移特性曲线

图 1-50　根据输出特性曲线作转移特性曲线

3．主要参数

（1）夹断电压 U_P。U_P 是使导电沟道完全消失（夹断）所需的栅源电压。在图 1-46（d）中，将栅源电压沿负电压轴增加到 U_P，夹断点将移至源区处，即剩余导电沟道完全消失，漏极电流将等于零。在实际测试时，一般取 U_{DS} 为某一固定值（比如 10V），将漏极电流 I_D 调整到一个微小电流值（比如 50μA）时对应的 U_{GS} 为 U_P。在半导体器件手册上常用 $U_{GS(off)}$ 表示 U_P。

（2）漏极饱和电流 I_{DSS}。在 $U_{GS}=0$ 的情况下，当 $U_{DS}>|U_P|$ 时的漏极电流称为漏极饱和电流，即在导电沟道最宽，而 U_{DS} 使导电沟道在近漏端处预夹断时的漏极电流。在实际测试时，常以 $U_{DS}=10V$ 作为测试条件，栅源短路时测出的 I_D 就是 I_{DSS}。在转移特性曲线上，它是曲线在纵轴上的截距。对于 JFET 来说，I_{DSS} 也是管子所能输出的最大电流。

（3）最大漏源电压 BU_{DS}。BU_{DS} 是指近漏端处发生雪崩击穿，I_D 开始急剧增大时的 U_{DS} 值。由于近漏端处反偏电压为 $U_{DG}=U_{DS}-U_{GS}$，因此 U_{GS} 愈负，BU_{DS} 就愈小。

（4）最大栅源电压 BU_{GS}。BU_{GS} 是栅极电流开始急剧增加时的 U_{GS} 值，它是 JFET 中 PN 结的击穿电压。

（5）直流输入电阻 R_{GS}。在漏源短路的条件下，栅源之间加一定的反偏电压时的栅源直流电阻。由于 PN 结反偏，所以此时栅极电流仅为 PN 结的反向饱和电流，在通常情况下，可近似认为此电流约为零，所以 JFET 的直流输入电阻很大。

（6）低频跨导（互导）g_m。当 JFET 正常工作时，栅源电压的变化将引起漏极电流的改变，这就是 JFET 的正向控制作用，即 JFET 的放大作用。反映 JFET 的这种栅源电压对漏极电流的控制能力的参数就是低频跨导 g_m，其定义是在 u_{DS} 等于常数 C 时，漏极电流的微变量与引起其变化的栅源电压微变量之比，即

$$g_m = \left.\frac{\partial i_D}{\partial u_{GS}}\right|_{u_{DS}=C} \tag{1-13}$$

g_m 的几何意义是转移特性曲线上工作点处的切线斜率。在输出特性曲线上，则为恒流区相邻曲线的间距（相邻曲线间距大，则 g_m 大），单位是 mS 或 mA/V，其值一般在零点几毫西到几毫西。当事先无法得到 g_m 值时，可以用以下方法得到：

1）可以从 JFET 的输出特性曲线得到 g_m 值。在工作点附近确定 U_{GS} 的变化范围 Δu_{GS} 和相应的 Δi_D，其比值即为 g_m，$g_m \approx \frac{\Delta i_D}{\Delta u_{GS}}$。

2）根据 g_m 的定义和式（1-12）可得

$$g_m = \frac{di_D}{du_{GS}} = \frac{d}{du_{GS}}\left[I_{DSS}\left(1-\frac{u_{GS}}{U_P}\right)^2\right] = \frac{2I_{DSS}}{U_P}\left(1-\frac{u_{GS}}{U_P}\right) = -\frac{2}{U_P}\sqrt{I_{DSS}i_D} \tag{1-14}$$

（7）输出电阻 r_d。输出电阻用来说明 U_{DS} 对 I_D 的影响，定义式为

$$r_d = \left.\frac{\partial u_{DS}}{\partial i_D}\right|_{u_{GS}=C} \tag{1-15}$$

根据定义可知，r_d 是输出特性曲线上某一点上切线斜率的倒数。在恒流区，r_d 随 U_{DS} 变化很小，因此 r_d 的数值很大，一般在几百千欧以上。

此外，JFET 还有最大耗散功率、噪声系数、极间电容等参数，这里就不一一列举了。

三、绝缘栅场效应管

绝缘栅场效应管（IGFET）是利用半导体表面的电场效应工作的，其特点是控制栅极与半导体绝缘。图1-51是 N 沟道绝缘栅场效应管的结构示意图。在作为衬底的 P 型硅片上做出两个 PN^+ 结，N^+ 区引出的电极分别为源极 s 和漏极 d。在半导体表面做一层氧化层，表面覆盖一层金属，其引线为栅极 g。P 型硅衬底引出的引线称为衬底引线，用 B 表示。在有些场效应管中，衬底引线在内部已与源极连接起来。在金属栅极与导电沟道之间隔着一层极薄的绝缘层，这层绝缘层常见的是二氧化硅（SiO_2），故 IGFET 通常指的是金属—氧化物—半导体场效应管（Metal Oxide Semiconductor Field Effect Transistor，简称 MOSFET 或 MOS 场效应管）。由于栅极与沟道绝缘，所以这种管子的输入电阻远比结型场效应管高，可达 $10^9\,\Omega$ 以上。从导电沟道分，MOSFET 分为 N 沟道和 P 沟道两种类型。根据栅源电压 $U_{GS}=0$ 时导电沟道是否存在，又分为增强型和耗尽型两种。因此 MOS 场效应管可分为 N 沟道增强型、N 沟道耗尽型、P 沟道增强型和 P 沟道耗尽型四种类型，它们的电路符号分别表示于图 1-52 中。这里重点介绍 N 沟道增强型 MOS 场效应管的工作原理和特性曲线。

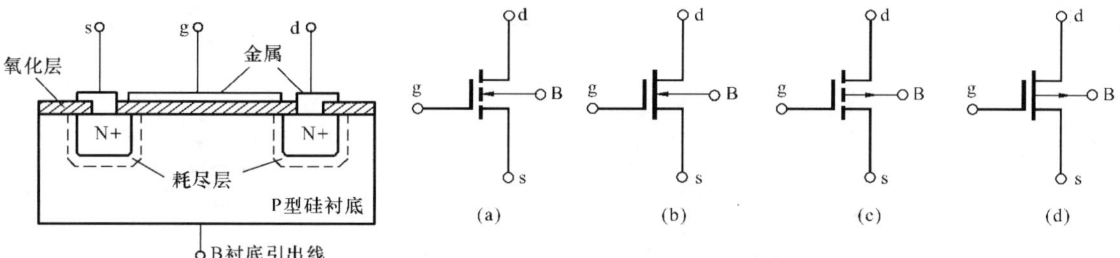

图 1-51　N 沟道 MOS 场效应管结构示意图

图 1-52　MOSFET 的电路符号

(a) N 沟道增强型；(b) N 沟道耗尽型；(c) P 沟道增强型；(d) P 沟道耗尽型

1. N 沟道增强型 MOS 场效应管的工作原理

与结型场效应管一样，MOS 场效应管工作时也需要在栅极与源极之间加入偏置电压 U_{GS}，目的是形成并控制导电沟道。在漏极与源极之间加入漏源电压 U_{DS}，目的是形成具有恒流特性的受控电流 I_D，同时也为电路工作提供能源。为讨论方便，在下面的分析中将分别讨论栅源电压 U_{GS} 和漏源电压 U_{DS} 对导电沟道的影响。

（1）U_{GS} 变化对导电沟道的影响。在 $U_{GS}=0$ 的情况下，没有导电沟道，即使在漏源之间加上电压 U_{DS}，因漏区与 P 型硅衬底之间的 PN^+ 结反偏，所以 $I_D=0$。当 U_{GS} 增大时，通过与源极相连的衬底连线，U_{GS} 成为加在栅极与栅极下方 P 型半导体之间的电压，此时的情况相当于一个平板电容器。U_{GS} 会在这个电容器两个极板之间形成一个垂直向下的电场，在这个电场作用下，P 区中的多数载流子空穴会被推离表面向下运动，同时 P 区的自由电子有被吸引过来的趋势。这种现象会随 U_{GS} 的增大而增强。由于空穴会被电场驱逐离开半导体表面，就会在表面形成一层耗尽层，如图 1-53（a）所示。

当 U_{GS} 增大到一定值时，会有更多的空穴离开表面，而自由电子会愈聚愈多，这就会在原来的 P 区表面形成一层空穴少、自由电子多的 N 区，称为反型层，此反型层将漏区和源区连接了起来。这个反型层就是导电沟道，如果在漏极和源极之间加电压 U_{DS}，就会形成漏极电流。所以反型层刚刚出现时对应的栅源电压是场效应管一个很重要的参数，称为开启电压 U_T，又称为 $U_{GS(on)}$。进一步增大栅源电压 U_{GS}，反型层会变厚，沟道电阻变小，所以栅源电压大于开启电压后，改变 U_{GS}，就可以控制沟道电阻的大小，如图 1-53（b）所示。

（2）U_{DS}变化对导电沟道的影响。为与场效应管放大时的实际工作情况相同，在 $U_{GS}>U_T$ 的情况下讨论 U_{DS}从小到大变化时，场效应管的导电沟道的变化。

当 $U_{DS}=0$ 时，尽管已经形成了导电沟道，但此时漏极电流 $I_D=0$，如图 1-53（b）所示。

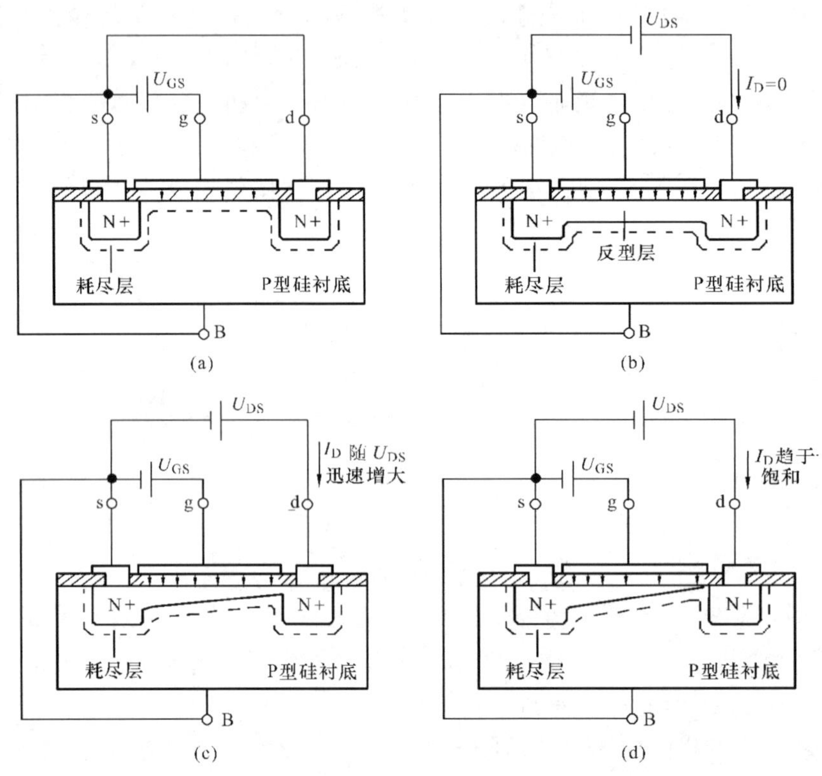

图 1-53　N 沟道增强型 MOSFET 工作原理示意图

（a）$0<U_{GS}<U_T$，没有导电沟道；（b）$U_{GS}>U_T$，出现 N 型沟道；（c）$U_{GS}>U_T$，U_{DS}较小时；（d）U_{DS}较大时出现预夹断

将 U_{DS}从零逐渐增大，将会使沟道中电流迅速增大，因此时 U_{DS}较小，对导电沟道的形状影响不大，在此阶段沟道电阻基本上是一个常数，其大小主要取决于栅源电压 U_{GS}，而与 U_{DS}的关系不大，所以沟道中电流随 U_{DS}线性增大。但随着 U_{DS}增大，在导电沟道中出现的横向电场会逐渐增强，方向由漏区指向源区，所以导电沟道中不同位置对源极的电位不再相同，越靠近漏区，电位越高。由于此横向电场的存在，使得导电沟道中各点处与栅极之间的垂直电场发生变化，越靠近漏区，电场越小，相应的反型层的厚度也将发生变化，越靠近漏区，反型层越薄，导电沟道呈现为“楔形”。因为沟道截面积变小，沟道电阻变大，将使 I_D

随 U_{DS} 迅速增大的趋势得以抑制，I_D 增长速度将变缓。

由上分析可知，U_{DS} 增大时，对 I_D 的增长有两种相反的影响：

$$U_{DS}\text{增大}\begin{cases} I_D \text{ 随之增大} \\ \text{沟道截面积变小，沟道电阻增大} \end{cases}$$

在 U_{DS} 较小时，横向电场对沟道形状的影响是次要因素，可以认为沟道电阻是一常数，所以 I_D 与 U_{DS} 是线性关系。当 U_{DS} 较大时，横向电场的影响上升为主要因素，沟道电阻明显增大，I_D 增长速度开始变缓，如图 1-53（c）所示。

U_{DS} 继续增大，靠近漏区处的导电沟道将因垂直电场强度进一步减弱而消失（当栅极与沟道近漏区处之间的电压小于开启电压 U_T 时，沟道在此点处消失），导电沟道出现夹断，称为预夹断，如图 1-53（d）所示。沟道夹断处为耗尽区所填充，因夹断点处的高阻特性，U_{DS} 再增加，其增量绝大多数降落在夹断点（夹断点上的电压降增大后，夹断点会略向源区方向移动，夹断点变为夹断区）上，剩余导电沟道中的横向电场强度不再明显增大，在这种相对稳定的横向电场作用下，源区中自由电子向漏区漂移的数量基本上和 U_{DS} 的进一步增大无关，I_D 呈现出饱和特征（MOSFET 开始具有恒流特性）。至于自由电子在沟道中的运动过程则与结型 MOSFET 管沟道中载流子的运动过程相同，这里不再赘述。

由以上分析，N 沟道增强型 MOSFET 有下列特点：

（1）N 沟道增强型 FET 导电沟道的产生依赖于栅源电压 U_{GS} 大于开启电压 U_T，有了导电沟道才有可能形成漏极电流。这就是增强型 MOSFET 的特点。

（2）当栅源电压 U_{GS} 与漏源电压 U_{DS} 之差等于 U_T 时，导电沟道开始出现预夹断，U_{DS} 再增大，MOSFET 进入恒流区。当 MOSFET 用于放大时，U_{DS} 实际取值一般在几伏至十几伏。

2. N 沟道增强型 MOSFET 的特性曲线

与结型 FET 一样，描述 MOSFET 电极之间电压电流关系的有输出特性曲线和转移特性曲线。某个 N 沟道增强型 MOSFET 的特性曲线如图 1-54 所示，其中图 1-54（a）是 MOSFET 的输出特性曲线，图 1-54（b）是 MOSFET 的转移特性曲线。在输出特性曲线和转移特性曲线中可以看出，栅源电压 U_{GS} 大于 2.1V 后，开始出现导电沟道，漏极电流不再为零。所以该图中所描述的 MOSFET 的开启电压约为 2.1V（需要说明的是，由于制造工艺的影响，即使是同一型号、同一生产批次的半导体器件，其参数和特性仍具有较大的离散性）。

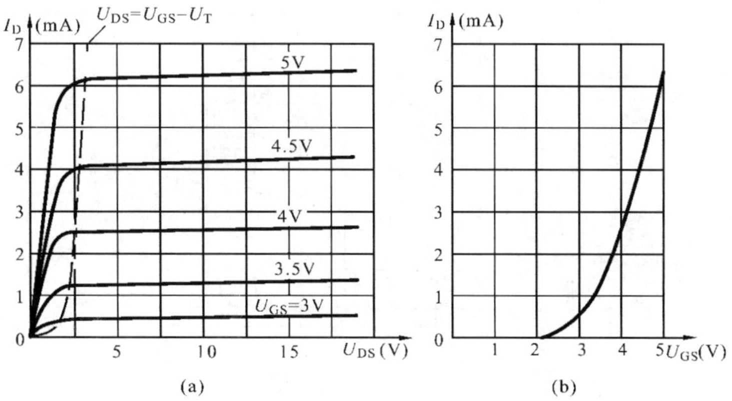

图 1-54　增强型 N 沟道 MOSFET 的特性曲线
（a）输出特性曲线；（b）转移特性曲线

输出特性曲线中的虚线是 MOSFET 恒流区与线性可变电阻区的分界线，在虚线左侧，U_{DS} 较小，沟道电阻基本上与 U_{DS} 是线性关系，当栅源电压 U_{GS} 增大时，沟道电阻减小，曲线斜率增大。这是因为虚线左侧满足 $U_{DS}<U_{GS}-U_T$，即 $U_{GS}-U_{DS}>U_T$，在此条件下，近漏端处导电沟道没有被夹断，所以 I_D 呈现随 U_{DS} 线性增长的态势。而接近虚线时，导电沟道即将被夹断，沟道电阻明显增大，I_D 的增长才逐渐变缓。进入虚线右侧后，$U_{DS}>U_{GS}-U_T$，即 $U_{GS}-U_{DS}<U_T$，沟道被夹断，I_D 基本上不再随 U_{DS} 而变，MOSFET 进入恒流区。在恒流区的各条曲线基本上是水平的，其大小仅与栅源电压 U_{GS} 有关。

在恒流区，对应的转移特性曲线可以表示为

$$I_D = I_{DO}\left(\frac{U_{GS}}{U_T}-1\right)^2 \qquad (U_{GS}>U_T) \tag{1-16}$$

式中：I_{DO} 为 $U_{GS}=2U_T$ 时对应的 I_D；U_T 为开启电压。

实际上恒流区的特性曲线是略微上升的，其原因是随着 U_{DS} 的增大，夹断点上的压降增大，夹断区将扩大，导电沟道的长度缩短，沟道电阻减小，同时作用在导电沟道上的横向电场也相应有所增加。这两方面的因素导致了恒流区的特性曲线随 U_{DS} 而变的结果。在以后的内容中，这种现象可以用有内阻的恒流源来等效。而在近似分析时，往往将特性曲线看成水平线，即按理想电流源处理。

3. 其他类型的 MOS 场效应管

（1）N 沟道耗尽型 MOS 场效应管。N 沟道耗尽型 MOS 场效应管与 N 沟道增强型 MOS 场效应管在结构上相同，区别是在栅极极板下方的二氧化硅绝缘层中掺入了碱金属离子 K_+ 或 Na_+，由于这些正电荷产生的电场，即使 $U_{GS}=0$，也可以在 P 型硅表面形成反型层。当 $U_{GS}>0$ 时，作用在 P 型半导体表面的电场增强，反型层变厚，I_D 增大。而当 $U_{GS}<0$ 时，反型层变薄，I_D 减小。U_{GS} 减小到沟道完全消失时，称其为“夹断电压 U_P”。所以耗尽型 MOSFET 在 $U_{GS}=0$ 的情况下就已经有导电沟道存在。这一点与结型 FET 相同（所以结型 FET 同样也属于耗尽型 FET）。在恒流区转移特性曲线可以用下面的表达式近似表示，即

$$I_D = I_{DSS}\left(1-\frac{U_{GS}}{U_P}\right)^2 \qquad (U_{GS}\geqslant U_P) \tag{1-17}$$

式中：I_{DSS} 为 $U_{GS}=0$ 时的漏极电流。

N 沟道耗尽型 MOSFET 的特性曲线如图 1-55 所示。

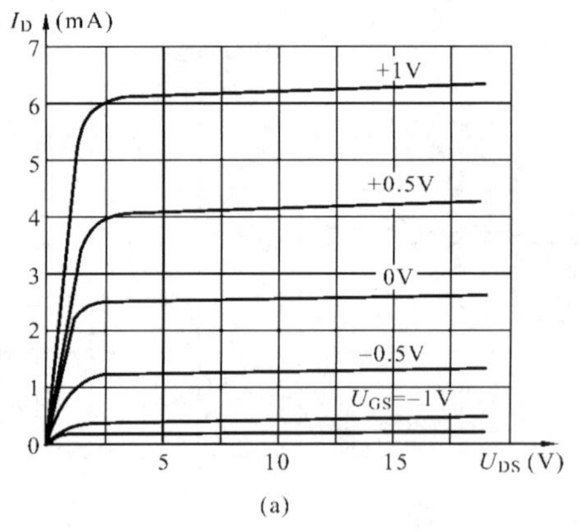

(a)

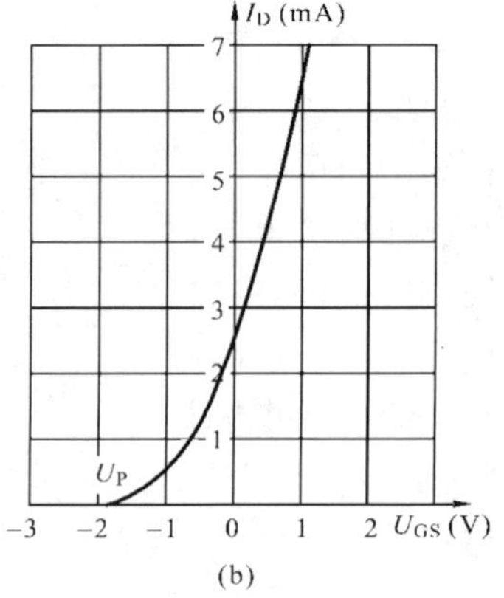

(b)

图 1-55 耗尽型 N 沟道 MOSFET 的特性曲线

（a）输出特性曲线；（b）转移特性曲线

与同为耗尽型的 JFET 相比，耗尽型 MOSFET 可以工作在负的或正的栅源电压下，由于绝缘层的存在，基本上无栅流。而 JFET 的栅源之间是一个 PN 结，只能工作在使 PN 结反偏的栅源电压极性下。这就是耗尽型 MOSFET 与 JFET 的区别。

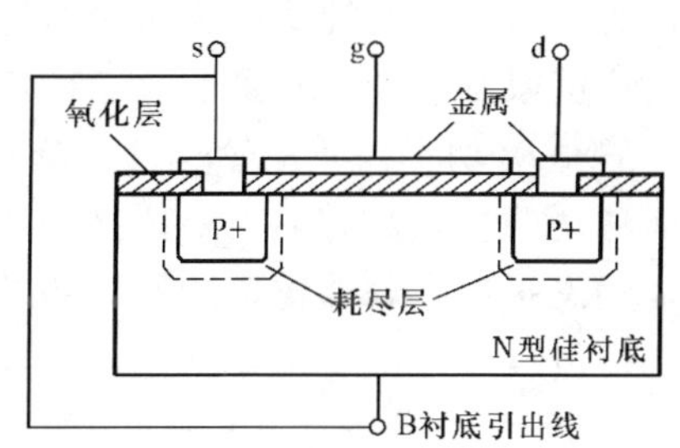

图 1-56　P 沟道 MOS 场效应管结构示意图

(2) P 沟道 MOS 场效应管。P 沟道 MOSFET 与 N 沟道 MOSFET 的结构相同，不同的是硅衬底是 N 型半导体，而漏区和源区则为 P 型半导体，如图 1-56 所示。为了在栅极极板下方的 N 型半导体表面形成 P 型反型层，需将 N 型半导体中的多数载流子——自由电子排斥开，并将少数载流子——空穴吸引到表面，这就决定了栅源电压 U_{GS} 应为负值。借以在半导体表面产生由下向上的电场。而为了使漏极电流 I_D 受栅源电压 U_{GS} 的控制，且具有恒流特性，漏源电压 U_{DS} 也必须是负值。所以 P 沟道 MOSFET 正常工作时，U_{GS} 和 U_{DS} 的极性均与 N 沟道 MOSFET 相反，漏极电流 I_D 方向也相反。

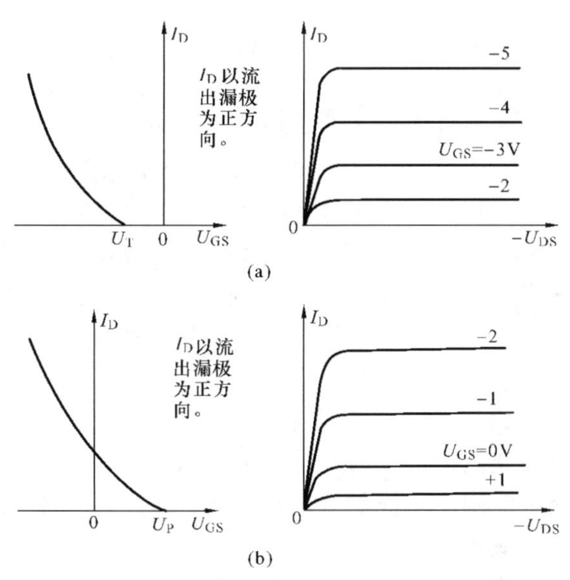

图 1-57　P 沟道 MOSFET 的特性曲线
(a) P 沟道增强型 MOSFET 的特性曲线；
(b) P 沟道耗尽型 MOSFET 的特性曲线

P 沟道 MOSFET 同样也分为增强型和耗尽型两种，P 沟道增强型 MOSFET 的开启电压 U_T 为负值，当栅源电压向负方向增加且超过 U_T 后才会产生反型层，而漏极电流 I_D 方向为流出漏极。P 沟道耗尽型 MOSFET 则在 $U_{GS}=0$ 时已有导电沟道，$U_{GS}>0$ 时正栅源电压将使反型层变薄，过大的正电压将使反型层消失（夹断），其临界值就是夹断电压 U_P。而 $U_{GS}<0$ 时，反型层变厚，漏极电流 I_D 增大。图 1-57 表示出了 P 沟道增强型和耗尽型两种管子的特性曲线。注意与 N 沟道 MOSFET 特性曲线的比较。因为 P 沟道场效应管的 U_{DS} 为负值，漏极直流电流 I_D 是流出漏极的。所以在图 1-57 中，选取流出漏极为 I_D 的正方向。而 N 沟道 MOS 场效应管的漏极直流电流 I_D 是流入漏极的，在图 1-54 和图 1-55 中，坐标系选取了以流入漏极作为 I_D 的正方向。

4. MOSFET 的参数

MOSFET 的参数大多与结型 FET 类似，因 MOSFET 有增强型和耗尽型的区别，所以表示栅源电压与导电沟道关系的参数有两个，增强型管子用开启电压 U_T，耗尽型管子用夹断电压 U_P。

四、VMOS 功率场效应管

由于普通 MOS 场效应管工作在恒流区时，导电沟道近漏端的夹断区有较大的电压降落，所以管子消耗的功率大部分发生在近漏端。而漏端面积狭小，无法把大量热量散发出去，这就限制了场效应管的大功率应用。

VMOS 功率场效应管是已广泛使用的功率器件，V 表示场效应管的漏极电流是垂直于表面流动的。它具有输入阻抗高，所需驱动功率小，驱动电路简单，工作频率高，开关速度快，动态损耗小，热稳定性好，跨导线性好等优点。

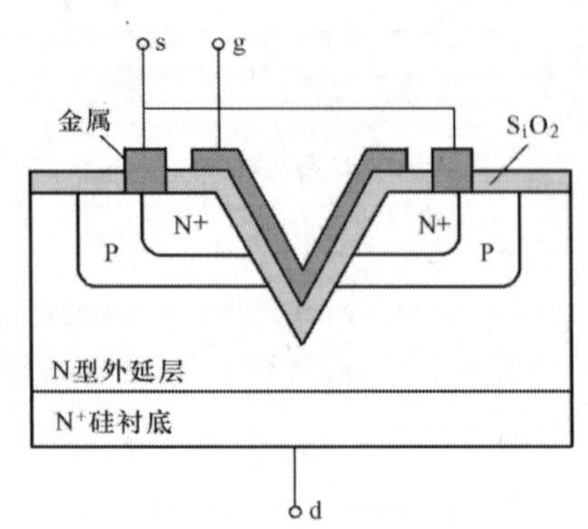

图 1-58 N 沟道 VMOS 场效应管结构示意图

图 1-58 所示是 N 沟道 VMOS 功率场效应管的结构示意图。在这种结构中，N＋型硅衬底就是漏极，在 N＋型硅衬底上制作一层掺杂浓度较低的 N 区，在这个 N 区，再依次扩散 P 区和 N＋区，然后沿垂直方向穿过 N＋区和 P 型层制作出一个 V 型槽，再在整个表面生长出氧化层，并在 V 形槽上和 N＋区制作金属电极，引出栅极 g 和源极 s。

当 $U_{GS}>U_T$（增强型）时，P 区靠近 V 形槽氧化层的表面形成反型层，成为连通 N＋区和 N 型外延层的垂直沟道，自由电子沿沟道自 N＋源区流向 N 型外延层，到达 N＋衬底的漏区。在这种结构中，作为漏极的 N 型外延层和 N＋衬底可以直接安装在金属基座上，扩大了漏极的散热面积，还可以采用散热器，进一步改善散热条件。而且，由于耗尽层主要出现在低掺杂的外延层，可以大大提高管子的漏源击穿电压。因此 VMOS 场效应管可以应用于大功率工作的场合。同时，从结构上看，P 型区的厚度就是沟道长度，这个厚度可以做得很薄，所以 VMOS 场效应管是短沟道器件，当栅源电压增大到一定值后，其跨导基本上是恒定值，线性好。还有，VMOS 场效应管栅极极板与漏区之间的对应部分小，极间电容小，可以工作于较高频率。作为开关使用时，速度快、动态损耗小。由于有上述优点，VMOS 场效应管获得了广泛应用。

五、场效应管和晶体三极管的比较

（1）场效应管和晶体三极管都具有对漏极或集电极电流的控制能力，但场效应管的漏极电流与输入电压成正比，晶体三极管的集电极电流则与基极电流成正比例。所以场效应管属于电压控制电流器件，晶体三极管是电流控制电流器件。

（2）场效应管是利用导电沟道中多数载流子导电的器件，所以将其称为单极型（一种载流子）晶体管。而晶体三极管则是空穴和自由电子都参与工作的器件，所以晶体三极管又称为双极型晶体管，常用符号 BJT 表示。由于多子的浓度不易受温度、光线、射线等外界因素的影响，所以场效应管的温度稳定性、抗辐射能力优于晶体三极管。

（3）晶体三极管的发射结在放大时需正偏，而 PN 结正偏时的动态电阻很小。场效应管的输入端或是一个反偏的 PN 结，或是绝缘层，所以场效应管的输入等效电阻很大。JFET 的输入电阻在 $10^7\Omega$ 以上，MOS 场效应管的输入电阻更高达 $10^9\Omega$ 以上，而晶体三极管共发射极接法时的输入电阻仅为 $10^3\Omega$ 左右。

（4）由于场效应管的源极和漏极具有互换性，所以在小电流、低电压工作时，场效应管可以作为小功率无触点的电子开关和电压控制的可变线性电阻器使用。

（5）MOS 场效应管的制造工艺简单，管芯占用面积小，适用于大规模集成电路。

（6）MOS场效应管的绝缘层很薄，一般为100～200nm，栅极极板与沟道之间的电容量非常小，只有几微法，这就决定了这个“电容器”的两极板上只要储存了少量电荷就能产生比较高的电压（$U=Q/C$），将绝缘层击穿。而人体等许多物体通常会带有一定量的电荷，当接近栅极时，栅极和衬底上就会产生感应电荷，使管子损坏。为避免出现这种情况，MOS场效应管在储存时，应将栅极与源极和漏极短路；测试时，仪器要有良好的接地；焊接安装时，电烙铁外壳要有良好接地，最好是断电后利用余温焊接。而且在管子确实接入电路后才能去除管脚短路片。在有些场效应管和由MOS管组成的集成电路中，为了避免栅击穿，在栅极和源极、漏极之间加入了保护电路，使得在存放、测试、焊接等过程中不再有特殊要求，但这样做会使管子的输入电阻有一定程度的减小。

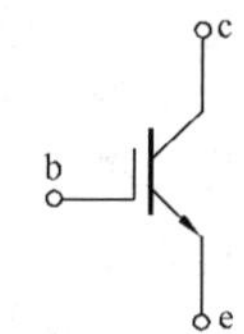

图1-59 IGBT电路图形符号

需要指出的是，随着电子技术的发展，新器件不断涌现。比如利用功率场效应管工作速度快、电压驱动的特性和大功率晶体三极管具有的低饱和电压特性，人们将功率场效应管和大功率晶体三极管组合起来，生产出同时具有两者优点的新型器件——绝缘栅双极晶体管（IGBT），其电路图形符号如图1-59所示。因其具体输入阻抗高、驱动功率小、开关损耗小、工作频率高、饱和电压低等特点，所以其在大功率应用场合得到日趋广泛的应用。

本 章 小 结

（1）半导体材料是重要的基础材料，电子电路中常用的二极管、三极管、场效应管和集成电路都是用半导体材料制造的。半导体中存在着两种载流子：自由电子和空穴（空穴导电是半导体区别于导体的重要特点）。在纯净的半导体中，自由电子和空穴的浓度相等，与温度有关。掺入其他元素后的半导体称为杂质半导体，杂质半导体分为两种：N型半导体和P型半导体。N型半导体中自由电子是多数载流子，P型半导体中空穴是多数载流子。杂质半导体是电中性的。

（2）PN结是制造所有半导体器件的基础。PN结中的N型半导体和P型半导体在交界处形成一个空间电荷区，此空间电荷区又称为耗尽层、势垒区、阻挡层等。PN结的特点是具有单向导电性：当PN结外加正向电压（正偏）时，耗尽层变窄，正向电流大，正向压降小；当PN结反偏时，耗尽层变宽，反向电流极小。

PN结反偏时的反向电流与反向电压的大小无关，呈现出饱和特征，称为反向饱和电流。反向饱和电流与温度有密切关系。当反向电压过大时，PN结被击穿，反向电流急剧增大。

二极管内部就是一个PN结，它有许多型号，有的只允许通过十几毫安的电流，有的却可以流过几百安。由于具有单向导电性的特点，二极管常用于整流、检波、限幅等电路中。

常用伏安特性曲线来描述半导体器件的电流、电压关系，从二极管的伏安特性曲线可知PN结是非线性器件。二极管的伏安特性曲线可用二极管方程近似表示。

二极管的主要参数有最大整流电流、最高反向工作电压和反向击穿电压，高频应用时，还要注意最高工作频率。

（3）稳压二极管是一种常用的特殊二极管，它在反向击穿状态下具有很好的恒压特性，可用来构成稳压电路。它处于反向截止和正向导通状态时的特性与普通二极管相近。

发光二极管是一种固体发光器件，它工作于正向导通状态，发光强度在一定范围内与正向电流有关。根据发射波长，发光二极管有红、绿、蓝、黄及红外、激光等多种。因其寿命长、体积小、驱动容易而获得广泛应用。

（4）三极管有 NPN 和 PNP 两种类型。三极管按材料则有硅管和锗管的区别，两者的电气参数有较大的不同，比如锗管发射结门槛电压为 0.1～0.2V，而硅管的门坎电压约为 0.5V。由于硅材料的热稳定性好，所以硅管得到广泛应用。在三极管内部，均包含两个 PN 结（发射结和集电结），三个区（发射区、基区和集电区）。

三极管可以实现对电信号的放大，其原因是三极管具有电流控制作用。而具有这种电流控制作用是有内、外两方面前提条件的：外部条件是电路电源电压应保证三极管发射结正偏，集电结反偏，内部条件则是在制造三极管时要实现发射区高掺杂，基区低掺杂且宽度很薄，集电结面积要大等。

描述三极管电压、电流关系的伏安特性曲线有输入特性和输出特性曲线。从输入、输出特性曲线可知，三极管属于非线性器件。从输出特性上可以看出，当改变基极电流时，集电极电流便会成比例变化。所以三极管是电流控制器件。

电流放大系数是用来描述三极管电流控制能力的重要参数，按三极管接法不同有共发射极电流放大系数 β 和共基极电流放大系数 α。

三极管的特性曲线分为饱和区、放大区和截止区，只有在放大区内三极管才有电流控制作用。为了避免在放大信号时产生严重的非线性失真，应使三极管始终工作在放大区内。

为了保证三极管安全工作，在使用时应注意几项极限参数，如集电极最大允许电流 I_{CM}，集电结最大允许耗散功率 P_{CM}，反向击穿电压 BU_{CEO} 等。

（5）场效应管利用栅源间电压形成的电场来控制漏极电流，是一种电压控制器件。场效应管分为结型和绝缘栅型两大类，结型和绝缘栅型，又有 N 沟道和 P 沟道两种类型，对于绝缘栅型场效应管又分为增强型和耗尽型两种，而结型场效应管只属于耗尽型。

描述场效应管电压、电流关系的伏安特性有输出曲线和转移特性曲线。场效应管工作于输出特性曲线上的可变电阻区时，相当于一个受 U_{GS} 控制的可变线性电阻；工作于饱和区（恒流区，线性放大区）时，可实现栅源电压对漏极电流的控制。

描述场效应管放大能力的重要参数是跨导 g_m。场效应管的主要特点是输入电阻高、抗辐射能力强、易于集成。

习　　题

1-1　比较一个小功率锗二极管（2AP9）和一个小功率硅管（2CP10）的门槛电压、反向电流、最高反向工作电压和工作频率。（提示：可查阅有关半导体器件手册）

1-2　有一 PN 结在温度为 20℃时的反向饱和电流为 2μA，30℃时为 4μA，40℃时为 8μA。试计算温度为 0℃和 60℃时的反向饱和电流分别为多少？

1-3　如何用万用表的欧姆档判断二极管的阳极、阴极？根据二极管的单向导电性和模拟式万用表欧姆档的内部电路拟定测试方法，预测测试结果。（提示：模拟式万用表转换开关在欧姆档位置时，黑表笔接表内电池的正极，而红表笔接表内电池的负极）

1-4　用万用表的 $R\times100\Omega$ 档和 $R\times1k\Omega$ 档测量同一个二极管的正向电阻时，发现用

$R\times1\mathrm{k}\Omega$ 档测得的阻值比用 $R\times100\Omega$ 档测得的阻值大，为什么？（提示：使用万用表上述欧姆档时，表内电路为 1.5V 电池和一个电阻串联，在不同量程时这个串联电阻的阻值不同，$R\times1\mathrm{k}\Omega$ 档的内部等效电阻比 $R\times100\Omega$ 档的大）

1-5　某二极管的伏安特性如图 1-60 所示，电路中电源电压为 1.5V，电阻为 1kΩ，试用图解法确定流过二极管的电流 I_D 和二极管两端电压 U_D。

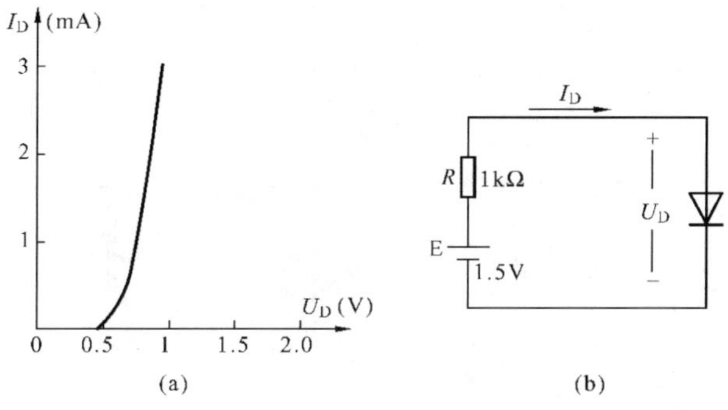

图 1-60　题 1-5 图

1-6　已知在图 1-61 中，$u_i=15\sin\omega t\mathrm{V}$，$R_L=1\mathrm{k}\Omega$，设二极管为理想二极管。试在图 1-60 (b) 中对应画出二极管的电流 i_D、电压 u_D 以及输出电压 u_o 的波形，并在波形图上标出幅值。

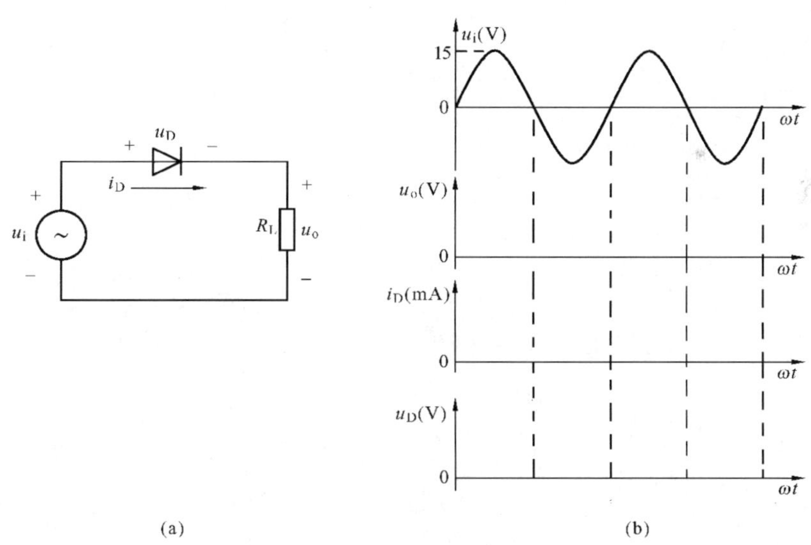

图 1-61　题 1-6 图

1-7　二极管电路如图 1-62 (a) 所示，设二极管是理想的，输入电压 $u_i(t)$ 波形如图 1-62 (b) 所示，试画出 0～5ms 的时间间隔内 $u_o(t)$ 的波形。

1-8　电路如图 1-63 所示，设电路输入电压 $u_i=10\sin\omega t\mathrm{V}$，试画出各电路输出端电压波形。

1-9　判断图 1-64 所示各电路中二极管是导通还是截止，并求出 AG 两端电压 U_{AG}。设二极管是理想的。

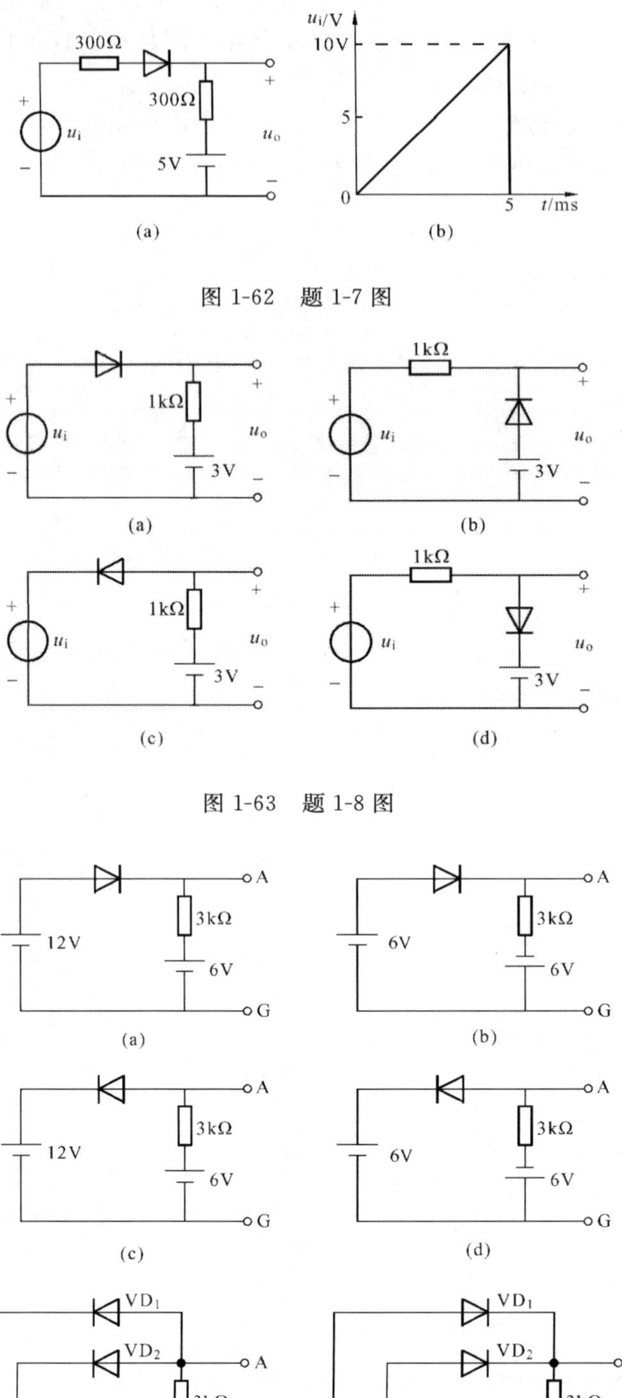

图 1-62　题 1-7 图

图 1-63　题 1-8 图

图 1-64　题 1-9 图

1-10　图 1-65 所示电路是一种双向限幅电路，常用于集成运算放大器的输入端，将输入电压限制在一定范围内。图中 VD_1，VD_2 是硅二极管，设其正向压降为 0.6V，试画出当输入电压 $u_i=6\sin\omega t$V 时的输出波形。

1-11　电路如图 1-66 所示，稳压管 VZ 的稳定电压 $U_Z=8$V，限流电阻 $R=3$kΩ，设 $u_i=16\sin\omega t$V，试画出输出波形。

1-12　试画出图 1-67 所示电路的电压传输特性曲线。（提示：电压传输特性曲线反映电路输出电压与输入电压之间的关系，通常用横轴表示输入电压，纵轴表示输出电压。）

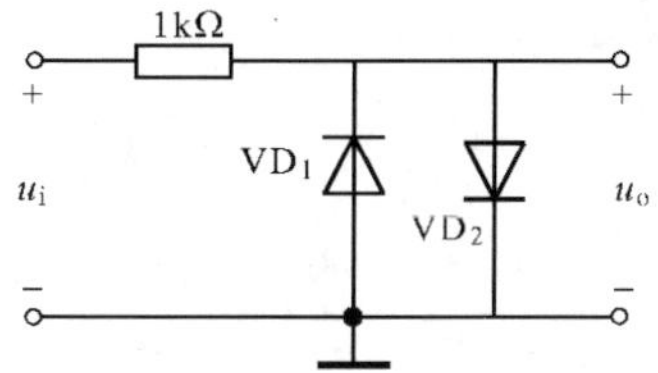

图 1-65　题 1-10 图

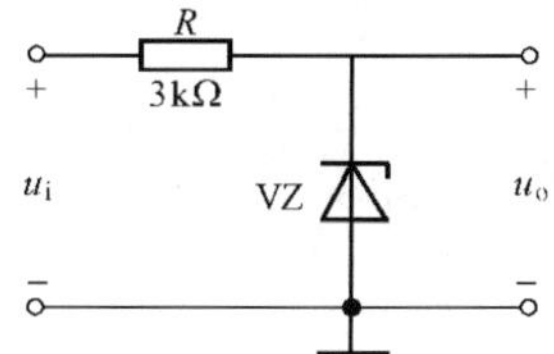

图 1-66　题 1-11 图

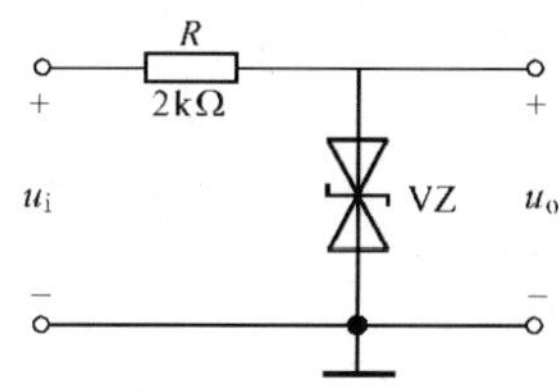

图 1-67　题 1-12 图

1-13　两个稳压管的稳定电压分别为 5V 和 7V，正向连接时的管压降均为 0.7V，试问将它们用不同的方法串联后接入电路，可能得到几种不同的稳压值？画出相应的电路。

1-14　一稳压管在 20℃时的稳压值为 5V，温度系数为＋0.05％/℃。当温度升高到 50℃时，稳压值是多少？

1-15　某三极管的 $\beta=90$，$I_{CBO}=5\mu$A，问三极管的 α 和 I_{CEO} 为多少？

1-16　有两只三极管，一只管子的 $\beta=160$，$I_{CEO}=180\mu$A，另一只的 $\beta=70$，$I_{CEO}=10\mu$A，其他参数一样，接成放大电路时你选哪一只管子？为什么？

1-17　在放大电路中，测得三极管 A 和 B 的三个电极对地电位分别为 9、3.6、3V 和 −5、−10、−5.3V。试据此判断这两个三极管的类型（是 NPN 管还是 PNP 管，是硅管还是锗管），并指出 E、B、C 三个电极。

1-18　测得放大电路中三极管电极对地电位如图 1-68 所示，试判断各三极管处于放大区、截止区、饱和区中的哪一个？

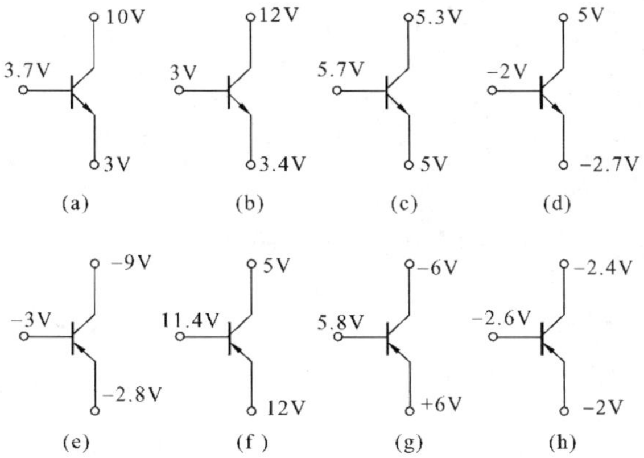

图 1-68　题 1-18 图

1-19　根据图 1-69 所示的转移特性曲线，分别判断对应的场效应管的类型（结型或绝缘栅型，P 型沟道或 N 型沟道，增强型或耗尽型）。如为耗尽型，确定其夹断电压 U_P 和饱和漏极电流 I_{DSS}；如为增强型，则确定其开启电压 U_T。

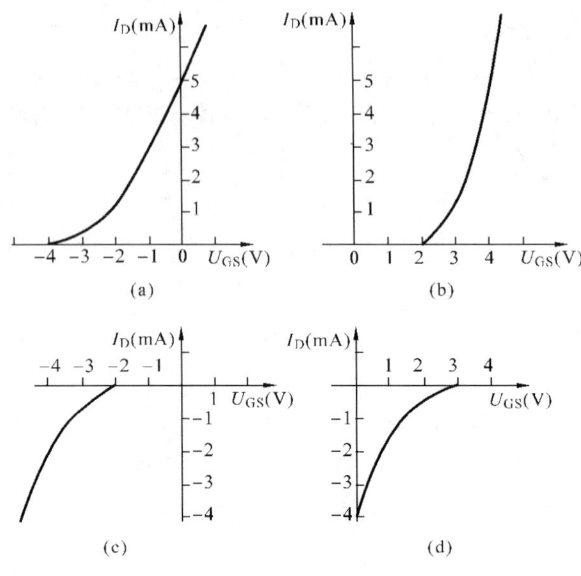

图 1-69　题 1-19 图

1-20　已知某 N 沟道增强型 MOS 场效应管的漏极特性曲线如图 1-70（b）所示，试在图 1-70（a）中做出 $U_{DS}=10V$ 时的转移特性曲线，并由特性曲线求出该管的开启电压 U_T 和 I_{DO} 值，以及当 $U_{DS}=10V$，$U_{GS}=4V$ 时的跨导 g_m。

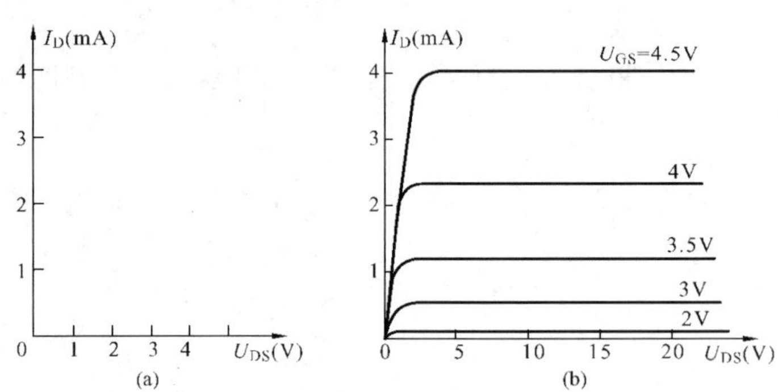

图 1-70　题 1-20 图

第二章　基本放大电路

放大电路是电子设备中最常用的单元电路，而单级放大电路是构成放大电路的基础。本章从最基本的单级共发射极放大电路的组成开始，介绍了放大电路的组成原则及实现放大的基本原理；电路中各元器件的作用；静态工作点的概念及估算；放大电路的图解分析法和微变等效电路分析法；稳定静态工作点的问题；放大电路的三种组态；场效应管放大电路的分析；多级放大电路的耦合方式及计算等内容。

第一节　放大电路基本概念

一、电子电路的输入信号

众所周知，声音信号可以传达语言、音乐或其他信息，图像信号则包含了人类视觉可以接收的图像信息。这些信号是随时间变化的某种物理量，它包含了一定数量的信息，人们利用自己的感觉器官可以接收、了解这些信息。但这种信号的传递一般不是直接的，它必须借助一定形式的信号（光信号、电信号）才能实现远距离快速传输和进行各种处理。比如歌唱家不借助扩音设备只能让几百名观众听到歌声，而用话筒将声音转变成电信号，经放大后就可以让更多的人听到。如果将电信号通过无线电广播发射出去，则全世界都可以听到。再比如，在工业生产的许多自动控制场合，需要根据某些物理量的变化自动调整生产过程中的工艺参数。诸如温度、转速、压力、位移等物理量均需要通过适当的传感器转换为电信号，然后送入电子电路中进行放大、运算等处理，处理后的输出信号再去控制执行机构对某些参数做出调整，达到自动控制的目的。以某型恒温箱的温度自动控制系统为例（见图 2-1），当停止加热后，温度便会逐渐降低，温度传感器将温度的变化转换成电信号（电压信号或电流信号），这种电信号中包含了温度变化的信息，大多数传感器输出的电信号比较小，一般在微伏级或毫伏级，需要放大到一定幅值后再与事先设定值比较，如果温度还在允许范围内，加热器不通电，当温度低于事先设定的温度下限了，则电路输出信号使继电器接通加热器的电源，加热器工作，温度回升，而当检测到温度升高超出允许上限时，则断开加热器电源。这一过程不断循环往复，就可以把箱内温度控制在一定的范围内。

由此可见，电子电路的输入信号通常来自各种传感器。为一般化起见，常把传感器作为信号源处理，如图 2-2 所示，其中图 2-2（a）用理想电压源和等效内阻 R_s 串联来等效信号

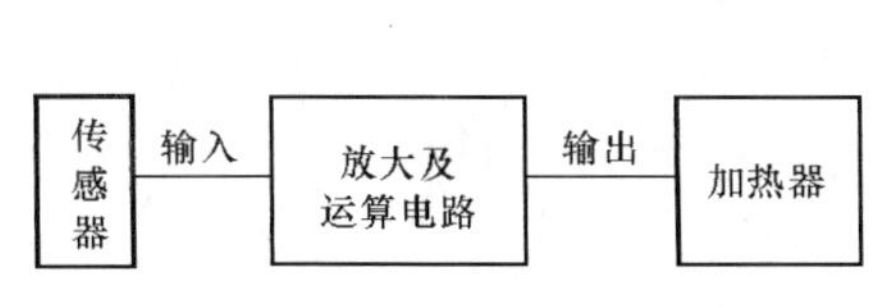

图 2-1　温度自控系统简化框图

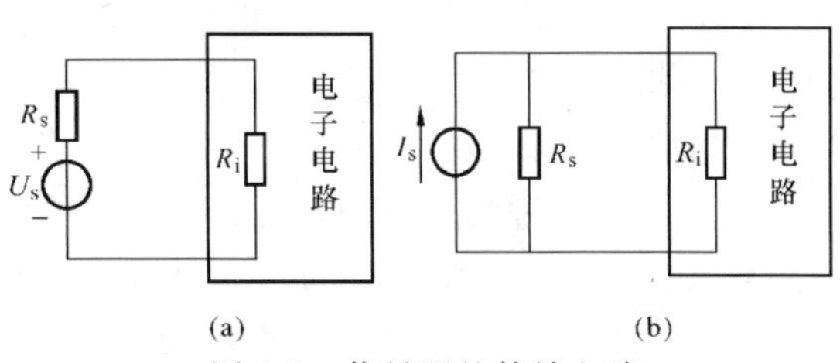

图 2-2　信号源的等效电路

（a）电压源等效电路；（b）电流源等效电路

源，适用于等效低内阻电压输出型传感器；而图 2-2（b）用理想电流源和等效内阻 R_s 并联来等效信号源，用来描述高内阻电流输出型的传感器。当然两者是等效的，可以相互转换，但在信号源内阻 R_s 远小于电子电路输入电阻 R_i 时，应选用电压源形式的等效电路表示信号源，反之，则应用电流源形式来表示。同样，在多级放大电路的分析中，前一级的输出就是后一级的输入，对于后级来说，前级的输出就是信号源，所以可以用这两种信号源等效电路来简化电路的分析过程。

一般来说，电子电路输入的电信号分为模拟信号和数字信号两种。模拟信号的特点是它不论在时间上，还是在幅值上都是连续的。在其动态范围内可取任意值，可以在任意时刻找到对应的输出值。模拟信号是大量存在的，大多数物理量都是随时间连续变化的量，比如锅炉的炉温、电机的转速、大气气压、液体的流速等。图 2-3（a）是一段歌曲的信号电压波形，图 2-3（b）是温度传感器输出的温度电压信号。它们是典型的模拟信号，从对信号的频谱分析可知，它们包含有从零开始的各种频率分量，这就是放大电路工作时面临的实际情况。但在分析、测试电子电路时，通常选用最简单的信号——正弦波信号作为电路的输入信号。

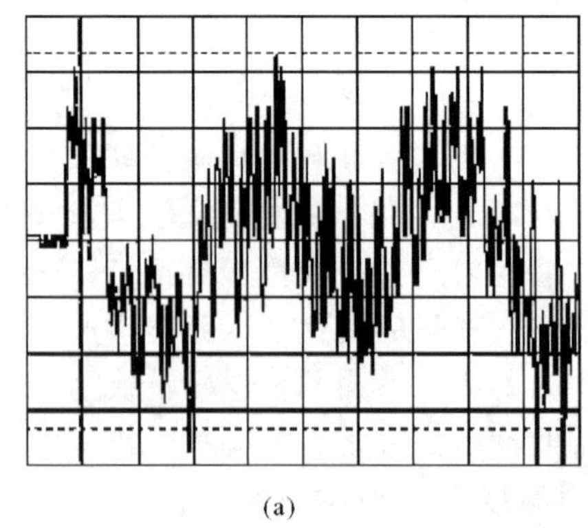

(a)

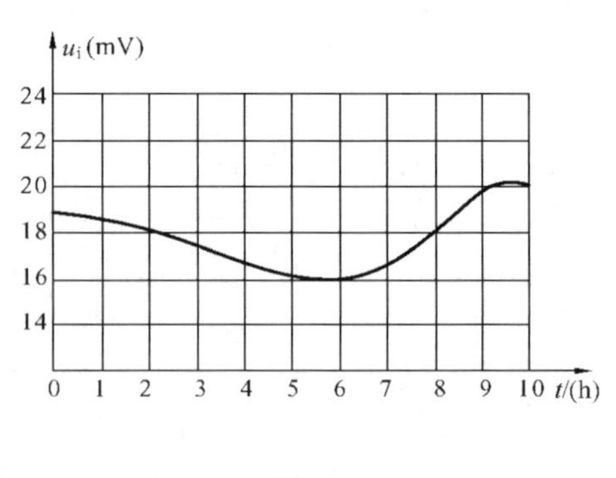

(b)

图 2-3 模拟信号波形举例

（a）音乐信号波形；（b）温度信号波形

数字信号与模拟信号有很大的不同，通常说的数字信号只有高、低两种电平，电路的输入信号和输出信号的幅值都一样。所传输的信息包含在高、低电平的组合之中。图 2-4 所示的波形就是一个简单数字电路的输出、输入波形图。

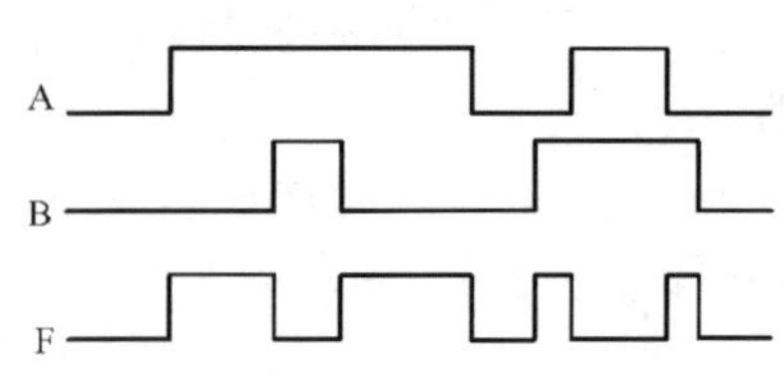

图 2-4 数字信号波形举例

处理模拟信号的电子电路称为模拟电路。处理数字信号的电子电路称为数字电路。

二、放大电路的分类

在现代社会，放大电路有着十分广泛的应用。不论是日常生活中使用的收音机、电视机等家用电器，还是各种通信设备和系统、各种检测测试仪器或者各种自动控制系统中，通常都会使用各式各样的放大电路。放大电路的作用是把微弱的信号放大到所需要的大小。例如，从收音机天线得到的信号、从磁带录音机磁头或 VCD 光电接收组件得到的信号只有微伏或毫伏数量级，只有使用放大电路，才能使扬声器（喇叭）发出响亮的声音。同样，从各种传感器得到的电信号幅度通常也是在微伏或毫伏级上，经过放大后才能推动指示仪表或执行机构进行显示或控制。由于放大电路是电子技术中最基本的单元电路，所以是模拟电子技术中的主要讨论内容。

根据被放大信号的不同特征，放大电路可分为放大变化缓慢信号的直流放大电路、放大语音信号的音频放大电路、放大电视图像信号和脉冲信号的视频放大电路和宽频带放大电路、放大高频载波信号或调制波信号的谐振放大电路等。上述放大电路根据被放大信号的频率，可分为低频放大电路、高频放大电路、超高频放大电路等；根据被放大信号的大小，又可分为小信号放大电路和大信号放大电路。本书仅限于介绍低频放大电路，除了低频功率放大电路外，其他介绍的均为小信号放大电路。

从本质上说，各类放大电路实际上是一种能量转换器，因为能量是不能放大的。放大电路将弱小信号放大的过程并不是电能被放大的过程，而是一个将直流电源所提供的直流功率中的一部分转换成交流功率输出给负载的过程，在这一过程中，需要对被转换的这部分交流功率进行控制，使其随输入信号的变化规律而变，即当输入为正弦波时，输出到负载上的交流电压和电流也应是同频率的正弦波。能够实现这种控制作用的器件就是三极管或场效应管。从这个过程看，可知放大电路工作时需要有一个外部能源支持，即放大电路工作时需要有一个电源，一方面为三极管提供所需的偏置电压，另一方面提供电路的功率消耗和功率输出。

三、放大电路的主要技术指标

放大电路的技术指标用来定量描述放大电路的有关技术性能。衡量一个放大电路性能的技术指标有很多，这里只介绍一些比较常用的技术指标的概念，比较详细的定义及应用见后面相关内容。

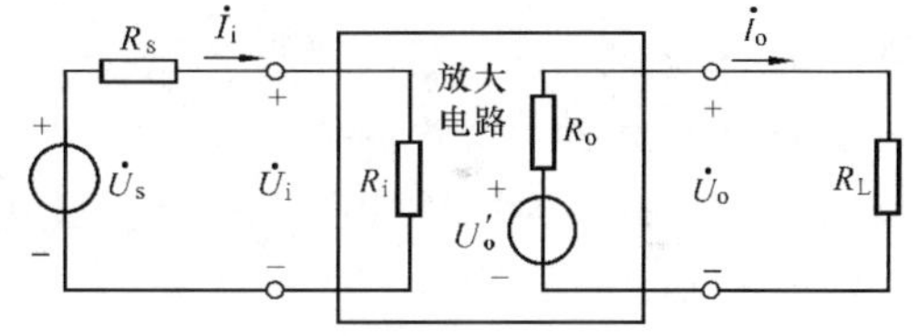

图 2-5　放大电路框图

放大电路框图如图 2-5 所示，$\dot{U}_s$ 为信号源电压，R_s 为信号源等效内阻，$\dot{U}_i$ 和 $\dot{I}_i$ 分别是输入电压和输入电流，R_L 为负载电阻，$\dot{U}_o$ 和 $\dot{I}_o$ 分别为输出电压和输出电流。放大电路的输出端根据戴维南定理用受控电压源 $\dot{U}_o'$和内阻 R_o 等效。在测试电路的技术指标时，一般是在电路的输入端加上一个已知幅值和频率的正弦电压作为输入激励信号，接通电源后测试电路中的有关电量。

1. 放大倍数

放大倍数描述电路对输入信号的放大能力，反映了在输入信号的控制下，将供电电源能量转换为信号能量的能力。在实际应用中，根据放大电路输入信号的条件和对输出信号的要求，有如下定义：

电压放大倍数：输出电压与输入电压的变化量之比，用来表示将输入信号放大了多少倍。当输入接入正弦信号时，也可以用输出和输入电压的正弦相量之比来表示，即

$$\dot{A}_u = \frac{\dot{U}_o}{\dot{U}_i} \tag{2-1}$$

需要说明的是，放大倍数的定义式建立在信号基本不失真的前提之上，即当输出波形也是正弦波，没有明显失真的情况下，讨论放大倍数才有意义。这一点也适用于其他各项指标。

在工程上还有另外一种表示放大倍数的方法，即

$$A_u(\mathrm{dB}) = 20\lg|\dot{A}_u| \tag{2-2}$$

这样计算出的放大倍数称为电压增益，单位是 dB。它和电压放大倍数的关系是：当 $A_u>1$ 时，其电压增益大于 0dB，表示放大了。如果 $A_u=1$，输出与输入相等，则电压增益为 0dB，表示没有放大；而当 $A_u<1$ 时，则分贝数为负值，表示信号被衰减。例如当 $A_u=100$ 时，A_u（dB）＝40dB。而且采用分贝表示后，多级放大电路的增益运算由乘法变成了加法，方便计算。

电流放大倍数：输出电流与输入电流的变化量之比。在输入接正弦信号时，也可用输出电流与输入电流的正弦相量之比来表示，即

$$\dot{A}_i = \frac{\dot{I}_o}{\dot{I}_i} \tag{2-3}$$

此外，在某些应用中需要把电流信号转换为电压信号，或把电压信号转换为电流信号，此时相应的放大倍数为互阻放大倍数和互导放大倍数。互阻放大倍数是电路输出电压变化量与输入电流变化量之比，或是两者正弦相量之比，即

$$\dot{A}_r = \frac{\dot{U}_o}{\dot{I}_i} \tag{2-4}$$

类似的，互导放大倍数的表达式为

$$\dot{A}_g = \frac{\dot{I}_o}{\dot{U}_i} \tag{2-5}$$

2. 输入电阻

从放大电路输入端看进去的等效电阻称为放大电路的输入电阻，如图 2-5 中的 R_i。在放大电路的通频带之内该等效电阻是一个纯电阻，R_i 的大小等于输入端外加正弦输入电压与相应输入电流之比，即

$$R_i = \frac{\dot{U}_i}{\dot{I}_i} \tag{2-6}$$

输入电阻反映放大电路从信号源索取电流的大小。在图 2-5 中，R_i 愈大，$\dot{I}_i$ 就愈小，信号源内阻 R_s 上的电压损耗就愈小，放大电路输入端得到的$\dot{U}_i$ 就愈大。所以在信号为电压源性质的场合，输入电阻应远大于 R_s。对于电流源性质的信号源，则输入电阻愈小，注入放大电路的输入电流愈大。

3. 输出电阻

放大电路的输出电阻 R_o 反映电路驱动负载的能力，是从放大电路输出端看进去的等效电阻。在图 2-5 中，R_o 愈小，负载阻值变化对输出电压造成的影响愈小，当 $R_o=0$ 时，放大电路的输出端变成一个理想受控电压源，输出电压大小与 R_L 的有无或增减无关，电路的带负载能力最强。所以从提高电路带负载能力的角度，通常希望放大电路的输出电阻愈小愈好。

输出电阻 R_o 的定义是当 $U_s=0$（但保留信号源内阻 R_s），输出端负载开路（负载电阻 R_L 不是电路的内部元件，应去掉）时，在电路输出端外加一个交流电压 U，计算或测量相应的电流 I，两者之比即为输出电阻 R_o，即

$$R_o = \frac{\dot{U}}{\dot{I}}\bigg|_{\substack{U_s=0 \\ R_L=\infty}} \tag{2-7}$$

当需要实际测试一个电路的输出电阻时，可以利用电阻分压原理来计算输出电阻。具体方法是在放大电路输入端加上一个固定的正弦输入电压 U_i，在输出端测量在负载开路时的空载输出电压 U_o'和接入负载 R_L 时的输出电压 U_o，根据图 2-5 的输出回路可列出

$$R_o = \left(\frac{U_o'}{U_o} - 1\right)R_L \tag{2-8}$$

需要注意的是，放大电路的输入电阻和输出电阻不是直流电阻，电路中也没有这样的电阻接在输入端和输出端，它们是电路在线性工作情况下的交流等效电阻。

4. 通频带

由于实际电路中存在有一些电抗性元件，比如电路中的电容、半导体器件的极间电容、导线之间的分布电容和分布电感等，会对不同频率下的电路输出、输入关系产生影响，所以放大电路会对不同频率的信号有不同的放大倍数。以常见的阻容耦合放大电路为例，当频率升高或降低超过一定界限后，电抗性元件的作用开始呈现，放大倍数都将减小，而在中间一段频率范围内，因各种电抗性元件的作用可以忽略不计，放大倍数表现为一个定值，如图2-6所示。通常将放大倍数在高频和低频段分别下降至比中频段电压增益低 3dB 处对应的频率定义为上限转折频率 f_H 和下限转折频率 f_L，两个频率之间的范围称为放大电路的通频带，用符号 BW 表示。

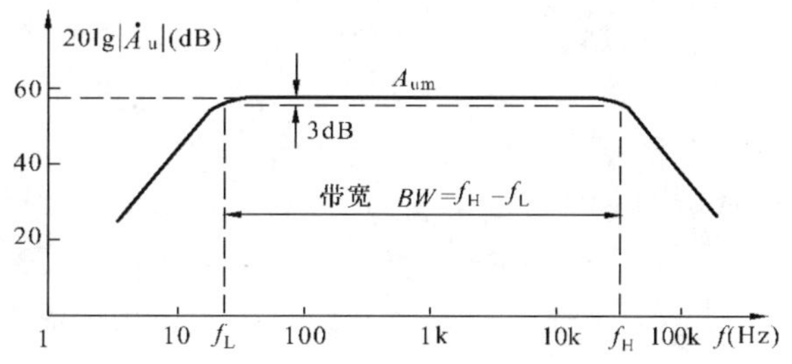

图 2-6　某放大器的频率特性

通频带的宽度(带宽)是放大电路的一项重要指标，它的宽窄反映了放大电路对不同频率信号的放大能力。在选用或设计放大电路时，要使电路的通频带覆盖输入信号的频谱范围。

有些放大电路的频率特性，中频段的平坦部分一直延伸到直流，说明该电路可以放大频率趋于零的信号。见后面直接耦合放大电路部分。

5. 非线性失真系数

由于电路中三极管、场效应管等放大器件的非线性，使得电路输出信号波形产生或多或少的非线性失真。当输入单一频率的正弦信号时，输出波形中除了基波分量外，还会出现一定数量的谐波。将所有谐波总量与基波分量的比值定义为非线性失真系数，用符号 γ 表示，则

$$\gamma = \frac{\sqrt{\sum_{N=2}^{\infty} U_{oN}^2}}{U_{o1}} \times 100\% \tag{2-9}$$

式中：U_{o1} 为输出电压信号基波分量有效值；U_{oN} 为高次谐波分量的有效值；N 为正整数。

6. 最大输出功率和效率

放大电路的最大输出功率是指在输出波形没有明显失真的前提下，向负载提供的最大功率，用 P_{om} 表示，它是功率放大电路的一个重要指标。

由于负载得到的交流功率是在输入信号的控制之下从直流电源转换而来的，这就有一个

转换效率问题。直流电源提供的电能可以分成两部分：负载上的输出功率和放大电路自身的功率消耗。效率低，则直流电源提供的电能大部分消耗在电路上，最终变成热量，使设备内部温度升高。显然效率问题在有一定功率输出的电路（功率放大电路）中也是一个很重要的技术指标。其定义是电路最大输出功率 P_{om} 与直流电源输出的功率 P_V 之比，即

$$\eta=\frac{P_{om}}{P_V} \tag{2-10}$$

放大电路的技术指标除了上面介绍的以外，针对不同用途的电路，还会有一些其他指标，例如最大输出幅度、信号噪声比、抗干扰能力、体积、重量等。

第二节　共发射极放大电路

当三极管用于放大时，可以接成共发射极放大电路、共基极放大电路、共集电极放大电路三种电路形式，分别简称为共射、共基、共集电路。其中，共发射极放大电路应用最为广泛，本节将以它为例，介绍放大电路的组成原理和基本分析法。

放大电路工作时，三极管的电压、电流均由直流成分与交流成分叠加而成。在讨论放大电路的工作原理和性能时，将涉及电路中的交流、直流电压（电流）。为便于讨论，现以三极管基极—发射极电压为例，将所用符号说明如下❶：

U_{BE}——从基极到发射极的直流电压值；

u_{be}——基极与发射极之间的交流电压瞬时值；

u_{BE}——基极到发射极之间直流电压和交流电压瞬时值的总和；

U_{be}——基极到发射极之间的正弦交流电压有效值。

对于其他电量，亦遵循相同规律。

一、单级共发射极放大电路的组成

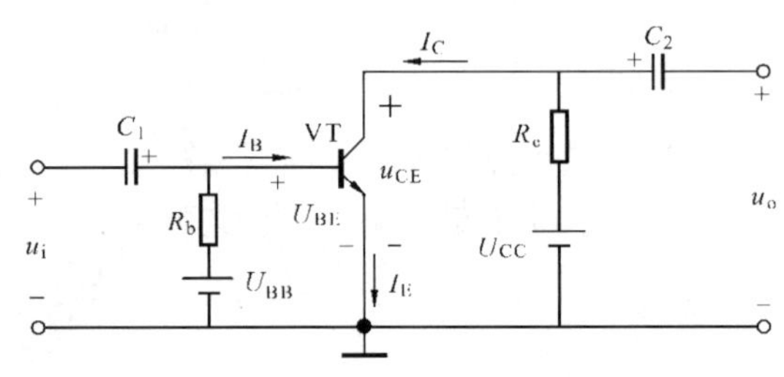

图 2-7　共发射极放大电路的原理电路图

图 2-7 所示电路是最基本的共发射极放大电路。左侧标 u_i 处是电路的输入端，右侧标 u_o 处是电路的输出端。在这两处标注的电压极性是输入电压和输出电压的假定正方向。在电子电路中，常把输入电压、输出电压以及直流电源 U_{CC}、U_{BB} 的连接点称为“地”，用符号“⊥”表示，但该点并不真正接大地，它是该电路的零电位点。在分析计算中均以它作为参考电位。这样，电路中的各点电位实际上就是各点对地电压（即电位差）。为分析方便，所有各点对地电压的假定正方向均标注为对地为正。三极管管脚电流的假定正方向则以其静态电流流向为正方向。

VT 是 NPN 型硅三极管，作为放大元件它必须工作在放大区，使集电极电流 i_C 受基极电流 i_B 控制。U_{BB}是基极回路的直流电源，其极性保证了三极管的发射结正偏，并与基极电阻 R_b 一起，为三极管提供一个大小合适的静态基极电流 I_B（此电流称为基极偏置电流，简称偏流）。在本电路中，可以列出基极回路电压方程 $U_{BB}=I_BR_b+U_{BE}$，由此可得

❶ 见目录前的常用符号表。

$$I_B = \frac{U_{BB} - U_{BE}}{R_b} \tag{2-11}$$

因三极管发射结正偏时，硅管的 U_{BE} 约为 0.7V，锗管的 U_{BE} 约为 0.2V，且随 I_B 变化较小。为简化计算，可将 U_{BE} 看成是一个常数，以 0.7V（0.2V）作为典型值代入，即可估算出 I_B 之值。当 U_{BB} 的值确定后，通过改变 R_b 的阻值就可以调整 I_B 的大小，进而控制三极管的集电极电流，所以 R_b 被称为基极偏置电阻。在以后的分析中可以看到，基极偏置电流 I_B 的大小，决定了放大电路的静态工作点的位置，和放大电路的性能有着密切关系。因当电源电压和 R_b 确定后，I_B 是“固定”的，所以这种电路称为固定偏置电路。

U_{CC} 是集电极回路的电源电压，它的取值一般在几伏到几十伏之间，其作用一是保证三极管集电结反偏，二是提供电路工作所需能源。R_c 是集电极电阻（一般在几千欧到十几千欧之间），它的作用是将三极管集电极电流 i_C 的变化转换为集电极电压 u_{CE} 的变化，当 i_C 增大时，R_c 上的压降增大，则 u_{CE} 减小（因为 $u_{CE}=V_{CC}-i_CR_c$），反之则 u_{CE} 增大。

电容 C_1、C_2 分别是输入回路和输出回路的耦合电容（又称隔直电容，在三极管放大电路中，容量一般在几微法到几十微法，这样大的电容量只能使用电解电容），在电路中的作用是“通交流，隔直流”。以 C_1 为例，它既要保证输入交流电压 u_i 能顺利地加到三极管的发射结两端，又可以防止发射结正偏电压 U_{BE} 被信号源很小的内阻短路，避免信号源对三极管工作状态的影响，同时也避免了直流电流流过信号源（如话筒），造成信号源工作不正常。电路在工作时，基极和集电极对地均有一定的直流电压（U_{BE} 和 U_{CE}），所以 C_1、C_2 上会有直流电压，大小分别等于 U_{BE} 和 U_{CE}（经信号源和负载电阻充电），因为电解电容是有极性的电容，所以必须考虑电解电容的接法，请注意图 2-7 中 C_1、C_2 的极性。

通过上述分析讨论电路中各个元器件的作用，可以看到，在电路中使用任何一个元件总是有一定目的的。所以，欲了解电路的工作原理，势必要求对电路中的元器件的作用有深刻了解。

二、单级共发射极放大电路的工作原理

在图 2-7 所示电路中，在输入电压信号未接入的情况下（也可以将输入端短接），$u_i=0$，三极管中的电流均为直流电流 I_B、I_C、I_E（i_B、i_C、i_E 中的交流电流为零，只有直流电流），电压 u_{BE}、u_{CE} 亦然。此时电路处于静态。

将待放大的输入电压 u_i 接入电路的输入端，经 C_1 耦合，加在发射结两端，使得 u_{BE} 在直流电压 U_{BE} 的基础上发生变化，这种发射结正偏电压的变化，必然会改变从发射区注入基区载流子的数量，从而引起基极电流 i_B 和集电极电流 i_C 的变化。i_C 的变化使 R_c 上压降变化，而集电极对地电压 $u_{CE}=V_{CC}-i_CR_c$，当 i_C 的瞬时值增大时，u_{CE} 将减小，故 u_{CE} 的变化规律与 i_C 正好相反。U_{CE} 中的交流分量 u_{ce} 经 C_2 传送到输出端成为输出交流电压 u_o。因为 i_C 的变化量比 i_B 大 β 倍，集电极电阻 R_c 在保证三极管集电结反偏的条件下可取较大阻值，所以有条件使输出电压幅度大于输入电压，从而达到放大的目的。图 2-8 中画出了电路在输入正弦波信号后的各点波形。

通过上述分析，可归纳出组成放大电路时应注意的三点原则：

（1）电路所用直流电源的极性应保证使三极管的发射结正向偏置，集电结反向偏置，即三极管应工作在线性放大区且有一定的放大倍数。为达到此目的，电路中的 R_b、R_c 和三极管的特性曲线等参数之间还应有适当的配合。

（2）输入回路各元件的接法应保证输入信号能顺利地传送到三极管的基极—发射极之

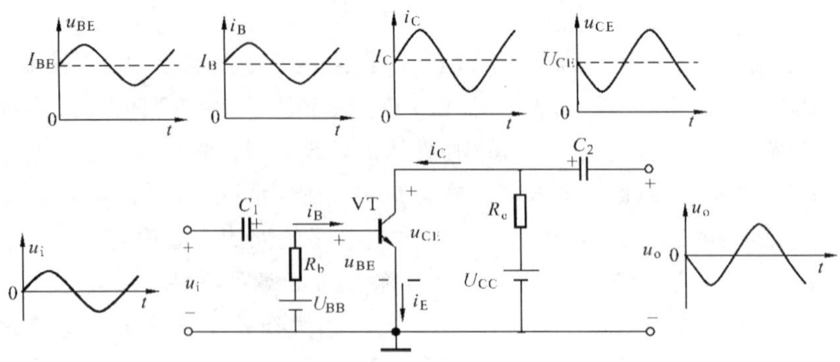

图 2-8　共发射极放大电路动态时各点波形

间，使基极电流产生变化。

（3）输出回路各元件的接法应能使集电极电流变化量能转换为集电极电压的变化，并传送到输出端负载上。

这三条原则的第一条是要解决三极管工作状态问题，第二、第三条则是要解决“能输入”和“能输出”的问题。只要符合这三条，即使电路形式有所变化，仍然能够实现放大作用。

图 2-7 中的电路图使用了两个直流电源，分析一下它们的接法，就能发现可以去掉 U_{BB}，用 U_{CC}来代替 U_{BB}的作用，改动后的电路图如图 2-9 所示。电路输出端增加了负载电阻 R_L，它可以代表真正的负载电阻，也可以代表后级电路对前级电路的影响，即接入的后级电路要从前级电路输出端索取信号电压、电流，这就相当于是前级的负载。

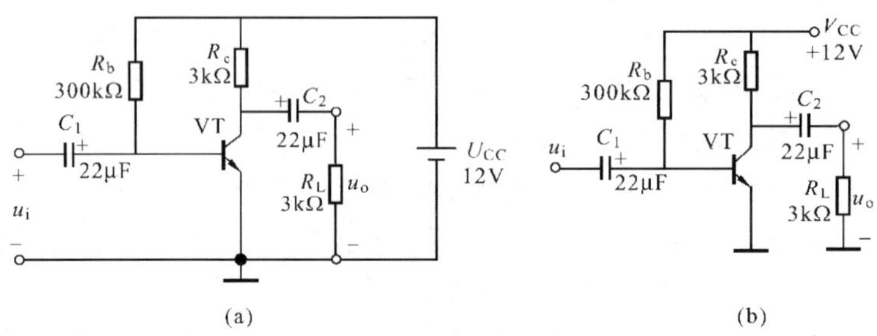

图 2-9　共射放大电路的画法

（a）用 U_{CC}代替 U_{BB}后的电路；（b）习惯画法

第三节　放大电路的静态分析

当放大电路没有输入信号（$u_i=0$）时，电路中各处电压、电流均为大小不变的直流量，此时电路处于静止状态，简称静态。对于三极管来说，通过了解 I_B、U_{BE}、I_C、U_{CE}这四个量的大小，便可以知道三极管的工作状态，这就是对电路进行静态分析（也称直流分析）的目的。以后可以看到，上述四个量在三极管的输入特性曲线和输出特性曲线上各决定一个点的位置，这个点称为静态工作点，常用字母 Q❶ 来表示，所以静态工作点常简称为 Q 点。

❶ Q 是 Quiescent Piont 一词的首字母。

为表明是静态工作点处的电压、电流，所有 Q 点对应的电压、电流均增加一个下标 Q，如 I_{BQ}、U_{BEQ}、I_{CQ}、U_{CEQ}等。

对于静态工作情况，可以采用近似估算法，也可以采用图解法求解。

一、静态工作点的近似估算法

静态工作点的近似估算法是工程上常用的方法。它简单快速，物理概念清楚，在合理应用的情况下估算精度完全满足工程要求，是必须熟练掌握的电路分析方法之一。现通过一个例题说明估算方法。

【例 2-1】 电路如图 2-9（b）所示，试估算电路的 Q 点。

解 既然是求解直流问题，那电路中直流电流不能通过之处自然不在考虑之列，所以耦合电容 C_1、C_2 以及信号源、负载电阻 R_L 均与 Q 点无关。如此考虑后，图 2-9（b）中剩下的就是直流电流流通的路径（电路中直流电流流通的路径即为直流通路），现画于图 2-10 中。图中标出了欲求的电量位置。用式（2-11）相同的推导方法可得

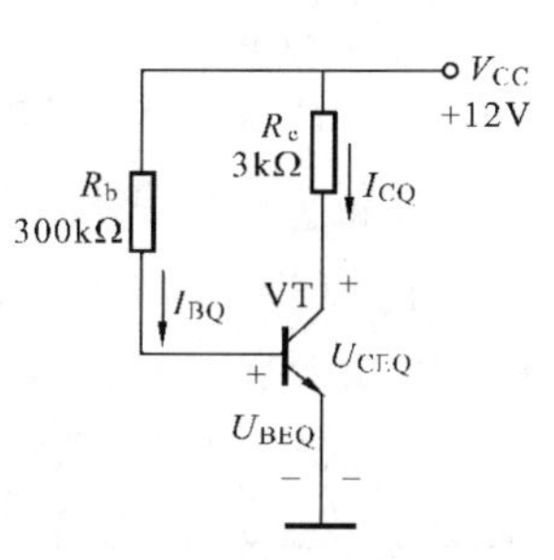

图 2-10　直流通路

$$I_{BQ} = \frac{V_{CC} - U_{BEQ}}{R_b} \tag{2-12}$$

其中 U_{BEQ}可按典型值 0.7V 代入，如果 $V_{CC} \gg U_{BEQ}$，则式（2-12）还可近似成

$$I_{BQ} \approx \frac{V_{CC}}{R_b} \tag{2-13}$$

在关系式 $i_C = \beta i_B$ 中，静态时交流成分为零，则有 $i_C = I_C$，$i_B = I_B$，所以

$$I_{CQ} = \beta I_{BQ} \tag{2-14}$$

从图 2-10 的集电极回路电压方程可得

$$U_{CEQ} = V_{CC} - I_{CQ}R_c \tag{2-15}$$

以图中所标电路参数计算（设 $\beta=50$），可得下列结果

$$I_{BQ} \approx \frac{12\text{V}}{300\text{k}\Omega} = 0.04\text{mA} = 40\mu\text{A}$$

$$I_{CQ} = \beta I_{BQ} = 50 \times 0.04 = 2(\text{mA})$$

$$U_{CEQ} = V_{CC} - I_{CQ}R_c = 12 - 2 \times 3 = 6(\text{V})$$

由上述计算结果，根据后面图解法中所介绍的知识，便可判断出三极管的工作状态是否合适。

二、静态工作点的图解分析法

图解分析法在第一章关于二极管电路分析中已有应用。其基本思路：根据半导体器件的伏安特性曲线（非线性）与外围线性电路相连时，两组电压、电流关系只能有一组解，这组解就是两曲线相交之处的坐标值。

图解分析过程如下：

1. 将放大电路分成非线性和线性电路两部分

非线性部分包括图 2-9 中的三极管，决定其偏置电流的 R_b、U_{BB}，线性电路是 U_{CC}和 R_c

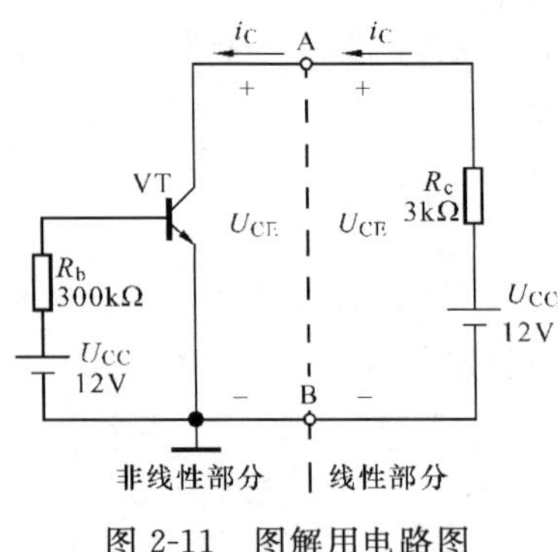

图 2-11 图解用电路图

的串联电路，如图 2-11 所示。对于图 2-9 电路决定偏流的是 R_b 和 U_{CC}。

2. 作出三极管的输出特性曲线

目的是找出非线性器件的 u_{CE}-i_C 关系曲线，该曲线可用晶体管特性图示仪得到。在输出特性曲线的若干条曲线中，要注意由 U_{CC}和 R_b 确定的那条曲线，因为基极电流已由 $i_B=I_B=U_{CC}/R_b=12V/300k\Omega=40\mu A$ 确定。它所反映的电压—电流关系就是三极管的 u_{CE}-i_C 关系，即

$$i_C = f(u_{CE})\mid_{i_B=40\mu A} \tag{2-16}$$

3. 作出直流负载线——线性部分的伏安特性

线性电路部分在 A、B 两点之间的电压 u_{CE}与集电极电流 i_C 的关系可以大致描述如下：因为电路处于静态，所以 $i_C=I_C$，$u_{CE}=U_{CE}$。当电流 $i_C=I_C=0$ 时。$u_{CE}=U_{CE}=U_{CC}$；当电流 i_C 达到最大值 $i_C=U_{CC}/R_c$ 时，电压 $u_{CE}=0$；当 i_C 在 0 与最大值之间变化时，u_{CE}将在 U_{CC}与 0V 之间变化。这种电流、电压变化规律就是它的伏安特性曲线。它对应的方程式是

$$u_{CE} = U_{CC} - i_C R_c \tag{2-17}$$

这是一个直线方程，它的斜率是$-1/R_c$，在横轴和纵轴上的截距分别为 U_{CC}（V）和 U_{CC}/R_c（mA）。因其斜率与 R_c 有关，而 R_c 是集电极的直流负载（集电极的全部直流电流流过 R_c）故将此直线称为三极管的直流负载线。在分析时，通常是计算直线在横轴、纵轴上的交点，见图 2-12 中的 M、N 两点，用直线连之，即得直流负载线。

4. 直流负载线与输出特性曲线的交点即为 Q 点

在图 2-11 所示电路中，具有非线性特性的三极管与线性部分的 R_c、U_{CC}组成一个完整的电流回路，两部分的电流相等，A、B 两端电压 u_{CE}也相等，所以只有这两部分伏安特性交点处的电压、电流值才能同时满足式（2-16）和式（2-17）。此交点对应的电压、电流值反映了三极管在静态时电流和电压的大小，故称其为静态工作点，通常用 Q 表示。从图 2-12 中可以读出 Q 点对应的电压、电流值（Q 点的坐标）为：$I_{CQ}=2mA$，$U_{CEQ}=6V$。

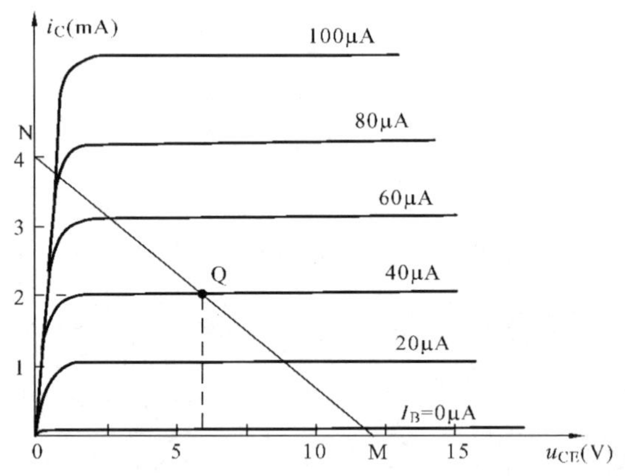

图 2-12 图解分析过程

为三极管设置一定大小的静态工作点是放大电路工作的基础，利用图解法确定了 Q 点在特性曲线上的位置，接下来就可以对电路进行动态分析了。

第四节 放大电路的动态分析

当给电路加上输入电压后，电路中相关电压、电流是如何随之而变的？输入信号是怎样“被放大”的？电路中交流分量和原先的直流分量（静态工作点）是什么关系？电路在什么

情况下会发生非线性失真？可以采取何种措施来消除（减小）非线性失真？电路可以把输入信号放大多少倍？放大电路前后级的相互影响如何考虑？上述问题就是动态分析要讨论的内容。

对放大电路进行动态分析（也称交流分析）通常采用图解分析法和微变等效电路分析法，本节介绍利用图解法分析电路工作情况，微变等效电路分析法下一节介绍。

一、交流通路和交流负载线

1. 交流通路

在进行动态分析之前，必须根据实际放大电路画出电路的交流通路。所谓交流通路是指放大电路中交流电流流通的路径。它是对电路进行交流分析的基础。在具体画法上，须注意两点：①电路中对交流信号起耦合、旁路、滤波作用的电容应视为短路；②直流电源因其内阻很小，近似等于零，交流电流流过时，其交流压降为零。所以对于交流信号来说，直流电压 V_{CC} 可视为短路。

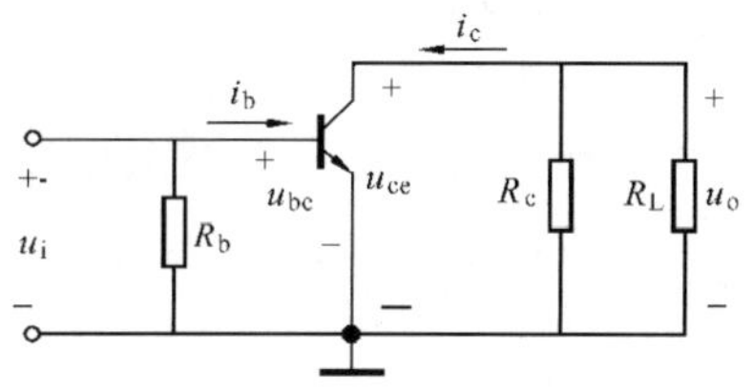

图 2-13　图 2-9 的交流通路

由此可知，放大电路的 V_{CC} 端是交流地电位，所以画交流通路时，接在 V_{CC} 上的元件（如 R_b、R_c）要接在交流地上。根据上述考虑，图 2-9 所示电路的交流通路可以画成图 2-13 所示的形式。注意交流通路中的所有电压、电流均为交流量，它是从已具备放大条件的实际电路原理图中为讨论交流问题而抽象出来的，至于交流电流 i_b 和 i_c 能通过三极管的发射结和集电结，则是由于电路中预先设置了静态工作电流的缘故。

2. 交流负载线

从图 2-13 所示交流通路可以看出，三极管集电极交流电流 i_c 既流过 R_c 也流过 R_L，所以，三极管的交流负载是 R_c 和 R_L 的并联值，即

$$R'_L = R_c \,//\, R_L = \frac{R_c R_L}{R_c + R_L} \tag{2-18}$$

由图 2-13 可以写出集电极—发射极之间交流电压表达式

$$u_{ce} = -i_c R'_L \tag{2-19}$$

式中：负号表示 u_{ce} 的实际方向与假定方向相反。

因为 $u_{CE}=U_{CEQ}+u_{ce}$，$i_C=I_{CQ}+i_c$，所以有 $u_{CE}-U_{CEQ}=-(i_C-I_{CQ})R'_L$，整理后得

$$u_{CE} = U_{CEQ} + I_{CQ}R'_L - i_C R'_L \tag{2-20}$$

在输出特性曲线的坐标系中，此方程描绘的是一条直线，其斜率为 $-\frac{1}{R'_L}$，因 R'_L 是三极管的交流负载，故得名交流负载线。式（2-20）称为交流负载线方程。它在坐标轴上的截距分别为

$$\left.\begin{aligned} u_{CE} &= U_{CEQ} + I_{CQ}R'_L \,(i_C = 0) \\ i_C &= I_{CQ} + \frac{U_{CEQ}}{R'_L}\,(u_{CE} = 0) \end{aligned}\right\} \tag{2-21}$$

在式(2-20)中，当 $i_C=I_{CQ}$ 时，$u_{CE}=U_{CEQ}$，即当交流信号过零(为零)时，与静态工作情况相同，故交流负载线必定会过 Q 点。所以交流负载线是一条通过 Q 点，斜率为 $-1/R'_L$ 的直线。

交流负载线的画法有多种，比较简单的方法是利用式（2-21）求出交流负载线在横轴上的截距，坐标（$u_{CE}=U_{CEQ}+I_{CQ}R'_L$，0），可称为 P 点，然后过 P，Q 两点作直线即为交流负

载线；也可以作一条斜率为$-1/R_L'$的辅助线，再过 Q 点作辅助线的平行线。辅助线方程可以参照式（2-17）改写得到，辅助线的做法也与直流负载线相同。

以图 2-9 所示电路为例，在进行了静态工作点分析的基础上（见图 2-12），做交流负载线，因 $R_L'=R_c // R_L=1.5\text{k}\Omega$，所以 P 点在横轴上 9V 处（$u_{CE}=U_{CEQ}+I_{CQ}R_L'=6\text{V}+2\text{mA}\times 1.5\text{k}\Omega$），过 P、Q 两点画直线，即得交流负载线，如图 2-14 所示。

交流负载线实质上是在基极交流电流作用下 u_{CE}和 i_C 的移动轨迹，对放大电路的交流工作情况进行图解分析，就是根据输入电压波形确定基极电流波形，以此来决定 Q 点在输出特性曲线上的移动范围，进而画出输出电压 u_{CE}和 i_C 波形的过程。

二、放大电路接入正弦信号时的工作情况

为全面了解电路的动态工作过程，图 2-14 将输出、输入特性曲线和四个电压电流波形画在了一起。

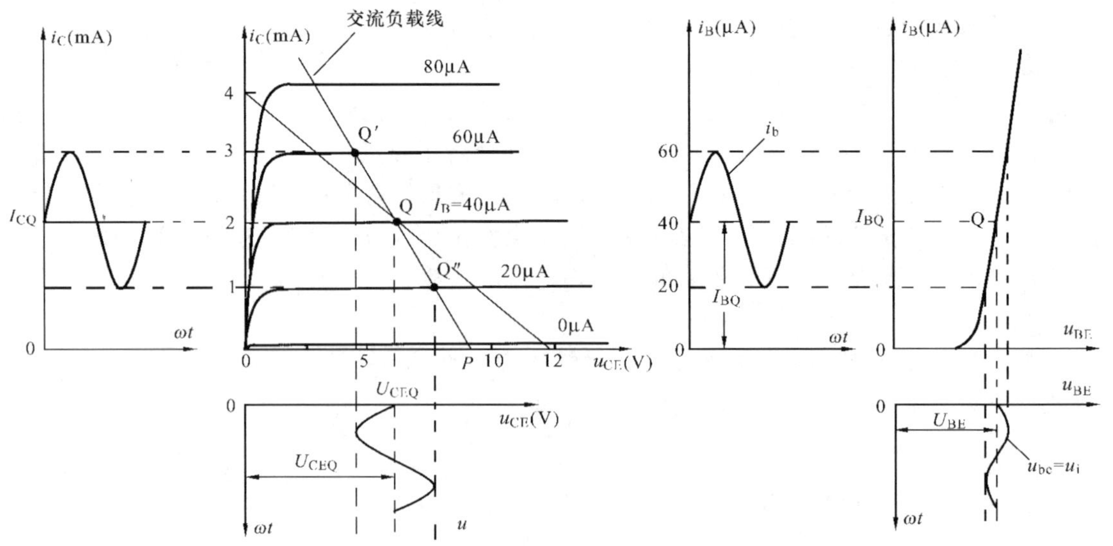

图 2-14 单级共射放大电路工作情况的图解分析

1. 根据输入电压波形确定 i_B 变化范围

当加入正弦输入信号时，输入交流信号与 U_{BEQ}叠加，使 u_{BE}在 U_{BEQ}附近按正弦规律摆动，摆动范围为$U_{BEQ}-u_{im}\sim U_{BEQ}+u_{im}$，根据 u_{BE}的变化范围，可以标出输入特性曲线上 Q 点的移动范围，如果在 Q 点移动范围内输入特性曲线基本上是一直线，则由此形成的基极电流中的交流分量 i_b 也是一个正弦波。从图中可看出 i_B 在 $40\mu\text{A}(I_{BQ})$的基础上摆动幅度为 $20\mu\text{A}$。

2. 根据 i_B 变化范围确定输出特性上 Q 点移动范围及 i_C、u_{CE}的波形

由基极电流的变化情况可以在输出特性曲线上确定 Q 点沿交流负载线移动的范围，当 i_B 在 $60\sim 20\mu\text{A}$ 之间变化时，输出特性曲线与交流负载线的交点将随之移动，其移动范围在 Q'～Q''之间（称为 Q 点的动态范围），Q 点移动所形成的集电极电流变化是在 I_{CQ}（2mA）的基础上上下摆动 1mA，而三极管的管压降 u_{CE} 则是在 U_{CEQ}（6V）的基础上变化 1.5V 左右。u_{CE}中的这种交流分量就是输出电压 u_o。从图中可以看出，引起输出电压这种变化的交流输入电压的幅度不过十几毫伏，这就是电路的放大作用。显然，已知（通过测量或计算）

输出和输入交流电压的大小，便可算出电路的放大倍数。

需要注意的是，当输入交流电压处于正半周时，基极电流、集电极电流中的交流分量也同时为正半周，但 u_{CE} 中的交流分量 u_{ce} 处于负半周，从图 2-14 中可知，当基极电流 i_B 在 I_{BQ} 的基础上增大时，输出特性曲线上的 Q 点将沿着交流负载线向左上方移动，Q 点的横坐标减小，u_{CE} 在 U_{CEQ} 的基础上减小形成负半周。所以单级共射放大电路还具有反相作用。

根据上述分析，可知放大电路工作时有如下特点：

(1) 没有输入信号时，三极管中电流和电压均为直流量（I_{BQ}，U_{BEQ}，I_{CQ}，U_{CEQ}）。

(2) 加入输入信号后，电路中电压、电流均为直流分量与交流分量的叠加，即 $i_B=I_{BQ}+i_b$，$u_{BE}=U_{BEQ}+u_{be}$，$i_C=I_{CQ}+i_c$，$u_{CE}=U_{CEQ}+u_{ce}$，而且交流分量的幅值小于静态值，所以虽然这些交流分量的瞬时值是变化的，但总的方向是不变的。

(3) u_{CE} 中的交流分量 u_{ce}（也是输出交流电压 u_o）的幅度远比 u_i 大，且与 u_i 波形规律相同，呈现出了放大作用。

(4) 图 2-14 中，输出电压 u_o 与输入电压 u_i 相位相反，属于倒相（反相）放大电路。这是共发射极放大电路的一个重要特点。

讨论：

(1) 放大电路实现不失真放大的前提是在 Q 点移动范围内，三极管的输入特性和输出特性均应是线性的，否则将失真。而实际情况却都是非线性的，所以非线性失真不可避免。人们所能做的工作是尽可能选择线性好的管子，或者将 Q 点调整到线性好的区域内，或者限制输入信号的幅度，让 Q 点在小范围内移动（当一段曲线的长度足够小时，可近似成直线，微变等效电路分析法即以此为基础）。

(2) 交流负载线描述的是动态时 i_C 与 u_{CE} 的关系，直流负载线的作用仅用以确定静态工作点。但当负载电阻 R_L 开路（$R_L=\infty$）时，交流负载线将与直流负载线重合。从交直流负载线方程看，交流负载线的斜率是 $-\frac{1}{R'_L}$，直流负载线的斜率是 $-\frac{1}{R_c}$。因为 $R'_L=R_c /\!/ R_L<R_c$，所以交流负载线比直流负载线陡。当 $R_L=\infty$ 时，两条负载线的斜率相等，且都过 Q 点，所以重合。从电路原理图看，当 R_L 开路时，i_C 中的交流分量只能全部流过 R_c，与 i_C 中的直流分量是同一个回路，电压、电流关系自然相同。所以当负载开路时，Q 点将沿直流负载线移动。从图 2-14 中可以看出，如果基极电流摆动范围仍是从 20～60μA，则由直流负载线与 20μA 和 60μA 两条输出特性交点确定的范围可知，此时输出电压幅度比有负载电阻的情况增大了。此时的输出电压是电路的“空载输出电压”，当电路带负载后，输出将下降，负载愈重（R_L 愈小），则输出电压就愈小（电压放大倍数愈小）。此现象产生的原因是电路有一定的输出电阻。

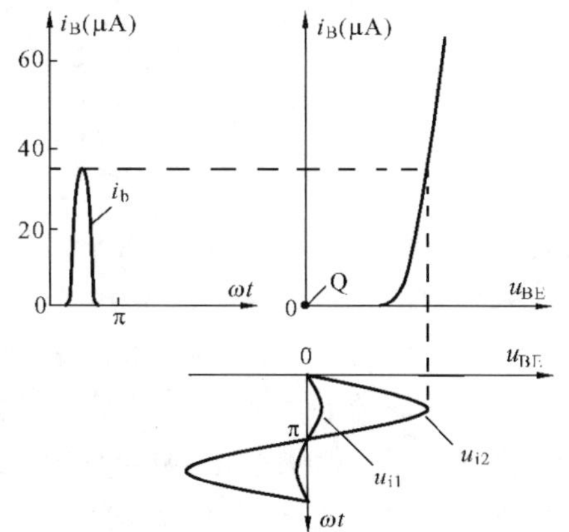

图 2-15 $I_{BQ}=0$ 时的 i_B 波形

(3) 由于三极管发射结的单向导电性和门坎电压，不设置 Q 点(将图 2-9 中的 R_b 开路，$I_{BQ}=0$)，仅把交流输入信号加在发射结上是不行的。图 2-15 表示出了这种情况，在输入信号较小时(如 u_{i1}，大小不超过十几毫伏至几十毫伏，是小信号放大电路常见的输入范围），因小于门槛电压，不会产生基极电流。在输入信号较大时（如 u_{i2}），在交流信号的正半周且幅值大于门槛电压的一段角度（时间）内，发射结导通，产生基极电流 i_b。除此之外，$i_B=0$。所以此时三极管发射结的导通角度小于 π，三极管仅在发射结导通时进入放大区，大部分时间处于截止状态。显然，基极电流产生了极其严重的失真。所以放大电路在不设置一定静态电流的情况下是不能正常工作的。这就是放大电路要设置 Q 点的原因。

设置了大小合适的静态工作点后，放大电路工作时，交流信号都是叠加在直流上的，比如 $i_B=I_{BQ}+i_b$，$u_{CE}=U_{CEQ}+u_{ce}$。为避免失真，交流信号的最大峰值要小于静态工作点的数值。所以当交流电压瞬时值为负半周时，电压总的瞬时值小于静态工作点电压，总的电压极性仍是静态工作点电压的极性，同理，交流电流瞬时值为负值时，总的电流幅值将减小，小于静态工作点电流的数值，但电流方向仍是静态工作点电流的方向。比如 NPN 管中的 i_B，可以理解为其中的交流分量 $i_b=i_{bm}\sin\omega t$ 正半周时流入基极，与静态电流 I_{BQ}叠加，使流入基极的总的瞬时值增大。而在负半周时，交流电流 i_b 流出基极，与 I_{BQ}叠加的结果是使总的瞬时值 i_B 减小（i_b 负半周电流流向与 I_{BQ}相反），但 i_B 的方向依然是流入基极（因为 i_b 的幅值远小于 I_{BQ}）。

在图 2-10 中，设置了 U_{BEQ}和 I_{BQ}，输入信号的任务是使发射结的正向偏置电压大小发生变化，发射结在工作过程中始终是导通的（处于放大区），所以图 2-14 的基极电流与输入信号的变化规律相同（输入特性在 Q 点移动范围内线性好的话），或者说是利用静态工作点使较小的交流信号越过了门坎电压的壁垒。

三、非线性失真分析

1. 饱和失真与截止失真

Q 点在放大区的位置要合适，否则输出波形极易产生明显的非线性失真。

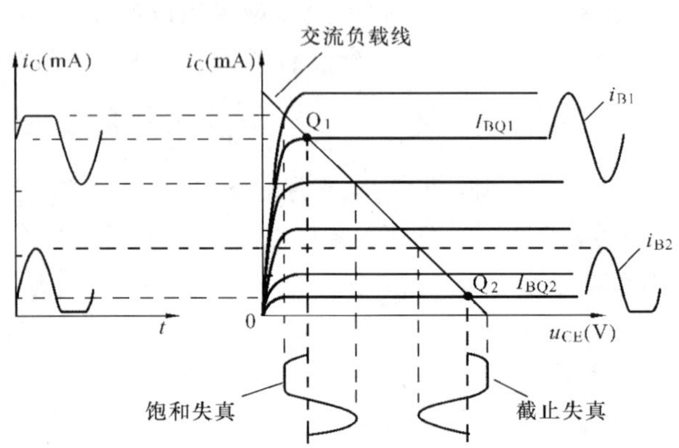

图 2-16 Q 点位置对非线性失真的影响

在图 2-16 中，Q_1 的位置设置过高（此时 U_{CEQ}偏小），在基极电流 i_{B1}的正半周，工作点进入饱和区，出现 i_B 增大而 i_C 不再成比例增大的现象，使 i_C 和 u_{CE}的波形发生失真。这种失真是由于 Q 点进入饱和区引起的，故称为饱和失真。其特点是输出电压的负半周被压缩。

Q_2 的位置设置偏低（输入特性上工作点的位置也偏低，在输入电压的负半周，i_B 会因 u_{BE}小于门槛电压出现失真），在 i_{B2} 的负半周只能移动到横轴上（进入截止区），所以 i_C 和 u_{CE}波形同样会失真。这种失真是由于 Q 点进入截止区造成的，称为截止失真。其特点是输出电压的正半周被压缩。

对于 PNP 管电路发生截止失真和饱和失真的情况，读者可以自己分析。

将 Q 点设在放大区什么位置才合适，除了要避免 Q 点位置过高、过低外，还应考虑信号的动态范围。如果想得到尽可能大的不失真输出，应将 Q 点设在交流负载线在线性区的中点处，使 Q 点在不进入饱和区、截止区的前提下上下移动距离等长且最大。Q 点摆动幅度最大，此时的输出电压即为放大电路的最大输出幅度（最大输出幅度是指输出波形没有明显失真的情况下，放大电路所能输出的最大电压，常以有效值来表示）。如果输出信号不大，为了降低U_{CC}的能量消耗，在保证不进入截止区和留出足够的动态范围后，一般要将Q点设得稍低一些。

2. 电路参数对Q点位置的影响

由上述分析可知，Q点位置十分重要。那么，了解放大电路中各电路参数对Q点位置的影响也是十分必要的。以图2-9(b)所示基本共射放大电路为例，能对静态工作点产生影响的电路参数有R_b、R_c、U_{CC}、β。现分别讨论如下。

(1) R_b的影响。在电路中其他参数不变的情况下，增大R_b，I_{BQ}将减小，Q点将沿直流负载线下移，接近截止区。反之，如果减小R_b，I_{BQ}将增大，Q点将沿直流负载线上移，如图2-17(a)所示。

(2) R_C的影响。在电路中其他参数不变的情况下，改变集电极电阻将改变直流负载线的斜率。因为直流负载线与横轴的交点(U_{CC}，0)不变，所以表现为直流负载线与纵轴的交点(0，U_{CC}/R_C)发生变化。当R_C增大时，直流负载线与纵轴的交点(0，U_{CC}/R_C)下移(斜率减小)，因I_{BQ}不变，所以Q点向左移动，如图2-17(b)所示。

(3) U_{CC}的影响。在电路中其他参数不变的情况下，改变电源电压U_{CC}，直流负载线将平移。当U_{CC}增大时，直流负载线向U_{CC}增大的方向平移。Q点右移，同时因I_{BQ}有所增大($I_{BQ}=U_{CC}/R_b$)，所以Q点将向右上方移动，如图2-17(c)所示。

(4) 三极管β的影响。在电路中其他参数不变的情况下，当三极管的β变化(β发生变化的情况有更换三极管、温度变化、老化)时，Q点将随I_{BQ}对应的那条曲线的位置而变。当β增大时，输出曲线间隔增大，各条曲线上移，Q点亦沿直流负载线上移(I_{CQ}增大，U_{CEQ}减小)，如图2-17(d)所示。

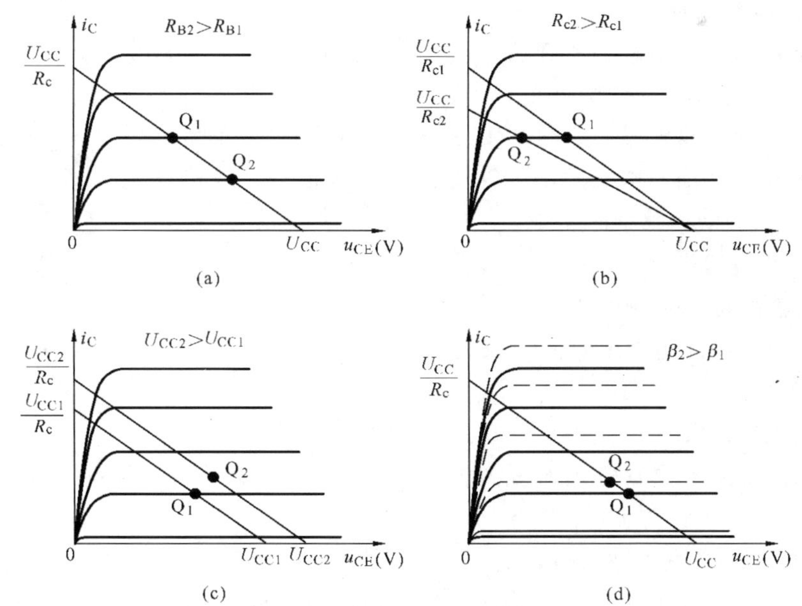

图2-17　电路参数对Q点位置的影响

(a)R_b增大，Q点下移；(b)R_c增大，Q点左移；

(c)U_{CC}增大Q点向右上方移动；(d)β增大，Q点上移通过对比图 2-10 的直流通路可知，放大电路的直流通路中的所有元件都会对 Q 点位置产生影响。那么，当电路 Q 点位置不合适，需要对其进行调整时，应该调整哪个元件的参数呢？其基本原则是：尽量减小因这种调整带来的对其他技术指标的影响，且调整过程简单迅速。相比之下，通过改变 U_{CC}、R_c 或 β 来改变 Q 点位置的方案，或因调整不便（或无法调整），或因会对放大性能产生较大影响而不宜采用。而通过改变 R_b 调整 Q 点的方法则因简单有效且对电路输入电阻影响不大成为首选。其调整方法是用一个电位器 R_P 和一个固定电阻 R_{b1} 串联后接入电路，代替原来的 R_b，并用毫安表串入 R_c 支路测量 I_{CQ}，或用电压表测量管压降 U_{CEQ}，调整电位器阻值至合适 Q 点处。将 R_P、R_{b1} 串联支路取下后测量其总阻值，并用一个相应阻值的固定电阻重新接入电路，复核 I_{CQ} 或 U_{CEQ} 后将电路复原。在操作时要注意：①对电路元件进行拆装操作时要断开电源，不能带电操作；②一旦调好 Q 点，在测量出其阻值前，电位器的转轴不能再动。

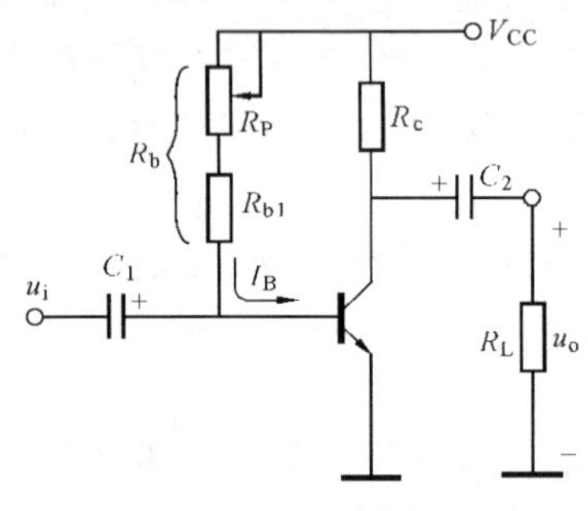

图 2-18 偏置电流调整方法

与 R_P 串联的 R_{b1} 是保护电阻，用来防止 R_P 阻值调到零使发射结过流烧毁，一般可取十几千欧至几十千欧。R_P 的阻值要稍大于理论计算出的 R_b，此调整过程称为"调偏流"，是分立放大电路调试时的第一工序。

Q 点位置的变化可以通过其坐标值表现出来，在实际工作中，通过测量其静态管压降 U_{CEQ} 就可得知 Q 点大致位置。比如对于小功率管，在已知电源电压 V_{CC} 的情况下，若 U_{CEQ} 比较接近 V_{CC}，则说明 Q 点位置太低，而若 U_{CEQ} 较小（1～2V），则 Q 点偏高了。若 $U_{CEQ} \approx V_{CC}$，说明三极管已经截止。若 $U_{CEQ} \approx 0.3 \sim 0.7$V，则已饱和。

3. 消除非线性失真的方法

由上述分析可知，产生饱和失真的原因是 Q 点偏高，而产生截止失真的原因则是 Q 点偏低，一般来说，只要根据失真类型调整 Q 点位置即可消除失真。如果输出波形如图 2-19 所示，则说明输入信号幅值过大，或者电路动态范围不够。解决方法是减小输入信号，或修改电路设计，扩大 Q 点的动态范围。

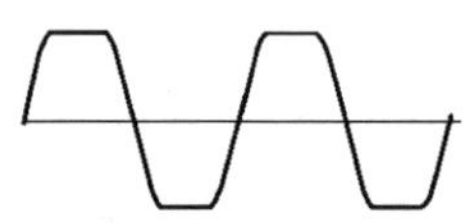
图 2-19 失真波形

【例 2-2】 电路如图 2-18 所示，设 $V_{CC}=15$V，R_b 调整到 300kΩ，$R_c=3$kΩ，$R_L=2$kΩ，三极管的输出特性曲线见图 2-20。试完成：

（1）在输出特性曲线上画出直流负载线；

（2）定出 Q 点；

（3）画出交流负载线；

（4）确定电路最大不失真输出时 u_{CE} 的变化范围，计算最大不失真输出电压（有效值）的大小。

解 （1）电路的直流负载线方程为 $U_{CE}=V_{CC}-I_C R_C=15-3I_C$，根据方程在坐标轴上的交点（15V，0mA）和（0V，5mA），连接这两点做出直流负载线。

（2）固定式偏置电路的基极电流可以通过下式计算

$$I_{BQ}=\frac{V_{CC}-U_{BEQ}}{R_b}=\frac{15-0.7}{300}\approx 50\ (\mu A)$$

在图 2-20 中找出 $I_{BQ}=50\mu A$ 的那条曲线与直流负载线的交点，即为 Q 点，由图中可读出 Q 点的纵坐标为 2.5mA，横坐标为 7.5V，即 $I_{CQ}=2.5mA$，U_{CEQ} 约为 7.5V。

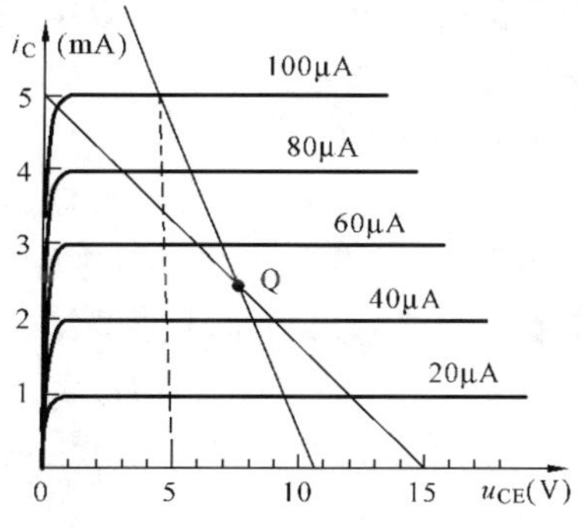

图 2-20　[例 2-2] 图解

（3）画交流负载线方法一：选辅助线方程为

$$U_{CE}=5-I_CR'_L$$

因为　　$R'_L=R_c/\!/R_L=1.2k\Omega$

由此可得辅助线与坐标轴的交点分别是（5V，0mA）和（0V，4.2mA），在这两点之间画一直线即为辅助线，过 Q 点做辅助线的平行线即得交流负载线。

画交流负载线方法二：根据交流负载线方程 $u_{CE}=U_{CEQ}+I_{CQ}R'_L-i_CR'_L$，求交流负载线在 U_{CE} 轴上的截距。当 $i_C=0$ 时，$u_{CE}=U_{CEQ}+I_{CQ}R'_L=7.5+2.5\times1.2\approx10.5$（V），过（10.5V，0mA）点和 Q 点画直线，即为交流负载线。

（4）Q 点沿交流负载线移动范围对应的 u_{CE} 变化范围是 4.6～10.5V，所以此时输出电压有效值为

$$U_o=\frac{10.5-4.6}{2\sqrt{2}}\approx2.1\text{（V）}$$

第五节　微变等效电路分析法

当放大电路的输入信号很小时，Q 点的移动范围变小，此时可以将三极管的特性曲线用直线近似代替，从而可以把三极管这个非线性器件按线性电路分析。这种将非线性电路线性化的方法使得分析方法和过程都大大的简化了，是小信号放大电路中使用极为广泛的分析方法。这种将处理起来较为困难的问题在特定条件下用简单方法处理的思路在工程实践中应用非常普遍。从本节开始，放大电路的分析将以微变等效电路分析法为主要内容。

一、三极管的小信号模型——微变等效电路

在小信号工作的情况下，三极管的电压、电流变化量之间基本上是线性关系，所以可以用一个线性电路来代替三极管，只要这个替代电路的电压、电流变化关系与原来三极管相同，就可以认为它是三极管的等效电路。这样的线性电路称为三极管的微变等效电路。

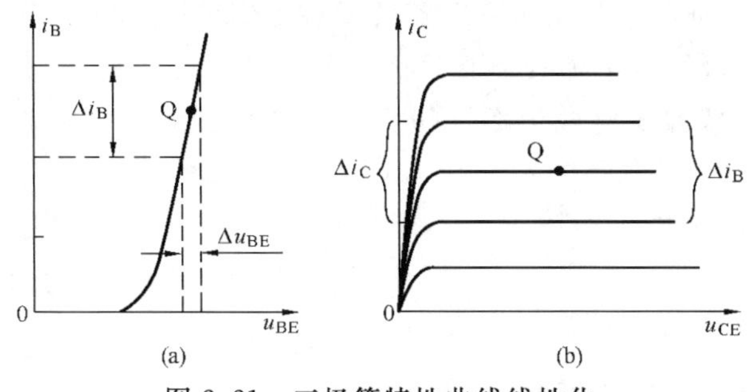

图 2-21　三极管特性曲线线性化

（a）输入特性曲线；（b）输出特性曲线

1. 三极管的微变等效电路[1]

将非线性器件线性化，前提是小信号工作。在图 2-21（a）所示的三极管输入特性上，Q 点附近基本上是一段直线，这段曲线长度越短，近似程度越好，所以可以认为 Δi_B 与 Δu_{BE} 成正比，

[1] 三极管的微变等效电路又称为 H 参数微变等效电路。

这种比例关系可以用一个等效电阻 r_{be} 来表示，即

$$r_{be}=\frac{\Delta u_{BE}}{\Delta i_B} \tag{2-22}$$

对于图 2-21（b），可以近似认为各输出曲线均为水平线，且 Q 点附近 β 是一个常数（曲线等间距），则当 i_B 有 Δi_B 时，i_C 中相应有 Δi_C，Δi_C 比 Δi_B 大 β 倍。这种电流控制关系可以用一个受控电流源来描述，在这个受控源中，控制量是 Δi_B，被控制量是 Δi_C，控制系数是 β，即 $\Delta i_C=\beta\Delta i_B$。由以上分析，可以得出三极管的简化微变等效电路，如图 2-22（b）所示。

之所以称为简化等效电路，是因为这里省略 u_{CE} 对 i_C 的影响，忽略了 u_{CE} 对输入特性的影响。如果全面考虑，则三极管的微变等效电路如图 2-23 所示。其中等效电阻 r_{ce} 用来模拟 i_C 随 u_{CE} 增大的情况，μu_{ce} 则反映三极管 u_{CE} 变化时对输入特性的影响。由于在放大区输出特性曲线接近水平，当 u_{CE} 变化时，可以认为 i_C 基本不变，而在输入特性上，虽然当 u_{CE} 增大时输入曲线会右移，但 u_{CE} 在 1V 以上时，各条输入曲线基本上重合在一起。因此，采用简化微变等效电路所造成的误差很小，一般能满足工程实践的精度需要。

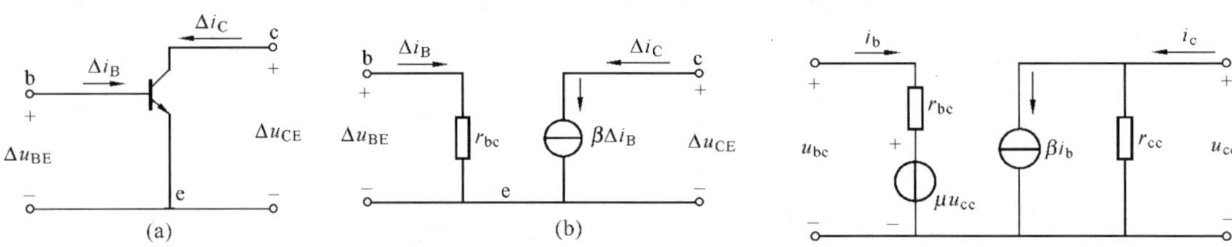

图 2-22 三极管的简化微变等效电路

（a）原理电路；（b）简化电路

图 2-23 三极管的微变等效电路

在小信号工作情况下，变化量（比如 Δi_B，Δu_{BE}）可以用交流分量瞬时值（比如 i_b，u_{be}）代替，而输入为正弦波信号时，则在微变等效电路上标注电压、电流的正弦相量（比如 $\dot{I}_b$，$\dot{U}_{be}$）。

讨论：

（1）微变等效电路分析法研究的是信号变化量（交流分量）之间的关系，等效电路中的各项参数均为交流时的等效参数，不能用来求解直流问题。但微变等效电路各参数均与 Q 点有关，是 Q 点附近的参数。在用微变等效电路分析电路的交流指标时，电路必须建立合适的 Q 点，所以在用微变等效电路分析电路前，总要先明确电路的静态工作情况。

（2）等效电路中的受控源是用来描述三极管内电流控制作用的，具有从属性，其电流的大小和方向均取决于控制信号 i_b，三极管内部并没有电流源（三极管只能消耗和转换能源，不能放大或产生能源）。

（3）受控电流源的电流方向 i_c 由基极交流电流 i_b 决定，不能随意假定。由于输入电压 u_{be} 的假定正方向以公共端为负端，则 i_b 的流向为流入基极，根据三极管工作原理，i_c 也是流入集电极的。当 u_{be} 极性变化时，i_b、i_c 流向亦改变。

（4）微变等效电路分析法适用于小信号放大器的分析。

2. r_{be} 的估算公式

利用微变等效电路分析放大电路时，需要事先得到所用三极管的 β 值和 r_{be} 的值。由于半导体器件参数的离散性以及参数会随 Q 点的改变而变化，所以不能直接引用半导体器件

手册上提供的数据。在实际工作中，可以使用晶体管参数测试仪、晶体管特性图示仪来测量 β 和 r_{be}。另外，r_{be} 还可以利用下面的公式进行估算

$$r_{be}=r_{bb'}+(1+\beta)\frac{U_T(mV)}{I_E(mA)}=r_{bb'}+(1+\beta)\frac{26(mV)}{I_E(mA)} \tag{2-23}$$

式中：$r_{bb'}$ 为三极管基区体电阻，对于低频小功率管，$r_{bb'}$ 约为 300Ω，对于高频小功率管，约为 100Ω；U_T 为温度的电压当量 $U_T=26$，mV；I_E 为静态电流值，mA。

二、用微变等效电路分析共发射极放大电路

以图 2-9 所示单级共射放大电路为例，现将原理图和交流通路重画于图 2-24（a）、（b），静态工作点的计算前已完成见［例 2-1］。

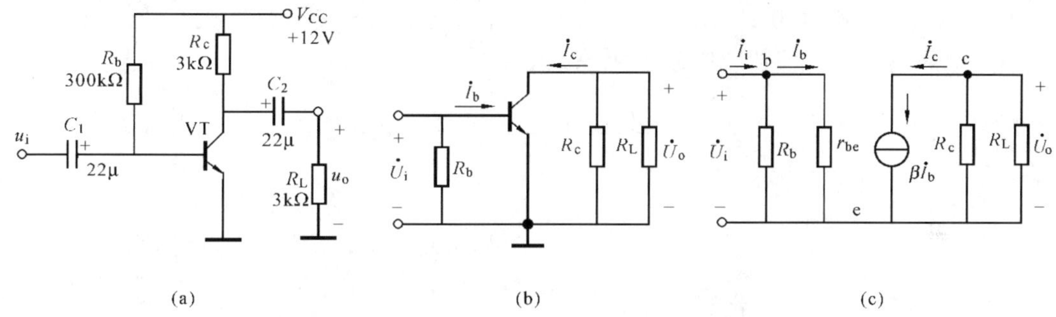

图 2-24　单级共射放大电路的微变等效电路
（a）共射放大电路；（b）交流通路；（c）放大电路的微变等效电路

将交流通路中的三极管用微变等效电路替换，就得到了放大电路的微变等效电路，如图 2-24（c）所示。这是一个线性电路。由此图出发，可以求出电压放大倍数 $\dot{A}_u$、输入电阻 R_i 和输出电阻 R_o。为分析方便，要在输入端加入一个正弦输入电压，所以图 2-24（b）、（c）中电量均用正弦相量表示。

根据式（2-1）所列电压放大倍数定义，列出输出回路表达式

$$\dot{U}_o=-\beta\dot{I}_b(R_c/\!/R_L)=-\beta\dot{I}_bR'_L$$

根据等效电路的输入回路可列出

$$\dot{U}_i=\dot{I}_br_{be}$$

所以，电压放大倍数为

$$\dot{A}_u=\frac{\dot{U}_o}{\dot{U}_i}=\frac{-\beta\dot{I}_b\ (R_c/\!/R_L)}{\dot{I}_br_{be}}=\frac{-\beta R'_L}{r_{be}} \tag{2-24}$$

式中：$R'_L=R_c/\!/R_L$ 是三极管总的交流负载；负号说明输出电压与输入反相，可参考图 2-14。

输入电阻本可按定义式（2-6）求出，从等效电路可以看出，输入电流 $\dot{I}_i$ 是 R_b 和 r_{be} 并联后的总电流，所以

$$R_i=R_b/\!/r_{be} \tag{2-25}$$

当 $R_b\gg r_{be}$，可近似为　$R_i\approx r_{be}$

根据输出电阻定义式（2-7），将负载电阻 R_L 开路，令输入电压 $U_i=0$，因 $i_b=0$，$i_c=$

0，所以输出电阻

$$R_o=R_c \tag{2-26}$$

【例 2-3】 用微变等效电路分析法计算图 2-9 所示电路的电压放大倍数和输入、输出电阻。

解 该电路的静态工作点分析已在［例 2-1］中完成，在这里直接引用其结果

$$r_{be}=r_{bb'}+(1+\beta)\frac{26}{I_E}=300+51\ \frac{26}{2}=963(\Omega)\approx 0.96\text{k}\Omega$$

$$\dot{A}_u=\frac{-\beta(R_c /\!/ R_L)}{r_{be}}=\frac{-50(3/\!/3)}{0.96}\approx -78$$

$$R_i=R_b /\!/ r_{be}\approx r_{be}=0.96(\text{k}\Omega)$$

$$R_o=R_c=3(\text{k}\Omega)$$

讨论：(1) 当负载电阻 R_L 阻值增大或开路时，电压放大倍数将增大。R_L 开路时放大倍数（称为开路电压放大倍数或空载电压放大倍数）为

$$\dot{A}_u=\frac{-\beta R_c}{r_{be}}=\frac{-50\times 3}{0.96}\approx -156.3$$

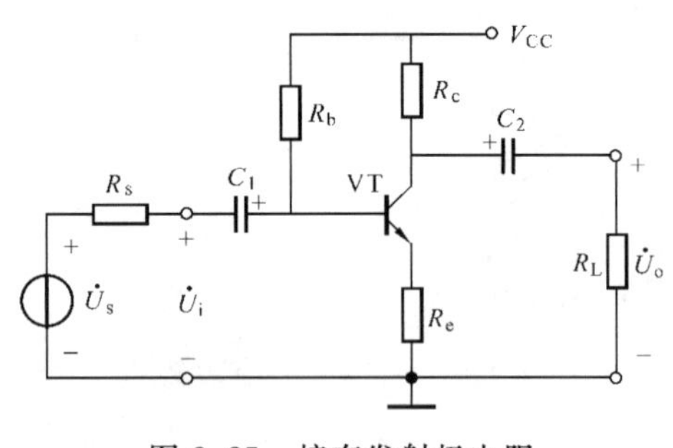

图 2-25 接有发射极电阻的共射放大电路

(2) 由于 A_u 表达式分子中有 β，分母中含有 $1+\beta$ 且占较大分量，所以单纯地提高 β 值并不能有效地提高放大倍数。而在允许的范围内适当提高三极管的静态电流可以增大 A_u。

【例 2-4】 单级共射放大电路如图2-25所示，已知三极管的 $r_{bb'}=300\Omega$，$\beta=100$，$U_{BEQ}=0.7\text{V}$，$R_b=820\text{k}\Omega$，$R_c=4.7\text{k}\Omega$，$R_e=1.2\text{k}\Omega$，$R_L=8\text{k}\Omega$，$V_{CC}=+15\text{V}$，耦合电容 C_1、C_2 的容量足够大[1]。试完成下列分析计算：

(1) 计算电路的静态工作点和 r_{be}。

(2) 计算电压放大倍数 $\dot{A}_u$、输入电阻 R_i、输出电阻 R_o。

(3) 计算信号源内阻 $R_s=0$ 和 $R_s=20\text{k}\Omega$ 两种情况下的源电压放大倍数 $\dot{A}_{us}=\dfrac{\dot{U}_o}{\dot{U}_s}$。

解 电路中电阻 R_e 接在发射极和地之间，不仅三极管的静态电流要流过它，在它上产生直流压降，交流电流 i_e 也会在其上产生交流压降，所以 R_e 对电路的静态和动态都会产生影响，在放大电路的直流通路和交流通路中都会有 R_e，如图 2-26 所示。

(1) 静态工作点的估算。根据直流通路列出基极回路电压方程

$$I_{BQ}R_b+U_{BEQ}+I_{EQ}R_e=V_{CC}$$

考虑到 $I_{EQ}=(1+\beta)I_{BQ}$，所以

$$I_{BQ}=\frac{V_{CC}-U_{BEQ}}{R_b+(1+\beta)R_e}$$

代入已知电路参数，得

[1] 在三极管放大电路中，耦合电容的容量一般为几微法至几十微法，其容量确定方法见第三章。

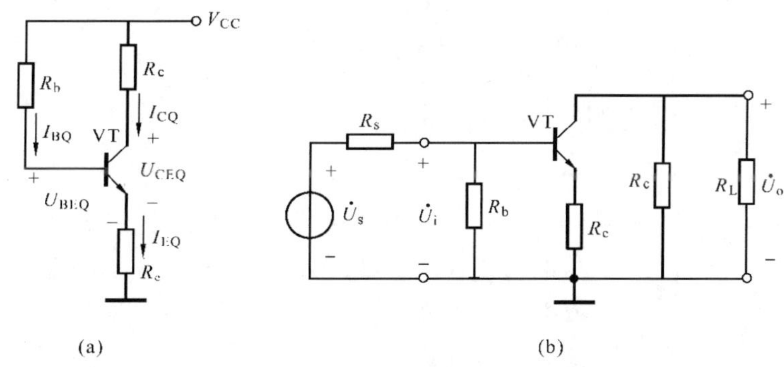

图 2-26　图 2-25 的直流通路和交流通路

(a) 直流通路；(b) 交流通路

$$I_{BQ}=\frac{V_{CC}-U_{BEQ}}{R_b+(1+\beta)R_e}=\frac{(15-0.7)\ \text{V}}{(820+101\times1.2)\ \text{k}\Omega}\approx\frac{15\text{V}}{941.2\text{k}\Omega}=0.016\text{mA}=16\mu\text{A}$$

$$I_{CQ}=\beta I_{BQ}=100\times0.016=1.6\ (\text{mA})$$

$$U_{CEQ}=V_{CC}-I_{CQ}R_c-I_{EQ}R_E\approx V_{CC}-I_{CQ}(R_c+R_E)=15\text{V}-1.6\text{mA}\times(4.7+1.2)\text{k}\Omega=5.56\text{V}$$

$$r_{be}=r_{bb'}+(1+\beta)\ \frac{26\ (\text{mV})}{I_E\ (\text{mA})}\approx300\Omega+101\times\frac{26\text{mV}}{1.6\text{mA}}=1941\Omega\approx1.94\text{k}\Omega$$

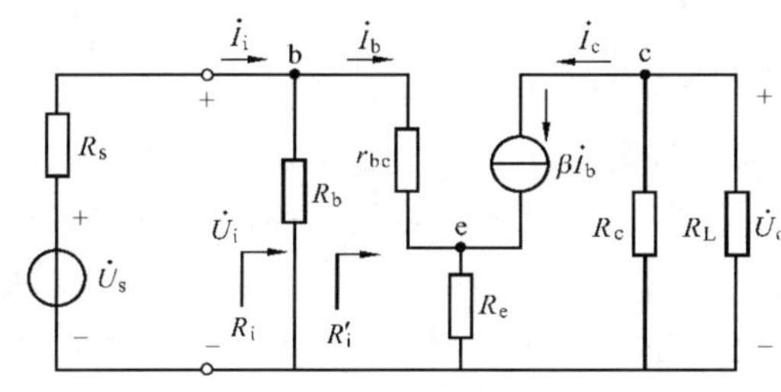

图 2-27　［例 2-4］的微变等效电路

(2) 估算 $\dot{A}_u$、R_i 和 R_o。将图 2-26 交流通路中的三极管用简化微变等效电路代替（三个管脚 e、b、c 对应接好），并画于图 2-27 中。

1）计算 $\dot{A}_u$：

根据等效电路，列出关于基极交流电流 i_b 的输入回路电压方程

$$\dot{U}_i=\dot{I}_b r_{be}+\dot{I}_e R_e=\dot{I}_b r_{be}+(1+\beta)\dot{I}_b R_e$$

而输出电压表达式为

$$\dot{U}_o=-\dot{I}_c(R_c/\!/R_L)=-\beta\dot{I}_b(R_c/\!/R_L)=-\beta\dot{I}_b R'_L$$

所以

$$\dot{A}_u=\frac{-\beta(R_c/\!/R_L)}{r_{be}+(1+\beta)R_e}$$

代入数据得

$$\dot{A}_u=\frac{-\beta(R_c/\!/R_L)}{r_{be}+(1+\beta)R_e}=\frac{-100(4.7/\!/8)}{1.94+101\times1.2}=\frac{-100\times2.96}{123.14}\approx-2.4$$

接入 R_e 后，电压放大倍数明显降低，其原因是在输入电压作用下，交流电流 i_e 在 R_e 上产生的交流电压大大减小了三极管发射结上的交流电压 u_{be}，使得输出电压减小，放大倍数下降。R_e 愈大，这种现象就愈严重。

2)计算 R_i：

输入电阻 R_i 是输入端电压 U_i 与输入端流入电流 I_i 的比值 $R_i=\frac{\dot{U}_i}{\dot{I}_i}$，由图 2-27 输入回路和式(2-6)可列出

$$\dot{I}_{\mathrm{i}}=\frac{\dot{U}_{\mathrm{i}}}{R_{\mathrm{b}}}+\dot{I}_{\mathrm{b}}=\frac{\dot{U}_{\mathrm{i}}}{R_{\mathrm{b}}}+\frac{\dot{U}_{\mathrm{i}}}{r_{\mathrm{be}}+(1+\beta)R_{\mathrm{e}}}$$

所以

$$\frac{1}{R_{\mathrm{i}}}=\frac{\dot{I}_{\mathrm{i}}}{\dot{U}_{\mathrm{i}}}=\frac{1}{R_{\mathrm{b}}}+\frac{1}{r_{\mathrm{be}}+(1+\beta)R_{\mathrm{e}}}$$

即

$$R_{\mathrm{i}}=R_{\mathrm{b}}/\!/\ [r_{\mathrm{be}}+\ (1+\beta)\ R_{\mathrm{e}}]$$

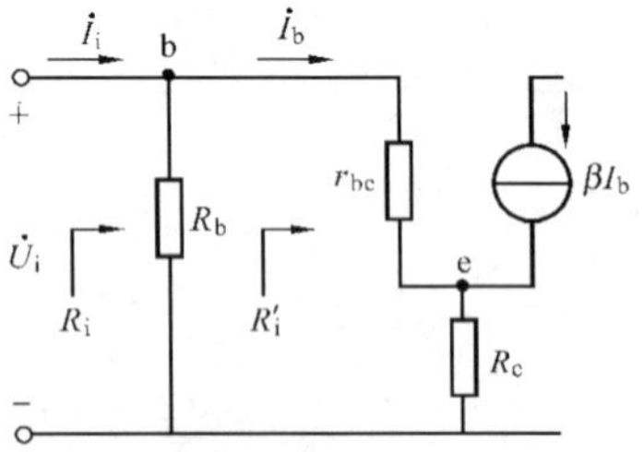

图 2-28　计算输入电阻的局部电路

实际上，根据输入电阻的定义，R_{i} 是输入端口电压 U_{i} 与端口流入电流 I_{i} 的比值，相当于是从输入端看进去的等效电阻，如图 2-28 所示。从输入端看进去，可认为 R_{i} 由两部分并联而成，一是 R_{b}，二是 r_{be} 与 R_{e} 部分（注意，r_{be}和 R_{e} 中的电流不同，不是简单串联关系）。设其等效电阻为 R'_{i}，仿照输入电阻的定义，有

$$R'_{\mathrm{i}}=\frac{\dot{U}_{\mathrm{i}}}{\dot{I}_{\mathrm{b}}}$$

由式（2-6），可知

$$R'_{\mathrm{i}}=r_{\mathrm{be}}+(1+\beta)R_{\mathrm{e}}$$

所以有

$$R_{\mathrm{i}}=R_{\mathrm{b}}/\!/[r_{\mathrm{be}}+(1+\beta)R_{\mathrm{e}}]$$

代入数据得

$$R_{\mathrm{i}}=R_{\mathrm{b}}/\!/[r_{\mathrm{be}}+(1+\beta)R_{\mathrm{e}}]=820/\!/123.14=107(\mathrm{k\Omega})$$

对比［例 2-3］和［例 2-4］，可以看到在发射极串接电阻 R_{e} 后，电压放大倍数大大降低了，同时输入电阻则增加了。这是由于在输入电压一定的情况下，输出回路的交流电流在 R_{e} 上的交流压降使三极管的输入电压 u_{be}减小，导致了输出电压减小。故 A_{u} 减小，而 u_{be}减小使得 i_{b} 随之减小，所以输入电阻增大。这种现象是由于发射极电阻 R_{e} 引入了负反馈，进一步分析见第七章。

3）计算输出电阻 R_{o}：

按式（2-7）分别将负载电阻 R_{L} 和信号源 U_{s} 做开路和短路处理后，输出端在外加交流电压作用下有电流通过的，只有 R_{c} 一个，所以有

$$R_{\mathrm{o}}=R_{\mathrm{c}}=4.7\mathrm{k\Omega}$$

这是三极管用简化微变等效电路等效时的结论，在这种情况下，三极管集电极的交流特性被等效成一个理想电流控制电流源。如果考虑三极管集电极与发射极之间的等效电阻 r_{ce}，则输出电阻的分析就要复杂得多，见［例 2-5］。

（3）估算源电压放大倍数 $\dot{A}_{\mathrm{us}}$。源电压放大倍数是电路输出电压与信号源电压之比（有效值），即 $\dot{A}_{\mathrm{us}}=\dfrac{\dot{U}_{\mathrm{o}}}{\dot{U}_{\mathrm{s}}}$，在图 2-27 中，可以在输入回路中列出分压公式

$$\dot{U}_{\mathrm{i}}=\frac{R_{\mathrm{i}}}{R_{\mathrm{s}}+R_{\mathrm{i}}}\dot{U}_{\mathrm{s}}$$

则

$$\dot{A}_{\mathrm{us}}=\frac{\dot{U}_{\mathrm{o}}}{\dot{U}_{\mathrm{s}}}=\frac{\dot{U}_{\mathrm{o}}}{\dot{U}_{\mathrm{i}}}\frac{\dot{U}_{\mathrm{i}}}{\dot{U}_{\mathrm{s}}}=\frac{R_{\mathrm{i}}}{R_{\mathrm{s}}+R_{\mathrm{i}}}\dot{A}_{\mathrm{u}}\tag{2-27}$$

以 $R_s=20\text{k}\Omega$ 代入数据得

$$\dot{A}_{us}=\frac{\dot{U}_o}{\dot{U}_s}=\frac{R_i}{R_s+R_i}\dot{A}_u=\frac{107}{20+107}\times(-2.4)\approx-2$$

当 $R_s=0$ 时，$\dot{A}_{us}=\dot{A}_u=-2.4$。

任何实际使用的信号源都是有内阻的，上述分析计算表明，当信号源与放大电路连接时，输入电流会在 R_s 上产生电压降落，输入电阻愈小，这种信号电压的损失就愈大，所以对于电压放大电路，一般要求输入电阻要远大于信号源内阻。

在电路中串接发射极电阻 R_e 后，使电路具有一定的稳定静态工作点的能力（见下一节），但发射极电阻 R_e 较大时，电压放大倍数降低得很厉害，所以在实用电路中常在 R_e 两端并联一个容量足够大的电容（称为发射极旁路电容 C_e），或将 R_e 用两个电阻串联代替，在其中一个电阻两端并联旁路电容。用这种办法使电路兼顾稳定 Q 点和有一定放大倍数的要求。根据“通交流，隔直流”的原理，在上述两种发射极旁路电容的接法下，本例题所用等效电路和解题过程需做何调整？请读者自己考虑。

【例 2-5】 推导图 2-25 所示电路在考虑三极管的输出等效电阻 r_{ce} 的情况下的输出电阻。

说明：三极管的输出特性曲线在放大区是略微向上倾斜的。这说明当 u_{CE} 增大时，i_C 会有所增加，这一特性正是具有一定内阻的电流源的性质，这个内阻就是三极管的输出等效电阻 r_{ce}。所以严格地说，式（2-26）中输出电阻的表达式应为

$$R_o=r_{ce}/\!/R_c \tag{2-28}$$

只是 r_{ce} 通常都在 100kΩ 以上，远远大于与其并联的 R_c，所以忽略 r_{ce}，并不会带来较大的计算误差。那么在发射极串入电阻 R_e 后，会对输出电阻有何影响？

解 在图 2-27 的基础上，三极管微变等效电路 c、e 之间增加等效电阻 r_{ce}，并令输入电压 U_s 为零，保留内阻 R_s，去掉负载电阻 R_L，便得到图 2-29 所示电路。在电路的输出端处加交流电压 $\dot{U}$，通过计算电流 $\dot{I}$ 便可求出 R_o。

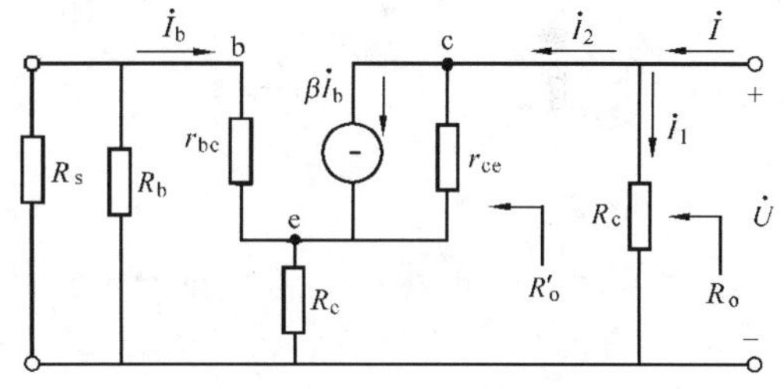

图 2-29 计算输出电阻

在输出端有 $\dot{I}=\dot{I}_1+\dot{I}_2$，其中 $\dot{I}_1$ 是 R_c 上的电流，$\dot{I}_2$ 是从集电极看进去的等效电阻 R'_o 上的电流，则输出电阻 $R_o=R_c/\!/R'_o$，而 R'_o 可用公式 $R'_o=\dfrac{\dot{U}}{\dot{I}_2}$ 求出。

由图 2-29 可列出回路电压方程，得到 $\dot{I}_2$ 与 $\dot{U}$ 的关系

$$(\dot{I}_2-\beta\dot{I}_b)\,r_{ce}+\dot{I}_2\frac{R_e\,(r_{be}+R'_s)}{R_e+r_{be}+R'_s}=\dot{U} \tag{2-29}$$

式（2-29）第一项是 r_{ce} 上的压降，第二项是 e 到地之间的电压，其中 $R'_s=R_s/\!/R_b$。根据分流关系可得

$$-\dot{I}_b=\dot{I}_2\frac{R_e}{R_e+r_{be}+R'_s} \tag{2-30}$$

将式（2-30）代入式（2-29）中，得

$$\left(\dot{I}_2+\dot{I}_2\frac{\beta R_e}{R_e+r_{be}+R'_s}\right)r_{ce}+\dot{I}_2\frac{R_e\,(r_{be}+R'_s)}{R_e+r_{be}+R'_s}=\dot{U}$$

整理后得
$$R'_o=\frac{\dot{U}}{\dot{I}_2}=\left(1+\frac{\beta R_e}{R_e+r_{be}+R'_s}\right)r_{ce}+\frac{R_e\ (r_{be}+R'_s)}{R_e+r_{be}+R'_s} \tag{2-31}$$

R'_o 是不包括 R_c 的输出电阻（从集电极看进去的等效电阻），因为式（2-31）中的第一项远大于第二项，所以式（2-31）可简化成

$$R'_o=\frac{\dot{U}}{\dot{I}_2}\approx\left(1+\frac{\beta R_e}{R_e+r_{be}+R'_s}\right)r_{ce} \tag{2-32}$$

由式（2-31）可知，增加发射极电阻 R_e 后，三极管的输出电阻增大了。
由于 R_c 远小于 R'_o，所以电路总的输出电阻并不会因 R'_o 而增大，仍然约等于 R_c，即

$$R_o=R'_o /\!/ R_c\approx R_c$$

两种分析方法的对比：

（1）图解法可以分析电路的静态工作情况，也可以对电路的动态工作过程进行分析。其优点是直观形象，利用图解法可以了解 Q 点位置是否合适，观察电路参数变化对 Q 点的影响，非线性失真产生原因及消除方法，判断最大不失真输出幅度等问题。图解法存在的问题是：①由于三极管参数的离散性，各管子的特性曲线均不相同，手册上查到的特性曲线与所用管子特性有较大差别；②存在作图误差、读数误差，且因人而异；③稍复杂些的电路无法分析。

（2）微变等效电路分析法适合分析小信号工作的任何或简单或复杂的电路，前提是管子处于放大区。由于完成了非线性到线性电路的转化，所以等效电路法简单、方便，是广泛使用的分析方法。等效电路法是针对变化量的，只能解决交流信号的计算问题，不能用来求解静态问题，也不能用来分析非线性失真和输出幅度。

两种分析方法各有自己的适用范围，在解决具体问题时，可以结合起来综合应用。

第六节 静态工作点的稳定问题

一、问题的提出

从前面的分析可知，三极管有一个合适的 Q 点对于电路正常工作是非常重要的，同样，保证 Q 点的稳定性也是非常重要的。之所以提出这样的问题，是因为当环境温度变化或更换管子等外界因素引起三极管参数变化时，Q 点位置会移动，改变电路的工作状态，甚至产生失真，所以必须研究静态工作点的稳定问题。

造成 Q 点不稳定的因素很多，例如电源电压波动，电路参数变化，元器件老化等，但主要是三极管的参数（U_{BE}、I_{CBO}、β 等）与环境温度有较大关系。现分别介绍如下：

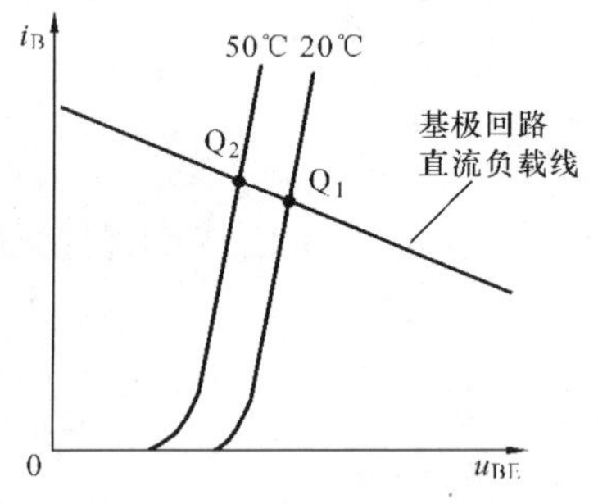

图 2-30 温度升高对 I_B 的影响

（1）U_{BE} 与温度的关系。当温度升高时，三极管的输入特性曲线将左移，即维持一定基极电流所需的 U_{BE} 将减小，温度系数为 −2～−2.5mV/℃。在基极回路应用图解法分析 Q 点变化情况，如图 2-30 所示。基极回路直流负载线方程为 $U_{BE}=V_{CC}-I_BR_b$，温度升高时，Q 点从 Q_1 移到 Q_2 的位置，基极电流 I_B 有所增大。

（2）I_{CBO}与温度的关系。三极管的I_{CBO}是由少数载流子形成的，当温度升高时，少数载流子浓度增大，导致I_{CBO}增大。因为穿透电流$I_{CEO}=(1+\beta)I_{CBO}$，所以I_{CEO}也会增大。其规律大约是温度每升高10℃，I_{CEO}增加一倍。

（3）β与温度的关系。温度升高时，注入基区的载流子扩散速度加快，减少了在基区的复合数量，因而三极管的β增大。实验结果表明，温度每升高1℃，β增大0.5%～1%。

根据三极管的电流关系式$I_C=\beta I_B+I_{CEO}$，可从上述参数与温度的关系得出结论，温度升高对三极管参数造成的影响，最终表现为三极管的静态工作电流I_{CQ}将增大，Q点将沿直流负载线上移。这种Q点的移动会造成电路性能随温度而变的现象，也可能出现因温度变化发生饱和或截止失真的问题。在对放大电路的温度稳定性有较高要求的场合，保证静态工作点的稳定就是必须要考虑的问题。

二、射极偏置电路（分压式偏置电路）

欲使放大电路具有自动稳定Q点的能力，可以采用负反馈技术。图2-31所示电路就是一个常用的工作点稳定电路。图中与稳定Q点有关的元件是上、下偏置电阻R_{b1}、R_{b2}和发射极电阻R_e。R_{b1}、R_{b2}把电源V_{CC}分压后为三极管基极提供一个直流电位，所以又称该电路为分压式偏置电路。R_e用来检测集电极静态电流的变化，因为R_e上的直流压降基本上与集电极电流I_C成正比，当I_C增大时，R_e上的直流压降就会增大。

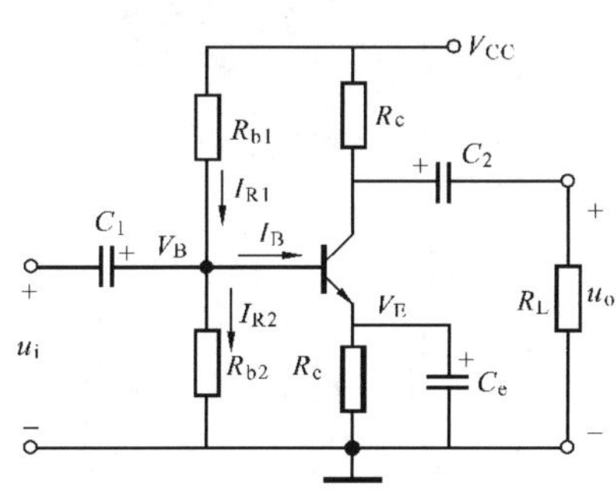

图2-31　射极偏置电路

1. 稳定原理

三极管的静态基极电位V_{BQ}是由R_{b1}、R_{b2}对V_{CC}分压后得到，可认为与温度无关，基本上是稳定的。当I_{CQ}随温度的升高而增大时，发射极电流I_{EQ}也相应地增大，I_{EQ}在R_e上的压降增大使得发射极电位V_{EQ}升高，因为V_{BQ}是一固定电位，所以三极管的发射结电压U_{BEQ}将降低（$U_{BEQ}=V_{BQ}-V_{EQ}$），从而使I_{BQ}减小，于是I_{CQ}的增加被减小的I_{BQ}所抑制，结果使静态工作点受温度T的影响大为减弱，这就是稳定Q点的物理过程。其过程可表示如下：

$$T\uparrow \rightarrow I_{CQ}\uparrow \rightarrow I_{EQ}\uparrow \rightarrow V_{EQ}\uparrow \rightarrow U_{BEQ}\downarrow \rightarrow I_{BQ}\downarrow \rightarrow I_{CQ}\downarrow$$

其结果是I_{CQ}的增长受到牵制，达到了稳定Q点的目的。这种利用I_{EQ}在R_e上的直流电压降反过来控制U_{BEQ}的自动调节作用，属于直流电流负反馈。

显然，R_e取值越大，同样的电流变化量产生的电压变化量就越大，自动调节灵敏度就越高，电路的温度稳定性就越好。不过，R_e增大后，三极管的U_{CEQ}就要减小，电路输出的动态范围将减小。所以R_e也不能太大，如果要保证输出电压幅度不减小，又要有很好的温度稳定性，则需增大V_{CC}值，这样做的话，电源电压利用率就要降低。为了兼顾温度稳定性和电源电压利用率，在电路设计时一般按$V_{EQ}=0.2V_{CC}$或$V_{BQ}=(3\sim5)U_{BEQ}$来选定V_B。为使基极电位V_{BQ}不随I_{BQ}变化，R_{b1}、R_{b2}的阻值要适当小些，以使R_{b1}、R_{b2}中的电流远大于I_{BQ}。但太小则会使R_{b1}、R_{b2}上的功耗增大，且影响电路的输入电阻。所以R_{b1}、R_{b2}阻值也要适中，一般按$I_{R1}\approx I_{R2}=(5\sim10)I_{BQ}$选取（$I_{R1}$、$I_{R2}$是流过$R_{b1}$、$R_{b2}$的电流，在$I_{BQ}$很小时，

可近似认为 R_{b1}、R_{b2} 中电流相等）。

2. 静态和动态分析

分析电路的静态工作点时，可从估算 V_{BQ} 开始，因为 $I_{R1} \approx I_{R2}$，且远大于 I_{BQ}，则有

$$V_{BQ} = \frac{R_{b2}}{R_{b1} + R_{b2}} V_{CC} \tag{2-33}$$

进而可得静态发射极电流和集电极电流为

$$I_{EQ} = \frac{V_{EQ}}{R_e} = \frac{V_{BQ} - U_{BEQ}}{R_e} \approx I_{CQ} \tag{2-34}$$

所以
$$U_{CEQ} = V_{CC} - I_{CQ}R_c - I_{EQ}R_e \approx V_{CC} - I_{CQ}(R_c + R_e) \tag{2-35}$$

至于静态基极电流，如果需要的话，可用 $I_{BQ} = \frac{I_{EQ}}{1+\beta}$ 求出。

需要说明的是，一般 V_{BQ} 数值不满足远大于 U_{BEQ} 的条件，所以式（2-34）不宜将 U_{BEQ} 忽略不计。

由于射极旁路电容 C_e 的容量较大，其容抗远小于 R_e，所以它对于交流信号相当于短路。故三极管发射极交流接地，放大电路的微变等效电路如图 2-32 所示。显然，该电路的电压放大倍数与式（2-24）相同，即

$$\dot{A}_u = \frac{-\beta \dot{I}_b (R_c /\!/ R_L)}{\dot{I}_b r_{be}} = \frac{-\beta R'_L}{r_{be}}$$

输入电阻为 $R_i = R_{b1} /\!/ R_{b2} /\!/ r_{be}$

输出电阻为 $R_o = R_c$

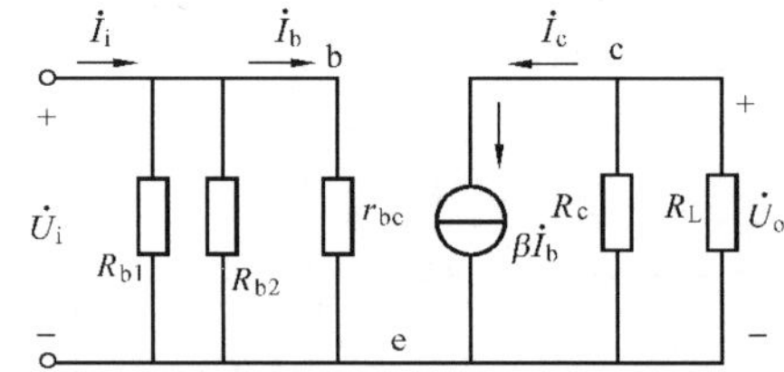

图 2-32 放大电路的微变等效电路

在进行静态分析时，还可以求出 V_{CC}、R_{b1}、R_{b2} 组成的偏置电路的戴维南等效电路，等效电压源是当三极管基极开路时的 V_{BQ} 值，等效内阻是从基极开路处看进去的偏置电路等效电阻，即 $V_{BB} = \frac{R_{b2}}{R_{b1} + R_{b2}} V_{CC}$，$R_b = R_{b1} /\!/ R_{b2}$。图 2-33 表示出了等效过程，在图 2-33（b）中根据 KVL 可列出 $I_{BQ} = \frac{V_{BB} - U_{BEQ}}{R_b + (1+\beta) R_e}$，$I_{CQ}$ 和 U_{CEQ} 的计算与［例 2-4］相同。

【例 2-6】 在图 2-34 所示的射极偏置电路中 $R_{b1} = 62\text{k}\Omega$，$R_{b2} = 13\text{k}\Omega$，$R_c = 4.7\text{K}$，$R_{e1} = 100\Omega$，$R_{e2} = 1.8\text{k}\Omega$，$R_L = 5.6\text{k}\Omega$，$V_{CC} = 15\text{V}$，$\beta = 60$，$C_1$、$C_2$、$C_e$ 容量足够大。

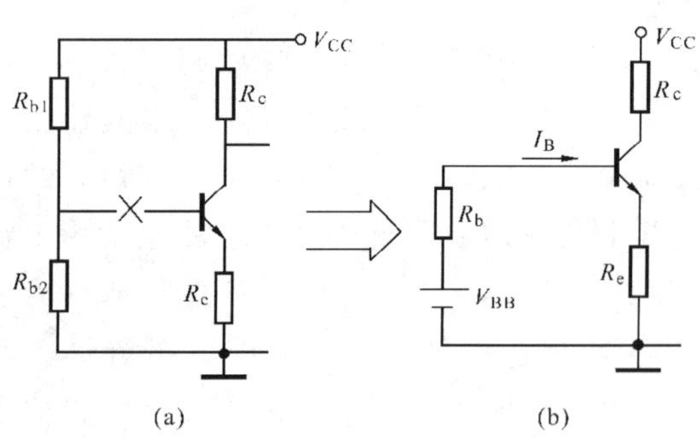

图 2-33 射极偏置电路 Q 点的另一种解法

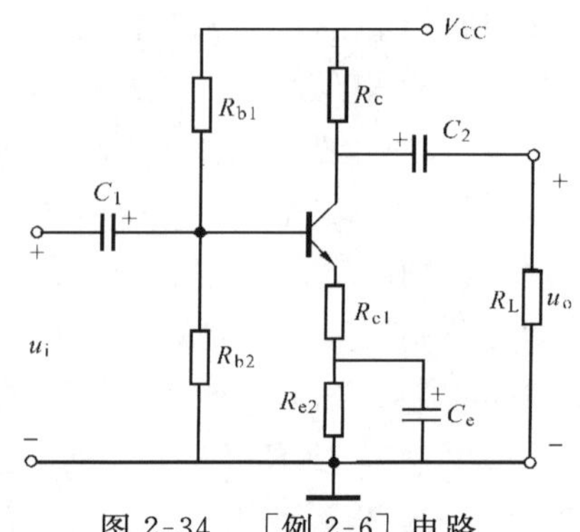

图 2-34 ［例 2-6］电路

(1) 估算电路的静态工作点以及电压放大倍数、输入电阻和输出电阻。

(2) 如果改换一个 $\beta=100$ 的三极管，其他电路参数不变，则静态工作点有何变化？

解 (1) 根据式 (2-33) ～式 (2-35)，考虑到静态直流电流 I_{EQ}在 $R_{e1}+R_{e2}$上的电压降等于 U_{EQ}，应对后两式略做修正，可得

$$V_{BQ}=\frac{R_{b2}}{R_{b1}+R_{b2}}V_{CC}=\frac{13\times15}{13+62}=2.6(\text{V})$$

$$I_{EQ}=\frac{V_{EQ}}{R_{e1}+R_{e2}}=\frac{V_{BQ}-U_{BEQ}}{R_{e1}+R_{e2}}=\frac{2.6-0.7}{0.1+1.8}=1(\text{mA})$$

$$I_{CQ}\approx I_{EQ}=1(\text{mA})$$

$$U_{CEQ}\approx V_{CC}-I_{CQ}(R_c+R_{e1}+R_{e2})=15-1\times(4.7+0.1+1.8)=8.4(\text{V})$$

为了计算电压放大倍数和输入电阻，需先估算 r_{be}为

$$r_{be}=r_{bb'}+(1+\beta)\frac{26(\text{mV})}{I_E(\text{mA})}\approx300\Omega+61\times\frac{26\text{mV}}{1\text{mA}}=1886\Omega\approx1.89\text{k}\Omega$$

注意到发射极旁路电容 C_e 的作用，图 2-34 所示电路的微变等效电路见图 2-35。根据该图列出计算公式并代入数据计算之。

$$\dot{A}_u=\frac{-\beta(R_c/\!/R_L)}{r_{be}+(1+\beta)R_{e1}}=\frac{-60(4.7/\!/5.6)}{1.89+61\times0.1}=\frac{-60\times2.56}{7.99}=-19.2$$

$$R_i=R_{b1}/\!/R_{b2}/\!/[r_{be}+(1+\beta)R_{e1}]=62/\!/13/\!/(1.89+61\times0.1)=4.58(\text{k}\Omega)$$

$$R_o=R_c=4.7(\text{k}\Omega)$$

(2) 如果更换三极管，β 由 60 改为 100，其他电路参数不变，根据前面静态工作点的计算公式可知，V_{BQ}保持不变，仍为 2.6V，I_{CQ}和 V_{CEQ}也不会变化，变化了的是 I_{BQ}。

$\beta=60$ 时，有

$$I_{BQ}=\frac{I_{EQ}}{1+\beta}=\frac{1}{61}=0.0164\text{mA}=16.4\mu\text{A}$$

$\beta=100$ 时，有

$$I_{BQ}=\frac{I_{EQ}}{1+\beta}=\frac{1}{101}=0.0099\text{mA}=9.9\mu\text{A}$$

即 I_{BQ}减小了。

上述分析表明，当三极管的 β 值发生变化时，射极偏置放大电路的静态工作点基本保持不变，这一优点说明了此种电路具有很强的自动调节 I_{CQ}的能力，这种能力来自于 R_{e1}、R_{e2}形成的直流电流负反馈过程。

三、其他稳定工作点的放大电路

1. 集电极—基极偏置电路

与射极偏置电路类似，采用直流反馈来稳定静态工作点。将共射放大电路的基极偏置电阻 R_b 从 V_{CC}改接到三极管集电极，以图 2-36 所示 NPN 管放大电路为例，因为 $V_{CQ}>V_{BQ}$，可以形成 I_{BQ}。当 I_{CQ}随温度的升高而增大时，三极管的 U_{CEQ}将减小，而 $I_{BQ}=\frac{U_{CEQ}-U_{BEQ}}{R_b}=\frac{V_{CQ}-V_{BQ}}{R_b}$，所以 I_{BQ}将减小，这将限制 I_{CQ}的增大，使之趋于稳定，这就是此电路的直流反馈过程。

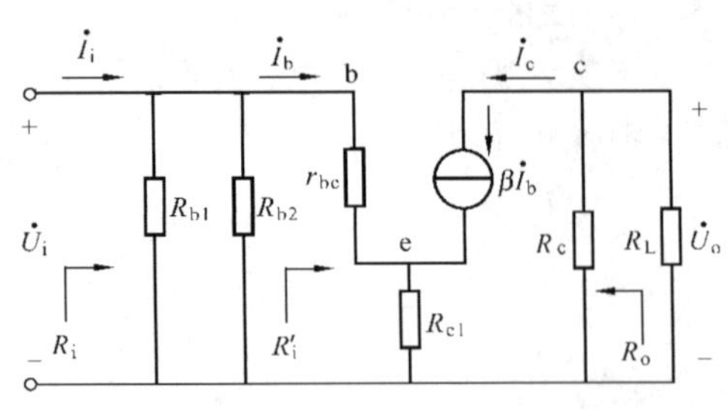

图 2-35 ［例 2-6］的微变等效电路

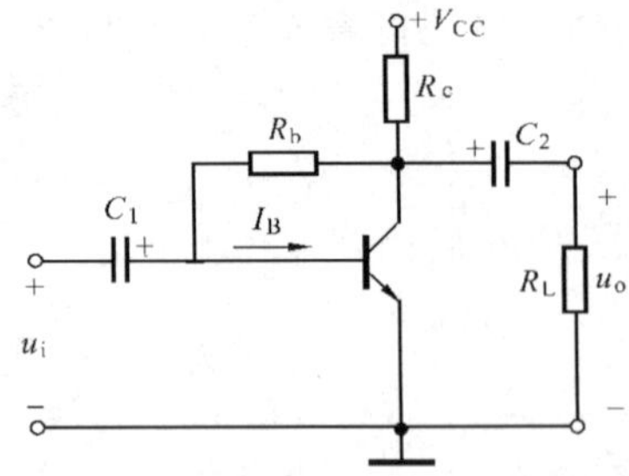

图 2-36 集电极—基极偏置电路

需要说明的是，此电路中处于输出回路的直流电压（U_{CEQ}）可以经过 R_b 影响输入回路的直流电流（I_{BQ}），输出回路的交流电压 u_{ce}（$u_{ce}=u_o$）同样可以通过 R_b 影响输入回路的交流电流。前者是直流负反馈现象，后者则属于交流负反馈问题。这在第七章中将详细介绍。

2. 利用温度补偿稳定 Q 点

利用同样对温度变化敏感的元器件接入电路中，来削弱或抵消温度对 Q 点的影响。图 2-37所示电路就是采用温度补偿的共射放大电路，其中图 2-37（a）中二极管 VD 始终处于反偏状态，其反向饱和电流为 I_R，当温度升高时，I_R 亦增大，其分流作用使得 I_B 有所减小，可以在一定程度上减小 I_C 的增大。此外还可以利用二极管的正向压降随温度升高而减小的特点来实现温度补偿，见习题 2-22。图 2-37（b）中 R_t 是负温度系数热敏电阻[1]，当温度升高时，R_t 阻值减小，增大的电流将使 V_{EQ} 升高，产生 U_{BEQ} 和 I_{BQ} 减小的效果。类似的利用温度补偿原理稳定 Q 点的电路方案还有若干，这里就不一一介绍了。这种方法需要精心筛选补偿元件，且不易在工作环境温度变化范围内实现全程补偿，在电子电路中一般作为辅助手段使用。

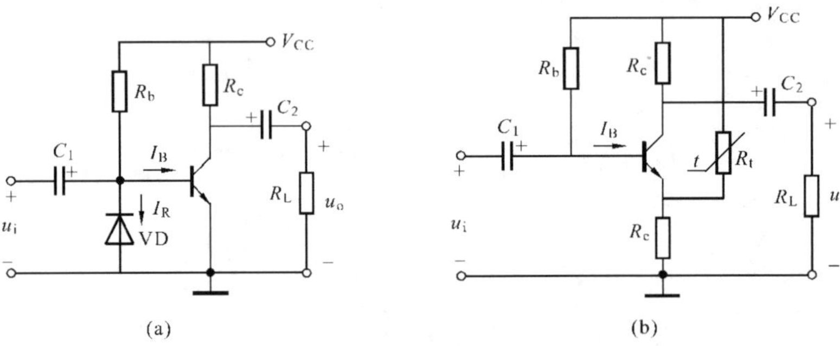

图 2-37 Q 点的温度补偿电路

第七节 共集电极电路和共基极电路

一、共集电极放大电路

1. 电路组成

基本共集电极放大电路如图 2-38 所示。三极管的基极是信号输入端，发射极是输出端，集电极直接接电源电压（对交流来说，是直接接交流地）。与共射和共基放大电路相比，该

[1] 热敏电阻的阻值随温度变化的规律有两种：一种是阻值随温度的升高而增大，称为正温度系数；另一种则随温度的升高而减小，称为负温度系数。

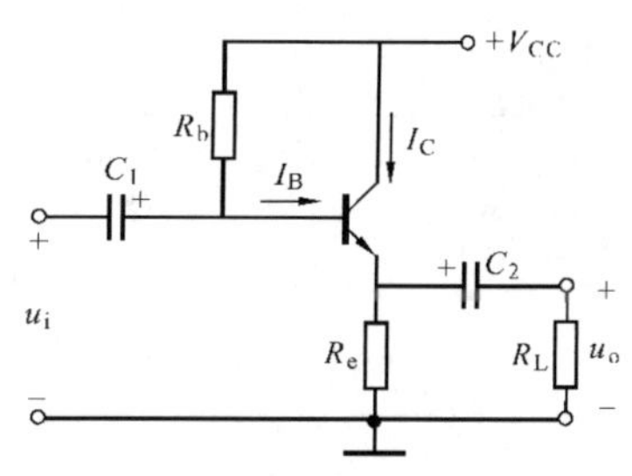

图 2-38　共集电极放大电路

电路的电压放大倍数 A_u 小于 1，但约等于 1，且输出电压与输入交流信号同相；输入电阻较大，而输出电阻最小。由于这些特点，该电路又称为射极跟随器和射极输出器。

由于该电路输入电阻大，输出电阻小，所以常用作多级放大电路的输入级，以提高整个电路的输入电阻；也常用于多级放大电路的输出级，以提高电路的带负载能力；还可以作为缓冲隔离级插在两级放大电路之间，利用它输入电阻大，输出电阻小的特点减弱后级对前一级的负载效应。

2. 静态与动态分析

(1) 求静态工作点。因电路简单，不需再画直流通路，直接列出计算公式

$$I_{BQ}=\frac{V_{CC}-U_{BEQ}}{R_b+(1+\beta)R_e} \tag{2-36}$$

$$I_{CQ}=\beta I_{BQ} \tag{2-37}$$

$$U_{CEQ}=V_{CC}-I_{CQ}R_e \tag{2-38}$$

(2) 电压放大倍数。进行动态分析所需的交流通路和微变等效电路示于图 2-39 中。由放大电路的微变等效电路可列出

$$\dot{U}_o=\dot{I}_e(R_e/\!/R_L)=(1+\beta)\dot{I}_b(R_e/\!/R_L) \tag{2-39}$$

$$\dot{U}_i=\dot{I}_b r_{be}+(1+\beta)\dot{I}_b(R_e/\!/R_L) \tag{2-40}$$

所以

$$\dot{A}_u=\frac{\dot{U}_o}{\dot{U}_i}=\frac{(1+\beta)(R_e/\!/R_L)}{r_{be}+(1+\beta)(R_e/\!/R_L)} \tag{2-41}$$

此式是正值，说明输出电压与输入同相。分母略大于分子，所以放大倍数小于 1，约等于 1。其原因是输入回路中有关系式 $\dot{U}_i=\dot{U}_{be}+\dot{U}_o$，电路的输出电压总是略小于输入电压。由于 $\dot{U}_o\approx\dot{U}_i$，输出电压随输入而变，故名射极跟随器。

(3) 输入电阻。输入电阻可分解为 R_b 与 R'_i 的并联，即

$$R_i=R_b/\!/R'_i$$

其中 R'_i 根据输入电阻的定义和式 (2-40) 可得

$$R'_i=\frac{\dot{U}_i}{\dot{I}_b}=r_{be}+(1+\beta)(R_e/\!/R_L)$$

所以输入电阻为

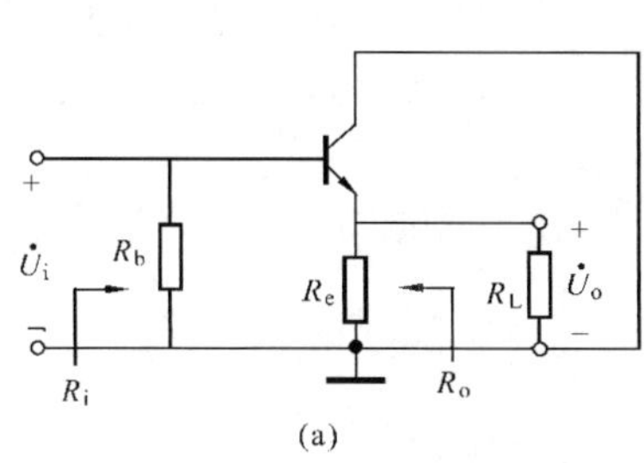

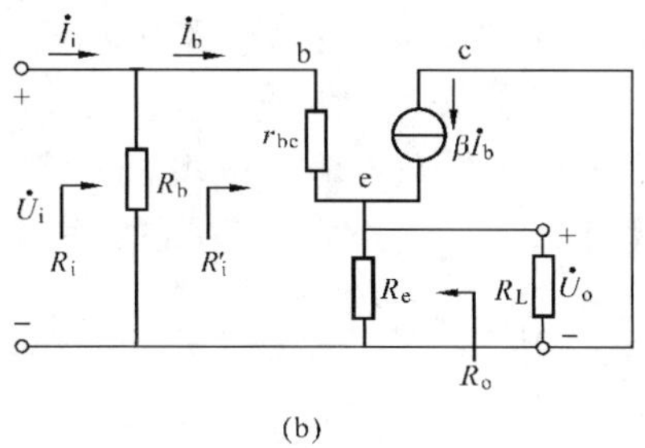

图 2-39　共集电极电路的等效电路

(a) 交流通路；(b) 微变等效电路

$$R_i = R_b // [r_{be} + (1+\beta)(R_e // R_L)] \tag{2-42}$$

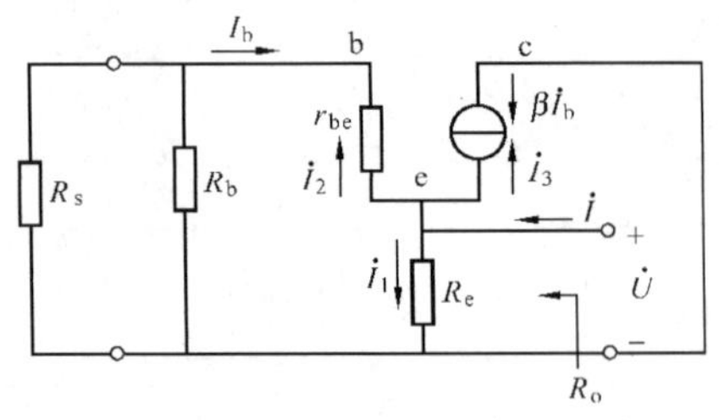

图 2-40 计算输出电阻

（4）输出电阻。输出电阻 R_o 的分析须考虑信号源内阻 R_s（令信号源电压 $U_s=0$），并去掉负载电阻 R_L，然后在输出端外加交流电压 $\dot{U}$，计算由此产生的电流 $\dot{I}$，则 $R_o=\dot{U}/\dot{I}$。按上述要求处理后的微变等效电路如图 2-40 所示。由图可列出

$$\dot{I} = \dot{I}_1 + \dot{I}_2 + \dot{I}_3$$

其中

$$\dot{I}_1 = \frac{\dot{U}}{R_e}$$

$$\dot{I}_2 = \frac{\dot{U}}{r_{be} + R_s // R_b} = \frac{\dot{U}}{r_{be} + R'_s}$$

且

$$\dot{I}_2 = -\dot{I}_b$$

$$\dot{I}_3 = -\beta \dot{I}_b = \beta \dot{I}_2 = \beta \frac{\dot{U}}{r_{be} + R'_s}$$

所以

$$\dot{I} = \dot{I}_1 + \dot{I}_2 + \dot{I}_3 = \frac{\dot{U}}{R_e} + \frac{\dot{U}}{r_{be} + R'_s} + \beta \frac{\dot{U}}{r_{be} + R'_s} = \frac{\dot{U}}{R_e} + (1+\beta) \frac{\dot{U}}{r_{be} + R'_s}$$

整理后得输出电导

$$\frac{1}{R_o} = \frac{\dot{I}}{\dot{U}} = \frac{1}{R_e} + \frac{1+\beta}{r_{be} + R'_s} = \frac{1}{R_e} + \frac{1}{\dfrac{r_{be} + R'_s}{1+\beta}}$$

即

$$R_o = R_e // \frac{r_{be} + R'_s}{1+\beta}$$

其中

$$R'_s = R_s // R_b \tag{2-43}$$

当信号源可按理想电压源处理时

$$R_o = R_e // \frac{r_{be}}{1+\beta} \tag{2-44}$$

一般来说，三极管的 r_{be} 在 $10^3\Omega$ 数量级上，所以其输出电阻为 $10^1 \sim 10^2\Omega$ 之间。在三极管所有三种基本组态中是最小的。而输入电阻则是三种组态中最大的。若想进一步突出这两点，可以将三极管用复合管❶代替。

综上所述，共集电极放大电路的特点是电压放大倍数小于 1，约等于 1，输出电压与输入电压同相，输入电阻高而输出电阻低。另外它具有较大的电流放大能力。

【例 2-7】 在图 2-38 所示电路中，$R_b=300\text{k}\Omega$，$R_e=4.3\text{k}\Omega$，$R_L=3\text{k}\Omega$，$V_{CC}=12\text{V}$，三极管的 $\beta=100$，信号源内阻 $R_s=500\Omega$，耦合电容 C_1、C_2 的容量足够大。计算电路的静态工作点和电压放大倍数、输入电阻、输出电阻。

解 首先计算 I_{BQ}，根据式（2-36）～式（2-41）代入数据可得

$$I_{BQ} = \frac{V_{CC} - U_{BEQ}}{R_b + (1+\beta)R_E} = \frac{12 - 0.7}{300 + (1+100) \times 4.3} = 0.015(\text{mA}) = 15(\mu\text{A})$$

$$I_{CQ} = \beta I_{BQ} = 100 \times 0.015 = 1.5(\text{mA})$$

❶ 复合管又称为达林顿管（Darlinton Transistor），见第九章。

$$U_{CEQ}=V_{CC}-I_{CQ}R_e=12-1.5\times4.3=5.6(\text{V})$$

$$r_{be}=r_{bb'}+(1+\beta)\frac{26}{I_E}\approx300+101\times\frac{26}{1.5}=2051(\Omega)=2.05\text{k}\Omega$$

$$\dot{A}_u=\frac{\dot{U}_o}{\dot{U}_i}=\frac{(1+\beta)(R_e/\!/R_L)}{r_{be}+(1+\beta)(R_e/\!/R_L)}=\frac{101\times(4.3/\!/3)}{2.05+101\times(4.3/\!/3)}=\frac{101\times1.77}{2.05+101\times1.77}\approx0.99$$

$$R_i=R_b/\!/[r_{be}+(1+\beta)(R_e/\!/R_L)]=300/\!/(2.05+101\times1.77)=300/\!/180.82\approx113(\text{k}\Omega)$$

$$R_o=R_e/\!/\frac{r_{be}+R'_s}{1+\beta}=4.3/\!/\frac{2.05+(0.5/\!/300)}{101}\approx4.3/\!/0.025\approx0.025(\text{k}\Omega)=25\Omega$$

二、共基极放大电路

1. 电路组成

共基极放大电路示于图 2-41 中。电路的直流通路与本章第六节中介绍的射极偏置电路相同，具有较强的稳定 Q 点的能力。三极管的发射极接输入端，集电极是输出端，基极经基极旁路电容 C_b 直接交流接地。图 2-42 为其交流通路，由交流通路可知，输入电压 $\dot{U}_i$ 加在发射极和基极之间，输出电压从集电极与基极之间取出。基极是输入回路和输出回路的共用端，故得此名。

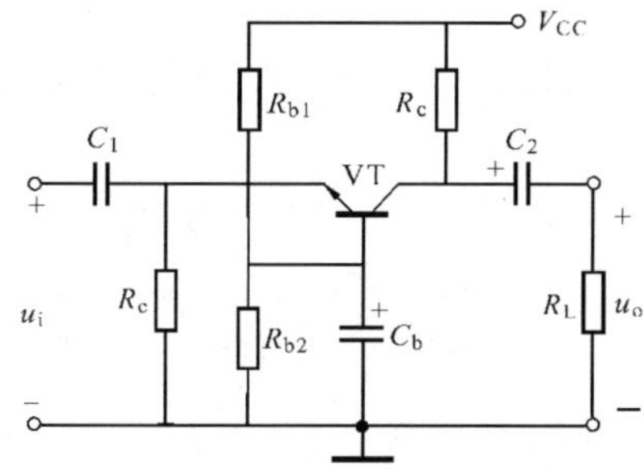

图 2-41　共基极放大电路

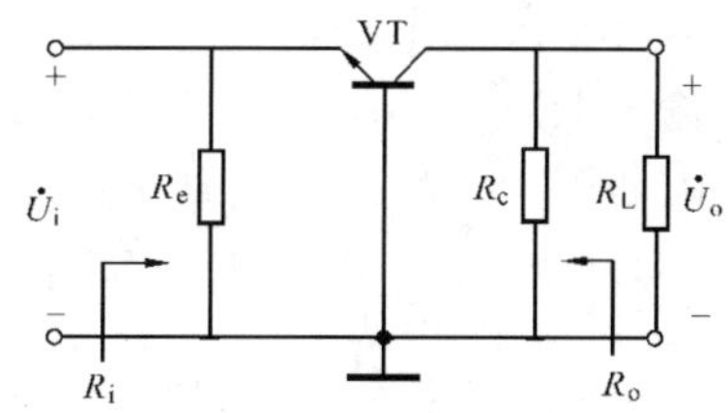

图 2-42　共基电路交流电路

2. 静态与动态分析

(1) 静态工作点分析。首先画出该电路的直流通路，如图 2-43 所示。显然此图与本章第六节所讨论的射极偏置电路的直流通路相同，所以其 Q 点的分析与射极偏置电路的静态分析一致，见式 (2-33) ～式 (2-35)。

(2) 电压放大倍数。根据交流通路画出放大电路的微变等效电路，如图 2-44 所示。由

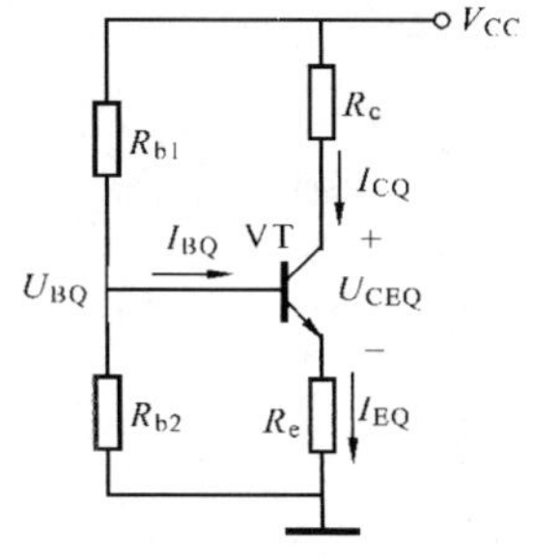

图 2-43　图 2-42 的直流通路

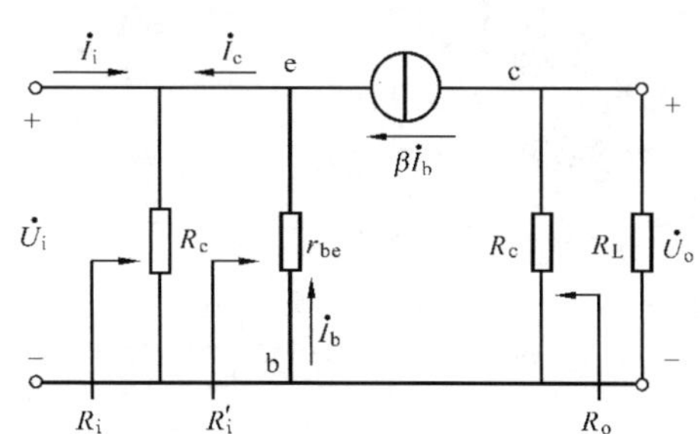

图 2-44　图 2-41 的微变等效电路

图可知

$$\dot{U}_o = -\dot{I}_c(R_c /\!/ R_L) = -\beta\dot{I}_b R'_L$$

$$\dot{U}_i = -\dot{I}_b r_{be}$$

$$\dot{A}_u = \frac{\dot{U}_o}{\dot{U}_i} = \frac{-\beta\dot{I}_b R'_L}{-\dot{I}_b r_{be}} = \frac{\beta R'_L}{r_{be}} \tag{2-45}$$

对比式（2-45）和式（2-24），可知共基极电路与共发射极电路的电压放大倍数在数值上相同，只差一个负号，其原因是因为共发射极电路是反相放大器，而共基极电路是同相放大器。

（3）输入电阻。共基极接法时的输入电阻由图中得出

$$R_i = R_e /\!/ R'_i$$

其中
$$R'_i = \frac{\dot{U}_i}{-\dot{I}_e} = \frac{-\dot{I}_b r_{be}}{-(1+\beta)\dot{I}_b} = \frac{r_{be}}{1+\beta}$$

所以
$$R_i = R_e /\!/ R'_i = R_e /\!/ \frac{r_{be}}{1+\beta} = R_e /\!/ r_{eb} \approx r_{eb}$$

与共发射极电路相比，共基极电路的输入电阻要小 $1+\beta$ 倍，所以共基极电路的输入电阻很小，一般为几欧至几十欧。

（4）输出电阻。共基极电路的输出电阻为 $R_o = r_{cb} /\!/ R_c$，r_{cb}是三极管共基极接法时的等效输出电阻。因为三极管在共基极接法下输出特性曲线比共射接法更接近水平，所以共基极接法时的等效输出电阻 r_{cb}远大于共射接法时的 r_{ce}。在考虑 r_{ce}的情况下由图 2-44 中可推导出 $r_{cb} \approx r_{ce}\left[1+\frac{\beta(R_s /\!/ R_e)}{R_s /\!/ R_e + r_{be}}\right]$，所以共基极电路的输出电阻为 $R_o = r_{cb} /\!/ R_c \approx R_c$。

【例 2-8】 在图 2-41 中，已知 $R_{b1}=56\text{k}\Omega$，$R_{b2}=18\text{k}\Omega$，$R_e=1.2\text{k}\Omega$，$R_c=2.7\text{k}\Omega$，$R_L=4.7\text{k}\Omega$，$V_{CC}=12\text{V}$，三极管的 $\beta=80$，耦合电容 C_1、C_2 和旁路电容 C_b 容量足够大，计算静态工作点和 $\dot{A}_u$、R_i 和 R_o。

解 （1）估算 Q 点。

$$U_{BQ} = \frac{R_{b2}}{R_{b1}+R_{b2}}V_{CC} = \frac{18\times12}{56+18} = 2.92\ (\text{V})$$

$$I_{CQ} \approx I_{EQ} = \frac{V_{EQ}}{R_e} = \frac{V_{BQ}-U_{BEQ}}{R_e} = \frac{2.92-0.7}{1.2} = 1.85\ (\text{mA})$$

$$U_{CEQ} \approx V_{CC} - I_{CQ}(R_c+R_e) = 12-1.85\times(2.7+1.2) = 4.79\ (\text{V})$$

（2）计算动态指标。

$$r_{be} = r_{bb'} + (1+\beta)\times\frac{26}{I_E} \approx 300+81\times\frac{26}{1.85} = 1438(\Omega) = 1.44\text{k}\Omega$$

$$\dot{A}_u = \frac{\dot{U}_o}{\dot{U}_i} = \frac{\beta R'_L}{r_{be}} = \frac{80\times(2.7 /\!/ 4.7)}{1.44} = 95$$

$$R_i=R_e /\!/ R'_i=R_e /\!/ \frac{r_{be}}{1+\beta}=1.2 /\!/ \frac{1.44}{1+80}=17.5\ (\Omega)$$

$$R_o \approx R_c=2.7\ (k\Omega)$$

三、三种基本组态放大电路的比较

三极管连接成放大电路时，有共发射极、共集电极、共基极三种接法，称为三种基本组态。

根据前面的分析结果和计算实例，可以总结出三种基本组态放大电路的一些特点：就放大倍数而言，共集电极电路的电压放大倍数小于 1，而电流放大倍数最大；共基极电路的电流放大倍数小于 1，电压放大倍数很大；而共发射极电路既有较大的电流放大倍数，又有较大的电压放大倍数。

就输出与输入电压的相位而言，共发射极电路是反相放大器，共基极电路和共集电极电路则为同相放大器。

就输入电阻而言，共基极电路最小（十几欧），共集电极电路最大（几百千欧）共发射极电路介于中间（几千欧）。就输出电阻（不包括 R_c、R_e 之类，仅从作为输出的管脚看进去）而言❶，共基极电路最大（几百千欧），共集电极电路最小（几十欧），共发射极电路介于中间（几十千欧）。

表 2-1 列出了三种基本放大电路的主要性能在数量级上的比较。读者还可以将三种组态的基本电路、微变等效电路和静态工作点、输入电阻、输出电阻、电压放大倍数、电流放大倍数等计算公式列于同一表中，便于相互比较。

表 2-1　　三种基本组态的比较

技术指标 \ 电路类型	共发射极电路	共基极电路	共集电极电路
输入电阻 R_i	1 千欧左右	十几欧至几十欧	几百千欧
输出电阻 R_o（不包括 R_c、R_e）	几十至几百千欧	几百千欧	几十欧
电压放大倍数 A_u	几十至几百	几十至几百	略小于 1
电流放大倍数 A_i	几十至几百	略小于 1	几十至几百
输出与输入电压之间的相位关系	反　相	同　相	同　相

第八节　场效应管放大电路

场效应管具有和三极管类似的控制作用，可以接成共源极电路、共栅极电路和共漏极电路。本节介绍常见的共源极电路和共漏极电路的组成及分析方法。

一、场效应管的偏置电路及静态分析

与三极管一样，当用场效应管组成放大电路时，必须由偏置电路提供合适的静态工作

---

❶ 当不考虑三极管外接的 R_c，R_e 时，共基极电路、共发射极电路和共集电极电路的输出电阻分别是 r_{cb}，r_{ce} 和 $\frac{r_{be}}{1+\beta}$。当考虑 R_c 时，共基极电路和共发射极电路的输出电阻均近似为 R_c。

点，并保证Q点的稳定。考虑到场效应管的特点（只需提供偏置电压，没有偏置电流；有多种类型，不同类型的场效应管对偏置电源的极性有不同要求），其偏置电路与三极管电路在结构、计算方法上有所不同。常用的偏置电路有自给偏置电路和分压—自给式偏置电路。图2-45（a）、（b）所示电路就是分别采用这两种偏置电路的共源极放大电路。

图2-45（a）所示的自给偏置电路在场效应管的源极串入源极电阻R❶，利用R上的直流电压降为场效应管提供栅极偏置电压。当漏极电流I_{DQ}流过电阻R时，在电阻上产生电压降$I_{DQ}R$，因为场效应管的栅极电流为零，所以栅极电阻R_G上的直流电压降为零，R_G两端等电位，即图2-45（a）中场效应管的栅极是直流零电位。源极电阻R上的电压降通过栅极电阻R_G加到栅极，使场效应管的栅源偏置电压$U_{GSQ}=-I_{DQ}R$，改变源极电阻R的大小，就可以调整U_{GSQ}的大小，进而改变Q点的位置。

由于栅源偏置电压U_{GSQ}的形成依赖于漏极电流I_{DQ}，所以该电路只适合于在栅源电压为零时就能形成漏极电流的耗尽型场效应管。增强型场效应管只有栅源电压先达到开启电压U_T后才有漏极电流I_D，所以不能用于自给偏置电路。

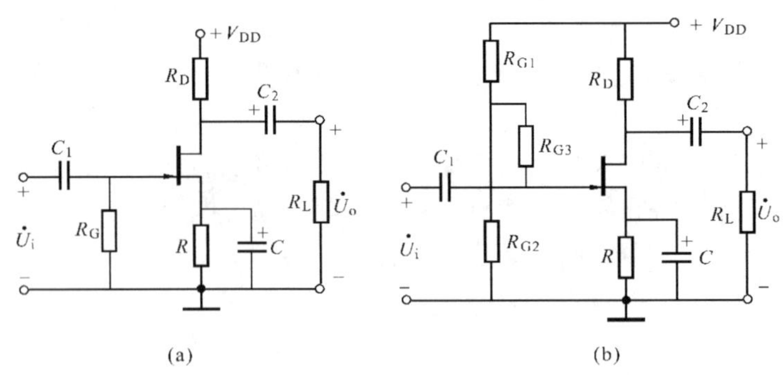

图2-45 场效应管的偏置电路

（a）自给偏压电路；（b）分压—自给式偏置电路

图2-45（b）为分压—自给式偏置电路，由偏置电阻R_{G1}、R_{G2}组成的分压器为场效应管栅极提供一个正的栅极电位$V_{GQ}\left(=\dfrac{R_{G2}}{R_{G1}+R_{G2}}V_{DD}\right)$，同时源极电阻$R$上的电压降也使源极电位$V_{SQ}$（$=I_{DQ}R$）为正。当$V_{GQ}>V_{SQ}$，即$V_{GSQ}>0$时，适用于增强型场效应管；当$V_{GQ}<V_{SQ}$，即$V_{GSQ}<0$时，适用于耗尽型场效应管。所以此种偏置电路适应面广，应用最多。

电路中接入栅极电阻R_{G3}的目的，在于保证电路的输入电阻不因分压电阻R_{G1}、R_{G2}而降低过多，对于交流信号来说，R_{G1}、R_{G2}是并联的，而为了保证分压的稳定性，R_{G1}、R_{G2}又不能取得过大，整个电路的输入电阻将因R_{G1}、R_{G2}并联而大大降低。接入R_{G3}后，利用场效应管栅极电流为零的特点，可以将R_{G3}取得足够大，既可以实现较大的输入电阻，又不会影响栅极电位V_{GQ}的大小，是一种直流、交流兼顾的电路结构。

与三极管放大电路一样，场效应管放大电路静态工作点的计算也可采用近似估算法和图解分析法。现以图2-45所示两种偏置电路为例，进行讨论。

❶ 按本书电路图标注规律，源极电阻应标注为R_s，但这样便会与信号源内阻R_s相混淆，故此处标为R。

1. 近似估算法

对于耗尽型场效应管，其转移特性所描述的 i_D-u_{GS}[1]关系为

$$i_D=I_{DSS}\left(1-\frac{u_{GS}}{U_P}\right)^2 \tag{2-46}$$

对于增强型场效应管，其转移特性所描述的 i_D-u_{GS}关系为

$$i_D=I_{DO}\left(\frac{u_{GS}}{U_T}-1\right)^2 \tag{2-47}$$

对于图 2-45（a），偏置电路的 i_D-u_{GS}关系为

$$u_{GS}=-i_DR \tag{2-48}$$

对于图 2-45（b），偏置电路的 i_D-u_{GS}关系为

$$u_{GS}=\frac{R_{G2}}{R_{G1}+R_{G2}}V_{DD}-i_DR \tag{2-49}$$

在计算 Q 点时，对于图 2-45（a），可联立求解式（2-46）和式（2-48）；对于图 2-45（b）中采用耗尽型场效应管时，可联立求解式（2-46）和式（2-49）；采用增强型场效应管时，可联立求解式（2-47）和式（2-49）。

【例 2-9】 在图 2-45（b）所示电路中，已知 $R_{G1}=2\text{M}\Omega$，$R_{G2}=47\text{k}\Omega$，$R_{G3}=10\text{M}\Omega$，$R_D=30\text{k}\Omega$，$R=2\text{k}\Omega$，$V_{DD}=18\text{V}$，场效应管的 $U_P=-1\text{V}$，$I_{DSS}=0.5\text{mA}$，试确定 Q 点。

解 根据式（2-46）和式（2-49），有

$$\begin{cases} i_D=I_{DSS}\left(1-\dfrac{u_{GS}}{U_P}\right)^2=0.5\times\left(1+\dfrac{u_{GS}}{1}\right)^2=0.5\ (1+u_{GS})^2 \\ u_{GS}=\dfrac{R_{G2}}{R_{G1}+R_{G2}}V_{DD}-i_DR=\dfrac{47\times18}{2000+47}-2i_D=0.4-2i_D \end{cases}$$

将 $u_{GS}=0.4-2i_D$代入 i_D的表达式，得

$$i_D=0.5\ (1.4-2i_D)^2$$

得两组解

$$\begin{cases} i_{D1}=1.59\text{mA} \\ i_{D2}=0.31\text{mA} \end{cases}$$

因为 $I_{DSS}=0.5\text{mA}$，i_D 不能大于 I_{DSS}，所以 $i_D=I_{DQ}=0.31\text{mA}$。

$$u_{GS}=U_{GSQ}=0.4-2i_D=0.4-2\times0.31=-0.22(\text{V})$$

$$u_{DS}=U_{DSQ}=V_{DD}-I_{DQ}(R_D+R)=18-0.31\times(30+2)=8.1(\text{V})$$

2. 图解法

对于图 2-45（a），在场效应管的转移特性曲线上，按式（2-48）作出源极电阻 R 上的 i_D-u_{GS}关系，称为场效应管在输入回路的直流负载线，此伏安特性是一条过原点的直线，斜率为$-1/R$，如图 2-46 所示直线①，它与转移特性曲线的交点就是 Q 点。它的坐标即为

[1] 静态时，交流分量为零，$i_D=I_D$，$u_{GS}=U_{GS}$。

U_{GSQ}和 I_{DQ}；在输出特性曲线上做出输出回路的直流负载线，从转移曲线 Q 点处作水平线，与输出回路直流负载线相交之处为输出曲线上的 Q 点，其横坐标为 U_{DSQ}。

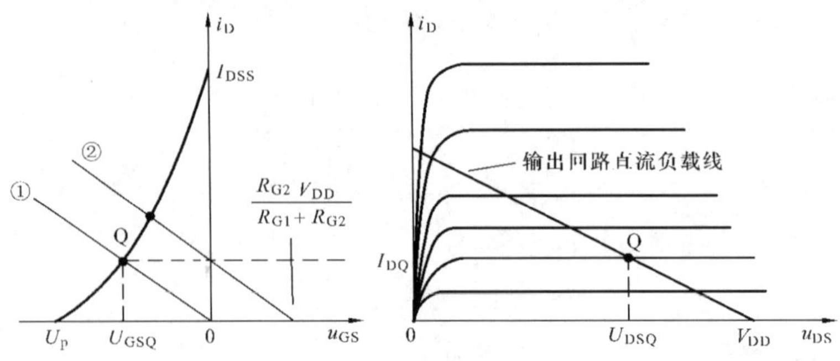

图 2-46 静态工作点的图解

对于图 2-45（b），应按式（2-49）在转移特性上作出偏置电路的 i_D-u_{GS} 关系，这是一条斜率为 $-1/R$，在横轴上的截距为 $\frac{R_{G2}V_{DD}}{R_{G1}+R_{G2}}$ 的直线，如图 2-46中的直线②。通过它与转移特性曲线的交点，同样能确定 Q 点坐标值。

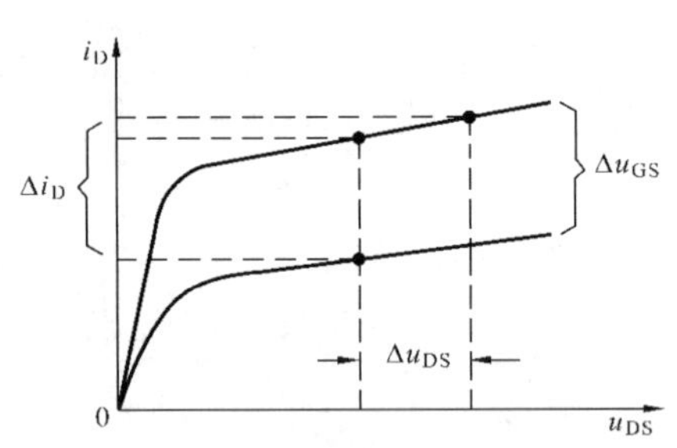

图 2-47 u_{GS}、u_{DS}对 i_D 的影响

二、场效应管的微变等效电路

如果输入信号很小，场效应管工作在线性放大区（即输出特性中的恒流区），那么和三极管一样，可以借助微变等效电路来分析。

采用推导三极管微变等效电路类似的办法，对场效应管输出特性进行分析，可以看到引起漏极电流变化的两个变量是 u_{GS} 和 u_{DS}，如图 2-47 所示。在小信号工作时，变化量 Δi_G、Δu_{GS}、Δi_D、Δu_{DS}之间的关系可用线性方程近似表示

$$\Delta i_G=0$$

$$\Delta i_D=g_m\Delta u_{GS}+g_{ds}\Delta u_{DS}$$

因分析研究时一般加正弦输入信号，所以上述公式中的变化量可用相量表示

$$\left.\begin{aligned}\dot{I}_g&=0\\\dot{I}_d&=g_m\dot{U}_{gs}+\frac{1}{r_{ds}}\dot{U}_{ds}\end{aligned}\right\}\qquad(2\text{-}50)$$

由式（2-50）可导出场效应管的微变等效电路，如图 2-48 所示。

图 2-48 中，栅源之间应有输入电阻 r_{gs}，但不论是结型 FET 还是 MOSFET，此值均极大，此处按无穷大处理。r_{ds}的大小反映了 FET 放大区的恒流特性的好坏，恒流特性愈好，r_{ds}愈大，通常在几百千欧数量级上，一般漏极负载电阻 R_D 远小于

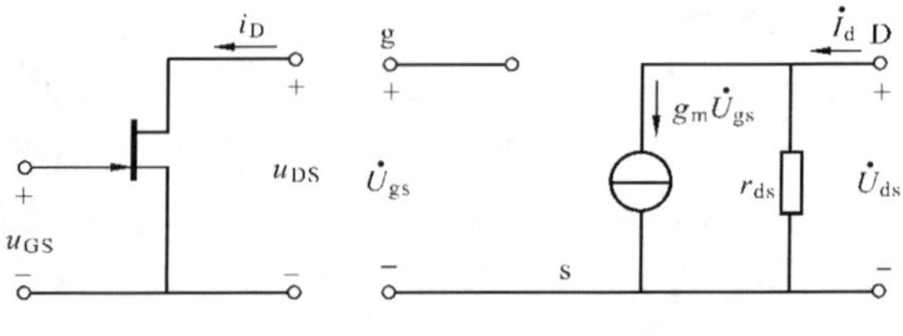

图 2-48 FET 的微变等效电路

r_{ds}，可认为等效电路中的 r_{ds} 开路。

g_m 是场效应管的跨导，定义为 $g_m = \left.\dfrac{\partial i_D}{\partial u_{GS}}\right|_Q$，在转移特性曲线上，$g_m$ 就是静态工作点处曲线的斜率。它的大小或在特性曲线上通过作图的方法得到，或使用专用仪器测出，还可以根据定义式对 u_{GS} 求导得出。对于耗尽型场效应管来说，有

$$i_D = I_{DSS}\left(1-\frac{u_{GS}}{U_P}\right)^2 \tag{2-51}$$

根据定义有

$$g_m = \left.\frac{\partial i_D}{\partial u_{GS}}\right|_Q = -\frac{2I_{DSS}}{U_P}\left(1-\frac{U_{GSQ}}{U_P}\right) = -\frac{2}{U_P}\sqrt{I_{DQ}I_{DSS}} \tag{2-52}$$

对于增强型场效应管来说，有

$$i_D = I_{DO}\left(\frac{u_{GS}}{U_T}-1\right)^2 \tag{2-53}$$

根据定义有

$$g_m = \left.\frac{\partial i_D}{\partial u_{GS}}\right|_Q = \frac{2I_{DO}}{U_T}\left(\frac{u_{GS}}{U_T}-1\right) = \frac{2}{U_T}\sqrt{I_{DO}I_{DQ}} \tag{2-54}$$

三、场效应管放大电路的动态分析

现以图 2-45（b）电路为例，对场效应管放大电路进行动态分析。首先画出图 2-45（b）的交流通路和微变等效电路于图 2-49 中。

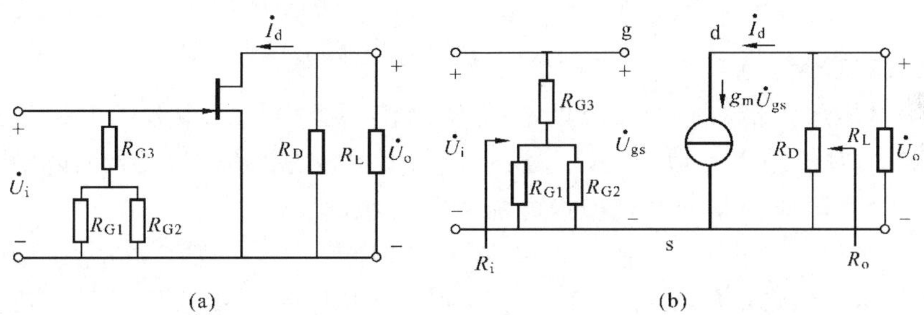

图 2-49　图 2-45（b）的交流通路和微变等效电路

（a）交流通路；（b）微变等效电路

1. 电压放大倍数

由图 2-49（b）列出输出电压、输入电压表达式

$$\dot{U}_o = -\dot{I}_d(R_D /\!/ R_L) = -g_m\dot{U}_{gs}R'_L$$

$$\dot{U}_i = \dot{U}_{gs}$$

所以

$$\dot{A}_u = \frac{\dot{U}_o}{\dot{U}_i} = \frac{-g_m\dot{U}_{gs}R'_L}{\dot{U}_{gs}} = -g_mR'_L \tag{2-55}$$

式中：负号表示输出电压与输入相位相反，是反相放大器，因为它是共源极放大电路，与共

发射极电路类似。

2. 输入电阻

在忽略栅源输入电阻 U_{gs} 的情况下，从输入端看进去，可得

$$R_i = R_{G3} + R_{G1} /\!/ R_{G2} \tag{2-56}$$

3. 输出电阻

在忽略漏极输出电阻 r_{ds} 的情况下，有

$$R_o = R_D \tag{2-57}$$

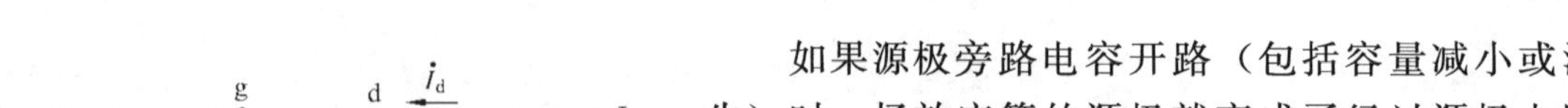

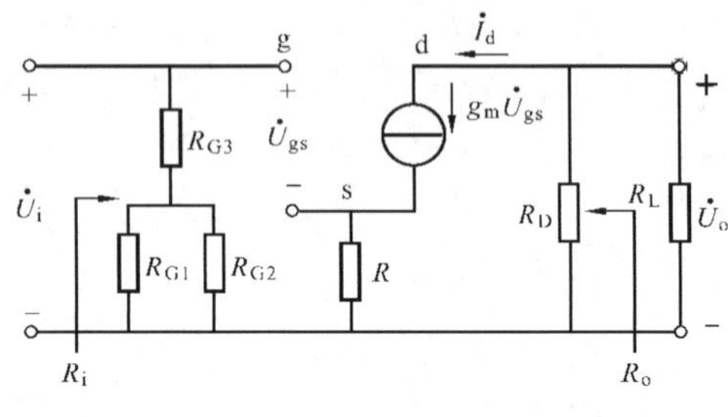

图 2-50 源极旁路电容开路时的微变等效电路

如果源极旁路电容开路（包括容量减小或消失）时，场效应管的源极就变成了经过源极电阻 R 接地，漏极交流电流在电阻 R 上的电压降将使栅源间交流电压 U_{gs} 减小，导致输出电压和电压放大倍数减小。现分析如下：

重画微变等效电路于图 2-50 中，注意电路中出现了源极电阻 R，根据等效电路列出输出、输入回路电压表达式如下

$$\dot{U}_o = -\dot{I}_d\ (R_D /\!/ R_L) = -g_m\dot{U}_{gs}R'_L$$

$$\dot{U}_i = \dot{U}_{gs} + g_m\dot{U}_{gs}R$$

所以

$$\dot{A}_u = \frac{\dot{U}_o}{\dot{U}_i} = \frac{-g_m\dot{U}_{gs}R'_L}{\dot{U}_{gs} + g_m\dot{U}_{gs}R} = \frac{-g_mR'_L}{1+g_mR} \tag{2-58}$$

而输入电阻和输出电阻仍与式（2-56）和式（2-57）相同。

显然，对于电压放大倍数而言，源极电阻 R 的作用类似于三极管共发射极放大电路中的发射极电阻 R_e，对于输入电阻来说，并没有像共发射极电路那样，引起输入电阻的增大，这是由于场效应管是电压控制器件，栅极电流为零的缘故。

【例 2-10】 在图 2-45（b）中，已知 $R_{G1}=2\text{M}\Omega$，$R_{G2}=47\text{k}\Omega$，$R_{G3}=10\text{M}\Omega$，$R_D=30\text{k}\Omega$，$R=2\text{k}\Omega$，$R_L=100\text{k}\Omega$，$V_{DD}=18\text{V}$，场效应管的 $g_m=2.8\text{mA/V}$，计算在有、无源极旁路电容两种情况下的电压放大倍数、输入电阻和输出电阻。

解 在接有源极旁路电容的情况下，有

$$\dot{A}_u = -g_mR'_L = -2.8\times(30/\!/100) = -64.6$$

$$R_i = R_{G3} + R_{G1} /\!/ R_{G2} = 10 + 2 /\!/ 0.047 \approx 10\ (\text{M}\Omega)$$

$$R_o = R_D = 30\ (\text{k}\Omega)$$

在源极旁路电容开路情况下，输入、输出电阻不变，电压放大倍数变为

$$\dot{A}_u = \frac{\dot{U}_o}{\dot{U}_i} = \frac{-g_mR'_L}{1+g_mR} = \frac{-2.8\times\ (30/\!/100)}{1+2.8\times 2} = -9.8$$

【例 2-11】 共漏极放大电路——源极输出器如图 2-51 所示，推导其电压放大倍数、输入电阻和输出电阻。

解　图 2-51（a）电路的微变等效电路如图 2-51（b）所示。

（1）电压放大倍数。由图 2-51（b）可列出

$$\dot{U}_o = g_m \dot{U}_{gs}(R /\!/ R_L)$$

$$\dot{U}_i = \dot{U}_{gs} + \dot{U}_o = \dot{U}_{gs} + g_m \dot{U}_{gs}(R /\!/ R_L)$$

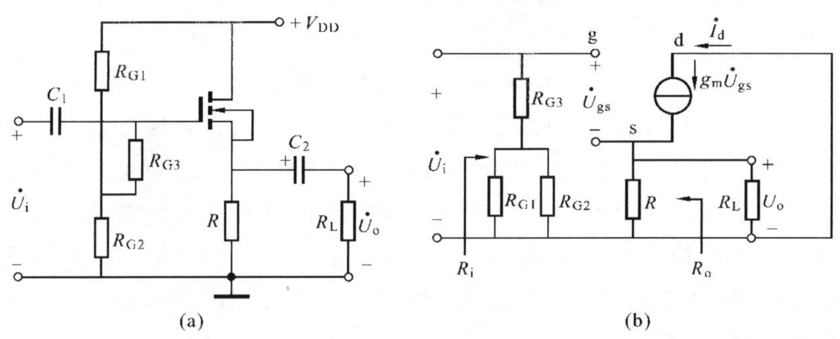

图 2-51　共漏极电路及微变等效电路

(a)电路图；(b)微变等效电路

所以
$$\dot{A}_u = \frac{\dot{U}_o}{\dot{U}_i} = \frac{g_m \dot{U}_{gs}(R /\!/ R_L)}{\dot{U}_{gs} + g_m \dot{U}_{gs}(R /\!/ R_L)} = \frac{g_m(R /\!/ R_L)}{1 + g_m(R /\!/ R_L)} \tag{2-59}$$

(2)输入电阻。在忽略场效应管栅源输入电阻 r_{gs} 的情况下，从输入端看进去，可得

$$R_i = R_{G3} + R_{G1} /\!/ R_{G2} \tag{2-60}$$

(3)输出电阻。令信号源电压 $\dot{U}_s = 0$，保留其内阻 R_s，将 R_L 开路，在输出端外加一交流试验电压 $\dot{U}$，由此画出计算输出电阻 R_o 的等效电路，如图 2-52所示。在输出端列出电流关系式

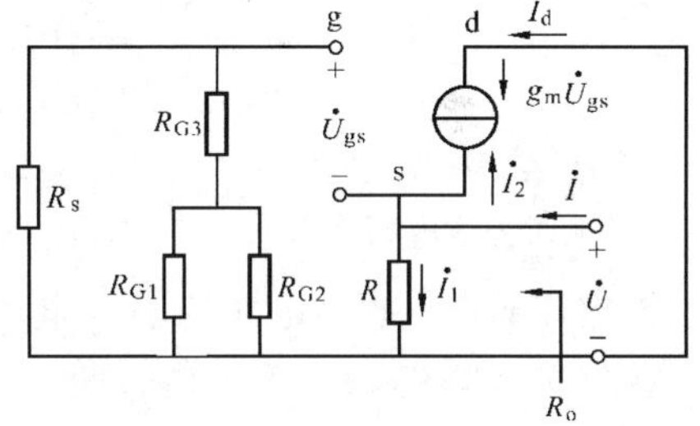

图 2-52　共漏极电路求 R_o 的电路

$$\dot{I} = \dot{I}_1 + \dot{I}_2$$

其中
$$\dot{I}_1 = \frac{\dot{U}}{R},\ \dot{I}_2 = -g_m \dot{U}_{gs}$$

因为 FET 的栅流为零，所以有 $\dot{U}_{gs} = -\dot{U}$，故

$$\dot{I} = \dot{I}_1 + \dot{I}_2 = \frac{\dot{U}}{R} + g_m \dot{U}$$

输出电导为
$$\frac{1}{R_o} = \frac{\dot{I}}{\dot{U}} = \frac{1}{R} + g_m = \frac{1}{R} + \frac{1}{\frac{1}{g_m}}$$

输出电阻为
$$R_o = R /\!/ \frac{1}{g_m} \tag{2-61}$$

上述分析结果表明，共漏极电路的电压放大倍数小于 1，约等于 1，输出电压与输入电压同相，输出电阻较小，这些情况与三极管的共集电极电路类似；输入电阻与共源极电路相当，仍是场效应管的输入电阻极高的缘故。

第九节　多级放大电路

当需要将微弱信号放大到足够大时，意味着要有一定的放大量，比如欲将一个 1mV 的信号放大到 5V，放大倍数是 5000 倍，这是一般单级放大电路无法做到的。所以在用到放大电路的场合，往往是由若干单级放大电路级连成多级放大；在实际电子设备中，还要考虑对输入电阻、输出电阻的要求。一般来说，多级放大电路可以分为输入级、中间级、输出级三大部分。输入级主要考虑实现所要求的输入电阻，有的电子设备(例如电子测量仪器)要求输入电阻要高，有的设备要求与信号源阻抗匹配，有的则要求放大电路的输入电阻要很低。因为它位于整个放大器的前端，它的输出信号要被后级逐级放大，所以输入级还要兼顾降低噪声系数、减小工作点漂移等问题。中间级负责提供整个电路放大倍数的大部分，而输出级主要考虑向负载提供足够的信号功率，侧重在输出功率和输出电阻上。输出级属于功率放大器，是后面第九章的讨论内容。输入级和中间级属于小信号多级放大电路，它的特点和分析计算是本节介绍的内容。

一、多级放大电路的耦合方式

多级放大电路是由单级放大电路级连而成的，从前级到后级，信号的传输方式称为耦合方式。常见的耦合方式有阻容耦合、变压器耦合和直接耦合三种。

1. 阻容耦合

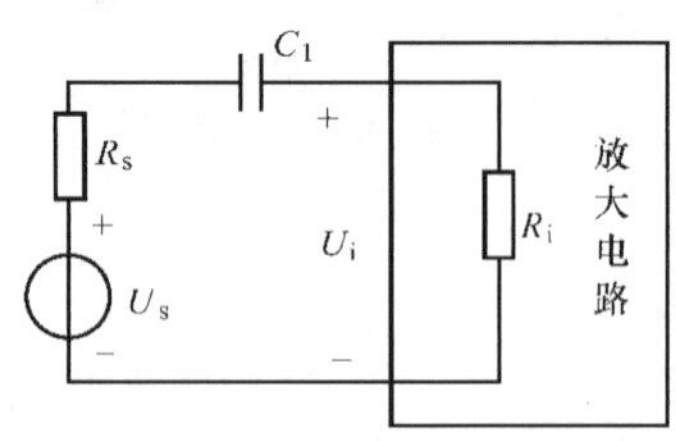

图 2-53　输入回路等效电路

在此之前介绍的所有单级放大电路，它们的信号输入和输出都是经过耦合电容传输的，这就是阻容耦合电路。以输入回路为例，其等效电路如图 2-53 所示，为说清楚耦合电容的作用，图中保留了耦合电容。交流信号经过电容加在放大电路的输入端，落在输入电阻上。为顺利地传送交流信号，要求耦合电容在输入信号频带低端的容抗远小于 R_i。这样就可以保证在输入信号中的所有频率成分下，耦合电容的容抗可以忽略不计[❶]，放大电路的输入电压由 R_i 与 R_s 对信号源开路电压 U_s 分压得到。

多级放大电路采用阻容耦合时，前后两级之间的耦合元件也是电容。

阻容耦合是一种最常用的级间耦合方式。其优点是电路简单，前后级电路静态工作点相互独立，互不影响，给电路的分析计算和调试带来很大方便。其缺点是不能传送频率很低，变化缓慢的信号，也无法做到集成电路中去。

2. 变压器耦合

利用变压器的“通交流，隔直流”的特点，同样可以把交流信号从前级送到后级，与阻容耦合电路相比，它还有一个可以实现阻抗变换的优点，可以使级间达到阻抗匹配，获得最大功率增益。图2-54所示就是采用变压器耦合方式的电路。由于变压器在频率特性、体积、重量、价格等方面的问题和集成电路的迅速发展，这种耦合方式在低频电子电路中已被淘汰。

---

❶ 三极管放大电路的输入电阻比场效应管放大电路的小得多，这就是为什么三极管放大电路的耦合电容都大于场效应管电路的原因。

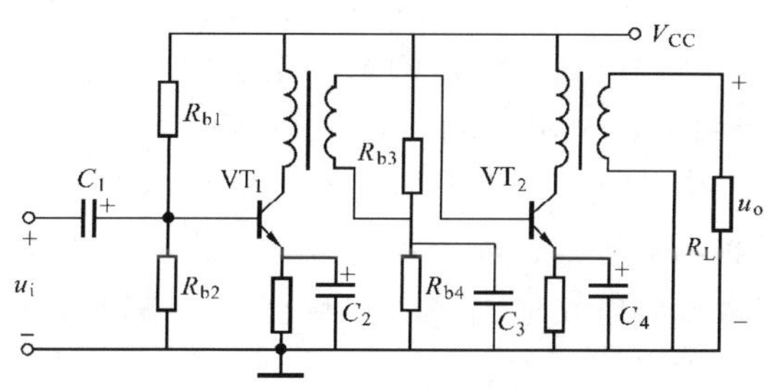

图 2-54 变压器耦合放大电路

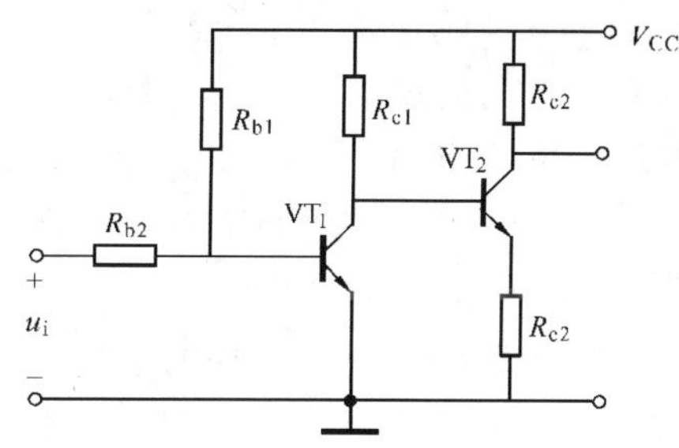

图 2-55 直接耦合电路之一

3. 直接耦合

直接耦合是将前后级直接相连的一种耦合方式，如图 2-55 所示。由于在信号传输通道上没有耦合电容和变压器之类的电抗性元件，所以电路的第一个优点是不仅可以放大较高频率的交流信号，频率很低的信号或变化缓慢的直流信号也能得到放大，这就使直接耦合放大电路的频率特性从交流一直延伸到直流，具有很好的频率响应。直接耦合方式的另一大优点是可用于集成电路，集成电路内基本上都是采用直接耦合方式。但采用直接耦合后，必须考虑和解决三方面的问题。它们是：Q 点相互影响问题，级间电位配置问题，工作点漂移问题。

(1) Q 点相互影响问题。采用直接耦合方式后，从输入到输出形成了直流通路，电路前后级之间静态工作点相互影响，不再彼此独立。在图 2-55 中，前级的集电极电位就是后级的基极电位，如果调整电阻 R_{b1}，不仅 VT_1 的 I_{CQ} 会发生变化，VT_2 的 I_{CQ} 也会随之而变。这就使电路的设计、分析和调试比较麻烦，两级电路相连时必须考虑彼此的电位是否合适。比如图 2-55 中后级 VT_2 的发射极直接接地(短路电阻 R_{e2})，则 VT_1 的 U_{CEQ1} 就等于 VT_2 的 b、e 之间的导通电压 0.7V 左右，使 VT_1 管的 Q 点接近饱和区，因而电路不能正常工作。产生这一问题的原因是后级输入回路在 $R_{e2}=0$ 时只有一个发射结，前后相连后，正偏的发射结将 VT_1 的集电极电位箝位在 0.7V 上。为了克服这个缺点，在电路中接入了 R_{e2}，提高了 VT_2 基极到地的电位，使 VT_1 管的 U_{CEQ1} 增大，其 Q 点就可向放大区中心移动。

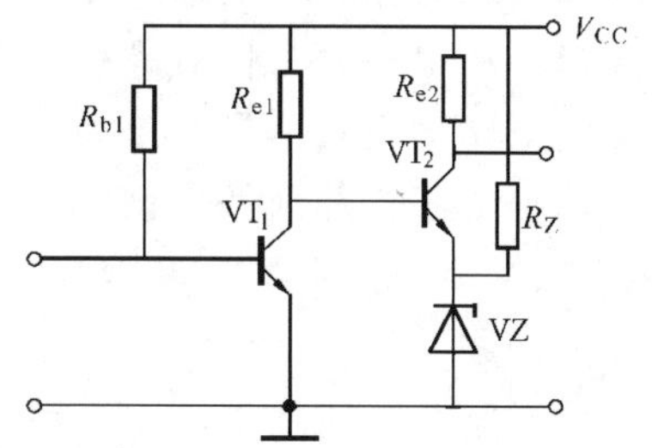

图 2-56 直接耦合电路之二

但接入 R_{e2} 后，电路的电压放大倍数将减小。由于直接耦合电路常用于放大频率很低或变化缓慢的信号，不能用在 R_{e2} 上并联旁路电容的办法来提高放大倍数。在图 2-56所示电路中，用稳压管代替了 R_{e2}，稳压管工作在反向击穿区时的动态电阻很小，一般在十几欧至几十欧，这就不致使第二级的放大倍数下降太多。但此电路与图 2-55 电路一样，还有一个 VT_2 的 U_{CEQ2} 因接入 R_{e2} 或稳压管而减小的问题，U_{CEQ2} 较小时，说明第二级的输出动态范围较小，而在多级放大电路中，信号逐级放大，动态范围也应逐级增大。所以在要求输出幅度较大的场合不能使用这两种形式的电路。

(2) 级间电位配置问题。这个问题与前一问题有关，NPN 管在放大区时，$V_{CQ}>V_{BQ}$(集电结反偏)，一般 V_{CQ} 要比 V_{BQ} 高几伏至十几伏，现在假设所有三极管的 $V_{CBQ}=3V$，则 $V_{BEQ1}=0.7V$，$V_{CQ1}=3.7V$，因 $V_{CQ1}=V_{BQ2}$，则 $V_{CQ2}=6.7V$，依此类推，可知每增加一个 NPN

管，集电极电位就升高 3V，当级数增多时，集电极电位会越来越高，靠近 V_{CC}。这种集电极电位逐级升高的现象就是电平移动现象，其影响是越是后级，静态电流就越是偏低。解决这一问题的办法有两个。图 2-57 所示电路是在两级之间串联稳压管，利用稳压管恒定的管压降，将后级基极电位适当降低，实现前后级电位的重新配置。对于交流信号而言，稳压管工作于稳压状态时的动态电阻很小，基本上不影响信号的传输。不过这种方法需要增加稳压管，而且稳压管的噪声系数较大，将其用于多级放大电路的前级，会给整个电路带来较大的噪声输出，在放大微弱信号的场合，不宜使用这种电路结构。

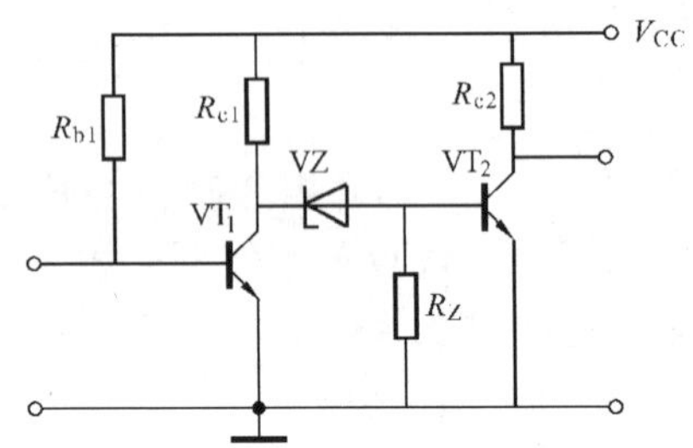

图 2-57 直接耦合电路之三

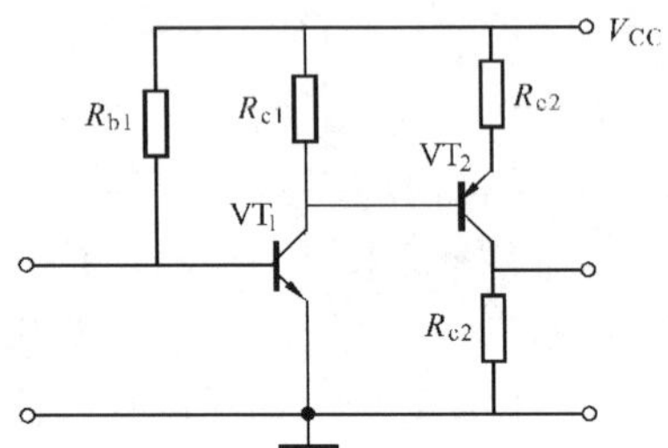

图 2-58 直接耦合电路之四

图 2-58 所示电路是采用 NPN 管和 PNP 管组成互补电路。由于 PNP 管集电结反偏时，集电极电位总是低于基极电位，因此与 NPN 管配合使用时，能将 NPN 管集电极升上去的电位移下来，不增加任何元件便能实现电平移位，同时前级的 U_{CEQ1} 也不再受后级 U_{BEQ2} 的牵制。这是一种使用广泛的直接耦合电路。注意这是两级共射放大电路，PNP 管的发射极经发射极电阻 R_{e2} 交流接地，由 VT_2 的集电极输出，所以 VT_2 也是共射组态。

在有些放大电路中，要求当输入电压为零时，输出电压也为零，此时除了需要做电平移位外，还需要采用正负两组直流电源。

(3)工作点漂移问题。在前面第六节静态工作点稳定问题的讨论中可知，电源电压、温度等因素都会导致静态工作点的移动，这种 Q 点的移动造成的直流电压、电流的变化是随机的，没有什么规律，称为工作点漂移。在阻容耦合或变压器耦合电路中，由于耦合电路具有隔断直流的作用，前级工作点的漂移不会传送到后级输入端。但在多级直接耦合电路中，各级都会产生这种工作点漂移，漂移电压与有用信号一样传送到后级，并逐级被放大，其现象是当电路输入端信号电压为零时，电路的输出本应为零或是某一个固定电压[❶]，但实际情况是输出电压会逐渐偏离该值，缓慢地发生不规则变化。这种现象就是工作点漂移(又称为零点漂移，简称零漂)，其效果就相当于在放大器中混入了干扰信号。这是直接耦合电路最突出的问题，一般来说，放大电路的级数愈多，放大倍数愈大，漂移问题就愈严重。相比之下，位于整个电路前端的输入级是关键，因为它的漂移电压会被逐级放大，是输出端漂移电压中的主要成分。因此，解决工作点漂移问题，重点是如何降低包括输入级在内的前几级电路的漂移。

在电路中应用直流负反馈来稳定工作点是常用方法。在多级直接耦合放大电路中，如果

---

❶ 通用型放大电路(比如集成通用运算放大器)要求零输入时零输出。此时的工作点漂移是真正的零点漂移。一般直接耦合电路在零输入时输出电压不一定为零(如图 2-58 中电路)，其漂移电压叫做工作点漂移似乎更合适，但通常不加区分，都称为零点漂移，相应的漂移电压叫做零漂电压，简称零漂。

在级间引入直流负反馈，可以取得很好的稳定效果。图 2-59 所示电路就是一个采用直流负反馈来稳定工作点的两级放大电路。当电路中 VT_1 或 VT_2 工作点漂移时，都会引起 VT_2 的集电极电位 V_{CQ2} 变化，比如 V_{CQ2} 增大，则由于电阻 R_f 和 R_{e1} 的分压作用，将引起 VT_1 的 V_{EQ1} 增大，发射极电位升高会使 VT_1 的发射结正偏电压减小，因而 I_{BQ1} 和 I_{CQ1} 减小，V_{CQ1} 将升高，V_{CQ1} 即 V_{BQ2}，V_{BQ2} 的升高会使 VT_2 发射结的正偏电压（V_{BEQ2} 的绝对值）减小，VT_2 的 I_{CQ2} 随之减小。从这个过程来看，VT_2 的集电极电流减小是由 V_{CQ2} 增大引起的，“V_{CQ2} 增大”是因，“I_{CQ2} 减小”是果。而 I_{CQ2} 的减小，将使 V_{CQ2} 的增大速度受到抑制，V_{CQ2} 的净增量将因此而减小。这个过程就是工作点稳定的过程，电阻 R_{e1} 和 R_f 的分压系数愈大，VT_1、VT_2 的放大倍数愈大，则上述过程对工作点漂移的控制就愈灵敏，工作点就愈稳定。

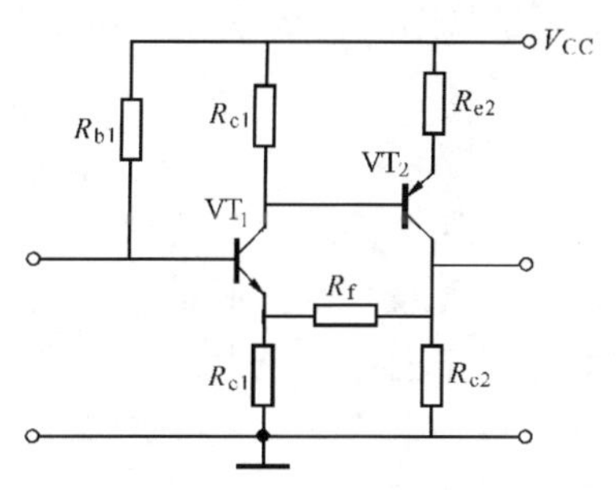

图 2-59　有负反馈的直接耦合电路

多级直接耦合放大电路中减小工作点漂移的最有效措施是采用差动放大电路，由于差动放大电路在抑制零漂方面的特殊能力，使得集成运算放大器输入级基本上都采用了差动放大形式。有关内容见第四章。

二、多级放大电路的计算

1. 静态工作点的计算

对于阻容耦合和变压器耦合电路，因为各级直流通路彼此独立，所以 Q 点计算也独立进行。这里不再讨论。直接耦合电路的 Q 点分析因为前后级有联系，不能独立计算，所以比较困难，有时只能通过解联立方程来求解。为了简化计算过程，可以采用近似估算的办法，在允许的误差范围内，可以忽略一些次要因素，简化计算步骤。下面通过例题来说明直接耦合电路的分析计算。

【例 2-12】 已知图 2-58 中的 $R_{b1}=470\text{k}\Omega$，$R_{c1}=3\text{k}\Omega$，$R_{e2}=510\Omega$，$R_{c2}=1\text{k}\Omega$，三极管的 $U_{BEQ1}=0.7\text{V}$，$U_{BEQ2}=-0.7\text{V}$，$\beta_1=60$，$\beta_2=70$，$V_{CC}=12\text{V}$，估算电路静态工作点。

解
$$I_{BQ1}=\frac{V_{CC}-U_{BEQ1}}{R_{b1}}=\frac{12-0.7}{470}=0.024(\text{mA})=24\mu\text{A}$$
$$I_{CQ1}=\beta_1 I_{BQ1}=60\times0.024=1.44(\text{mA})$$

列出 VT_2 基极回路电压方程
$$I_{R_{c1}}R_{c1}=|U_{BEQ2}|+(1+\beta_2)I_{B2}R_{e2}$$

因为 $I_{R_{c1}}=I_{CQ1}-I_{B2}=1.44\text{mA}-I_{B2}$，代入上式得
$$I_{R_{c1}}=1.35\text{mA},\ I_{B2}=1.44-1.35=0.09(\text{mA})$$

所以
$$U_{CQ1}=V_{CC}-I_{R_{c1}}R_{c1}=12-1.35\times3=12-4.05=7.95(\text{V})$$
$$I_{CQ2}=\beta_2 I_{BQ2}=70\times0.09=6.3(\text{mA})$$
$$U_{CEQ2}\approx-[V_{CC}-I_{CQ2}(R_{c2}+R_{e2})]=-[12-6.3(1+0.51)]=-2.49(\text{V})$$
$$U_{CQ2}=I_{CQ2}R_{c2}=6.3\times1=6.3(\text{V})$$

2. 电压放大倍数、输入电阻、输出电阻计算

在多级放大电路中，前级的输出信号就是后级的输入，所以总的电压放大倍数应是各级电压放大倍数的乘积，即

$$\dot{A}_u = \dot{A}_{u1}\dot{A}_{u2}\cdots\dot{A}_{un} \tag{2-62}$$

式中：n 为多级放大电路的级数。

当单位采用 dB（分贝）表示时，则为

$$A_u(\mathrm{dB}) = A_{u1}(\mathrm{dB}) + A_{u2}(\mathrm{dB}) + \cdots + A_{un}(\mathrm{dB}) \tag{2-63}$$

需要强调的是，计算时必须考虑级与级之间的影响，不能孤立地去计算每个单级的放大倍数。这种级与级之间的影响在考虑时有两种处理方法。比较常用的方法是认为后级的输入电阻相当于前级的负载，计算前一级放大倍数时将后级的输入电阻作为负载电阻计算在内。还有一种是认为前级对于后级来说相当于信号源，前级的输出电阻相当于信号源内阻。前一级电路按空载放大倍数计算（不包括本级的 R_L），后一级电路按源电压放大倍数计算，将前级的输出电阻作为信号源内阻计入后级放大倍数。显然，这两种处理方法不能同时使用。

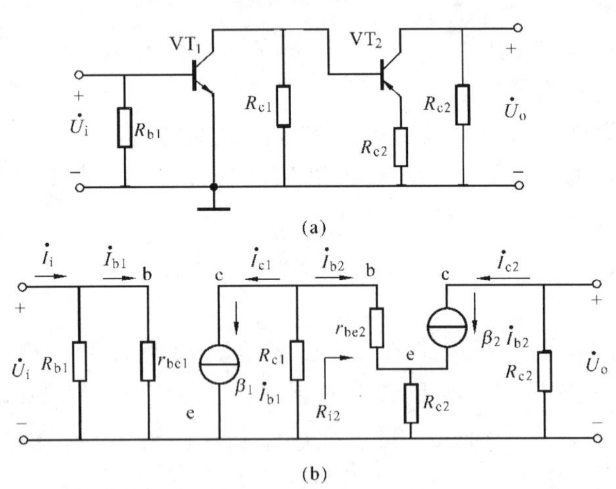

图 2-60 图 2-58 的交流通路和微变等效电路
（a）交流通路；（b）微变等效电路

一般来说，多级放大电路的输入电阻就是输入级的输入电阻，输出级的输出电阻就是多级放大电路的输出电阻。

下面以图 2-58 电路的分析为例来说明多级放大电路计算时的处理方法。

（1）考虑级间影响，将后级的输入电阻按前级负载计算。首先画出其交流通路和微变等效电路，如图 2-60 所示。图 2-60（b）中，第二级的输入电阻 R_{i2} 对于第一级来说，就是负载电阻 R_{L1}。这里可以有两种解法：第一种是先计算单级电压放大倍数，再算总的放大倍数；第二种是先计算总的电流放大倍数，再计算总电压放大倍数。

1）由单级电压放大倍数计算。由图2-60（b)可写出

$$\dot{A}_{u1} = \frac{-\beta_1(R_{c1} /\!/ R_{i2})}{r_{be1}}$$

$$R_{i2} = r_{be2} + (1+\beta_2)R_{e2}$$

$$\dot{A}_{u2} = \frac{-\beta_2 R_{c2}}{r_{be2} + (1+\beta_2)R_{e2}}$$

所以

$$\dot{A}_u = \dot{A}_{u1}\dot{A}_{u2} = \frac{\beta_1(R_{c1} /\!/ R_{i2})}{r_{be1}}\frac{\beta_2 R_{c2}}{r_{be2} + (1+\beta_2)R_{e2}}$$

$$= \frac{\beta_1 R_{c1}}{r_{be1}}\frac{\beta_2 R_{c2}}{R_{c1} + r_{be2} + (1+\beta_2)R_{e2}} \tag{2-64}$$

$$R_i = R_{i1} = R_{b1} /\!/ r_{be1},\ R_o \approx R_{c2}$$

2）由电流关系计算电压放大倍数。由图 2-61 可得电路电流放大倍数为

$$\dot{A}_i=\frac{I_o}{I_i}=\frac{I_{c2}}{I_i}$$

因为 $\dot{I}_{c2}=\beta_2\dot{I}_{b2}, \dot{I}_{b2}=\frac{R_{c1}}{R_{c1}+R_{i2}}(-\dot{I}_{c1})$，$\dot{I}_{c1}=\beta_1\dot{I}_{b1}$，$\dot{I}_{b1}=\frac{R_{b1}}{R_{b1}+r_{be1}}I_i$，所以

$$\dot{I}_{c2}=\beta_2\dot{I}_{b2}=\beta_2\frac{R_{c1}}{R_{c1}+R_{i2}}(-\beta_1\dot{I}_{b1})=\beta_2\frac{R_{c1}}{R_{c1}+R_{i2}}\left(-\beta_1\frac{R_{b1}}{R_{b1}+r_{be1}}\dot{I}_i\right)$$

则

$$\dot{A}_i=\frac{\dot{I}_o}{\dot{I}_i}=\frac{\dot{I}_{c2}}{\dot{I}_i}=\beta_2\frac{R_{c1}}{R_{c1}+R_{i2}}\left(-\beta_1\frac{R_{b1}}{R_{b1}+r_{be1}}\right)$$

$$\dot{A}_u=\frac{\dot{U}_o}{\dot{U}_i}=\frac{-\dot{I}_{c2}R_{c2}}{\dot{I}_iR_i}=\frac{\beta_2R_{c2}}{R_i}\frac{\beta_1R_{c1}}{R_{c1}+R_{i2}}\frac{R_{b1}}{R_{b1}+r_{be1}} \tag{2-65}$$

可以证明，式（2-65）和式（2-64）相等。

(2) 考虑级间影响，将前级的输出电阻按后级信号源内阻处理。

按这种办法处理时，需对图 2-60 (b)的微变等效电路稍做变换，将前级的诺顿等效电路改换成戴维南等效电路，开路输出电压为 $\beta_1 I_{b1} R_{c1}$，等效内阻为 R_{c1}。第一级的电压放大倍数按开路电压放大倍数（空载放大倍数）计算，设开路电压放大倍数为 A'_{u1}，开路输出电压为

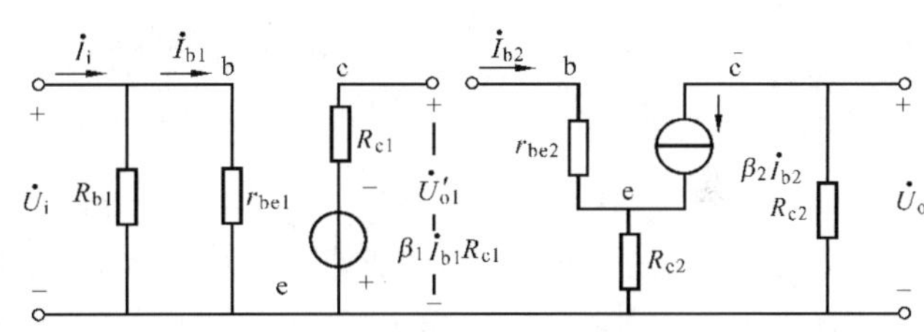

图 2-61　图 2-58 的等效电路之二

$$\dot{U}_{o1}=-\beta_1\dot{I}_{b1}R_{c1}$$

则第一级的开路电压放大倍数为

$$\dot{A}'_{u1}=\frac{\dot{U}'_{o1}}{\dot{U}_i}=\frac{-\beta_1\dot{I}_{b1}R_{c1}}{r_{be1}\dot{I}_{b1}}=\frac{-\beta_1R_{c1}}{r_{be1}}$$

相应的输出电阻为 $R_{o1}=R_{c1}$，第二级的输入电阻为

$$R_{i2}=r_{be2}+(1+\beta_2)R_{e2}$$

第二级的源电压放大倍数为

$$\dot{A}_{us2}=\frac{-\beta_2R_{c2}}{r_{be2}+(1+\beta_2)R_{e2}}\frac{R_{i2}}{R_{o1}+R_{i2}}=\frac{-\beta_2R_{c2}}{R_{c1}+r_{be2}+(1+\beta_2)R_{e2}}$$

所以总的电压放大倍数为

$$\dot{A}_u=\dot{A}'_{u1}\dot{A}_{us2}=\frac{\beta_1R_{c1}}{r_{be1}}\frac{\beta_2R_{c2}}{R_{c1}+r_{be2}+(1+\beta_2)R_{e2}} \tag{2-66}$$

由此可以看出，在处理多级放大电路的级间影响时，不论是将后级的输入电阻作为前级的负载处理，还是把前级的输出电阻作为后级的信号源内阻来计算，结果都是一样的。

【例 2-13】 计算图 2-58 所示电路的电压放大倍数和输入电阻、输出电阻。电路参数重复如下 $R_{b1}=470k\Omega$，$R_{c1}=3k\Omega$，$R_{e2}=510\Omega$，$R_{c2}=1k\Omega$，$\beta_1=60$，$\beta_2=70$。

解 一般来说，将后级输入电阻作为前级负载处理的方法简单常用。用其计算如下：

图 2-58 电路的静态工作点已在［例 2-12］中算出：$I_{CQ1}=1.44mA$，$I_{CQ2}=6.3mA$。所以

$$r_{be1}=r_{bb'1}+(1+\beta_1)\frac{26}{I_{EQ1}}\approx 300+61\times\frac{26}{1.44}=1401(\Omega)\approx 1.4(k\Omega)$$

$$r_{be2}=r_{bb'2}+(1+\beta_2)\frac{26}{I_{EQ2}}\approx 300+71\times\frac{26}{6.3}=593(\Omega)\approx 0.59(k\Omega)$$

第二级的输入电阻 $R_{i2}=r_{be2}+(1+\beta_2)R_{e2}=0.59+71\times 0.51=36.8(k\Omega)$

$$\dot{A}_{u1}=\frac{-\beta_1(R_{c1}\,/\!/\,R_{i2})}{r_{be1}}=\frac{-60(3\,/\!/\,36.8)}{1.4}\approx -119$$

$$\dot{A}_{u2}=\frac{-\beta_2 R_{c2}}{r_{be2}+(1+\beta_2)R_{e2}}=\frac{-70\times 1}{0.59+71\times 0.51}\approx -1.9$$

所以
$$\dot{A}_u=\dot{A}_{u1}\dot{A}_{u2}=(-119)\times(-1.9)\approx 226$$

$$R_i=R_{i1}=R_{b1}\,/\!/\,r_{be1}\approx 1.4(k\Omega),\ R_o\approx R_{c2}=1(k\Omega)$$

注意：本题解题过程并没有直接将数据代入式（2-64），而是按照计算单级放大倍数的办法逐级计算，最后综合。其原因是式（2-64）不便记忆，而且多级放大电路形式多种多样，对应的计算公式也不会相同。所以这部分学习的重点应是各种基本电路的计算和多级放大电路级间影响的处理方法。

本 章 小 结

（1）常用的放大电路的技术指标有电压放大倍数、电流放大倍数、输入电阻、输出电阻、通频带、非线性失真系数等，它们是衡量放大电路性能质量的重要参数。放大的本质是能量控制，放大的对象是变化量。

（2）放大电路的组成及参数选择，既要考虑为三极管提供合适的偏置电压、电流，使其在输入信号的驱动下始终工作于线性放大区，又要使信号能进得来、出得去，输入信号能控制三极管的发射结电压，集电极输出电流能转换成负载上的交流电压；还要考虑满足对电路的放大倍数，输入、输出电阻，通频带，输出动态范围，非线性失真等动态指标的要求。

（3）为了跳过三极管发射结的死区电压，并工作于特性曲线上线性好的部分，放大电路毫无例外地都要设置静态工作点。静态工作点在特性曲线上的位置与电路的放大性能有很大关系，如果工作点的位置过高或过低，将会产生饱和失真或截止失真。

（4）微变等效电路分析法、图解分析法和静态工作点的估算方法是电子电路中基本的分析方法，在后续章节中多有应用，掌握这些分析方法对理解电路原理，建立有关概念，了解电路性能很有帮助。电路分析的任务是：①计算电路静态工作点，检查三极管的工作状态；②计算电压放大倍数、输入电阻和输出电阻。

（5）图解分析法和微变等效电路分析法都是解决非线性电路分析问题的方法，但两者的思路和分析对象各不相同，在工程上常综合应用。

图解分析法比较适合分析较大信号下电路的工作状态。利用作图可以直观地看到静态工作点的设置是否合适，可以分析电路在输入信号驱动下电压电流的变化规律，可以观察电路参数改变对Q点的影响，可以了解电路最大输出幅度及非线性失真与电路参数的关系。放大电路的交流通路是一个重要概念，它是对电路进行交流分析的基础。在画交流通路时要注意耦合、旁路类电容器和直流电源的处理。

微变等效电路分析法用于对小信号工作的电路进行交流分析，它只针对变化量。三极管的非线性特性在小信号工作情况下可以用线性关系近似等效，这意味着可以将非线性器件线性化。而线性电路的分析则容易得多。本章主要介绍了三极管的简化微变等效电路及其应用。

（6）温度变化会对半导体器件的参数产生一定影响，使其工作状态发生变化，甚至不能工作，所以必须研究工作点稳定问题。常用的稳定方法有直流负反馈法和温度补偿法。这里着重介绍了温度稳定性很好的射极偏置电路，对其他稳定电路也有介绍。

（7）共射、共基、共集是三极管放大电路的三种基本接法（组态），它们的特点各不相同。根据其特点，在多级放大电路中它们会用在不同位置。

习　　题

2-1　图2-62所示各电路是否都能不失真地放大信号？请简要说明理由。

2-2　一只三极管的输出特性曲线如图2-63所示，试求：

（1）该器件的β值；

（2）当$I_C=10mA$和$20mA$时，管子的临界饱和压降大约是多少？

2-3　图2-64画出了某固定偏流放大电路（见图2-9）中三极管的输出特性曲线及交、直流负载线。试求：

（1）电源电压V_{CC}，静态电流I_{BQ}、I_{CQ}和管压降U_{CEQ}的值。

（2）电阻R_b、R_c的值。

（3）输出电压的不失真输出幅度。

（4）Q点处三极管的β值。

（5）在保证输出没有明显失真的情况下，基极正弦电流的最大幅值是多少？

（6）加大输入的正弦信号幅度，首先发生的是什么失真？

（7）不失真情况下集电极交流电流的最大幅度。

2-4　分析图2-65所示各电路能否正常工作，并说明理由。

2-5　用交流毫伏表测得放大电路的开路输出电压为4.8V，接上10kΩ的负载电阻后，测得输出电压为3.6V，已知交流毫伏表的内阻为120kΩ，求该放大电路的输出电阻和真实的开路输出电压。

2-6　放大电路和三极管输出特性曲线分别如图2-66(a)、(b)所示，已知$R_b=600k\Omega$，$R_c=2k\Omega$，$R_L=2k\Omega$，$V_{CC}=12V$，三极管的$U_{BE}=0.6V$。试求：

（1）在输出特性曲线上做出直流负载线和交流负载线，标出Q点位置，读出静态电流

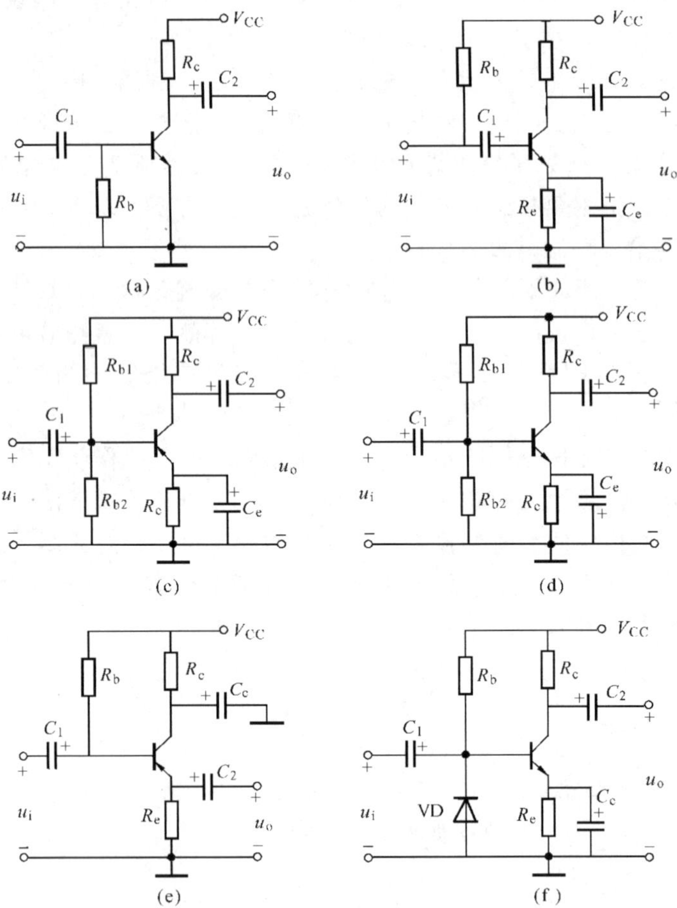

图 2-62 题 2-1 图

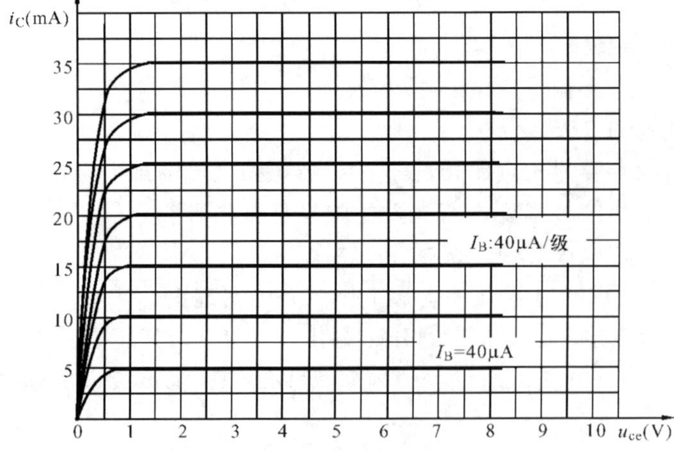

图 2-63 题 2-2 图

和电压。

(2) 根据 Q 点位置，估计增大输入信号时，首先出现的失真是饱和失真还是截止失真？

(3) 如果要使电路的最大不失真输出电压尽可能大，应如何调整 Q 点的位置？将 I_{BQ} 调整到 60μA 时，$R_b=$？此时的最大不失真输出电压有效值是多少？

(4) 当负载 R_L 开路时，电路的最大不失真输出电压有效值 $U_{om}=$？

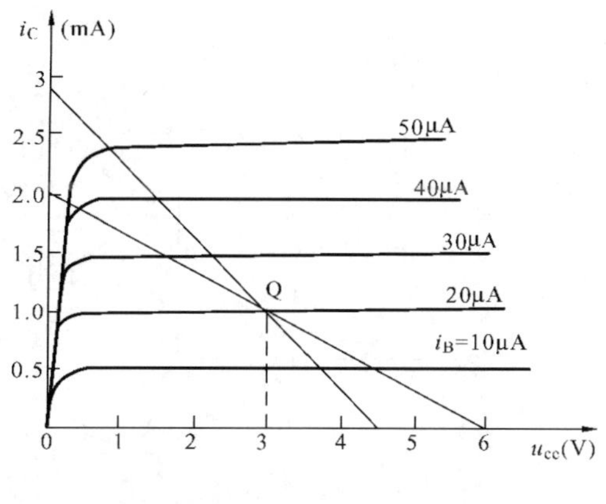

图 2-64　题 2-3 图

2-7　已知图 2-67 中三极管的 $\beta=100$，$U_{BEQ}=0.6V$，$R_b=120k\Omega$，$R_c=3k\Omega$，$V_{CC}=+12V$。试计算三极管的静态工作点电流 I_{BQ}，I_{CQ} 和管压降 U_{CEQ}。

2-8　设图 2-66(a)所示基本共射放大电路中的三极管具有图 2-68 所示的输出特性。已知 $V_{CC}=12V$，$R_c=2k\Omega$，$R_b=150k\Omega$，$U_{BE}=0.7V$。试完成：

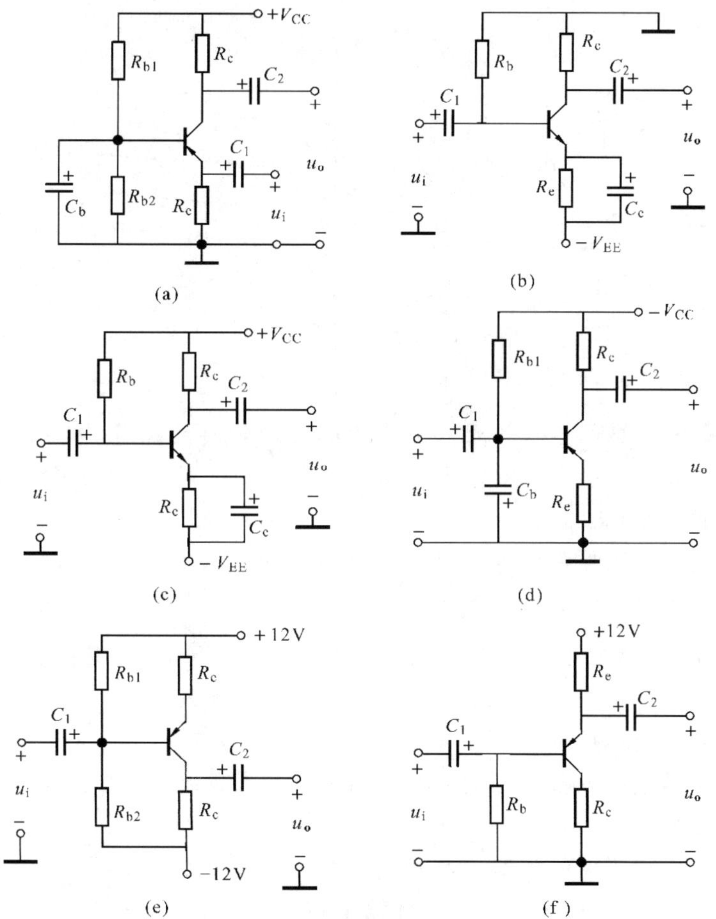

图 2-65　题 2-4 图

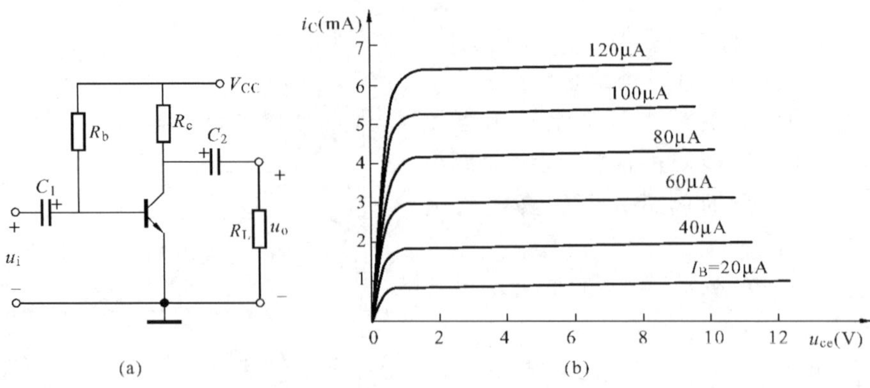

图 2-66　题 2-6 图

（1）用图解法确定静态工作点 I_{CQ}和 U_{CEQ}。

（2）若 R_c 由 2kΩ 变为 3kΩ，Q 点将移到何处？（说明 I_{CQ}和 U_{CEQ}值，下同）

（3）若 R_b 由 150kΩ 变为 110kΩ，R_c 保持 2kΩ 不变，问 Q 点将移到何处？

（4）若 R_b、R_c 保持不变，V_{CC}由 12V 变为 8V，问 Q 点又移至何处？

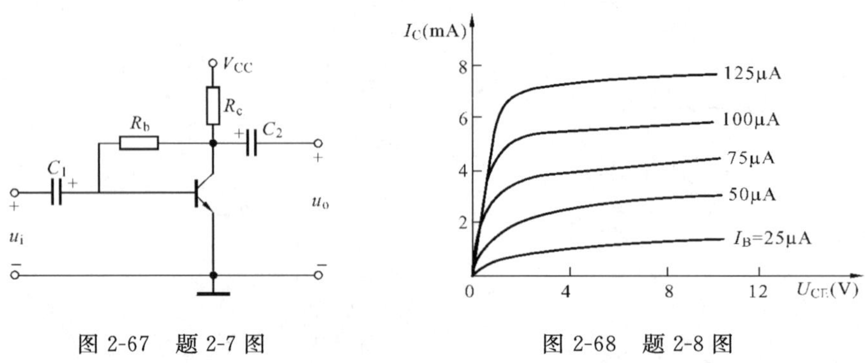

图 2-67　题 2-7 图　　　　图 2-68　题 2-8 图

2-9　设图 2-66(a)所示基本共射放大电路中的三极管具有图 2-69 所示的输出特性。已知 $V_{CC}=15V$，$R_c=3k\Omega$，$R_b=470k\Omega$，$R_L=3k\Omega$，$U_{BEQ}=0.7V$。用图解法求：

（1）静态工作点 I_{CQ}和 U_{CEQ}。

（2）最大不失真输出电压有效值（设最大饱和压降 $U_{CES}=0.8V$）。

2-10　放大电路如图 2-70 所示，设 $V_{CC}=6.7V$，$R_b=300k\Omega$，$R_c=2.5k\Omega$，输出端接有负载电阻 $R_L=10k\Omega$，晶体管的 $\beta=100$，$r_{bb'}=300\Omega$，$U_{BE}=0.7V$，电容 C_1、C_2 的容抗可以忽略不计。试完成：

（1）计算该电路的电压放大倍数。

（2）若将输入正弦信号的幅度逐渐加大，用示波器观察输出波形，将首先出现顶部削平还是底部削平的失真现象？

（3）应改变哪一个电阻器的阻值（增大或减小）来减小这种失真？

（4）若（3）所述阻值调整合适，你估计输出端的最大不失真输出电压有效值将是多少？[在下列三个答案中选出正确者：(a) $U_o\approx 2V$；(b) $U_o\approx 4V$；(c) $U_o\approx 6V$]

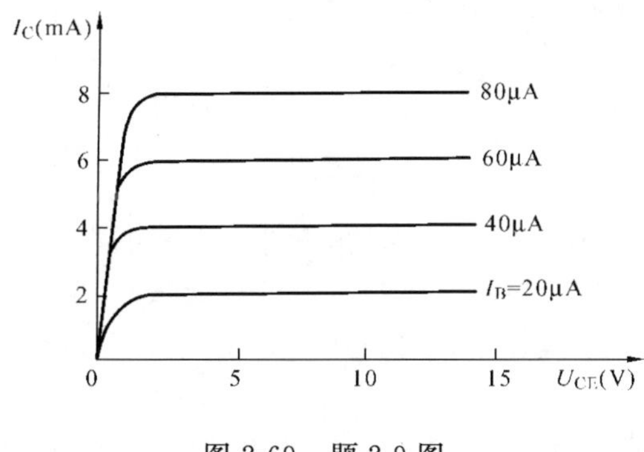

图 2-69 题 2-9 图

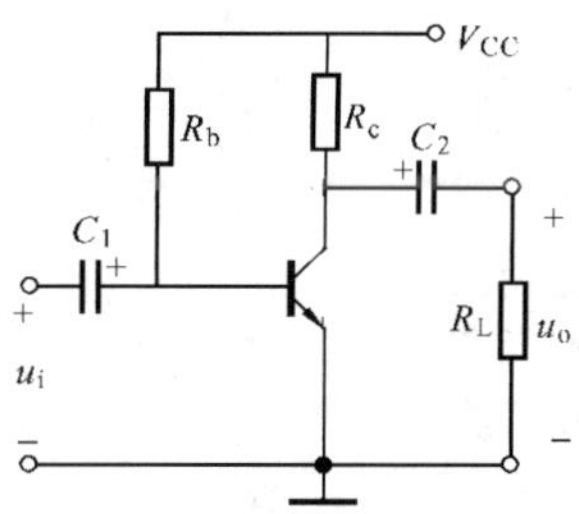

图 2-70 题 2-10 图

2-11 放大电路如图 2-71 所示。设电容 C_1、C_2、C_3 对交流可视为短路。试完成：

(1) 画出直流通路，写出 I_{CQ} 和 U_{CEQ} 的表达式。

(2) 画出交流通路及简化的微变等效电路。

(3) 写出电压放大倍数、输入电阻和输出电阻的表达式。

(4) 若 C_3 开路，对电路的工作将会产生什么影响？

2-12 在图 2-72 所示的放大电路中，二极管和三极管均为硅管，$V_{CC}=+12V$，$R_C=3k\Omega$，$R_L=3k\Omega$。设三极管的 $\beta=50$，$r_{bb'}=300\Omega$，二极管的动态电阻可以忽略不计，电容 C_1、C_2 对交流信号可视为短路。试完成：

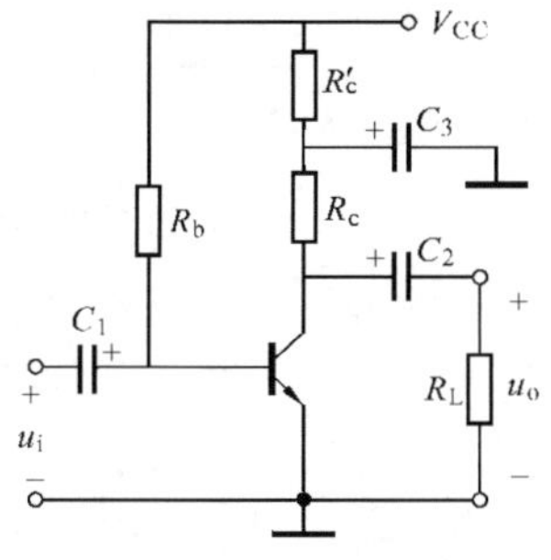

图 2-71 题 2-11 图

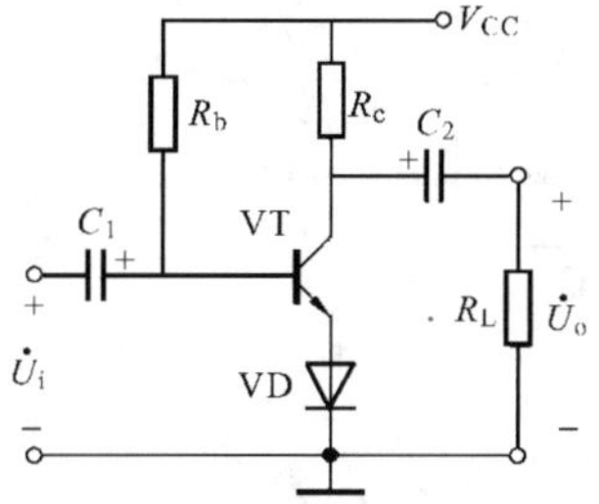

图 2-72 题 2-12 图

(1) 要使 $I_{CQ}=2mA$，R_b 应为多大？

(2) 画出简化的微变等效电路。

(3) 计算 $\dot{A}_u=\dfrac{\dot{U}_o}{\dot{U}_i}$ 和输入电阻 R_i。

(4) 若二极管的动态电阻 $r_D=50\Omega$，重做上面第（2）和第（3）题。

2-13 电路如图 2-73 所示，已知 $V_{CC}=15V$，$R_b=360k\Omega$，$R_e=1k\Omega$，$R_c=2.4k\Omega$，$R_L=6.8k\Omega$，三极管的 $\beta=80$，$r_{bb'}=200\Omega$，$U_{BE}=0.7V$，信号源内阻 $R_s=2k\Omega$，电容 C_1、C_2、C_e 的容抗可忽略不计。试完成：

(1) 估算静态工作点 I_{CQ} 和 U_{CEQ}。

(2) 画出电路的交流通路和简化微变等效电路。

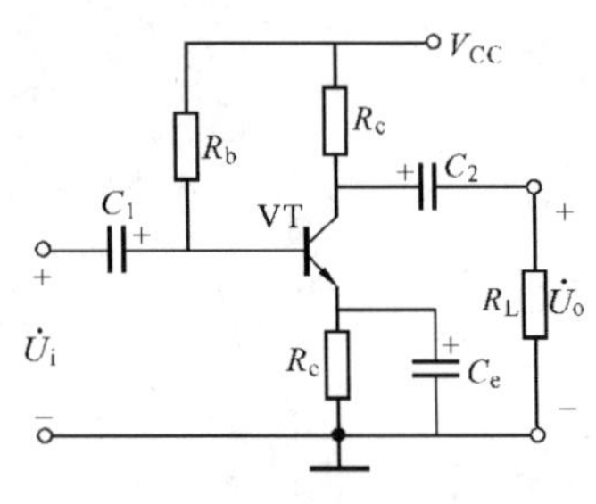

图 2-73 题 2-13 图

（3）计算电压放大倍数 $\dot{A}_u=\dfrac{\dot{U}_o}{\dot{U}_i}$、输入电阻 R_i、输出电阻 R_o 和源电压放大倍数 $\dot{A}_{us}=\dfrac{\dot{U}_o}{\dot{U}_s}$。

（4）若发射极旁路电容 C_e 开路，电路的电压放大倍数和输入、输出电阻会如何变化？重新计算第（3）题。

（5）若基极偏置电阻 R_b 开路，静态工作点将如何变化？判断此时 I_{CQ} 和 U_{CEQ} 的值。

2-14 欲将图 2-73 中的三极管改换成 PNP 型三极管，其他电路参数不变（V_{CC} 仍为正电源），电路组态仍为共射电路。请画出改动后的电路图。

2-15 图 2-74 电路中，$R_1=100\text{k}\Omega$，$R_2=33\text{k}\Omega$，$R_3=3\text{k}\Omega$，$R_4=2\text{k}\Omega$，$R_L=3\text{k}\Omega$，$V_{CC}=10\text{V}$，晶体管的 β 为 100，$r_{bb'}=100\Omega$，$U_{BEQ}=0.6\text{V}$。电容 $C_1\sim C_3$ 容量足够大。试完成：

（1）估算静态工作点及 r_{be}。

（2）画出电路的简化微变等效电路。

（3）当输入交流信号 $u_i=10\text{mV}$（有效值）时，输出电压 $u_o=$？

（4）计算输入电阻 R_i 和输出电阻 R_o。

2-16 已知图 2-75 所示电路中，$R_4=200\Omega$，$R_5=1.8\text{k}\Omega$，其余电路参数与上题相同。试完成：

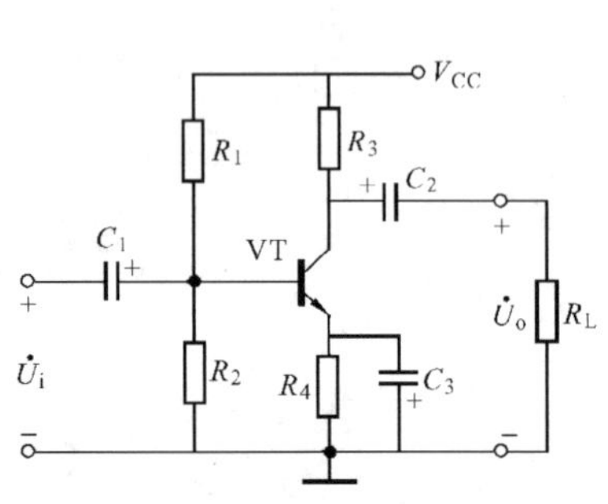

图 2-74 题 2-15 图

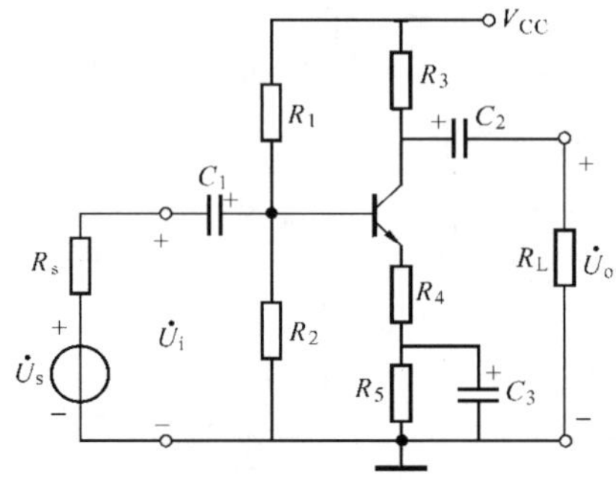

图 2-75 题 2-16 图

（1）画出电路的简化微变等效电路。

（2）计算电压放大倍数 $\dot{A}_u=\dfrac{\dot{U}_o}{\dot{U}_i}$ 和 R_i、R_o。

（3）信号源内阻 $R_s=5\text{k}\Omega$，计算源电压放大倍数 $\dot{A}_{us}=\dfrac{\dot{U}_o}{\dot{U}_s}$。

2-17 请推导图 2-75 中当满足 $R_4\gg r_{be}$ 时的电压放大倍数表达式。

2-18 图 2-76 所示电路，$R_b=470\text{k}\Omega$，$R_e=4.3\text{k}\Omega$，$V_{CC}=12\text{V}$，$R_L=2\text{k}\Omega$，三极管是 NPN 型硅管，$\beta=100$。在输入信号频率范围内，C_1、C_2 容抗可忽略不计。试完成：

（1）计算静态工作点。

(2) 画出交流通路和简化的微变等效电路。

(3) 计算电压放大倍数 $\dot{A}_u=\frac{\dot{U}_o}{\dot{U}_i}$。

(4) 计算输入电阻 R_i 和输出电阻 R_o。

2-19 图 2-77 所示电路中，$R_b=360\text{k}\Omega$，$R_e=1\text{k}\Omega$，$R_c=2.4\text{k}\Omega$，$V_{CC}=15\text{V}$，硅三极管的$\beta=80$，$r_{bb'}=200\Omega$，电容 C_1、C_2、C_b 的容抗在输入信号频率范围内可忽略不计。试完成：

(1) 计算静态工作点 I_{CQ}和 U_{CEQ}。

(2) 画出电路的交流通路和简化微变等效电路。

(3) 计算电压放大倍数 $\dot{A}_u=\frac{\dot{U}_o}{\dot{U}_i}$ 和 R_i、R_o。

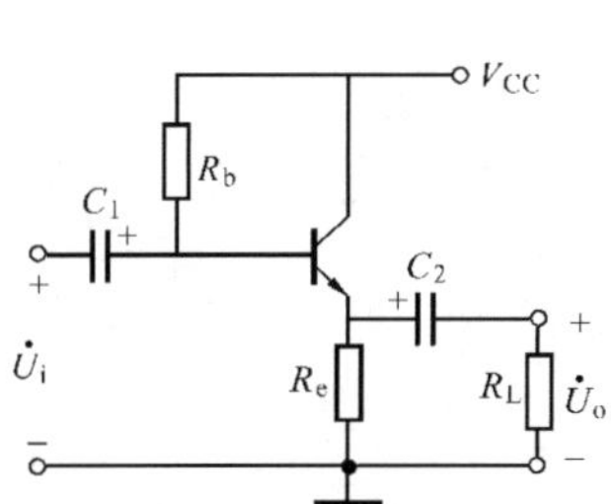

图 2-76 题 2-18 图

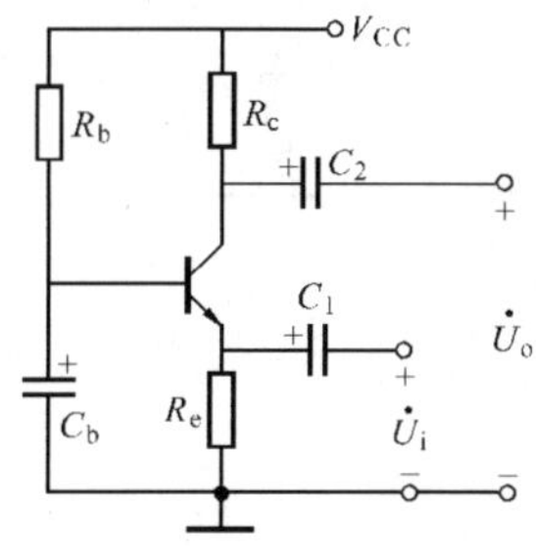

图 2-77 题 2-19 图

2-20 在图 2-78 所示放大电路中，晶体管的 $\beta=100$，$r_{bb'}=300\Omega$，$U_{BE}=0.7\text{V}$，C_1、C_2、C_3 的容抗可忽略不计。试求：

(1) 静态工作点。

(2) 电压放大倍数 $\dot{A}_u$ 和输入电阻 R_i。

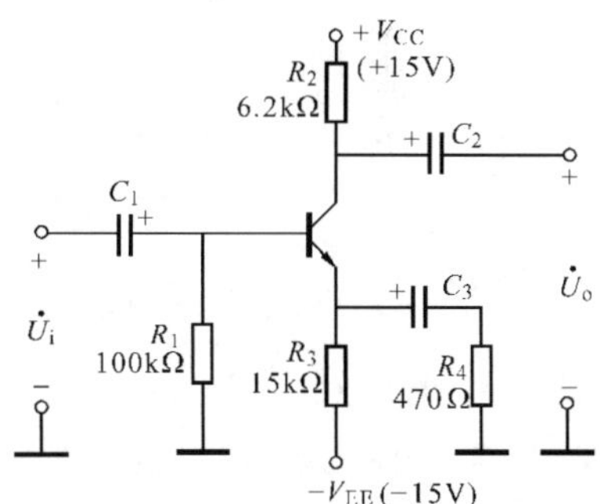

图 2-78 题 2-20 图

2-21 图 2-75 中，$V_{CC}=12\text{V}$，$R_1=20\text{k}\Omega$，$R_2=6.8\text{k}\Omega$，$R_3=2\text{k}\Omega$，$R_4=470\Omega$，$R_5=680\Omega$，$R_L=2\text{k}\Omega$，$\beta=80$,电容值均很大。现已测得各点静态对地电压值为 $U_B=3\text{V}$，$U_C=8\text{V}$，$U_E=2.3\text{V}$；在加入 $U_i=10\text{mV}$（有效值）后测得各点交流电压值为 $U_b=10\text{mV}$，$U_c=8.5\text{mV}$，$U_e=9.86\text{mV}$。问此电路工作是否正常？如不正常，是哪个元件出了故障（开路或短路）？

2-22 图 2-79 所示电路是采用温度补偿法稳定静态工作点的电路，试分析其稳定原理。对于图 2-79(b)，需说明热敏电阻 R_4 应为正温度系数还是负温度系数。

2-23 在图 2-80 所示电路中，C_1、C_2、C_3 对输入信号中所含各频率成分均可视为短路。试完成：

(1) 写出静态电流 I_{BQ}，I_{CQ}表达式。

(2) 画出交流通路和简化微变等效电路。

（3）写出 $\dot{A}_u$、R_i 和 R_o 的表达式。

2-24 图 2-81 所示电路用来得到一对大小相等、相位相反的输出信号（$R_c = R_e$）。试完成：

（1）画出电路的简化微变等效电路。

（2）写出电压放大倍数 $\dot{A}_{u1} = \dfrac{\dot{U}_{o1}}{\dot{U}_i}$ 和 $\dot{A}_{u2} = \dfrac{\dot{U}_{o2}}{\dot{U}_i}$ 的表达式。

（3）分析电路对负载电阻的要求。

（4）画出在 $R_c = R_e$ 时的输出电压波形（与正弦波输入 u_i 对应）。

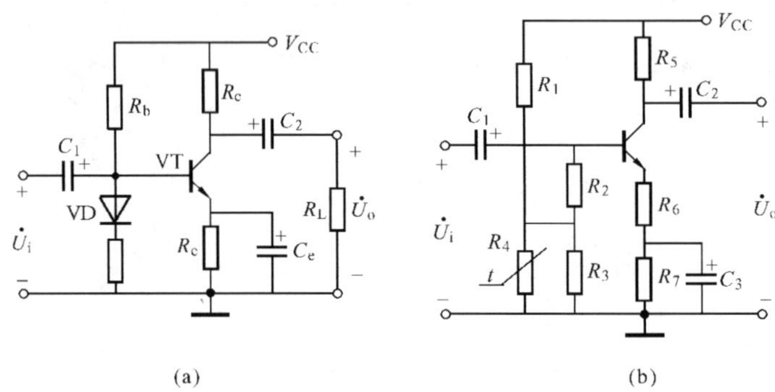

图 2-79 题 2-22 图

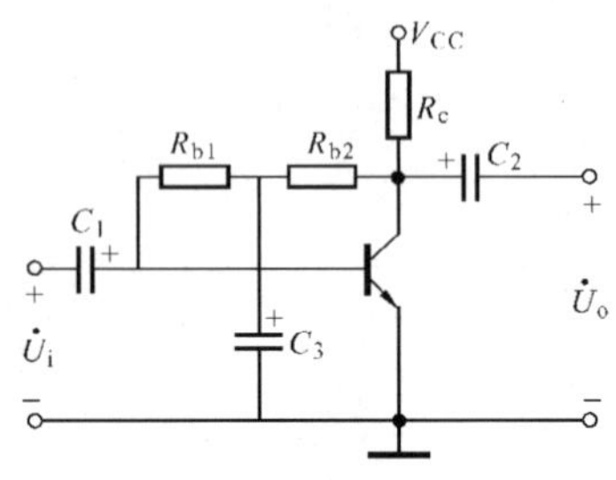

图 2-80 题 2-23 图

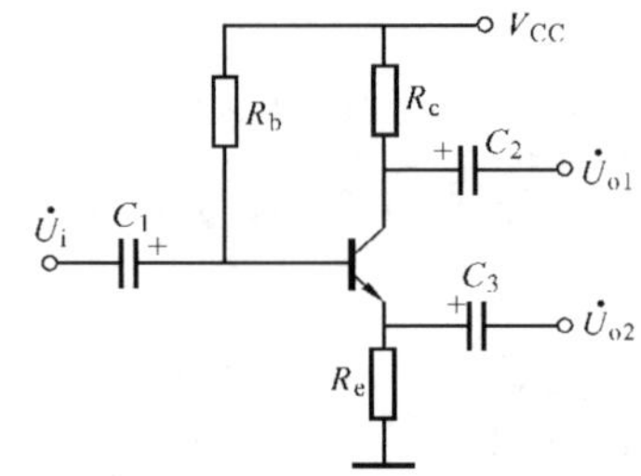

图 2-81 题 2-24 图

2-25 图 2-82(a)是一个场效应管放大电路，图 2-82(b)是管子的转移特性曲线。设电阻 $R_G = 1\text{M}\Omega$，$R_D = R_L = 10\text{k}\Omega$，电容 C_1、C_2、C_3 足够大。试完成：

（1）所用管子属于什么类型、什么沟道？管子的 I_{DSS} 和 $U_{GS(off)}$（即 U_P）是多少？

（2）R_G、R_S、C_3 的作用是什么？若要求 $U_{GS} = -2\text{V}$，则 R_S 应选多大？

（3）设该管的跨导 $g_m = 1\text{mS}$，画出放大电路的微变等效电路，并计算其 $\dot{A}_u$、R_i 和 R_o。

2-26 在图 2-82(a)所示电路中，设 $V_{DD} = 15\text{V}$，$R_G = 1\text{M}\Omega$，$R_D = 10\text{k}\Omega$，$R_L = \infty$，场效应管的 $I_{DSS} = 2\text{mA}$，$U_{GS(off)} = -2\text{V}$，各电容足够大，现已知漏极的静态电位 $U_D = 10\text{V}$，试求 R_S 和 g_m（$U_{GS(off)}$ 即 U_P）。

2-27 在图 2-83 所示电路中，已知耗尽型 MOS 场效应管的 $I_{DSS} = 4\text{mA}$，$U_{GS(off)} = -4\text{V}$，$r_{DS} \to \infty$，电容都足够大。试完成：

（1）求静态工作点 I_D，U_{GS} 和 U_{DS}。

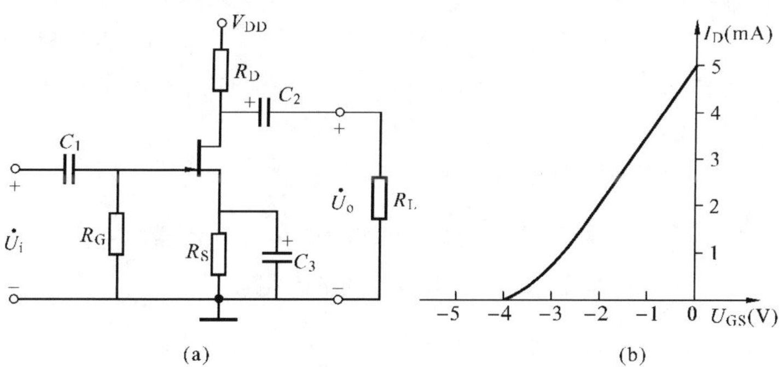

图 2-82 题 2-25 图

(2) 求电压放大倍数 $\dot{A}_u$。

(3) 如 R_S 被短路，R_D 和 R_L 不变，问 $\dot{A}_u$ 是否有变化？如有变化，变为多大？

(4) 若 C_3 开路，R_S 存在，求 $\dot{A}_u$ 的值。

(5) 条件与第 (4) 题相同，求放大电路的输入电阻和输出电阻。

2-28 场效应管恒流源电路如图 2-84 所示，其中管子可以是结型管，也可以是耗尽型 MOS 管，已知管子的参数 g_m 和 r_{DS}，试证明 AB 两端的微变等效电阻为 $r_{AB}=R+(1+g_mR)r_{DS}$。

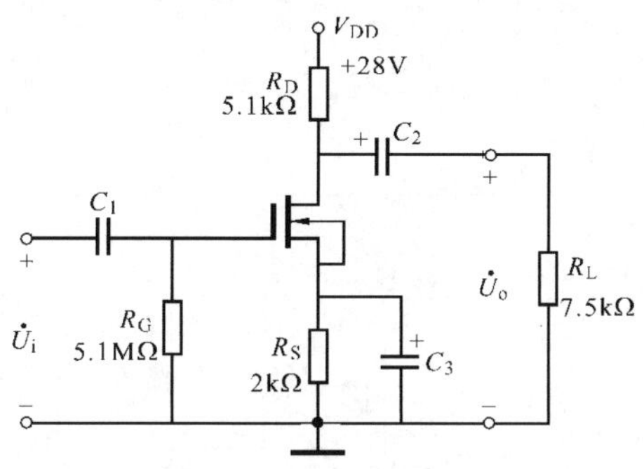

图 2-83 题 2-27 图

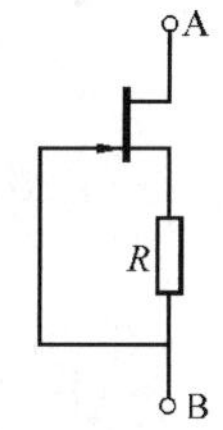

图 2-84 题 2-28 图

2-29 放大电路如图 2-85 所示，设 $V_{DD}=18V$，$R_G=10M\Omega$，$R_{G1}=51k\Omega$，$R_{G2}=2.2M\Omega$，$R_D=33k\Omega$，$R_S=2k\Omega$，$R_L=100k\Omega$。已知场效应管的 $g_m=2mS$，r_{DS}可忽略不计，各电容都足够大。试求：

(1) 电压放大倍数 $\dot{A}_u$。

(2) 输入电阻和输出电阻。

(3) 若 C_3 开路，电压放大倍数 $\dot{A}_u$ 变成多大？

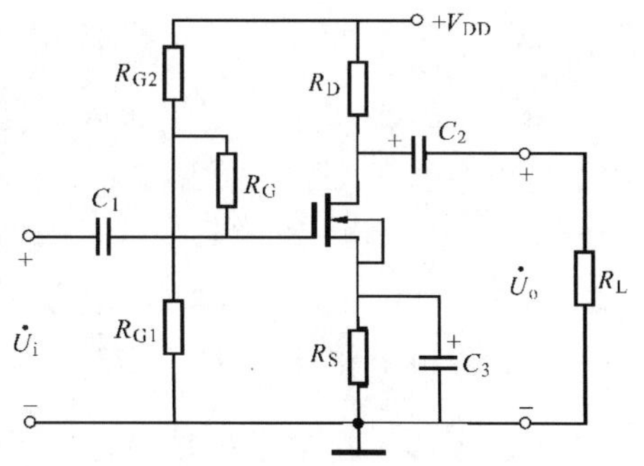

图 2-85 题 2-29 图

2-30 图 2-86 是一个耗尽型 MOS 场效应管恒流源电路。已知场效应管参数 $I_{DSS}=4mA$，$U_{GS(off)}=-4V$，问负载电阻 R_L 在什么数值范围内变化时，

MOS 管都能向负载提供一个几乎恒定的电流？这个电流有多大？

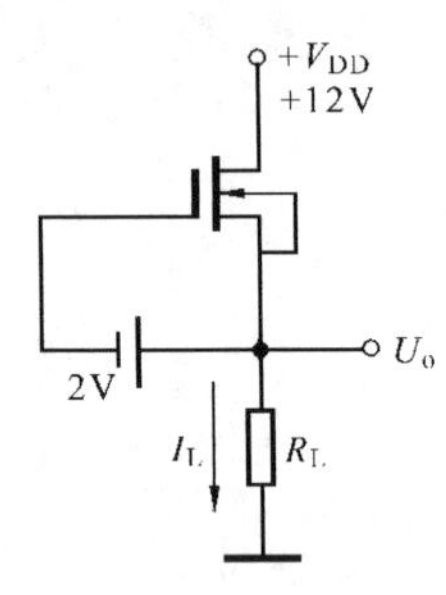

图 2-86 题 2-30 图

2-31 某两级放大电路如图 2-87 所示，已知硅三极管的 $\beta_1=50$，$\beta_2=80$，$U_{BE}=0.7V$，$r_{bb'}=300\Omega$，其他电路参数已标在图中。试完成：

（1）画出电路的微变等效电路。

（2）计算 $\dot{A}_{u1}$、$\dot{A}_{u2}$ 和总的电压放大倍数 $\dot{A}_u$。

（3）计算输入电阻 R_i 和输出电阻 R_o。

（4）计算源电压放大倍数 $\dot{A}_{us}$。

2-32 将图 2-76 所示射极跟随器插在图 2-87 电路两级之间，如图 2-88 所示。各电路参数不变，重做题 2-31 各项。（提示：通过计算观察射极跟随器作为缓冲级对整个电路增益的贡献）

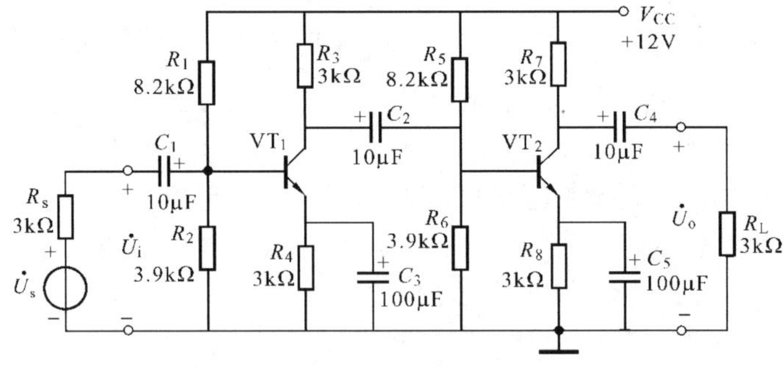

图 2-87 题 2-31 图

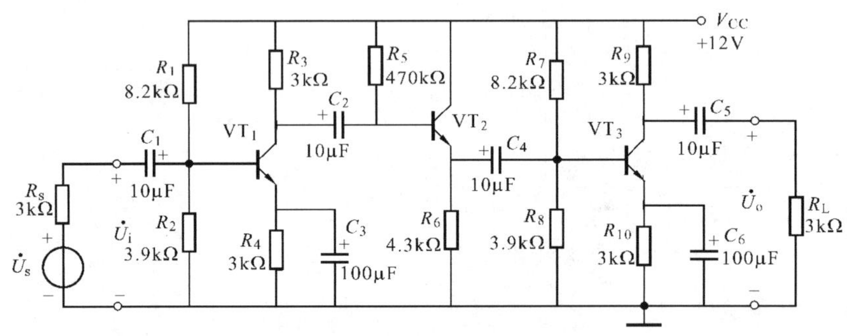

图 2-88 题 2-32 图

2-33 将图 2-76 所示射极跟随器插在图 2-87 电路第二级与负载电阻之间，如图 2-89 所示。各电路参数不变，重做题 2-31 各项要求。

2-34 图 2-90 中的 VT$_1$、VT$_2$ 均为硅管，$U_{BE}=0.7V$，两管间为直接耦合方式。已知 $\beta_1=\beta_2=50$，$r_{bb'1}=r_{bb'2}=300\Omega$，电容器 C_1、C_2、C_3、C_4 的容量足够大。试完成：

（1）估算静态工作点 I_{CQ2}、U_{CEQ2}。（I_{BQ2} 的影响可忽略不计）

（2）求中频电压放大倍数 $\dot{A}_u$。

（3）计算输入电阻 R_i 和输出电阻 R_o。

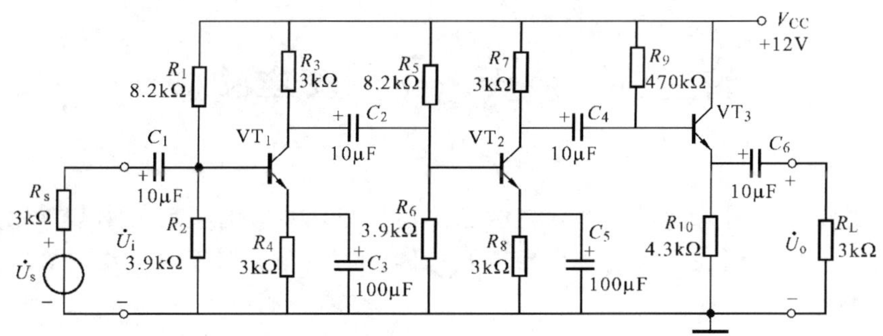

图 2-89 题 2-33 图

2-35 图 2-91 所示电路是共射—共基组合放大电路，其特点是高频特性较好。试推导该电路的电压放大倍数。设三极管 VT_1、VT_2 的参数分别为 β_1、β_2，r_{be1}、r_{be2}。

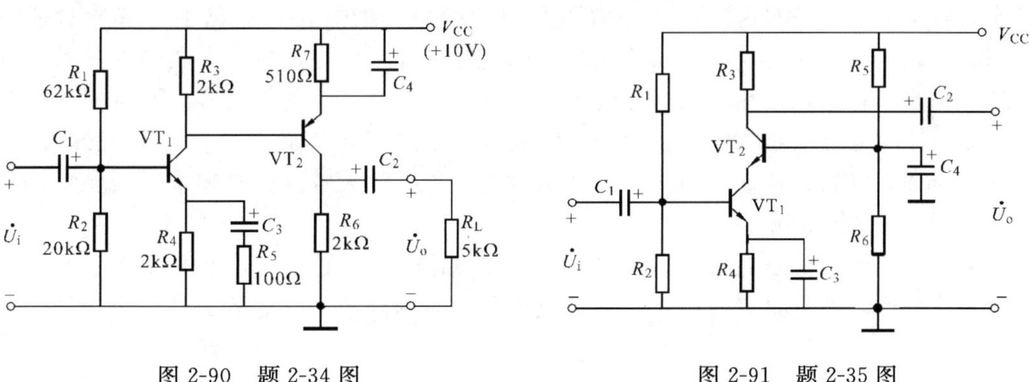

图 2-90 题 2-34 图

图 2-91 题 2-35 图

第三章　放大电路的频率响应

频率响应是电路的输入信号频率变化时输出信号与之对应的关系。本章首先介绍频率响应的一般概念，然后介绍三极管的频率参数及晶体管的混合π型等效电路，最后分析研究放大电路的频率响应。

第一节　频率响应的基本概念

一、频率响应的基本概念

在放大电路中，电路的输入信号一般不是单一频率的信号，而是包含一系列的频率分量，或者说待放大信号具有一定的频率范围，如语音和音乐信号、电视中的图像信号等。在放大电路中一般都有电抗元件，如耦合电容、旁路电容、晶体管的结电容以及电路的分布电容等。电抗元件的电抗是随频率而变化的，因此放大电路对不同频率的信号放大效果不同，即放大电路的放大倍数是频率的函数，这种函数关系称为放大电路的频率响应或频率特性。

1. 幅频特性和相频特性

一般来说，正弦波信号通过放大电路时，不仅幅度得到放大，而且还将产生一个相位移，即放大倍数的幅度是频率的函数，其相位也是频率的函数。电压放大倍数可用复数表示如下

$$\dot{A}_u = A_u(f)\angle\varphi(f) \tag{3-1}$$

式中：$A_u(f)$ 表示电压放大倍数的模与频率 f 的关系，称为幅频特性；$\varphi(f)$ 表示输出电压与输入电压之间的相位差 φ 与频率 f 的关系，称为相频特性。

图 3-1 是一个典型的单级共射放大电路的幅频响应和相频响应。

2. 下限频率、上限频率和通频带

由图 3-1 可见，在一定的频率范围内，由于电路中耦合电容、旁路电容的阻抗很小，可以看作短路；同时晶体管结电容的阻抗又很大，可以看作开路。因此在这个频率范围内，电压放大倍数基本与频率无关，其幅值基本不变，相角 φ 大致等于 180°，这个频率范围称为放大电路的“中频段”。而当频率降低或升高时，电压放大倍数的幅值都将减小，同时产生超前或滞后的附加相位移。

通常将中频段的电压放大倍数称为中频电压放大倍数 A_{um}，并规定当电压放大倍数下降到$\frac{1}{\sqrt{2}}A_{um}$（即 $0.707A_{um}$）时相对应的频率分别称为放大电路的下限频率 f_L 和上限频率 f_H，两者之差称为放大电路的通频带 BW，即

$$BW=f_H-f_L \tag{3-2}$$

对于一般的放大电路 $f_H \gg f_L$，故 $BW \approx f_H$。

通频带是放大电路的一项重要技术指标，是放大电路对输入信号进行不失真放大的频率范围。

3. 频率失真

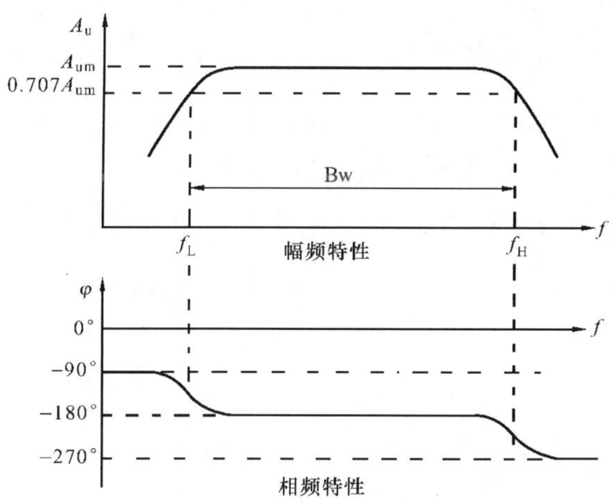

图 3-1　放大电路的频率响应

由于放大电路的通频带有一定的范围，因此对于不同频率的输入信号，其放大倍数的幅值不同，相移也不同。当一个输入信号不是单一的正弦波时，信号中包含多次谐波，信号经过放大电路放大后，由于放大电路对信号的各次谐波的放大倍数及相位移的不相同，输出波形将产生频率失真。频率失真包含幅度失真和相位失真两个方面的失真。

频率失真与第二章讨论过的非线性失真相比，虽然从现象来看，同样表现为输出信号不能如实反映输入信号的波形，但是这两种失真产生的根本原因不同。前者是由于放大电路的通频带不够宽，因而对不同频率的信号响应不同而产生的，称为线性失真；而后者是由于放大器件的非线性特性而产生的。

线性失真与非线性失真的区别是：线性失真不产生新的频率分量，非线性失真产生新的频率分量。

二、RC 低通电路的频率响应

由于放大电路的频率响应最终都可以等效为 RC 电路与中频放大电路的组合，故首先研究 RC 电路的频率响应。

图 3-2 给出了一个无源 RC 串联低通电路。该电路的电压传输系数为

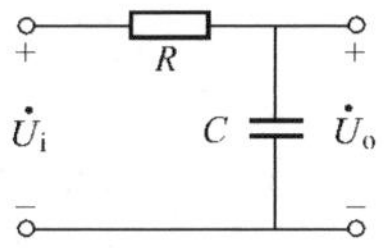

$$\dot{A}_u = \frac{\dot{U}_o}{\dot{U}_i} = \frac{\dfrac{1}{j\omega C}}{R + \dfrac{1}{j\omega C}} = \frac{1}{1 + j\omega RC} \tag{3-3}$$

图 3-2　RC 低通电路

电路的时间常数 $\tau = RC$，令

$$\omega_H = \frac{1}{RC} = \frac{1}{\tau}\ ,\ f_H = \frac{1}{2\pi RC} \tag{3-4}$$

则式(3-3)变为

$$\dot{A}_u = \frac{1}{1 + j\dfrac{\omega}{\omega_H}} = \frac{1}{1 + j\dfrac{f}{f_H}} \tag{3-5}$$

其幅值和相位与频率的关系分别为

$$A_u = \frac{1}{\sqrt{1 + \left(\dfrac{f}{f_H}\right)^2}} \tag{3-6}$$

$$\varphi = -\arctan\left(\frac{f}{f_H}\right) \tag{3-7}$$

根据式（3-6）和式（3-7）即可分别画出 RC 低通电路的幅频特性和相频特性，如图 3-3

所示。

由式（3-6）看出，当 $f \ll f_H$ 时，$A_u \approx 1$；而当 $f = f_H$ 时 $A_u = \frac{1}{\sqrt{2}}$。f_H 为低通电路的上限截止频率，而从 $f=0$（直流）到 $f=f_H$ 的频率范围是低通电路的通频带。

三、*RC* 高通电路的频率响应

图 3-4 为一个无源 *RC* 串联高通电路。该电路的电压传输系数为

$$\dot{A}_u = \frac{\dot{U}_o}{\dot{U}_i} = \frac{R}{R + \frac{1}{j\omega C}} = \frac{1}{1 + \frac{1}{j\omega RC}} \tag{3-8}$$

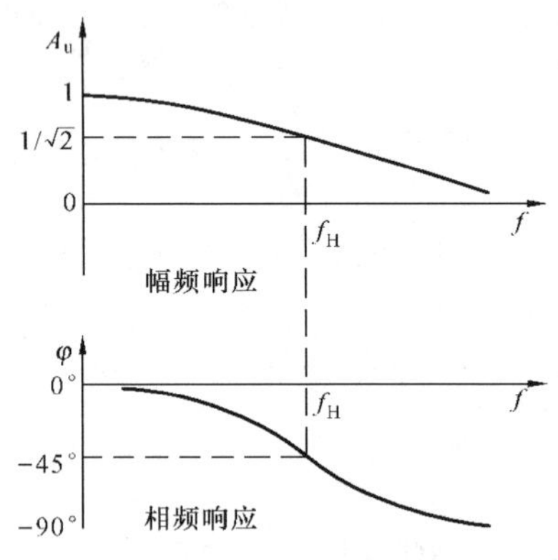

图 3-3 *RC* 低通电路的频率响应

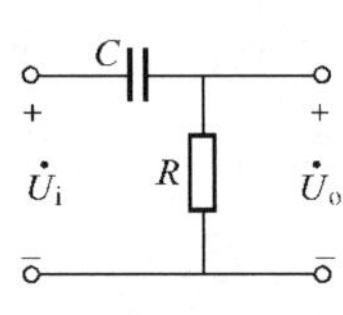

图 3-4 *RC* 串联高通电路

同理，令

$$f_L = \frac{1}{2\pi RC} \tag{3-9}$$

则

$$\dot{A}_u = \frac{1}{1 + \frac{1}{j\omega\tau}} = \frac{1}{1 - j\frac{f_L}{f}} \tag{3-10}$$

其幅值和相位与频率的关系分别为

$$A_u = \frac{1}{\sqrt{1 + \left(\frac{f_L}{f}\right)^2}} \tag{3-11}$$

$$\varphi = \arctan\left(\frac{f_L}{f}\right) \tag{3-12}$$

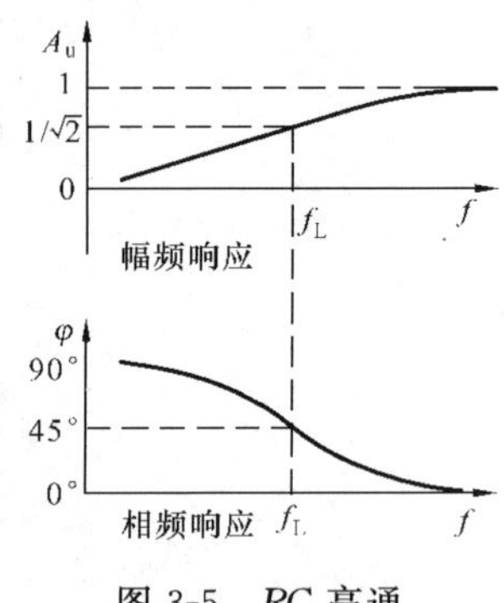

图 3-5 *RC* 高通电路的频率响应

根据式（3-11）和式（3-12）即可分别画出 *RC* 高通电路的幅频特性和相频特性。如图 3-5 所示。

由式（3-11）看出，当 $f \gg f_L$ 时，$A_u \approx 1$；而当 $f = f_L$ 时 $A_u = \frac{1}{\sqrt{2}}$。f_L 为高通电路的“下限截止频率”，而从 $f = f_L$ 到 f

$=\infty$的频率范围是高通电路的通频带。

四、波特图

根据放大电路频率特性的表达式，可以画出其频率特性曲线。但是由于在电子技术领域，信号频率一般为几赫兹到几百兆赫兹，电路的频率特性在很大的频率范围内其变化并不明显，要将如此宽广的频率范围绘制在一张图上不太现实，故普通的频率特性曲线应用起来并不是很方便。在工程实际中，应用比较广泛的是对数频率特性。这种对数频率特性又称为波特图。

绘制波特图时，横坐标是频率 f，采用对数坐标。幅频特性的纵坐标是增益，也采用对数 $20\lg A_u$ 表示，单位是 dB（分贝），相频特性的纵坐标是相角 φ，不取对数。

对数频率特性的主要优点是可以拓宽视野，在较小的坐标范围内表示宽广频率范围的变化情况，同时将低频段和高频段的特性都能表示清楚，且作图方便。

下面分析 RC 低通电路与 RC 高通电路的对数频率特性。

为了画出对数幅频特性，首先将式（3-6）和式（3-11）取对数，可得

$$20\lg A_u = -20\lg\sqrt{1+\left(\frac{f}{f_H}\right)^2} \tag{3-13}$$

$$20\lg A_u = -20\lg\sqrt{1+\left(\frac{f_L}{f}\right)^2} \tag{3-14}$$

对于 RC 低通电路，由式（3-13）可见，当 $f \ll f_H$ 时，$20\lg A_u \approx 0\text{dB}$；当 $f \gg f_H$ 时，$20\lg A_u \approx -20\lg\dfrac{f}{f_H}$；当 $f=f_H$ 时，$20\lg A_u = -20\lg\sqrt{2} = -3\text{dB}$。

如果按式（3-13）逐点画出波特图比较麻烦，工程实际中一般采用将曲线直线化，即用几段直线替代曲线，这样绘图比较简单，看起图来也更直观，而由此带来的误差在工程上是在可接受的范围内的。

对于 RC 低通电路幅频特性可用两条直线来近似。当 $f<f_H$ 时，用零分贝线来近似；当 $f>f_H$ 时，用斜率等于 -20dB/十倍频程的直线来近似，即每当频率增加十倍，波特图的纵坐标 $20\lg A_u$ 减少 20dB。两条直线交于 $f=f_H$ 处。由折线近似引起的最大误差发生在 $f=f_H$ 处，其值为 3dB。

对于 RC 低通电路对数相频特性，由式（3-7）可得，当 $f \ll f_H$ 时，$\varphi=0°$；当 $f \gg f_H$ 时，$\varphi=-90°$；当 $f=f_H$ 时，$\varphi=-45°$。因此 RC 低通电路的对数幅特性也可以用三段直线构成的折线近似。当 $f<0.1f_H$ 时，近似认为 $\varphi=0°$；当 $f>10f_H$ 时，近似认为 $\varphi=-90°$；当 $0.1f_H<f<10f_H$ 时，用一条斜率等于 $-45°$/十倍频程的直线来近似，在此直线上，当 $f=f_H$ 时，$\varphi=-45°$。由折线近似引起的最大误差发生在 $f=0.1f_H$ 和 $f=10f_H$ 处，其值

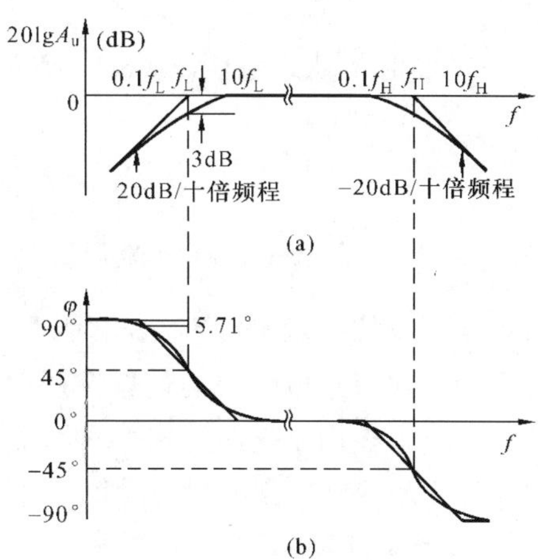

图 3-6　RC 低通与 RC 高通电路的波特图

（a）幅频特性；（b）相频特性

为 5.71°。

同理可分析出 RC 高通电路的对数频率特性。

图 3-6 是 RC 低通电路与 RC 高通电路画在一张图上的对数频率特性图。

第二节　三极管的频率参数

一、混合 π 型等效电路

在本书第二章曾经介绍的是三极管的 H 参数微变等效电路。但是，在研究放大电路的高频响应时，由于三极管存在极间电容，等效电路中的参数将不再是常数，如 β 将随频率而变化，分析时很不方便。因此，在分析放大电路的高频响应时，需要引出三极管的其他形式的微变等效电路。常用的三极管的高频模型有两种：混合 π 等效电路和 Y 参数等效电路。本书主要介绍混合 π 等效电路。

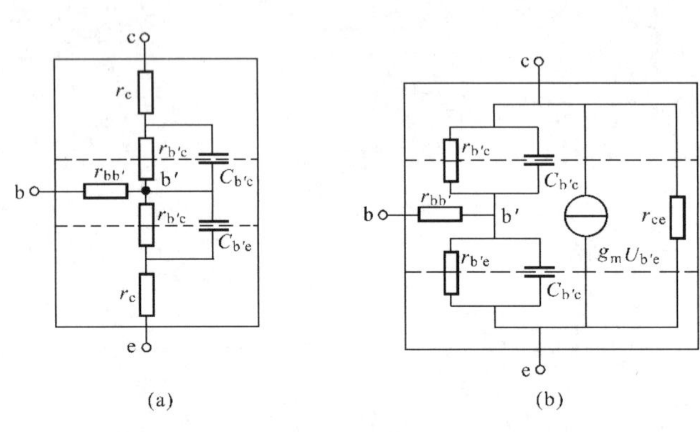

图 3-7　三极管结构示意图及高频物理模型

(a) 结构示意图；(b) 高频物理模型

1. 混合 π 等效电路的引出

混合 π 等效电路是三极管的一个物理模型。在高频时，考虑了三极管的极间电容后，三极管的结构示意图如图 3-7(a)所示。其中 b′为基区内部的等效点，$C_{b'e}$ 为发射结等效电容，$C_{b'c}$为集电结等效电容，r_c 和 r_e 分别为集电区体电阻和发射区体电阻，它们的电阻值较小，通常可以忽略不计。由此得到三极管的高频物理模型如图 3-7(b)所示。

图 3-7（b）中，$r_{bb'}$是基区体电阻，其值在几欧至几百欧范围内，对高频小功率三极管大约为 100Ω。

$r_{b'e}$是发射结动态电阻 $r_{eb'}$ 折合到基极回路的电阻值，单位为 Ω。其中 $r_{eb'}(\Omega)=\dfrac{U_T}{I_{EQ}}\approx\dfrac{26(\text{mV})}{I_{EQ}(\text{mA})}$，所以 $r_{b'e}(\Omega)=(1+\beta_0)r_{eb'}=(1+\beta_0)\dfrac{U_T}{I_{EQ}}\approx(1+\beta_0)\dfrac{26(\text{mV})}{I_{EQ}(\text{mA})}$。

$g_m\dot{U}_{b'e}$是一个电压控制电流源，体现了发射结电压对集电极电流的控制作用。其中 g_m 称为跨导，单位一般是 mS，表示当 $\dot{U}_{b'e}$为单位电压时，在集电极引起的 $\dot{I}_c$ 的大小。

因为三极管集电结反向偏置，所以 $r_{b'c}$很大，可以视作开路；又由于 r_{ce}也很大也可以视作开路。将上述两个电阻忽略，即可画出三极管高频混合 π 参数模型如图 3-8 所示。因其形状像 π，且各参数具有不同的量纲，故称为“混合 π 参数”等效电路。

2. 混合参数与 H 参数的关系

混合 π 等效电路与 H 参数等效电路之间有确定的关系。当低频时，可以不考虑极间电容的作用，此时，混合 π 等效电路的形式与 H 参数等效电路相仿，如图 3-9(a)、(b)所示。

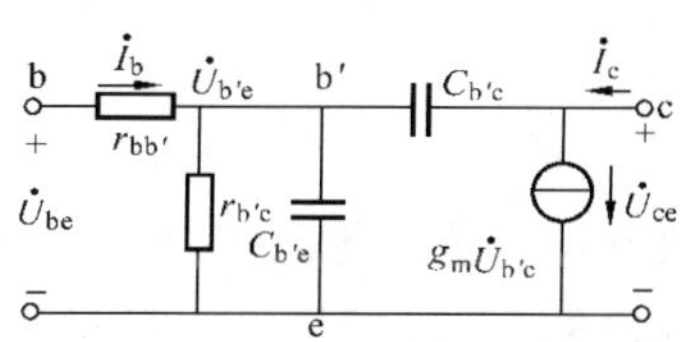

图 3-8　三极管高频混合 π 参数等效电路

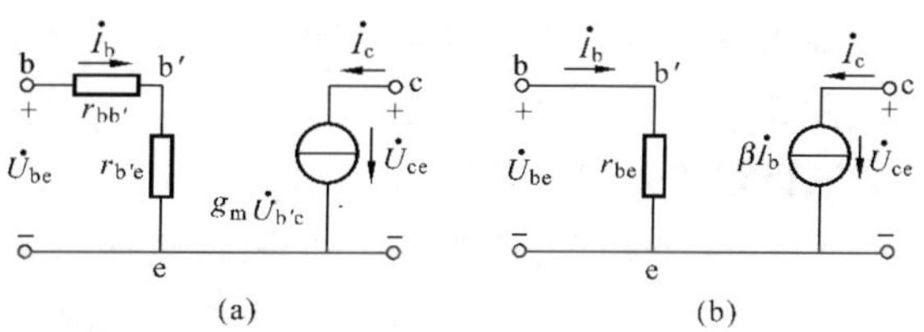

图 3-9　晶体管简化等效电路

(a) 低频时的混合 π 等效电路；(b) 简化 H 参数等效电路

通过比较可得

$$r_{be}=r_{bb'}+r_{b'e}=r_{bb'}+(1+\beta)\frac{26}{I_{EQ}}$$

则混合 π 参数的 $r_{b'e}$ 和 $r_{bb'}$ 分别为

$$r_{b'e}=r_{be}-r_{bb'}=(1+\beta)\frac{26}{I_{EQ}} \tag{3-15}$$

$$r_{bb'}=r_{be}-r_{b'e} \tag{3-16}$$

通过对比还可得

$$g_m\dot{U}_{b'e}=g_m\dot{I}_b r_{b'e}=\beta\dot{I}_b$$

则

$$g_m=\frac{\beta}{r_{b'e}}=\frac{\beta}{(1+\beta)\frac{26}{I_{EQ}}}\approx\frac{I_{EQ}(mA)}{26(mV)} \tag{3-17}$$

3. 混合 π 等效电路的简化

在图 3-8 所示的混合 π 等效电路中，电容 $C_{b'c}$ 跨接在 b′和 c 之间，使等效电路失去信号传输的单向性，电路的分析计算将变得很繁琐。为此，可以利用密勒定理将电路单向化，用两个电容来等效代替 $C_{b'c}$，它们分别接在 b′、e 和 c、e 两端，接在 b′、e 端的等效电容值为 $(1-K)C_{b'c}$，接在 c、e 端的等效电容值为 $\frac{K-1}{K}C_{b'c}$，其中 $K=\frac{\dot{U}_{ce}}{\dot{U}_{b'e}}=\frac{-g_m\dot{U}_{b'e}R'_L}{\dot{U}_{b'e}}=-g_mR'_L$。经过简化，可得到图 3-10 所示的单向化混合 π 等效电路。图中 $C'=C_{b'e}+(1-K)C_{b'c}$。

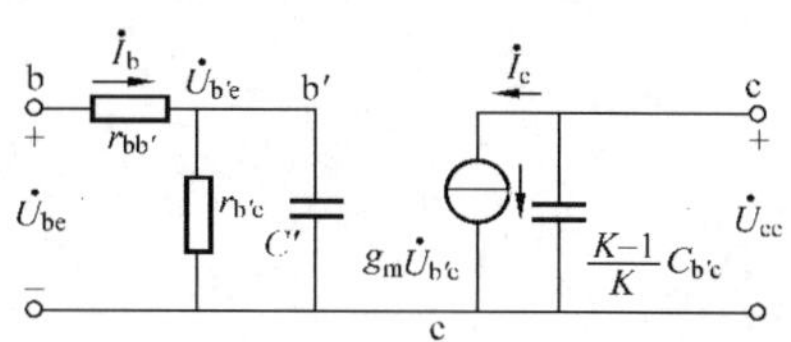

图 3-10　单向化混合 π 等效电路

混合 π 等效电路的两个电容之中，一般 $C_{b'e}$ 比 $C_{b'c}$ 大得多。通常 $C_{b'c}$ 的值可从晶体管手册中查到（有的手册提供 C_{ob} 的值，它与 $C_{b'c}$ 近似）。手册中一般不提供 $C_{b'e}$ 的值，但可通过下面的公式来计算

$$C_{b'e}\approx\frac{g_m}{2\pi f_T} \tag{3-18}$$

式中：f_T 为三极管的特征频率。

同 H 参数等效电路一样，混合 π 等效电路只在小信号的条件下适用，因此要采用工作点上的参数。在室温及取 $I_{CQ}=1.3$mA 时，一组典型参数如下：

$g_m=50\text{mS}$、$r_{bb'}=100\Omega$、$r_{b'e}=1\text{k}\Omega$、$r_{b'c}=4\text{M}\Omega$、$r_{ce}=80\text{k}\Omega$、$C_{b'e}=100\text{pF}$、$C_{b'c}=3\text{pF}$

混合 π 等效电路的各参数在工作频率低于 $f_T/3$ 时，都与频率无关，所以混合 π 等效电路模型适用于 $f<f_T/3$ 时的情况。

二、三极管的频率参数

在信号频率较低时，一般认为三极管的共射电流放大系数 β 是一个常数。但当信号频率较高时，由于三极管存在极间电容，导致电流放大系数将随频率的升高而下降。所以电流放大系数是频率的函数。

按定义，$\dot{\beta}$ 为晶体管共射接法下输出端交流短路时的电流放大系数，即

$$\dot{\beta}=\frac{\dot{I}_c}{\dot{I}_b}\bigg|_{U_{CE}}$$

由图 3-10 可知，当输出交流短路时，$K=-g_mR'_L=0$。所以，此时 $C'=C_{b'e}+(1-K)C_{b'c}=C_{b'e}+C_{b'c}$，则

$$\dot{\beta}=\frac{\dot{I}_c}{\dot{I}_b}\bigg|_{U_{CE}}=\frac{g_m\dot{U}_{b'e}}{\dot{U}_{b'e}\left(\dfrac{1}{r_{b'e}}+j\omega C'\right)}=\frac{g_m r_{b'e}}{1+j\omega r_{b'e}C'}$$

由于低频时 $g_m r_{b'e}=\beta_0$，所以

$$\dot{\beta}=\frac{\beta_0}{1+j\omega r_{b'e}C'} \tag{3-19}$$

令 $f_\beta=\dfrac{1}{2\pi r_{b'e}C'}=\dfrac{1}{2\pi r_{b'e}(C_{b'e}+C_{b'c})}$并代入式（3-19）得

$$\dot{\beta}=\frac{\beta_0}{1+j\dfrac{f}{f_\beta}} \tag{3-20}$$

式中：β_0 为三极管低频时的共射电流放大系数；f_β 为三极管的电流放大系数下降到$\dfrac{1}{\sqrt{2}}\beta_0$ 时所对应的频率。

式（3-20）也可分别用模和相角表示，即

$$\beta=\frac{\beta_0}{\sqrt{1+\left(\dfrac{f}{f_\beta}\right)^2}} \tag{3-21}$$

$$\varphi_\beta=-\arctan\left(\frac{f}{f_\beta}\right) \tag{3-22}$$

为了描述三极管对高频信号的放大能力，引出三极管的高频参数。

1. 共射截止频率 f_β

将 β 值下降到$\dfrac{1}{\sqrt{2}}\beta_0$（即 $0.707\beta_0$）时所对应的频率定义为三极管的共射截止频率，用符号 f_β 表示。

由式（3-21）可得 $f=f_\beta$ 时，$\beta=\frac{1}{\sqrt{2}}\beta_0=0.707\beta_0$。可见，所谓截止频率，并不意味着三极管此时完全失去放大作用，而只是表示此时的电流放大系数下降到低频时的70%左右。

2. 特征频率 f_T

将 β 值下降到1时所对应的频率定义为三极管的特征频率，用符号 f_T 表示。特征频率是三极管的一个重要参数。当 $f>f_T$ 时，β 值将小于1，表示此时三极管已失去放大作用。

将 $f=f_T$ 和 $\beta=1$ 代入式（3-21）则得

$$1=\frac{\beta_0}{\sqrt{1+\left(\frac{f_T}{f_\beta}\right)^2}}$$

通常 $f_T\gg f_\beta$，所以可将上式简化为

$$f_T\approx\beta_0 f_\beta \tag{3-23}$$

式（3-23）表明，三极管的特征频率 f_T 与其共射截止频率 f_β 两者之间是相互关联的，且 f_T 比 f_β 高得多，大约是 f_β 的 β_0 倍。通常三极管手册给出的参数是 f_T。三极管的分类也是以 f_T 为标准而划分的，一般将 $f_T>4\text{MHz}$ 的三极管划分为高频管，而将 $f_T<4\text{MHz}$ 的三极管划分为低频管。

3. 共基截止频率 f_α

三极管共基电流放大系数 α 显然也是频率的函数，可表示为

$$\dot{\alpha}=\frac{\alpha_0}{1+\text{j}\frac{f}{f_\alpha}} \tag{3-24}$$

将 α 值下降到 $\frac{1}{\sqrt{2}}\alpha_0$（即 $0.707\alpha_0$）时所对应的频率定义为三极管的共基截止频率，用符号 f_α 表示。

下面分析 f_α 与 f_β、f_T 之间的关系。由第一章得知 $\dot{\alpha}$ 与 $\dot{\beta}$ 的关系为

$$\dot{\alpha}=\frac{\dot{\beta}}{1+\dot{\beta}} \tag{3-25}$$

将式（3-20）代入式（3-25），可得

$$\dot{\alpha}=\frac{\frac{\beta_0}{1+\text{j}f/f_\beta}}{1+\frac{\beta_0}{1+\text{j}f/f_\beta}}=\frac{\frac{\beta_0}{1+\beta_0}}{1+\text{j}\frac{f}{(1+\beta_0)f_\beta}} \tag{3-26}$$

将式（3-26）与式（3-24）比较，可得

$$\alpha_0=\frac{\beta_0}{1+\beta_0} \tag{3-27}$$

$$f_\alpha=(1+\beta_0)f_\beta \tag{3-28}$$

由式（3-28）可见 f_α 比 f_β 高得多，等于 f_β 的 $1+\beta_0$ 倍。因此共基组态电路的高频响应要比共射组态电路的高频响应好很多。也就是说，同一个三极管采用共基状态组成放大电路可以放大更高频率的信号。

三极管的三个频率参数之间的关系为

$$f_\beta < f_T < f_\alpha$$

三极管的频率参数是选用三极管的重要依据之一。通常，在放大频率较高的信号时，应该选用高频管，如对频率无特殊要求，则可选用低频管。

第三节　放大电路的频率响应

一、阻容耦合单管共射放大电路的频率响应

阻容耦合单管共射放大电路如图 3-11 所示。为了分析方便，将图中 C_2 和 R_L 看成下一级的输入耦合电容和输入电阻，分析本级频率响应时，可以暂不考虑。

1. 中频段

当信号频率 $f_L \ll f \ll f_H$ 时为中频段，在中频段，一方面隔直流电容 C_1 的容抗很小，可以认为交流短路；另一方面，三极管极间电容的容抗很大，可以认为交流开路。可得中频放大电路的等效电路如图 3-12 所示。

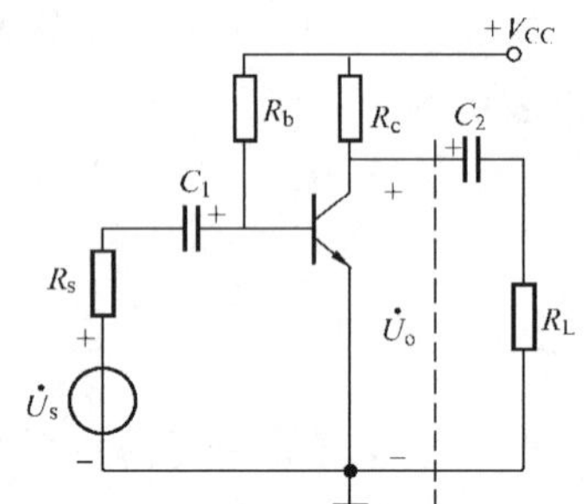

图 3-11　单管共射放大电路

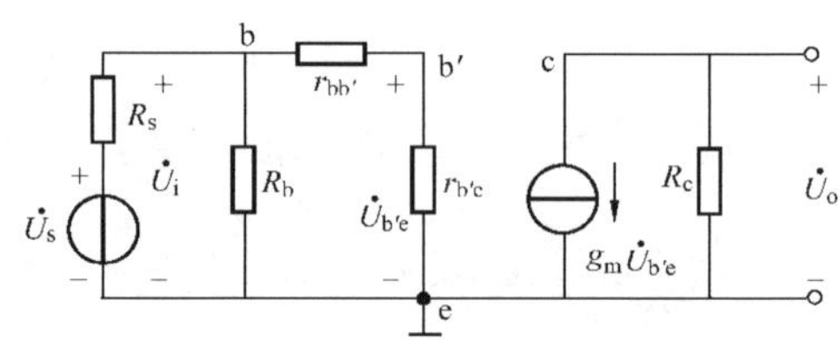

图 3-12　中频等效电路

由图可得

$$\dot{U}_{b'e}=\frac{R_i}{R_s+R_i}\frac{r_{b'e}}{r_{be}}\dot{U}_s$$

式中

$$R_i=R_b /\!/ r_{be}$$

输出电压为

$$\dot{U}_o=-g_m\dot{U}_{b'e}R_c$$

则中频电压放大倍数为

$$\dot{A}_{usm}=\frac{\dot{U}_o}{\dot{U}_s}=-\frac{R_i}{R_s+R_i}\frac{r_{b'e}}{r_{be}}g_mR_c \tag{3-29}$$

将式（3-17）代入式（3-29）可得

$$\dot{A}_{usm}=-\frac{R_i}{R_s+R_i}\frac{\beta R_c}{r_{be}}$$

可见，中频电压放大倍数的表达式与利用 H 参数等效电路的分析结果是一致的。

2. 低频段

当信号频率下降时，由于隔直流电容的容抗将增大，将使电路的电压放大倍数降低，所以必须考虑 C_1 的作用。低频等效电路如图 3-13 所示。由图可见，电容 C_1 与输入电阻构成一个 RC 高通电路。

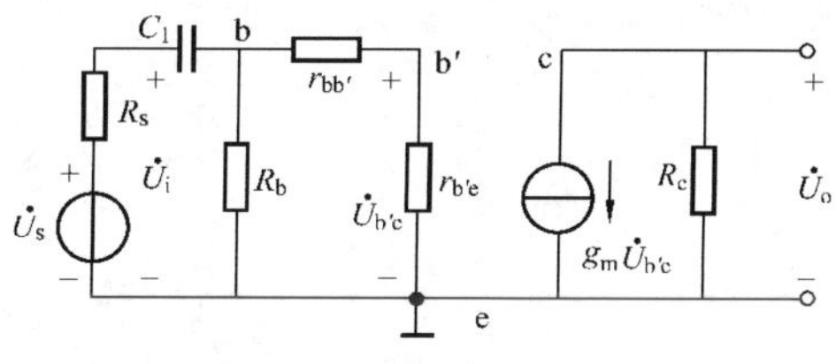

图 3-13　低频等效电路

由图可得

$$\dot{U}_{b'e}=\frac{R_i}{R_s+R_i+\dfrac{1}{j\omega C_1}}\frac{r_{b'e}}{r_{be}}\dot{U}_s$$

式中
$$R_i=R_b /\!/ r_{be}$$

输出电压为
$$\dot{U}_o=-g_m\dot{U}_{b'e}R_c$$

则低频电压放大倍数为

$$\dot{A}_{usL}=\frac{\dot{U}_o}{\dot{U}_s}=-\frac{R_i}{R_s+R_i+\dfrac{1}{j\omega C_1}}\frac{r_{b'e}}{r_{be}}g_mR_c$$

$$=\dot{A}_{usm}\frac{1}{1+\dfrac{1}{j\omega(R_s+R_i)C_1}} \tag{3-30}$$

令 $\tau_L=(R_s+R_i)C_1$，则

$$f_L=\frac{1}{2\pi\tau_L}=\frac{1}{2\pi(R_s+R_i)C_1} \tag{3-31}$$

将式(3-31) 代入式 (3-30) 得

$$\dot{A}_{usL}=\dot{A}_{usm}\frac{1}{1-j\dfrac{f_L}{f}} \tag{3-32}$$

由式 (3-31) 可知，电路的下限截止频率 f_L 决定于 RC 回路的时间常数 τ_L，τ_L 愈大、f_L 愈小，则电路的低频特性愈好。

求得中频段的电压放大倍数 A_{usm} 和下限频率 f_L 后，即可很方便地画出低频段的折线化的波特图。

3. 高频段

当信号频率升高时，电容 C_1 的阻抗降低，可以忽略不计，但由于三极管的极间电容是并联在电路中的，其阻抗随信号频率升高而降低，所以必须考虑其影响。考虑三极管极间电容后的高频等效电路如图 3-14 所示。

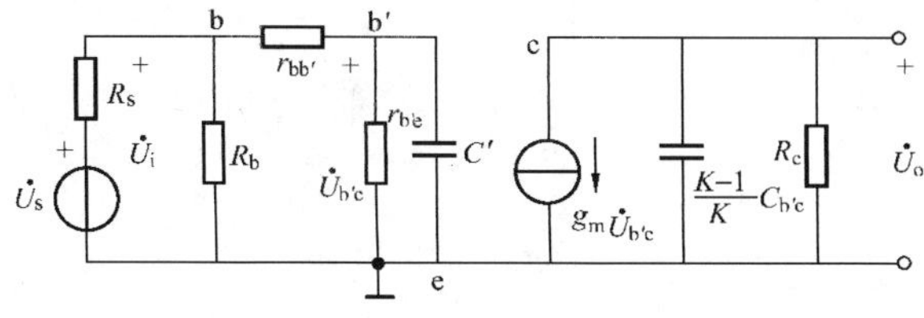

图 3-14　高频等效电路

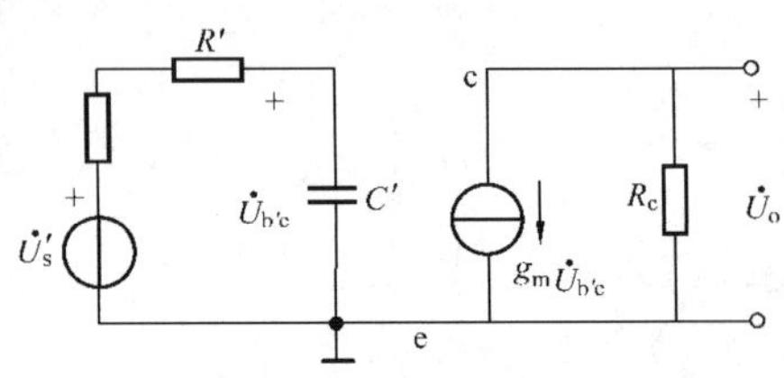

图 3-15　高频简化等效电路

通常，输出回路的电容值比输入回路的电容值小很多，输出回路的时间常数比输入回路的时间常数也小得多，因此可以忽略输出回路的电容$\frac{K-1}{K}C_{b'c}$，再利用戴维南定理将输入回路简化，则可得高频简化等效电路如图 3-15 所示。

图中
$$\dot{U}'_s=\frac{R_i}{R_s+R_i}\frac{r_{b'e}}{r_{be}}\dot{U}_s$$

$$R'=r_{b'e}\ /\!/\ [r_{bb'}+(R_s\ /\!/\ R_b)]$$

$$C'=C_{b'e}+(1-K)C_{b'c}=C_{b'e}+(1+g_mR_c)C_{b'c}$$

由图可以清楚地看出，电容 C'与R'构成一个 RC 低通电路，其上限截止频率为 f_H。

由图可得

$$\dot{U}_{b'e}=\frac{\frac{1}{j\omega C'}}{R'+\frac{1}{j\omega C'}}\dot{U}'_s=\frac{1}{1+j\omega R'C'}\dot{U}'_s=\frac{1}{1+j\omega R'C'}\frac{R_i}{R_s+R_i}\frac{r_{b'e}}{r_{be}}\dot{U}_s$$

而
$$\dot{U}_o=-g_m\dot{U}_{b'e}R_c$$

则高频电压放大倍数为

$$\dot{A}_{usH}=\frac{\dot{U}_o}{\dot{U}_s}=\dot{A}_{usm}\frac{1}{1+j\omega R'C'}\tag{3-33}$$

令
$$\tau_H=R'C'$$

则上限截止频率为

$$f_H=\frac{1}{2\pi\tau_H}=\frac{1}{2\pi R'C'}\tag{3-34}$$

将式（3-34）代入式（3-33），可得

$$\dot{A}_{usH}=\dot{A}_{usm}\frac{1}{1+j\frac{f}{f_H}}\tag{3-35}$$

由式（3-34）可知，电路的上限截止频率 f_H 决定于 RC 回路的时间常数 τ_H，τ_H 愈小、f_H 愈大，则电路的高频特性愈好。因此，为了得到良好的高频特性，在选用三极管时，应选用极间电容小的三极管。

求得中频段的电压放大倍数 A_{usm} 和上限频率 f_H 后，即可很方便地画出高频段的折线化的波特图。

4. 完整的频率特性

综合前面电路的中频、低频和高频放大倍数的表达式，即可得阻容耦合单管放大电路在全部频率范围内电压放大倍数的近似表达式为

$$\dot{A}_{us}\approx\frac{\dot{A}_{usm}}{\left(1-j\frac{f_L}{f}\right)\left(1+j\frac{f}{f_H}\right)}\tag{3-36}$$

将电路的中频段、低频段和高频段的频率特性画在同一张图上，即可得到电路完整的波特图，如图 3-16 所示。

画波特图时，一般按如下步骤进行：

首先，根据电路参数计算中频电压放大倍数 A_{usm}、下限频率 f_L 和上限频率 f_H。

然后再画出电路的幅频特性与相频特性。

画幅频特性。在中频区，从 f_L 到 f_H 之间，画一条高度等于 $20\lg A_{usm}$ 的水平直线。在低频区，从 f_L 开始，向左下方画一条斜率为20dB/十倍频程的直线。在高频区，从 f_H 开始，向右下方画一条斜率为－20dB/十倍频程的直线。以上三段直线构成的折线就是放大电路的对数幅频特性图。

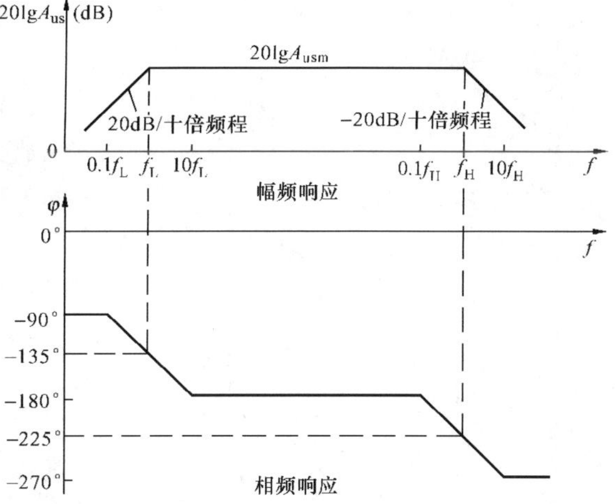

图 3-16　阻容耦合单管共射放大电路的波特图

画相频特性。在中频区，由于放大电路为反相放大电路，故从 f_L 到 f_H 之间，画一条 $\varphi=-180°$的水平直线。在低频区，当 $f<0.1f_L$ 时，$\varphi=-90°$，在 $0.1f_L<f<10f_L$ 之间，画一条斜率为－45°/十倍频程的直线。在高频区，当 $f>10f_H$ 时，$\varphi=-270°$，在 $0.1f_H<f<10f_H$ 之间，画一条斜率为－45°/十倍频程的直线。以上五段直线构成的折线就是放大电路的对数相频特性图。

5. **增益带宽积**

增益带宽积是放大电路的一项综合指标，它是中频电压放大倍数与通频带的乘积。下面推导出它的表达式。

由式（3-29）和式（3-34）可知

$$\dot{A}_{usm}=-\frac{R_i}{R_s+R_i}\frac{r_{b'e}}{r_{be}}g_mR_c$$

$$f_H=\frac{1}{2\pi\tau_H}=\frac{1}{2\pi R'C'}$$

式中

$$R_i=R_b//r_{be}$$

$$R'=r_{b'e}//\left[r_{bb'}+(R_s//R_b)\right]$$

$$C'=C_{b'e}+(1+g_mR_c)C_{b'c}$$

对于一般的放大电路设 $R_b\gg R_s$，$R_b\gg r_{be}$，且 $(1+g_mR_c)C_{b'c}\gg C_{b'e}$，则单管共射放大电路的增益带宽积为

$$A_{usm}f_H=\frac{R_i}{R_s+R_i}\frac{r_{b'e}}{r_{be}}g_mR_c\frac{1}{2\pi R'C'}$$

$$\approx\frac{1}{2\pi(R_s+r_{bb'})C_{b'c}} \tag{3-37}$$

式（3-37）说明，当选定三极管和信号源以后，$r_{bb'}$、$C_{b'c}$和 R_s 的值即确定，增益带宽

积也基本上确定了。如果将通频带扩展几倍，则电压放大倍数将降低同样的倍数。

由此得出结论，若要得到一个通频带宽、电压放大倍数又高的放大电路，应选 $r_{bb'}$ 和 $C_{b'c}$ 均小的三极管。

二、直接耦合单管共射放大电路的频率响应

在放大电路中，被放大的信号的种类很多，有很大一部分信号变化缓慢或频率很低甚至是直流信号，如自动控制系统中的温度、压力等非电量信号转化的电信号，即属此类信号。放大此类信号时，阻容耦合放大电路由于耦合电容的隔直流作用，信号将不能被放大。因此必须使用直流放大电路。直接耦合单管共射放大电路即属于直流放大电路。在集成放大电路中，基本上都采用直接耦合方式。由于采用直接耦合方式，因此，直接耦合放大电路的下限频率 $f_L=0$。在高频段，由于三极管极间电容的影响，高频电压放大倍数仍将下降，同时产生 0°～－90°的附加相位移。其波特图如图 3-17 所示。其中，中频电压放大倍数 A_{usm} 和上限截止频率 f_H 的计算方法与前相同。

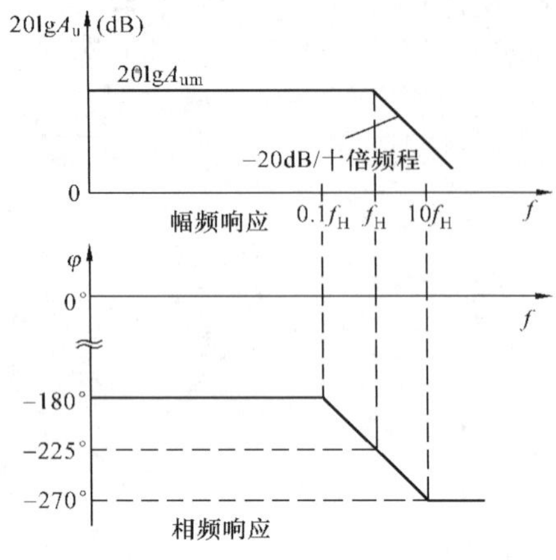

图 3-17 直接耦合单管共射放大电路的波特图

三、多级放大电路的频率响应

1. 多级放大电路的频率响应

多级放大电路的电压放大倍数是各级电压放大倍数的乘积，即

$$\dot{A}_u=\dot{A}_{u1}\dot{A}_{u2}\cdots\dot{A}_{un}$$

则多级放大电路的对数幅频特性为

$$20\lg|\dot{A}_u|=20\lg|\dot{A}_{u1}|+20\lg|\dot{A}_{u2}|+\cdots+20\lg|\dot{A}_{un}|$$

$$=\sum_{k=1}^{n}20\lg|\dot{A}_{uk}| \tag{3-38}$$

多级放大电路总的相位移为

$$\varphi=\varphi_1+\varphi_2+\cdots+\varphi_n=\sum_{k=1}^{n}\varphi_k \tag{3-39}$$

式（3-38）和式（3-39）说明，多级放大电路的对数增益等于其各级对数增益的代数和，而多级放大电路的相位移也等于其各级相位移的代数和。因此绘制波特图时，只要将各放大级的波特图在同一坐标下分别叠加即可。

例如，将两个完全相同的单级放大电路串联组成一个两级放大电路，则只需分别将原来单级放大电路的幅频特性和相频特性上每一点的纵坐标增大一倍，即可得到两级放大电路总的幅频特性和相频特性，如图 3-18 所示。

叠加后，对应于单级幅频特性上原来下降 3dB 的频率点（即 f_{L1} 和 f_{H1}），在两级放大电路的幅频特性上将下降 6dB。也就是说，两级放大电路总的－3dB 频率点将向中间移，即 $f_L>f_{L1}$，而 $f_H<f_{H1}$。可以得出结论：多级放大电路的通频带，总是比组成它的每一级放

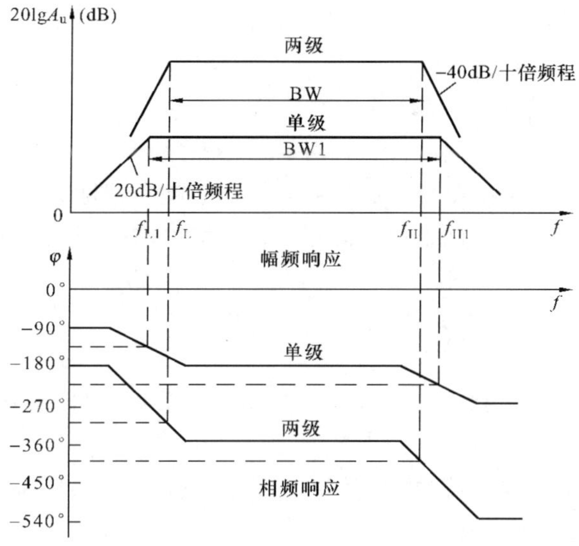

图 3-18　两级放大电路的波特图

大电路的通频带窄。

2. 多级放大电路的上限频率和下限频率

可以证明，多级放大电路的上限频率与组成它的各级放大电路上限频率之间，存在以下近似关系

$$\frac{1}{f_H} \approx 1.1\sqrt{\frac{1}{f_{H1}^2}+\frac{1}{f_{H2}^2}+\cdots+\frac{1}{f_{Hn}^2}} \tag{3-40}$$

多级放大电路的下限频率与组成它的各级放大电路下限频率之间，存在以下近似关系

$$f_L \approx 1.1\sqrt{f_{L1}^2+f_{L2}^2+\cdots+f_{Ln}^2} \tag{3-41}$$

在实际的多级放大电路中，当某一级的下限频率 f_k 比其他级的下限频率高 4～5 倍以上时，则可认为总的下限频率即为 f_k；当某一级的上限频率 f_m 是其他级的上限频率的 1/4～1/5 时，则可认为总的上限频率即为 f_m。

本　章　小　结

（1）放大电路的频率响应说明电压放大倍数是频率的函数。频率响应包含幅频响应和相频响应两部分，可以用对数频率特性曲线来描述这种关系。对数频率特性也称为波特图。简化的波特图用分段折线来代替曲线，引起的误差在工程上允许的范围内。

（2）由于放大电路的频率响应最终可以简化为 RC 高通或 RC 低通电路与中频电压放大倍数串联的响应，故 RC 高通或 RC 低通电路的频率响应是基础。

（3）为了描述三极管对高频信号的放大能力，引出了三个频率参数，它们是共射截止频率 f_β、特征频率 f_T 和共基截止频率 f_α，三者的关系为 $f_\beta < f_T < f_\alpha$。这些参数是选用三极管的重要依据。三极管的高频等效电路模型为混合 π 等效电路。

（4）对于阻容耦合放大电路，由于存在耦合电容和三极管的极间电容，其低频段的电压放大倍数和高频段的电压放大倍数均下降，同时产生附加相位移。低频段的附加相位移是0°～90°，高频段的附加相位移是0°～−90°。下限频率 f_L 和上限频率 f_H 的数值分别与耦合电容回路和极间电容回路的时间常数成反比。

直接耦合放大电路的 $f_L=0$，低频响应好。

（5）多级放大电路的总的对数增益为各级对数增益之和，总的相位移也等于各级相位移之和，因此多级放大电路的波特图可以通过将各级对数幅频特性和相频特性分别进行叠加得到。多级放大电路的通频带总是比组成它的每一级放大电路的通频带窄。

习　　题

3-1　已知一个 RC 低通电路，其中 $R=1\text{k}\Omega$，$C=10\mu\text{F}$，试计算其上限截止频率 f_H，并画出其对数幅频和相频响应（波特图）。

3-2　某两级放大电路，其各级的中频电压增益分别为 6、34dB。试问放大电路总的电压增益为多少分贝？总的电压放大倍数为多少倍？

3-3　某放大电路的电压放大倍数表达式如下

$$\dot{A}_u=\frac{100\left(j\dfrac{f}{10}\right)}{\left(1+j\dfrac{f}{10}\right)\left(1+j\dfrac{f}{10^6}\right)}$$

其中频率单位为 Hz。试问该电路的中频电压放大倍数为多大？上限截止频率 f_H、下限截止频率 f_L 各为多少？并画出其波特图。

3-4　已知某单管共射放大电路的中频增益为 $\dot{A}_{um}=-46\text{dB}$，$f_L=10\text{Hz}$，$f_H=100\text{kHz}$。试完成：

（1）画出放大电路的波特图。

（2）分别说明当 $f=f_L$ 和 $f=f_H$ 时，电压放大倍数的模 A_u 和相角 φ 各等于多少？

3-5　设两个单管共射放大电路的对数幅频特性分别如图 3-19(a)、(b)所示。试完成：

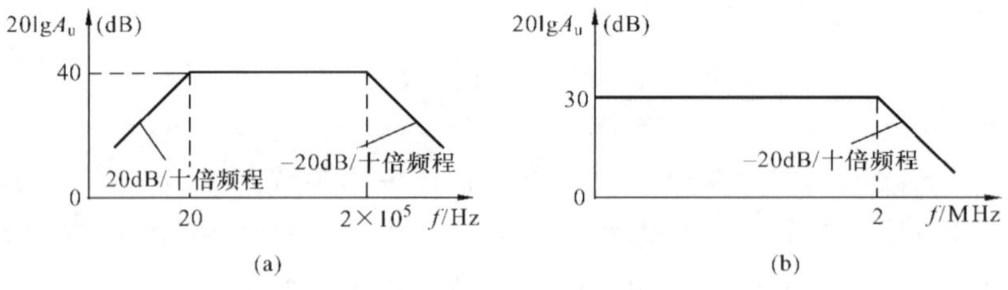

图 3-19　题 3-5 图

（1）分别写出电路 $\dot{A}_u$ 的频率特性表达式，并分别说明两个放大电路的中频电压放大倍数 A_{um} 各等于多少？下限频率 f_L 和上限频率 f_H 各等于多少？

（2）画出两个放大电路相应的对数相频特性。

3-6　已知三极管 3DG120C 的 $f_T=300\text{MHz}$，$C_{ob}=6\text{pF}$，在 $I_{CQ}=1\text{mA}$ 时测出其低频 H

参数为 $r_{be}=2.7\text{k}\Omega$，$\beta=100$，试求其混合 π 参数及 f_β 值。

3-7 在图 3-11 所示的单管共射放大电路中，已知 $R_b=470\text{k}\Omega$，$R_c=6.2\text{k}\Omega$，$R_s=1\text{k}\Omega$，$R_L=\infty$，$C_1=C_2=10\mu\text{F}$，晶体管参数：$\beta=50$，$r_{bb'}=300\Omega$，$r_{be}=2\text{k}\Omega$，$f_T=100\text{MHz}$，$C_{b'c}=4\text{pF}$。试求下限截止频率 f_L 和上限截止频率 f_H。

3-8 图 3-20 所示电路中，已知电路参数：$\beta=50$、$R_s=100\Omega$、$R_{b1}=91\text{k}\Omega$、$R_{b2}=30\text{k}\Omega$、$R_c=R_L=6.2\text{k}\Omega$、$R_e=2.4\text{k}\Omega$、$C_1=C_2=10\mu\text{F}$、发射极旁路电容 C_e 很大，不考虑它对电路低频特性的影响，其余参数如图中所示。试求电路的下限截止频率 f_L，并回答电路中 C_1、C_2 哪个对下限截止频率 f_L 起的作用大？

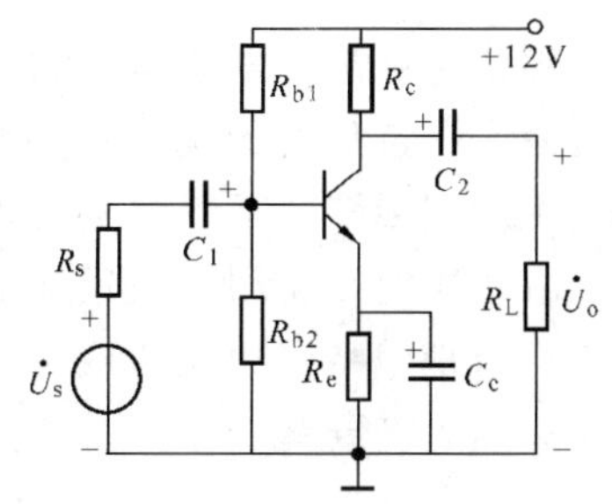

图 3-20 题 3-8 图

3-9 在一个两级放大电路中，已知各级的参数分别为：$\dot{A}_{um1}=-20$，$f_{L1}=10\text{Hz}$，$f_{H1}=20\text{kHz}$；$\dot{A}_{um2}=-50$，$f_{L2}=100\text{Hz}$，$f_{H2}=200\text{kHz}$。试完成：

（1）该电路总的电压增益等于多少分贝？总的上、下限频率约为多少？

（2）绘出该电路总的幅频与相频波特图。

3-10 某放大电路的电压放大倍数表达式为 $\dot{A}_u=\dfrac{10f^2}{\left(1+j\dfrac{f}{10}\right)^2\left(1+j\dfrac{f}{10^6}\right)\left(1+j\dfrac{f}{5\times10^7}\right)}$，试绘出其对数幅频特性。

第四章　集成运算放大器

集成运算放大器是重要的模拟集成器件，它实质上是将一个完整的直流放大单元电路制作在一块硅基片上的集成器件。它具有很小的体积，很高的性能等一系列优点，是模拟电子技术中应用最多，最重要的器件。

本章主要讨论组成集成运放的各单元电路（包括常用的电流源电路，差动放大电路等）的工作原理、特点以及集成运放的电路组成、性能特点等；介绍集成运放的主要参数、技术指标；然后简要地介绍几种专用集成电路。

第一节　概　　述

集成运算放大器一般是由一块厚为0.2～0.25mm、面积约0.5mm^{2}的硅片制成，这种硅片称为集成电路的基片。在基片上做出几十只到几百只甚至更多的三极管、电阻以及连接导线，制作成单元电路，接出外引线及做好外封装，制成完整的一个电子器件。其外形一般有金属圆壳、双列直插、扁平封装以及适用于自动化焊接的微型贴片封装等多种结构，如图4-1所示。

图4-1　集成运算放大器的外形

由于集成电路制造工艺的限制，与分立元件电路相比，集成电路有如下的特点：

(1) 集成电路由于用硅半导体材料制造，单个元器件的精度并不高，受温度的影响也大。但由于是用相同的工艺在同一片硅片上制造的，元器件参数具有同向的偏差，温度均一性好，容易制成两个特性参数比较一致的管子或两个阻值相等的电阻。

(2) 集成电路中电阻是用硅半导体的体电阻制成，阻值一般在几十欧到几十千欧之间，阻值太小和阻值太大的电阻都不容易制造。另外，电阻值的精度不易控制，误差可达10%～20%。集成电路中大电阻多用三极管构成的有源负载（恒流源）来代替，或用外接电阻的方法解决。集成电路中制作一个晶体管比制作一个电阻容易得多，所以集成电路中晶体管用的多而电阻用得少。

(3) 集成电路中用的电容一般由PN结电容构成，容量一般在几十皮法以下，误差也较大。必须用大电容时可以外接。电感更不易制作。所以集成电路中，级间耦合绝大多数采用直接耦合的方式。

(4) 在集成电路中，NPN管一般都制成纵向管，而PNP管一般只能制成横向管，β值比较小，但 PN 结耐压高。因此不能像分立器件那样，使 NPN 管和 PNP 管的特性匹配的比较接近。在分析 PNP 管的工作情况时由于 $\beta=1\sim5$，β 和 $\beta+1$ 值差别比较大，不能认为近似相等，I_B 和 I_C 相差不大，并且 I_B 往往不能忽略。

总之，集成运放和分立器件构成的直流放大电路虽然在工作原理上基本相同，但在电路的结构形式上二者有比较大的差别。

第二节　集成运放的基本组成及基本电路

从原理上讲，集成运放实质上就是一个高放大倍数的直接耦合的直流放大电路。它的内部电路通常包含四个基本组成部分，即输入级、中间放大级、输出级和直流偏置电路，如图 4-2 所示。下面首先介绍组成它们的一些基本电路及其电路工作原理，然后再介绍由这些电路组成的运算放大器。

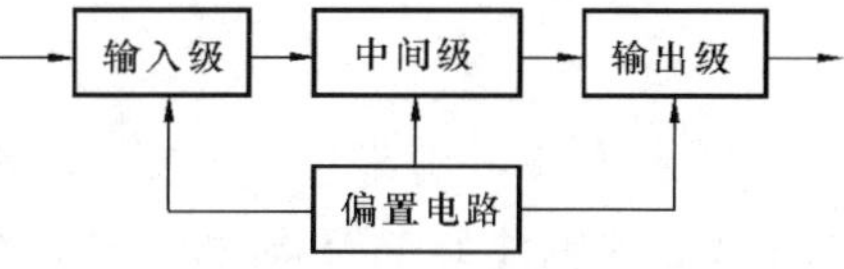

图 4-2　集成运放的基本组成

一、电流源电路

电流源电路是集成运放电路的主要组成部分，主要应用在两个方面，一是构成集成运放的直流偏置电路，二是作为放大电路的有源负载应用。

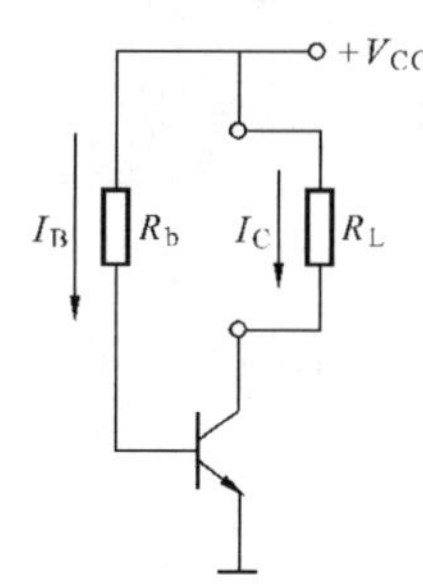

图 4-3　基本电流源电路

1. 基本电流源电路

基本电流源电路如图 4-3 所示。电路中

$$I_B=\frac{V_{CC}-U_{BE}}{R_b}$$

当晶体管处于放大工作区时 $I_C=\beta I_B$，与负载电阻 R_L 基本无关，即 I_C 不受 R_L 变化的影响，电路呈现电流源特性。假设电流源输出电流为 $I_C=1mA$，电源 $V_{CC}=12V$，晶体管饱和电压 $U_{CES}=0.3V$，则当 R_L 两端电压在 0V 至 12～0.3V 间变化时，晶体管处于放大工作区，即当 $R_L\leqslant\frac{V_{CC}-U_{CES}}{I_C}=\frac{12V-0.3}{1mA}=11.7k\Omega$ 时，电路呈现电流源特性。

上述电路只是电流源电路中最简单的电路，实际上由于晶体管的 U_{BE} 受温度影响比较大，使得恒流源电流不稳定，上述电路的恒流特性并不好，实际应用并不多，只是应用在一些简单的电路中。

2. 镜像电流源电路

镜像电流源是在集成运放中应用十分广泛的一种电流源电路，它的电路如图 4-4 所示。

电源 V_{CC} 通过电阻 R 和晶体管 VT_1 产生一个基准电流 I_{REF}，由图 4-4 可得

$$I_{REF}=\frac{V_{CC}-U_{BE1}}{R}$$

因为 VT_1 和 VT_2 并联，$U_{BE1}=U_{BE2}$，所以 VT_2 的集电极就得到一个相应的电流 I_{C2}，I_{C2} 作为提供给某个放大器的偏置电流。

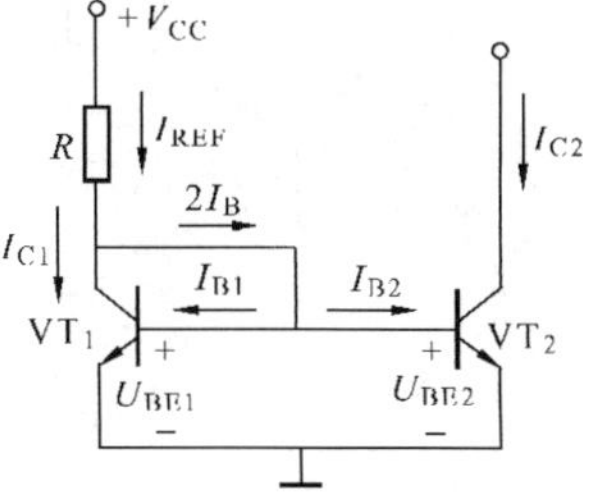

图 4-4　镜像电流源

由于 VT_1 和 VT_2 是用集成工艺制作在同一硅片上两个相邻的三极管，它们的工艺、结构和参数都比较一致。由于

$$U_{BE1}=U_{BE2}=U_{BE}$$

所以可以认为

$$I_{B1}=I_{B2}=I_B$$

$$I_{C1}=I_{C2}=I_C$$

则

$$I_{C2}=I_{C1}=I_{REF}-2I_B=I_{REF}-2\frac{I_{C2}}{\beta}$$

所以

$$I_{C2}=I_{REF}\frac{1}{1+\frac{2}{\beta}} \tag{4-1}$$

当满足条件 $\beta\gg2$ 时，式（4-1）可简化为

$$I_{C2}\approx I_{REF}=\frac{V_{CC}-U_{BE1}}{R} \tag{4-2}$$

由式（4-2）可知，输出电流 I_{C2} 与基准电流 I_{REF} 接近相等，两者之间如同物体与镜像的关系，所以这种电流源电路称为镜像电流源。

镜像电流源的优点是结构简单，而且具有一定的温度补偿作用。其缺点主要有以下几个方面：

（1）I_{C2} 随电源电压 V_{CC} 变化。不宜用于电源电压变化范围宽的场合。

（2）电流源不容易达到微安级。要想得到微安级的电流源，则 R 的阻值必须很大，而在集成电路中制作一个大电阻是非常困难的。

（3）电路对温漂没有抑制作用，故 I_{C2} 受温度影响大。

（4）输出电阻不够大，理想电流源的输出电阻应趋向无穷大，而这种电路的输出电阻 $R_o=r_{ce2}$。

3. 微电流源电路

集成运放中很多情况下要用到微电流源。为了用小电阻实现微电流源，可在图 4-4 所示镜像电流源的基础上在 VT_2 的发射极接入一个电阻 R_e，如图 4-5 所示。

由于引入 R_e 后将使 $U_{BE2}<U_{BE1}$，所以有可能使 $I_{C2}\ll I_{C1}$，即在 R_e 阻值不大的情况下，得到一个比较小的输出电流 I_{C2}。

由图 4-5 可得

$$U_{BE1}-U_{BE2}=I_{E2}R_e\approx I_{C2}R_e$$

由二极管方程可知

$$I_C=I_S(e^{\frac{U_{BE}}{U_T}}-1)\approx I_Se^{\frac{U_{BE}}{U_T}}$$

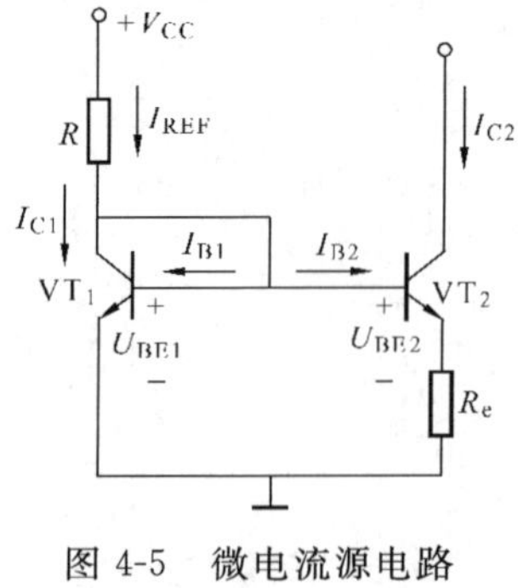

图 4-5　微电流源电路

则

$$U_{BE1}-U_{BE2}\approx U_T\left(\ln\frac{I_{C1}}{I_{S1}}-\ln\frac{I_{C2}}{I_{S2}}\right)\approx I_{C2}R_e$$

设

$$I_{S1}\approx I_{S2}$$

即得

$$U_T\ln\frac{I_{C1}}{I_{C2}}\approx I_{C2}R_e \tag{4-3}$$

解式（4-3）即可由 I_{C1} 求出 I_{C2}。但由于式（4-3）是一个超越方程，可用图解法或试探法求解。实际中在集成电路的设计中，不是给定了 I_{C1} 和 R_e 来求 I_{C2}，而是先选择合适的 I_{C1}，

再根据所需的 I_{C2} 来求 R_e，这样计算起来非常容易。

【例 4-1】 集成运放 CF741 的偏置电路中，有一处采用了图 4-5 所示电路，其 $I_{C1} \approx I_{REF} = 0.73\text{mA}$，要求 $I_{C2} = 28\mu\text{A}$，问 R_e 应为多大？

解 由式（4-3）可得

$$R_e = \frac{U_T}{I_{C2}} \ln \frac{I_{C1}}{I_{C2}} = \frac{26 \times 10^{-3}}{28 \times 10^{-6}} \ln \frac{730}{28} \approx 3 \ (\text{k}\Omega)$$

与镜像电流源相比，微电流源有如下特点：

（1）当电源电压 V_{CC} 变化时，虽然也要引起 I_{REF} 和 I_{C1} 的变化，但由于 R_e 的负反馈[❶]作用，I_{C2} 的变化将要小得多，因此提高了恒流源对电源变化的稳定性。

（2）同理，由于 R_e 的负反馈作用，I_{C2} 随温度的变化率要小得多，因此提高了恒流源对温度变化的稳定性。

（3）由于 R_e 引入了电流负反馈，因此微电流源的输出电阻比 VT_2 本身的输出电阻（r_{ce}）高得多。

4. *多路电流源*

在集成运放电路中，经常要给多个放大管提供偏置电流和有源负载，因此常用到多路电流源。它是用一个参考电流 I_{REF} 同时产生多路输出电流的电流源电路。

图 4-6 所示为两路输出的多路电流源电路，图中 VT_1 与 VT_2 组成镜像电流源，VT_1 与 VT_3 组成微电流源，电流之间的关系为

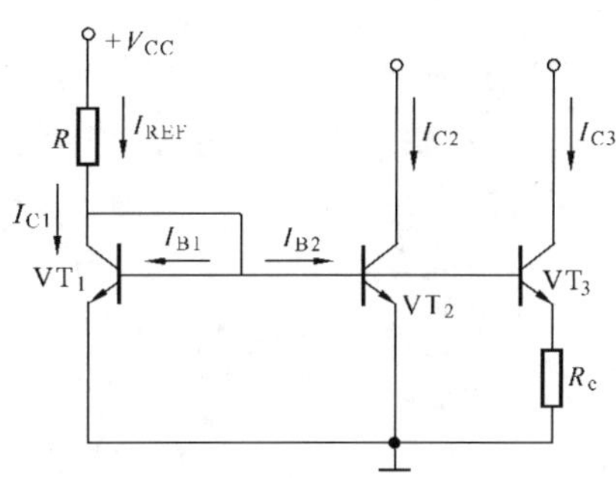

图 4-6　多路电流源电路

$$I_{C2} \approx I_{REF} = \frac{V_{CC} - U_{BE1}}{R}$$

$$U_T \ln \frac{I_{C1}}{I_{C3}} \approx I_{C3} R_e$$

即

$$R_e \approx \frac{U_T}{I_{C3}} \ln \frac{I_{C1}}{I_{C3}}$$

这样就用一路参考电流 I_{REF} 获得了两路不同数值的输出电流 I_{C2}、I_{C3}。

二、差动放大电路

由于差动放大电路在很多性能指标上有优良的特性，因此目前绝大部分集成运放输入级由差动放大电路构成。差动放大电路就功能来说，是放大两个输入信号之差。差动放大电路构成形式常见的有三种：基本形式、射极耦合式（长尾式）和恒流源式。依据其输入/输出的不同组合可构成四种不同的放大形式：双端输入、双端输出，双端输入、单端输出，单端输入、双端输出和单端输入、单端输出。

1. *基本形式差动放大电路的组成及抑制零点漂移的原理*

（1）电路组成。用两只特性相同的管子组成一个完全对称的电路，将信号从两管的基极输入，从两管的集电极输出，就构成了最基本的差动放大电路，如图 4-7 所示。

---

❶ 关于负反馈的分析，将在本书第七章讨论。

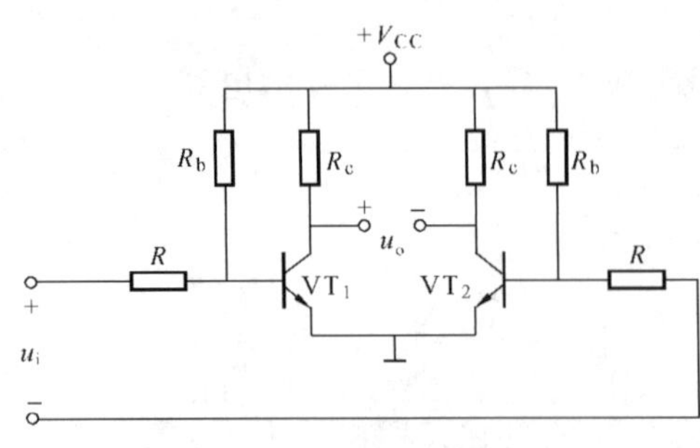

图 4-7　基本差动放大电路

（2）抑制零点漂移的原理。假设 VT_1 和 VT_2 的特性完全相同，相应的电阻也完全一致，则当输入电压等于零时，$V_{CQ1}=V_{CQ2}$，即 $u_o=0$。当温度及其他外界条件变化时则晶体管的集电极电流 I_{CQ} 也相应发生变化，但由于两管的特性完全相同，I_{CQ1} 和 I_{CQ2} 的变化规律始终相同，使两管的集电极电位 V_{CQ1} 和 V_{CQ2} 也始终相等，从而使 $u_o=V_{CQ1}-V_{CQ2}\triangleq 0$，结果 VT_1 和 VT_2 输出端的零点漂移将互相抵消。这就是用特性相同的管子组成参数对称的电路，利用互相补偿来抑制零点漂移的原理。

由于两个晶体管的特性不可能完全相同，电路也不可能完全对称，因此零点漂移不可能完全消除，只能被抑制到很小。

（3）电压放大倍数。

1）差模输入方式。外加到电路两个输入端的电压大小相等、极性相反时，称为差模输入方式，这里用 u_{id} 表示，如图 4-8 所示。由图中可看出

$$u_{i1}=u_{id},\quad u_{i2}=-u_{id},\quad u_{i1}-u_{i2}=2u_{id}$$

则每一边单管放大电路的电压放大倍数

$$A_{u1}=\frac{\Delta u_{C1}}{\Delta u_{i1}}=\frac{\Delta u_{C1}}{\Delta u_{id}}=A_{u2}=\frac{\Delta u_{C2}}{\Delta u_{i2}}=-\frac{\Delta u_{C2}}{\Delta u_{id}}$$

放大电路的差模放大倍数为

$$A_d=\frac{\Delta u_o}{\Delta u_i}=\frac{\Delta u_{C1}-\Delta u_{C2}}{\Delta u_{i1}-\Delta u_{i2}}=\frac{A_{u1}\Delta u_{id}+A_{u2}\Delta u_{id}}{2\Delta u_{id}}=A_{u1} \tag{4-4}$$

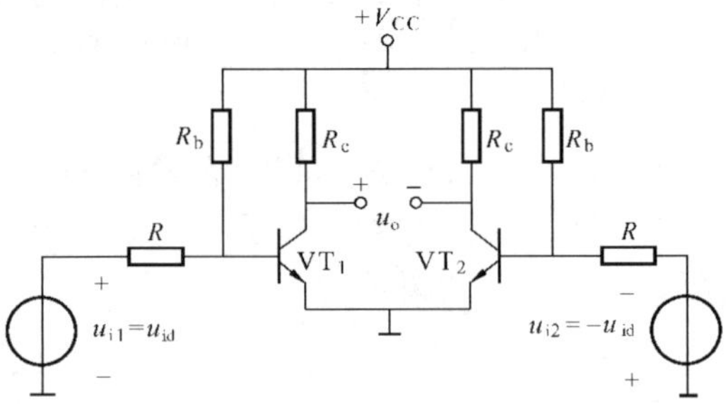

图 4-8　差模输入方式

式（4-4）表明，差动放大电路的差模输入电压放大倍数和单管放大电路的电压放大倍数相同。可以看出，差动放大电路实质上是多用了一个电路来换取对零点漂移的抑制。

2）共模输入方式。外加到电路两个输入端的信号电压大小相等、极性相同时，我们称为共模输入方式，这里用 u_{ic} 表示，如图 4-9 所示。此时

$$u_{i1}=u_{i2}=u_{ic}$$

$$A_c=\frac{\Delta u_o}{\Delta u_{ic}} \tag{4-5}$$

若电路完全对称，在共模输入时，两个晶体管集电极输出电压是相等的，即 $\Delta u_{C1}=\Delta u_{C2}$。所以理想情况下 $\Delta u_o=\Delta u_{C1}-\Delta u_{C2}=0$，$A_c=0$，即电路无共模输出信号。实际中由于电路不可能完全对称，$A_c\neq 0$，一般情况下，$A_c\ll 1$。

我们注意到，差动放大电路是对称的，又处于同一工作环境，所以温度及其他干扰因素引起的零点漂移对电路有相同的影响和作用，因此零点漂移可等效为共模输入信号。差动放大电路的 $A_c=0$，说明差动放大电路能有效地抑制零点漂移。

3）任意输入方式。此时加在两管输入端对地之间的输入信号分别为 u_{i1} 和 u_{i2}，如图4-10所示。这种输入方式带有一般性，称为“任意输入方式”。

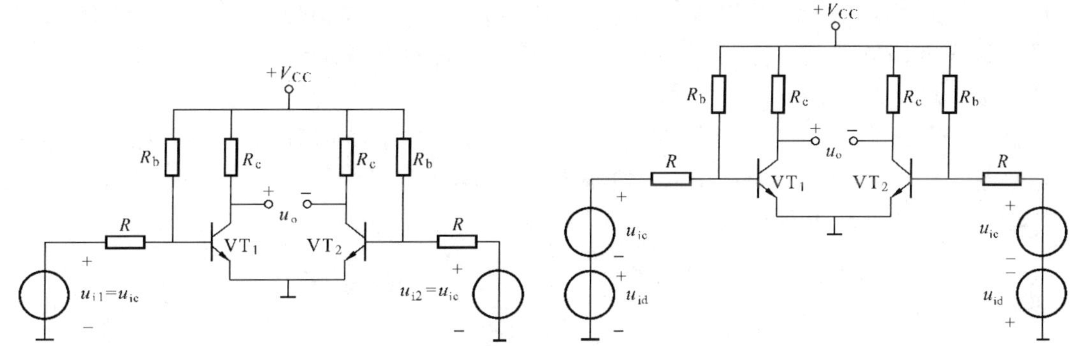

图 4-9　共模输入方式　　　　图 4-10　任意输入方式

分析这种输入方式时，可以把输入信号 u_{i1} 和 u_{i2} 都看作是由两个分量组成：一个是共模分量 u_{ic}，另一个是差模分量 u_{id}，而且

$$u_{id}=\frac{1}{2}(u_{i1}-u_{i2}),\qquad u_{ic}=\frac{1}{2}(u_{i1}+u_{i2})\tag{4-6}$$

这样两个输入信号 u_{i1} 和 u_{i2} 便可写成

$$u_{i1}=u_{id}+u_{ic},\qquad u_{i2}=u_{ic}-u_{id}\tag{4-7}$$

例如，当 $u_{i1}=9\text{mV}$，$u_{i2}=5\text{mV}$ 时，差模输入分量为 $u_{id}=\frac{1}{2}(9-5)=2(\text{mV})$，共模输入分量为 $u_{ic}=\frac{1}{2}(9+5)=7(\text{mV})$。

如果电路完全对称，则共模电压放大倍数 $A_c=0$，即共模分量不会引起输出。此时差动放大电路的电压放大倍数即为电路的差模电压放大倍数 A_d。可见在任意输入方式下，被放大的是输入信号 u_{i1} 和 u_{i2} 的差值。也就是说，只有当两个输入信号有差别时，输出才有变化。这也就是为什么这种电路叫“差动放大电路”的原因。

2. 射极耦合差动放大电路

以上研究的是基本差动放大电路。由于电路参数不可能完全对称，所以它不可能完全抑制零点漂移。另外，如果从一只管子的集电极与地之间输出信号，则与单管共射放大电路一样，电路对零点漂移毫无抑制能力，而这种“单端输出”的形式又是经常应用的。为了解决这些问题，引入了射极耦合差动放大电路。

(1) 电路组成。射极耦合差动放大电路是在基本差动放大电路的基础上，发射极接入一个发射极电阻 R_e 构成的，如图 4-11 所示。这个电阻形状如“长尾”，所以这种电路又称为长尾式差动放大电路。

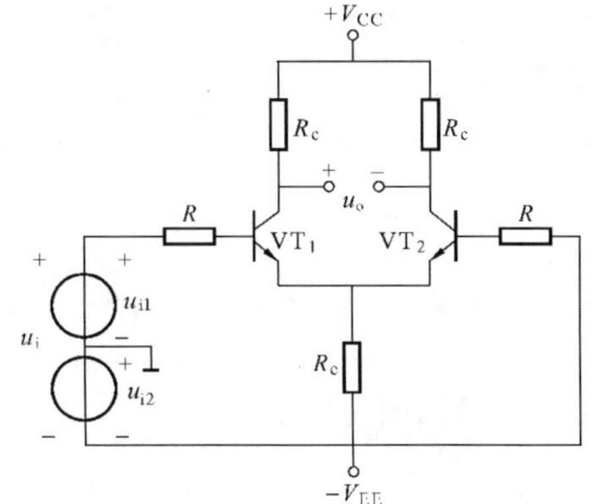

图 4-11　射极耦合差动放大电路

电路抑制零点漂移的原理其实与在第二章研究的单管共射放大电路为了稳定静态工作点而在发射极加入 R_e 的原理是一样的。

可见，射极电阻 R_e 越大，则工作点越稳定，零点漂移也越小。但 R_e 太大，在一定的静态工作电流下，R_e 上的直流压降也很大，使得电路的动态工作范围变得很小。为此，常采用双电源供电，即在电路中引入一个负电源 V_{EE} 来补偿 R_e 上的直流压降，扩大电路的动态工作范围。采用双电源供电后静态基极电流可由 V_{EE} 提供，因此可以不接基极电阻 R_b，如图 4-11 所示。

（2）静态分析。静态时输入电压 $U_{i1}=U_{i2}=0$，由于电路结构对称，故设 $I_{BQ1}=I_{BQ2}=I_{BQ}$，$I_{CQ1}=I_{CQ2}=I_{CQ}$，$U_{BEQ1}=U_{BEQ2}=U_{BEQ}$，$U_{CQ1}=U_{CQ2}=U_{CQ}$，$\beta_1=\beta_2=\beta$，对 VT_1（或 VT_2）的输入回路列电压方程可得

$$I_{BQ}R+U_{BEQ}+2I_{EQ}R_e=V_{EE}$$

则静态基极电流为

$$I_{BQ}=\frac{V_{EE}-U_{BEQ}}{R+2(1+\beta)R_e} \tag{4-8}$$

一般情况下，$R\ll 2(1+\beta)R_e$，$V_{EE}\gg U_{BE}$，所以

$$I_{EQ}=(1+\beta)I_{BQ}\approx\frac{V_{EE}}{2R_e} \tag{4-9}$$

式(4-9)表明温度变化对 $I_{BQ}(I_{CQ})$ 的影响很小，即零点漂移很小，Q 基本上是稳定的。

两管的基极电位为 $V_{BQ1}=V_{BQ2}=-I_{BQ}R$，此值很小，可以认为 $V_{BQ1}=V_{BQ2}\approx 0$。当然如果要使其真正为零，则还需加上偏置电阻 R_b，使流过 R_b 的电流等于 I_{BQ}，则流过 R 的电流为零，两管基极的直流电位为零。基极电位为零的好处是，在静态时没有电流流过信号源，在工作时杂散干扰小。

静态集电极电流和电位为

$$I_{CQ}\approx\beta I_{BQ} \tag{4-10}$$

$$V_{CQ}=V_{CC}-I_{CQ}R_c\text{（对地）} \tag{4-11}$$

两管的管压降 U_{CEQ} 为

$$U_{CEQ1}=U_{CEQ2}=(V_{CC}+V_{EE})-I_{CQ}R_c-2I_{EQ}R_e \tag{4-12}$$

或用 $U_{CEQ}=V_{CQ}-U_{EQ}$ 的关系求出

$$U_{CEQ1}=U_{CEQ2}=V_{CC}-I_{CQ}R_c-(V_{BQ}-U_{BE})=V_{CC}-I_{CQ}R_c+I_{BQ}R+U_{BE} \tag{4-13}$$

（3）动态分析。

1）差模电压放大倍数 A_d。在输入差模信号时，由于差模信号在两个输入端接入的信号是极性相反的，因此，一个输入信号引起的一只管子的发射极电流变化为 Δi_E，则另一个输入信号引起的另一个管子的发射极电流变化为 $-\Delta i_E$，因此，流过射极电阻 R_e 上总电流是不变的，也就是说 U_E 的电位是固定的。换言之，R_e 对差模信号不起作用，即在交流通路中可将 R_e 视为短路。因此射极耦合差动放大电路的交流通路如图 4-12 所示。图中将负载电阻 R_L 也接入。在差模输入情况下，信号引起一只管子的集电极电位降低时，而引起另一只管子的集电极电位必然升高，可以认为 R_L 中点处的电位保持不变，也就是说在 R_L 中点处相当于交流接地。

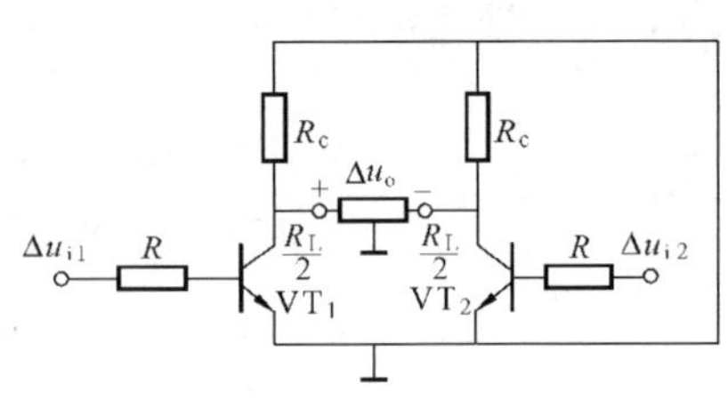

图 4-12　交流通路

由交流通路可以得出

$$\Delta i_{B1}=\frac{\Delta u_{i1}}{R+r_{be}}$$

$$\Delta i_{C1}=\beta\Delta i_{B1}$$

则
$$\Delta u_{C1}=-\Delta i_{C1}\left(R_c/\!/\frac{R_L}{2}\right)=-\frac{\beta\left(R_c/\!/\frac{R_L}{2}\right)}{R+r_{be}}\Delta u_{i1}$$

同理
$$\Delta u_{C2}=-\Delta i_{C2}\left(R_c/\!/\frac{R_L}{2}\right)=-\frac{\beta\left(R_c/\!/\frac{R_L}{2}\right)}{R+r_{be}}\Delta u_{i2}$$

输出电压为

$$\Delta u_o=\Delta u_{C1}-\Delta u_{C2}=-\frac{\beta\left(R_c/\!/\frac{R_L}{2}\right)}{R+r_{be}}(\Delta u_{i1}-\Delta u_{i2})$$

差模电压放大倍数为

$$A_d=\frac{\Delta u_o}{\Delta u_{i1}-\Delta u_{i2}}=-\frac{\beta\left(R_c/\!/\frac{R_L}{2}\right)}{R+r_{be}} \tag{4-14}$$

2）共模电压放大倍数 A_c。对双端输出的差动放大电路而言，理想情况下电路完全对称，在输入共模信号时 $\Delta u_o=\Delta u_{C1}-\Delta u_{C2}=0$，则共模电压放大倍数 $A_c=0$。如果电路不完全对称，则 $A_c\neq0$，但是 A_c 也是很小的。

3）差模输入电阻 R_{id}。从两管输入端向里看，差模输入电阻为

$$R_{id}=2(R+r_{be}) \tag{4-15}$$

4）差模输出电阻 R_{od}。两管集电极之间的输出电阻为

$$R_{od}=2R_c \tag{4-16}$$

5）共模抑制比 K_{CMR}。在差动放大电路中通常希望差模电压放大倍数愈大愈好，而共模电压放大倍数愈小愈好。为了综合衡量一个差动放大电路对共模信号的抑制能力，引入了“共模抑制比”这一综合指标，其定义为差模电压放大倍数与共模电压放大倍数之比，即

$$K_{CMR}=\left|\frac{A_d}{A_c}\right| \tag{4-17}$$

通常单位用分贝表示，即

$$K_{CMR}=20\lg\left|\frac{A_d}{A_c}\right| \tag{4-18}$$

共模抑制比描述差动放大电路对零点漂移的抑制能力。K_{CMR} 愈大，说明抑制零点漂移的能力愈强。

一般情况下用分立元件组成的差动放大电路，若管子和电阻经过挑选使电路工作在同一环境温度下，K_{CMR} 可达 60dB（10^3）以上，而较好的集成运算放大器 K_{CMR} 可达 120～140dB（10^6～10^7）。

在射极耦合差动放大电路中，为了在电路不完全对称的情况下能使静态的 u_o 为零，常常接入调零电位器 R_P，电路如图 4-13 所示。

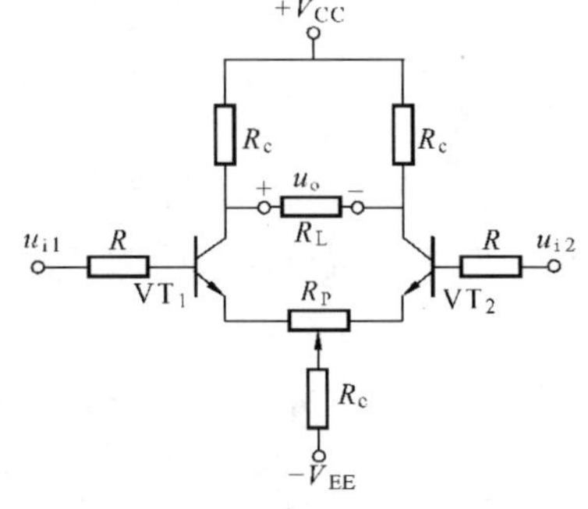

图 4-13　接有调零电位器的射极耦合差动放大电路

【例 4-2】　在图 4-13 所示的放大电路中，已知 $V_{CC}=V_{EE}=15V$，三极管的 $\beta=100$，$R_c=30k\Omega$，$R_e=30k\Omega$，$R=10k\Omega$，$R_P=100\Omega$，设调零电位器 R_P 调在中间位置，负载电阻

$R_L=20k\Omega$。试估算放大电路的静态工作点 Q、差模电压放大倍数 A_d、差模输入电阻 R_{id}和输出电阻 R_o。

解 由三极管基极回路可得

$$I_{BQ}=\frac{V_{EE}-U_{BEQ}}{R+(1+\beta)(2R_e+0.5R_P)}$$

$$=\frac{15-0.7}{10+101\times(2\times30+0.5\times0.1)}\approx0.0024(\text{mA})=2.4\ (\mu\text{A})$$

$$I_{CQ}\approx\beta I_{BQ}=100\times0.0024=0.24\ (\text{mA})$$

$$U_{CQ}=V_{CC}-I_{CQ}R_c=15-0.24\times30=7.8\ (\text{V})$$

$$U_{BQ}=-I_{BQ}R=-0.0024\times10=-0.024(\text{V})=-24\ (\text{mV})$$

$$U_{CEQ}=V_{CC}-I_{CQ}R_c-(U_{BQ}-U_{BE})=7.8+0.024+0.7\approx8.5\ (\text{V})$$

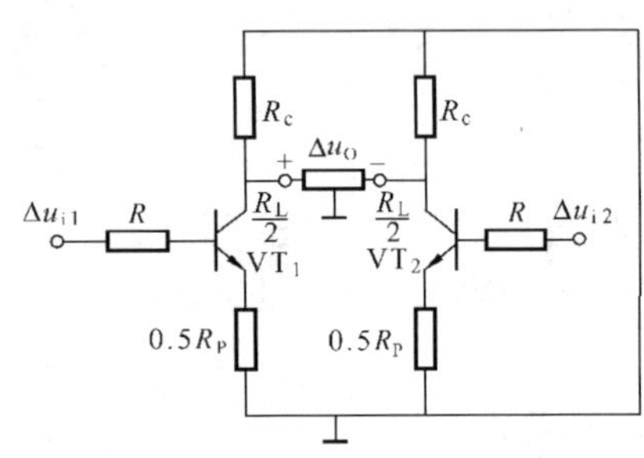

图 4-14 图 4-13 的交流通路

由前面的分析可知，放大电路中的 R_e 对于差模输入信号是不起作用的，但是差模信号引起的电流是经过 R_P 的，因此将使放大电路的差模电压放大倍数降低。放大电路的交流通路如图 4-14 所示。

由图可求得差模电压放大倍数为

$$A_d=-\frac{\beta\left(R_c/\!/\frac{R_L}{2}\right)}{R+r_{be}+(1+\beta)\frac{R_P}{2}}$$

式中 $r_{be}=r_{bb'}+(1+\beta)\times\dfrac{26(\text{mV})}{I_{EQ}(\text{mA})}$

$$=300+101\times\frac{26}{0.24}\approx11(\text{k}\Omega)$$

则

$$A_d=-\frac{100\times\left(\dfrac{30\times\frac{20}{2}}{30+\frac{20}{2}}\right)}{10+11+101\times0.5\times0.1}\approx-29$$

$$R_{id}=2\left[R+r_{be}+(1+\beta)\frac{R_P}{2}\right]=2\times(10+11+101\times0.5\times0.1)\approx52\ (\text{k}\Omega)$$

$$R_{od}=2R_C=2\times30=60\ (\text{k}\Omega)$$

3. *差动放大电路输入、输出的四种接法*

（1）双端输入、双端输出。电路如图 4-15 所示。前面已经对此电路进行过详细的分析，根据前面的分析可知电路的性能参数如下

$$A_d=-\frac{\beta\left(R_c/\!/\frac{R_L}{2}\right)}{R+r_{be}+(1+\beta)\frac{R_P}{2}} \tag{4-19}$$

$$A_c\approx0 \tag{4-20}$$

$$K_{CMR}\to\infty \tag{4-21}$$

$$R_{id}=2\left[R+r_{be}+(1+\beta)\frac{R_P}{2}\right] \tag{4-22}$$

$$R_{od}=2R_c \tag{4-23}$$

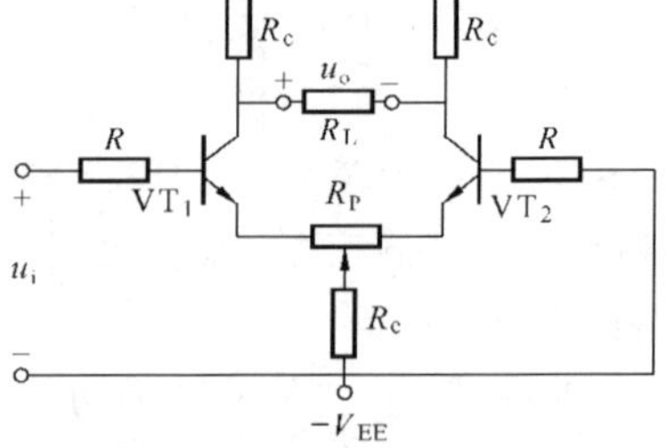

图 4-15 双端输入、双端输出

这种接法对某些不需要一端接地的信号源和负载是合适的。但是，在大部分的电路中，信号源或负载通常需要接地，即通常所说的“共地”，上述电路就不合适了。因此引出了差动放大电路的另外三种接法，即双端输入、单端输出，单端输入、双端输出和单端输入、单端输出。

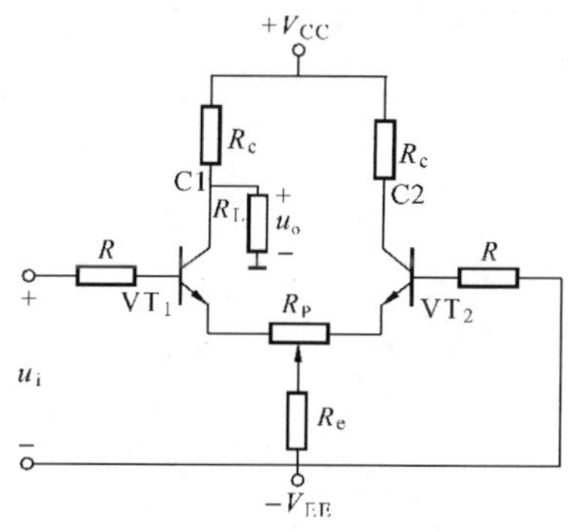

图 4-16 双端输入、单端输出

(2)双端输入、单端输出。电路如图 4-16 所示。由于电路从三极管 VT_1 的集电极与地之间输出信号，所以输出电压 Δu_o 为双端输出时的一半。

差模电压放大倍数为

$$A_d = -\frac{1}{2}\frac{\beta(R_c /\!/ R_L)}{R + r_{be} + (1+\beta)\frac{R_P}{2}} \tag{4-24}$$

如果改从 VT_2 集电极输出，则输出电压将与输入电压同相，即

$$A_d = \frac{1}{2}\frac{\beta(R_c /\!/ R_L)}{R + r_{be} + (1+\beta)\frac{R_P}{2}}$$

差模输入电阻和输出电阻

$$R_{id} = 2\left[R + r_{be} + (1+\beta)\frac{R_P}{2}\right] \tag{4-25}$$

$$R_{od} = R_c \tag{4-26}$$

共模电压放大倍数分析如下：

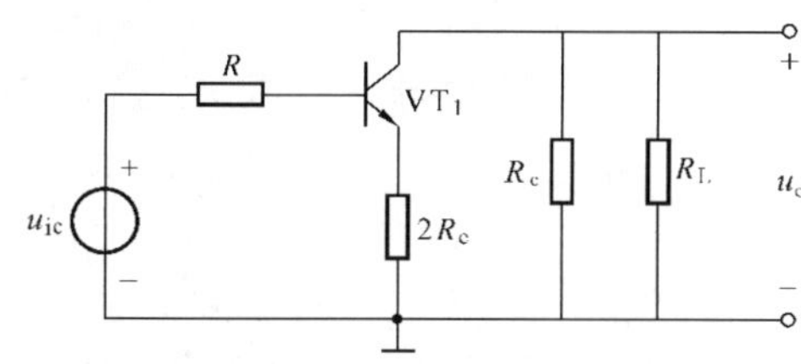

图 4-17 共模信号半边电路的交流通路

在基本差动放大电路中，就是利用双端输出来抑制零点漂移的，对于基本差动放大电路来说单端输出对抑制零点漂移毫无作用。那么对于射极耦合差动放大电路的情况会是如何？实际上由于 R_e 的存在共模电压放大倍数与差模电压放大倍数是不一样的。由于共模信号流过 R_e，共模输出信号是很小的。图 4-17 是对共模信号半边电路的交流通路（由于信号只从一只管子的集电极输出另一只管子不输出信号，所以画交流通路时只需一半电路即可）。

图 4-17 中共模信号引起的两只管子的发射极电流同时流过 R_e，即 $2\Delta i_E$。根据等效原理，半边电路的等效电阻应为 $2R_e$。又由于调零电位器 R_P 的阻值相对很小，图中忽略了 R_P，则共模电压放大倍数为

$$A_c = \frac{\Delta u_o}{\Delta u_{ic}} = -\frac{\beta R'_L}{R + r_{be} + (1+\beta)2R_e} \tag{4-27}$$

式中：$R'_L = R_c /\!/ R_L$。

由于 R_e 很大，一般可达 10～20kΩ，所以式（4-27）分母中 $(1+\beta)2R_e \gg (R + r_{be})$，因此

$$A_c \approx -\frac{R'_L}{2R_e} \tag{4-28}$$

共模抑制比

$$K_{CMR}=\left|\frac{A_d}{A_c}\right|\approx\frac{\beta R_e}{R+r_{be}+(1+\beta)\frac{R_P}{2}} \tag{4-29}$$

单端输出常用于将差动信号转换为单端信号，以便于与后面的电路实现“共地”。

（3）单端输入、双端输出。单端输入时，输入信号只加在一只管子的基极与地之间，另一只管子的基极接地，如图 4-18 所示。

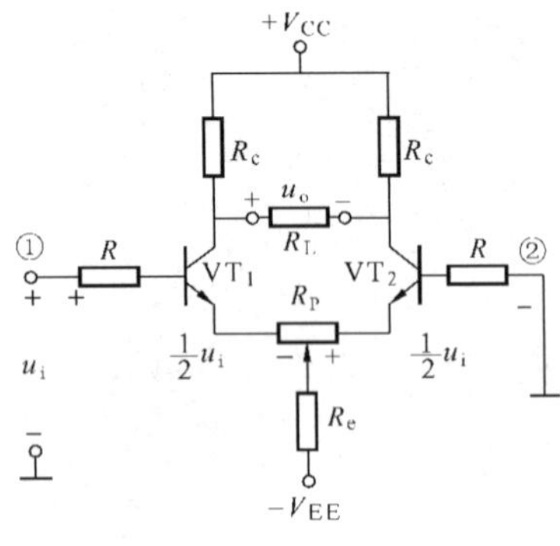

图 4-18　单端输入、双端输出

单端输入方式是任意输入方式的一种形式，此时 $u_{i1}=u_i$，$u_{i2}=0$。可以将输入信号分解为差模分量 u_{id} 和共模分量 u_{ic}，其中

$$u_{id}=\frac{1}{2}(u_{i1}-u_{i2})$$

$$u_{ic}=\frac{1}{2}(u_{i1}+u_{i2})$$

这样 $u_{i1}=u_{id}+u_{ic}=u_{id}$，而 $u_{i2}=u_{ic}-u_{id}=0$。

在单端输入情况下，本来信号只加在一只管子的基极上，另一只管子将如何得到信号？假设某个瞬时输入电压极性为正，则 VT_1 的集电极电流 i_{C1} 将增大，流过电阻 R_e 的电流也随之增大，于是发射极电位 v_E 升高，此时 VT_2 基极回路的电压 $u_{BE2}=v_{B2}-v_E$ 将降低，使 VT_2 的集电极电流 i_{C2} 减小。可见，在单端输入的情况下，仍然是一只三极管的电流增大时，另一只三极管的电流减小。

由于 R_e 的存在，在交流通路中，输入信号引起的 VT_1 发射极电流 Δi_{E1} 将流过 R_e 与 VT_2 的发射极，事实上由于 R_e 的阻值比 VT_2 发射极回路的等效电阻 $\frac{r_{be}+R}{1+\beta}$ 大得多，流过 R_e 的电流将很小，R_e 足够大时流过 R_e 的电流可忽略，此时 $\Delta i_{E1}\approx-\Delta i_{E2}$，$\Delta u_E\approx\frac{1}{2}\Delta u_i$，则 VT_1 的输入电压 $\Delta u_{BE1}=\Delta u_1-\Delta u_E\approx\frac{1}{2}\Delta u_i$，$VT_2$ 的输入电压 $\Delta u_{BE2}=0-\Delta u_E\approx-\frac{1}{2}\Delta u_i$。由此可知 Δu_{BE1} 与 Δu_{BE2} 大小近似相等而极性相反，即两个三极管仍然工作在差动放大状态。所以单端输入与双端输入的效果近似相同，电路的性能参数如下

$$A_d=-\frac{\beta\left(R_c /\!/ \frac{R_L}{2}\right)}{R+r_{be}+(1+\beta)\frac{R_P}{2}} \tag{4-30}$$

$$A_c\approx 0 \tag{4-31}$$

$$K_{CMR}\rightarrow\infty \tag{4-32}$$

$$R_{id}=2\left[R+r_{be}+(1+\beta)\frac{R_P}{2}\right] \tag{4-33}$$

$$R_{od}=2R_c \tag{4-34}$$

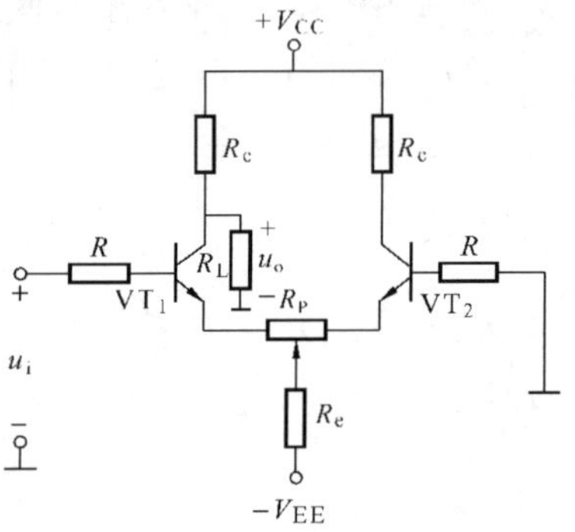

（4）单端输入、单端输出。电路如图 4-19 所示。由于单端输入的效果与双端输入几乎一样，因此这种接法

图 4-19　单端输入、单端输出

与双端输入单端输出接法的性能参数一样，见式(4-24)～式（4-29）。

这种接法用在输入和输出“共地”的场合。其特点是与一般单管放大电路相比较具有较强的抑制零点漂移能力。另外，通过不同三极管的集电极输出，可使输出信号与输入信号反相或同相。

4. 恒流源式差动放大电路

在射极耦合差动放大电路中，由前面的分析可知，发射极电阻 R_e 愈大，则抑制零点漂移的效果愈好。但同时为了得到同样的静态工作电流所需的负电源 V_{EE} 的值也愈高。例如在[例 4-2] 中，$R_e=30\text{k}\Omega$，$I_{CQ}=0.24\text{mA}$，此时 R_e 上的电压降为 $u_{Re}=0.24\times2\times30=14.4$ (V)。如果将 R_e 变为 200kΩ，此时为了得到相同的 I_{CQ}，则 R_e 上的电压降为 $u_{Re}=0.24\times2\times200=96$（V），即 $V_{EE}\approx100\text{V}$，这在实际应用中是非常不现实的。为此，我们希望能有一种器件，具有较小的直流电阻和较大的动态电阻，用它替代 R_e 时，V_{EE} 不必很大，但动态时发射极上却相当于接入一个很大的电阻。恒流源就具有这种特性。利用前述的基本电流源电路替代射极耦合差动放大电路中的 R_e，即可变为恒流源式差动放大电路。

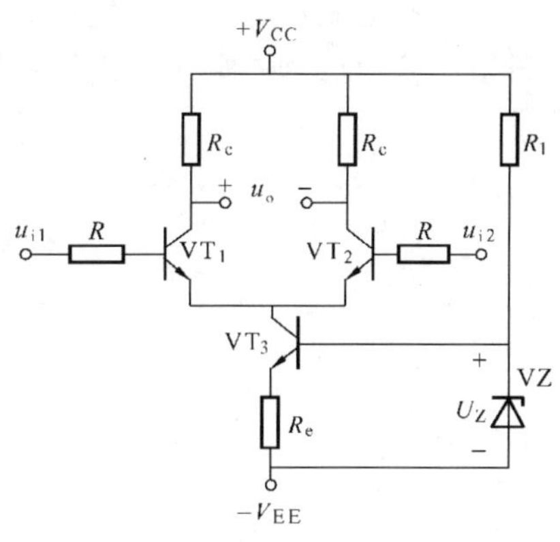

图 4-20　恒流源式差动放大电路

（1）电路组成。恒流源式差动放大电路如图 4-20 所示。由图可见，恒流管 VT_3 的基极电位由稳压二极管 VZ 决定，可以认为基本不受温度变化的影响，则当温度变化时 VT_3 的发射极电位和发射极电流也基本保持稳定，$i_{C3}\approx i_{E3}$ 也基本保持稳定，而 $i_{C1}+i_{C2}=i_{C3}$，所以 i_{C1} 和 i_{C2} 将不会因温度的变化而同时增大或减小。由于射极恒流源的动态输出电阻很大，对共模信号来说，相当于在 VT_1 和 VT_2 的发射极上接了一个数值很大的电阻，可见接入恒流三极管后，有效抑制了共模信号的变化。这种差动放大电路在电路、器件严格匹配的情况下，K_{CMR} 可达 10^4 以上。

有时，为了简化，常常不将具体的恒流源电路画出，而采用一个简化的恒流源符号表示，如图 4-21 所示。

（2）静态分析。电路通常从确定恒流源的电流开始。从 VT_3 的发射结电路开始分析，有

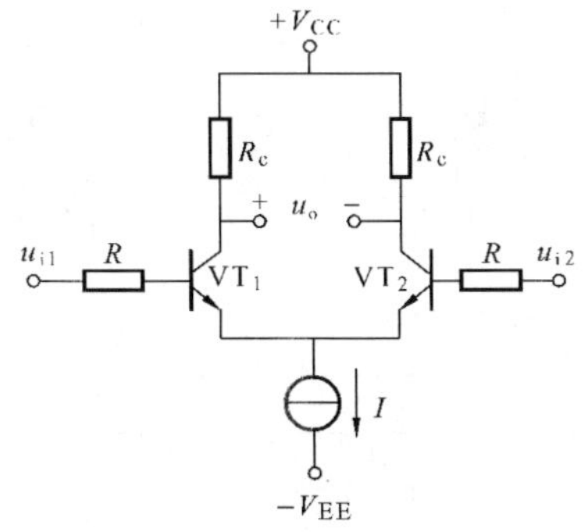

图 4-21　恒流源式差动放大电路的简化表示法

$$U_{Re}=U_Z-U_{BE3}$$

$$I_{C3}\approx I_{E3}=\frac{U_{Re}}{R_e}=\frac{U_Z-U_{BE3}}{R_e}$$

$$I_{CQ1}=I_{CQ2}=I_{CQ}=\frac{1}{2}I_{C3}$$

$$I_{BQ1}=I_{BQ2}=\frac{I_{CQ}}{\beta}=I_{BQ}$$

$$U_{BQ1}=U_{BQ2}=U_{BQ}=-I_{BQ}R$$

$$U_{EQ}=U_{BQ}-U_{BE}$$

$$U_{CQ1}=U_{CQ2}=U_{CQ}=V_{CC}-I_{CQ}R_C$$

这样就可很方便地计算出各静态值。

（3）动态分析。由于恒流三极管相当于一个阻值很大的射极电阻，对差模信号没有影响，所以恒流源式差放的交流通路与射极耦合差放的交流通路相同。因而二者的差模电压放大倍数 A_d、差模输入电阻 R_{id} 和输出电阻 R_o 均相同。对共模信号而言，相当于在射极上接有一个很大的电阻，所以共模电压放大倍数很小。

三、有源负载

由本书的第二章得知，基本共射和共基放大电路的电压放大倍数 $|\dot{A}_u|$ 的值与集电极负载电阻 R_c 的大小有关。通常 R_c 愈大则 $|\dot{A}_u|$ 愈大。但是，通常不可能将 R_c 的值取得很大，因为 R_c 的取值还与静态工作点 Q 有直接的关系，即 R_c 的取值还要保证 Q 点合适。在集成电路中不便制造大电阻，所以，为了得到大的 $|\dot{A}_u|$ 又要保证合适的 Q 点，经常采用电流源来代替 R_c 组成有源负载，利用电流源输出电阻很大的特点，获得较高的电压放大倍数。

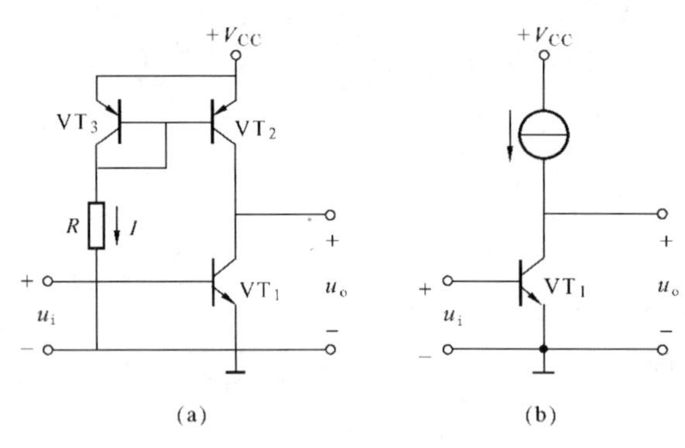

图 4-22 有源负载单管共射放大电路

图 4-22 为一个采用了有源负载的单管共射放大电路。图 4-22(a)是采用镜像电流源组成的有源负载电路，图 4-22(b) 是简化电流源的等效图。其中 VT_1 是放大三极管，镜像电流源 VT_2、VT_3 作为 VT_1 的有源负载，同时决定了 VT_1 的工作电流。基准电流 I 由 V_{CC}、VT_3、R 支路产生，由图可得

$$I=\frac{V_{CC}-|U_{BE3}|}{R}$$

根据基准电流即可确定放大电路的工作电流。

由第二章得知，基本放大电路的电压放大倍数为

$$A_u=-\frac{\beta R_c}{r_{be}}$$

则有源负载的电压放大倍数为

$$A_u\approx-\frac{\beta r_{ce2}}{r_{be}}$$

式中：r_{ce2} 为镜像电流源中 VT_2 的输出电阻。

由式可见，由于 r_{ce2} 很大，从而获得了较大的电压放大倍数。

对于差动放大电路，同样可用电流源代替 R_c 而获得较大的电压放大倍数。图 4-23 为采用有源负载的差动放大电路。其中 NPN 三极管 VT_1、VT_2 组成差动放大电路，PNP 三极管 VT_3、VT_4 组成镜像电流源，为 VT_1、VT_2 的有源负载。由图 4-23 可见，放大电路为双端输入、单端输出的接法。电

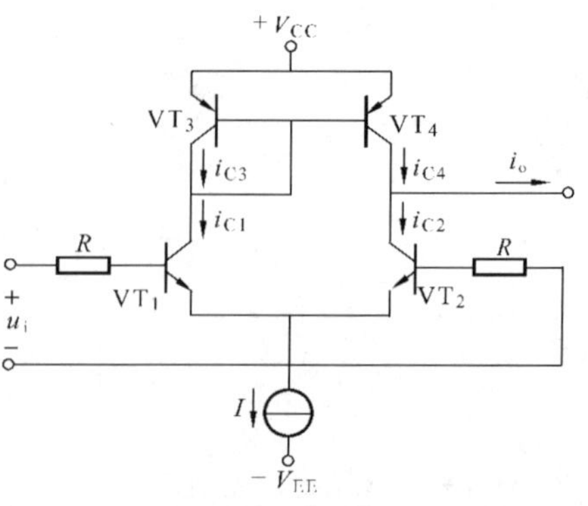

图 4-23 有源负载差动放大电路

路的静态工作电流由 VT_1、VT_2 发射极的恒流源决定。即电路对称时

$$I_{C1}=I_{C2}=\frac{1}{2}I$$

对输入信号而言，如果加上差模输入电压，如图 4-23 所示极性，则 i_{C1} 将增大，i_{C2} 将减小，而且可以认为 $\Delta i_{C1}=-\Delta i_{C2}$。当 VT_3、VT_4 的 β 足够大时，可忽略 VT_3、VT_4 的基极电流，认为 $\Delta i_{C1}\approx\Delta i_{C3}$。而 VT_3、VT_4 又组成镜像电流源，则 $\Delta i_{C3}\approx\Delta i_{C4}$，于是可得 $\Delta i_{C2}\approx-\Delta i_{C4}$，则输出电流为

$$\Delta i_o=\Delta i_{C4}-\Delta i_{C2}=2\Delta i_{C4}$$

可见，电路虽然采用单端输出接法，却可以获得相当于双端输出时的电流变化量。其放大效果相当于普通差动放大电路双端输出的电压放大倍数。这种采用有源负载的差动放大电路，在集成运放中的应用十分广泛。

四、达林顿晶体管（复合晶体管）

达林顿晶体管 DT（Darlington Transistor）亦称复合晶体管。它由两只或更多只晶体管级连而成，以得到较大的电流放大系数。

由两个 NPN 三极管组成的复合管如图 4-24 所示。下面分析复合管的 β 及 r_{be}。

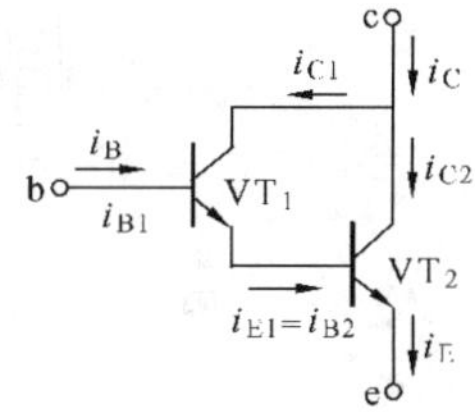

图 4-24　由两个 NPN 三极管组成的复合管

由图可知

$$\Delta i_B=\Delta i_{B1}$$

$$\Delta i_C=\Delta i_{C1}+\Delta i_{C2}=\beta_1\Delta i_{B1}+\beta_2\Delta i_{B2}$$

而
$$\Delta i_{B2}=\Delta i_{E1}=(1+\beta_1)\Delta i_{B1}$$

则
$$\Delta i_C=\beta_1\Delta i_{B1}+\beta_2(1+\beta_1)\Delta i_{B1}=(\beta_1+\beta_2+\beta_1\beta_2)\Delta i_{B1}$$

总的电流放大系数为

$$\beta=\frac{\Delta i_C}{\Delta i_B}=\beta_1+\beta_2+\beta_1\beta_2\approx\beta_1\beta_2 \tag{4-35}$$

$$\Delta u_{BE}=\Delta i_{B1}r_{be1}+\Delta i_{B2}r_{be2}=\Delta i_{B1}[r_{be1}+(1+\beta_1)r_{be2}]$$

输入电阻为

$$r_{be}=\frac{\Delta u_{BE}}{\Delta i_B}=r_{be1}+(1+\beta_1)r_{be2} \tag{4-36}$$

可见复合管的共射电流放大系数和输入电阻均比单个三极管的共射电流放大系数和输入电阻高很多。

复合管的接法有多种形式，可以由相同类型的三极管组成，也可以由不同类型的三极管组成。图 4-25 为其中的四种接法。图 4-25(a)、(b)分别为由两个同为 NPN 型或同为 PNP 型的三极管组成的复合管。图 4-25(c)、(d)则是分别由两个不同类型三极管组成的复合管。

可以看出，如图 4-25(c)、(d)所示复合管，其 β 和 r_{be} 分别为

$$\beta=\beta_1(\beta_1+\beta_2)\approx\beta_1\beta_2 \tag{4-37}$$

$$r_{be}=r_{be1} \tag{4-38}$$

由相同或不同类型的三极管组成复合管时，都应该注意其连接的正确性。首先，在前后

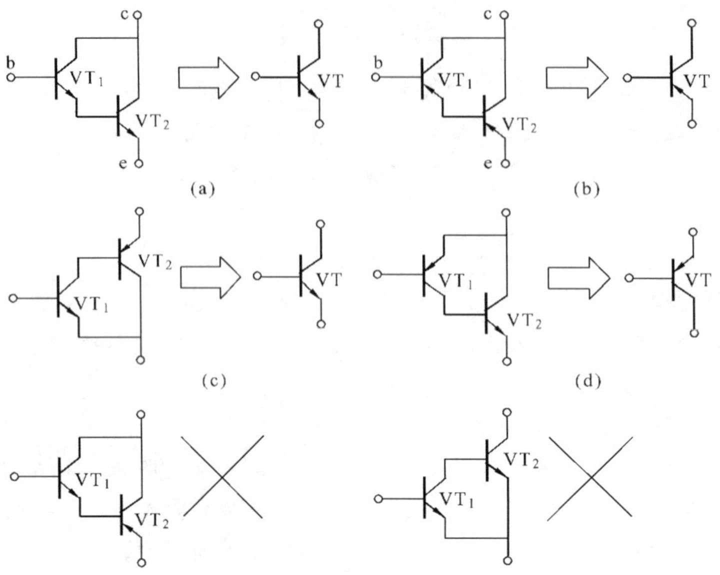

图 4-25　复合管的接法

两个三极管的连接关系上，应保证前级三极管的输出电流与后级三极管的输入电流的实际方向一致，以便形成适当的电流通路，否则电路不能形成通路，复合管无法工作。其次外加电压的极性应保证前后两个三极管均为发射结正向偏置，集电结反向偏置，使两个三极管都工作在放大区。为保证三极管工作在放大区，一般的连接原则是前级三极管的 c-e 极接到后级三极管的 c-b 极。

图 4-25（a）、（b）、（c）、（d）所示均为接法正确，三极管能正常工作。图 4-25(e)、(f)所示为连接错误，三极管不能正常工作。图 4-25(e)中前、后级三极管的电流方向不一致，不能起到复合管的作用。图 4-25(f)中前级三极管的 c-e 极接到后级三极管的 b-e 极，即 $U_{CE1}=U_{BE2}$，前级 U_{CE}被后级 U_{BE}钳位，前级三极管不工作在放大区，复合管不能工作。

复合管可以由分立的三极管组成，也有实际的复合管产品。在集成电路中，复合管不仅应用于中间级，而且也常常应用于输入级和输出级。

五、互补对称电路

在放大电路中，输出级电路一般要求能够提供足够的输出功率，以满足负载的需求，同时应具有较高的效率，以提高电源的利用率，还应具有较低的输出电阻，以便增强带负载能力，也应具有较高的输入电阻，以免影响前级的电压放大倍数。由于输出级工作在大信号状态，应设法尽可能减小输出波形的失真。此外，输出级应有过载保护措施，以防输出端意外短路或负载电流过大而烧毁管子。

一般的单管放大电路满足不了上述的要求，为了尽可能满足上述要求，在功率输出中，经常应用的电路是各种形式的互补对称电路。

图 4-26 所示电路为互补对称电路的原理性电路。图中 VT_1 为 NPN 型三极管，VT_2 为 PNP 型三极管，两管的发射极连在一起，然后通过负载电阻 R_L 接地。放大电路需用两路直

流电源：$+V_{CC}$和$-V_{CC}$。

当加上正弦输入电压 u_i 时，在正半周，VT_1 导通，VT_2 截止。VT_1 的集电极电流 i_{c1} 由$+V_{CC}$流出，经 VT_1 和 R_L 流入公共端。在负半周，VT_2 导通，VT_1 截止。i_{c2}由公共端流经 R_L 和 VT_2 到$-V_{CC}$。负载电阻 R_L 上的电流是 i_{c1}和 i_{c2}的组合，即 $i_L \approx i_{c1} - i_{c2}$。当 u_i 为正弦波时，负载电流 i_l 和输出电压 u_o 基本上也是正弦波。

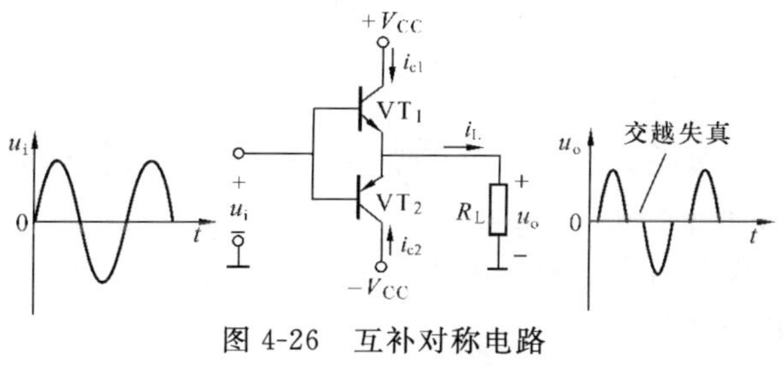

图 4-26 互补对称电路

由以上分析可以看出，互补对称电路实质上是两个管子轮流对信号放大，正半周 NPN 管 VT_1 导通放大信号，负半周 PNP 管 VT_2 导通放大信号。无论 VT_1 或 VT_2 导通，放大电路均工作在射极输出器状态，所以输出电阻低，带负载能力强。

上述电路仅仅在理论上可以放大信号。实际中由于三极管的发射结存在死区电压，所以输入电压必须大于死区电压三极管才能导通。也就是说在 VT_1、VT_2 交替导通的过程中，将有一段时间两个三极管均截止。这将导致输出信号产生失真，如图 4-26 所示。这种失真是在三极管交替导通的过程中产生的，称为交越失真。交越失真是一种非线性失真。

为了克服交越失真，就必须让三极管在输入信号为零时恰好在导通的临界点。这样输入信号刚好大于零时，VT_1 即导通，而输入信号刚好小于零时，VT_2 导通。

图 4-27 为实际的互补对称电路。在图中 VT_1、VT_2 的基极之间接入由 R_{b1}、VD_1、VD_2、R_{b2}组成的电路，选择 R_{b1}、R_{b2}使静态时从$+V_{CC}$经 R_{b1}、VD_1、VD_2、R_{b2}到$-V_{CC}$有一个合适的电流，则 VT_1 和 VT_2 之间的电位差为 VD_1 和 VD_2 上的电压降。故静态时两个三极管已有较小的基极电流，因而两管也各有一个较小的集电极电流，使得静态时 VT_1、VT_2 处于微导通状态。当输入正弦波信号时，在正、负半周两管分别导通的过程中，将有一段短暂的时间 VT_1、VT_2 同时导通，避免了两管同时截止，因此交替过程比较平滑，减小了交越失真。

图 4-27 中 VD_3、VD_4、R_{e1}、R_{e2}组成了过载保护电路，其中 R_{e1}、R_{e2}为取样电阻，阻值很小。其工作原理如下：当正常工作时，VD_3、VD_4 截止，不起作用。若流过功率管 VT_1 的电流过大，则 R_{e1}上压降升高，使 VD_3 导通，VT_1 原来的基极电流中将有一部分被分流到 VD_1、VD_3 支路，由于基极电流减小，使 VT_1 的输出电流无法增大，从而保护了功率管 VT_1；同理如果流过 VT_2 的电流过大，则 R_{e2}压降升高，使 VD_4 导通，将 VT_2 的基极电流分流，从而保护了 VT_2。

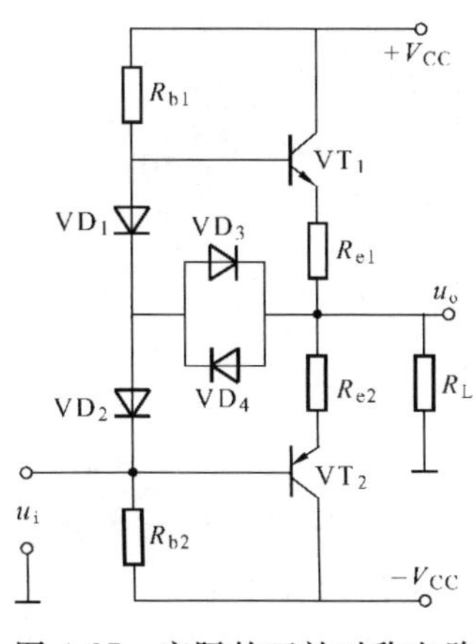

图 4-27 实际的互补对称电路

假设二极管导通时的 U_D 及三极管导通时的 U_{BE} 均为 0.7V，则采用以上过载保护电路时容许 VT_1、VT_2 输出的最大电流约为 $I_{Em} \approx \frac{0.7}{R_e}$，由上式可见，$R_e$ 愈大，则 I_{Em} 愈小。在温度特性方面，如果温度升高，则二极管或三极管导通时的 U_D 或 U_{BE}将降低，由上式可见，此时容许功率管输出的最大电流 I_{Em}也将随之减小，说明以上过载保护电路在高温时将在较小的输出电流时就开始工作，更有利于保护在高温条件下工作的功率晶体管。

互补对称电路的形式有多种，有分立元件组成的互补对称电路，也有多种形式的集成功率放大电路，有双电源供电的，也有单电源供电的。集成运放的输出级基本上都采用各种形式的互补对称电路。

关于各种互补对称电路的详细分析，以及它们的输出功率和效率的计算，将在本书第九章进行介绍。

第三节 集成运放的典型电路

集成运放电路是一种高电压放大倍数、高输入电阻、低输出电阻的直流放大电路，大多数的集成运放由本章第二节介绍的基本电路组合而成。本节将简要地介绍几种典型的集成运放电路。

一、双极型集成运放 CF741

CF741 的国外型号为 μA741、LM741 等。该运放内部大量使用电流源作为偏置电路和有源负载，并采用了互补对称输出和内相位补偿电路。其与之前的其他集成运放相比，性能指标有了较大改进，差模、共模输入电压范围宽、增益高、负载能力强、外围元件少、使用方便，是第二代集成运放的典型电路。其原理如图 4-28 所示。它由输入级、偏置电路、中间级、输出级组成。下面分别介绍它们的工作原理。

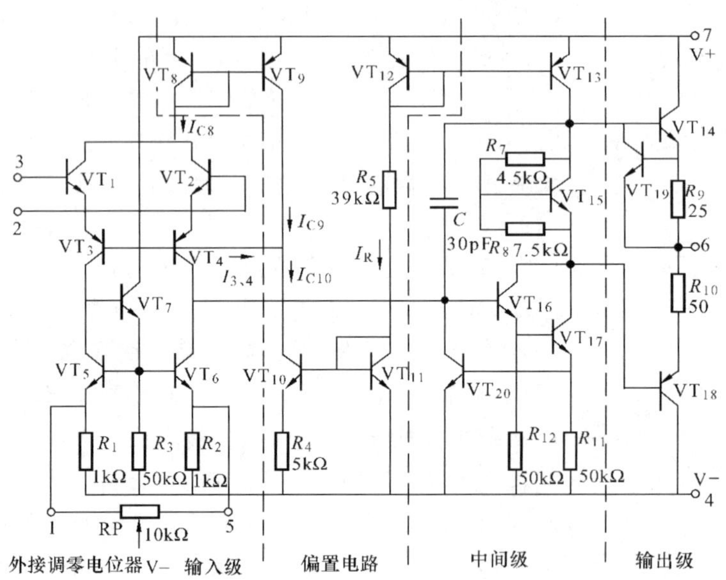

图 4-28 CF741 电路原理图

1. 输入级

输入级由 $VT_1 \sim VT_9$ 构成。其中 $VT_1 \sim VT_4$ 组成共集一共基组态的差动放大电路，VT_5 和 VT_6 构成有源负载，代替负载电阻 R_c。共集一共基组态的差动放大电路是一种复合组态，兼有共集组态和共基组态的优点。其中 VT_1、VT_2 是共集组态，具有较高的差模输入电阻（2MΩ），能承受较高的共模输入电压。VT_3、VT_4 为共基组态，有电压放大作用，又因 VT_5、VT_6 充当有源负载，所以可得到很高的电压放大倍数。而且共基接法还使本级频率响应得到改善。图中最下端虚线连接的 RP 为外接调零电位器，用来进一步调整失调电压，一般情况下 CF741 不需外接 RP 即可满足大多数的应用。

三极管 VT_7 与电阻 R_3 组成射极输出器，一方面向恒流管 VT_5、VT_6 提供偏流，同时将 VT_3 集电极的电压变化传递到 VT_6 的基极，使在单端输出条件下仍能得到相当于双端输出的电压放大倍数。接入 VT_7 还使 VT_3 和 VT_4 的集电极负载趋于平衡。

2. 中间级

由 VT_{16}、VT_{17} 复合管组成中间放大级，VT_{12}、VT_{13} 作为其有源负载。由于采用复合管，所以中间级不仅能提供很高的电压放大倍数（高达 60dB），而且具有很高的输入电阻，减小了中间级对输入级的负载作用，避免降低前级的电压放大倍数。

为了防止产生自激振荡，在电路中 VT_{16} 基极与 VT_{13} 的集电极间引入（内部已经集成）了一个 30pF 的校正电容 C。

3. 输出级

由三极管 VT_{14} 与 VT_{18} 构成互补对称电路。

为了防止由于输入级的信号过大或输出级负载电流过大造成 VT_{14}、VT_{18} 的损坏，在电路中引入了由 VT_{19}、R_9、R_{10}、VT_{20}、R_{11} 组成的过载保护电路。

为了减小交越失真，引入了由 R_7、R_8 和 VT_{15} 组成的"U_{BE}扩大电路"给输出级提供静态偏置电流，使输出级电路工作在甲乙类状态。"U_{BE}扩大电路"的工作原理如下：两个输出三极管 VT_{14}、VT_{18} 基极之间的电压为 U_{CE15}，如果忽略 VT_{15} 的基极电流，则

$$U_{CE15} \approx \frac{R_7+R_8}{R_8}U_{BE15} \approx \left(1+\frac{R_7}{R_8}\right)\times 0.7\ (\mathrm{V})$$

可见，只需改变 R_7 和 R_8 的阻值，即可调节两个三极管之间的电压差，比较方便。这种电路克服了前面介绍的甲乙类互补对称电路中使用两个二极管和电阻串联，调节不太方便的缺点，在集成运放中应用十分广泛。

4. 偏置电路

集成电路中，为了降低功耗以限制温升，各级电路中晶体管的静态工作电流都很小，一般采用微电流源。

CF741 中，VT_{12}、R_5、VT_{11} 构成主偏置电路，I_R 是基准电流，其值为

$$I_R = \frac{V_{CC}+V_{EE}-U_{BE12}-U_{BE11}}{R_5}$$

VT_{10} 与 VT_{11} 构成微电流源，即 $I_{C10} \ll I_R$，但更稳定。由 I_{C10} 提供 VT_9 的集电极电流 I_{C9} 和 VT_3、VT_4 的基极电流 $I_{3、4}$。

VT_8、VT_9 构成镜像电流源，I_{C8} 决定输入级 VT_1、VT_2 的集电极电流。I_{C10}、I_{C9}、$I_{3、4}$ 间构成共模负反馈，设由于温度升高使 I_{C1} 和 I_{C2} 增大，则 I_{C8} 也增大，而 I_{C8} 与 I_{C9} 是镜像关系，因此 I_{C9} 也随之增大。但 $I_{C10}=I_{C9}+I_{3、4}$ 是一个恒流源，于是 $I_{3、4}$ 减小，使 I_{C3}、I_{C4} 也减小，从而保持 I_{C1}、I_{C2} 稳定。这种接法起到稳定静态工作点、减小温漂、提高共模抑制比的作用。

VT_{12}、VT_{13}构成镜像电流源，作为中间级的有源负载。

各生产厂家生产的CF741运放在电路内部有一些差别，但其电路原理、参数指标相差不大，一般可直接代用。

*二、其他几种集成运放简介

1. CMOS集成四运放CF14573

CF14573是由场效应管组成的集成运放电路。由于采用N沟道与P沟道互补的场效应管，所以称为CMOS（即互补MOS）型。与双极型晶体管组成的集成运放相比，采用CMOS管的集成运放具有电路结构简单、输入电阻高、集成度高、功耗小、电源适用范围宽、价格低等优点。CF14573是将四个运放制作在同一块基片上，并封装成一个器件，它们具有相同的温度系数，可以很方便地进行补偿而组成性能优良的电路。

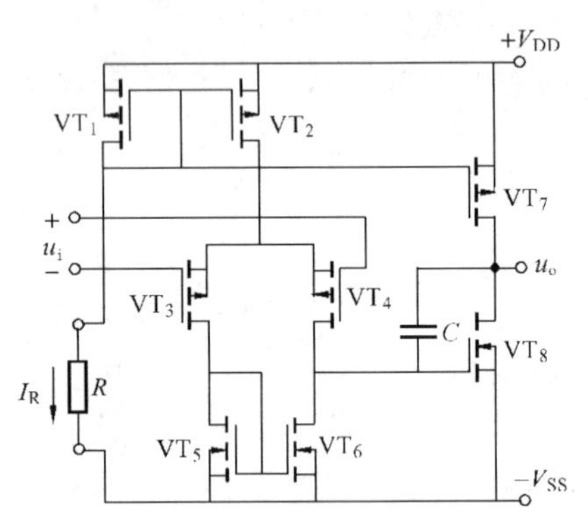

图4-29　CF14573中一个运放原理电路图

CF14573中的一个运放的原理电路如图4-29所示。由图可见，这是两级放大电路，全部采用增强型MOS管。

第一级是由P沟道管VT_3、VT_4组成的共源差动放大电路。N沟道管VT_5、VT_6构成镜像电流源作为有源负载。

第二级是由VT_8组成的带有源负载的共源放大电路。电容C是已经集成在内部的校正电容，跨接在VT_8的漏、栅之间，用以防止产生自激振荡。

VT_1与VT_2、VT_7组成镜像多路电流源电路。VT_2给VT_3、VT_4提供偏置电流。VT_7是VT_8的有源负载。VT_1的电流大小是通过外接电阻R由直流电源确定的。

V_{DD}与V_{SS}为直流电源，它们的数值要求不大于15V，不小于5V，可以是单电源供电（正或负），也可以是不对称的正负电源。

2. 单电源集成四运放CF124/224/324

CF124系列集成运放是由四个独立的、高增益的、内补偿的运算放大器组成。它们是专为那些要在很宽电压范围内用单电源供电的应用场合而设计的，同时也可工作在双电源的情况下。其电源电流很小且与电源电压大小无关。该系列器件可应用于转换器放大器、直流放大单元以及通常的运算放大电路。

CF124中的一个运放的原理电路如图4-30（b）所示。由图可见该运放也是由输入级、偏置电路、中间级、输出级等构成。

输入级是由PNP复合管VT_1、VT_2、VT_3、VT_4组成的共射差动放大电路。NPN管VT_8、VT_9构成镜像电流源作为有源负载。

中间级由VT_{10}、VT_{11}、VT_{12}组成，其中VT_{10}、VT_{11}为射极输出器，具有很高的输入电阻，减轻了前级的负载，提高了前级的电压放大倍数。VT_{12}构成本级主放大电路，由于采用了有源负载，故具有很高的电压放大倍数。C为校正电容，防止产生自激振荡。

输出级由VT_5、VT_6、VT_7、VT_{13}组成，其中VT_{13}、VT_7构成两级射极输出器，VT_5、VT_6作为VT_{13}的有源负载，因此，具有高的输入电阻和低的输出电阻，即提高了前级的电压放大倍数又具有较强的带负载能力。

3. COMS 高精度运算放大器 CF7650/7652

CF7650 系列器件是 CMOS 工艺制作的斩波稳零（自动调零）式的高精度运算放大器，采用大规模集成电路制造，属于第四代集成运放，具有极低的失调与漂移。

斩波稳零电路的原理电路如图 4-31 所示。电路由电子开关、主运放和保持电路几部分组成。电路的工作原理如下：首先电子开关将运放的输入与地相连，此时主运放的输出值即为运放的失调电压，将此失调电压经电子开关送入保持电路，电压保持在电容 C_H 中。然后电子开关再将主运放接入输入信号，则主运放的输出信号为被放大的输入信号与失调电压的叠加，再将此信号与保持在 C_H 中的失调电压相减，则输出信号的失调电压成分被抵消。不断地重复这一过程（即电子开关以一定的频率切换）则输出端即可得到极低的失调与漂移的输出信号。

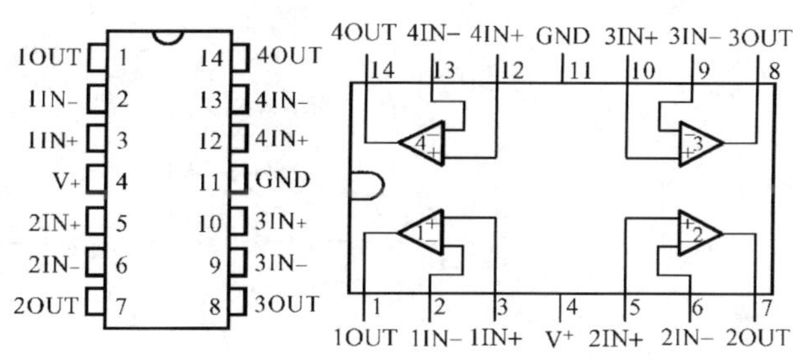

(a)

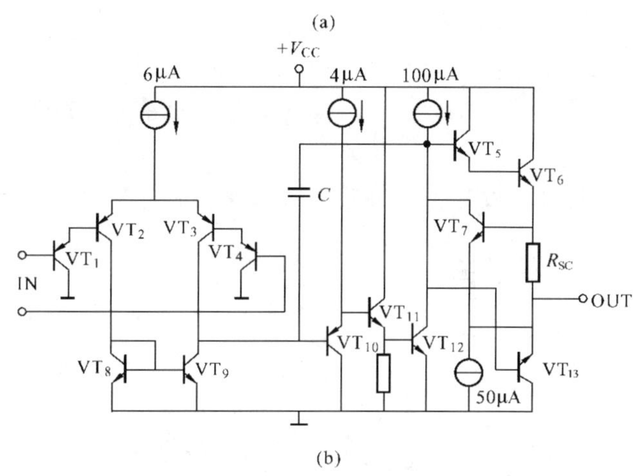

(b)

图 4-30　CF124 中一个运放的原理电路图及管脚排列图

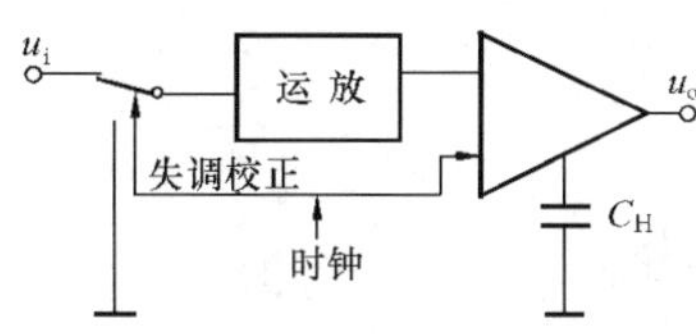

图 4-31　自动调零电路原理图

CF7650 是经过改进的自动调零放大器。前述斩波稳零放大器是在输入部分不断开一关来校正失调成分，故输入信号的放大是间断的。而在 CF7650 中专门设有调零放大器，可以不间断地放大信号，像一般放大器那样使用。电路原理框图如图 4-32 所示。其工作原理如下：芯片上的控制逻辑产生两个主要的时钟周期，即校零周期和放大周期。主放大器一直与电路的输入端和输出端相连，而校零放大器则在两个周期内对自己和主放大器校零。利用时钟信号的控制，在校零周期内，模拟开关 A 闭合，使校零放大器的两个输入端短路，通过自身的反馈，校零放大器的失调电压被减到最小。同时，这一失调电压送入调零放大器与主放大器，将其调零。在模拟开关 A 导通时，模拟开关 B 导通，外接记忆电容 C_A 中储存了这一失调电压，使校零放大器在放大周期内仍保持校零。在放大周期内，模拟开关 A 关断、$\overline{A}$导通，把校零放大器的输出与主放大器的补偿输入端连接起来，使主放大器被校零。模拟开关$\overline{A}$导通时，模拟开关 C 导通，外接记忆电容 C_B 中储存了这一校零电压，使主放大器在下一个校零周期内仍保持校零。内部时钟使放大器以 250Hz 的频率校零（也可以从外部输入时钟频率）。在这种连续校零的机制下，失调电压及其漂移、共模电压、低频噪声、电源电压变化等对运算放大器的影响被降低到了最小。

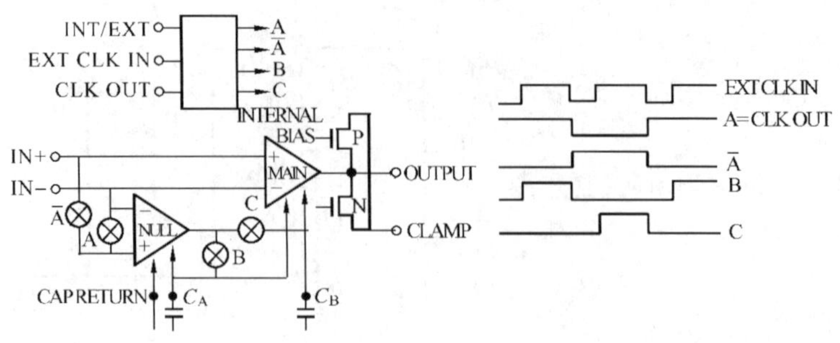

图 4-32　7650 集成运放工作原理示意图

第四节　集成运放的主要技术指标

集成运放的输入级通常由差动放大电路组成，因此一般具有两个输入端及一个输出端，还有其他用以连接电源电压等的引出端。两个输入端中，一个输入端与输出端的相位关系相反，称为反相输入端；另一个输入端与输出端的相位关系相同，称为同相输入端。

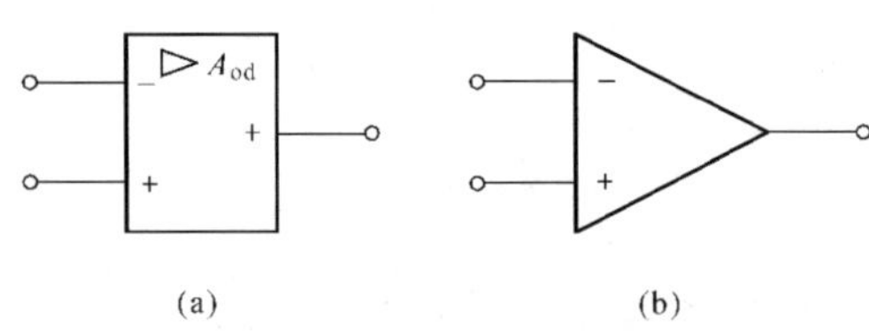

图 4-33　运算放大器的图形符号

运算放大器的符号如图 4-33 所示。其中图 4-33（a）为常用图形符号，图 4-33（b）为早期常用图形符号。

为了描述集成运放各方面的技术性能，提出了许多项技术指标，常用的有以下十三种。

1. 开环差模电压增益 A_{od}

A_{od}是指运放在无外加反馈状态下的差模电压放大倍数，一般用对数表示，单位为 dB，即

$$A_{od}=20\lg\left|\frac{\Delta U_o}{\Delta U_+-\Delta U_-}\right|$$

理想时 A_{od}为无穷大。实际的运放一般 A_{od}为 100dB 左右，高质量的运放 A_{od}可达 140dB。

2. 共模抑制比 K_{CMR}

共模抑制比是开环差模电压增益与开环共模电压增益之比，一般单位也用 dB 表示，即

$$K_{CMR}=20\lg\left|\frac{A_{od}}{A_{oc}}\right|$$

多数集成运放的 K_{CMR}在 80dB 以上，高质量的运放可达 160dB。

3. 差模输入电阻 R_{id}

R_{id}是指输入差模信号时运放的输入电阻，用以衡量运放向信号源索取电流的大小。一般运放的差模输入电阻在 1MΩ 以上，而以场效应管为输入级的运放，R_{id}可达 10^6MΩ。

4. 输入失调电压 U_{io}

U_{io}是指为了使静态时输出电压为零，在输入端所需加的补偿电压。它的大小反映了输入级差分对管 U_{BE}（或 U_{GS}）的对称程度，在一定程度上也反映了温漂的大小。一般的运放 U_{io}值为 1～10mV，高质量的运放在 1mV 以下。

5. 输入失调电压温漂 α_{uio}

α_{uio}的定义是

$$\alpha_{uio}=\frac{dU_{io}}{dT}$$

表示失调电压的温度系数，是衡量运放温漂的重要指标，一般运放为 10～20μV/℃，高质量的运放低于 0.5μV/℃。这个指标往往比失调电压更为重要，因为失调电压可以通过调零电位器补偿调到零，但却无法使失调电压的温漂调到零，甚至不一定能使其降低。

6. 输入失调电流 I_{io}

I_{io}是当输出电压等于零时，两个输入端偏置电流之差，即

$$I_{io}=|I_{B1}-I_{B2}|$$

反映运放输入级差分对管输入电流的不对称情况，一般运放为 10～100nA，高质量的运放低于 1nA。

7. 输入失调电流温漂 α_{iio}

α_{iio}的定义是

$$\alpha_{iio}=\frac{dI_{io}}{dT}$$

代表输入失调电流的温度系数，一般运放为每摄氏度数纳安，高质量的运放只有每度数十皮安。

8. 输入偏置电流 I_{iB}

I_{iB}是当输出电压等于零时，两个输入端偏置电流的平均值，即

$$I_{iB}=\frac{1}{2}(I_{B1}+I_{B2})$$

I_{iB}是衡量差分对管输入电流绝对值大小的指标，其值主要决定于运放输入级的静态集电极电流及输入级放大管的 β 值。一般 I_{iB} 愈大，其失调电流也愈大。双极型三极管输入级的运放 I_{iB} 为 10nA～1μA，场效应管输入级的运放 I_{iB} 小于 1nA。

9. 最大共模输入电压 U_{icm}

U_{icm} 表示集成运放输入端所能承受的最大共模输入电压。如果超过此值，集成运放的共模抑制性能将显著恶化。

10. 最大差模输入电压 U_{idm}

U_{idm} 表示运放反相输入端与同相输入端之间能够承受的最大电压。若输入电压超过这个限度，输入级差分对管中的一个管子的发射结可能被反向击穿。

11. －3dB 带宽 f_H

f_H 是集成运放的上限截止频率，一般集成运放的 f_H 较低只有几赫兹至几千赫兹。

12. 单位增益带宽 BW_G

BW_G 是指 $20\lg|A_{od}|$ 下降到 0dB（即 $|A_{od}|=1$）时的频率，也就是集成运放的增益带宽积。

13. 转换速率 S_R

S_R 的定义是

$$S_R=\left|\frac{du_o}{dt}\right|_{max}$$

它是指在额定负载条件下，输入一个大幅度的阶跃信号时，输出电压的最大变化率，单位为 V/μs。这个指标描述集成运放对大信号的适应能力。在实际工作中，输入信号的变化率的绝对值只有小于 S_R 时，运放的输出才能跟上输入的变化。S_R 愈高，表明集成运放的高频特性愈好。

除了以上介绍的技术指标外，还有很多项其他指标，如最大输出电压、静态功耗及输出电阻等，它们的含义比较明确，此处不再一一介绍。

第五节 理 想 集 成 运 放

一、理想运放的技术指标

集成运放实际上是一个高性能的直流放大电路，如果将运放的各项指标理想化，就得到了一个理想的运放模型。对于运放其各项理想指标为：

开环差模电压增益 $A_{od}=\infty$；

差模输入电阻 $R_{id}=\infty$；

输入偏置电流 $I_{iB}=0$；

输出电阻 $r_o=0$；

共模抑制比 $K_{CMR}=\infty$；

各种失调以及它们的温度漂移（U_{io}、α_{uio}、I_{io}、α_{iio}）均为零；

-3dB 带宽 $f_H=\infty$；

$S_R=\infty$等。

早期的运放，其性能指标与上述要求相差很远。但由于电路设计和生产工艺在不断改进，集成运放产品的各项性能指标愈来愈接近于理想运放。因此，在一般应用中分析集成运放时，常常将实际运放看成理想运放。而实际运放与理想运放间所引起的误差，在工程上一般是在容许的范围内，通常忽略。

在分析运放应用电路时，运用理想运放的概念，有利于抓住事物的本质，忽略次要因素，简化分析的过程。本书在集成运放应用的分析中，如无特别说明，均将集成运放视作为理想运放。

二、理想运放工作在线性工作区的特点

在集成运放的应用中，一般将运放电路分为两大类：线性应用与非线性应用，它们各自有不同的特点。

线性应用的特点是运放工作在线性工作区。此时运放的输出电压与两个输入端的电压之间存在着线性关系，即

$$u_o=A_{od}(u_+-u_-) \tag{4-39}$$

式中：u_o 为运放的输出电压；u_+ 和 u_- 分别为其同相输入端和反相输入端的输入电压；A_{od} 为其开环差模电压增益，如图 4-34 所示。

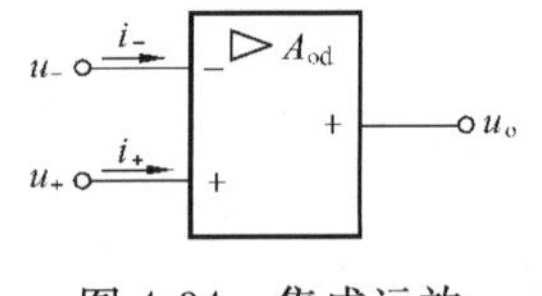

图 4-34 集成运放的电压和电流

如果输入端输入电压幅度比较大，则运放的工作范围将超出线性放大区域而到达非线性区域，此时运放工作在非线性区域。运放工作在非线性区域时，称为运放的非线性应用。此时运放的输出、输入信号之间将不满足式（4-39）。

理想运放工作在线性工作区时有以下两个重要特点：

1. 理想运放的差模输入电压等于零

由于运放工作在线性区，故输出、输入间满足式（4-39）。而且，因理想运放的 $A_{od}=\infty$，输出信号 u_o 为有限值，所以由式（4-39）可得

$$u_+-u_-=\frac{u_o}{A_{od}}=0$$

即
$$u_+=u_- \tag{4-40}$$

式（4-40）表示运放同相输入端与反相输入端两点的电压相等，如同将该两点短路一样，但并非真正的短路，故称其为“虚短”。

实际的运放 $A_{od}\neq\infty$，因此 u_+ 与 u_- 不可能完全相等。但是当 A_{od} 足够大时，则其差模输入电压（u_+-u_-）的值很小，一般可以忽略不计。例如，当 $u_o=1\text{V}$ 时，若 $A_{od}=10^5$，则 $u_+-u_-=10\mu\text{V}$；若 $A_{od}=10^6$，则 $u_+-u_-=1\mu\text{V}$。可见在一定的 u_o 值下，运放的 A_{od} 愈大，则 u_+ 与 u_- 差值愈小，将两点视为“虚短”所带来的误差愈小。

2. 理想运放输入电流等于零

由于理想运放的差模输入电阻 $R_{id}=\infty$，因此在其两个输入端的电流均为零，即在图4-34中有

$$i_+=i_-=0 \tag{4-41}$$

此时运放的两个输入端的电流都等于零，如同该两点被断开一样，故称其为“虚断”。

“虚短”与“虚断”是理想运放工作在线性工作区时的两个重要结论，是作为今后分析许多运放应用电路的出发点，因此必须牢牢掌握。

三、理想运放工作在非线性工作区时的特点

如果运放的差动输入信号太大使得运放的工作范围超出了线性放大的范围，则输出电压不再随输入电压线性增长，而将达到饱和，集成运放的电压传输特性如图 4-35 所示。

理想运放工作在非线性区时，也有两个重要特点：

（1）理想运放的输出电压 u_o 只有两种可能的值，即等于正饱和值 $+U_{opp}$ 或等于负饱和值 $-U_{opp}$，如图 4-35（b）实线所示，而运放的输入电压 u_+ 与 u_- 也不相等，即 $u_+\neq u_-$，也就是说，“虚短”现象将不存在。

当 $u_+>u_-$ 时，$u_o=+U_{opp}$

当 $u_+<u_-$ 时，$u_o=-U_{opp}$

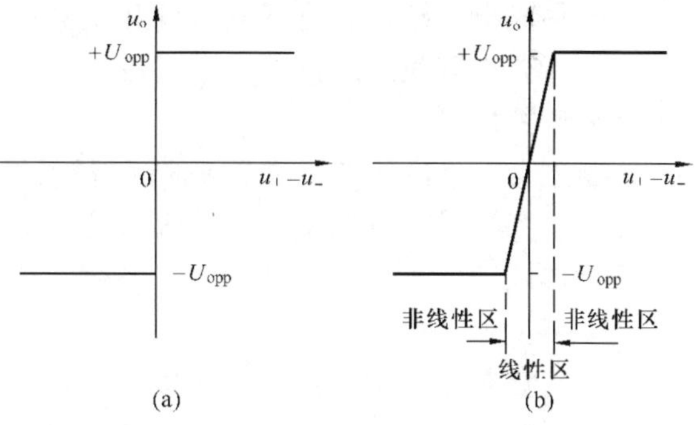

图 4-35　集成运放的传输特性

（a）理想特性；（b）实际特性

（2）理想运放的输入电流等于零。在非线性工作区，由于理想运放的差模输入电阻 $R_{id}=\infty$，虽然两个输入端的电压不相等，因此在其两个输入端的电流仍然为零，即

$$i_+=i_-=0 \tag{4-42}$$

此时理想运放仍然有“虚断”的特点。

实际的运放由于 $A_{od}\neq\infty$，只有当输入电压 u_+ 和 u_- 的差值很小时，运放才工作在线性放大区，如图 4-35（b）所示。

集成运放的线性应用与非线性应用的分析方法有很大的不同，因此在分析电路时，首先应该区分清楚运放工作在线性工作区还是非线性工作区。

由于运放的开环差模增益 A_{od} 很大，在线性应用时，为了保证运放工作在线性工作区，一般必须在电路中加入深度负反馈，以减小两个输入端的净输入信号差。负反馈将在本书第七章讨论。

第六节　集成运放的发展概况

集成运放的发展与其他集成电路的发展一样，从问世以来发展十分迅速，各项性能指标不断提高，集成度愈来愈高。通用集成运放到目前为止大致可分为四代产品。同时为了适用于不同的需要，研制出了各种专用型集成运放。

第一代集成运算放大器以 1965 年研制出的 μA709 为代表。其特点为采用了微电流源、共模负反馈和标准的电源电压±15V，在开环电压增益、输入电阻、失调电压、温漂及共模抑制比等技术指标方面都比一般分立元件构成的电路有所改善。

第二代集成运算放大器以 1966 年研制成的 μA741 为代表。其特点为采用了恒流源负载，进一步提高了差模放大倍数，将放大级数缩减为两级，使防自激电路简单化，一般外接 30pF 的电容即可，并将其集成到电路内部。此外，电路中还集成了过载保护电路，以防止集成运放因过电流而损坏。

第三代集成运算放大器以 1972 年研制成的 AD508 为代表。其特点为采用了“超 β”管组成输入级，并且在设计中考虑了热反馈的效应，因此在开环电压增益、共模抑制比、失调电压、失调电流及失调的温度漂移等技术指标方面有了比较大的改善。

第四代集成运算放大器以 1973 年研制成的 HA2900 为代表。其特点为电路制造工艺进入了大规模集成电路阶段，将场效应管和双极型管兼容在同一块硅片上，并且采用了调制解调技术（即斩波稳零集成运算放大器），使得失调和温漂等指标有了很大的提高。在一般情况下不需要调零即可使用。

由于制造工艺等的限制，要想制造出各项指标都符合理想的集成运算放大器是不现实的。因此除生产一般的通用型运算放大器外，又设计制造了某些技术指标比较突出的集成运算放大器，形成了专用集成运算放大器系列。常用的专用型集成运放大致有如下六种。

1. 高精度型

在精密测量等电路中，需要放大微弱的信号，对电路的精度要求很高，一般运放不能满足其要求。而精密运放的主要特点是温度漂移和噪声很低，开环增益和共模抑制比很高，可以大大减小运放的误差，从而使得运放电路的精度得到很大的提高，以满足要求。代表产品有 OP－07、LM725、AD508 以及精密度更高的 ICL7650 等产品。

2. 低功耗型

在一些特殊应用的场合，如空间技术、生物微电子学等应用场合，对器件本身的功耗要求很高，一般运放不能满足其要求。低功耗运放正是为满足上述要求而研制出的一类特殊运放。代表产品有 ICL7600，其 V_{CC}（V_{EE}）为 1.5V，$P_C=10\mu W$。

3. 高阻型

高阻型运放的输入阻抗比一般普通运放的输入阻抗高几个数量级，一般可达 $10^{12}\Omega$。高阻型运放的输入级一般由 MOS 管组成差分输入级。如 CA3140 的输入阻抗 $R_{id}=1.5T\Omega$。

4. 高速型

在宽带放大、快速 A/D 和 D/A 转换器、高速采样—保持电路、有源滤波、锁相环等应用场合，要求运放具有快的转换速率及宽的通频带以获得短的响应时间来保证电路的精度。高速型运放的主要特点是在大信号工作状态下具有优良的频率特性。如 MX3554，其 $S_R=1000V/\mu S$，某些电流型运放，如 LM6181、AD844、EL2020 等，其 S_R 更可高达 $2000V/\mu S$。

5. 高压型

某些应用场合需要运放能输出更高的电压，高压型运放可满足这方面的要求。高压型运放的特点是电源电压高，输出动态范围大，因而运放的功耗也高。如 3583AM，其电源电压为±150V，输出电压峰值可达±140V，共模输入电压范围可达±140V。

6. 大功率型

大功率型运放在提供较高的输出电压的同时，还能提供较大的输出电流，给负载提供较大的功率。如 FX0021，在电源电压为±15V 时，输出电流可达 1.2A；一些单片音频放大器可以输出十几瓦的功率。

除了以上几种专用集成运放外，还有跨导型、可编程型、电流型运放等。

目前，集成运算放大器和其他模拟集成电路正向高速、高压、低功耗、低漂移、低噪声、大功率、大规模集成、专用化等方向发展。

第七节　集成运放应用中的实际问题

在集成运放组成具体电路时，基本电路与实用电路之间是有区别的。实用电路为了使电路能正常、可靠地工作，需要解决一些实际问题，如器件的选用、自激振荡的消除、零点的调整、对集成运放的保护以及对电路精度的要求等，常需要加入新的元件以满足实际电路的应用要求。

一、器件的选用

集成运放的种类较多，按技术指标可分为通用型与专用型。在实际选用时，应尽量选用通用型运放，因为它们容易购得且性价比最高，只有通用型运放不能满足要求时，才选用专用型运放。实际选用时必须注意的一个问题是，技术指标并不是愈高愈好，因为有些技术指标之间是相互矛盾和制约的。例如选高速型运放，就要求消耗一定大小的电流，即高速与低功耗是矛盾的。实际选用技术指标时应该以够用适当留有余地即可，不必盲目追求器件的高指标。

二、自激振荡的消除

自激振荡是运放经常出现的一种异常现象，其表现为当输入信号为零时，输出端有一频率很高的正弦波输出信号。集成运放本质上是一个高增益的多级直流放大电路，在线性应用中要引入深度负反馈，往往引起电路的自激振荡而使电路无法工作（产生自激振荡的原理将在本书第七章第五节介绍）。消除自激振荡的方法通常是在运放电路中适当的位置上接入补偿电容 C 或 RC 补偿电路，从而破坏电路自激振荡产生的条件，使运放在闭环时能稳定的工作。

对于实际的集成运放产品，有部分集成运放如 CF741、CF3193、CF1556 等在制造时已经将补偿电容集成在电路内部（内补偿型集成运放），一般应用不需补偿。

三、集成运放的调零

由于运放失调电压和失调电流的存在，当输入信号为零时，输出信号并不为零。为此，需要对集成运放进行调零。

集成运放的调零可分为内部调零与外部调零两种。有些集成运放内部设有调零电路接口，外接调零可满足要求；当集成运放内部无调零电路或内部调零不能满足要求时，即需外接调零电路。外接调零电路的原理是，利用正、负电源通过调节外接电位器 R_P 即可将一个固定的电压值加在运放的输入端。常见的外接调零电路有多种，图 4-36 所示为效果较好的一种。图中是同相端调零，也可以组成反相端调零电路。

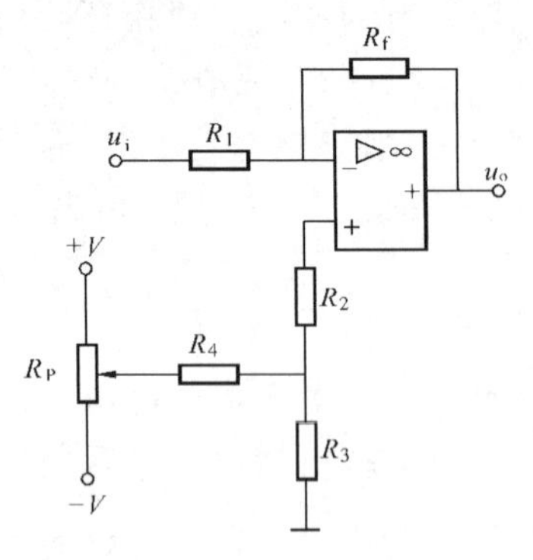

图 4-36 运放辅助调零电路

四、集成运放的保护

为了避免集成运放在工作中因意外情况造成损坏，一般实用电路都有一定的保护电路，以保护集成运放，常用的有三种。

1. 输入保护

集成运放输入端所加的差模或共模电压过高时，会造成运放内部输入对管的不平衡，使指标恶化，甚至损坏输入级晶体管；输入信号幅度过大还可能使集成运放发生“堵塞”现象，使放大电路不能正常工作。

常用的保护电路如图 4-37 所示。图 4-37（a）是反相输入保护，限制集成运放两个输入端之间的差模输入电压不超过二极管 VD_1、VD_2 的正向导通电压。图 4-37（b）是同相输入保护，限制集成运放输入电压不超过 $+V$ 至 $-V$ 的范围。这种电路的缺点是增加了失调电流造成的误差；另外，二极管所产生的温度漂移会使整个运放的漂移增加，在使用要求高的场合应注意这一问题。

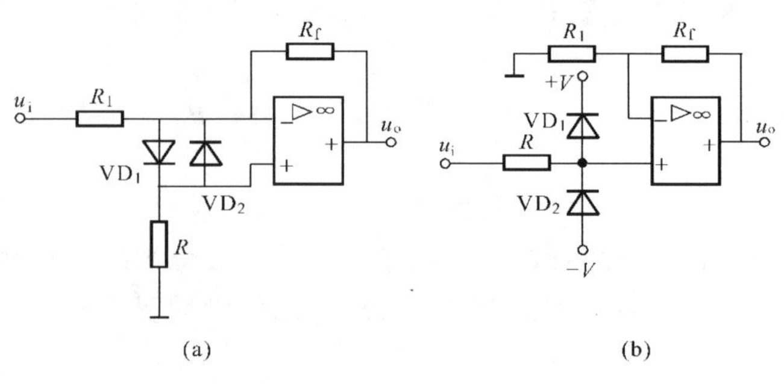

图 4-37 输入保护电路

（a）反相输入保护；（b）同相输入保护

2. 输出保护

当集成运放输出端过载或短路时，如果没有保护电路，就会使运放损坏，因此一些集成运放在内部设置了过流或短路保护电路。对于没有内部保护电路的集成运放，可采用图4-38所示的输出保护电路。图 4-38（a）是限流保护电路，电路工作原理是：正常工作时 VT_1 和 VT_2 工作在饱和状态，此时相当于将电源直接接到运放。而由于某种原因使运放的工作电流过大时，VT_1 和 VT_2 将工作在恒流区，管压降增大，但电流基本不变，于是限制了运放的工作电流，同时加在运放上的直流电源电压也下降，使运放得到保护。图 4-38（a）中 VT_1 和 VT_3、VT_2 和 VT_4 分别组成镜像电流源，基准电流 I 设计得较大，正常工作时 VT_1 和 VT_2 的 $I_C<\beta I_B$，使 VT_1 和 VT_2 工作在饱和区，当异常情况出现时 I_C 增加，I_C 增大到设定值后 VT_1 和 VT_2 的 $I_C=\beta I_B$，使得 VT_1 和 VT_2 进入放大区，恒流源工作，限制了 I_{C1}

和 I_{C2} 的进一步增大，电路起到限流保护作用。图 4-38（b）是一种限制输出电压的保护电路。图中 VZ_1 和 VZ_2 反向串联。若因为某种原因使输出端的电压过高时稳压管将会反向击穿，使集成运放的输出电压被限制在稳压管的稳压值，从而避免了运放的损坏。

3. 电源保护

为了防止正、负两路电源的极性接反而引入的保护电路如图 4-39 所示。由图可见，若电源极性错接，则二极管 VD_1、VD_2 截止，电源不能接入电路，防止了故障的发生。

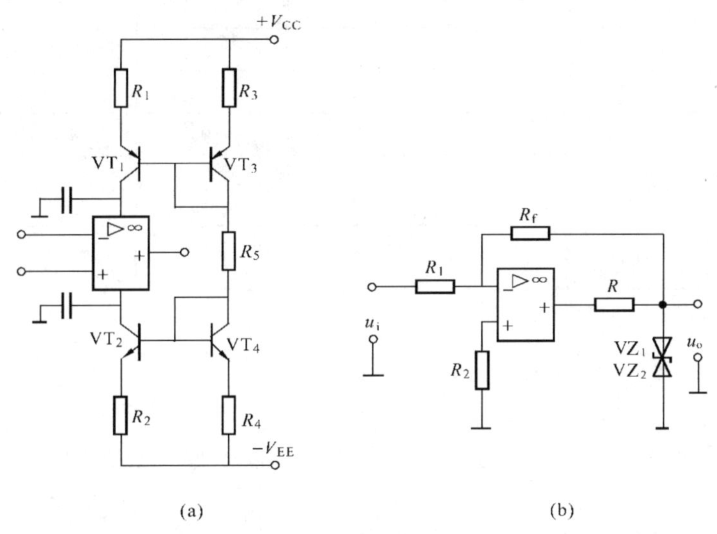

图 4-38 输出保护电路

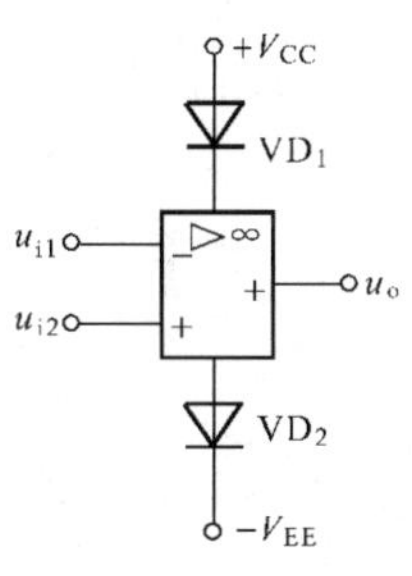

图 4-39 电源极性保护

四种集成运放的主要技术指标见表 4-1。

表 4-1 四种集成运放的主要技术指标

指标名称	符号单位		CF741	CF14573	CF324	CF7650
输入失调电压	U_{io}	mV	1.0	±10	±2	±0.000 7
输入失调电流	I_{io}	nA	20	0.2	±5	0.000 5
输入偏置电流	I_{iB}	nA	80	1.0	45	0.001 5
输入失调电压的温漂	α_{uio}	μV/℃	15	—	±7	0.01
输入失调电流的温漂	α_{iio}	nA/℃	0.5	20 000	±0.01	—
开环差模增益	A_{Od}	dB	106	90	100	5 V/μV
共模抑制比	K_{CMR}	dB	90	80	70	130
输出电阻	r_o	Ω	75	—	—	—
最大共模输入电压	U_{icm}	V	±13	13	±13	−5.2～2.6
最大差模输入电压	U_{idm}	V	±30	—	±32	—
差模输入电阻	r_{id}	MΩ	2.0	—	—	10^6

续表

指标名称	符号	单位	CF741	CF14573	CF324	CF7650
最大输出电压	U_{opp}	V	±14	±14	±13.5	±4.8
−3dB带宽	f_H	Hz	7	—	—	—
单位增益带宽	BW_G	MHz	1	—	0.1	2.0
静态功耗	P_D	mW	50	—	—	—
静态电流	I_D	mA	1.7	0.15	1.5	2.0
转换速率	S_R	V/μs	0.5	2.5	0.05	2.5
通道分离度	CSR	dB	—	−100	−120	—
电源电压		V	±15	±15	±15	±15
工作电压范围		V	±3～±18	±1.5～±16 或 3～32	±1.5～±16 或 3～32	±3～±18

本 章 小 结

本章主要介绍集成运算放大器的原理和构成、理想运放的概念、部分实际运放产品的性能特点以及集成运放技术指标。

（1）集成电路是20世纪60年代初发展起来的一种半导体器件。集成运算放大器与分立元器件放大电路相比，在电路结构上有自己的特点，其输入级采用差动放大电路，级间耦合采用直接耦合，大量使用电流源等。

（2）组成集成运算放大器常用的基本电路有电流源电路、差动放大电路、复合管电路及互补对称功率放大电路等。这些电路在分立元器件放大电路中也经常应用。

常用的电流源电路有镜像电流源和微电流源。集成运放中大量使用电流源作为直流偏置电路为电路提供直流偏置和作为有源负载。

差动放大电路的主要作用是抑制零点漂移，即差动放大电路可以有很高的差模放大倍数和很低的共模放大倍数。差动放大电路根据输入输出的不同接法，通常有四种组合，即双端输入、双端输出，双端输入、单端输出，单端输入、双端输出和单端输入单端输出。实际的差动放大电路通常利用恒流源或发射极长尾电阻引入共模负反馈，以提高共模抑制比，减小温漂。

功率放大电路的主要作用是进行功率放大，主要电路有互补对称功率放大电路。

（3）集成运算放大器实质上是一个具有高放大倍数的多级直接耦合放大电路，通常由输入级、中间级、输出级和偏置电路四个基本组成部分。

集成运放的输入级通常采用差动放大电路的形式，可以由双极型晶体管构成，也可以由场效应管构成。差分对管可以由两个单三极管组成，也可以由复合管组成。

集成运放中间级的主要作用是提供足够大的电压放大倍数，其常常采用有源负载和复合管等结构形式，以提高电压放大倍数和获得大的输入电阻。

集成运放输出级的主要作用是向负载提供足够的输出功率，还应有过载保护措施。集成运放的输出级基本上都采用各种形式的互补对称电路。

偏置电路的任务是向各放大级提供合适的偏置电流，确定静态工作点。集成运放中常用的偏置电路由各种电流源组成。

（4）本章介绍了四种集成运放的典型电路，它们是通用集成运放 CF741、CMOS 集成四运放 CF14573、单电源集成四运放 CF124 系列和大规模 CMOS 集成电路 CF7650。

（5）集成运放的技术指标是其各种性能的定量描述，也是选用运放产品的主要依据。本章对集成运放主要技术指标的含义进行了介绍。

（6）理想运放是一个重要概念，也是分析集成运放应用电路时常用的电路模型。理想运放就是将集成运放的各项技术指标理想化。理想运放工作在线性工作区时有两个重要特点：

1）"虚短"，即两个输入端电压相等，$u_+=u_-$。

2）"虚断"，即输入端电流等于零，$i_+=i_-=0$。

理想运放工作在非线性工作区时，其输出电压只有两种可能的状态，等于$+U_{OPP}$或$+U_{OPP}$，其"虚短"的特点将不存在，"虚断"则继续存在。

（7）在本章的最后，叙述了集成运放使用中的几个具体问题，如集成运放的选用、自激振荡的消除、集成运放的调零和集成运放的保护等。

习　　题

4-1　电流源电路如图 4-40 所示。已知晶体管的$\beta=50$、饱和电压$U_{CES}=0.3\text{V}$，其他参数如图 4-40 所示。试完成：

（1）当电源电压$V_{CC}=9\text{V}$时，确定负载电阻R_L的范围为多大时电路呈现电流源特性。

（2）当电源电压$V_{CC}=15\text{V}$，$U_Z=3\text{V}$时，确定负载电阻R_L的范围为多大时电路呈现电流源特性。

4-2　图 4-41 所示电路是一个改进的镜像电流源电路。试定性说明 VT_3 的作用。当$\beta_1=\beta_2=\beta_3=\beta$时，试证明

$$I_{C2}=\frac{I_{REF}}{1+\dfrac{2}{\beta^2+\beta}}$$

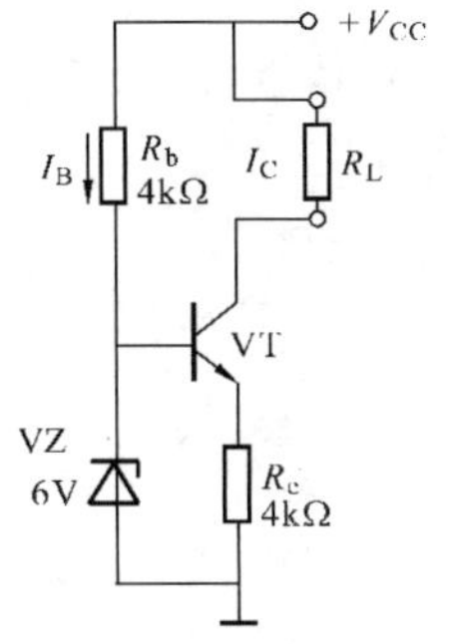

图 4-40　题 4-1 图

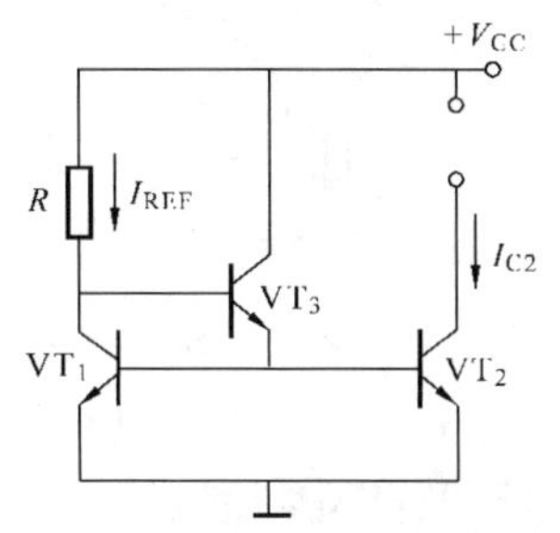

图 4-41　题 4-2 图

4-3　为了提高镜像电流源的镜像精度，常常采用一些改进电路，威尔逊电流源即为其

中的一种，如图 4-42 所示。设 $I_{C1}=I_{C2}=I_C$，$\beta_1=\beta_2=\beta_3=\beta$，试证明

$$I_{C3}=I_{REF}\left(1-\frac{2}{\beta^2+2\beta+2}\right)$$

4-4 图 4-43 是一个用结型场效应管作为偏置电路的电流源电路，偏置电流一般只有几十微安。试分析这种电路有什么特殊优点，并导出 I_{C2} 的表达式。

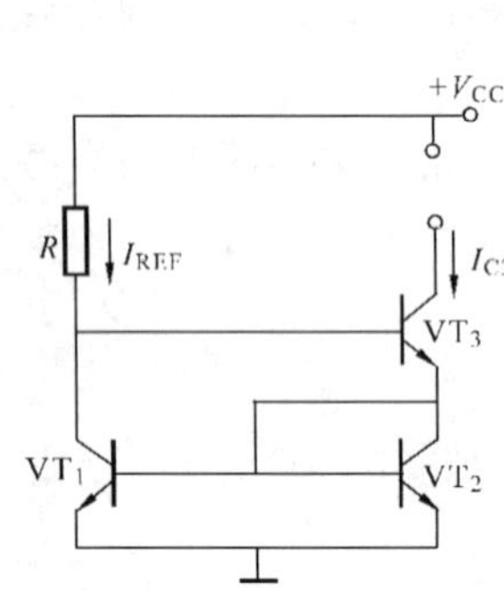

图 4-42 题 4-3 图

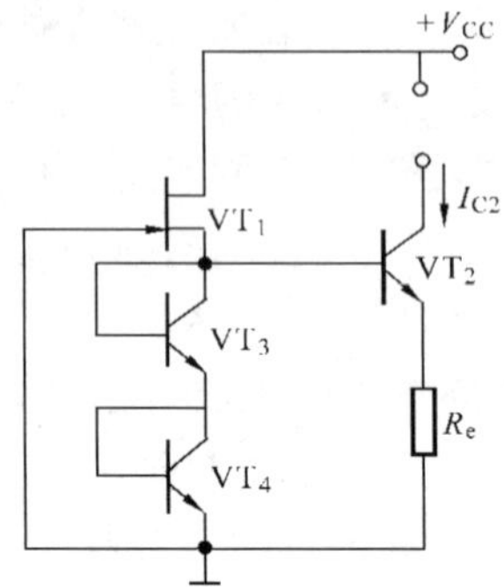

图 4-43 题 4-4 图

4-5 差动放大电路如图 4-44 所示。已知三极管的 $\beta=100$，$R_c=8.2\text{k}\Omega$，$R_P=200\Omega$（动端在中点），$R_e=5.6\text{k}\Omega$，$R=2\text{k}\Omega$，$V_{CC}=V_{EE}=12\text{V}$。试求：

（1）静态集电极电流 I_{C1} 和 I_{C2}，静态集电极电压 U_{C1} 和 U_{C2}。

（2）电路双端输出时的差模电压放大倍数 A_d、差模输入电阻 R_{id}、差模输出电阻 R_{od}。

（3）电路同相（或反相）单端输出时的差模电压放大倍数 A_d、差模输入电阻 R_{id}、差模输出电阻 R_{od}、共模电压放大倍数 A_c 和共模抑制比 K_{CMR}。

（4）当输入电压 $u_{i2}=0$ 时，再计算（2）。

（5）当输入电压 $u_{i1}=0$ 时，再计算（3）。

4-6 差动放大电路如图 4-45 所示。晶体管的 $\beta=50$，$r_{bb'}=100\Omega$，R 上的压降可以忽略，$U_{BEQ}=0.7\text{V}$。试求：

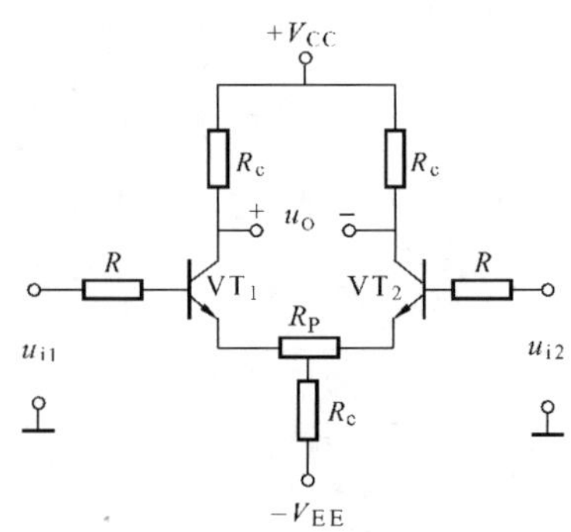

图 4-44 题 4-5 图

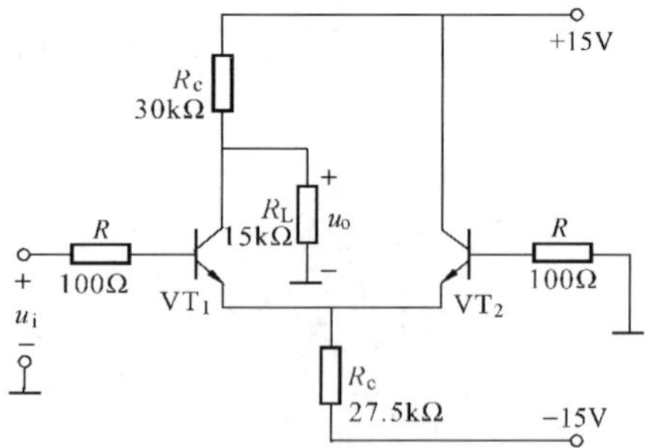

图 4-45 题 4-6 图

（1）静态时 I_{C1}、I_{C2}、U_{C1} 和 U_{C2} 的值。

（2）电路的 A_d、R_i 和 R_o 的值。

（3）输出电压 u_o 的最大动态范围。

（4）当 $u_i=-1\text{V}$ 时，$u_o=$？

4-7 试画出符合下述要求的差动放大电路：

（1）NPN型晶体管作为差动对管，电阻负载，差动对管的射极连接由NPN晶体管组成的比例电流源，双电源供电，双端输入、同相单端输出。

（2）用N沟道增强型MOS管作为差动对管，单端输入、双端输出，差动对管的源极连接由N沟道增强型MOS管组成的电流源偏置。

（3）用P沟道JFET作为差动放大电路，双电源供电，差动对管的源极连接由单管P沟道JFET组成的电流源，用NPN晶体管组成的比例电流源作为有源负载，单端输入、单端输出。

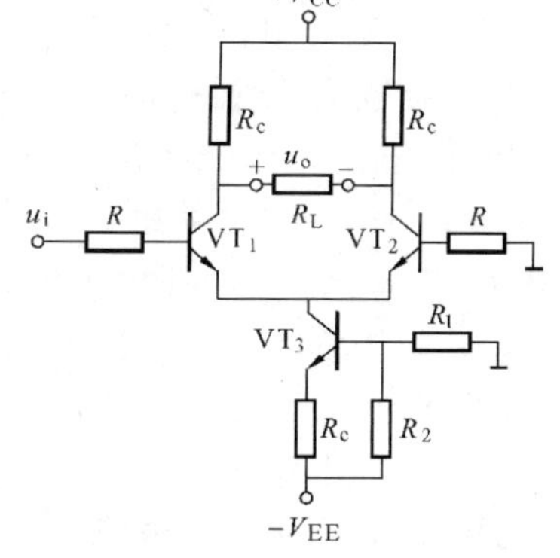

图4-46　题4-8图

4-8　差动放大电路如图4-46所示。已知$V_{CC}=V_{EE}=15V$，$R_c=6.2k\Omega$，$R=1k\Omega$，$R_e=2.1k\Omega$，$R_1=20k\Omega$，$R_2=10k\Omega$，$R_L=12k\Omega$，三极管的$\beta=100$，$U_{BEQ}=0.7V$。试完成：

（1）估算静态工作点。

（2）估算差模电压放大倍数A_d，差模输入电阻R_{id}，差模输出电阻R_{od}。

（3）将负载电阻R_L与VT_1连接的端子接地，试求此时（单端输出）的差模电压放大倍数。

（4）确定电路的共模输入电压范围。

4-9　已知图4-47中三极管的$\beta=100$，$U_{BEQ}=0.68V$，$V_{CC}=V_{EE}=12V$。试估算：

（1）放大管的I_{CQ}和U_{CQ}（对地）。

（2）A_d、R_{id}和R_o。

4-10　电路如图4-48所示，设晶体管的$\beta=100$，$U_{BEQ}=0.7V$，$r_{bb'}=100\Omega$，$V_{CC}=V_{EE}=12V$，静态（$u_i=0$）时，$u_o=0$。试求：

（1）静态时I_{c1}和I_{c2}的值。

（2）电阻R_c的值。

（3）该电路总的电压放大倍数A_u。

（4）电路的输入电阻R_i和输出电阻R_o。

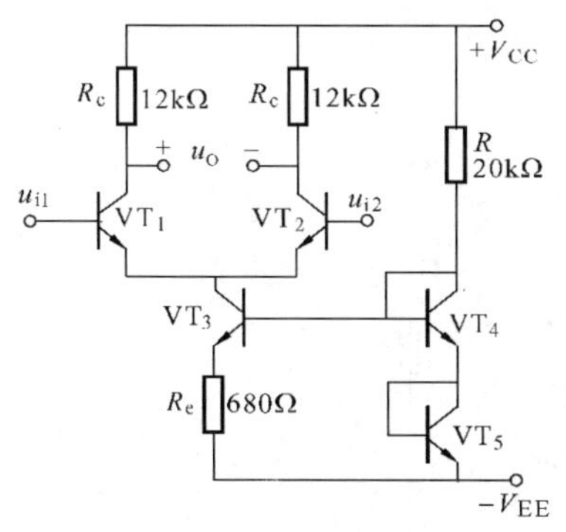

图4-47　题4-9图

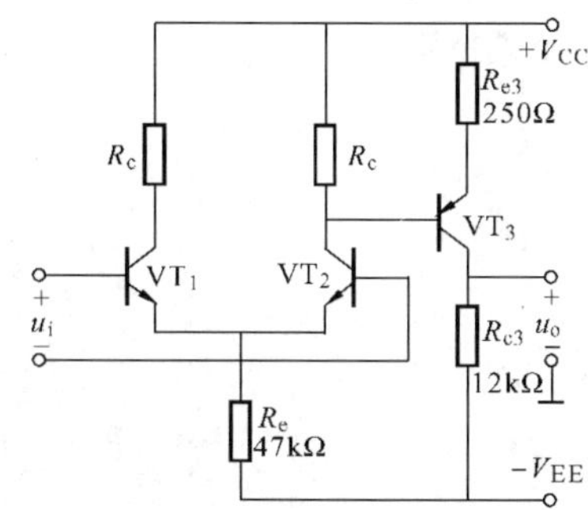

图4-48　题4-10图

4-11　由MOS管组成的差动放大电路如图4-49所示。设VT_1和VT_2管的$g_m=0.7mS$，$r_{ds1}=r_{ds2}=200k\Omega$，$r_{ds3}=100k\Omega$，$R_D=30k\Omega$，$V_{CC}=V_{EE}=12V$，$u_i=0.1\sin\omega t$（V）。试完成：

（1）画出图4-49所示电路的差模半边电路和共模半边电路的交流通路。

（2）求双端输出时的差模电压放大倍数 A_d 和输出电压 u_o。

（3）在 VT_1 和 VT_2 两管之间接负载电阻 $R_L=30k\Omega$，求 R_L 两端的输出电压 u_o。

（4）在 VT_2 管漏极接负载电阻 $R_L=30k\Omega$ 到地，求此时单端输出时的 A_d、A_c、K_{CMR} 和输出电压 u_o。

4-12　图 4-50 是某集成运放中间级的示意图。设 $\beta_1=100$，$\beta_2=150$，$I_{C3}=0.365mA$，三极管 VT_2、VT_3 的集电极等效内阻为 $r_{ce2}=r_{ce3}=274k\Omega$，负载电阻 $R_L=300k\Omega$。试估算：

（1）三极管 VT_1、VT_2 的等效输入电阻 r_{be1}、r_{be2}。

（2）复合管等效的 β 和 r_{be}。

（3）放大电路的电压放大倍数 A_u。

提示：本题中负载电阻 R_L 的阻值与有源负载的等效电阻 r_{ce3} 均很大，与放大管集电极等效电阻 r_{ce2} 属于同一数量级，因此不能忽略。此时

$$A_u=-\frac{\beta(r_{ce2}\,//\,r_{ce3}\,//\,R_L)}{r_{be}}$$

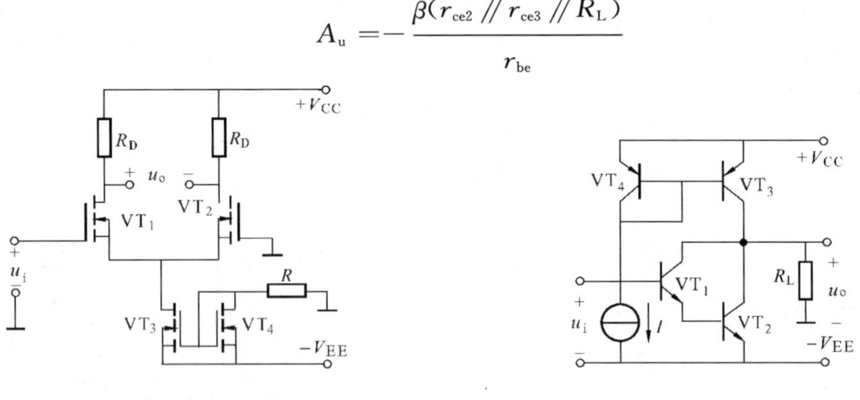

图 4-49　题 4-11 图　　　　图 4-50　题 4-12 图

4-13　电路如图 4-51 所示。设所有管子的 β 均为 50，U_{BEQ} 均为 0.7V，静态时 $U_{C1}=U_{C2}=10V$，$I_{C1}=I_{C2}=100\mu A$，$I_{C3}=I_{C4}=1mA$，$I_5=I_8=10mA$，$I_6=10.2mA$，$R_5=510\Omega$。$V_{CC}=V_{EE}=15V$，在静态时 $u_o=0$ 的条件下，试求：

（1）R_1、R_2、R_3、R_4、R_6 的值。

（2）总的电压放大倍数 A_u。

（3）输入电阻 R_i 和输出电阻 R_o 的值。

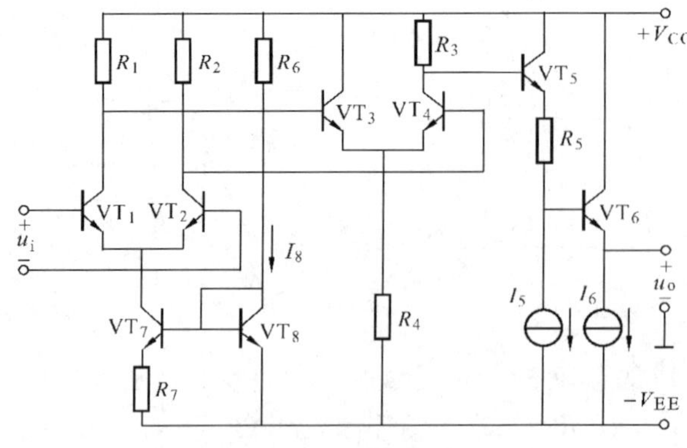

图 4-51　题 4-13 图

第五章　集成运算放大器的线性应用

运算放大器最早应用于模拟信号的运算，故得此名。集成运放的基本应用电路从功能来看，有信号运算、信号处理和信号产生电路。本章主要介绍由集成运放组成的模拟信号运算电路，包括比例电路、求和电路、积分和微分电路、对数和指数（反对数）电路、乘法和除法电路及简要介绍应用日益广泛的集成模拟乘法器。最后介绍信号处理电路中的有源滤波电路。

运放的各种应用电路，一般可分为两大类："线性应用"和"非线性应用"。本章讨论的是运放的线性应用电路。运放在线性应用时，必须工作在线性区。为保证运放工作在线性区，电路一般加有深度负反馈（关于负反馈的讨论将在第七章中进行）。在定量分析时，始终将运放工作在线性区时的两个特点，即"虚短"和"虚断"作为基本出发点。

第一节　基本运算电路

一、比例运算电路

比例运算电路的输出电压与输入电压之间存在比例关系，即电路可实现比例运算。比例电路是最基本的运算电路，是其他各种运算电路的基础，本章随后将要介绍的求和电路、积分和微分电路、对数和指数电路等，都是在比例电路的基础上，加以扩展或演变以后得到的。

比例运算电路有反相输入、同相输入和差动输入三种基本形式。

1. *反相比例运算电路*

基本反相比例运算电路如图 5-1 所示，图中输入电压 u_i 经电阻 R_1 加到集成运放的反相输入端，其同相输入端经电阻 R_2 接地。输出电压 u_o 经 R_f 接回到反相输入端。由于运放的输入端实际上是运放内部输入级两个差分对管的基极。管子工作时存在着基极偏置电流及失调电流。为使差动放大电路的参数尽可能保持对称，应使两个差分对管基极对地的电阻尽量一致，即同相端与反相端向外看出的等效电阻应一致，以免静态基极电流流过这两个等效电阻时，在运放的输入端产生附加的偏差电压。因此，通常选择电阻 R_2 的阻值为

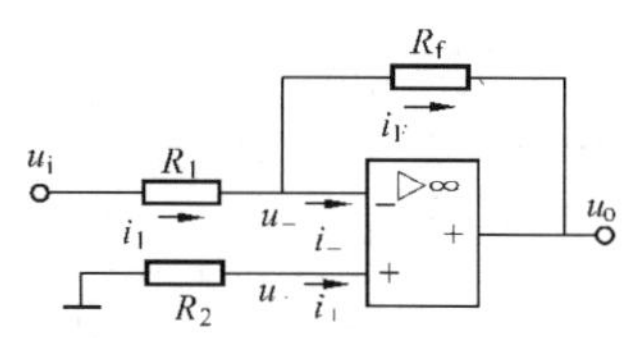

图 5-1　反相比例运算电路

$$R_2 = R_1 // R_f \tag{5-1}$$

利用理想运放工作在线性区时"虚短"和"虚断"的特点来分析反相比例运算电路的输出电压与输入电压之间的关系。

图 5-1 中由于"虚断"可得

$$i_+ = i_- = 0 \tag{5-2}$$

由于 $i_+ = 0$，故 R_2 上压降为零，则 $u_+ = 0$。又因"虚短"，可得

$$u_{+}=u_{-}=0 \tag{5-3}$$

式（5-3）说明在反相比例运算电路中，运放的反相输入端与同相输入端两点的电位相等，且等于零，如同该两点接地一样，反相输入端称为“虚地”。“虚地”是反相比例运算电路的一个重要特点。

利用“虚短”和“虚断”，即 $i_{+}=i_{-}=0$、$u_{+}=u_{-}=0$ 可得

$$i_1=i_f$$

即

$$\frac{u_i}{R_1}=\frac{-u_o}{R_f}$$

由此可求得反相比例运算放大电路的输出电压与输入电压的关系为

$$u_o=-\frac{R_f}{R_1}u_i \tag{5-4}$$

反相比例运算电路的输入电阻：由于反相输入端为“虚地”，显然电路的输入电阻为 $R_i=R_1$。

反相比例运算电路有如下几个特点：

(1) 输出电压与输入电压反相，且与 R_f 与 R_1 的比值成正比，与运放内部各项参数无关。当 $R_f=R_1$ 时，$u_o=-u_i$，称为反相器。

(2) 输入电阻 $R_i=R_1$，只决定于 R_1，一般情况下反相比例运算电路的输入电阻比较低。

(3) 由于同相输入端接地，反相输入端为“虚地”，因此反相比例运算电路没有共模输入信号，故对运放的共模抑制比要求相对比较低。

2. 同相比例运算电路

将反相比例运算电路的输入信号接到同相输入端，即从同相端输入信号，就构成同相比例运算电路，如图 5-2 所示。

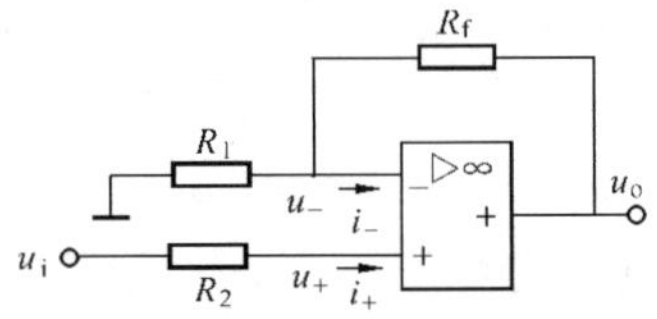

图 5-2 同相比例运算电路

利用“虚短”和“虚断”，即 $i_{+}=i_{-}=0$、$u_{+}=u_{-}$ 可得

$$u_{-}=\frac{R_1}{R_1+R_f}u_o$$

$$u_{-}=u_{+}=u_i$$

由以上两式可得

$$\frac{R_1}{R_1+R_f}u_o=u_i$$

则同相比例运算电路输出电压与输入电压的关系为

$$u_o=\left(1+\frac{R_f}{R_1}\right)u_i \tag{5-5}$$

同相比例运算电路有如下几个特点：

(1) 输出电压与输入电压同相，且与 R_f、R_1 的比值成正比，电压放大倍数 $A_u=\frac{u_o}{u_i}=\left(1+\frac{R_f}{R_1}\right)\geqslant 1$，当 $R_f=0$ 或 $R_1=\infty$时，则 $u_o=u_i$。这种电路的输出电压与输入电压幅度相等、相位相同，称为电压跟随器，又称为同相跟随器，如图 5-3 所示。

(2) 同相比例运算电路的输入电阻很高。由图 5-2 可看出输入电阻决定于运放本身的输

入电阻 R_{id}。实际上 R_{id} 本身就很高，又由于电路存在很深的负反馈，实际的输入电阻要比 R_{id} 高很多倍。

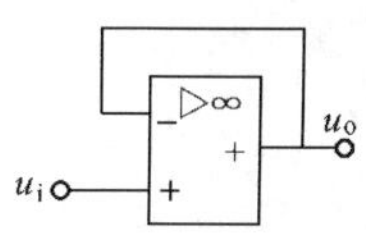

图 5-3　电压跟随器

（3）同相比例运算电路中，由于 $u_+=u_-$ 而 $u_+=u_i$，因此同相比例运算电路输入端本身加有共模输入电压 $u_{ic}=u_i$。故对运放的共模抑制比相对要求高。

无论是反相比例运算电路还是同相比例运算电路由于引入的是电压负反馈（详细分析见第七章），所以输出电阻 R_o 很低。

3. *差分比例运算电路*

差分比例运算电路如图 5-4 所示，输入电压 u_{i1} 和 u_{i2} 分别加在集成运放的反相输入端和同相输入端。

利用“虚短”和“虚断”，即 $i_+=i_-=0$、$u_+=u_-$，应用叠加定理可求得

$$u_o=-\frac{R_f}{R_1}u_{i1}+\left(1+\frac{R_f}{R_1}\right)u_+$$

而同相输入端的电位为

$$u_+=\frac{R_3}{R_2+R_3}u_{i2}$$

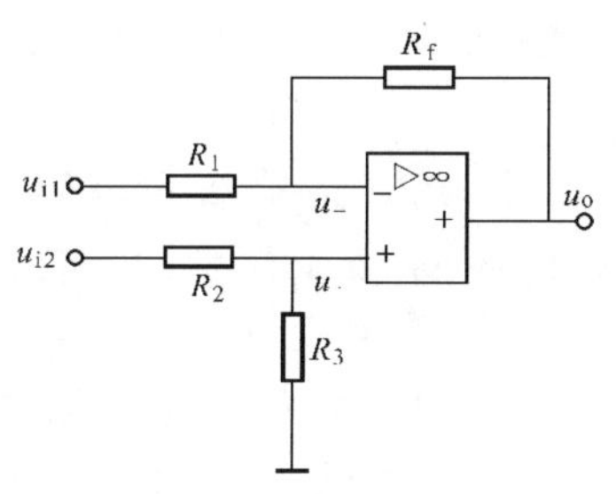

图 5-4　差分比例运算电路

所以

$$u_o=-\frac{R_f}{R_1}u_{i1}+\left(1+\frac{R_f}{R_1}\right)\left(\frac{R_3}{R_2+R_3}\right)u_{i2}$$

当满足条件 $R_1=R_2$、$R_f=R_3$ 时，整理上式，可求得差分比例运算电路输出与输入的关系为

$$u_o=\frac{R_f}{R_1}(u_{i2}-u_{i1}) \tag{5-6}$$

电路的输出电压与两个输入电压之差成正比，实现了差分比例运算。

电路的差模输入电阻为 $R_I=2R_1$。

上述条件 $R_1=R_2$、$R_f=R_3$ 正是集成运放输入端的平衡条件。在满足上述条件时，由输入的共模部分和运放的偏置电流引起的误差同时被消除，而输出电压 u_o 只与输入的差模部分 $u_{i2}-u_{i1}$ 有关。

差分比例运算电路的缺点是对元件的对称性要求较高，外接电阻要求精密匹配，即使选用误差为±0.1%的电阻，也往往不能满足要求。在要求改变运算关系时，又必须同时选配两对高精密电阻，非常不方便。电路的另一个缺点是输入电阻不够高。

4. *比例电路应用实例*

【例 5-1】 电压—电流变换电路。

实际应用电路中，有时需要产生与输入电压成比例的输出电流，例如示波器内驱动磁偏转线圈的电路。这种变换电路也称为互导放大电路，要求输入电阻高，输出电阻高，接近于理想的电流源。另外还要求运放的互导放大倍数 A_{gf} 大。

图 5-5（a）为反相输入的 $U-I$ 变换电路。利用“虚短”和“虚断”分析法，则有

$$i_1=i_f=\frac{u_i}{R_1}$$

$$-i_f R_f = i_R R$$

$$i_R = -\frac{R_f}{R} i_f$$

又
$$i_L = i_R - i_f = -i_f\left(1+\frac{R_f}{R}\right)$$

故
$$i_L = -\frac{u_i}{R_1}\left(1+\frac{R_f}{R}\right) \tag{5-7}$$

即负载电流 i_L 与输入电压 u_i 成比例，而与负载电阻 R_L 无关，所以是一个恒流源。上述电路信号从反相端输入，所以输入电阻很小。为了提高输入电阻可以改用图 5-5（b）所示的同相输入 U-I 变换电路。

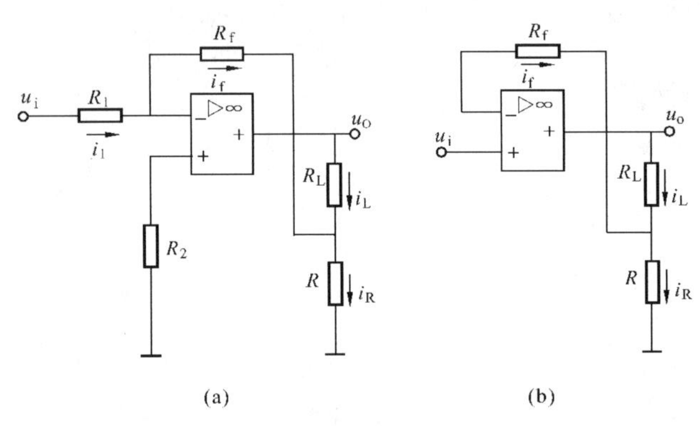

图 5-5 电压电流变换电路

利用“虚短”和“虚断”条件，即 $i_f=0$、$u_i=u_-=u_+=u_R$ 可得

$$i_L = i_R = \frac{u_i}{R} \tag{5-8}$$

【例 5-2】 T 形反馈网络反相比例运算电路。

反相比例运算电路的输入电阻为 R_1，一般情况下 R_1 由于受别的条件限制不可能取的很大，例如 100 倍的放大器要求输入电阻 1MΩ，则反馈电阻 R_f 的取值将到达 100MΩ，这在实际中是很不现实的，一方面大阻值的电阻不容易制造，另一方面其精度很难达到要求。所以前述反相比例运算电路的输入电阻不会很大。为了提高输入电阻，同时又满足放大倍数的要求，又不会使 R_f 取值很大，可采用如图 5-6 所示的 T 形反馈网络反相比例运算电路。

利用“虚短”和“虚断”，即 $i_+=i_-=0$、$u_+=u_-$ 可得

$$i_1 = i_2$$

$$u_i = i_1 R_1 = i_2 R_1$$

而
$$u_o = -(i_2 R_2 + i_3 R_3)$$

其中
$$i_3 = i_2 + i_4$$

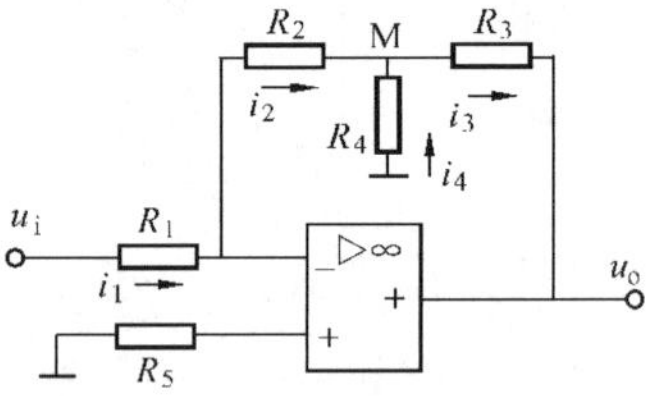

由图可知，T 形网络中点 M 的电位为

$$u_M = -i_2 R_2 = -i_4 R_4$$

则
$$i_4 = \frac{R_2}{R_4} i_2$$

图 5-6 T 形反馈网络电路

代入 u_o 的表达式，可得 $u_o=-[i_2R_2+(i_2+i_4)R_3]=-i_2\left(R_2+R_3+\frac{R_2R_3}{R_4}\right)$

则 T 形反馈网络电路的电压放大倍数为

$$A_u = \frac{u_o}{u_i} = -\frac{R_2+R_3+\frac{R_2R_3}{R_4}}{R_1} \tag{5-9}$$

可见，此电路的输出电压与输入电压之间同样存在反相比例运算关系。

由于反相输入端“虚地”，因此电路的输入电阻为

$$R_i = R_1$$

由式（5-9）可以看出，当 R_1 选得较大时，选择合适的 R_2、R_3 与 R_4 的比值，即可得到所需的电压放大倍数，R_2、R_3、R_4 的取值也可以较小，而不会出现反相比例放大电路 R_1 选得较大时 R_f 取值过大的情况。

【例 5-3】 具有高输入阻抗和高共模抑制比的通用测量放大电路。

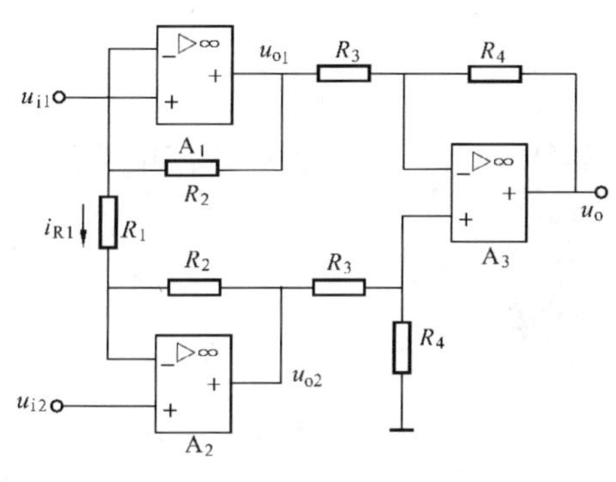

图 5-7　测量用放大电路原理图

测量用放大电路一般具有差动输入、单端输出的形式。通常用在数据采集、自动控制、精密测量及生物工程等系统中，对各种传感器送来的缓慢变化信号加以放大，输出给系统。通常要求放大器具有很高的共模抑制比和较高的输入电阻。为了提高精度，放大器还应该有较高的开环增益、较低的失调、噪声及漂移等。为此应选用高精度的运放，高精密的电阻并加以严格选配。电路也应该改进。图 5-7 即是目前应用较广泛的一种电路。

图 5-7 由三个运放组成。A_1、A_2 组成差动输入级，二者均接成同相输入方式，因此输入电阻很高。由于电路对称，它们的漂移和失调都有互相抵消的作用。A_3 组成差分放大级，将差分输入转换为单端输出。

利用“虚短”和“虚断”，即 $i_+=i_-=0$、$u_+=u_-$ 可得

$$i_{R1} = \frac{u_{i1}-u_{i2}}{R_1} = i_{R2}$$

则 $u_{o1}-u_{o2}=i_{R2}R_2+i_{R1}R_1+i_{R2}R_2=i_{R1}(R_1+2R_2)=\left(1+\frac{2R_2}{R_1}\right)(u_{i1}-u_{i2})$

又差动比例运算电路 A_3 的输出与输入关系如下［见式（5-6）］

$$u_o = \frac{R_4}{R_3}(u_{o2}-u_{o1})$$

可得

$$u_o = \frac{R_4}{R_3}\left(1+\frac{2R_2}{R_1}\right)(u_{i2}-u_{i1}) \tag{5-10}$$

调节 R_1 的大小可以很方便地调节运算电路的放大倍数（比例系数），而不会影响电路的对称性。

该电路的共模抑制比和输出温漂取决于运放 A_3，因此常常将其放大倍数设计为 1，即 $R_4=R_3$，且要求 A_3 的四个外接电阻必须采用精密电阻，并要求严格匹配。这种电路的实测指标可达：$K_{CMR}\geqslant 120dB$、$R_i>100M\Omega$、$I_{IO}\leqslant 5nA$、温漂 $\leqslant 0.3V/℃$。

二、加法电路

加法电路的输出量是多个输入量相加，用运放实现加法运算时，可以采用反相输入方

式，也可以采用同相输入方式。

1. 反相输入加法电路

三输入反相加法电路如图 5-8 所示。可以看出此电路是在反相比例运算电路基础上扩展而得到的。

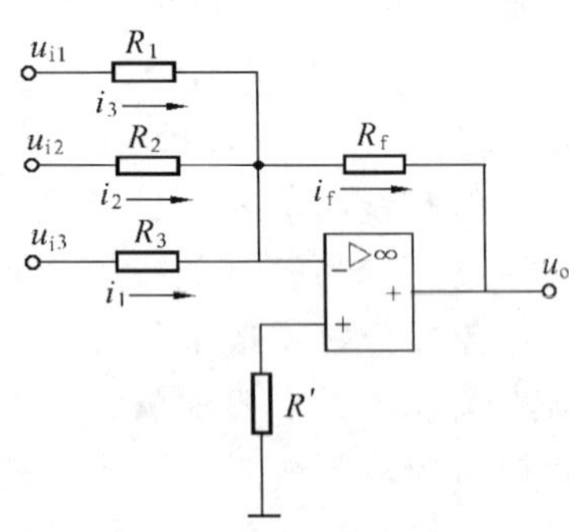

图 5-8 反相输入加法电路

利用“虚断”结论，即 $i_+=i_-=0$ 可得

$$i_1+i_2+i_3=i_f$$

由于有 $u_+=u_-$（虚短）和 $u_+=0$，故反相端为“虚地”。上式可写为

$$\frac{u_{i1}}{R_1}+\frac{u_{i2}}{R_2}+\frac{u_{i3}}{R_3}=-\frac{u_o}{R_f}$$

因此，输出电压 u_o 与输入电压 u_{i1}、u_{i2}、u_{i3}之间的关系为

$$u_o=-\left(\frac{R_f}{R_1}u_{i1}+\frac{R_f}{R_2}u_{i2}+\frac{R_f}{R_3}u_{i3}\right) \tag{5-11}$$

即电路可完成下列数学运算

$$y=-(a_1x_1+a_2x_2+a_3x_3)$$

当然，依照同样的原则可以将反相加法电路的输入端扩充到三个以上，电路分析方法同上。

在这种反相加法电路中，改变与某一个输入信号相连的电阻（R_1 或 R_2 或 R_3）并不影响其他输入电压与输出电压的比例关系，因此调节方便。

从同相端与反相端外接电阻必须平衡的条件出发，同相输入端电阻 R'的阻值应为

$$R'=R_1 /\!/ R_2 /\!/ R_3 /\!/ R_f$$

2. 同相输入加法电路

同相输入加法电路输入信号是从同相端输入，仍以三个输入信号相加为例，运算电路如图 5-9 所示。

可以看出同相输入加法电路是同相比例运算电路的扩展。由同相比例运算电路式（5-5）可得出

$$u_o=\left(1+\frac{R_f}{R_1}\right)u_+$$

利用叠加定理，可求出 u_+ 与 u_{i1}、u_{i2}、u_{i3} 之间的关系

$$\begin{aligned}u_+=&\frac{R'_2 /\!/ R'_3 /\!/ R'}{R'_1+(R'_2 /\!/ R'_3 /\!/ R')}u_{i1}\\&+\frac{R'_1 /\!/ R'_3 /\!/ R'}{R'_2+(R'_1 /\!/ R'_3 /\!/ R')}u_{i2}\\&+\frac{R'_1 /\!/ R'_2 /\!/ R'}{R'_3+(R'_1 /\!/ R'_2 /\!/ R')}u_{i3}\end{aligned}$$

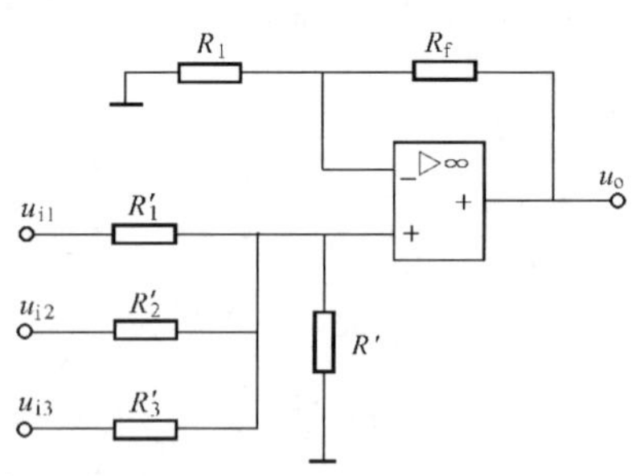

图 5-9 同相输入加法电路

整理得

$$u_+=\frac{R_+}{R'_1}u_{i1}+\frac{R_+}{R'_2}u_{i2}+\frac{R_+}{R'_3}u_{i3}$$

式中：$R_+=R'_1 /\!/ R'_2 /\!/ R'_3 /\!/ R'$，为同相端与地之间向外看出的等效电阻。

则输出电压为

$$u_o = \left(1+\frac{R_f}{R_1}\right)\left(\frac{R_+}{R'_1}u_{i1}+\frac{R_+}{R'_2}u_{i2}+\frac{R_+}{R'_3}u_{i3}\right) \tag{5-12}$$

令 $R_- = R_1 /\!/ R_f = \dfrac{R_1 R_f}{R_1+R_f}$为反相端与地之间向外看出的等效电阻，则式（5-12）可变为

$$u_o = \frac{R_+}{R_-}\left(\frac{R_f}{R'_1}u_{i1}+\frac{R_f}{R'_2}u_{i2}+\frac{R_f}{R'_3}u_{i3}\right) \tag{5-13}$$

根据输入端外接电阻应该平衡的要求，有 $R_- = R_+$。即当$R'_1 /\!/ R'_2 /\!/ R'_3 /\!/ R' = R_1 /\!/ R_f$时

$$u_o = \frac{R_f}{R'_1}u_{i1}+\frac{R_f}{R'_2}u_{i2}+\frac{R_f}{R'_3}u_{i3} \tag{5-14}$$

式（5-14）与反相输入加法电路式（5-11）形式上相似，只差一个负号。但是式（5-14）是在 $R_- = R_+$ 的条件下得出的。而 R_+ 与各输入回路的电阻都有关系，因此，当改变某一回路的电阻值时，其他各路电压的关系也将随之改变。所以在外接电阻的选配上，既要考虑各个运算比例系数的关系，又要使外接电阻平衡，计算和调节都比较麻烦，不如反相输入的加法电路方便。另外由于不存在“虚地”，运放的共模输入电压为 $u_C = u_+ = u_-$，运放承受的共模输入电压比较高。在实际应用中，同相输入加法电路不如反相输入加法电路的应用广泛。

三、减法电路

要实现减法运算，可以有两种方案：一种是将输入信号其中的一个反相，然后再用加法电路相加。这种方案需要两级运算电路。另一种是应用差动输入运算电路直接相减。

1. 由两级运放组成的减法运算电路

图 5-10 所示为由两级运放组成的反相输入减法电路。利用“虚短”和“虚断”条件可求得

$$u_{o1} = -\frac{R_{f1}}{R_1}u_{i1}$$

$$u_o = -\left(\frac{R_{f2}}{R_2}u_{o1}+\frac{R_{f2}}{R_3}u_{i2}\right)$$

由此可得整个运算电路的输出电压 u_o 与各输入电压间的关系为

$$u_o = \frac{R_{f1}}{R_1}\frac{R_{f2}}{R_2}u_{i1}-\frac{R_{f2}}{R_3}u_{i2} \tag{5-15}$$

取 $R_{f1} = R_1$，则式（5-15）变为

$$u_o = \frac{R_{f2}}{R_2}u_{i1}-\frac{R_{f2}}{R_3}u_{i2} \tag{5-16}$$

反相输入减法电路的特点是反相输入端为“虚地”，因此对运放的共模抑制比要求低，同时各电阻值的计算和调整方便，但输入电阻较低。另一种减法电路为同相输入减法电路如图 5-11 所示。不难得出

$$u_o = \left(1+\frac{R_2}{R_1}\right)\left(-\frac{R_4}{R_3}\right)u_{i1}+\left(1+\frac{R_4}{R_3}\right)u_{i2} \tag{5-17}$$

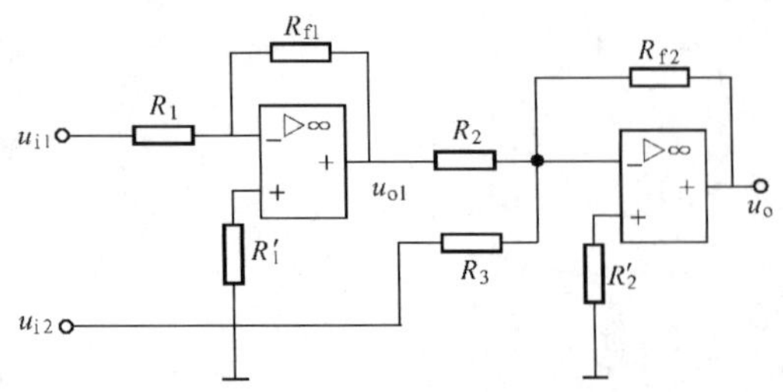

图 5-10 反相输入减法运算电路

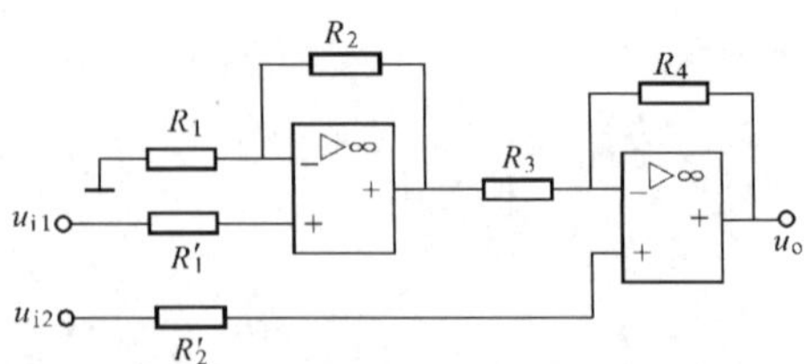

图 5-11 同相输入减法电路

由图 5-11 可以看出，后级运放相当于差分输入比例运算电路。将输入信号 u_{i1} 和 u_{i2} 分为差模部分 u_{id} 和共模部分 u_{ic}，即 $u_{id}=\frac{1}{2}(u_{i1}-u_{i2})$，$u_{ic}=\frac{1}{2}(u_{i1}+u_{i2})$，则式(5-17)变为

$$u_o=\left[\left(1+\frac{R_2}{R_1}\right)\left(-\frac{R_4}{R_3}\right)+\left(1+\frac{R_4}{R_3}\right)\right]u_{ic}+\left[\left(1+\frac{R_2}{R_1}\right)\left(-\frac{R_4}{R_3}\right)-\left(1+\frac{R_4}{R_3}\right)\right]u_{id}$$

为了抑制共模部分，必须使

$$\left[\left(1+\frac{R_2}{R_1}\right)\left(-\frac{R_4}{R_3}\right)+\left(1+\frac{R_4}{R_3}\right)\right]=0$$

即

$$\frac{R_2}{R_1}=\frac{R_3}{R_4}$$

取 $R_2=R_3$，$R_1=R_4$，代入式（5-17）得

$$u_o=\left(1+\frac{R_4}{R_3}\right)(u_{i2}-u_{i1}) \tag{5-18}$$

该电路有很高的输入电阻。为了提高抑制共模信号的能力，要求运放具有较高的共模抑制比。此外，应严格选配电阻。

2. *利用差分输入的减法电路*

电路如图 5-12 所示，利用叠加定理即可以很方便的求出输出与输入间的关系。

令同相端输入信号为零，得

$$u_{o1}=-\left(\frac{R_f}{R_1}u_{i1}+\frac{R_f}{R_2}u_{i2}\right)$$

再令反相端输入信号为零，得

$$u_{o2}=\frac{R_+}{R_-}\left(\frac{R_f}{R_3}u_{i3}+\frac{R_f}{R_4}u_{i4}\right)$$

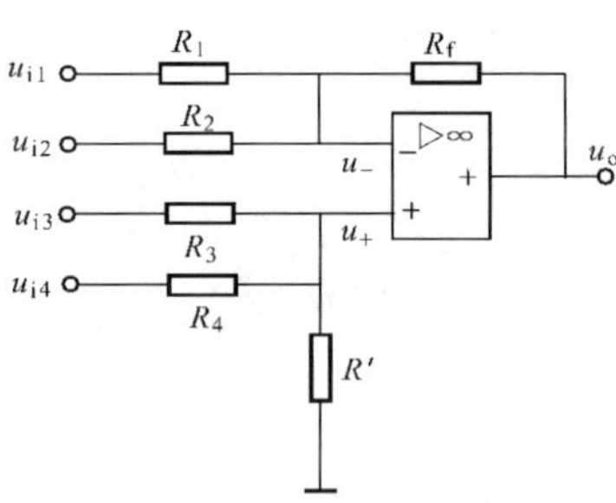

图 5-12 差分输入减法电路

其中，$R_+=R_3/\!/R_4/\!/R'$，$R_-=R_1/\!/R_2/\!/R_f$。

在外接电阻平衡 $R_+=R_-$ 的条件下

$$u_o=u_{o1}+u_{o2}=\frac{R_f}{R_3}u_{i3}+\frac{R_f}{R_4}u_{i4}-\frac{R_f}{R_1}u_{i1}-\frac{R_f}{R_2}u_{i2} \tag{5-19}$$

本电路由于是差分输入，故电路中没有虚地点，电路输入端存在共模电压，应选用共模抑制比较高的运放。

第二节　积分与微分运算电路

一、积分电路

积分电路如图 5-13 所示，图中用电容 C 替代了反相比例运算电路中的电阻 R_f。由于电容 C 上电流与电压的关系为 $i_C = C\dfrac{du_C}{dt}$，利用“虚短”和“虚地”的概念可得 $i_1 = i_C$，即可求出输出电压与输入电压的关系

$$\frac{u_i}{R_1} = C\frac{du_C}{dt} = -C\frac{du_o}{dt}$$

即

$$u_o = -\frac{1}{RC}\int_{t_0}^{t} u_i dt + u_o\Big|_{t=t_0} \tag{5-20}$$

式中电阻与电容的乘积称为积分时间常数，用符号 τ 表示，即

$$\tau = RC$$

若积分开始前，电容上的初始电压为零，即 $u_o(t_0)=0$，则

$$u_o = -\frac{1}{\tau}\int_{0}^{t} u_i dt \tag{5-21}$$

输出电压是输入电压的积分，随着不同的输入电压，输出电压也表现为不同的形式。电路除了进行积分运算外，很多情况下应用在波形变换电路中。

例如，输入为一个矩形波电压，如图 5-14 所示，则由式（5-20）可知，当 $t \leqslant t_0$ 时，$u_i=0$，故 $u_o=0$，当 $t_0 < t \leqslant t_1$ 时，$u_i = U_i =$ 常数，则

$$u_o = -\frac{1}{RC}\int_{t_0}^{t} u_i dt = -\frac{U_i}{RC}(t - t_0)$$

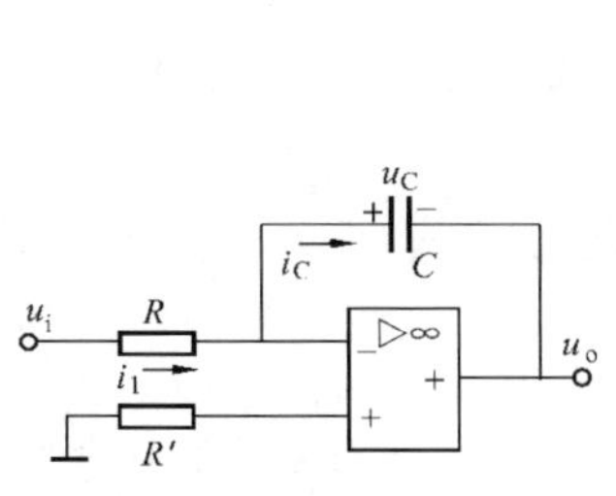

图 5-13　积分电路

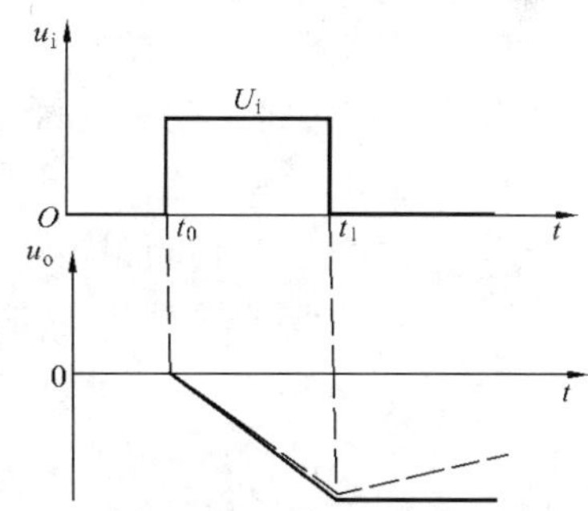

图 5-14　矩形波输入积分电路波形

此时 u_o 将随时间而向负方向线性增长，如图 5-14 所示，增长的速率与输入电压的幅值 U_i 成正比，与积分时常数 RC 成反比。

当 $t > t_1$ 时，$u_i=0$，由式（5-20）可知，此时 u_o 理论上将保持 $t=t_1$ 时的输出电压值不变，图 5-14 中实线所示。但是，在实际电路中，由于电容 C 存在漏电等原因，u_o 并不能保持在 $t=t_1$ 时的输出电压值不变，而是将按图 5-14 中虚线下降。积分电容器 C 漏电是积分误差的主要原因之一。

积分电路是一种应用比较广泛的模拟信号运算电路。可实现积分运算，它是组成模拟计

算机的基本单元，用以实现对微分方程的模拟。

积分电路在控制和测量系统中也是常用的重要单元，利用其充放电过程可以实现延时、定时。也可以应用在模—数转换电路中，将电压量转换为与之成正比例的时间量。

积分电路可以应用在波形变换电路中，以实现各种波形的产生及变换。也可以对正弦输入信号进行移相。

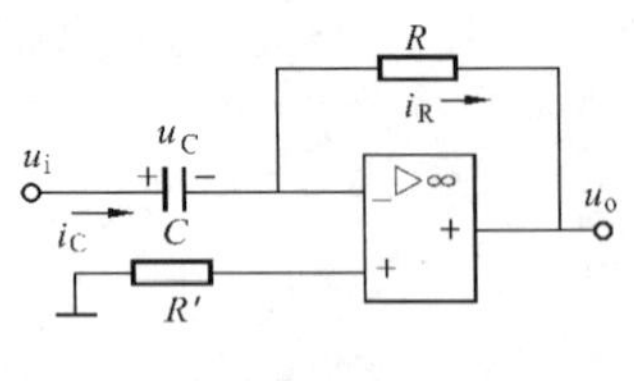

图 5-15　微分电路

二、微分电路

微分是积分的逆运算。将积分电路中 R 与 C 的位置互换，并选取比较小的时间常数 RC，即可组成基本微分电路，如图 5-15 所示。

利用“虚短”和“虚断”，即 $i_+=i_-=0$、$u_+=u_-=0$ 可得

$$i_C=i_R$$

则

$$u_o=-i_RR=-i_CR=-RC\frac{du_C}{dt}=-RC\frac{du_i}{dt} \tag{5-22}$$

可见，输出电压是输入电压的微分。

微分电路可以实现波形变换，当输入阶跃信号时，输出信号变为尖脉冲，如图 5-16 所示。

当输入信号是正弦波时，即 $u_i=U_m\sin\omega t$，则微分电路的输出电压为

$$u_o=-U_m\omega RC\cos\omega t$$

u_o 成为负的余弦波，波形比 u_i 滞后 90°，此时微分电路也实现移相作用。

上式同时表明，输出电压幅度将随频率的增加而线性地增加。即，当输入信号频率升高时，电容的容抗减小，放大倍数增大，造成电路对信号中的高频噪声非常敏感，因而输出信号中的噪声成分严重增加，信噪比大大下降。实用的微分电路往往在输入回路中串接一个小阻值电阻，但这将影响微分运算的精度。

微分电路对输入信号将产生相位滞后，它和集成运放中原有的滞后环节共同作用，很容易使电路产生自激振荡，使电路的稳定性变差。

当输入信号发生突变时有可能超过运放允许的共模电压，致使运放“堵塞”，使电路不能正常工作。图 5-17 为改进的微分电路。

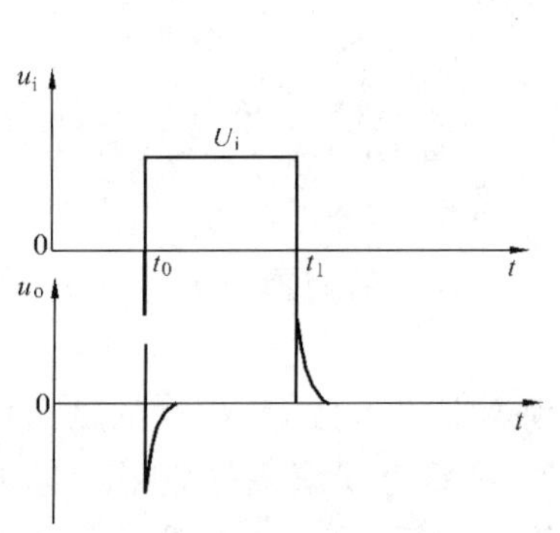

图 5-16　阶跃输入时的输出波形

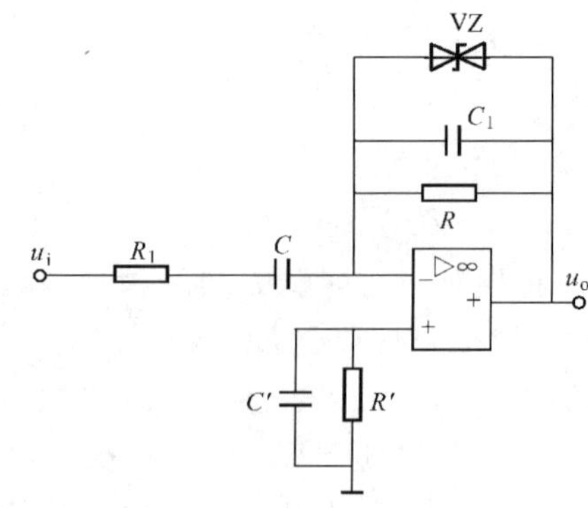

图 5-17　改进的微分电路

图 5-17 中在输入回路中加一个小阻值电阻与电容串联，以限制输入电流。在反馈回路

的电阻两端并联双向稳压管以限制输出电压。在平衡电阻 R' 和反馈回路电阻 R 两端各并联一个小容量电容，起到相位补偿作用。

第三节　对数与指数运算电路

一、对数运算电路

为了实现对数运算，需要有呈现指数关系的器件。半导体 PN 结的电压与电流间存在指数关系，利用半导体二极管可实现对数运算。电路如图 5-18 所示。

二极管电压电流间方程为

$$i_D = I_S(e^{\frac{u_D}{U_T}} - 1)$$

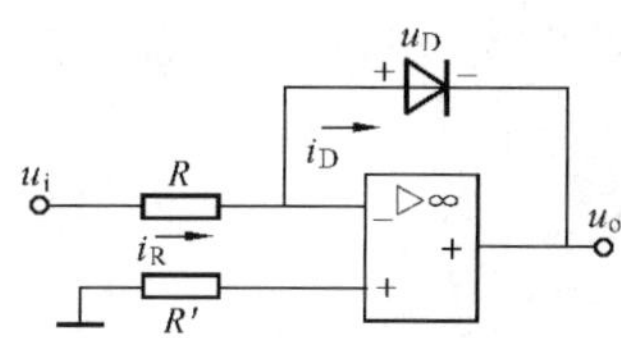

图 5-18　基本对数运算电路

式中：I_S 为二极管的反向饱和电流；U_T 为温度的电压当量，在常温下（$T=300K$），$U_T=26mV$。

当 $u_D \gg U_T$ 时，上式可近似为

$$i_D \approx I_S e^{\frac{u_D}{U_T}}$$

或

$$u_D \approx U_T \ln \frac{i_D}{I_S}$$

利用“虚短”和“虚断”，即 $i_+ = i_- = 0$、$u_+ = u_- = 0$ 可得

$$u_o = -u_D \approx -U_T \ln \frac{i_D}{I_S} = -U_T \ln \frac{i_R}{I_S} = -U_T \ln \frac{u_i}{I_S R} \tag{5-23}$$

即输出电压与输入电压的对数成正比。

由于二极管本身电流电压间的关系并不是严格的指数特性，故上述基本对数运算电路并不精确。在小信号输入时，u_D 值小，不能满足 $e^{\frac{u_D}{U_T}} \gg 1$ 的条件，因而误差较大。当通过二极管的电流较大时，二极管的伏安特性与指数曲线差别较大，故误差也较大。且二极管方程中 U_T 和 I_S 都是温度的函数，所以运算精度受温度影响很大。另外输出电压的幅度较小，$|u_o|$ 值等于二极管的正向压降，而且输入信号只能是单方向的。

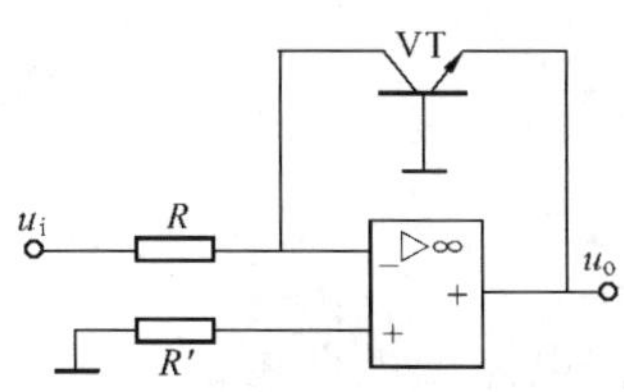

图 5-19　由三极管组成的对数运算电路

利用三极管接成二极管的形式接入电路中，可以在比较宽的电流范围内，获得较精确的对数关系。电路如图 5-19 所示。

为了克服温度变化对 I_S 的影响，可利用两个参数相同的三极管组成对称的电路，在输出电路中相减，即可抵消 I_S 的影响，实现温度补偿。还可采用热敏电阻补偿温度对 U_T 的影响。具体电路，可参阅有关文章。

二、指数运算电路

指数运算是对数运算的逆运算，因此只需将图 5-18 电路中的电阻 R 与二极管（或图 5-19 中的三极管）互换即可。电路如图 5-20 所示。

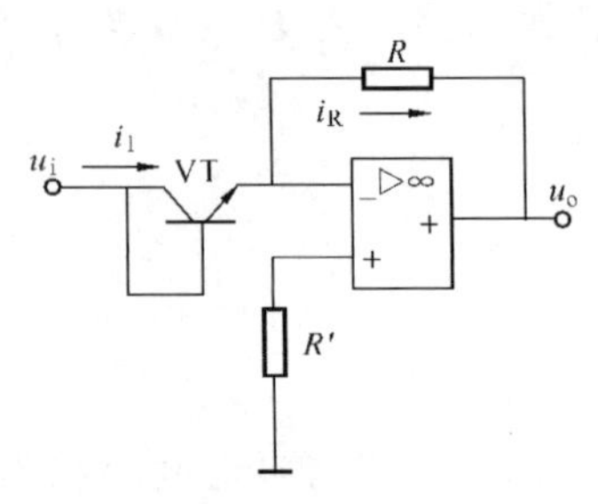

图 5-20 指数运算电路

当 $u_i>0$ 时，利用“虚短”和“虚断”，即 $i_+=i_-=0$、$u_+=u_-=0$ 可得

$$i_1 \approx I_S e^{\frac{u_{BE}}{U_T}} = I_S e^{\frac{u_i}{U_T}}$$

$$u_o = -i_R R = -I_S R e^{\frac{u_i}{U_T}} \tag{5-24}$$

输出电压正比于输入电压的指数。

与基本对数运算电路相同，基本指数运算电路同样具有输入信号范围较窄、误差大及受温度影响大等缺点，可以采用与对数电路类似的措施加以改进。

第四节 乘法和除法运算电路

乘法和除法电路可以对两个输入模拟信号实现乘法和除法运算。它们可以由对数、加法或减法、指数等电路组合而成。也有单片集成模拟乘法器，目前应用较多的是单片集成模拟乘法器。

一、乘法和除法电路

乘法电路的输出信号正比于两个输入信号的乘积，即

$$u_o = u_{i1} u_{i2}$$

上式取对数得

$$\ln u_o = \ln(u_{i1} u_{i2}) = \ln u_{i1} + \ln u_{i2}$$

或

$$u_o = e^{\ln u_{i1} + \ln u_{i2}} \tag{5-25}$$

显然式（5-25）可以应用两个对数运算电路，一个加法运算电路和一个指数运算电路来实现。实现这种乘法电路的电路框图如图 5-21 所示。

同理，除法电路的输出信号是两个输入信号相除，即

$$u_o = \frac{u_{i1}}{u_{i2}}$$

上式取对数得

$$\ln u_o = \ln \frac{u_{i1}}{u_{i2}} = \ln u_{i1} - \ln u_{i2}$$

或

$$u_o = e^{\ln u_{i1} - \ln u_{i2}} \tag{5-26}$$

对比乘法电路可看出，差别仅仅是将加法电路变为减法电路。除法电路的电路框图如图5-22所示。

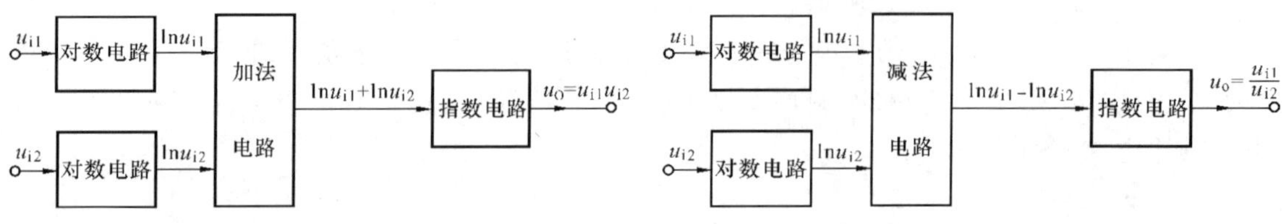

图 5-21 乘法运算电路框图

图 5-22 除法运算电路框图

二、模拟乘法器

1. 集成模拟乘法器

集成模拟乘法器是将乘法运算电路集成在一块单片集成电路中的一种模拟集成电路，应用十分广泛。模拟乘法器输出与输入的关系有两种，分别是

$$u_o = Ku_Xu_Y, \quad u_o = -Ku_Xu_Y$$

其中，K 为正值。

图 5-23 是常用模拟乘法器的电路符号，图 5-23（a）表示同相乘法器，图 5-23（b）表示反相乘法器，图 5-23（c）为旧符号。

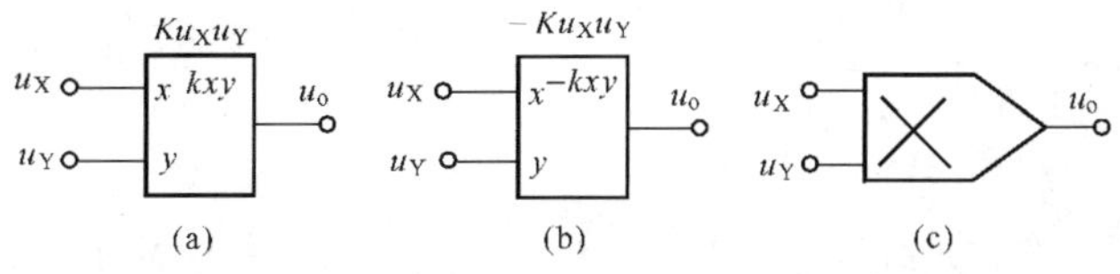

图 5-23　模拟乘法器电路符号

（a）同相乘法器新符号；（b）反相乘法器新符号；（c）旧符号

在模拟运算电路中，乘法电路常与集成运放联用。当电源电压为±15V时，模拟乘法器的输入电压最大值一般为±10V，其输出最大值一般也为±10V，因此常取 $K=0.1$，使 $u_{oM}=Ku_{XM}u_{YM}=10V$。在某些应用场合，K 可取任意值。

按输入电压允许的极性分类，模拟乘法器可分为三种：①四象限乘法器。它的两个输入端电压极性可正可负，或者正负交替。②两象限乘法器。它只允许两个输入电压之一极性可正可负，另一个应该是单极性的。③单象限乘法器。它两个输入电压都只能是单极性的。

实现乘法运算电路的方法很多，本节主要介绍变跨导式模拟乘法器。这种乘法器由于其电路比较简单、容易集成以及工作频率比较高等优点，是性能优良的通用型乘法器，实际产品有 MC1495/1595、AD534，国产有 BG314 等产品。

变跨导式模拟乘法器是以恒流源式差动放大电路为基础，并采用变跨导的原理而构成的模拟乘法器。图 5-24 为恒流源式差动放大电路，它的输出电压为

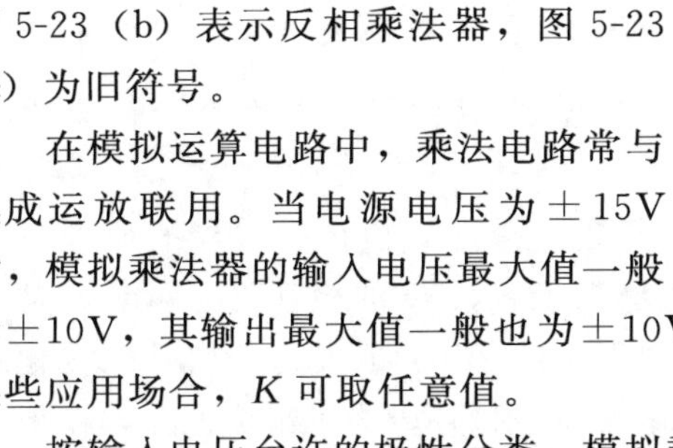

$$u_o = -\frac{\beta R_c}{r_{be}}u_X \tag{5-27}$$

其中

$$r_{be} = r_{bb'} + (1+\beta)\frac{U_T}{I_{EQ}}$$

图 5-24　恒流源式差动放大电路

当静态发射极电流 I_{EQ} 较小，$(1+\beta)\dfrac{U_T}{I_{EQ}} \gg r_{bb'}$ 时，可将 $r_{bb'}$ 忽略。设电路参数对称，则每管的 I_{EQ} 等于恒流源电流的一半，即 $I_{EQ}=\dfrac{1}{2}I$，则 r_{be} 可表示为

$$r_{be} \approx 2(1+\beta)\frac{U_T}{I}$$

代入式（5-27），可得

$$u_o \approx -\frac{\beta R_c}{2(1+\beta)U_T}u_XI \approx -\frac{R_c}{2U_T}u_XI \tag{5-28}$$

式（5-28）表明，输出电压正比于输入电压 u_X 与恒流源电流 I 的乘积。

假设恒流源电流 I 受另一个输入电压 u_Y 控制，则输出电压将正比于两个输入电压的乘积。如图 5-25 所示，当 $u_Y \gg u_{BE3}$ 时，恒流源电流为

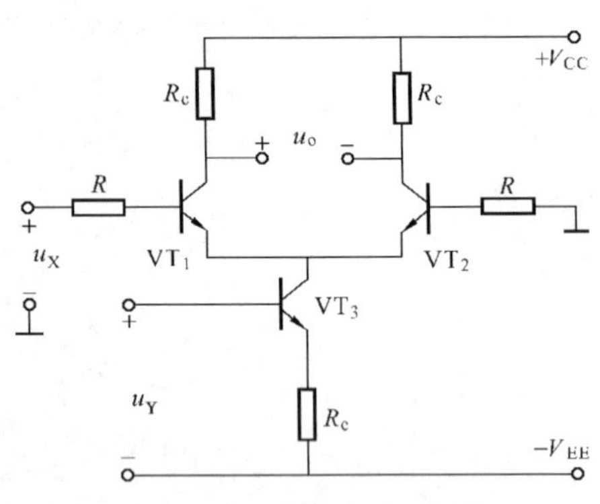

图 5-25　变跨导式乘法器原理电路

$$I=\frac{u_y-u_{BE2}}{R_e}\approx\frac{u_y}{R_e}$$

即 I 与 u_Y 成正比。将此式代入式（5-28），可得

$$u_o\approx-\frac{R_c}{2R_eU_T}u_Xu_Y \tag{5-29}$$

因此，实现了乘法运算。

在这种电路中，晶体管的跨导 $g_m\approx\frac{I_{EQ}}{U_T}$ 不是常数，而随输入电压 u_Y 变化，所以称为变跨导式模拟乘法器。

上述电路只是变跨导式模拟乘法器的原理性电路，电流 I 只能大于零，u_X 的极性可正可负，是一种两象限的模拟乘法器。它的缺点是 u_X、u_Y 的取值范围太小。为了扩大输入信号的变化范围，可用输入信号经过变换后的形式加在差分对管的输入端。另外，为了组成四象限模拟乘法器，可使 u_Y 的输入也采用差分输入形式，如双平衡式模拟乘法电路。进一步的分析可参阅有关文献。

2. 模拟乘法器的应用

利用模拟乘法器和运算放大器相结合，再加上各种不同的外接电路，可组成平方、平方根、高次方和高次方根的运算电路。利用模拟乘法器还可组成各种函数发生电路。在通信电路中，模拟乘法器还可用于振幅调制、混频、倍频、同步检波、鉴相、鉴频、自动增益控制等。模拟乘法器的应用十分广泛。下面介绍其在几个方面的应用。

（1）平方运算。将模拟乘法器的两个输入端接同一个输入信号，即可构成平方运算电路，如图 5-26 所示。

输出电压与输入电压的关系为

$$u_o=Ku_i^2 \tag{5-30}$$

同理，如果将几个乘法电路串联起来，就可组成高次方运算电路。图 5-27 所示为一个立方运算电路。

（2）平方根运算。用模拟乘法器组成的平方根电路如图 5-28 所示，由图可得

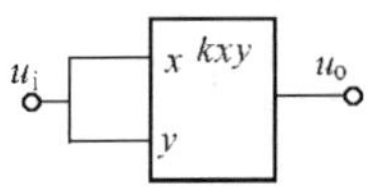

图 5-26　平方电路

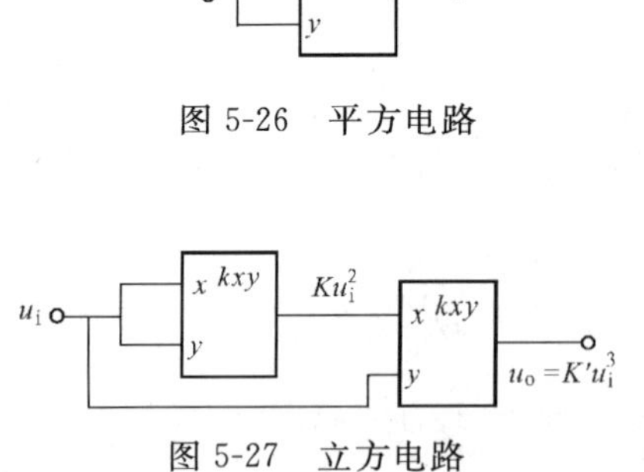

图 5-27　立方电路

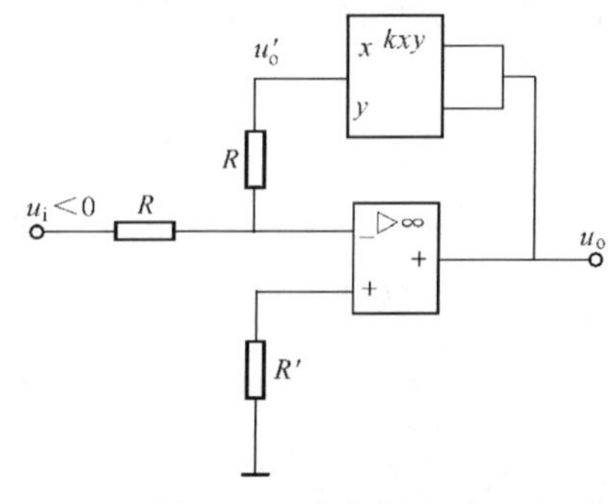

图 5-28　平方根电路

$$u'_o = Ku_o^2$$

利用“虚短”和“虚断”条件可求得

$$\frac{u_i}{R} = -\frac{u'_o}{R} = -K\frac{u_o^2}{R}$$

即

$$u_o = \sqrt{-\frac{u_i}{K}} \tag{5-31}$$

由式（5-31）可以看出，u_o 是 $-u_i$ 的平方根，因此输入信号 u_i 必须为负值。如果输入信号 u_i 为正，则必须采用反相乘法器，否则电路为正反馈，使电路不能正常工作。

（3）均方根运算电路。对于任意周期信号电压的有效值，即均方根值可以表示为

$$U_i = \sqrt{\overline{u_i^2(t)}} = \sqrt{\lim_{T\to\infty}\frac{1}{T}\int_0^T u_i^2(t)\,dt} \tag{5-32}$$

式中：T 为取平均的时间间隔。

均方根运算电路可以用图 5-29 所示的框图来实现。由于平均值即是函数的直流分量，故框图中的平均值电路可以用一个集成运放组成的低通滤波器来实现。按上述原理构成的均方根运算电路可以测量任意波形的周期性电压信号，包括噪声电压的有效值。

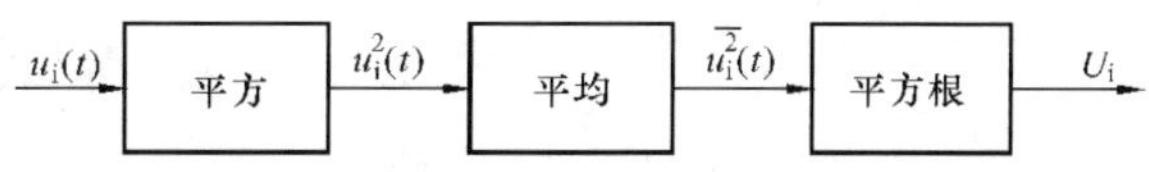

图 5-29　均方根电路框图

（4）除法运算。用模拟乘法器组成的除法电路如图 5-30 所示，由图可得

$$u'_o = Ku_Y u_o$$

利用“虚短”和“虚断”条件可求得

$$\frac{u_X}{R} = -\frac{u'_o}{R} = -K\frac{u_Y u_o}{R}$$

则

$$u_o = -\frac{1}{K}\frac{u_X}{u_Y} \tag{5-33}$$

即输出电压为两个输入电压相除。

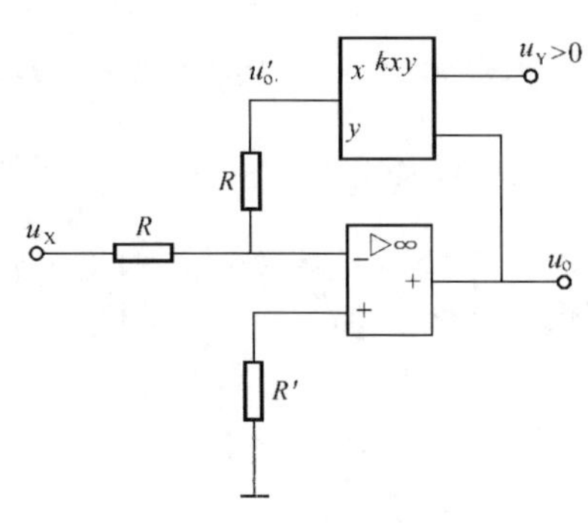

图 5-30　除法运算电路

在图 5-30 所示电路中，为使电路能够稳定工作，必须使 u'_o 的极性与 u_X 的极性相反，否则电路成为正反馈，不能正常工作。为了保证 u'_o 与 u_X 反相，如果电路中使用的是同相乘法器，则 u_Y 的极性必须为正。反之，若使用的是反相乘法器，则 u_Y 的极性必须为负。但 u_X 的极性可正可负。因此这种电路是二象限乘法器。

（5）倍频。如果将一个正弦波电压同时接到乘法器的两个输入端，即

$$u_X = u_Y = U_m \sin\omega t$$

则乘法器的输出电压为

$$u_o = Ku_X u_Y = K(U_m \sin\omega t)^2 = \frac{1}{2}U_m^2(1-\cos 2\omega t) \tag{5-34}$$

输出电压中包含两部分，一部分是直流分量，另一部分是角频率为 2ω 的余弦电压。可在输出端接一个隔直流电路，如电容，即可将直流电压隔离，则输出可得到二倍频的余弦波输出电压，实现了倍频。

(6) 电压增益控制。若模拟乘法器的一个输入端接直流控制电压 U_C，另一个输入端接输入信号 u_i，则输出电压为

$$u_o = KU_C u_i$$

此时乘法器相当于一个电压增益为 $A_u = KU_C$ 的放大器，其电压增益 A_u 与控制电压 U_C 成正比，则电路的增益将随直流控制电压的大小而变化，因此是压控增益放大器。

(7) 功率测量。将被测电路的电压信号与电流信号（转换为电压信号）分别接到乘法器的两个输入端，则其输出电压即反映了被测信号的功率。

第五节 有源滤波电路

一、滤波电路

1. 滤波电路的功能

在电子电路的输入信号中，一般包含很多频率分量，其中有需要的频率分量，也有不需要的，甚至是对电路的工作有害的频率分量（如高频干扰和噪声）。滤波电路的作用实质上就是“选频”，即容许某一频段的信号顺利通过，而使其余频段的信号被尽可能地抑制或削弱（即被滤掉）。通常将能够通过滤波电路的信号频率范围称为滤波电路的“通带”（通频带）。在通带内，滤波电路的增益应保持常数。将滤波电路应加以抑制或削弱的信号频率范围叫阻带。在阻带内，滤波电路的增益应该为零或很小。

2. 滤波电路的一般分析方法

在滤波电路中，为了将有用的频率段分量分离出来，电路中一般情况下常包含输出量随频率变化的网络，通常它们是 R、C，L、C 元件的串联和并联组合。在分析这种电路时，一般通过拉普拉式变换，将电压和电流变换成象函数 $U(s)$ 和 $I(s)$，而 R、C 等元件的阻抗被变换成“复阻抗”的形式。电阻的复阻抗为 R，电容元件的复阻抗为 $Z_C(s)=\frac{1}{SC}$，电感的复阻抗为 $Z_L(s)=SL$。在求得运算电路的传递函数 $A_u(s)=\frac{U_o(s)}{U_i(s)}$后，应用“拉氏反变换”就可求得表示输出量与输入量在时间域内的关系的微分方程式。对于实际的频率来说，即输入信号为周期性频率时，$S=j\omega$，即用 $j\omega$ 替换 S 可得传递函数的频率特性，即

$$A_u(j\omega) = |A(j\omega)| e^{j\varphi(\omega)}$$

式中：$|A(j\omega)|$ 为传递函数的模；$\varphi(\omega)$为其相角。

通常用幅频特性，即 $|A(j\omega)|$ 随频率的变化关系来表征一个滤波电路的特性。

3. 滤波电路的分类

根据滤波电路工作信号的频率范围，滤波电路可以分为四大类，它们分别是低通滤波电路、高通滤波电路、带通滤波电路和带阻滤波电路。

(1) 低通滤波电路。其功能是通过从零至某一上限截止频率 f_H 的低频信号，而对超过

f_H 的所有频率分量全部加以抑制。其带宽 $BW=f_H$。理想的低通滤波电路的幅频特性如图5-31（a）所示。

（2）高通滤波电路。与低通滤波电路的特性相反，高通滤波电路是对某一下限截止频率 f_L 以上的信号频率分量可以通过，f_L 以下的频率分量抑制。幅频特性如图5-31（b）所示。理论上，高通滤波电路的通频带范围可以到 $f\to\infty$。实际上由于受器件及电路等的限制，其通频带也是有限的。

（3）带通滤波电路。其通带范围为下限频率 f_L 至上限频率 f_H，其余部分为阻带。幅频特性如图5-31（c）所示。带宽 $BW=f_H-f_L$，通带中点的频率 f_0 称为中心频率。

（4）带阻滤波电路。与带通滤波电路相反，其阻带范围为下限频率 f_L 至上限频率 f_H，其余部分为通带。幅频特性如图5-31（d）所示。带阻滤波电路阻带中点的频率 f_0 为“中心频率”。

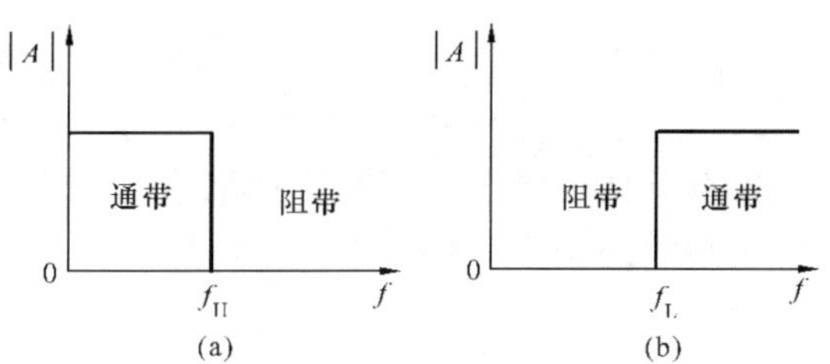

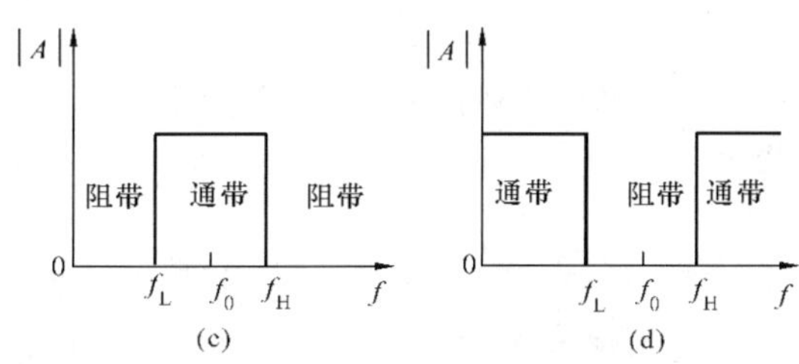

图5-31　滤波电路的理想幅频特性
（a）低通；（b）高通；
（c）带通；（d）带阻

二、有源滤波电路

利用集成运放开环增益高、输入电阻高、输出电阻低等优点，由集成运放与 R、C 元件构成的无源滤波网络组合在一起，即可构成有源滤波电路。它克服了无源滤波网络放大倍数低、带负载能力差以及负载电阻影响通带截止频率等缺点，具有不用电感、体积小、重量轻等优点。但是，集成运放的带宽有限，所以目前有源滤波电路的工作频率只可达1MHz左右，这是它的不足之处。

1. 一阶有源滤波电路

将一级 RC 低通电路的输出端再加上一个运放组成的同相放大器，利用同相放大器输入电阻高，输出电阻低的特点，可以隔离负载电阻对 RC 电路的影响，增强了带负载能力，也可以有放大作用，即构成了一个简单的一阶有源低通滤波电路，如图5-32所示。由图可得

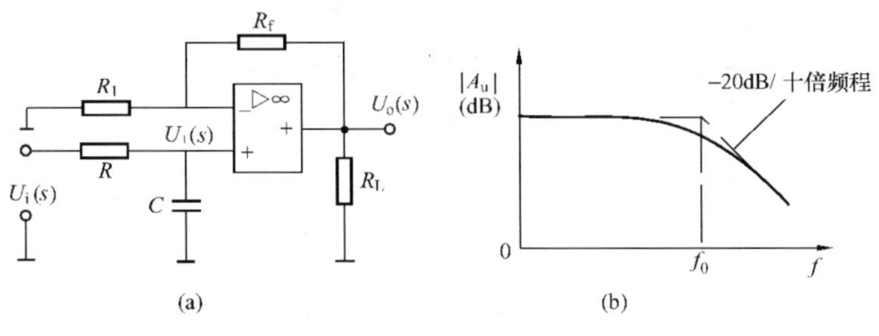

图5-32　一阶低通有源滤波电路
（a）电路图；（b）对数频率特性

$$U_o(s)=U_+(s)\left(1+\frac{R_f}{R_1}\right) \tag{5-35}$$

而
$$U_+(s)=\frac{\frac{1}{sC}}{R+\frac{1}{sC}}U_i(s)=\frac{1}{1+sRC}U_i(s) \tag{5-36}$$

由式（5-35）、式（5-36）可得

$$A_u(s)=\frac{U_o(s)}{U_i(s)}=\frac{1}{1+sRC}\left(1+\frac{R_f}{R_1}\right)=\frac{A_{up}}{1+\frac{s}{\omega_0}} \tag{5-37}$$

式中：$A_{up}=1+R_F/R_1$ 为同相放大器的电压增益；$\omega_0=1/RC$，是低通电路的上限截止角频率。

上述有源低通滤波电路的传递函数的分母为 s 的一次幂，故称为一阶滤波电路。

对于实际的频率，将式中 s 替换为 $j\omega$，即可得电路的频率特性 A_u（$j\omega$），即

$$\dot{A}_u=\frac{A_{up}}{1+j\frac{\omega}{\omega_0}}=\frac{A_{up}}{1+j\frac{f}{f_0}} \tag{5-38}$$

图 5-32（b）为此低通滤波电路的幅频特性。

将上述有源滤波电路的 R 与 C 互换位置，即可得到一阶高通有源滤波电路。这里不再赘述。

由图 5-32（b）可以看出，一阶滤波电路的滤波特性与理想的滤波电路特性相比，差别很大。在理想情况下，希望 $f>f_0$ 时，电压放大倍数立即降到零，但一阶滤波电路的对数幅频特性只是以－20dB/十倍频程的缓慢速度下降。

为了使滤波特性更接近于理想情况，可采用高阶滤波电路。二阶可达－40dB/十倍频程的下降速度，三阶可达－60dB/十倍频程的下降速度。

2. 二阶有源滤波电路

（1）二阶压控电压源有源低通滤波电路。在一阶低通滤波电路的基础上，再加一级无源 RC 低通滤波电路，就构成了简单的二阶低通滤波电路，如图 5-33（a）所示。这种电路的缺点是在 $f=f_0$ 附近，幅频特性实际值与理想特性值之差甚至比一阶滤波电路的还大。为了提高 $f=f_0$ 处的幅频特性的值，可将电容 C_1 的接地点改接到运放的输出端，组成二阶压控电压源低通滤波电路，如图 5-33（b）所示。

对于图 5-33（b）中电路，根据“虚短”和“虚断”的特点可得

$$U_+=U_-=\frac{R_1}{R_1+R_f}U_o=\frac{U_o}{A_{up}} \tag{5-39}$$

式中
$$A_{up}=\frac{R_1+R_f}{R_f}=1+\frac{R_f}{R_1}$$

设两级 RC 电路的电阻、电容值相等，并设两个电阻 R 之间一点的电位为 U_M，对于电路可列出方程式

$$\frac{U_i(s)-U_M(s)}{R}=\frac{U_M(s)-U_o(s)}{\frac{1}{sC}}+\frac{U_M(s)-U_+(s)}{R} \tag{5-40}$$

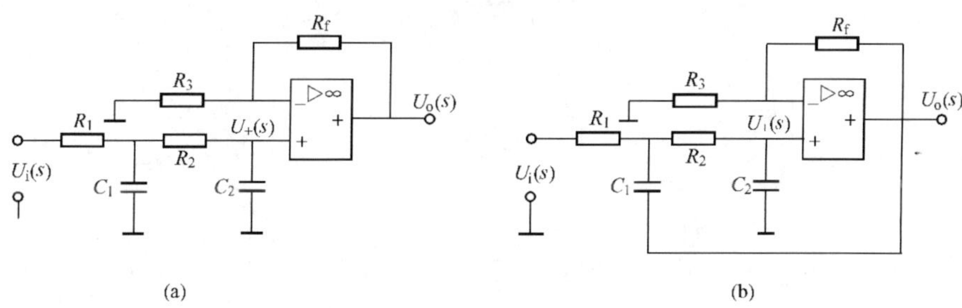

图 5-33　二阶低通滤波电路

$$U_+(s)=U_M(s)\frac{\frac{1}{sC}}{R+\frac{1}{sC}}=U_M(s)\frac{1}{1+sRC} \tag{5-41}$$

联立式（5-39）～式（5-41）可解得

$$A_u(s)=\frac{U_o(s)}{U_i(s)}=\frac{A_{up}}{1+(3-A_{up})sRC+s^2(RC)^2} \tag{5-42}$$

由于式中 $A_u(s)$ 分母上 s 的方次为 2，所以这种滤波电路是二阶的。

对于实际的频率，将式（5-42）中的 s 用 $j\omega$ 替代，同时令 $\omega_0=\frac{1}{RC}$、$Q=\frac{1}{3-A_{up}}$ 则

$$\dot{A}_u=\frac{A_{up}}{1-\left(\frac{\omega}{\omega_0}\right)^2+j\frac{1}{Q}\frac{\omega}{\omega_0}}=\frac{A_{up}}{1-\left(\frac{f}{f_0}\right)^2+j\frac{1}{Q}\frac{f}{f_0}} \tag{5-43}$$

由式（5-43）可知，当 $f=0$ 时，$A_u=A_{up}=1+R_f/R_1$，可见二阶低通滤波电路的通带电压放大倍数和截止频率与一阶低通滤波电路相同。

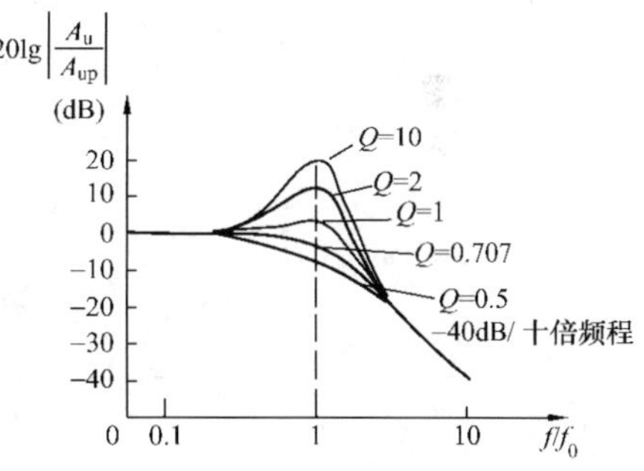

图 5-34　二阶压控电压源低通滤波电路对数幅频特性

不同 Q 值时，二阶低通滤波电路的幅频特性如图 5-34 所示。由图可见，在 f_0 附近幅频增益随 Q 值变化较大，Q 值愈大增益愈大。Q 的定义类似于谐振回路中的品质因素，故称为“等效品质因素”，而将 $1/Q$ 称为阻尼系数。由图 5-34 可看出，当 $Q=1$ 时的特性曲线最好，可以获得较好的滤波效果。

需要注意的是，当 $A_{up}=3$ 时，Q 将趋于无穷大，表示电路将产生自激振荡。为了避免产生振荡，选择电路元件参数时应使 $R_f<2R_1$。

若要进一步改善滤波特性，可将多个二阶滤波电路串接起来，构成更高阶的滤波电路。

（2）二阶压控电压源有源高通滤波电路。如将低通滤波电路中起滤波作用的电阻和电容的位置互换，即可组成相应的高通滤波电路，如图 5-35 所示。利用与二阶低通滤波电路类似的分析方法，不难得出其电压放大倍数为

$$\dot{A}_u=\frac{A_{up}}{1-\left(\frac{\omega_0}{\omega}\right)^2-j\frac{1}{Q}\frac{\omega_0}{\omega}}=\frac{A_{up}}{1-\left(\frac{f_0}{f}\right)^2-j\frac{1}{Q}\frac{f_0}{f}} \tag{5-44}$$

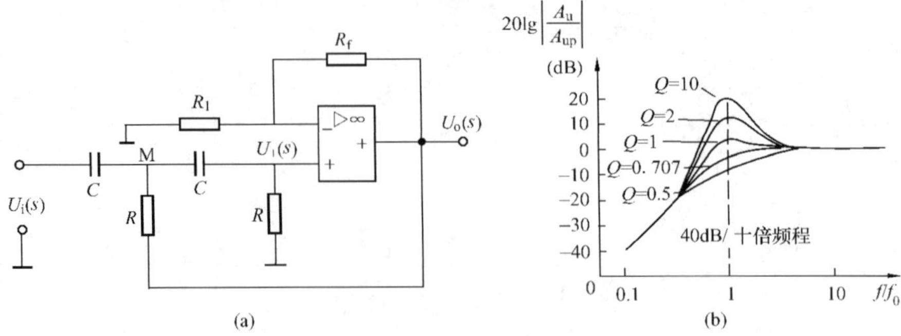

图 5-35　二阶高通滤波电路

（a）电路图；（b）对数幅频特性

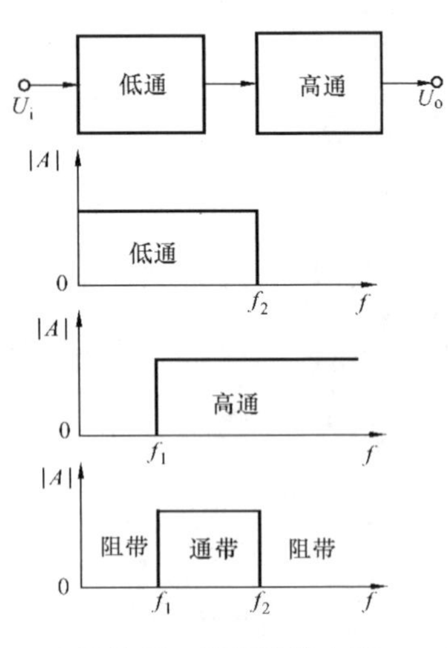

图 5-36　带通滤波电路原理示意图

通过对比可看出，高通滤波电路与低通滤波电路的对数幅频特性互为“镜像”关系，如图 5-35（b）所示。

（3）带通滤波电路。若将低通滤波电路和高通滤波电路串联起来，使得低通滤波电路的上限截止频率 f_2 高于高通滤波电路的下限截止频率 f_1，则其通频带为上述两个滤波电路的重叠部分，即可获得带通滤波电路，如图 5-36 所示。

根据以上原理组成的带通滤波电路的典型电路如图 5-37（a）所示。由图可看出输入端的电阻 R 与电容 C 组成低通电路，另一个电容 C 和电阻 R_2 组成高通电路，二者串联接到运放的同相输入端，其余部分与前述二阶电路相同。

为方便计算，设 $R_2=2R$，$R_3=R$，应用与前面所述二阶低通电路相同的分析法可求得上述带通滤波电路传递函数为

$$A_u(s)=\frac{U_o(s)}{U_i(s)}=\frac{A_{up}sRC}{1+(3-A_{up})sRC+s^2(RC)^2} \tag{5-45}$$

对于实际的频率，将式（5-45）中的 s 用 $j\omega$ 替代，同时令 $\omega_0=\frac{1}{RC}$、$Q=\frac{1}{3-A_{up}}$，则其电压放大倍数为

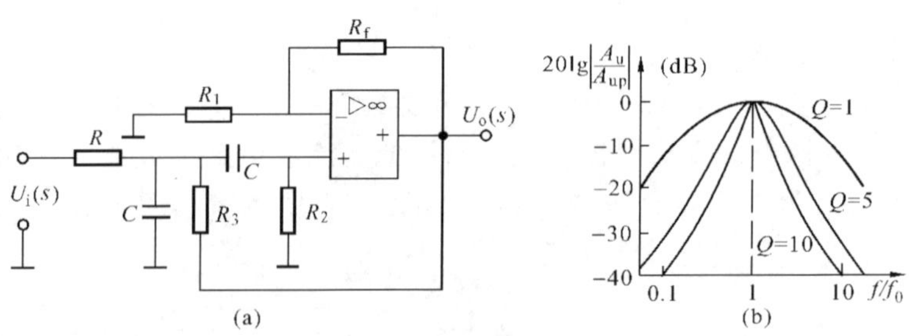

图 5-37　带通滤波电路

（a）电路图；（b）对数幅频特性

$$\dot{A}_u = \frac{\dfrac{A_{up}}{3-A_{up}}}{1+jQ\left(\dfrac{\omega}{\omega_0}-\dfrac{\omega_0}{\omega}\right)} = \frac{A_{u0}}{1+jQ\left(\dfrac{f}{f_0}-\dfrac{f_0}{f}\right)} \tag{5-46}$$

式中
$$A_{u0} = \frac{A_{up}}{3-A_{up}}$$

其对数幅频特性如图 5-37（b）所示。由图可见 Q 值愈大，通带愈窄。

此外，可将 $|\dot{A}_u| = \dfrac{A_{u0}}{\sqrt{2}}$ 时的值代入式（5-46）可求得其上下限截止频率，从而计算出带通滤波电路的带宽

$$BW = f_2 - f_1 = (3-A_{up})f_0 = \left(2-\frac{R_f}{R_1}\right)f_0 \tag{5-47}$$

由式（5-47）可知，改变 R_f 或 R_1 的阻值可以调节通带宽度，但中心频率 f_0 不变。同时为了避免产生自激振荡，选电阻时应保证 $R_f < 2R_1$。

（4）带阻滤波电路。带阻滤波电路的作用与带通滤波电路的作用相反，即在规定的频带内信号被阻断，而在此频带外，信号可以顺利通过。将低通滤波电路与高通滤波电路并联在一起，可以形成带阻滤波电路，如图 5-38 所示。

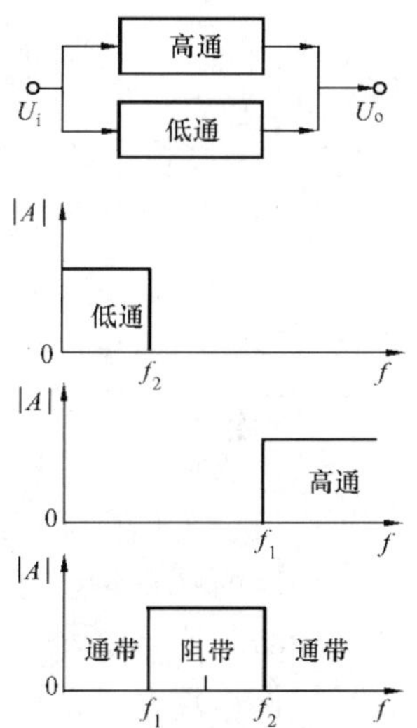

图 5-38　带阻滤波电路原理示意图

常用的带阻滤波电路如图 5-39（a）所示。输入信号经过一个由 RC 元件组成的双 T 选频网络，然后接至运放的同相输入端。双 T 网络是由 T 形低通滤波电路与 T 形高通滤波电路并联而组成。

当双 T 网络电阻和电容的取值为高通 T 形网络的电容同为 C，电阻为 $R/2$；低通 T 形网络的电阻同为 R，电容为 $2C$ 时，通过与前面相同的分析得到带阻滤波电路的传递函数为

$$A_u(s) = \frac{U_o(s)}{U_i(s)} = \frac{A_{up}[1+(sRC)^2]}{1+2(2-A_{up})sRC+(sRC)^2} \tag{5-48}$$

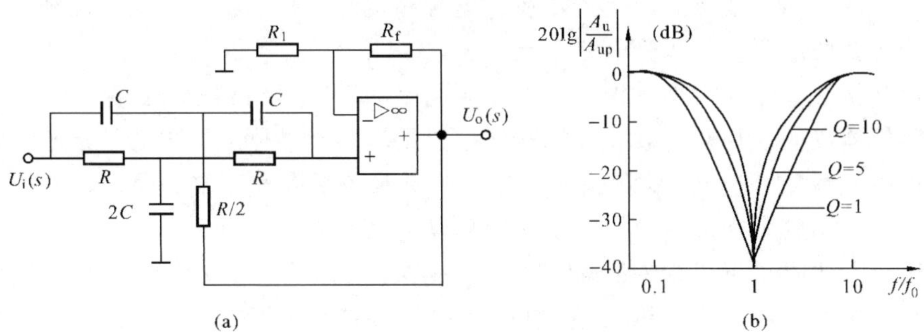

图 5-39　带阻滤波电路
（a）电路图；（b）对数幅频特性

对于实际的频率，将式（5-48）中的 s 用 $j\omega$ 替代，同时令 $\omega_0=\dfrac{1}{RC}$，则其电压放大倍数为

$$\dot{A}_u=\frac{1-\left(\dfrac{f}{f_0}\right)^2}{1-\left(\dfrac{f}{f_0}\right)^2+j2(2-A_{up})\dfrac{f}{f_0}}A_{up}=\frac{A_{up}}{1+j\dfrac{1}{Q}\dfrac{ff_0}{f_0^2-f^2}} \tag{5-49}$$

式中
$$f_0=\frac{1}{2\pi RC},\ A_{up}=1+\frac{R_f}{R_1},\ Q=\frac{1}{2(2-A_{up})}$$

根据式（5-49）可画出不同 Q 值时带阻滤波电路的对数幅频特性如图 5-39（b）所示。由图可见 A_{up} 愈接近 2，则 Q 值愈大，阻带宽度愈窄，即选频特性愈好。

本 章 小 结

本章主要介绍由集成运放组成的各种模拟信号运算电路。模拟信号的运算是集成运算放大器的典型应用。

（1）在集成运放的线性应用中，由于电路的输入输出信号均为模拟量，因此要求运算电路中的集成运放工作在线性区。为保证电路工作在线性工作区，运算电路在电路结构上通常都引入了深度的负反馈。在分析电路时，始终将运放工作在线性区时的两个特点，即“虚短”和“虚断”作为基本出发点。

（2）比例运算电路是最基本的运算电路，其他运算电路都是在比例运算电路的基础上扩展、演变得到的。在三种比例运算电路中反相输入与同相输入是最基本的运算电路。反相比例运算电路的输出电压与输入电压间的关系为 $u_o=-\dfrac{R_f}{R_1}u_i$。同相比例运算电路的输出电压与输入电压间的关系为 $u_o=\left(1+\dfrac{R_f}{R_1}\right)u_i$。

在求和电路中，重点介绍了应用比较广泛的反相输入求和电路。求和电路也可以采用同相输入和差分输入方式，但实际中由于这两种电路参数的调整比较繁琐，因此实际上应用较少。

（3）积分与微分互为逆运算，这两种电路是分别将反相比例电路的反馈回路和输入回路的电阻换为电容而构成的，其原理是利用流过电容上的电流与电压之间存在的微分关系。

积分电路广泛应用于波形的产生及变换、延时和定时、自动控制和测量系统、模拟计算系统等。微分电路的应用不如积分电路广泛。

（4）对数和指数电路同样是分别将反相比例电路的反馈回路和输入回路的电阻换为具有指数关系的器件构成的。具有指数关系的器件主要是利用半导体 PN 结正向导通时电流与电压间存在着指数关系。由于 PN 结电流与电压间的指数关系存在一定的误差，这种对数和指数电路在实际中应用较少，实际中的对数和指数电路是改进后的电路。

（5）乘法和除法电路可以由对数和指数电路组成，也可以由变跨导式模拟乘法电路构成。本章主要介绍变跨导式模拟乘法器。目前实际应用的模拟乘法器大多为集成模拟乘法器。乘法器可以组成模拟运算电路、频率变换电路、压控增益电路等，广泛应用于电子测量、无线电通信等方面。

习　　题

5-1　在图 5-40 所示的 T 形反馈网络电路中，已知 $R_1=100\text{k}\Omega$，$R_2=R_3=30\text{k}\Omega$，$R_4=1\text{k}\Omega$，$u_i=0.5\text{V}$。

（1）求输出电压 u_o。

（2）如果反馈回路中改接单一的电阻 R_f，同时要保持电压放大倍数不变，R_f 应为多大？

5-2　试设计一个比例运算放大电路，实现以下运算关系

$$A_u=\frac{u_o}{u_i}=0.1$$

要求画出电路原理图，并估算个电阻的阻值。希望所用电阻的阻值在 20～200kΩ 的范围内。

5-3　图 5-41 是由理想集成运放组成的运算电路。

（1）试求电路的输出电压与输入电压之间的关系。

（2）为减小失调，图中的 R_{P1} 和 R_{P2} 应如何取值？

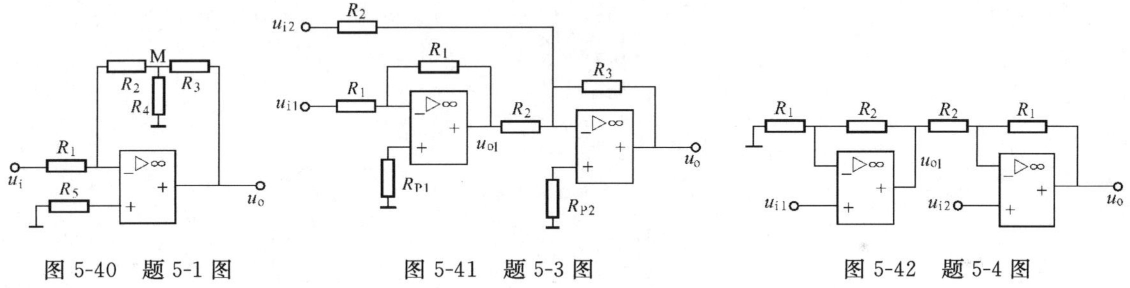

图 5-40　题 5-1 图　　图 5-41　题 5-3 图　　图 5-42　题 5-4 图

5-4　试证明图 5-42 中，$u_o=\left(1+\frac{R_1}{R_2}\right)(u_{i2}-u_{i1})$。

5-5　试用集成运放组成满足下述要求的模拟运算电路。

（1）利用一个运放组成满足 $u_o=-(3u_{i1}+0.5u_{i2})$ 的反相加法运算电路。对于 2V 的信号输入时，其最大输入电流不超过 0.1mA。

（2）利用一个运放及阻值不少于 10kΩ 的若干电阻，组成 $u_o=2u_{i1}+u_{i2}+3u_{i3}$ 运算的电路。

（3）利用两个运放分别组成 $u_o=2u_{i1}-4u_{i2}$ 的减法运算电路和 $u_o=2u_{i1}+4u_{i2}$ 的加法运算电路。

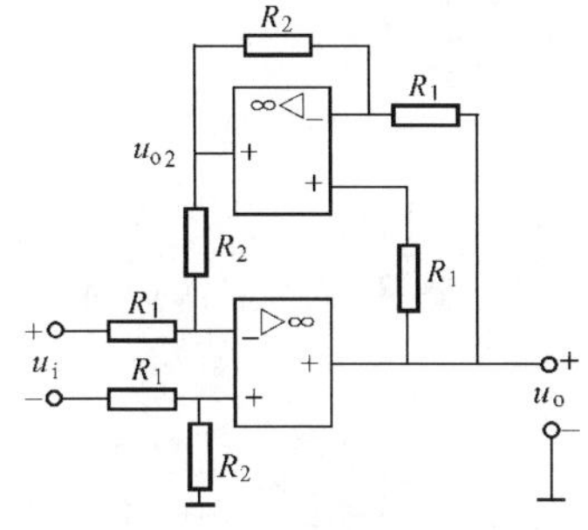

图 5-43　题 5-6 图

5-6　图 5-43 是由理想集成运放组成的运算电路，试证明输出电压 u_o 与输入电压 u_i 的关系为 $u_o=-\frac{R_2}{R_1}u_i$。

5-7　由理想集成运放组成的可提高反相比例运算电路输入电阻的电路如图 5-44 所示。

（1）试求电路输出电压与输入电压的关系式。

（2）试证明电路中如 $R=R_1$ 时，输入电阻 $R_i=\infty$。

5-8　图 5-45 是一个放大倍数可以进行线性调节的运算电路。说明各运放的功能，并推导出 $A_u=\dfrac{u_o}{u_{i1}-u_{i2}}$ 的表达式。

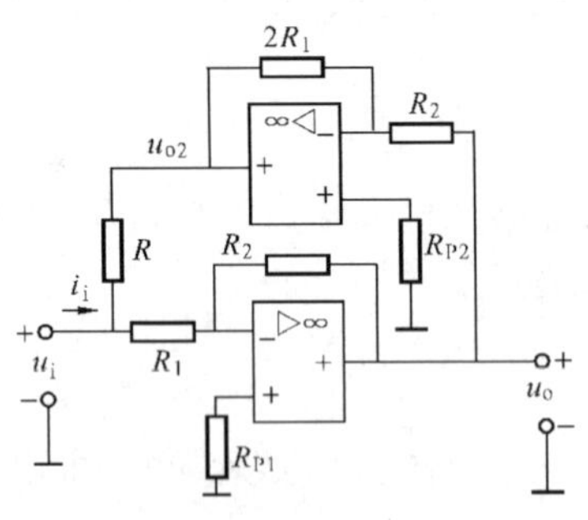

图 5-44　题 5-7 图

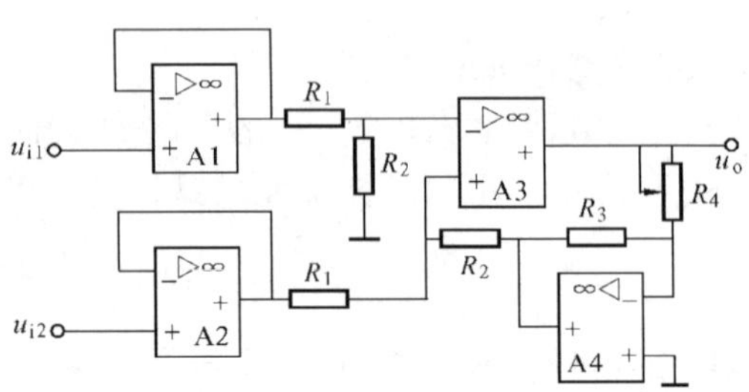

图 5-45　题 5-8 图

5-9　同相放大电路的通用调零电路如图 5-46 所示。试求电路的调零范围（调零时 $u_i=0$）。

5-10　反相加法电路如图 5-47（a）所示，u_{i1} 和 u_{i2} 的波形如图 5-47（b）所示。试完成：

（1）求输出电压与输入电压的关系式。

（2）若电阻 $R_1=R_2=R_f=R$，试画出输出电压 u_o 的波形，并在图上标明相应电压的数值。

（3）若电阻 $R_1=R_f=R$，$R_2=2R$，重复（2）。

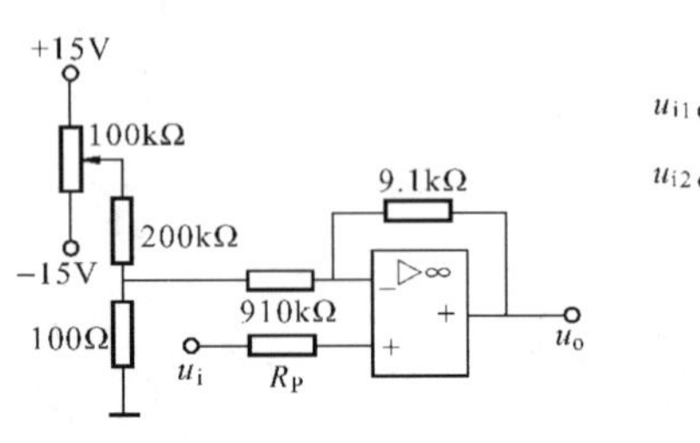

图 5-46　题 5-9 图

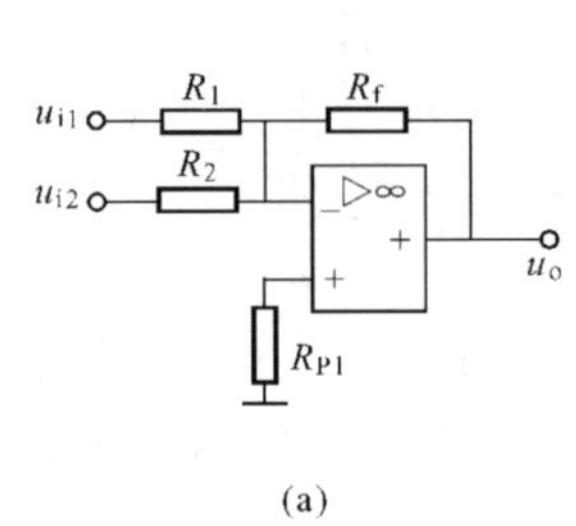

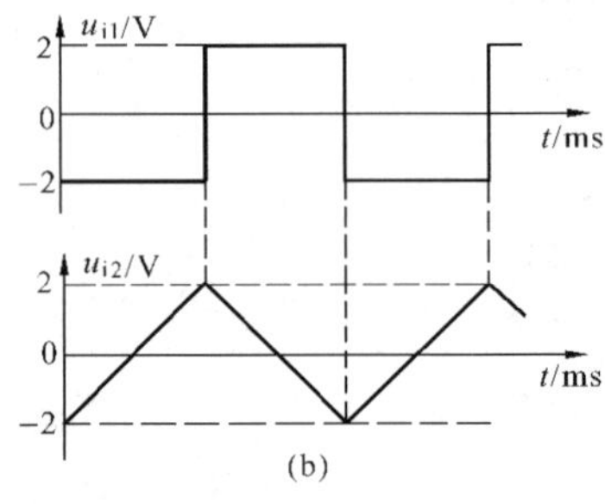

图 5-47　题 5-10 图

5-11　图 5-48 所示为一全波精密整流电路。试完成：

（1）阐述电路工作原理。

（2）画出当输入信号 $u_i=10\sin\omega t$ 时输出 u_{o1} 和 u_o 的波形。

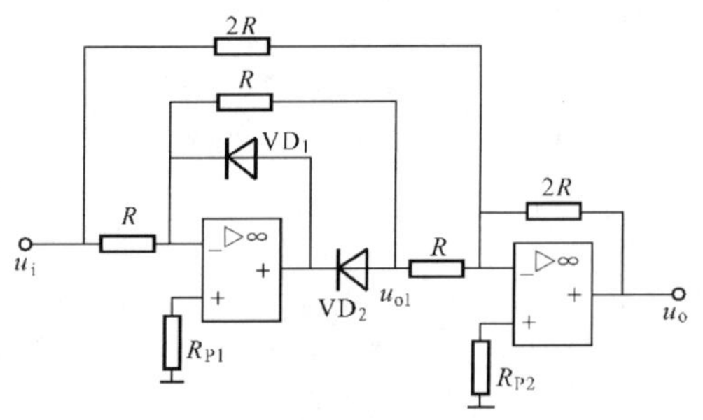

图 5-48　题 5-11 图

5-12　积分电路如图 5-49（a）所示，输入信号如图 5-49（b）所示。设电容 C 上初始电压为零。试完成：

（1）设运放的最大输出电压为 ±24V，画出 u_o 的波形。

（2）设运放的最大输出电压为 ±12V，画出 u_o 的波形。

5-13　差动积分电路如图 5-50 所示。设运放均为理想运放，设电容器两端初始电压为零。试完成：

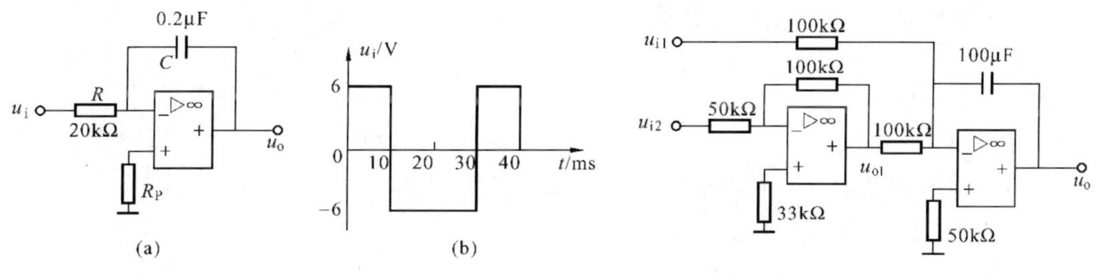

图 5-49　题 5-12 图　　　　图 5-50　题 5-13 图

（1）求 u_o 与 u_i 的关系式。

（2）为使 $u_{i2}=1$V 时，u_o 维持在 0V，求 u_{i1}。

（3）设 $u_{i2}=1$V，$u_{i1}=0$V 时，求 $t=0$ 时的 u_o 值和 $t=10$s 时的 u_o 值。

5-14　电路如图 5-51（a）所示。图中 MOS 开关管栅极的控制电压如图 5-51（b）所示，当 u_G 高电平时 MOS 管导通，设导通电阻为零。电容器两端初始电压为零。$u_i=1$V，试画出 u_{o1} 和 u_{o2} 的波形，并标出相关的数值。

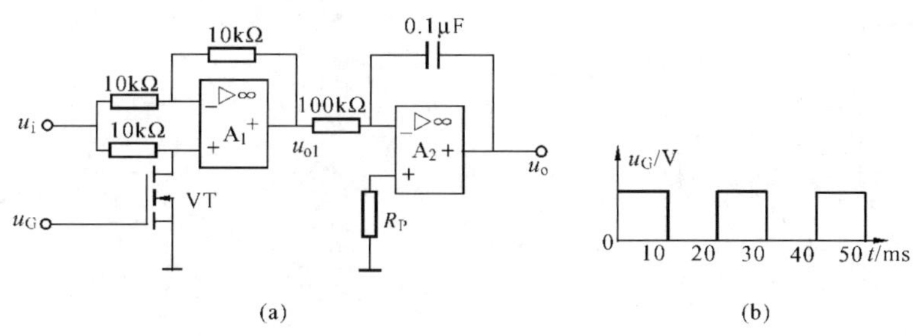

图 5-51　题 5-14 图

5-15　电路如图 5-52 所示，设各三极管的参数相同。试完成：

（1）说明运放 A_1、A_2 和 A_3 组成的电路的名称。

（2）说明电路对 u_i 的要求。

（3）推导出电路输出电压与输入电压之间的关系式。

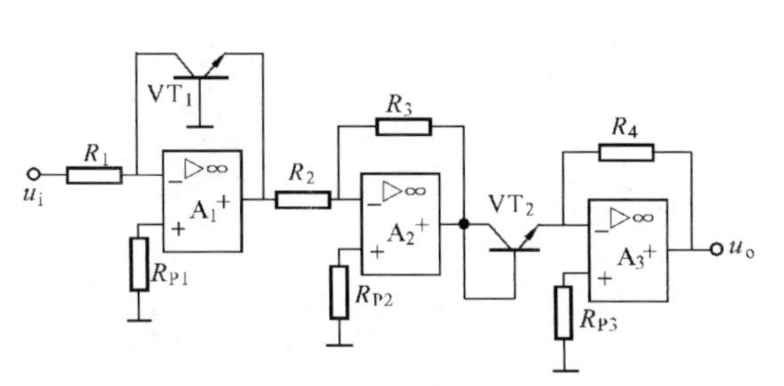

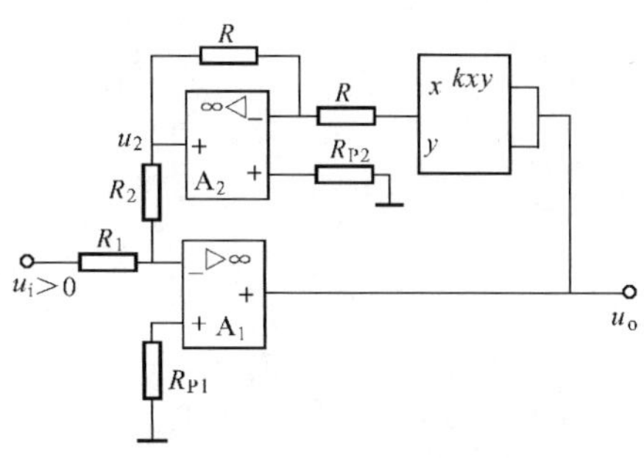

图 5-52　题 5-15 图　　　　图 5-53　题 5-16 图

5-16　运算电路如图 5-53 所示，试求输出电压 u_o 与输入电压 u_i 的关系式，并说明该电路是何种运算电路。

5-17　用模拟乘法电路组成实现 $u_o = K\sqrt{u_X^2 + u_Y^2}$ 的运算电路。

5-18　图 5-54 所示为一个有效值检测电路。若电路中电阻 $R_2=\infty$，试证明输出电压 $u_o=\sqrt{\frac{1}{T}\int_0^T u_i^2(t)\mathrm{d}t}$。

5-19　在下列情况下，应采用哪一种滤波电路（低通、高通、带通、带阻）？

（1）有用信号频率为 4kHz。

（2）有用信号频率低于 500Hz。

（3）要求抑制 50Hz 交流电源的干扰。

（4）要求抑制 1kHz 以下的信号。

5-20　有一高通网络，设其下限截止频率为 f_L，另有一低通网络，设其上限截止频率为 f_H。试完成：

（1）两网络如何连接才能得到宽频带滤波电路？f_L 和 f_H 的关系如何？

（2）两网络如何连接才能得到带阻滤波电路？f_L 和 f_H 的关系又如何？

5-21　电路如图 5-55 所示。求出其传递函数和主要性能参数，并说明其功能。

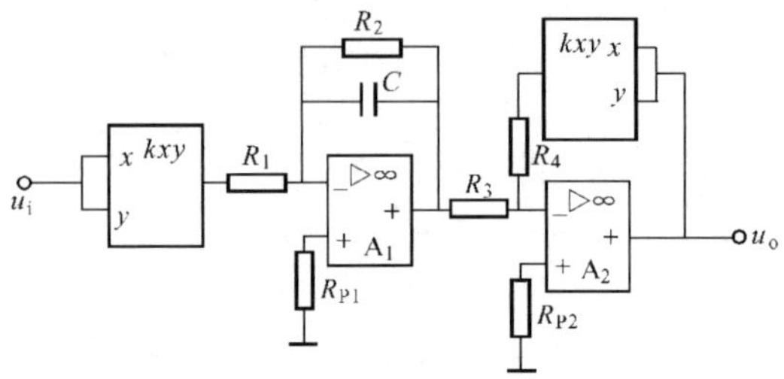

图 5-54　题 5-18 图

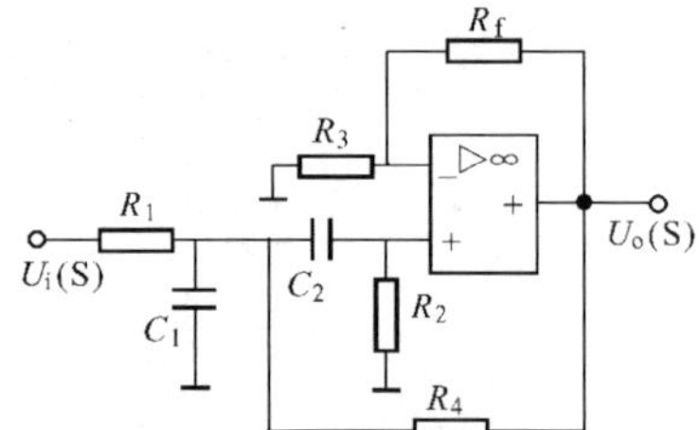

图 5-55　题 5-21 图

第六章　集成放大器的非线性应用

集成运放的非线性应用是运放的另一种类型的应用。与集成运放的线性应用不同，在运放的非线性应用中，运放的工作区域一般不是运放的线性放大区域，而是工作在运放的非线性区域，运放的稳态输出值只能有两个值：运放可能的最大输出值$+U_{om}$与运放可能的最小输出值$-U_{om}$，此两值随运放所加的电源电压以及运放外电路是否加限幅电路而不同。在运放的非线性应用中，运放的两个输入端之间的差值可以是任意的（在运放容许的范围内），理想运放的两个特点之一，即理想运放的"虚短"将不再有效。当然另一个特点，即"虚断"还将有效。

集成运放组成的非线性应用电路可以构成各种类型的比较器，是模拟电路与数字电路的接口电路。本章主要讨论由集成运放构成的各种非线性应用电路。

第一节　电 压 比 较 器

电压比较器是一类常用的模拟信号处理电路。它将一个模拟量输入电压与一个参考电压进行比较。电压比较器在测量、控制以及波形发生等方面有着广泛的应用。

由于运放组成的比较器的输出只有$+U_{om}$和$-U_{om}$两种状态，所以运放常常工作在非线性区。从电路结构看，一般运放处于开环状态，有时为了提高在状态转换时的速度，在电路中引入正反馈。

根据比较器的传输特性来分类，常用的比较器有过零比较器、单限比较器、双限比较器以及迟滞比较器等。

一、过零比较器

过零比较器是比较器中最简单的一种比较器，将运放处于开环工作状态即可构成简单过零比较器，如图 6-1 所示。

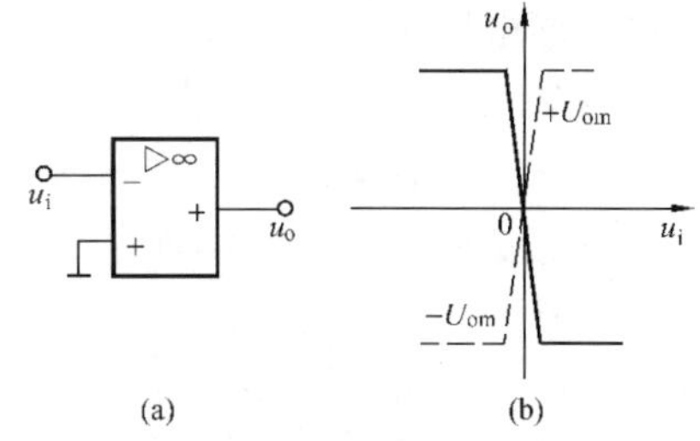

图 6-1　简单过零比较器
(a) 电路图；(b) 传输特性

在图 6-1 (a) 中，运放处于开环工作状态，具有很高的开环电压增益。电路的电压传输特性如图 6-1 (b) 所示，当输入电压u_i略小于零时，输出电压u_o立刻跳变为$+U_{om}$；而当输入电压u_i略大于零时，输出电压u_o立刻跳变为$-U_{om}$。其中U_{om}是运放的最大输出电压。只有当输入电压u_i在零值附近很小的范围内，运放才处于线性放大状态，输出电压$u_o=A_u u_i$。

当比较器的输出电压由一种状态跳变为另一种状态时，相应的输入电压通常称为阈值电压或门限电压。上述比较器的门限电压等于零，故称为过零比较器。

上述比较器采用反相输入方式，也可以采用同相输入方式。采用同相输入方式时，其电压传输特性如图 6-1 (b) 中虚线所示。

简单比较器的输出电压值为$\pm U_{om}$，即运放的最大输出电压值。通常此最大值并不是后级电路需要的值，例如在模数转换电路中要求与后级 TTL 数字电路的逻辑电平兼容，因此常常将比较器的输出电压采取限幅措施。图 6-2 为一种常用的限幅电路。由一个电阻 R 与一个双向稳压管（两个稳压管反向串接）构成，其中电阻 R 为限流电阻。不难看出当 $U_{om}>U_Z$ 时，输出电压应为稳压管的击穿电压$\pm U_Z$。此时过零比较器的电压传输特性如图 6-2（b）所示。

利用稳压管构成限幅电路的另一种电路是将稳压管接在输出端与反相输入端之间，如图 6-3 所示。

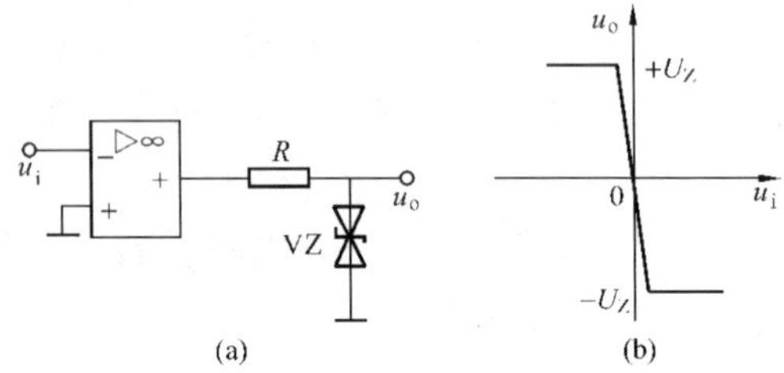

图 6-2　稳压管限幅过零比较器

（a）电路；（b）传输特性

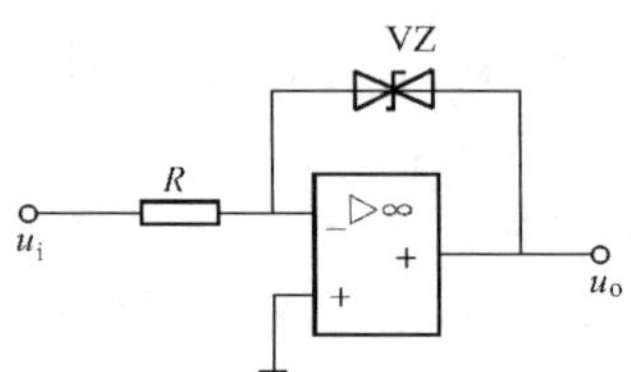

图 6-3　稳压管接在输出与反相端的限幅过零比较器

假设运放的最大输出电压$|\pm U_{om}|$大于稳压管的反向击穿电压 U_Z。当 $u_i<0$ 时，若不接稳压管，则 u_o 将等于$+U_{om}$。接入稳压管后，稳压管将被反向击穿，稳压管击穿导通后（相当于引入深度负反馈，详见第七章）导通电阻 R_Z 的阻值很低，此时电路相当于反相比例运算电路，且电压放大倍数 $A_u=-\dfrac{R_Z}{R}$ 很小，运放同相端为地，反相端为“虚地”，则输出电压即为稳压管的反向击穿电压 U_Z。同理，当输入电压 $u_i>0$ 时，可得输出电压为$-U_Z$。电路将输出电压限幅在$\pm U_Z$。电压传输特性仍如图 6-2（b）所示。

需要指出的是：图 6-2 所示电路与图 6-3 所示电路的不同点是，图 6-2 所示电路中运放是处于开环状态，运放工作在非线性区。而图 6-3 所示电路中的运放，由于稳压管击穿后引入一个深度负反馈，因此本质上运放是工作在线性放大区，但是由于运放的输出值仅为$\pm U_Z$，并不随 u_i 而改变（当 $u_i>0$ 或 $u_i<0$ 时），与非线性应用的情况相符，故将此类电路并入运放的非线性应用中研究。

二、单限比较器

单限比较器是指有一个门限电平，当输入信号跃过此门限电平时，比较器输出状态立即发生跳变。单限比较器可用于检测输入的模拟信号是否达到某一给定的电平。

图 6-4 所示为一种单限比较器，可以看出此电路是在图 6-2 所示过零比较器的基础上，在同相端接入一参考电压 U_{REF} 而得到的。

由图可见当输入电压 $u_i<U_{REF}$ 时，$u_o=+U_Z$，当 $u_i>U_{REF}$ 时，$u_o=-U_Z$，故门限电压为 U_{REF}。

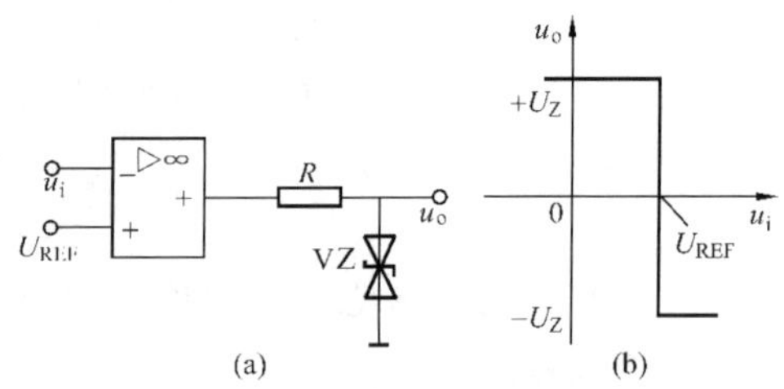

图 6-4　单限比较器（一）

（a）电路；（b）电压传输特性

组成单限比较器的电路可以有多种，图6-5所示电路为另一种单限比较器。电路中输入电压 u_i 与参考电压 U_{REF} 接到运放的反相输入端。运放的同相输入端接地。

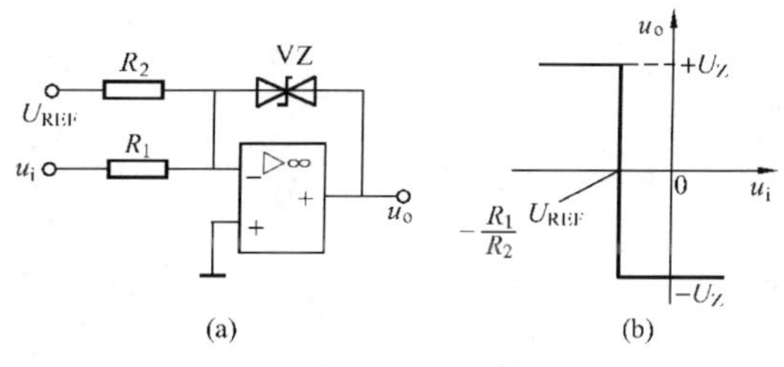

图 6-5　单限比较器（二）

（a）电路；（b）电压传输特性

由图可见，输出电压跳变的临界条件是 $u_-\approx u_+=0$。在满足上述条件时，由图可得

$$\frac{U_{REF}}{R_2}+\frac{u_i}{R_1}=0$$

因此

$$u_i=-\frac{R_1}{R_2}U_{REF}=U_T \tag{6-1}$$

当 $u_i<U_T$ 时，u_- 为负，$u_+>u_-$，$u_o=+U_Z$。当 $u_i>U_T$ 时，u_- 为正，$u_+<u_-$，$u_o=-U_Z$。由此可画出此单限比较器的传输特性如图 6-5（b）所示。

【例 6-1】　电路如图6-6（a)所示，当输入信号 u_i 为如图6-6（c)所示的正弦波信号时，试画出图中 u_o、u'_o 及 u_L 的波形。

解　由图可看出电路由三部分组成：前级为由运放组成的过零比较器、中间级为由 RC 组成的微分电路、后级为由二极管 VD 和负载电阻 R_L 组成的限幅电路。当输入信号为图6-6（c)所示的正弦波信号时，由于比较器的阈值为零，因此，输入信号每过一次零，比较器的输出端将产生一次跳变。运放输出波形为如图6-6（d)所示的具有正负极性的方波，其正、负方向幅值即为运放的饱和输出值 $\pm U_{om}$，与运放电源电压有关。

若使方波电压经由 RC 微分电路输出（RC 微分电路的时间常数 $RC\ll T/2$，T 为输入正弦信号周期），则其输出电压 u'_o 为一系列正、负相间的尖脉冲，如图 6-6（e）所示。

若输出的正负尖脉冲又经二极管 VD 接到负载电阻 R_L 上，则因二极管的单向导电作用，负载上的电压 u_L 仅剩为正向的尖脉冲，如图 6-6（f）所示。二极管将负向脉冲削去，故称为削波或限幅。

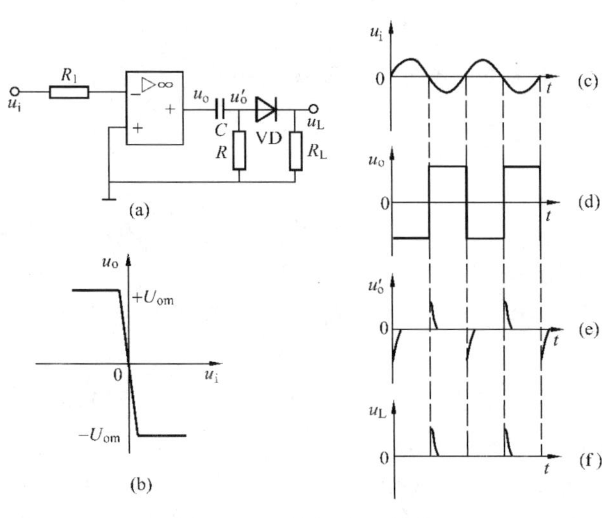

图 6-6　比较器应用电路

（a）电路图；（b）电压传输特性；（c）正弦波信号；（d）具有正负极性的方波；（e）正负相间尖脉冲；（f）正向尖脉冲

如果将 u_L 再通过一个脉冲计数器，则在单位时间内计得的脉冲个数，即为输入正弦波的频率。某些数字式频率计即是利用这一原理制成的。

三、迟滞比较器

单限比较器具有电路简单、灵敏度高等优点，但是存在的主要问题是抗干扰的能力差。如果输入信号受到干扰或噪声的影响，在门限电平上下波动时，则输出电压可能发生多次跳变。如在控制系统中发生这种情况，则可能产生误动作，将对执行机构产生不利影响。

采用具有滞回传输特性的比较器可以有效地提高电路的抗干扰能力。迟滞比较器又称为施密特触发器，其电路如图 6-7 所示。

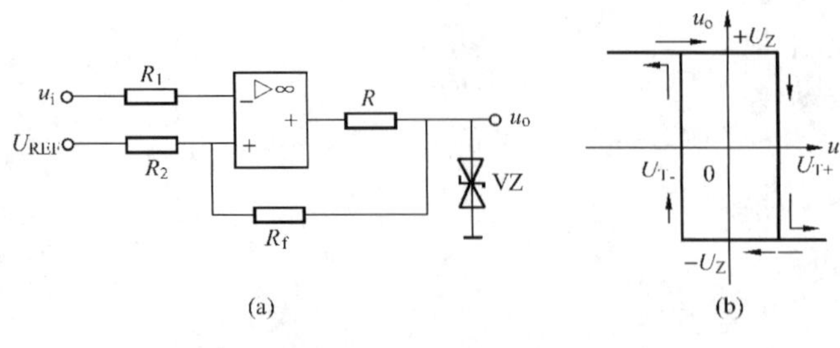

图 6-7　迟滞比较器

(a) 电路；(b) 电压传输特性

电路中，电阻 R_2、R_f 接成了正反馈电路，以提高电路状态转换速度，同时将使同相输入端电位受输出电压和参考电压 U_{REF} 的共同影响。电阻 R 和双向稳压管 VZ 组成限幅电路，将输出电压幅度限制在 $\pm U_Z$。

比较器的输出电压发生跳变的临界条件是 $u_+=u_-$。本电路中 u_+ 由参考电压 U_{REF} 及输出电压 u_o 共同决定，而 u_o 有两种可能的状态：$+U_Z$ 或 $-U_Z$。

假设输出电压的初态为 $u_o=+U_Z$，应用叠加原理可得

$$u_+=\frac{R_f}{R_2+R_f}U_{REF}+\frac{R_2}{R_2+R_f}u_o=\frac{R_f}{R_2+R_f}U_{REF}+\frac{R_2}{R_2+R_f}U_Z$$

$u_-<u_+$ 时，$u_o=+U_Z$。当 u_i 从小逐渐增大到 $u_i=u_-=u_+$ 时，u_o 将从 $+U_Z$ 跳变到 $-U_Z$。此时的输入电压值即为门限电平，用 U_{T+} 表示，由上式可知

$$U_{T+}=\frac{R_f}{R_2+R_f}U_{REF}+\frac{R_2}{R_2+R_f}U_Z \tag{6-2}$$

$u_->u_+$ 时，$u_o=-U_Z$。当 u_i 从大逐渐减小到 $u_i=u_-=u_+$ 时，u_o 将从 $-U_Z$ 跳变到 $+U_Z$。此时的输入电压值即为另一门限电平，用 U_{T-} 表示，则

$$U_{T-}=\frac{R_f}{R_2+R_f}U_{REF}-\frac{R_2}{R_2+R_f}U_Z \tag{6-3}$$

由以上分析可得出迟滞比较器与单限比较器的不同点在于**上述迟滞比较器有两个门限电平，当输入信号从小逐渐增大时，门限电平为 U_{T+}。当输入信号从大逐渐减小时，门限电平为 U_{T-}**。

上述两个门限电平之差称为门限宽度或回差，用符号 ΔU_T 表示，由式（6-2）和式（6-3）可求得

$$\Delta U_T=U_{T+}-U_{T-}=\frac{2R_2}{R_2+R_f}U_Z \tag{6-4}$$

由式（6-4）可见，门限宽度 ΔU_T 的值取决于 U_Z 和 R_2 及 R_f 的值，但与参考电压 U_{REF} 无关。改变 U_{REF} 的大小可以同时调节两个门限电平 U_{T+} 和 U_{T-} 的大小，但二者之差 ΔU_T 不变。也就是说，当 U_{REF} 改变时，迟滞比较器的传输特性将平行移动，但滞回曲线的宽度将保持不变。

图 6-7（a）所示电路是反相输入方式的迟滞比较器。若将输入电压 u_i 与参考电压 U_{REF} 的位置互换，即可得到同相输入迟滞比较器。读者可自行分析，此处不再重复。

图 6-7（a）所示电路中，电阻 R_f 从输出端接回到同相输入端，从反馈角度讲是正反馈。在比较器中引入正反馈的另一个优点是可以显著地减小跳变过程所需时间。其工作原理为：例如 u_i 从小增大到大于阈值电平时，运放的 $u_--u_+>0$，运放进入线性放大区，则输出电压 u_o 下降，由于 R_f 的作用，u_+ 将下降，从而使得 u_--u_+ 进一步增大，u_o 进一步下降。这

一过程将大大加快 u_o 的下降速度，使 u_o 更快的降到 $-U_Z$，从而加快了跳变速度。

【例 6-2】　在图 6-8（a）所示的迟滞比较器中，假设参考电压 $U_{REF}=3V$，稳压管的双向稳压值为 $\pm 6V$，电路其他参数如图所示。

（1）试估算其两个门限电平 U_{T+} 和 U_{T-} 以及门限宽度 ΔU_T，并画出电路的传输特性。

（2）如果输入信号 u_i 的波形如图（b）所示，试画出输出电压 u_o 的波形。

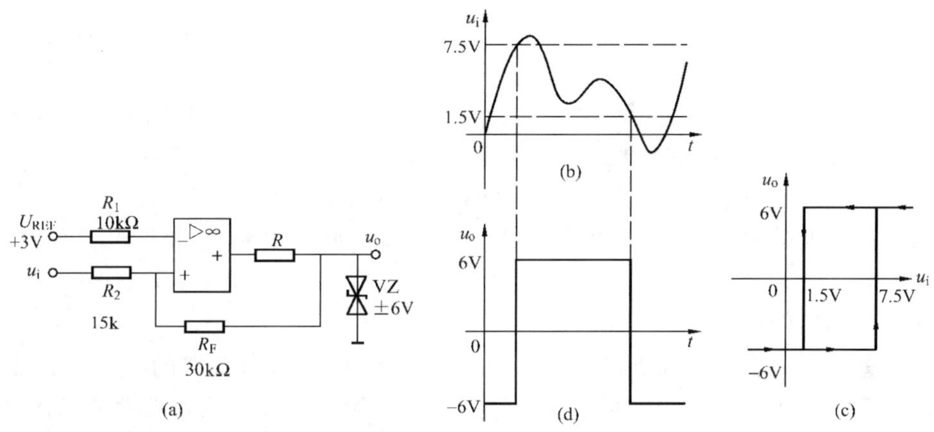

图 6-8　迟滞比较器

（a）电路图；（b）输入波形；（c）电压传输特性；（d）输出波形

解　（1）由跳变的临界条件 $u_+=u_-$，应用叠加原理可得方程

$$U_{REF}=u_-=u_+=\frac{R_f}{R_2+R_f}u_i\pm\frac{R_2}{R_2+R_f}U_Z$$

得

$$u_i=\frac{R_2+R_f}{R_f}U_{REF}\mp\frac{R_2}{R_f}U_Z$$

则两个门限电平为

$$U_{T+}=\frac{R_2+R_f}{R_f}U_{REF}+\frac{R_2}{R_f}U_Z=\frac{15+30}{30}\times 3+\frac{15}{30}\times 6=7.5(V)$$

$$U_{T-}=\frac{R_2+R_f}{R_f}U_{REF}-\frac{R_2}{R_f}U_Z=\frac{15+30}{30}\times 3-\frac{15}{30}\times 6=1.5(V)$$

由式（6-4）可得

$$\Delta U_T=U_{T+}-U_{T-}=\frac{2R_2}{R_f}U_Z=6(V)$$

电压传输特性如图 6-8（c）所示。

（2）输出波形如图 6-8（d）所示。

四、双限比较器

双限比较器是另一类常用的比较器。它有两个门限电平，当输入信号处于两个门限电平之间时，输出是一种状态，当输入信号大于或小于两个门限电平时，输出是另一种状态。

双限比较器的一种电路如图 6-9（a）所示。由图可看出，电路是由一个反相输入比较器和一个同相输入比较器组合而成。

设两个参考电压为 $U_{REF1}>U_{REF2}$。由图 6-9 看出，当 u_i 低于 U_{REF2} 时，运放 A_1 输出低电

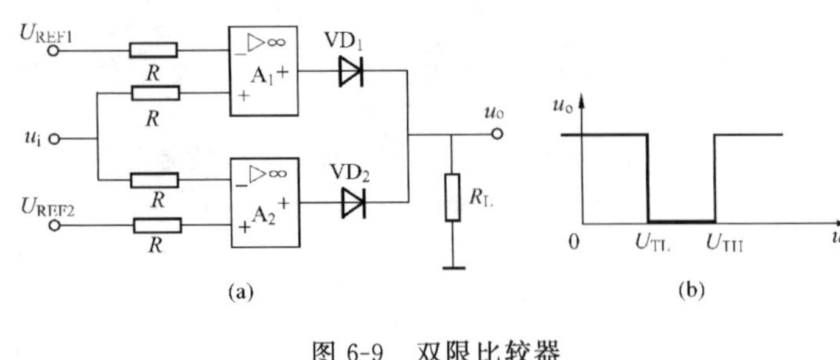

图 6-9 双限比较器
(a) 电路图；(b) 传输特性

平，A_2 输出高电平，于是二极管 VD_1 截止，VD_2 导通，则输出电压 u_o 为高电平。当 u_i 高于 U_{REF1} 时，运放 A_1 输出高电平，A_2 输出低电平，则 VD_1 导通，VD_2 截止，则输出电压 u_o 为高电平。只有当 u_i 高于 U_{REF2} 而低于 U_{REF1} 时，运放 A_1、A_2 均输出低电平，二极管 VD_1、VD_2 均截止，则输出电压 u_o 为低电平。比较器的电压传输特性如图 6-9（b）所示。可见这种比较器有两个门限电平：上门限电平 U_{TH} 和下门限电平 U_{TL}。图示电路的 $U_{TH}=U_{REF1}$，$U_{TL}=U_{REF2}$。

由于双限比较器的电压传输特性形状像一个窗孔，所以又称为窗孔比较器（Window Comparator）。

五、集成电压比较器

以上介绍的电压比较器可由集成运算放大器组成，也可以由专用的集成电压比较器组成。由于应用的场合不同，专用的集成比较器与集成运算放大器相比较在性能指标方面的侧重点不尽相同。内部电路也有差别，具体体现在以下两个方面：首先，由于通用集成运算放大器主要根据线性放大的要求进行设计，因此相对来说工作速度比较慢，而专用的集成电压比较器是将缩短响应时间、提高工作速度作为设计的主要目标之一，因此专用电压比较器的频带较宽，没有也无需相位补偿，以便尽可能获得高速翻转，减小响应时间。其次，由通用集成运算放大器构成的比较器，其输出电压一般为 $\pm U_{om}$，并不能与大多数的后级数字电路所要求的电平相匹配，为了适应数字电路的逻辑电平，常常需要另外增加限幅措施。而专用的电压比较器的输出为了与 TTL 等数字电路的电平相兼容，通常将限幅电路或电平转移电路集成在电路内部，或采用输出集电极开路（OC）方式、发射极开路（OE）方式。

至于电压比较器的其他方面的指标，基本上与集成运算放大器的指标相差不大，有些对电压比较器来说相对次要的指标，甚至比集成运算放大器相对应的指标低很多。

图 6-10（a）所示为应用最为广泛的 CJ（LM）139/239/339 四电压比较器的电路原理图。

三极管 VT_1、VT_2 与 VT_3、VT_4 组成差动放大输入级，VT_5、VT_6 组成镜像电流源作为差动输入级的负载，差动放大电路从 VT_3 的集电极单端输出。

VT_7 组成共射放大中间级。因共射组态放大级的电压放大倍数比较高，故有利于提高集成电压比较器的响应速度和灵敏度。

VT_8 组成比较器的输出级，输出级采用集电极开路（OC）形式，采用集电极开路形式可以非常方便地与外电路的电平相匹配。

CJ139 型电压比较器是低功耗、低失调电压的通用四电压比较器。它可以单电源使用，也可以双电源（对称）使用。对 DTL、TTL、CMOS、ECL、MOS 等逻辑电平都可匹配，集成度高，使用方便，应用面极广。但其响应速度相对较低。另外由于采用集电极开路（OC）形式，故使用时需外加电阻 R_c，如图 6-10（b）所示。电阻 R_c 上所加电源电压 U_+ 可以是电压比较器的电源电压，也可以是另外加电压。如加 +5V 电压，其输出电平即可与 TTL 所需电平匹配。它的主要参数见表 6-1。

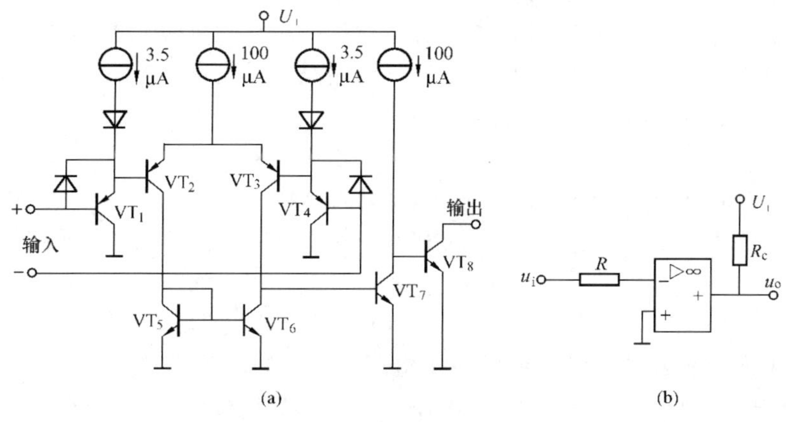

图 6-10　电压比较器

(a) CJ139 电原理图（1/4 电路）；(b) 应用电路需外接 R_c

表 6-1　　CJ139 主要参数表

参　数　名　称	符　　号	最小值	典型值	最大值
输入失调电压（mV）	U_{io}		±2.0	±5.0
输入失调电流（nA）	I_{io}		±3.0	±25
输入偏置电流（nA）	I_{iB}		25	100
差模开环增益（V/mV）	A_{od}	50	200	
响应时间（μs）	t_R		1.3	
共模输入电压范围（V）	U_{icm}	0		$V_+-1.5$
差模输入电压范围（V）	U_{idm}			36

注　1. 139/239/339 的个别参数不相同，表中仅列出 139 的参数。

2. 工作温度：139（−55～+125℃）、239（−25～+85℃）、339（0～70℃）。

集成电压比较器种类很多。按一个集成器件中所含比较器的数目，分为单电压比较器、双电压比较器、四电压比较器；按信号传输速度，可分为高速比较器、中速比较器和超高速比较器。目前中速比较器已经很少生产。按比较器的其他有关指标，又分为精密电压比较器、高灵敏电压比较器、低功耗电压比较器、低失调电压比较器以及高阻抗电压比较器等。

集成电压比较器本质上讲，可以看成一个运算放大器，故在一些指标要求不是特别高的场合也可以当成运算放大器应用。

需要注意的是：集成电压比较器的响应速度一般比集成运算放大器快，但是它的输入级的偏置电流比运放大，输入失调电压也比集成运算放大器大（一般超过 1mV），而它的差模电压增益和共模抑制比却不太高。因此，在响应速度低、精度要求高的场合，应选用精密集成运算放大器构成电压比较器。

第二节　非正弦波发生电路

常用的非正弦波发生电路有矩形波发生电路、三角波发生电路以及锯齿波发生电路等，它们常常作为信号源用于脉冲和数字电路。

非正弦波的产生可以有多种方法，本节主要讨论以电压比较器为基本环节所形成的非正弦波产生电路。非正弦波发生电路中矩形波发生电路是基本电路。在其基础上，再加上积分环节，就可以组成三角波或锯齿波发生电路。

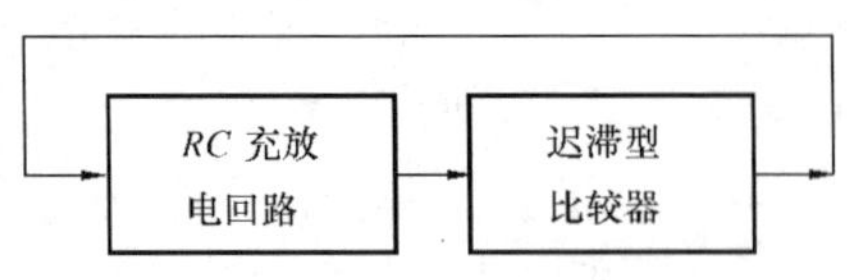

图 6-11 矩形波发生器的一般组成

一、矩形波发生电路

1. 电路组成

矩形波发生电路可由迟滞型比较器和 RC 充放电回路组成，如图 6-11 所示。

已知迟滞比较器的输出只有两种可能的状态：$+U_{om}$或$-U_{om}$。迟滞比较器的两种不同的输出电压使 RC 电路进行充电或放电，于是电容上的电压将随时间升高或降低，而电容上的电压又作为迟滞比较器的输入电压，随着时间的延迟，达到迟滞比较器的比较电压时，控制其输出端状态发生跳变，从而使 RC 电路由充电过程变为放电过程或相反。如此循环往复，周而复始，在迟滞比较器的输出端即可得到一个高低电平周期性交替的矩形波。

图 6-12（a）为矩形波发生电路的电路图，其中集成运放与电阻 R_1、R_2 组成迟滞比较器，电阻 R 和电容 C 构成充放电回路，稳压管 VZ 和电阻 R_3 的作用是钳位，将迟滞比较器的输出电压限制在稳压管的稳定电压值$\pm U_Z$。

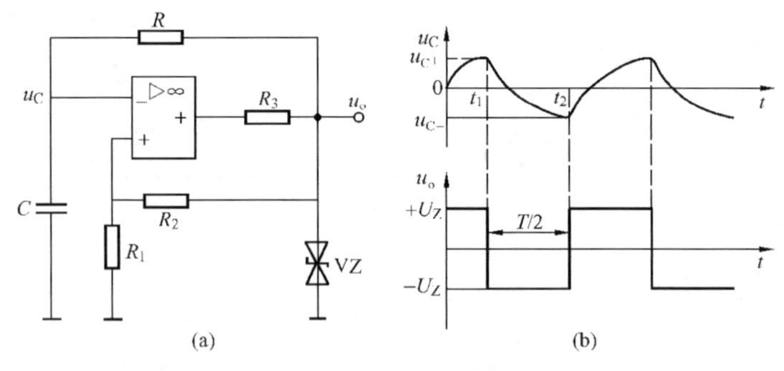

图 6-12 矩形波发生电路
（a）电路图；（b）波形图

2. 工作原理

当电路接通电源时，运放两输入端的电压是 $u_+>u_-$ 还是 $u_+<u_-$，完全是随机的。如果开始为 $u_+>u_-$，由于运放开环增益很大，又具有正反馈，因此输出电压 u_o 将迅速上升为$+U_Z$。反之，若开始 $u_+<u_-$，则 u_o 将迅速下降为$-U_Z$。假设 $t=0$ 时电容 C 上的电压 $u_C=0$，比较器输出电压为高电平，即 $u_o(0)=+U_Z$，则集成运放同相输入端的电压为输出电压在电阻 R_1、R_2 上的分压，即

$$u_+=\frac{R_1}{R_1+R_2}U_Z$$

此时输出电压$+U_Z$ 将通过电阻 R 向电容 C 充电，使电容两端的电压升高，而此电容上的电压接到集成运放的反相输入端，即 $u_-=u_C$。当电容上的电压上升到 $u_-=u_+$ 时，迟滞比较器的输出端将发生跳变，由高电平跳变为低电平，使 $u_o=-U_Z$，于是集成运放同相输入端的电压也立即变为

$$u_+=-\frac{R_1}{R_1+R_2}U_Z$$

输出电压变为低电平后，电容 C 将通过 R 放电，使 u_C 逐渐降低。当电容上电压下降到$u_-=u_+$时，迟滞比较器再次发生跳变，由低电平跳变为高电平，即 $u_o=+U_Z$。之后重复上述过程。

于是输出端产生了正负交替的矩形波。

电容 C 两端的电压 u_C 以及迟滞比较器的输出电压 u_o 的波形如图 6-12（b）所示。

3. 振荡周期

由图 6-12 可知，电容在放电过程中，电容两端的电压 u_C 从 $u_{C+}=\frac{R_1}{R_1+R_2}U_Z$ 下降至 $u_{C-}=-\frac{R_1}{R_1+R_2}U_Z$ 所需的时间等于矩形波周期的一半，即在图中 $t_2-t_1=\frac{T}{2}$。

而电容充放电时，u_C 的变化规律为

$$u_C(t)=u_C(\infty)+[u_C(0)-u_C(\infty)]e^{-\frac{t}{\tau}} \tag{6-5}$$

或

$$t=\tau\ln\frac{u_C(\infty)-u_C(0)}{u_C(\infty)-u_C(t)} \tag{6-6}$$

式中：$u_C(0)$ 是选定的时间起始点（例如 t_1）时，电容 C 上电压的初始值；$u_C(\infty)$ 是充放电结束时电容 C 上电压的终了值；τ 是充放电回路的时常数。

在本电路中，设起始点为 t_1，则

$$u_C(0)=u_{C+}=\frac{R_1}{R_1+R_2}U_Z$$

$$u_C(\infty)=-U_Z$$

$$\tau=RC$$

由图 6-12 可知，当 $t=\frac{T}{2}$时，$u_C(t)=u_{C-}=-\frac{R_1}{R_1+R_2}U_Z$，代入式（6-6）得

$$\frac{T}{2}=RC\ln\frac{-U_Z-\frac{R_1}{R_1+R_2}U_Z}{-U_Z+\frac{R_1}{R_1+R_2}U_Z}=RC\ln\left(1+\frac{2R_1}{R_2}\right)$$

则

$$T=2RC\ln\left(1+\frac{2R_1}{R_2}\right) \tag{6-7}$$

由式（6-7）可知，改变充放电回路的时间常数 RC 以及迟滞比较器的电阻 R_1、R_2 即可调节矩形波的振荡周期，但振荡周期与稳压管的电压 U_Z 无关。U_Z 的大小决定了矩形波的幅度。

4. 占空比可调的矩形波发生电路

前述电路中输出电压 u_o 的波形是正负半周对称的矩形波，即 u_o 等于高电平和低电平的时间各为 $T/2$，这种矩形波的占空比等于 50%，通常称这种矩形波为方波。如果希望矩形波的占空比能够根据需要进行调节，则可以通过改变前述电路中充电和放电的时间常数来实现，电路如图 6-13（a）所示。

图 6-13（a）与图 6-12（a）相比较，可以看出图 6-13（a）只是在 RC 充放电回路中多增加了二极管 VD_1、VD_2 和电位器 R_P。由于二极管的单向导电作用，两电路的差别只在于电容 C 的充、放电回路不同。充电回路为 $u_o \to R_{P2} \to VD_2 \to R \to C \to$ 地，放电回路为地 $\to C \to R \to VD_1 \to R_{P1} \to u_o$，而工作原理与图 6-12（a）完全相似。$u_C$ 和 u_o 的波形如图 6-13（b）所示，图中电阻 $R_{P2}<R_{P1}$，充电时间短于放电时间，$T_1<T_2$。

当忽略二极管 VD_1、VD_2 的导通电阻时，利用类似的分析方法，可求得电容充电和放电的时间分别为

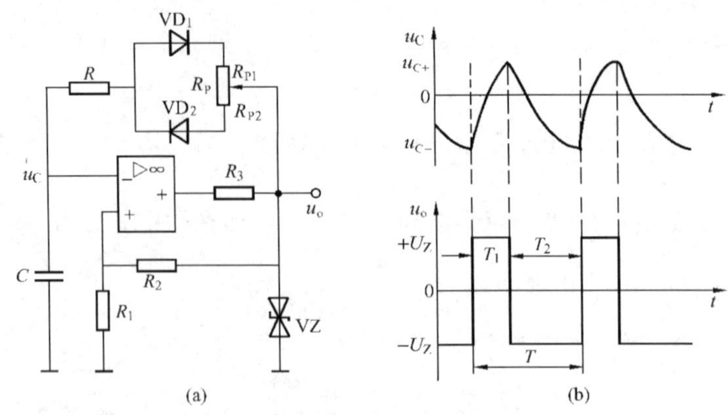

图 6-13 占空比可调的矩形波发生电路

(a) 电路图；(b) 波形图

$$T_1 = (R + R_{P2})C\ln\left(1 + \frac{2R_1}{R_2}\right) \tag{6-8}$$

$$T_2 = (R + R_{P1})C\ln\left(1 + \frac{2R_1}{R_2}\right) \tag{6-9}$$

输出波形的振荡周期为

$$T = T_1 + T_2 = (2R + R_P)C\ln\left(1 + \frac{2R_1}{R_2}\right) \tag{6-10}$$

矩形波的占空比为

$$D = \frac{T_1}{T} = \frac{R + R_{P2}}{2R + R_P} \tag{6-11}$$

改变电路中电位器滑动端的位置即可调节矩形波的占空比，而总的振荡周期不变。

二、三角波发生电路

三角波发生电路一般可用矩形波发生电路后加一级积分电路，将矩形波积分后即可得到三角波。

1. 电路组成

图 6-14（a）所示为一个三角波发生电路。图中集成运放 A_1 组成迟滞比较器，A_2 组成积分电路。迟滞比较器输出端矩形波加在积分电路的反相输入端，而积分电路输出的三角波

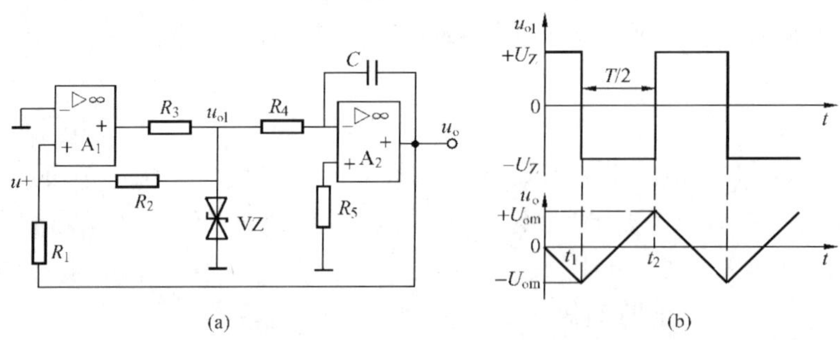

图 6-14 三角波发生电路

(a) 电路图；(b) 波形图

又接到迟滞比较器的同相输入端，控制迟滞比较器输出端的状态发生跳变，从而在 A_2 的输出端得到周期性的三角波。

2. *工作原理*

假设 $t=0$ 时迟滞比较器输出端为高电平，即 $u_{o1}=+U_Z$，而且假设积分电容上的初始电压为零。由于 A_1 同相输入端的电压 u_+ 同时与 u_{o1} 和 u_o 有关，根据叠加原理可得

$$u_+=\frac{R_1}{R_1+R_2}u_{o1}+\frac{R_2}{R_1+R_2}u_o \tag{6-12}$$

此时 u_+ 为高电平。但当 $u_{o1}=+U_Z$ 时，积分电路的输出电压 u_o 将随时间向负方向线性增长，u_+ 随之减小，当 u_+ 减小至 $u_+=u_-=0$ 时，迟滞比较器输出端将发生跳变，使 $u_{o1}=-U_Z$，同时 u_+ 将跳变为一个负值。此后，积分电路的输出电压将随着时间向正方向线性增长，u_+ 也随之增大，当 u_+ 增大至 $u_+=u_-=0$ 时，迟滞比较器再次发生跳变，使 $u_{o1}=+U_Z$，同时 u_+ 也跳变为正值。以后重复上述过程，于是从迟滞比较器的输出端可得到一个矩形波，而在积分电路的输出端可得到一个三角波，波形如图 6-14（b）所示。

3. *输出幅度和振荡周期*

由图 6-14（b）可见，当 u_{o1} 发生跳变时，三角波输出 u_o 达到最大值 U_{om}。而 u_{o1} 发生跳变的条件是 $u_+=u_-=0$，将条件 $u_{o1}=-U_Z$，$u_+=0$ 代入式（6-12），可得

$$0=\frac{R_1}{R_1+R_2}u_{o1}+\frac{R_2}{R_1+R_2}U_{om}$$

由此可求得三角波输出幅度为

$$U_{om}=\frac{R_1}{R_2}U_Z \tag{6-13}$$

由图 6-14（b）可知，当积分电路对输入电压 $-U_Z$ 进行积分时，在 $t_1\sim t_2$ 时间内，输出电压将从 $-U_{om}$ 上升到 $+U_{om}$，而 $t_2-t_1=T/2$，则可以列出如下表达式

$$-\frac{1}{R_4C}\int_0^{\frac{T}{2}}(-U_Z)\mathrm{d}t=2U_{om}$$

积分得

$$\frac{U_Z}{R_4C}\frac{T}{2}=2U_{om}$$

所以三角波的振荡周期为

$$T=\frac{4R_4CU_{om}}{U_Z}=\frac{4R_1R_4C}{R_2} \tag{6-14}$$

由式（6-13）和式（6-14）可知，三角波的输出幅度与迟滞比较器中电阻值之比 R_1/R_2 以及迟滞比较器的输出电压 U_Z 成正比；而三角波的振荡周期不仅与迟滞比较器的电阻值之比 R_1/R_2 成正比，而且还与积分电路的时间常数 R_4C 成正比。在实际中调整三角波的输出幅度与振荡周期时，应该先调整电阻 R_1 和 R_2 使输出达到规定值，然后再调整 R_4 和 C 使振荡周期满足要求。

三、锯齿波发生电路

在三角波发生电路中如果将积分电路中积分电容的充电和放电时间常数分离，则充电时间与放电时间将不再相同，若使充电时间常数与放电时间常数相差悬殊，则可在积分电路的输出端得到锯齿波信号。

1. 电路组成

在图 6-14（a）所示三角波发生电路的基础上，用二极管 VD_1、VD_2 和电位器 R_P 代替原来的积分电阻，利用二极管的单向导电性，即可将充电回路与放电回路分离，构成锯齿波发生电路，如图 6-15（a）所示。

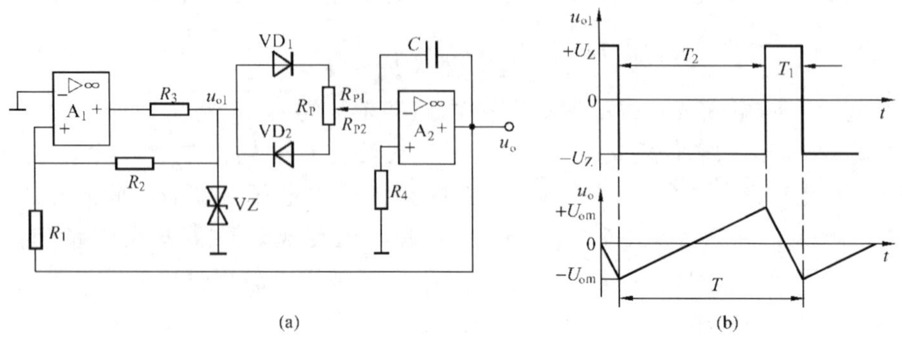

(a)　　(b)

图 6-15　锯齿波发生电路

（a）电路图；（b）波形图

假设调节电位器 R_P 动端的位置，使 $R_{P1} \ll R_{P2}$，则电容充电的时间常数将比放电的时间常数小很多，于是充电过程很快，而放电过程很慢，输出即可得到锯齿波。电路的输出波形如图 6-15（b）所示，图中 $T_1 \ll T_2$。

2. 输出幅度和振荡周期

根据与前面类似的分析方法，可求得锯齿波的输出幅度为

$$U_{om} = \frac{R_1}{R_2} U_Z \tag{6-15}$$

当忽略二极管 VD_1、VD_2 的导通电阻时，电容充电和放电的时间 T_1、T_2 以及锯齿波的振荡周期 T 分别为

$$T_1 = \frac{2R_1 R_{P1} C}{R_2} \tag{6-16}$$

$$T_2 = \frac{2R_1 R_{P2} C}{R_2} \tag{6-17}$$

$$T = T_1 + T_2 = \frac{2R_1 R_P C}{R_2} \tag{6-18}$$

本　章　小　结

本章介绍集成运放的非线性应用，包括比较器电路和非正弦波发生电路。

一、电压比较器

（1）电压比较器的输入信号是连续变化的模拟量，输出信号则只有高电平或低电平两种状态，因此可以认为比较器是模拟电路和数字电路的“接口”电路。

电压比较器中的集成运放常常工作在非线性区，运放一般处于开环工作状态，有时还引入正反馈。

（2）常用的电压比较器有过零比较器、单限比较器、迟滞比较器及双限比较器等。过零比较器的门限电平等于零。单限比较器只有一个门限电平。迟滞比较器具有滞回形状的传输特性，两个门限电平之间的差值称为门限宽度或回差。双限比较器具有两个门限电平，传输特性呈窗孔状，故又称窗孔比较器。

（3）上述各种类型的比较器可由通用集成运放组成，也可由专用的集成电压比较器组成。与集成运放相比较，集成电压比较器由于是专用的比较器，在集成电路内部针对比较器的特点进行了优化，如响应时间短、输出可与 TTL 等数字电路的逻辑电平直接兼容、无需外接限幅电路等，因此更适合组成各种比较器电路。当然集成比较器本质上也是属于集成运放，故在满足电路指标的前提下，也可以当集成运放应用。

二、非正弦波发生电路

常见的非正弦波发生电路有矩形波发生电路、三角波发生电路和锯齿波发生电路等。

（1）矩形波发生电路可以由迟滞比较器和 RC 充放电回路组成。利用比较器输出的高电平或低电平使 RC 回路充电或放电，又将电容上的电压作比较器的输入，控制其输出端状态发生跳变，从而产生一定周期的矩形波输出电压。矩形波的振荡周期与 RC 充放电回路的时常数 τ 成正比，也与迟滞比较器的参数有关，书中电路的振荡周期的表达式为

$$T = 2RC\ln\left(1 + \frac{2R_1}{R_2}\right)$$

当使电容充电和放电的时间常数不同时，即可得到占空比可调的矩形波信号。

（2）将矩形波进行积分即可得到三角波，故三角波发生电路可由迟滞比较器和积分电路组成。书中三角波发生电路的输出幅度为

$$U_{om} = \frac{R_1}{R_2}U_Z$$

振荡周期为

$$T = \frac{4R_1R_4C}{R_2}$$

（3）将三角波发生电路中的积分电容的充电和放电的时间常数设为不同，且相差悬殊，则输出端即可得到锯齿波信号。锯齿波的输出幅度与三角波相同，书中锯齿波发生电路的最大周期为

$$T = T_1 + T_2 = \frac{2R_1R_PC}{R_2}$$

习　　题

6-1　“在比较电路中，集成运放必然处于非线性工作状态”，这种说法正确吗？

6-2　电路如图 6-16 所示。图中集成运放的最大输出电压是 ±13V，输入信号是 $u_i = 5\sin\omega t$（V）的低频信号。按理想情况画出 $U_{REF} = +2.5$、0、-2.5V 时输出电压的波形。

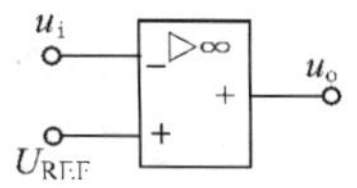

u_i　▷∞　u_o　U_{REF}

图 6-16　题 6-2 图

6-3　在图 6-17（a）所示的单限比较电路中，设集成运放为理想运

放，参考电压 $U_{REF}=-3V$，稳压管的反向击穿电压 $U_Z=\pm6V$，电阻 $R_1=20k\Omega$，$R_2=30k\Omega$。试完成：

（1）求比较电路的门限电平，并画出电路的电压传输特性。

（2）输入电压 u_i 的波形如图 6-17（b）所示，画出比较电路输出电压 u_o 的波形。

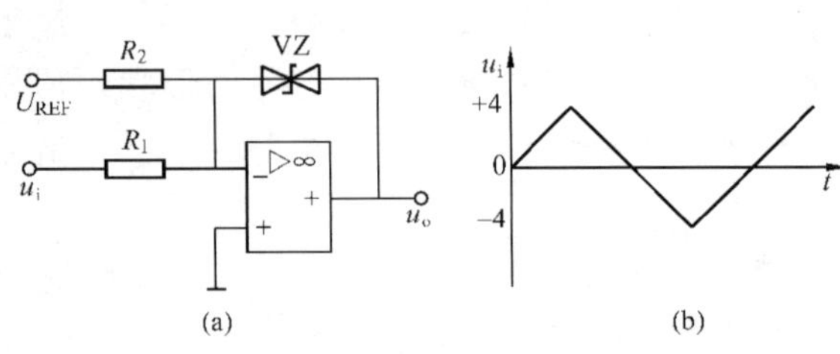

图 6-17 题 6-3 图

（a）单限比较电路；（b）传输特性

6-4 比较电路如图 6-18 所示，设集成运放为理想运放，参考电压 $U_{REF}=3V$，稳压管的反向击穿电压 $U_Z=6V$，电阻 $R_1=10k\Omega$，$R_2=20k\Omega$，二极管 VD 的正向压降可忽略不计。试求比较电路的阈值，并画出其电压传输特性。

6-5 电路如图 6-19（a）所示。试完成：

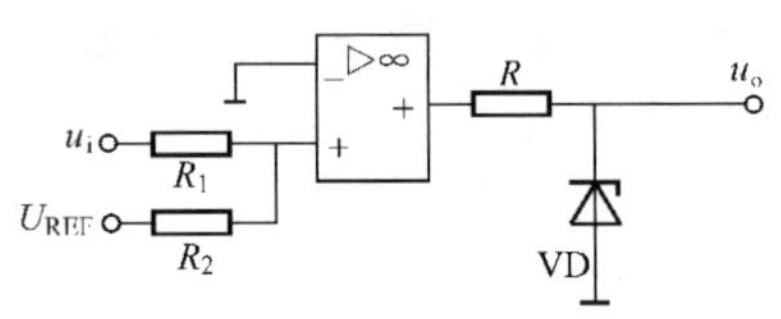

图 6-18 题 6-4 图

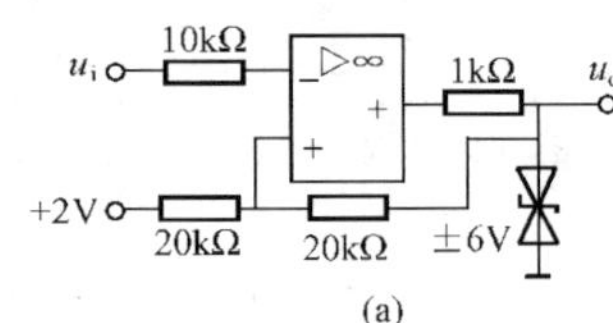

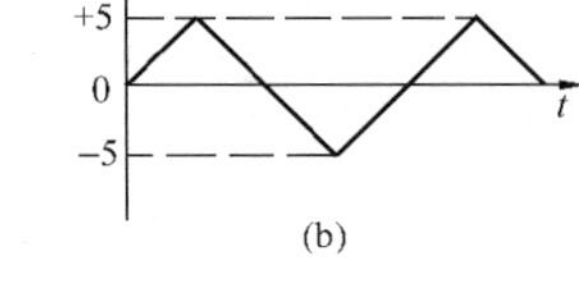

图 6-19 题 6-5 图

（1）画出其电压传输特性，并求门限宽度。

（2）输入信号如图 6-19（b）所示，画出电路的输出电压 u_o 的波形。

6-6 电路如图 6-20（a）所示。已知稳压管 VZ_1 的反向击穿电压 $U_{Z1}=3.4V$，稳压管 VZ_2 的反向击穿电压 $U_{Z2}=7.4V$，稳压管的正向导通电压 $U_D=0.6V$。试完成：

（1）画出电路的电压传输特性。

（2）输入信号电压 u_i 如图 6-20（b）所示，画出输出电压 u_o 的波形。

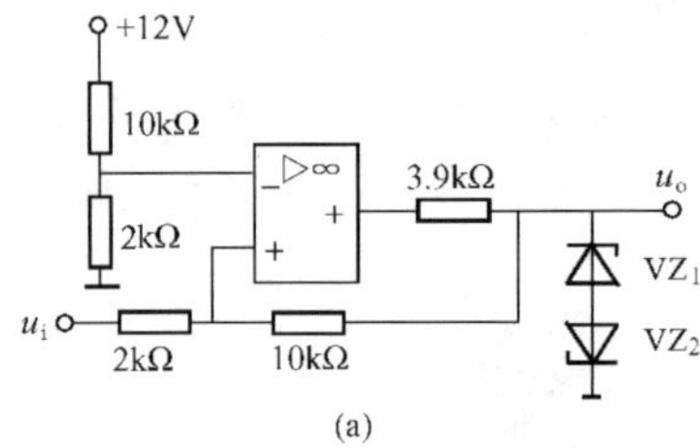

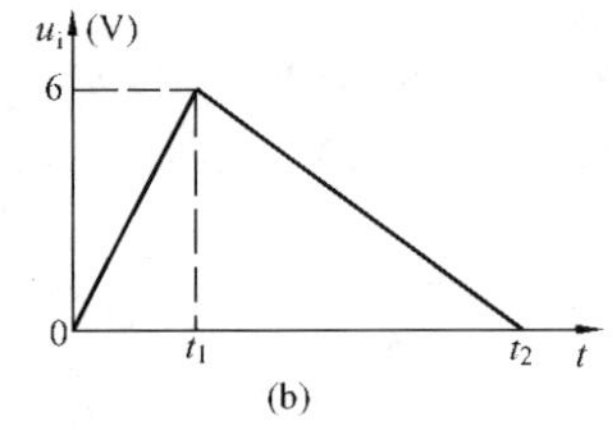

图 6-20 题 6-6 图

6-7 电路如图 6-21 所示。已知稳压管的反向击穿电压 $U_Z=6V$，正向导通电压 $U_D=0.7V$。试完成：

（1）画出电路的电压传输特性。

（2）在输入信号 $u_i=4\sin\omega t$（V）时，画出输出电压 u_o 的波形。

6-8 比较电路如图 6-22 所示，u_i 是幅度为 8V 的正弦波。设 VD_1、VD_2 是理想二极管，运放的最大输出电压为±12V，稳压管 VZ 的反向击穿电压 $U_Z=6V$，正向导通电压 $U_D=0.7V$。试完成：

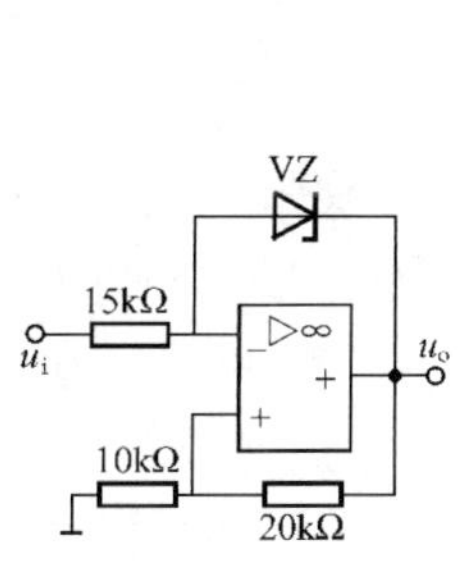

图 6-21　题 6-7 图

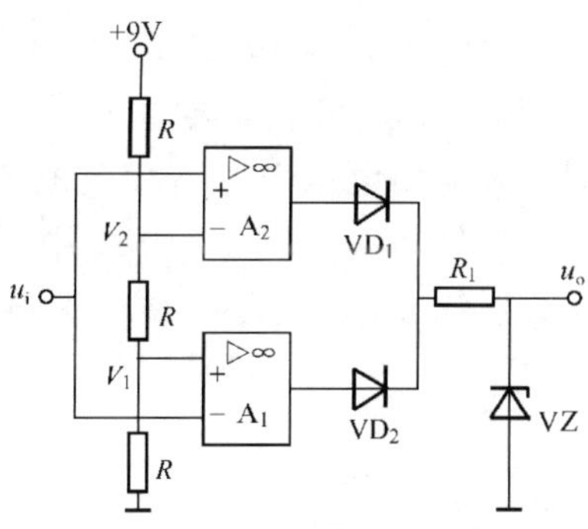

图 6-22　题 6-8 图

（1）画出电路的电压传输特性。

（2）画出输出电压 u_o 的波形。

6-9　在图 6-23（a）所示电路中，设图中运放均为理想运放，电容器上初始电压为零。输入电压如图 6-23（b）所示。试画出相应的 u_{o1} 和 u_o 的波形，并在图上注明电压的幅值。

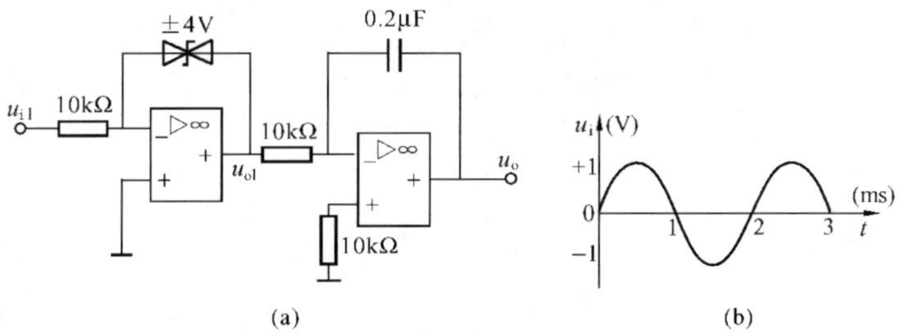

图 6-23　题 6-9 图

（a）电路；（b）传输特性

6-10　电路如图 6-24 所示，设图中运放均为理想运放，运放最大输出电压幅度为±12V，电容器上初始电压为零。试完成：

（1）各集成运放分别组成何种基本应用电路？指出其中有“虚短”或“虚地”的电路。

（2）求 u_{o1} 和 u_{o2} 并写出 u_{o3} 的表达式。

（3）设 $t=0$ 时，$u_o=12V$，画出 $u_{o1}\sim u_o$ 的波形。

（4）计算输出电压由 12V 变为－12V 所需的时间。

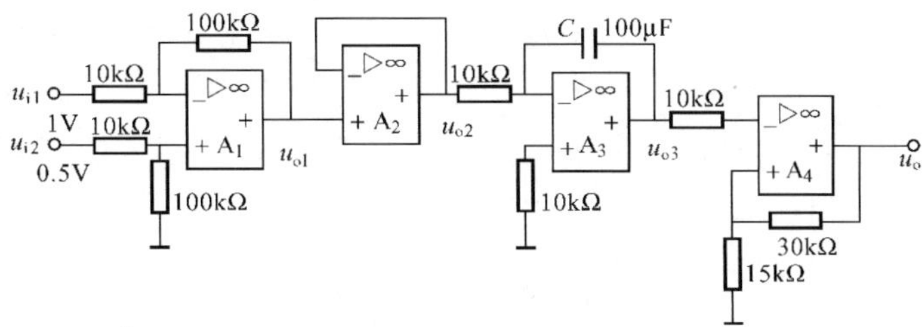

图 6-24　题 6-10 图

6-11　矩形波发生电路如图 6-25 所示，假设集成运放与二极管均为理想。试完成：

（1）画出输出电压 u_o 和电容 C 上电压 u_C 的波形。

（2）估算输出电压的振荡周期。

（3）分别估算输出电压和电容 C 上电压的峰值 U_{om} 和 U_{Cm}。

6-12　电路如图 6-26 所示，设图中运放均为理想运放，运放最大输出电压幅度为 ±12V，电容器上初始电压为零。试分别画出 $U_{REF}=0$，$U_{REF}=3V$，$U_{REF}=-3V$ 时 u_{o1} 和 u_o 的波形。

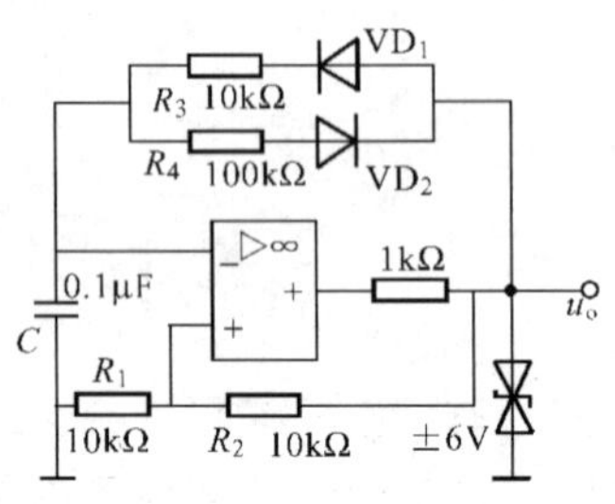

图 6-25　题 6-11 图

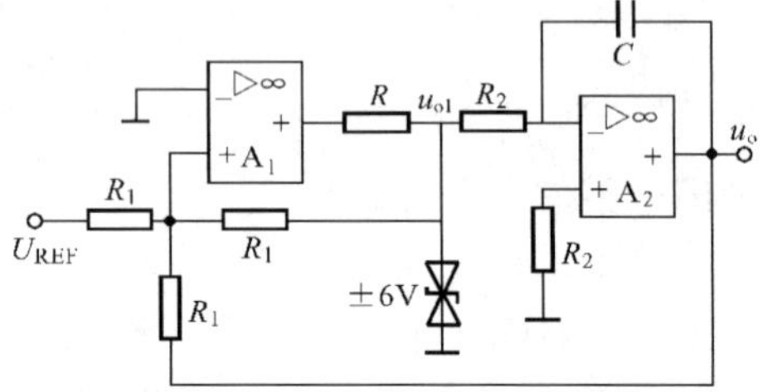

图 6-26　题 6-12 图

第七章　放大电路中的负反馈

反馈是电子技术的一个重要概念。在放大电路中引入负反馈，是改善放大电路性能的重要手段。本章以工作点稳定电路等引出反馈的基本概念；由负反馈放大电路的框图演绎出四种常用的负反馈组态的概念，介绍负反馈放大电路四种组态的典型电路；讨论负反馈对放大电路性能的影响和负反馈放大电路的分析方法，主要介绍在深度负反馈条件下，闭环电压放大倍数的近似计算法，以及如何正确应用负反馈；最后介绍负反馈放大电路产生自激振荡的条件以及消除自激振荡的方法。

第一节　反馈的基本概念

一、什么是反馈

反馈，就是把放大电路的输出量（电压 U_o 或电流 I_o）的一部分或全部，通过反馈网络以一定的方式又引回到放大电路的输入回路中去，以影响电路的输入信号作用的过程。

反馈网络的作用是把放大电路的输出量的部分（或全部）反馈回输入回路。由反馈网络引回到放大电路输入回路的电量称为反馈量或反馈信号，用 U_f 或 I_f 表示之。既然反馈信号是经反馈网络从输出量中取得的，则反馈信号将正比于输出信号（比例系数就是反馈网络的传输系数）。这是反馈信号的一个特点。反馈网络一般由在输出回路和输入回路之间起联系作用的一些元件（如电阻、电容等）组成。

图 7-1 所示的静态工作点稳定电路是我们所熟悉的，现在，通过该电路来分析、理解反馈是如何形成的。

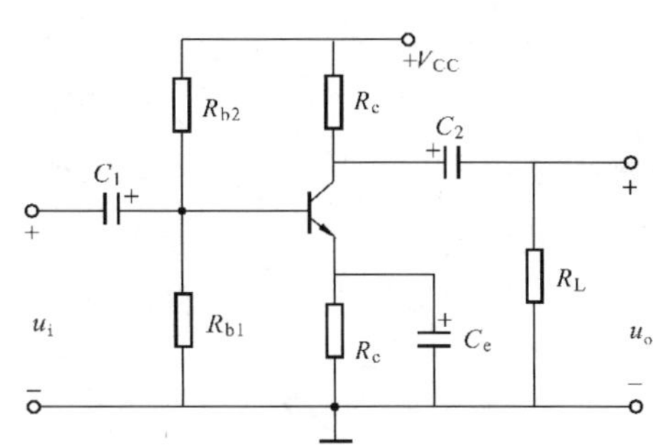

图 7-1　静态工作点稳定电路

在图 7-1 所示电路中，当集电极静态电流 I_{CQ} 受温度或其他因素的影响而波动时，因发射极电阻 R_e上的直流压降随之变化，改变了三极管发射结的正偏电压，使基极电流 I_{BQ}向相反方向变化，抑制了 I_{CQ}的波动，其结果是稳定了静态工作点。详细的过程分析见第二章第六节。这是直流量的反馈，属于直流负反馈。带来的好处是使电路具有自动调节静态电流的能力。

由于发射极旁路电容 C_e 将三极管发射极交流短接到地，交流输入电压经 C_1 和 C_e 耦合加在发射结上，有$\dot{U}_{be}=\dot{U}_i$。此时电路中只有直流负反馈。

如果将 C_e 开路，相应的简化交流通路如图 7-2 所示，由图可知，集电极交流电流$\dot{I}_c$和基极交流电流$\dot{I}_b$均会在 R_e 上产生交流压降，因$\dot{I}_c$远大于$\dot{I}_b$，所以 R_e 上的交流电压可近似认为是由 $\dot{I}_c$产生的，即$\dot{U}_{Re}\approx\dot{I}_cR_e$。$\dot{U}_{Re}$的出现，必将改变三极管发射结电压$\dot{U}_{be}$的大小。这里

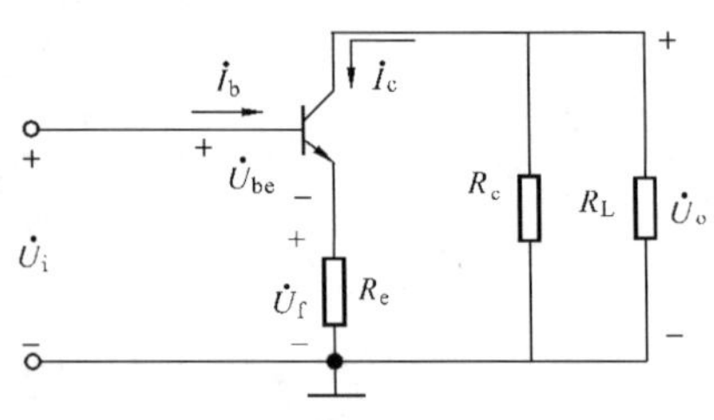

图 7-2 C_e 开路时的交流通路

$\dot{U}_{be}$是净输入电压❶，$\dot{U}_i$是整个电路的输入电压，$\dot{U}_{Re}$是反馈电压，常标为$\dot{U}_f$。R_e 在输出、输入回路之间起到了联系作用，将输出电流的大小变化以反馈电压的形式反映到了输入回路。若 $R_e=0$ 或被 C_e 旁路时，便不会有上述反馈过程，所以 R_e 是反馈元件。以后可以证明，这是一个负反馈。

由上述分析可知，①判断电路中是否有反馈，应观察电路中有无将输出、输入回路联系起来的反馈网络。②放大电路中常有直流、交流反馈共存的情况（图 7-1 中 C_e 开路时就是如此）。

二、正反馈和负反馈

根据反馈量对原输入信号影响的不同，反馈有正反馈和负反馈之分。

若反馈信号增强了原输入信号的作用，使净输入信号增大，称之为正反馈。反之，若反馈信号使净输入信号减弱，则为负反馈。

这里净输入信号增大或减小是相对于无反馈（即反馈信号为零）的情况而言的。在图 7-2 中，设输入电压的实际极性与其假定正方向一致，再判断此时$\dot{I}_c$流向和$\dot{U}_f$的极性，可以发现$\dot{U}_f$的极性为上正下负，净输入电压 $U_{be}=U_i-U_f$，而没有交流反馈（接入 C_e，$U_f=0$）时 $U_{be}=U_i$，所以净输入电压减小了，属于交流负反馈。

判断反馈极性的方法是瞬时极性法。其基本思路是先假定某一瞬时放大电路输入信号的极性，可为⊕或⊖（相对于地而言）。⊕表示瞬时增量或电压相对于地的极性为正，⊖表示瞬时减量或电压相对于地的极性为负。然后从输入端经过放大电路到输出回路，逐级判断电路有关各节点电压的瞬时极性或支路电流流向，再由输出回路经反馈网络到输入回路，推出反馈信号在此瞬间的电压极性或电流流向，最后观察反馈信号是增强还是削弱了净输入信号，进而得出结论。

【例 7-1】 应用瞬时极性法判断下图各电路的反馈极性。

解 图 7-3（a）是运放组成的同相比例运算电路，其中 R_3 和 R_2 组成分压器，R_2 上的交流电压是反馈电压，它来自于对输出电压$\dot{U}_o$的分压。由于输入电压加在运放的同相输入端，所以运放的输出电压将与输入电压同相，输入电压标为⊕时，输出电压也标为⊕，此时 R_2 上的反馈电压对地将为⊕，由图 7-3（a）输入回路可知，真正被运放放大的净输入信号 U_d 是 U_i 与 U_f 之差，即 $U_d=U_i-U_f$。净输入信号减小了，是负反馈。

图 7-3（b）反馈网络仍由 R_2、R_3 组成，但输入电压加在运放的反相输入端，当输入电压标为⊕时，运放输出为⊖，经 R_2、R_3 分压所得反馈电压的瞬时极性为⊖，此时可根据输入回路的电压极性关系写出 $U_d=U_i+U_f$，即运放净输入电压比没有反馈时还大，净输入信号增大了，是正反馈。

图 7-3（c）是反相比例运算电路，电阻 R_3 跨接在电路输出、输入之间，是反馈元件。当假设输入电压的瞬时极性为⊕时，经运放反相放大，输出电压极性为⊖，由此可判断 R_3 中交流电流此时流向（如图中 I_f 所示），而此时输入电流 I_i 和运放净输入电流 I_d 的流向在

❶ 净输入信号又称为差值信号，是输入信号与反馈信号之差。

输入电压作用下亦可确定。显然，输入回路中有 $I_d=I_i-I_f$（KCL）。所以 R_3 引入的反馈是负反馈。

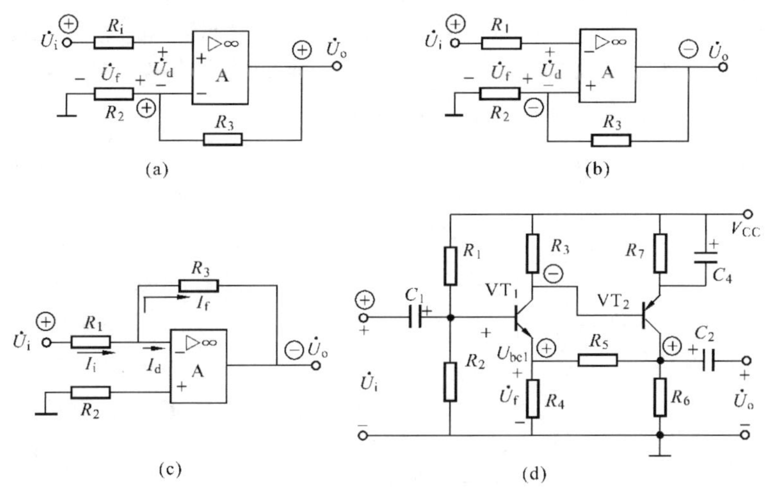

图 7-3　反馈极性判断举例

图 7-3（d）是两级共射放大电路，输出回路和输入回路之间起联系作用的反馈网络由 R_4、R_5 组成，R_4 上的交流电压 U_f[1]正比于输出电压 U_o，它可以将 U_o 的变化反映到输入回路中，影响净输入信号$\dot{U}_{be1}$的大小。当输入电压设定某一瞬间为⊕时，经 VT_1 反相，$\dot{U}_{o1}$ 为⊖，再经 VT_2 反相，输出端应标⊕（两级共射是同相放大器）。$\dot{U}_o$此时为⊕，决定了$\dot{U}_f$也为⊕。这说明输入回路中可以列出如下电压关系式：$U_i=U_{be1}+U_f$，即 $U_{be1}=U_i-U_f$。净输入信号 U_{be1}减小了，所以电阻 R_4、R_5 引入的是负反馈。

引入负反馈可以改善电路的多项性能指标，使电路对被取样的输出量具有自动稳定能力。以图 7-3（d）为例，在输入电压 U_i幅度不变的情况下，若$\dot{U}_o$因负载变动、三极管 β 值变化等各种因素发生变化（比如增大）时，反馈电压 U_f 亦成比例增大。因为 $U_{be1}=U_i-U_f$，且 U_i为常数，所以 U_{be1}将减小，U_{be1}是两级放大的净输入电压，它的减小，将抑制输出电压的增大，使其趋于稳定。其优点是提高了该电路的增益稳定性。

正反馈不仅不能稳定输出量，反而会加剧输出量的变化，还会使电路其他性能变差，甚至有可能产生自激振荡，破坏放大电路正常的放大作用。所以在放大电路中常用负反馈来提高电路的稳定性，且使电路的其他性能得到改善。一般尽量避免出现正反馈。不过，正反馈也不是只有百害而无一利，在正弦波振荡电路中就需要引入正反馈来实现电路的自激振荡。

三、直流反馈和交流反馈

直流反馈是对直流量形成的反馈。其前提条件是直流量的波动变化能通过放大电路传输和放大，并能顺利地经反馈网络送回输入回路，所以放大电路应为直接耦合方式。而放大电路中引入

[1] 实际上，R_4 上交流电压由两部分组成：VT_1 的发射极交流电流 I_{e1}在 R_4上的压降；输出电压 U_o在 R_4上的分压。在一般情况下，后者远大于前者，故可以将 $I_{e1}R_4$忽略不计。

直流反馈的目的在于稳定静态工作点，所以必须引入直流负反馈，否则电路不能正常工作。

交流反馈是对交流量构成的反馈，前已述及，在放大电路中引入交流负反馈，是为了改善电路性能，是本章要讨论的主要内容，通常情况下，本章下文中所提负反馈主要是指交流负反馈。

在很多放大电路中，为了稳定Q点和得到优良的性能指标，直流反馈和交流反馈往往共存于同一个反馈网络中。在这种情况下，当一种反馈是负反馈时，另一种反馈同样是负反馈。图 7-3（a）、（c）、（d）所示电路就是这种情况。

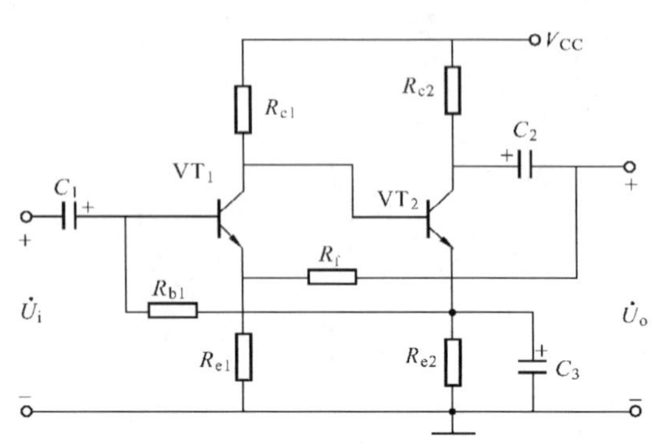

图 7-4　直流反馈和交流反馈

图 7-4 所示电路中，有两个反馈网络：R_{b1}和R_{e2}提供的VT_2发射极到VT_1基极的反馈；R_{e1}和R_f引入的，从VT_2集电极到VT_1发射极的反馈。对于前者，因C_3的旁路作用，使得R_{e2}上只有直流压降，交流压降为零，所以$R_{b1}+R_{e2}$网络只能对直流量形成反馈（放大器为直耦方式）。根据瞬时极性法，是直流负反馈，用来稳定VT_1、VT_2的Q点。对于后者来说，因电容C_2的隔直作用，R_f+R_{e1}网络只能对交流信号形成反馈，可以判断出是交流负反馈。

另外还可以借助电路的交、直流通路来鉴别交、直流反馈。如果该反馈网络仅存在于直流通路中，则该反馈网络引入的反馈是直流反馈；如果反馈网络仅存在于交流通路中，则该反馈为交流反馈；如果反馈网络既存在于直流通路中，又存在于交流通路中，则说明直流反馈和交流反馈共存于同一反馈网络之中。

第二节　负反馈电路的一般表达式和组态

一、负反馈放大电路的一般表达式

1. 负反馈放大电路框图

根据反馈的定义，可以建立起一个抽象的框图来表示负反馈放大电路，如图 7-5 所示。在这里将负反馈放大电路主要分成了两部分：基本放大电路$\dot{A}$和反馈网络$\dot{F}$。基本放大电路$\dot{A}$是指放大电路去掉了反馈的影响，但又保留了反馈网络负载作用影响的开环放大器。因在不同的反馈组态下，参与反馈过程的每个信号或是电压的形式，或是电流的形式，为统一起见，均用$\dot{X}$来表示。例如$\dot{X}_i$是电路的输入信号。在串联比较电路中，它是电压$\dot{U}_i$，在并联比较电路中，它是电流$\dot{I}_i$。即图 7-5 中各信号量均有电压、电流两种形式。在输入回路，输入信号$\dot{X}_i$与反馈信号$\dot{X}_f$相减，得到差值信号$\dot{X}_d$，这种运算关系是依靠输入回路的接线方式来完成的，图中用符号⊗表示，称之为比较环节。在输出回

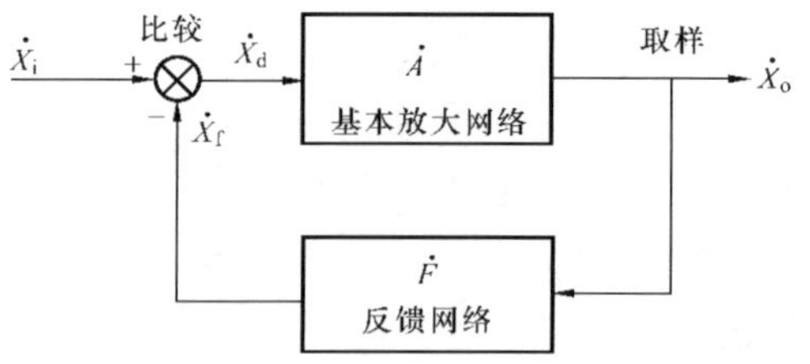

图 7-5　负反馈放大电路框图

路，反馈信号$\dot{X}_f$是与$\dot{U}_o$成正比，还是与$\dot{I}_o$成正比（称为对输出信号取样）也取决于输出回路的接线方式，带箭头的线段表示信号的传输方向。

由图 7-5 可知，基本放大电路和反馈网络形成了一个环路，所以反馈放大电路是一个闭环系统。$\dot{X}_i$是加在放大电路输入端的输入信号，$\dot{X}_f$是反馈信号，$\dot{X}_d$是$\dot{X}_i$与$\dot{X}_f$之差，它是基本放大电路的输入信号，称为净输入信号，即

$$\dot{X}_d=\dot{X}_i-\dot{X}_f \tag{7-1}$$

基本放大电路的输出是$\dot{X}_o$，输入是$\dot{X}_d$，两者之比称为基本放大电路的开环放大倍数，用$\dot{A}$表示，即

$$\dot{A}=\frac{\dot{X}_o}{\dot{X}_d} \tag{7-2}$$

而信号从输出回路反馈到输入回路，要经过反馈网络的传输，对于反馈网络来说，电路的输出$\dot{X}_o$是它的输入，反馈信号$\dot{X}_f$是输出，二者之比称为反馈网络的反馈系数，用$\dot{F}$表示，即

$$\dot{F}=\frac{\dot{X}_f}{\dot{X}_o} \tag{7-3}$$

对于整个负反馈放大电路来说，它是一个闭环放大电路，它的输出$\dot{X}_o$与输入$\dot{X}_i$之比就是负反馈放大电路的闭环放大倍数，用$\dot{A}_f$表示为

$$\dot{A}_f=\frac{\dot{X}_o}{\dot{X}_i} \tag{7-4}$$

2. 负反馈放大电路闭环放大倍数的一般表达式

为了研究引入负反馈后，放大电路闭环放大倍数的变化，将式（7-1）～式（7-3）代入式（7-4），可得负反馈放大电路闭环放大倍数一般表达式为

$$\dot{A}_f=\frac{\dot{X}_o}{\dot{X}_i}=\frac{\dot{X}_o}{\dot{X}_d+\dot{X}_f}=\frac{\dfrac{\dot{X}_o}{\dot{X}_d}}{1+\dfrac{\dot{F}\dot{X}_o}{\dot{X}_d}}=\frac{\dot{A}}{1+\dot{A}\dot{F}}$$

因此有

$$\dot{A}_f=\frac{\dot{X}_o}{\dot{X}_i}=\frac{\dot{A}}{1+\dot{A}\dot{F}} \tag{7-5}$$

式（7-5）表明，引入负反馈后，放大倍数发生了变化，这种变化可分为下面三种情况：

若$1+\dot{A}\dot{F}$的模，即$|1+\dot{A}\dot{F}|>1$，则放大倍数减小，$|\dot{A}_f|<|\dot{A}|$，这是负反馈的情况；

若$|1+\dot{A}\dot{F}|<1$，则放大倍数增大，$|\dot{A}_f|>|\dot{A}|$，这说明出现了正反馈；

若$|1+\dot{A}\dot{F}|=0$，则$|\dot{A}_f|\to\infty$，说明此时即使无信号输入，电路也会有输出，这时电路处于自激振荡状态。这是强烈的正反馈导致的结果。对于放大电路来说，一旦发生自激振荡，输出信号将不受输入控制，失去了放大作用。所以，负反馈放大电路要避免出现这种情况。

3. 反馈深度

$|1+\dot{A}\dot{F}|$ 称为反馈深度。对于负反馈电路来说，放大倍数减小的程度，与 $|1+\dot{A}\dot{F}|$ 的大小有关，$|1+\dot{A}\dot{F}|$ 越大，$|\dot{A}_f|$ 就减小得越多。由后面的分析还可得知，电路性能的改善程度还与 $|1+\dot{A}\dot{F}|$ 有关，基本上与 $|1+\dot{A}\dot{F}|$ 成正比。所以反馈深度是负反馈电路中一个重要的概念。根据前面几式，反馈深度还可表示为

$$|1+\dot{A}\dot{F}|=\left|1+\frac{\dot{X}_o}{\dot{X}_d}\frac{\dot{X}_f}{\dot{X}_o}\right|=\left|1+\frac{\dot{X}_f}{\dot{X}_d}\right|=\left|\frac{\dot{X}_d+\dot{X}_f}{\dot{X}_d}\right|=\frac{|\dot{X}_i|}{|\dot{X}_d|} \tag{7-6}$$

式（7-6）表明，净输入信号与输入信号的大小关系也与反馈深度有关，$|1+\dot{A}\dot{F}|$ 越大，净输入信号将越小，放大倍数越低，反馈越深。所以 $|1+\dot{A}\dot{F}|$ 的大小反映了负反馈对放大电路的影响程度。

虽然引入负反馈后放大倍数减小了，但放大器的许多性能却得到了改善。为了保证引入负反馈后放大倍数不至于降得太低，人们往往在设计电路时将开环增益设置得很大，待引入较深的负反馈后，仍可保留有较大的闭环增益。

4. 深度负反馈

若放大电路中施加的负反馈比较强烈，满足 $|1+\dot{A}\dot{F}|\gg1$，称其为深度负反馈，在此条件下，式（7-5）可简化为

$$\dot{A}_f=\frac{\dot{A}}{1+\dot{A}\dot{F}}\approx\frac{\dot{A}}{\dot{A}\dot{F}}=\frac{1}{\dot{F}} \tag{7-7}$$

式（7-7）表明在深度负反馈条件下，闭环放大倍数 $\dot{A}_f$ 基本上等于反馈系数 $\dot{F}$ 的倒数，即此时闭环放大倍数 $\dot{A}_f$ 基本上与开环放大倍数 $\dot{A}$ 无关，而主要取决于反馈网络的反馈系数 $\dot{F}$。这是一个很有用的近似计算公式，常用于估算反馈较深的闭环放大倍数。

另外，既然在深度负反馈条件下，$1+\dot{A}\dot{F}\gg1$，则 $\dot{A}\dot{F}\gg1$（$\dot{A}\dot{F}$ 称为环路增益，环路增益表示在反馈放大电路中，信号沿着基本放大电路和反馈网络组成的环路传递一周以后所得到的放大倍数），由式（7-6）的推导中可知 $\dot{A}\dot{F}=\dot{X}_f/\dot{X}_d$，$\dot{A}\dot{F}\gg1$，即 $\dot{X}_f\gg\dot{X}_d$，因为 $\dot{X}_i=\dot{X}_d+\dot{X}_f$，所以有

$$\dot{X}_i\approx\dot{X}_f \tag{7-8}$$

式（7-8）表明，在深度负反馈的情况下，净输入信号被削弱得很多，以至于反馈信号的幅度接近输入信号。式（7-8）是一个比式（7-7）更常用的近似计算公式。

5. 其他要说明的问题

（1）在上面的讨论中，$\dot{A}_f$、$\dot{A}$、$\dot{F}$ 等符号均没有加下标来表示它们的量纲，这是因为负反馈电路输出、输入回路与反馈网络的连接方式不同，各个信号量的量纲也有所不同，$\dot{X}_i$、$\dot{X}_f$、$\dot{X}_d$、$\dot{X}_o$ 或为电压的形式，或为电流的形式，这样就使 $\dot{A}_f$、$\dot{A}$、$\dot{F}$ 对应于四种负反馈组态，各有四种不同意义和量纲的表达式。其具体内容见本节后面。

（2）在推导式（7-5）时，是按照图 7-5 所示的框图进行的。在此图中，假设基本放大

电路和反馈网络都是单向传输的，即：①基本放大电路只能把净输入信号传输到输出端，$\dot{X}_o$不能通过基本放大器反向传输到输入回路；②反馈网络只能把输出信号$\dot{X}_o$传输到输入回路，输入信号不能经反馈网络传输到输出端；③反馈网络与信号源、负载电阻无关，即反馈网络中不能包括信号源内阻 R_s 和负载电阻 R_L。这是式（7-5）成立的三个前提条件。对于大多数负反馈电路，基本放大电路的正向传输作用远大于其反向传输，满足条件①；因从输入端经反馈网络直接传输到的输出回路的直通信号会受到反馈网络的很大衰减，在输出回路产生的影响很小。可以忽略不计，也可以满足条件②；至于第三个条件，只要$\dot{F}$表达式中不包括 R_s 和 R_L 即可。

二、负反馈放大电路的四种组态

1. 负反馈放大电路的四种组态的概念

图 7-5 所示的负反馈放大电路框图是一种抽象的示意图，它并没有反映出反馈网络在输出回路是怎样对$\dot{X}_o$取样的，也没有反映出在输入回路$\dot{X}_i$和$\dot{X}_f$是怎样比较的。实际上，不论是在输出端的取样还是在输入端的比较，都是依靠反馈网络与放大电路在输出回路和输入回路的不同连接方式来实现的。依据电路理论，基本放大电路 A 和反馈网络 F 都是双口网络，它们在输入端和输出端都有串联、并联两种连接形式，在输出端的连接形式决定了负反馈电路的取样方式，如图 7-6 所示。在输入端的连接形式决定了负反馈电路的比较方式，如图 7-7 所示。

在图 7-6（a）中反馈网络与基本放大电路在输出端是并联的，反馈信号$\dot{X}_f$直接反映了输出电压$\dot{U}_o$的变化，即$\dot{X}_f=\dot{F}\dot{U}_o$，故称其为电压取样或电压反馈。在图 7-6（b）中，反馈网络与基本放大电路在输出端是串联的，反馈信号$\dot{X}_f$直接反映了输出电流$\dot{I}_o$的变化，即$\dot{X}_f=\dot{F}\dot{I}_o$，故称其为电流取样或电流反馈。

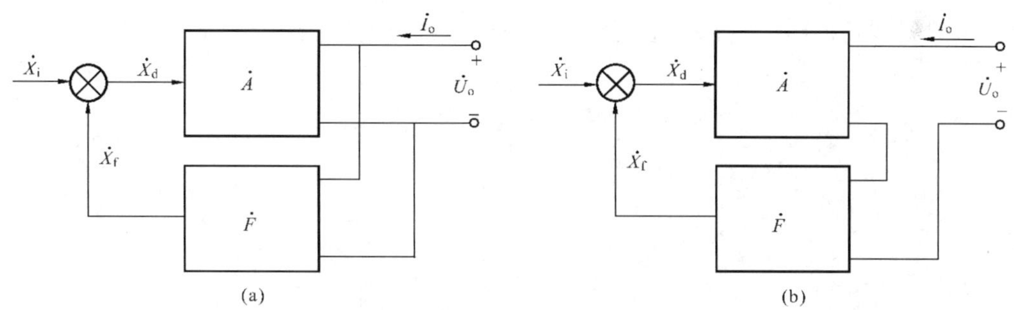

图 7-6　负反馈放大电路的取样方式

（a）电压取样；（b）电流取样

在图 7-7（a）中，反馈网络与基本放大电路在输入端是串联的，电路输入回路的三个信号$\dot{X}_i$、$\dot{X}_f$、$\dot{X}_d$均以电压的形式出现，而且净输入信号$\dot{U}_d$是$\dot{U}_i$与$\dot{U}_f$之差，即$\dot{U}_d=\dot{U}_i-\dot{U}_f$，所以把这种比较方式称为串联比较，相应的反馈方式称为串联反馈。在图 7-6（b）中，反馈网络与基本放大电路在输入端是并联的，电路输入回路的三个信号$\dot{X}_i$、$\dot{X}_f$、$\dot{X}_d$均以电流的形式出现，而且净输入信号$\dot{I}_d$是$\dot{I}_i$与$\dot{I}_f$之差，即$\dot{I}_d=\dot{I}_i-\dot{I}_f$，所以把这种比较方式称为并联比较，相应的反馈方式称为并联反馈。

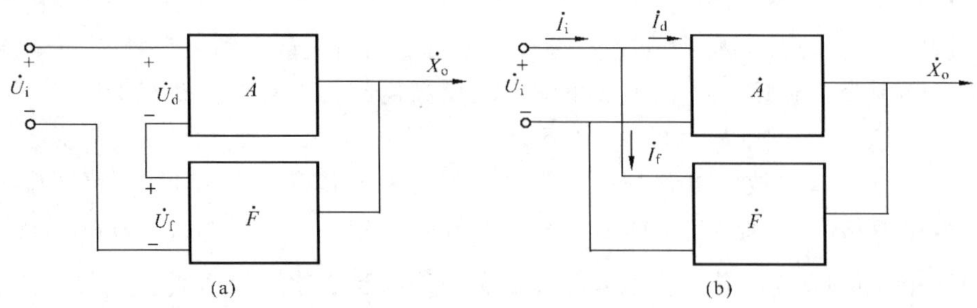

图 7-7　负反馈放大电路的比较方式

(a) 串联比较；(b) 并联比较

综上所述，按照反馈网络与基本放大电路在输出、输入端连接方式的不同，负反馈放大电路可分为以下四种组态（类型）：电压串联负反馈和电压并联负反馈、电流串联负反馈和电流并联负反馈。

对于具体放大电路的反馈组态的判断，可以根据取样方式和比较方式的特点进行。既可以观察电路中反馈网络的连接关系，从电路结构的角度来分析，又可以通过分析反馈信号与输出、输入量之间的表达式来判断。此外，判断电路是电压反馈还是电流反馈时，还可以采用输出交流短路法。其方法是：假定将输出电压交流短路，若此时反馈量也随之消失，说明反馈量是取自输出电压，与输出电压成正比，是电压反馈；若反馈量仍然存在，说明反馈量是取自输出电流，与输出电流成正比，是电流反馈。

对于比较方式的判断，比较常用的方法是观察$\dot{X}_f$与$\dot{X}_i$的比较形式，以电压形式比较的为串联反馈，以电流形式比较的为并联反馈。

2. 电压串联负反馈电路

(1) 电路组成及框图。由运放组成的典型电路和相应的框图如图 7-8 所示。

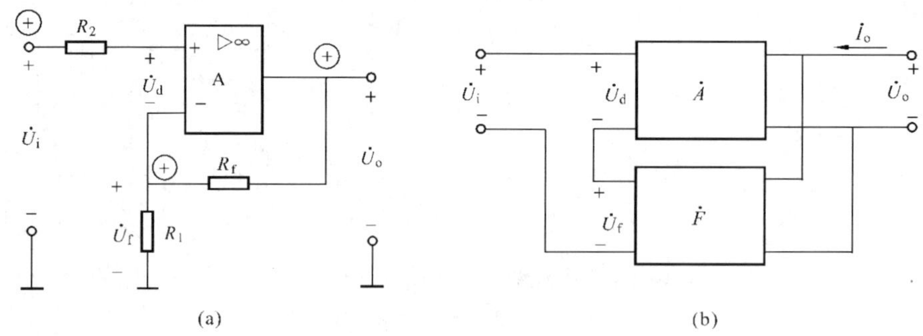

图 7-8　电压串联负反馈

(a) 典型电路原理图；(b) 框图

电路中电阻 R_f 和 R_1 组成的分压器将电路的输出回路和输入回路联系了起来，是反馈网络，反馈网络的输入端并联在输出端，R_1 上的电压与输出电压成正比，即$\dot{U}_f=\dfrac{R_1}{R_1+R_f}\times\dot{U}_o$，所以该电路属于电压反馈。而输入回路中 3 个信号量$\dot{X}_i$、$\dot{X}_f$、$\dot{X}_d$ 均为电压形式，所以为串联比较。根据瞬时极性法可知反馈电压与输入电压同相，在输入回路中，集成运放的差模输入电压就是净输入电压$\dot{U}_d$。在理想情况下，集成运放的输入电流为零，电阻 R_2 上压降为零，于是可得净输入电压为输入电压$\dot{U}_i$ 与反馈电压$\dot{U}_f$ 同相相减，有

$$U_d=U_i-U_f$$

可判断出该电路为负反馈。其判断过程已在电路中标出。

由于是电压反馈，也可用输出端短路来证明。在图 7-8（a）假设输出端交流短路，输出电压等于零时，反馈量也为零，反馈不复存在，判定为电压反馈。

总之，以上分析说明图 7-8（a）所示电路中引入的反馈是电压串联负反馈。

电压串联负反馈电路框图如图 7-8（b）所示，在输出端反馈网络与放大电路并联连接，在输入回路反馈网络与放大电路串联连接，反馈量采样于输出电压$\dot{U}_o$，在输入回路中反馈电压$\dot{U}_f$ 与外加输入电压$\dot{U}_i$ 比较得到净输入电压$\dot{U}_d$。

由图 7-8（b）所示框图可见，基本放大电路的输入是净输入电压$\dot{U}_d$，输出是输出电压$\dot{U}_o$，二者均为电压量，故其开环放大倍数$\dot{A}$用$\dot{A}_u$ 表示，称为放大电路的开环电压放大倍数，即

$$\dot{A}_u=\frac{\dot{U}_o}{\dot{U}_d} \tag{7-9}$$

反馈网络的输入是放大电路的输出电压$\dot{U}_o$，它的输出是反馈电压$\dot{U}_f$，反馈网络的反馈系数$\dot{F}$是$\dot{U}_f$ 与$\dot{U}_o$ 之比，故用符号$\dot{F}_u$ 表示，可得

$$\dot{F}_u=\frac{\dot{U}_f}{\dot{U}_o} \tag{7-10}$$

图 7-8（a）所示的电压串联负反馈放大电路中，已知$\dot{U}_f=\dfrac{R_1}{R_1+R_f}\dot{U}_o$，所以其反馈系数为

$$\dot{F}_u=\frac{\dot{U}_f}{\dot{U}_o}=\frac{R_1}{R_1+R_f} \tag{7-11}$$

电压串联负反馈放大电路的闭环放大倍数是输出电压$\dot{U}_o$ 与输入电压$\dot{U}_i$ 之比，用符号$\dot{A}_{uf}$ 表示，称为放大电路的闭环电压放大倍数，可得

$$\dot{A}_{uf}=\dot{U}_o/\dot{U}_i \tag{7-12}$$

根据一般表达式（7-5）可得$\dot{A}_u$、$\dot{F}_u$、$\dot{A}_{uf}$三者的关系式为

$$\dot{A}_{uf}=\frac{\dot{A}_u}{1+\dot{A}_u\dot{F}_u} \tag{7-13}$$

深度负反馈条件下，即 $|1+\dot{A}_u\dot{F}_u|\gg 1$ 时

$$\dot{A}_{uf}\approx 1/\dot{F}_u \tag{7-14}$$

在深度负反馈条件下，图 7-8（a）所示电路的闭环电压放大倍数为

$$\dot{A}_{uf}\approx 1/\dot{F}_u=1+\frac{R_f}{R_1} \tag{7-15}$$

（2）反馈特点。电压负反馈的特点是维持输出电压基本稳定。

当$\dot{U}_i$一定时，由于某种原因（元件参数及负载）等变化，引起输出电压$\dot{U}_o$变化，由于反馈信号正比于$\dot{U}_o$，负反馈的结果将会抑制这种变化，从而使输出电压$\dot{U}_o$相对稳定。以图7-8（a）为例，电路的自动调节过程如下：

$$\text{某原因(如负载}R_L\downarrow)\rightarrow|\dot{U}_o|\downarrow\rightarrow|\dot{U}_f|\downarrow\rightarrow|\dot{U}_d|\uparrow$$

$$|\dot{U}_o|\uparrow\leftarrow$$

由于某种原因（如负载电阻R_L减小）引起输出电压$|\dot{U}_o|$下降，反馈电压$|\dot{U}_f|$随着输出电压$|\dot{U}_o|$而下降。在输入回路中，反馈电压$|\dot{U}_f|$下降使净输入电压$|\dot{U}_d|$上升，经运放的放大使输出电压也上升，抑制了输出电压$|\dot{U}_o|$的减小，使其保持稳定。这里的关键是电压负反馈能使净输入量$|\dot{U}_d|$的变化向着使输出电压$|\dot{U}_o|$朝相反方向变化。显然，这种使输出电压稳定的调节过程是连续的、动态的。当$\dot{U}_i$为一定值时，负反馈过程力图使$\dot{U}_o$的大小也保持定值，这就意味着电路的电压放大倍数的稳定性得到了提高。

电路负载发生变化时，电压负反馈将使输出电压$|\dot{U}_o|$恒定，而此时流过负载的输出电流$|\dot{I}_o|$却是变化的。例如上面已分析过的，当负载电阻R_L减小，$|\dot{U}_o|$恒定，但$|\dot{I}_o|$将增大。

由于串联负反馈在输入回路中的比较以电压形式出现，即$|\dot{U}_d|=|\dot{U}_i|-|\dot{U}_f|$，若内阻压降对$|\dot{U}_i|$的影响很小，可忽略不计，此时信号源$\dot{U}_s$相当于恒压源，$|\dot{U}_i|$约等于信号源电压，反馈电压$\dot{U}_f$对$\dot{U}_d$的影响作用最强，负反馈效果好，即负反馈的自动调节作用明显。如果R_s较大，内阻压降对$|\dot{U}_i|$的影响增大，削弱了$\dot{U}_f$对$\dot{U}_d$的影响，负反馈效果变差。所以串联负反馈的放大电路要求信号源内阻R_s越小越好，即要求信号源采用内阻小的恒压源。

3. 电压并联负反馈电路

（1）电路组成及框图。典型的电压并联负反馈电路及相应的框图如图7-9所示，反馈网络由电阻R_f组成，反馈量$\dot{I}_f$取自于输出端的电压量。

用瞬时极性法标出瞬时极性，如图7-9（a）所示，如果$\dot{U}_i$的瞬时极性为⊕，经运放输出电压$\dot{U}_o$瞬时极性为⊖，反馈电阻R_f两端的电位左高右低，因此反馈量$\dot{I}_f$的瞬时流向与参考方向一致，在输入回路中，输入量$\dot{I}_i$、净输入量$\dot{I}_d$的瞬时流向与参考方向一致，由$\dot{I}_i$、$\dot{I}_d$、$\dot{I}_f$的参考方向根据基尔霍夫电流定律得$\dot{I}_d=\dot{I}_i-\dot{I}_f$，在所假设的瞬时，三者的关系可写成

$$|\dot{I}_d|=|\dot{I}_i|-|\dot{I}_f| \tag{7-16}$$

反馈量$\dot{I}_f$使净输入量$|\dot{I}_d|<|\dot{I}_i|$，即削弱了输入量的作用，为负反馈。反馈量以电流形式在输入回路与输入电流并联相比较，故为并联反馈。

在图7-9（a）所示电路中，流过反馈电阻R_f的电流即为反馈电流，因此可得

$$\dot{I}_f=\frac{\dot{U}_--\dot{U}_o}{R_f}\approx-\frac{\dot{U}_o}{R_f} \tag{7-17}$$

反馈电流与输出电压成比例，故为电压反馈。或假设输出电压对地交流短路，此时反馈量为零，即反馈不复存在，据此也可判断为电压负反馈。

因此图 7-9（a）所示电路为电压并联负反馈电路。

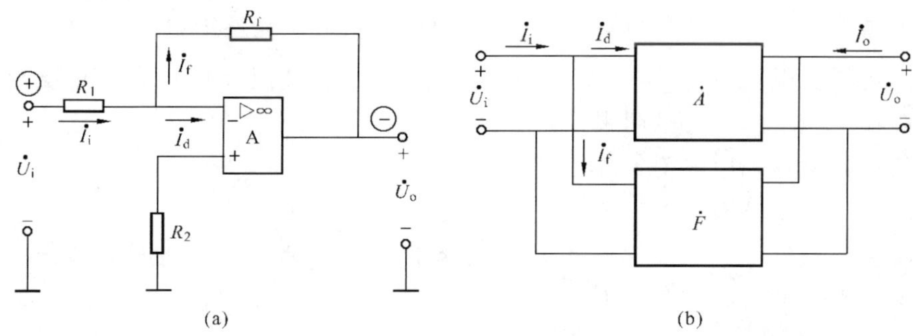

图 7-9　电压并联负反馈

（a）典型电路原理图；（b）框图

电压并联负反馈电路框图如图 7-9（b）所示。基本放大电路的输入信号是净输入电流 $\dot{I}_d$，输出信号是放大电路的输出电压$\dot{U}_o$，它的开环放大倍数$\dot{A}$用符号$\dot{A}_r$ 表示，即

$$\dot{A}_r=\dot{U}_o/\dot{I}_d \tag{7-18}$$

由式（7-18）知$\dot{A}_r$ 的量纲是电阻，故称之为放大电路的开环转移电阻。

反馈网络的输入信号是放大电路的输出电压$\dot{U}_o$，输出信号是反馈电流$\dot{I}_f$，反馈网络的反馈系数$\dot{F}$为$\dot{I}_f$ 与$\dot{U}_o$ 之比，用符号$\dot{F}_g$ 表示，它的量纲是电导，可表示为

$$\dot{F}_g=\dot{I}_f/\dot{U}_o \tag{7-19}$$

因此图 7-9（a）所示电压并联负反馈电路的反馈系数$\dot{F}_g$ 为

$$\dot{F}_g=\dot{I}_f/\dot{U}_o=-\frac{1}{R_f} \tag{7-20}$$

电压并联负反馈放大电路的闭环放大倍数是输出电压$\dot{U}_o$与输入电流$\dot{I}_i$ 之比，用符号$\dot{A}_{rf}$表示，称为闭环互阻放大倍数，可得

$$\dot{A}_{rf}=\dot{U}_o/\dot{I}_i \tag{7-21}$$

根据式（7-5），可得$\dot{A}_{rf}$、$\dot{F}_g$、$\dot{A}_r$三者的关系式为

$$\dot{A}_{rf}=\frac{\dot{A}_r}{1+\dot{A}_r\dot{F}_g} \tag{7-22}$$

深度负反馈条件下，即 $|1+\dot{A}_r\dot{F}_g|\gg 1$ 时

$$\dot{A}_{rf}\approx 1/\dot{F}_g \tag{7-23}$$

在深度负反馈条件下，如图 7-9（a）所示的电压并联负反馈放大电路闭环互阻放大倍数由式（7-20）可得

$$\dot{A}_{rf}\approx 1/\dot{F}_g=-R_f \tag{7-24}$$

（2）反馈特点。电压并联负反馈与电压串联负反馈一样，也能维持输出电压基本稳定，

读者可自行分析。

由于是并联反馈，输入量、反馈量在输入回路中以电流形式比较，$|\dot{I}_d|=|\dot{I}_i|-|\dot{I}_f|$，$|\dot{I}_i|$若为恒流，即信号源内阻 R_s 很大时，反馈电流$\dot{I}_f$的变化才能全部反映到$\dot{I}_d$上，反馈效果显著；如果信号源内阻 R_s 很小，则净输入电流受反馈电流$\dot{I}_f$变化的影响也小，反馈效果差。换句话说，当 $R_s=0$ 时，净输入电流仅由信号源电压决定，与反馈电流$\dot{I}_f$无关，反馈不存在。此概念也可以用来判断电路是并联反馈而不是串联反馈。由此可见，并联反馈电路的信号源适宜采用内阻大的恒流源。

4. 电流串联负反馈电路

(1) 电路组成及框图。电流串联负反馈电路的典型电路及相应的框图如图 7-10 所示，R_f 是联系输入与输出回路的反馈元件。

用瞬时极性法标出瞬时极性如图 7-10（a）所示，运放的同相输入端$\dot{U}_+$为⊕，输出$\dot{U}_o$为⊕，则输出电流的方向向下，在 R_f 产生的压降$\dot{U}_f$的瞬时极性为⊕，在输入回路，$\dot{U}_d=\dot{U}_i-\dot{U}_f$，由瞬时极性得$|\dot{U}_d|=|\dot{U}_i|-|\dot{U}_f|$，$|\dot{U}_f|$使净输入量小于输入量，削弱了输入量的作用，可判断为负反馈。在输入回路中反馈电压$\dot{U}_f$加在运放的反相输入端，与输入电压相比较，故为串联反馈。

由图 7-10（a）可得出与$\dot{U}_f$输出信号之间的关系

$$\dot{U}_f=\dot{I}_oR_f \tag{7-25}$$

由式（7-25）可见反馈电压的大小与输出电流的大小成比例，故为电流反馈。或假设 $R_L=0$，即输出电压为零时，反馈电压仍存在，据此亦可判断为电流反馈。

因此图 7-10（a）所示电路为电流串联负反馈电路。

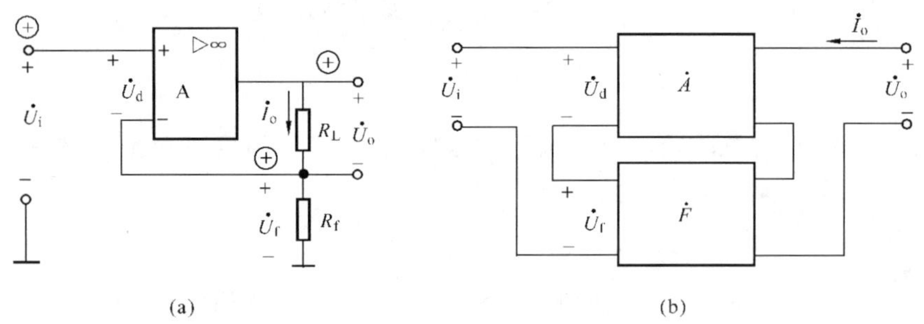

图 7-10 电流串联负反馈

（a）典型电路原理图；（b）框图

电流串联负反馈的框图如图 7-10（b）所示，基本放大电路的输入信号是净输入电压$\dot{U}_d$，输出信号是放大电路的输出电流$\dot{I}_o$，其开环放大倍数用符号$\dot{A}_g$表示，即

$$\dot{A}_g=\dot{I}_o/\dot{U}_d \tag{7-26}$$

$\dot{A}_g$的量纲是电导，称为基本放大电路的开环转移电导。

反馈网络的输入信号是放大电路的输出电流$\dot{I}_o$，输出信号是反馈电压$\dot{U}_f$，反馈系数等

于$\dot{U}_f$与$\dot{I}_o$之比，用符号$\dot{F}_r$表示，它的量纲是电阻，可表示为

$$\dot{F}_r=\dot{U}_f/\dot{I}_o \tag{7-27}$$

图 7-10（a）所示的电流串联负反馈放大电路中，由式（7-25）知反馈电压$\dot{U}_f=\dot{I}_oR_f$，则其反馈系数为

$$\dot{F}_r=\dot{U}_f/\dot{I}_o=R_f \tag{7-28}$$

电流串联负反馈放大电路的闭环放大倍数是输出电流$\dot{I}_o$与输入电压$\dot{U}_i$之比，称为闭环互导放大倍数，用符号$\dot{A}_{gf}$表示，即

$$\dot{A}_{gf}=\dot{I}_o/\dot{U}_i \tag{7-29}$$

根据一般表达式（7-5），可得$\dot{A}_g$、$\dot{F}_r$、$\dot{A}_{gf}$三者的关系式为

$$\dot{A}_{gf}=\frac{\dot{A}_g}{1+\dot{A}_g\dot{F}_r} \tag{7-30}$$

深度负反馈条件下，即$|1+\dot{A}_g\dot{F}_r|\gg 1$时

$$\dot{A}_{gf}\approx 1/\dot{F}_r \tag{7-31}$$

图 7-10（a）所示的电流串联负反馈放大电路闭环互导放大倍数，由式（7-28）得

$$\dot{A}_{gf}\approx 1/\dot{F}_r=\frac{1}{R_f} \tag{7-32}$$

（2）反馈特点。电流负反馈的特点是维持输出电流基本恒定。当$\dot{U}_i$一定时，由于负载电阻R_L变动，使输出电流减小，则由于负反馈的作用，电路将进行如下自动调整过程：

$$R_L\uparrow\rightarrow|\dot{I}_o|\downarrow\rightarrow|\dot{U}_f|(=|\dot{I}_o|R_f)\downarrow\rightarrow|\dot{U}_d|\uparrow$$

$$|\dot{I}_o|\uparrow\leftarrow$$

由于负载电阻R_L变动，使输出电流$|\dot{I}_o|$减小，由$\dot{U}_f=\dot{I}_oR_f$知，反馈电压$|\dot{U}_f|$随之而下降；在输入回路中，由$|\dot{U}_d|=|\dot{U}_i|-|\dot{U}_f|$知，$|\dot{U}_i|$一定时反馈电压$|\dot{U}_f|$下降使净输入电压$|\dot{U}_d|$上升，经运放的放大使输出电压也上升，输出电流$|\dot{I}_o|$随之增加，结果输出电流基本不变，保持恒定。

电路负载发生变化时，电流负反馈将使输出电流$|\dot{I}_o|$恒定，而此时负载上的输出电压$|\dot{U}_o|$却是变化的。例如上面已分析过的，当负载电阻R_L增大，$|\dot{I}_o|$恒定，但$|\dot{U}_o|$将增大。

由于是串联反馈，信号源宜采用低内阻的信号源。

5. 电流并联负反馈电路

（1）电路组成。典型的电流并联负反馈电路及相应的框图如图 7-11 所示，电阻R_f和R_1组成反馈网络。用瞬时极性法在图中标出瞬时极性，假设输入电压$\dot{U}_i$的瞬时极性为⊕，经运放输出电压$\dot{U}_o$瞬时极性为⊖，则输出电流$\dot{I}_o$的方向如图 7-11（a）所示，反馈电阻R_f两端的电位左高右低，因此反馈量$\dot{I}_f$的瞬时流向与参考方向一致，在输入回路中，输入量$\dot{I}_i$、净输入量$\dot{I}_d$的瞬时流向与参考方向一致，由$\dot{I}_i$、$\dot{I}_d$、$\dot{I}_f$的参考方向根据基尔霍夫电流定律得$\dot{I}_d$

$=\dot{I}_i-\dot{I}_f$，在所假设的瞬时，三者的关系可写成

$$|\dot{I}_d|=|\dot{I}_i|-|\dot{I}_f| \tag{7-33}$$

反馈量$\dot{I}_f$使净输入量$|\dot{I}_d|<|\dot{I}_i|$，即削弱了输入量的作用，为负反馈；反馈量以电流形式在输入回路与输入电流并联相比较，故为并联反馈。

在图 7-11（a）中，如果忽略输入电压的影响（因为输入电压比 R_1 上的交流压降小得多），可近似认为 R_f 和 R_1 组成一个分流器，反馈电流是输出电流的一部分。其关系是

$$\dot{I}_f=\frac{R_1}{R_1+R_f}\dot{I}_o \tag{7-34}$$

反馈电流与输出电流成比例，故为电流反馈。

因此图 7-11（a）所示电路为电流并联负反馈电路。

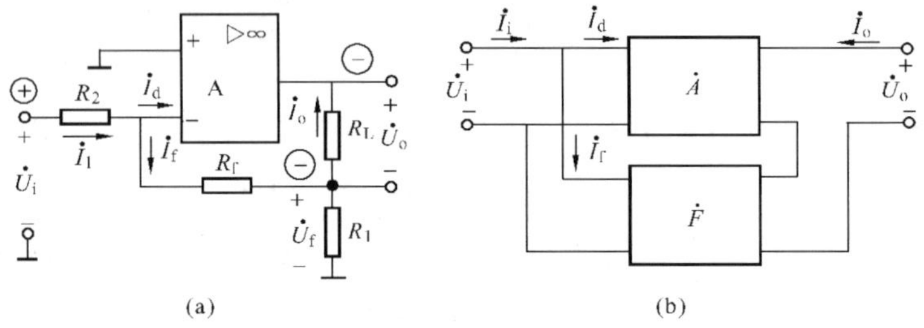

图 7-11　电流并联负反馈

（a）电路原理图；（b）框图

电流并联负反馈的框图如图 7-11（b）所示。在图 7-11（a）中，运放就是基本放大电路，它的输入信号是净输入电流$\dot{I}_d$，输出信号$\dot{I}_o$，其开环放大倍数用符号$\dot{A}_i$表示，称为基本放大电路的开环电流放大倍数，即

$$\dot{A}_i=\dot{I}_o/\dot{I}_d \tag{7-35}$$

反馈网络的输入信号是放大电路的输出电流$\dot{I}_o$，输出信号是反馈电流$\dot{I}_f$，反馈系数等于$\dot{I}_f$与$\dot{I}_o$之比，用符号$\dot{F}_i$表示，称为电流反馈系数，即

$$\dot{F}_i=\dot{I}_f/\dot{I}_o \tag{7-36}$$

在图 7-11（a）所示的电流并联负反馈放大电路中，由式（7-34）可得其反馈系数为

$$\dot{F}_i=\dot{I}_f/\dot{I}_o=\frac{R_1}{R_1+R_f} \tag{7-37}$$

电流并联负反馈放大电路的闭环放大倍数是输出电流$\dot{I}_o$与输入电流$\dot{I}_i$之比，用符号$\dot{A}_{if}$表示，称为闭环电流放大倍数，即

$$\dot{A}_{if}=\dot{I}_o/\dot{I}_i \tag{7-38}$$

根据一般表达式式（7-5），可得$\dot{A}_i$、$\dot{F}_i$、$\dot{A}_{if}$三者的关系式为

$$\dot{A}_{if}=\frac{\dot{A}_i}{1+\dot{A}_i\dot{F}_i} \tag{7-39}$$

在深度负反馈条件下，即$|1+\dot{A}_i\dot{F}_i|\gg 1$时，可得

$$\dot{A}_{if} \approx 1/\dot{F}_i \tag{7-40}$$

图 7-11（a）所示的电流并联负反馈放大电路的闭环电流放大倍数，由式（7-37）可得

$$\dot{A}_{if} \approx 1/\dot{F}_i = \left(1+\frac{R_f}{R_1}\right) \tag{7-41}$$

（2）反馈特点。电流并联负反馈与电流串联负反馈一样，能维持输出电流基本恒定。由于是并联反馈，信号源宜采用高内阻的信号源。

通过上述讨论，可得出下列结论：

1）凡是电压负反馈，均可稳定输出电压；凡是电流负反馈，均可稳定输出电流。

2）为取得最好的负反馈效果，串联比较的负反馈电路要求信号源内阻 R_s 要尽量小；并联比较的负反馈电路要求信号源内阻要尽量大。

3）对于不同组态的负反馈放大电路来说，其中基本放大电路的放大倍数$\dot{A}$和反馈网络系数$\dot{F}$、闭环放大倍数$\dot{A}_f$的物理意义和量纲都各不相同，因此，统称$\dot{A}$为广义的放大倍数，$\dot{F}$为广义的反馈系数，$\dot{A}_f$为广义的闭环放大倍数。为了便于比较，现将四种负反馈组态的放大倍数$\dot{A}$和反馈系数$\dot{F}$，闭环放大倍数$\dot{A}_f$分别列于表 7-1 中。

表 7-1　　四种负反馈组态的$\dot{A}$、$\dot{F}$之比较

反馈类型	输入信号	输出信号	反馈信号	开环放大倍数$\dot{A}$	反馈系数$\dot{F}$	闭环放大倍数$\dot{A}_f$
电压串联式	$\dot{U}_i$	$\dot{U}_o$	$\dot{U}_f$	$\dot{A}_u=\dot{U}_o/\dot{U}_d$ 电压放大倍数	$\dot{F}_u=\dot{U}_f/\dot{U}_o$	$\dot{A}_{uf}=\dot{U}_o/\dot{U}_i$ 闭环电压放大倍数
电压并联式	$\dot{I}_i$	$\dot{U}_o$	$\dot{I}_f$	$\dot{A}_r=\dot{U}_o/\dot{I}_d$（Ω） 互阻放大倍数	$\dot{F}_g=\dot{I}_f/\dot{U}_o$（s）	$\dot{A}_{rf}=\dot{U}_o/\dot{I}_i$（Ω） 闭环互阻放大倍数
电流串联式	$\dot{U}_i$	$\dot{I}_o$	$\dot{U}_f$	$\dot{A}_g=\dot{I}_o/U_d$（s） 互导放大倍数	$\dot{F}_r=\dot{U}_f/\dot{I}_o$（Ω）	$\dot{A}_{gf}=\dot{I}_o/\dot{U}_i$（s） 闭环互导放大倍数
电流并联式	$\dot{I}_i$	$\dot{I}_o$	$\dot{I}_f$	$\dot{A}_i=\dot{I}_o/\dot{I}_d$ 电流放大倍数	$\dot{F}_i=\dot{I}_f/\dot{I}_o$	$\dot{A}_{if}=\dot{I}_o/\dot{I}_i$ 闭环电流放大倍数

【例 7-2】　已知电路如图 7-12 所示，假设电路中的电容均足够大。试判断图中各电路中交流反馈的极性，如是负反馈判断其反馈组态并求其反馈系数。

解　（1）图 7-12（a）所示电路是一个单管共射放大电路，通过电阻 R_f 将三极管的集电极（信号输出端）和基极（信号输入端）联系起来，电阻 R_f 是反馈元件。该放大电路的输出、输入电压相位相反。用瞬时极性法可得$\dot{U}_i\oplus\longrightarrow\dot{U}_o\ominus$，此时 R_f 支路中的反馈电流$\dot{I}_f$的瞬时流向如图 7-12（a）所示，流向 VT 基极的净输入电流$\dot{I}_b$为$|\dot{I}_b|=|\dot{I}_i|-|\dot{I}_f|$，可见为负反馈。

在输入回路中外加输入信号与反馈信号是以电流形式比较的，故是并联反馈。根据欧姆定律，同时考虑$\dot{U}_i \ll \dot{U}_o$，反馈电流可由下式求出：$\dot{I}_f=\dfrac{\dot{U}_i-\dot{U}_o}{R_f}\approx\dfrac{-\dot{U}_o}{R_f}$，既然反馈电流正比于输出电压，可判定为电压反馈。所以图 7-12（a）所示电路的反馈组态是电压并联负反馈。

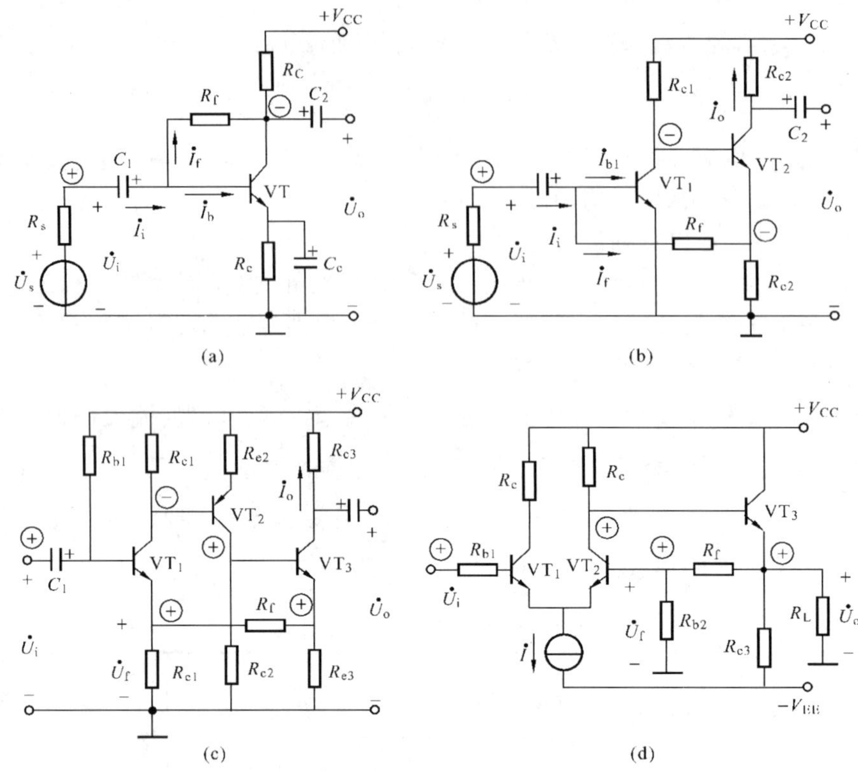

图 7-12 ［例 7-2］电路图

其反馈系数为

$$\dot{F}_g=\frac{\dot{I}_f}{\dot{U}_o}=-\frac{1}{R_f}$$

（2）图 7-12（b）所示电路是一个两级直接耦合放大电路，反馈信号由 VT_2 的发射极通过电阻 R_f 引回到 VT_1 的基极，电阻 R_f 和 R_{e2} 构成反馈网络。设输入电压$\dot{U}_i$的瞬时极性为⊕，则 VT_1 的$\dot{U}_{c1}$瞬时极性为⊖，VT_2 的$\dot{U}_{e2}$瞬时极性为⊖，于是从 VT_1 的基极通过 R_f 流向 VT_2 发射极的反馈电流$\dot{I}_f$的瞬时流向与参考方向一致，在输入回路，反馈电流$\dot{I}_f$使流向 VT_1 基极的净输入电流小于输入电流，即

$$|\dot{I}_{b1}|=|\dot{I}_i|-|\dot{I}_f|$$

可见反馈信号削弱了输入电流的作用，净输入电流比无反馈时小，故为负反馈。同时因为上式中输入信号与反馈信号均为电流形式，所以是并联反馈。由图 7-12（b）可见，反馈电流与 VT_2 发射极电流$\dot{I}_{e2}$是分流关系，而$\dot{I}_{e2}\approx\dot{I}_o$，由于 VT_2 的$\dot{U}_{e2}$瞬时极性为⊖，决定了$\dot{I}_{e2}$的方向为流入 VT_2 发射极，因此可得反馈电流为

$$\dot{I}_f=\frac{R_{e2}}{R_f+R_{e2}}\dot{I}_{e2}\approx\frac{R_{e2}}{R_f+R_{e2}}\dot{I}_o$$

反馈电流正比于输出电流，所以图 7-12（b）所示电路反馈组态是电流并联负反馈。其电流反馈系数为

$$\dot{F}_i=\frac{\dot{I}_f}{\dot{I}_o}=\frac{R_{e2}}{R_f+R_{e2}}$$

(3) 图 7-12 (c) 是一个三级直接耦合放大电路，其中 VT_1、VT_3 是 NPN 三极管，VT_2 是 PNP 三极管，电阻 R_f、R_{e1} 和 R_{e3} 组成反馈网络。$\dot{I}_{e3}$ 在 R_{e3} 和 R_f、R_{e1} 组成的电阻网络（R_f 与 R_{e1} 串联，再与 R_{e3} 并联）上产生压降，并由 R_{e1} 和 R_f 分压得到 R_{e1} 两端的反馈电压。利用瞬时极性法，假设 $\dot{U}_i$ 对地为⊕，则 $\dot{U}_{c1}$ 为⊖，$\dot{U}_{c2}$ 为⊕，$\dot{U}_{e3}$ 与 $\dot{U}_{b3}$ 同相，也为⊕。经电阻 R_f 和 R_{e1} 分压，反馈送至 VT_1 管发射极的 $\dot{U}_f$ 为⊕，这样 VT_1 管的发射结输入电压（净输入电压）为

$$|\dot{U}_{be1}| = |\dot{U}_i| - |\dot{U}_f|$$

反馈电压削弱了输入电压的作用，故为负反馈。

反馈信号与输入信号是以电压形式比较的，因此是串联反馈。根据电路图，可以认为 R_f 与 R_{e1} 串联支路与 R_{e3} 分流，分到的电流在 R_{e1} 上产生的压降就是 $\dot{U}_f$，所以可列出下列公式

$$\dot{U}_f = \frac{R_{e3}R_{e1}}{R_{e1}+R_f+R_{e3}}\dot{I}_{e3} = \frac{R_{e3}R_{e1}}{R_{e1}+R_f+R_{e3}}(-\dot{I}_o)$$

反馈电压正比于输出电流，所以图 7-12 (c) 所示电路反馈组态是电流串联负反馈。而其反馈系数为

$$\dot{F}_r = \frac{\dot{U}_f}{\dot{I}_o} = -\frac{R_{e3}R_{e1}}{R_{e1}+R_f+R_{e3}}$$

(4) 图 7-12 (d) 是一个两级直接耦合放大电路，其中 VT_1 和 VT_2 组成差动输入级，在图中所示差放的单端输出方式中，输出电压与输入同相，而 VT_3 是射极跟随器，亦为同相放大。VT_3 的发射极到 VT_2 的基极之间由电阻 R_f、R_{b2} 组成的分压网络完成反馈过程。用瞬时极性法判断反馈极性如下：设输入 $\dot{U}_i$ 对地为⊕，则差放输出 $\dot{U}_{c2}$ 为⊕，经 VT_3 同相跟随，$\dot{U}_{e3}$ 为⊕（即 $\dot{U}_o$ 为⊕）。$\dot{U}_o$ 经电阻 R_f 和 R_{b2} 反馈送至 VT_2 的基极，使反馈电压 $\dot{U}_f$ 为⊕，对于差放来说，其差模输入电压为 $\dot{U}_d = \dot{U}_i - \dot{U}_f$，现 $\dot{U}_f$ 与 $\dot{U}_i$ 同相，则差放的差模输入电压（净输入电压）为

$$|\dot{U}_d| = |\dot{U}_i| - |\dot{U}_f|$$

由此可知，反馈电压削弱了输入电压的作用，故为负反馈。同时，上式表明反馈信号与输入信号是以电压形式比较的，因此是串联反馈。而反馈电压 $\dot{U}_f$ 是对输出电压 $\dot{U}_o$ 的分压，与 $\dot{U}_o$ 成正比例，所以属于电压反馈。也可以采用输出交流短路法，假设 $\dot{U}_o=0$，则反馈电压也将为零，即反馈不复存在，故为电压反馈。所以图 7-12 (d) 所示电路的反馈组态是电压串联负反馈。

因电路中 $\dot{X}_f = \dot{U}_f$，$\dot{X}_o = \dot{U}_o$，且 $\dot{U}_f$ 与 $\dot{U}_o$ 是分压关系，故反馈系数为

$$\dot{F}_u = \frac{\dot{U}_f}{\dot{U}_o} = \frac{R_{b2}}{R_{b2}+R_f}$$

需要说明的是，在多级放大电路中，可能同时存在局部反馈或整体反馈。局部反馈是指多级放大电路中某一级放大电路的反馈。例如图 7-12 (c) 中，电阻 R_{e2} 引入了第二级的电流串联负反馈，R_{e1}、R_f、R_{e3} 组成的反馈网络也分别在第一级和第三级引入了局部电流串联负反馈。整体反馈是指多级放大电路中级与级之间或输出与输入之间存在的反馈。一般情况下，反馈分析的对象主要是针对整体反馈。如图 7-12 中 (b)、(c)、(d) 所示电路所讨论的均是整体反馈。

第三节　负反馈对放大电路性能的影响

放大电路引入负反馈后，虽然放大倍数降低了，但提高了放大电路的稳定性，而且可以改善电路的许多性能，如提高放大倍数的稳定性、展宽通频带、减小非线性失真，以及根据需要改变放大电路的输入电阻或输出电阻等。下面分别进行详细分析、讨论。

一、提高放大倍数的稳定性

通常情况下，放大电路的放大倍数是不稳定的，它会因许多因素的影响而发生变化。如被环境温度变化、电源电压变化、器件的老化或更换、负载的改变等原因影响。对于这一现象，通常的研究方法是将输入量固定，观察输出量的变化，即可得知放大倍数的变化。

如前所述，放大电路引入负反馈后，可以使电路具有一定的自动稳定能力，对于电压反馈，可以稳定输出电压，对于电流反馈，可以稳定输出电流。显然，在输入量一定时，引入了负反馈的电路能够稳定输出量的现象，说明电路的闭环放大倍数$\dot{A}_f$得到了稳定。但是因为引入负反馈后，$|\dot{A}_f|$本身也减小到开环放大倍数$|\dot{A}|$的$1/|1+\dot{A}\dot{F}|$倍，所以衡量负反馈对放大电路放大倍数的稳定性的影响，应当用相对变化量$d|\dot{A}_f|/|\dot{A}_f|$与$d|\dot{A}|/|\dot{A}|$进行比较，相对变化量较小的其稳定性较高。

为了简化问题，现在讨论信号频率在中频范围的情况，此时，$\dot{A}$为实数，$\dot{F}$一般也为实数，因此式（7-5）可写成

$$A_f=\frac{A}{1+AF} \tag{7-42}$$

式（7-42）中A是变量，为了分析当A变化时对A_f的影响，求A_f对A的导数，得

$$\frac{dA_f}{dA}=\frac{1}{(1+AF)^2} \tag{7-43}$$

或

$$dA_f=\frac{dA}{(1+AF)^2} \tag{7-44}$$

将式（7-44）等号两边除以式（7-42）两边，得

$$\frac{dA_f}{A_f}=\frac{1}{1+AF}\frac{dA}{A} \tag{7-45}$$

对于负反馈（$1+AF$）>1，所以

$$\frac{dA_f}{A_f}<\frac{dA}{A} \tag{7-46}$$

式（7-45）表明负反馈放大电路闭环放大倍数A_f的相对变化量dA_f/A_f降低到无反馈时放大电路开环放大倍数A的相对变化量dA/A的1/（$1+AF$）。这就说明负反馈提高了放大倍数的稳定性。换言之，引入负反馈后，放大倍数降为原来的1/（$1+AF$），但放大倍数的稳定性提高了，提高程度与$1+AF$有关。

【例 7-3】　设某放大电路的开环放大倍数$A=1000$，由于环境温度的变化使A有$\pm10\%$的变化。引入负反馈后，反馈系数$F=0.099$，求闭环放大倍数及其相对变化量。

解　由已知条件可计算出反馈深度为

$$1+AF=1+1000\times0.099=100$$

引入负反馈后，闭环放大倍数为

$$A_f=\frac{A}{1+AF}=\frac{1000}{100}=10$$

无反馈时，放大倍数的相对变化量为

$$\frac{dA}{A}=\pm10\%=\pm10^{-1}$$

有反馈时，闭环放大倍数相对变化量为

$$\frac{dA_f}{A_f}=\frac{1}{1+AF}\times\frac{dA}{A}=\frac{1}{100}\times(\pm10^{-1})=\pm10^{-3}=\pm0.1\%$$

由此可知，引入负反馈后，A_f 的值将在 9.99～10.01 之间变化。

结果表明，当开环放大倍数变化 10%时，闭环放大倍数的相对变化量只有 0.1%，显而易见，引入负反馈后，降低了放大倍数，但换取了放大倍数稳定性的提高。

需要说明的是，这里讨论的对放大倍数的稳定性是广义的。具体地说，电压串联负反馈将使电路的闭环电压放大倍数的稳定性提高；电流串联负反馈将使电路的闭环互导放大倍数的稳定性提高；电压并联负反馈将使电路的闭环互阻放大倍数的稳定性提高；电流并联负反馈将使电路的闭环电流放大倍数的稳定性提高。

二、展宽通频带

由于电路中存在电抗性元件，使得放大电路对不同频率的输入信号呈现出不同的放大倍数和相移，在其幅频特性的高频区或低频区，放大倍数将随信号频率的增、减而减小，如果能够减缓这种减小的速率，就可使通频带展宽。通过前面的分析已经得到结论，无论何种原因引起放大电路放大倍数发生变化，均可以通过负反馈使放大倍数的相对变化量减小，提高放大倍数的稳定性，因此可以采用负反馈来提高放大倍数在低、高频区的稳定性，当开环放大倍数在低、高频区有明显下降时，负反馈会使闭环放大倍数下降很缓慢，从而展宽放大电路的通频带。

下面对负反馈展宽通频带的工作原理进行定性分析：

图 7-13 表示出了放大电路无反馈的幅频特性和引入负反馈后的幅频特性的变化情况。

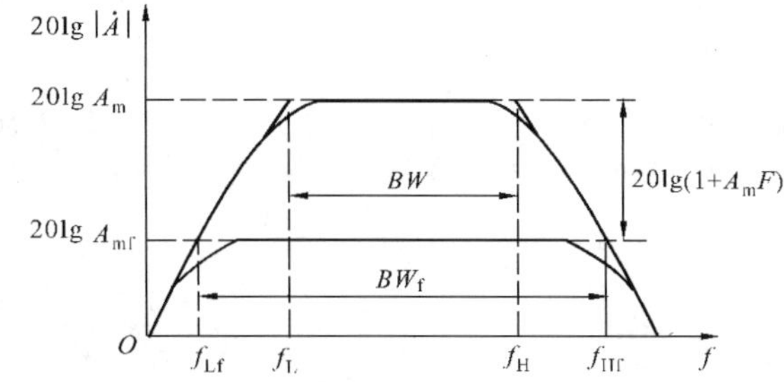

图 7-13　放大电路引入负反馈前后的幅频特性

A_m 表示无反馈时中频区开环放大倍数，A_{mf} 表示引入负反馈后中频区闭环放大倍数，通常情况下反馈系数 F 是与频率无关的定值（反馈网络仅由电阻组成时），则闭环放大倍数表达式为

$$A_{mf}=\frac{A_m}{1+A_mF} \tag{7-47}$$

改写成对数表达式为（单位为分贝，用 dB 表示）

$$20\lg A_{mf}=20\lg\frac{A_m}{1+A_mF}=20\lg A_m-20\lg(1+A_mF) \tag{7-48}$$

式（7-48）说明，闭环放大倍数要比开环放大倍数减小 20lg（$1+A_mF$）分贝。所以在中频区，闭环幅频特性曲线将下移 20lg（$1+A_mF$）分贝。而在原幅频特性的低频区和高频区开环放大倍数开始下降时，由于负反馈作用，对应的闭环放大倍数下降很小，由式（7-44）知

$$dA_f=\frac{1}{(1+AF)^2}dA$$

因此，可认为闭环放大倍数基本不变。上述情况也可具体解释为：当输入信号频率在低于一定数值或高于一定的数值而其幅值不变时，开环放大倍数下降，将使输出信号减小，若反馈系数 F 为与频率无关的定值（反馈网络仅由电阻组成时），则反馈信号亦成比例减小，放大电路的净输入信号增大，这样输出信号幅值下降程度就减小了，即在开环放大倍数开始下降时，闭环放大倍数基本不减小。只有开环放大倍数下降很多时，闭环放大倍数才开始明显下降。

根据上下限频率的定义，可以在图 7-13 上确定出引入负反馈前后的上、下限频率 f_H、f_{Hf}、f_L、f_{Lf}。可以看出，引入负反馈后的通频带 $BW_f=f_{Hf}-f_{Lf}$，大于开环时的通频带 $BW=f_H-f_L$，因此引入负反馈后，放大电路的通频带展宽了。

下面对通频带进行定量分析。

假设放大电路具有近似单个高频时间常数的频率特性，则高频区的开环放大倍数为

$$\dot{A}_H=\frac{A_m}{1+j\dfrac{f}{f_H}} \tag{7-49}$$

式中：f_H为无反馈时由高频时间常数决定的上限频率。

引入负反馈之后，假设反馈系数 F 为常数，则高频区的闭环放大倍数为

$$\dot{A}_{Hf}=\frac{\dot{A}_H}{1+\dot{A}_H F} \tag{7-50}$$

将式（7-49）代入式（7-50）得

$$\dot{A}_{Hf}=\frac{A_m\Big/\left(1+j\dfrac{f}{f_H}\right)}{1+A_mF\Big/\left(1+j\dfrac{f}{f_H}\right)}=\frac{A_m}{1+A_mF+j\dfrac{f}{f_H}}=\frac{A_m/(1+A_mF)}{1+j\dfrac{f}{f_H(1+A_mF)}}=\frac{A_{mf}}{1+j\dfrac{f}{f_{Hf}}} \tag{7-51}$$

由式（7-51）得到引入负反馈之后的上限频率为

$$f_{Hf}=f_H\ (1+A_mF) \tag{7-52}$$

即引入负反馈后，上限频率增大至无反馈时的上限频率 f_H的 $1+A_mF$ 倍。

同理，假设放大电路具有近似单个低频时间常数的频率特性，则在低频区开环放大倍数为

$$\dot{A}_L=\frac{A_m}{1-j\dfrac{f_L}{f}} \tag{7-53}$$

式中：f_L 为无反馈时由低频时间常数决定的下限频率。

引入负反馈之后，假设反馈系数 F 为常数，在低频区的闭环放大倍数为

$$\dot{A}_{Lf}=\frac{\dot{A}_L}{1+\dot{A}_LF}=\frac{A_m\Big/\left(1-j\dfrac{f_L}{f}\right)}{1+A_mF\Big/\left(1-j\dfrac{f_L}{f}\right)}=\frac{A_m}{1+A_mF-j\dfrac{f_L}{f}}$$

$$=\frac{A_m/\ (1+A_mF)}{1-j\dfrac{f_L}{f\ (1+A_mF)}}=\frac{A_{mf}}{1-j\dfrac{f_{Lf}}{f}} \tag{7-54}$$

由式（7-54）得到引入负反馈之后的下限频率为

$$f_{Lf}=\frac{f_L}{1+A_mF} \tag{7-55}$$

即引入负反馈后，下限频率 f_{Lf} 减小至无反馈时的下限频率 f_L 的 1/（$1+A_mF$）。

无负反馈时的通频带为

$$BW=f_H-f_L \tag{7-56}$$

因为通常情况下有 $f_H \gg f_L$，忽略 f_L，所以就有

$$BW \approx f_H \tag{7-57}$$

而引入负反馈后的通频带 BW_f 为

$$BW_f=f_{Hf}-f_{Lf} \approx f_{Hf} \tag{7-58}$$

由式（7-52）知 $f_{Hf}=f_H(1+A_mF)$，则得到引入负反馈后的通频带 BW_f 与无负反馈时的通频带 BW 的关系为

$$BW_f \approx (1+A_mF)BW \tag{7-59}$$

式（7-59）表明引入负反馈后的通频带展宽至无负反馈时的通频带的（$1+A_mF$）倍。但同时，中频区闭环放大倍数 A_{mf} 下降至无反馈时中频区开环放大倍数 A_m 的 1/（$1+A_mF$）。因此引入负反馈前后中频放大倍数与通频带的乘积将基本不变，即

$$A_{mf}BW_f \approx A_mBW \tag{7-60}$$

这一特点，与第二章中介绍的“增益带宽积”的概念是一致的。由式（7-60）可知，若负反馈放大电路中负反馈深度越深，通频带展宽得越多，但同时中频放大倍数也下降得越多。

三、减小非线性失真和抑制干扰及噪声

理想放大电路应当是线性的，它的输出波形与输入波形相比，不同之处仅仅是幅值增大了。但是实际放大电路中采用的晶体三极管等都是非线性器件，其输入特性曲线和输出特性曲线都不是线性的，因此实际放大电路的输出与输入之间就不是真正的线性关系，当输入信号为正弦波时，输出信号的波形可能不是一个真正的正弦波，会产生或多或少的非线性失真。这种由于放大器件特性曲线的非线性而产生的失真称为非线性失真，其特点是会产生新的频率分量。当信号幅度比较大时，非线性失真现象更加明显。例如，由图 7-14 所示，正弦波输入信号 x_i 经过一实际放大电路 A_1 放大后产生输出信号波形为正半周幅值大，负半周幅值小的非正弦波。

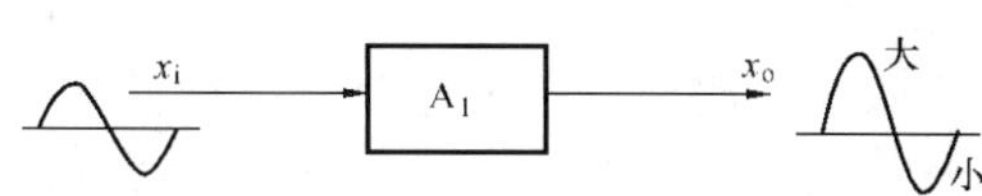

图 7-14　无反馈时的信号波形

因为任何周期性非正弦波都可以分解为基波和各次谐波，非线性失真波形可理解为在输出量中多出了不需要的谐波成分，所以实际放大电路的输出量可视为基波分量和各次谐波分量的合成，将各次谐波分量看作是在输出端加入的干扰信号。图 7-14 所示的实际放大电路可用图 7-15（a）所示的模型表示。基波分量是由输入信号 x_i 产生的，是理想的线性放大电路应输出的信号，设理想放大倍数为 A，则基波分量为 Ax_i，各次谐波分量用 Δx_o 表示，实际放大电路的输出量为

$$x_o=Ax_i+\Delta x_o \tag{7-61}$$

而引入负反馈后，因为闭环放大倍数下降，输出量中的基波成分、谐波成分均被削弱。基波成分是由输入信号产生的，输入信号在负反馈环外，可以加大输入信号使输出量的基波成分提高到加入负反馈以前的值，而各次谐波成分因负反馈的引入被削弱，从而减小了非线性失真。如图 7-15（b）所示的引入负反馈后的模型可以更具体地定量说明。

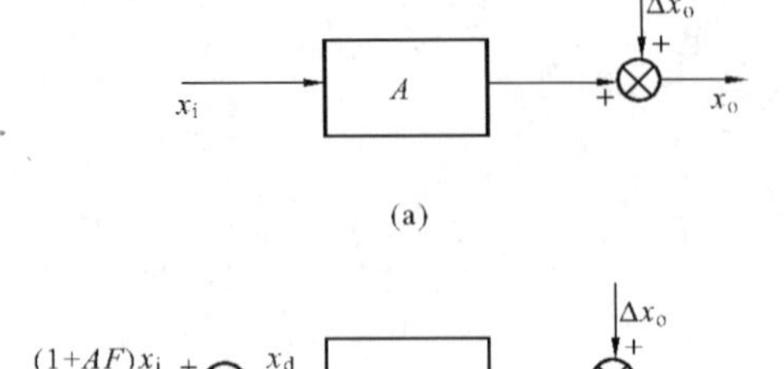

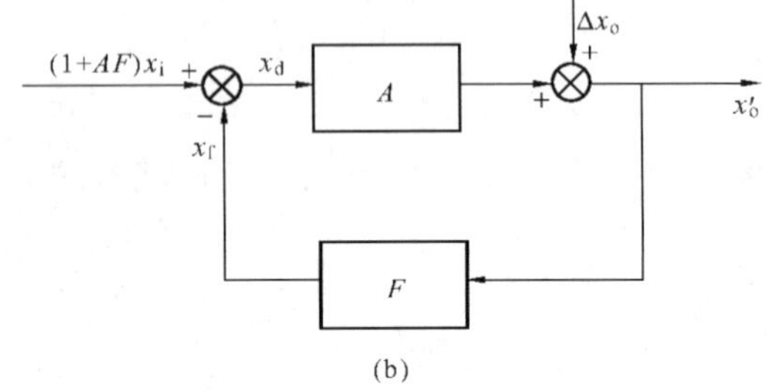

图 7-15　负反馈减小非线性失真

（a）无反馈时的模型；（b）引入负反馈后的模型

引入负反馈后，假设反馈网络的反馈系数 F 为某固定常数，则闭环放大倍数下降为 $A/(1+AF)$，为使输出量的基波成分仍然为加入负反馈以前的值 Ax_i，应将输入信号增大至 $(1+AF)\ x_i$，电路输出为

$$x'_o = Ax_i + \Delta x'_o \tag{7-62}$$

式中：$\Delta x'_o$ 表示引入负反馈后输出量中的谐波分量。

由图 7-15（b），在输入比较环节可得净输入量为

$$x_d = (1+AF)\ x_i - x_f \tag{7-63}$$

而反馈量为

$$x_f = Fx'_o \tag{7-64}$$

将式（7-62）、式（7-64）代入式（7-63），得

$$x_d = x_i - F\Delta x'_o \tag{7-65}$$

由图 7-15（b）的输出，可得

$$x'_o = Ax_d + \Delta x_o \tag{7-66}$$

将式（7-65）代入式（7-66），得

$$x'_o = Ax_i - AF\Delta x'_o + \Delta x_o \tag{7-67}$$

把式（7-62）代入式（7-67），整理后得

$$\Delta x'_o = \frac{\Delta x_o}{1+AF} \tag{7-68}$$

由式（7-68）得出结论，输出波形中的非线性失真减小为原来的 $1/(1+AF)$。

但上述结论只有在非线性失真不太严重时才成立。如果放大电路的输出量出现了严重的饱和失真或截止失真时，则说明放大电路在正弦信号周期内的部分时间段已工作在饱和区或截止区，此时 $A\to 0$，负反馈对非线性失真也无法改善。

在放大电路内部不可避免地存在着噪声和干扰。由于载流子热运动的不规则性，会使放大电路输出量中出现杂乱无章的波形，如果放大电路的负载是电声设备，此时就会出现杂音，所以将其叫做“噪声”。噪声主要来自电路中电阻的热噪声和三极管的内部噪声。干扰主要是由于外界因素对放大电路中各部分产生的影响所造成的，如周围环境的杂散电磁场、直流电源窜入的 50Hz 交流干扰和其他高频干扰等。放大电路的噪声、干扰信号都会叠加在输出信号上，造成输出波形的畸变。若把由于这些噪声、干扰造成的波形畸变看作是输出量中出现了新的频率成分，则可采用类似非线性失真分析方法来分析负反馈电路对噪声、干扰的抑制作用。图 7-15（a）、（b）所示的模型同样可以表示一个存在噪声、干扰的实际放大

电路在引入负反馈前后的情况，只是此时模型中 Δx_o 表示噪声、干扰在输出量中产生的分量，$\Delta x_o'$ 表示引入负反馈后噪声、干扰在输出量中产生的分量。根据前面的分析，可得出与式（7-68）相同的结论，即引入负反馈后由噪声、干扰在输出量中产生的分量减小为原来的 1/（1+AF）。这说明负反馈可以有效地抑制反馈环内的噪声和干扰。抑制效果与负反馈深度有关，负反馈越深，抑制效果越好。但如果干扰是同输入信号同时混入的，则负反馈对此种干扰无效。

四、改变输入电阻和输出电阻

负反馈放大电路中引入不同组态的反馈，对输入电阻和输出电阻会产生不同的影响。为满足实际工作中提出的特定要求，人们可以灵活应用各种负反馈组态来改变输入电阻、输出电阻的数值。

1. 负反馈对输入电阻的影响

负反馈对输入电阻的影响由反馈信号与外加输入信号在放大电路输入回路中的比较方式决定。即串联负反馈将增大输入电阻，而并联负反馈将减小输入电阻。下面进行详细分析。

（1）串联负反馈使输入电阻增大。图 7-16 是一个串联负反馈放大电路框图，着重画出输入回路，反馈信号与外加输入信号以电压形式比较，而且反馈电压$\dot{U}_f$与输出信号$\dot{X}_o$成正比（$\dot{U}_f=\dot{F}\dot{X}_o$）。净输入电压为

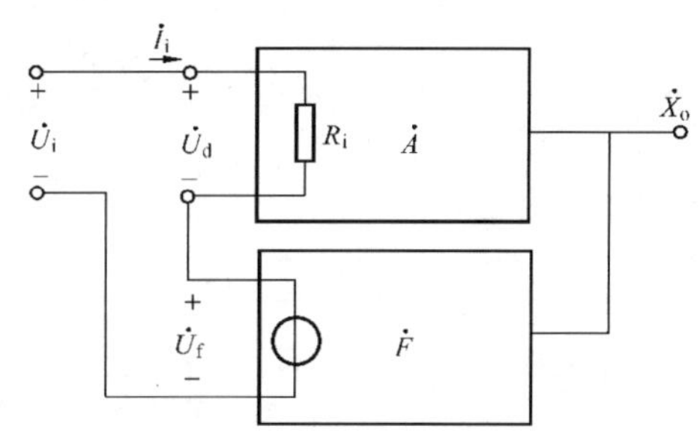

图 7-16　串联负反馈放大电路框图

$$\dot{U}_d=\dot{U}_i-\dot{U}_f \tag{7-69}$$

则就有

$$\dot{U}_i=\dot{U}_d+\dot{U}_f=\dot{U}_d+\dot{F}\dot{X}_o \tag{7-70}$$

在图 7-16 中，无反馈时的输入电阻为

$$R_i=\dot{U}_d/\dot{I}_i \tag{7-71}$$

引入串联负反馈后，输入电阻为

$$R_{if}=\frac{\dot{U}_i}{\dot{I}}=\frac{\dot{U}_d+\dot{U}_f}{\dot{I}_i}=\frac{\dot{U}_d+\dot{F}\dot{X}_o}{\dot{I}_i}=\frac{\dot{U}_d+\dot{F}\dot{A}\dot{U}_d}{\dot{I}_i}=\frac{(1+\dot{F}\dot{A})\ \dot{U}_d}{\dot{I}_i} \tag{7-72}$$

根据式（7-71），可知 $R_{if}=$（$1+\dot{A}\dot{F}$）R_i。可见串联负反馈使输入电阻增大。

具体来说，对于电压串联负反馈放大电路，$R_{if}=R_i$（$1+\dot{A}_u\dot{F}_u$）；对于电流串联负反馈放大电路，$R_{if}=R_i$（$1+\dot{A}_g\dot{F}_r$）。

由此可得出结论，引入串联负反馈，放大电路输入电阻将增大，为无反馈时的 $1+\dot{A}\dot{F}$倍。即串联负反馈反馈深度越深，输入电阻 R_{if}越大，在深度负反馈条件下，由于 $|1+\dot{A}\dot{F}|\gg1$，近似分析时可认为 $R_{if}\rightarrow\infty$。因此串联负反馈常用在要求输入电阻较高的电路中。

需要注意，引入串联负反馈后，只是将反馈环路内的输入电阻增大至无反馈时的 $|1+\dot{A}\dot{F}|$倍，而反馈环之外的电阻不受影响。如图 7-17 所示的电路中，R_{b1} 和 R_{b2} 并不包括在反馈环

$\dot{A}\dot{F}$路内，因此不受影响。该电路总的输入电阻为

$$R'_{if} = R_{if} // R_{b1} // R_{b2} \tag{7-73}$$

这里只有 R_{if}因为串联负反馈使之增大，如果 R_{b1}、R_{b2}不是很大，则即使 R_{if}增大很多，电路总的输入电阻 R'_{if}也增大不多。

（2）并联负反馈使输入电阻减小。在图 7-18 所示的并联负反馈放大电路框图中，着重画出输入回路，反馈信号与输入信号以电流形式比较，且反馈信号与输出信号成正比，即$\dot{I}_f = \dot{F}\dot{X}_o$，净输入电流为$\dot{I}_d = \dot{I}_i - \dot{I}_f$，所以$\dot{I}_i = \dot{I}_d + \dot{I}_f$，在图 7-18 中，无反馈时$\dot{I}_i = \dot{I}_d$，此时电路的输入电阻为

$$R_i = \dot{U}_i / \dot{I}_d \tag{7-74}$$

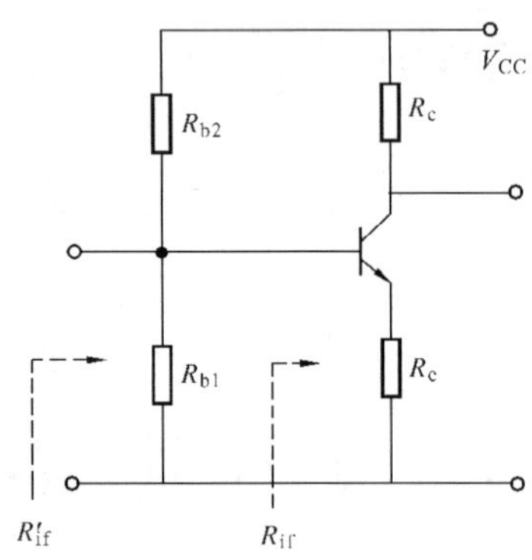

图 7-17　R_{if}与 R'_{if}的区别

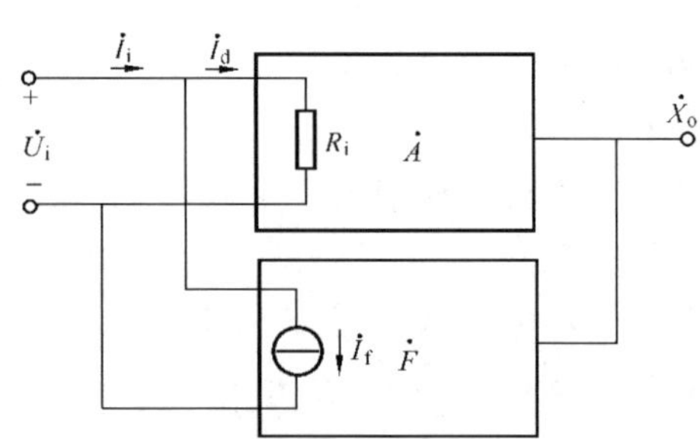

图 7-18　并联负反馈放大电路框图

引入并联负反馈后，输入电阻为

$$R_{if} = \frac{\dot{U}_i}{\dot{I}_i} = \frac{\dot{U}_i}{\dot{I}_d + \dot{I}_f} = \frac{\dot{U}_i}{\dot{I}_d + \dot{F}\dot{X}_o} = \frac{\dot{U}_i}{\dot{I}_d + \dot{A}\dot{F}\dot{I}_d} = \frac{\dot{U}_i}{\dot{I}_d}\ \frac{1}{1+\dot{A}\dot{F}} \tag{7-75}$$

可知 $R_{if} = R_i/(1+\dot{A}\dot{F})$，并联负反馈将使输入电阻减小。

具体来说，对于电压并联负反馈放大电路，$R_{if} = R_i/(1+\dot{A}_r\dot{F}_g)$；对于电流并联负反馈放大电路，$R_{if} = R_i/(1+\dot{A}_i\dot{F}_i)$。

由此得知，引入并联负反馈后输入电阻 R_{if}将减小，成为无反馈时的输入电阻的$1/(1+\dot{A}\dot{F})$。即并联负反馈反馈深度越深，输入电阻 R_{if}越小。在深度负反馈条件下，由于 $|1+\dot{A}\dot{F}| \gg 1$，近似分析时可认为 $R_{if} \to 0$。因此，并联负反馈常用在要求输入电阻较低的电路中。

2. 负反馈对输出电阻的影响

负反馈对输出电阻的影响与反馈信号在放大电路输出端的取样方式有关，即电压负反馈将减小输出电阻，电流负反馈将增大输出电阻。

由前面分析可知，电压负反馈对输出电压具有稳定作用。在输入信号为定值而负载变化时，电压负反馈将使放大电路的输出电压趋于稳定，放大电路的输出更接近电压源的性质，即电路的输出电阻将因引入了电压负反馈而减小。可以证明，引入电压负反馈后，输出电阻 R_{of}为无反馈时输出电阻 R_o 的 $1/(1+\dot{A}_o\dot{F})$，即

$$R_{of}=R_o/(1+\dot{A}_o\dot{F}) \tag{7-76}$$

式中：$\dot{A}_o$ 为当负载电阻 R_L 开路时基本放大电路的开环放大倍数。

具体来说，对于电压串联负反馈放大电路，$R_{of}=R_o/(1+\dot{A}_{u0}\dot{F}_u)$；对于电压并联负反馈放大电路，$R_{of}=R_o/(1+\dot{A}_{ro}\dot{F}_g)$。

即电压负反馈减小输出电阻，反馈深度愈深，输出电阻 R_{of} 愈小。在深度负反馈条件下，由于 $|1+\dot{A}_o\dot{F}|\gg1$，近似分析时可认为 $R_{of}\to0$。

电流负反馈对输出电流有维持稳定的作用，当输入信号一定而负载变化时，电路输出电流将因电流负反馈而趋于稳定。放大电路的输出更接近电流源的性质，此时电路的输出电阻将因引入了电流负反馈而增大。可以证明，引入电流负反馈后，输出电阻 R_{of} 为无反馈时的输出电阻 R_o 的（$1+\dot{A}_o\dot{F}$）倍，即

$$R_{of}=R_o(1+\dot{A}_o\dot{F}) \tag{7-77}$$

式中：$\dot{A}_o$为当负载电阻 R_L 短路时基本放大电路的开环放大倍数。

具体来说，对于电流串联负反馈放大电路，$R_{of}=R_o(1+\dot{A}_{go}\dot{F}_r)$；对于电流并联负反馈放大电路，$R_{of}=R_o(1+\dot{A}_{i0}\dot{F}_i)$。即电流负反馈将增大输出电阻，反馈深度愈深，输出电阻 R_{of} 愈大。在深度负反馈条件下，由于 $|1+\dot{A}_o\dot{F}|\gg1$，近似分析时可认为 $R_{of}\to\infty$。

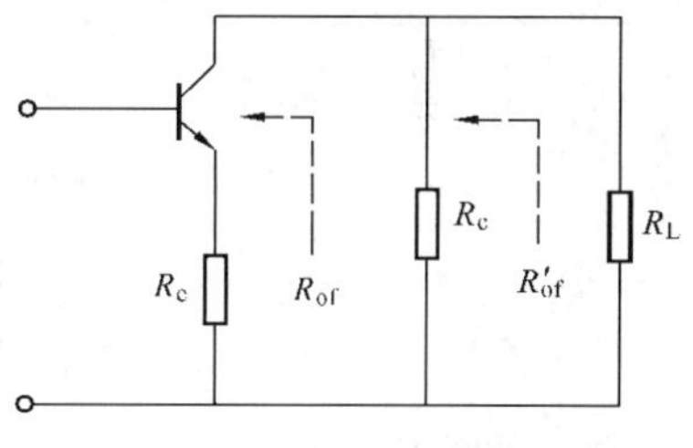

图 7-19　R'_{of}和 R_{of}的区别

同样需要注意的是，引入电流负反馈后，只是将反馈环路内的输出电阻增大至无反馈时的 $|1+\dot{A}_o\dot{F}|$ 倍，而反馈环之外的电阻不受影响。如图 7-19 所示的电路中，R_c 并不包括在电流负反馈环路内，因此不受影响。该电路总的输出电阻为

$$R'_{of}=R_{of}/\!/R_c \tag{7-78}$$

在一般情况下，$R_c\ll R_{of}$，所以即便 R_{of}增大很多，电路总的输出电阻 R'_{of}也增大不多。

第四节　闭环电压放大倍数的近似计算

在深度负反馈条件下，即负反馈放大电路满足 $|1+\dot{A}\dot{F}|\gg1$ 的条件，闭环电压放大倍数的估算通常可以采用以下两种方法。

一、利用关系式$\dot{A}_f\approx1/\dot{F}$估算闭环电压放大倍数

通过前面的分析，由式（7-7）可知，如果负反馈放大电路满足 $|1+\dot{A}\dot{F}|\gg1$ 的条件，则其闭环放大倍数$\dot{A}_f$ 可表示为

$$\dot{A}_f\approx\frac{1}{\dot{F}} \tag{7-79}$$

利用式（7-79），只需先求出反馈系数$\dot{F}$，即可估算出$\dot{A}_f$，闭环放大倍数的估算过程十分简

单。但是式（7-79）中的$\dot{A}_f$是广泛意义上的闭环放大倍数，其含义和量纲与反馈的组态有关（参见表7-1），只有当负反馈组态是电压串联负反馈时，式（7-79）中的$\dot{A}_f$才专指闭环电压放大倍数，此时该式可表示为

$$\dot{A}_{uf}\approx\frac{1}{\dot{F}_u} \tag{7-80}$$

即电压串联负反馈放大电路可利用这个公式直接估算深度负反馈条件下放大电路的闭环电压放大倍数。

除了电压串联负反馈以外的其他三种负反馈组态，即电压并联负反馈、电流串联负反馈和电流并联负反馈，由表7-1可知，式（7-79）中的$\dot{A}_f$分别表示成为$\dot{A}_{rf}$、$\dot{A}_{gf}$、$\dot{A}_{if}$，它们的物理意义分别表示负反馈放大电路的闭环互阻放大倍数、闭环互导放大倍数和闭环电流放大倍数，因此，对于这三种组态的负反馈放大电路，如果利用式（7-79），则分别求出的是$\dot{A}_{rf}$、$\dot{A}_{gf}$和$\dot{A}_{if}$，之后需要再经过转换才能得到$\dot{A}_{uf}$。

二、利用关系式$\dot{X}_f\approx\dot{X}_i$估算闭环电压放大倍数

为使计算更为简捷，可根据式（7-8）估算负反馈电路的闭环电压放大倍数。式（7-8）表明，在$|1+\dot{A}\dot{F}|\gg1$时，反馈信号$\dot{X}_f$和外加输入信号基本相同，也即有

$$\dot{X}_d\approx0 \tag{7-81}$$

因此得出在深度负反馈条件下负反馈放大电路的两个特点：

（1）反馈量约等于输入量，即$\dot{X}_f\approx\dot{X}_i$；

（2）净输入量趋近于零，即$\dot{X}_d\approx0$ 。

具体而言，不同组态的负反馈电路，输入量$\dot{X}_i$和反馈量$\dot{X}_f$、净输入量$\dot{X}_d$含义不同。

在串联负反馈电路中，三者均为电压，则有

$$\dot{U}_f\approx\dot{U}_i \tag{7-82}$$

在并联负反馈电路中，三者均为电流，则有

$$\dot{I}_f\approx\dot{I}_i \tag{7-83}$$

对于任何组态的负反馈放大电路，只要满足深度负反馈的条件，都可以利用$\dot{X}_f\approx\dot{X}_i$的特点，直接估算闭环电压放大倍数，而不必先求反馈系数。

由此可知，要估算闭环电压放大倍数，必须首先判断负反馈组态是串联负反馈还是并联负反馈，以便选择适当的公式，再根据放大电路的实际情况分别列出$\dot{U}_f$、$\dot{U}_i$（或$\dot{I}_f$、$\dot{I}_i$）的表达式，然后直接估算闭环电压放大倍数。

【例7-4】 设图7-20中各放大电路满足深度负反馈条件，试估算各电路的闭环电压放大倍数。

解 在估算闭环电压放大倍数之前，首先应判断电路负反馈的组态。

图7-20（a）所示电路中，电路反馈信号取自输出电压$\dot{U}_o$，与外加输入信号以电压形式比较，属于电压串联负反馈组态，由式（7-82）可知 $\dot{U}_f\approx\dot{U}_i$。

由电路得

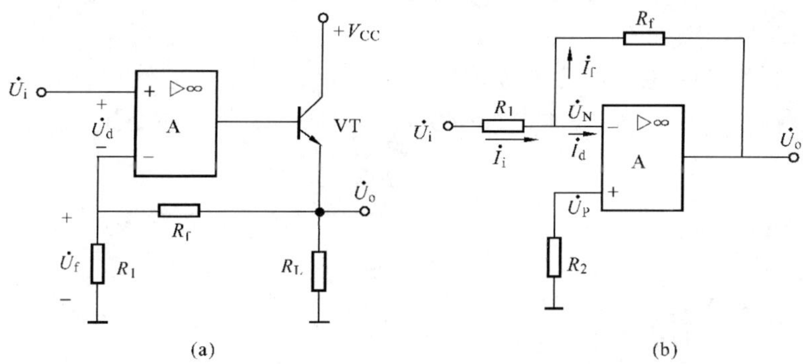

图 7-20　[例 7-4] 原理图

$$\dot{U}_f=\frac{R_1}{R_1+R_f}\dot{U}_o$$

上式代入$\dot{U}_f\approx\dot{U}_i$，得闭环电压放大倍数

$$\dot{A}_{uf}=\frac{\dot{U}_o}{\dot{U}_i}=1+\frac{R_f}{R_1}$$

利用式（7-80）可得同样结果。因为

$$\dot{F}_u=\frac{\dot{U}_f}{\dot{U}_o}=\frac{R_1}{R_1+R_f}$$

所以可得

$$\dot{A}_{uf}\approx\frac{1}{\dot{F}_u}=\frac{R_1+R_f}{R_1}$$

图 7-20（b）所示电路中，反馈信号取自输出电压$\dot{U}_o$，与外加输入信号以电流形式比较，属于电压并联负反馈组态，在深度负反馈条件下，由式（7-83）可知$\dot{I}_f\approx\dot{I}_i$。由电路可分别求得

$$\dot{I}_i=\frac{\dot{U}_i-\dot{U}_N}{R_1},\qquad \dot{I}_f=\frac{\dot{U}_N-\dot{U}_o}{R_f}$$

根据理想运放工作在线性区时“虚短”和“虚断”的特点，可知$\dot{U}_N\approx\dot{U}_P=0$。

利用$\dot{I}_f\approx\dot{I}_i$，可得

$$\frac{\dot{U}_i}{R_1}\approx-\frac{\dot{U}_o}{R_f}$$

则闭环电压放大倍数为

$$\dot{A}_{uf}=\frac{\dot{U}_o}{\dot{U}_i}\approx-\frac{R_f}{R_1}$$

【例 7-5】 设图 7-21 中各放大电路的级间反馈均满足深度负反馈条件，试估算各电路的闭环电压放大倍数。

解 图 7-21（a）所示电路图为射极偏置电路，反馈组态是电流串联负反馈。在本章第一节开始部分就曾讨论过，所以对本题的分析可参考图 7-2 所示的交流通路。由电路可得

$$\dot{U}_{f}=\dot{I}_{e}R_{e1}\approx\dot{I}_{c}R_{e1}\approx\dot{U}_{i}$$

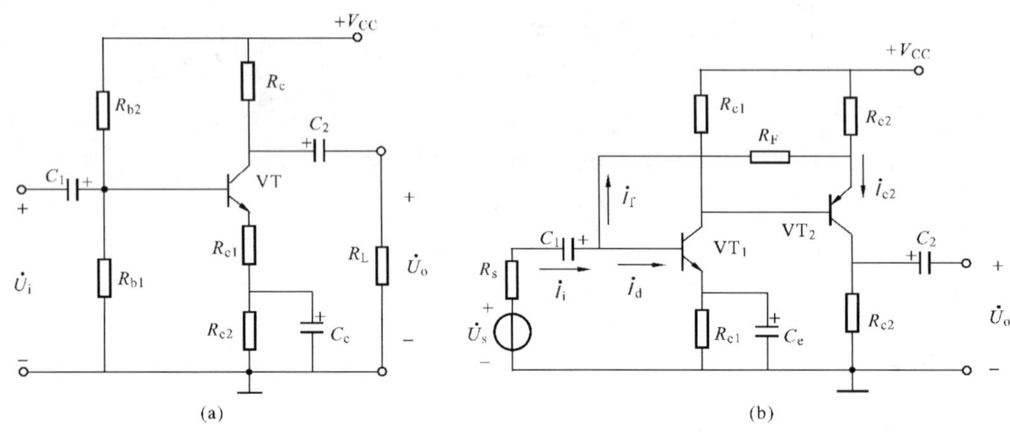

图 7-21 ［例 7-5］的原理图

而
$$\dot{U}_{o}=-\dot{I}_{c}R_{L}'$$
其中
$$R_{L}'=R_{c}\ /\!/\ R_{L}$$
则
$$\dot{A}_{uf}=\frac{\dot{U}_{o}}{\dot{U}_{i}}\approx\frac{-\dot{I}_{c}R_{L}'}{\dot{I}_{c}R_{e1}}=-\frac{R_{L}'}{R_{e1}}$$

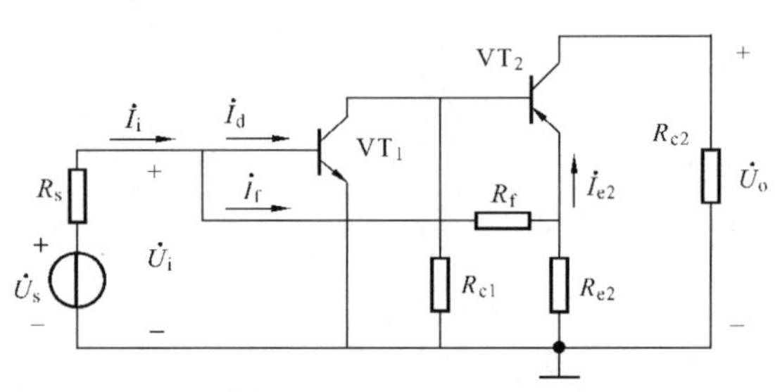

图 7-22 图 7-21（b）的交流通路

图 7-21（b）所示电路由电阻 R_f、R_{e2} 引入了两级之间的电流并联负反馈，利用瞬时极性法，可以判断出输出、输入回路有关电流在输入电压为正半周时的实际流向（已在图中标出）。为便于观察，画出其交流通路如图 7-22 所示。在输入 $\dot{U}_i\ll\dot{U}_{e2}$ 的情况下，反馈电流与输出电流 $\dot{I}_{e2}$ 是分流关系，即 $\dot{I}_f=\dfrac{R_{e2}}{R_f+R_{e2}}\dot{I}_{e2}$，在深度负反馈条件下，有 $\dot{I}_f\approx\dot{I}_i$，且输出回路电压、电流关系为 $\dot{U}_o=\dot{I}_oR_{c2}=\dot{I}_{e2}R_{c2}$，在输入回路，因输入电压很小，可忽略不计，则输入电流为 $\dot{I}_i\approx\dfrac{\dot{U}_s}{R_s}$。由以上关系可列出

$$\frac{\dot{U}_{s}}{R_{s}}\approx\frac{R_{e2}}{R_{f}+R_{e2}}\frac{\dot{U}_{o}}{R_{c2}}$$

可得闭环电压放大倍数为

$$\dot{A}_{usf}=\frac{\dot{U}_o}{\dot{U}_s}\approx\frac{R_{c2}(R_{e2}+R_f)}{R_{e2}R_s}$$

【例 7-6】　当 $|1+\dot{A}\dot{F}|\gg 1$ 时，估算图 7-23 所示电路的闭环电压放大倍数。

解　图 7-23 所示电路是一个多级放大电路。电阻 R_1、R_f 组成的分压器为交直流反馈网络，连接于输出与输入之间。利用瞬时极性可知当 $\dot{U}_i$ 对地为正时，$\dot{U}_{c1}$ 为⊖，$\dot{U}_{c2}$ 为⊕，经运放放大、VT_3 跟随后，输出电压的极性为⊕，$\dot{U}_o$ 经电阻 R_f 和 R_1 反馈送回 VT_2 管的基极，反馈电压 $\dot{U}_f$ 此时的极性为⊕，即 $\dot{U}_f$ 与 $\dot{U}_i$ 同相。对于差放来说，$\dot{U}_f$ 和 $\dot{U}_i$ 相当于双端输入时的两个输入电压信号，两者之差是差放的差模输入电压，也就是电路的净输入电压 $\dot{U}_d=\dot{U}_i-\dot{U}_f$。现 $\dot{U}_f$ 与 $\dot{U}_i$ 同相，说明差模输入电压要比 $\dot{U}_f=0$ 时减小很多，净输入电压减小，是负反馈。反馈信号是以电压形式与输入量比较的，所以是串联反馈。反馈电压正比于输出电压，是电压反馈。因此图 7-23 所示电路反馈组态为电压串联负反馈。

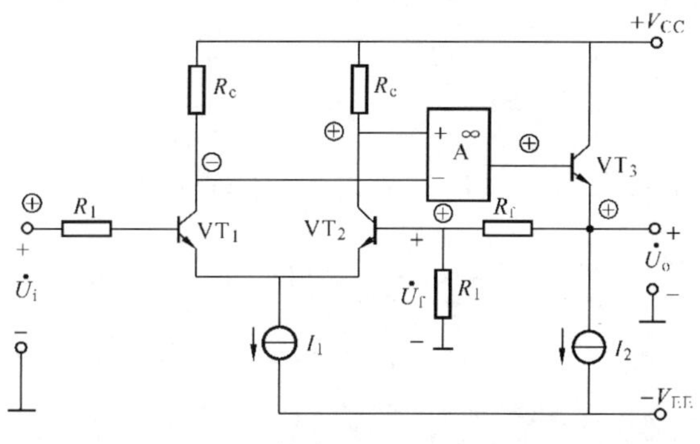

图 7-23　[例 7-6] 电路图

由于运放的开环增益很高，在一般情况下均满足深度负反馈条件，所以有 $\dot{U}_f\approx\dot{U}_i$，由电路可得 $\dot{U}_f=\dfrac{R_1}{R_1+R_f}\dot{U}_o$，所以可得闭环电压放大倍数

$$\dot{A}_{uf}=\frac{\dot{U}_o}{\dot{U}_i}\approx\frac{R_1+R_f}{R_1}=1+\frac{R_f}{R_1}$$

第五节　负反馈放大电路的自激振荡

通过前面的介绍，可知引入负反馈能够改善放大电路的各项性能指标，而且改善的程度与反馈深度 $|1+\dot{A}\dot{F}|$ 有关。一般情况下，$|1+\dot{A}\dot{F}|$ 越大，即负反馈深度愈深，改善的效果越好。但是，在一定条件下过深的负反馈可能会使放大电路产生自激振荡，此时，输出信号不受输入信号的控制，放大电路失去了放大作用，因而不能进行正常的信号放大。产生自激振荡时，即使放大电路没有外加输入信号，其输出端也会产生一定频率和幅度的输出信号。尤其对多级放大电路而言，引入负反馈易产生自激振荡。

下面先分析负反馈放大电路产生自激振荡的条件和研究放大电路稳定工作的条件，然后介绍几种常用的消除自激振荡的方法。

一、产生自激振荡的条件

根据式（7-5）可知，负反馈放大电路的闭环放大倍数，可表示为

$$\dot{A}_f = \frac{\dot{A}}{1+\dot{A}\dot{F}} \tag{7-84}$$

当 $1+\dot{A}\dot{F}=0$ 时，$\dot{A}_f \to \infty$，此时即使没有输入信号，放大电路仍将有一定的输出信号，说明放大电路产生了自激振荡。因此，负反馈放大电路产生自激振荡的条件是 $1+\dot{A}\dot{F}=0$，即

$$\dot{A}\dot{F}=-1 \tag{7-85}$$

式（7-85）也可以按模和相角分别表示为

$$|\dot{A}\dot{F}|=1 \tag{7-86}$$

$$\varphi_{AF}=\varphi_A+\varphi_F=\pm(2n+1)\pi \quad (n=0,1,2,3,\cdots) \tag{7-87}$$

式（7-86）和式（7-87）分别称为产生自激振荡的幅值条件和相位条件。

但是，根据前面本章第二节的讨论可知，对于负反馈放大电路而言，通常 $\dot{A}_f$ 表达式中，分母 $|1+\dot{A}\dot{F}|>1$，因而 $|\dot{A}_f|<|\dot{A}|$。那么为什么负反馈放大电路也会产生自激振荡呢？这是由于放大电路的放大倍数 $\dot{A}$ 和反馈系数 $\dot{F}$ 常常是频率的函数（如果反馈网络由电阻组成，则 $\dot{F}$ 为一实数）。在放大电路通频带之内，放大电路的输出与输入不是同相（$\varphi_A=0°$）就是反相（$\varphi_A=-180°$），通常据此来决定反馈网络 $\dot{F}$ 的接法，来满足负反馈的条件 $\dot{X}_d=\dot{X}_i-\dot{X}_f$，且 $\dot{X}_f$ 与 $\dot{X}_i$ 同相，以实现 $|\dot{X}_d|=|\dot{X}_i|-|\dot{X}_f|$。但在中频区以外，当频率降低或升高时，$\dot{A}$、$\dot{F}$ 的模和相角都将随之改变。其中 $\dot{A}$ 的相角是放大电路输出与输入信号之间的相位移，由放大电路的频率特性曲线（见第三章）可知，不论是在低频区，还是在高频区，随着频率的降低或升高，相位移将在中频区相移的基础上发生变化（低频区超前，高频区滞后），这种变化称为附加相移。如果在某一频率处，相对于中频而言 $\dot{A}\dot{F}$ 产生的附加相移 $\Delta\varphi_{AF}=\Delta\varphi_A+\Delta\varphi_F$ 达到了 $\pm180°$，此时 $\dot{X}_f$ 反相，则 $\dot{X}_i$ 与 $\dot{X}_f$ 由中频时的同相变为反相，$|\dot{X}_d|$ 将是 $|\dot{X}_i|$ 与 $|\dot{X}_f|$ 的代数和，使原来在中频时的负反馈变为正反馈，若此时 $\dot{A}\dot{F}$ 的幅值足够大，使 $|\dot{X}_f|=|\dot{X}_d|$，则即使 $|\dot{X}_i|=0$，也仍会有输出，即将会产生自激振荡。

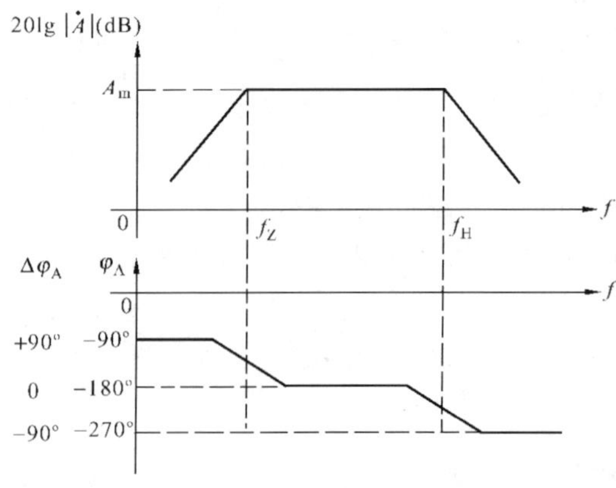

图 7-24 阻容耦合单管共射放大电路的频率响应

例如由图 7-24 所示阻容耦合单级共射放大电路的频率特性，在中频段时，$\varphi_A=\varphi_m=-180°$，如果以中频段的相位 φ_m 为起点，偏离 φ_m 的相移为附加相移 $\Delta\varphi_A$，则在低频段和高频段，还将分别产生附加相移 $\Delta\varphi_A=0°\sim+90°$ 和 $\Delta\varphi_A=0°\sim-90°$。显然，如果是两级放大电路，可以产生 $0\sim\pm180°$ 的附加相移，而对于三级放大电路，附加相移可达 $0°\sim\pm270$。如果当信号为某个频率时，附加相移

$\Delta\varphi_A$ 等于$\pm 180°$，假设反馈网络为纯电阻性，反馈系数的附加相移为零，即 $\Delta\varphi_F = 0°$，则此时 $|\varphi_{AF}| = 180°$，原来中频时的负反馈此时将变为正反馈，即可满足自激振荡的相位条件。若回路增益 $|\dot{A}\dot{F}|$ 足够大，能同时满足自激振荡的幅值条件，则放大电路将产生自激振荡。

由上面的分析可知，假设反馈网络为纯电阻性，在单级负反馈放大电路中最大附加相移不可能超过 90°，无法满足自激振荡的相位条件，所以不可能产生自激振荡，电路是稳定的。两级负反馈放大电路一般来说也是稳定的，因为虽然当 $f\to\infty$ 和 $f\to 0$ 时 $\dot{A}\dot{F}$ 的附加相移可达到$\pm 180°$，但此时幅值 $|\dot{A}\dot{F}| = 0$，不满足产生自激振荡的幅度条件。在实际测试时会发现，在 $|\dot{A}|$ 较大的两级放大电路中也会有自激振荡，这是由于没有考虑到的附加因素造成的。而三级负反馈放大电路则只要达到一定的反馈深度即可能产生自激振荡，因为在低频和高频范围可以分别找出一个满足 $\dot{A}\dot{F}$ 的附加相移为$\pm 180°$的频率，且此时 $|\dot{A}\dot{F}| = 1$，能同时满足自激振荡的相位条件和幅值条件。所以三级及三级以上的负反馈放大电路在深度负反馈条件下，必须采取措施来破坏自激条件，才能使放大电路稳定地工作。

二、负反馈放大电路的稳定性

负反馈放大电路应当能够稳定地工作在放大状态，若负反馈放大电路中产生了自激振荡，则放大电路就失去了正常的放大功能，处于不稳定的工作状态。

为了研究负反馈放大电路的稳定性，可从产生自激振荡的相位条件和幅值条件两个条件入手。一般来说，相位条件得到满足后，在绝大多数情况下只要 $|\dot{A}\dot{F}| = 1$，放大电路就将产生自激振荡。

为了判断负反馈放大电路是否稳定，可以利用其回路增益 $\dot{A}\dot{F}$ 的幅频特性 $20\lg|\dot{A}\dot{F}| \sim f$ 和相频特性 $\varphi_{AF} \sim f$，在其波特图上综合考虑，分析是否同时满足自激振荡的相位条件、幅值条件，当分析结论为否定时电路可以稳定工作。

例如，某一负反馈放大电路的 $\dot{A}\dot{F}$ 的波特图如图 7-25（a）所示，由图中的相频特性可见，$f = f_0$ 时，$\dot{A}\dot{F}$ 的附加相位移 $\varphi_{AF} = -180°$，而在此频率点，对应的对数幅频特性位于坐标轴上方，即 $20\lg|\dot{A}\dot{F}| > 0$ 或 $|\dot{A}\dot{F}| > 1$，说明当 $f = f_0$ 时电路同时满足自激振荡的相位条件和幅值条件，所以该负反馈放大电路定会产生自激振荡，即处于不稳定的工作状态。又如另一个负反馈放大电路的 $\dot{A}\dot{F}$ 的波特图如图 7-25（b）所示，由图可见，当附加相移 $\varphi_{AF} = -180°$时，相应的对数幅频特性在横坐标轴下方，即 $20\lg|\dot{A}\dot{F}| < 0$ 或 $|\dot{A}\dot{F}| < 1$，说明电路不满足自激振荡的幅值条件，负反馈放大电路不会产生自激振荡，能够稳定工作。如果把幅频特性 $20\lg|\dot{A}\dot{F}| \sim f$ 曲线和横坐标的交点定义为增益交界频率 f_c；在相频特性 $\varphi_{AF} \sim f$ 上定义相移为$-180°$处的频率为相位交界频率 f_0，则在 f_c 和 f_0 处有

$$20\lg|\dot{A}\dot{F}|_{f=f_c} = 0(\text{dB}) \tag{7-88}$$

$$\varphi_{AF}|_{f=f_0} = -180° \tag{7-89}$$

由前面的分析可知波特图为图 7-25（a）所示的负反馈放大电路处于不稳定的工作状态，

由图 7-25（a）可知此时 $f_0<f_c$；波特图为图 7-25（b）所示的负反馈放大电路能稳定工作，由图 7-25（b）可知此时 $f_0>f_c$。

所以也可根据 f_0、f_c 的大小，直接判定电路是否会稳定工作：

当 $f_0>f_c$ 时，不振荡，电路能稳定工作；

当 $f_0<f_c$ 时，一定会自激振荡，电路不稳定；

当 $f_c=f_0$ 时，电路处于临界自激，电路也不稳定。

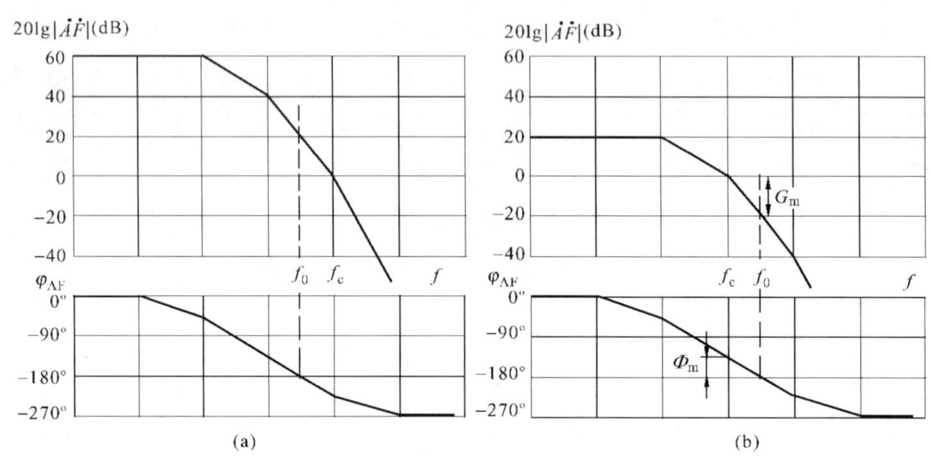

图 7-25 利用波特图判断负反馈放大电路的稳定性

（a）不稳定；（b）稳定

为了使设计的负反馈放大电路能稳定可靠地工作，不但要求其在预定的工作条件下满足稳定条件，而且当环境温度、电路参数即电源电压等因素在一定的范围内变化时也能满足稳定条件，因此要求放大电路要有一定的稳定裕量。通常可用幅值稳定裕量或相位稳定裕量作为衡量的标准。

通常将 $\varphi_{AF}=-180°$ 时的 $20\lg|\dot{A}\dot{F}|$ 值定义为幅值稳定裕量，即

$$G_m = 20\lg|\dot{A}\dot{F}|_{f=f_0} \tag{7-90}$$

例如图 7-25（b）中，当 $\varphi_{AF}=-180°$时，即 $f=f_0$ 时，$20\lg|\dot{A}\dot{F}|<0$，电路是稳定的，此时 $20\lg|\dot{A}\dot{F}|$ 的值即为幅值稳定裕量。对于稳定的负反馈放大电路，其 G_m 应为负值，G_m 愈负，表示负反馈放大电路愈稳定。

一般要求 $G_m\leqslant-10(\text{dB})$，即 $\varphi_A+\varphi_F=(2n+1)\times180°$ 时，使 $20\lg|\dot{A}\dot{F}|\leqslant-10(\text{dB})$。

也可以用相位稳定裕量来描述负反馈放大电路的稳定裕量，相位稳定裕量 Φ_m 定义为在 $20\lg|\dot{A}\dot{F}|=0$（dB）的频率上，即 $f=f_c$ 时，相位要超前$-180°$的角度，即

$$\Phi_m = 180° - |\varphi_{AF}|_{f=f_c} \tag{7-91}$$

由图 7-25（b）可见，$20\lg|\dot{A}\dot{F}|=0$（dB）时，即 $f=f_c$ 时，相应的 $|\varphi_{AF}|<180°$，说明电路是稳定的。对于稳定的负反馈放大电路，$|\varphi_{AF}|_{f=f_c}<180°$，因此 Φ_m 是正值，Φ_m 愈大，表示负反馈放大电路愈稳定。

一般要求 $\Phi_m \geqslant 45°$，即 $20\lg|\dot{A}\dot{F}|=0$（dB）时，使 $|\varphi_{AF}| \leqslant 135°$。

三、消除自激振荡的方法

自激振荡的产生使负反馈放大电路无法正常工作，对于三级或三级以上的负反馈放大电路来说，为了避免产生自激振荡，保证电路稳定工作，需要采用适当的方法来破坏自激振荡的幅值条件和相位条件，并使其有一定的稳定裕量。用图 7-25 中的波特图来说，就是要使 $20\lg|\dot{A}\dot{F}|_{f=f_0}<0$(dB)(即 $|\dot{A}\dot{F}|<1$) 或者使 $|\varphi_{AF}|_{f=f_c}<180°$。换言之，要消除自激，就是要求 $f_c<f_0$。

消除自激振荡常用相位补偿法。在放大电路或反馈网络的适当部位接入补偿电容 C 或由电阻 R 和电容 C 组成的补偿网络，改变电路的频率特性，以使其在高频部分的幅值衰减得更快一些，使得 $20\lg|\dot{A}\dot{F}|=0$（dB）时，相移 $|\varphi_{AF}|<180°$。常见的补偿电路如图 7-26所示。

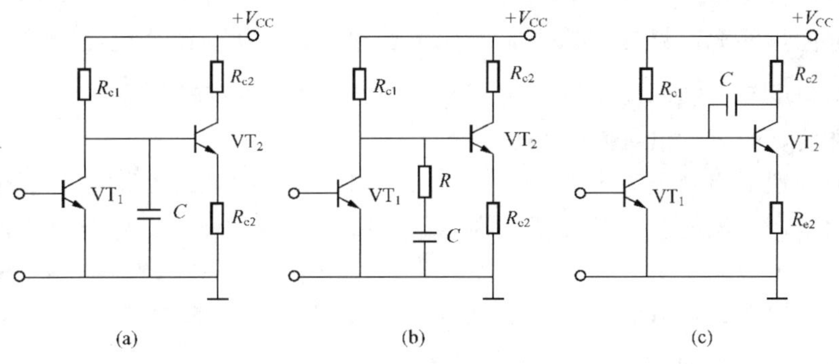

图 7-26　几种常见的相位补偿方法

在图 7-26（a）中，相位补偿电容 C 并接在放大电路时间常数最大的回路中，即前级输出电阻和后级输入电阻都比较大的位置。在图 7-26（b）中，相位补偿元件 R 和 C 相串联，接在电路时间常数最大的回路中。在图 7-26（c）中，相位补偿电容 C（或 RC 串联网络）接在放大管的基极和集电极之间，利用密勒效应增强小容量电容的消振效果。

在上述消振措施中，有一个共同的特点，就是使电路幅频特性在通频带的高端迅速衰减，这就会在消振的同时使电路的通频带变窄。所以在实际工作中，要通过实际调试来确定补偿网络的参数，以使电路既能稳定工作又有较宽的通频带。

本　章　小　结

（1）反馈的概念。反馈就是把放大电路的输出量（电压或电流）的一部分或全部，通过反馈网络以一定的方式又引回到放大电路的输入回路中去，以影响电路的输入信号作用，控制输出信号的变化，起到自动调节的作用。

（2）反馈的类型。根据反馈极性的不同，引入的反馈可分为正反馈和负反馈。在正反馈情况下，净输入信号比输入信号还大，是输入信号与反馈信号代数和。在负反馈情况下，净输入信号是输入信号与反馈信号之差。当电路的环路放大倍数 $\dot{A}\dot{F}$ 很大时，回馈到输入回路的反馈信号与输入信号相接近，净输入信号变得很小，此即深度负反馈情况。判断反馈极性的方法是瞬时极性法。

在电路中若引入正反馈，虽然闭环增益将增大，但会带来电路不稳定，性能指标变差，以致不能正常工作等问题。所以放大电路中一般避免引入正反馈。负反馈则相反。

如果电路能对直流信号形成闭环，则电路中存在直流反馈，对于直流反馈同样可以利用瞬时极性法判断其反馈极性，若为负反馈，则可以稳定位于反馈环中所有三极管的Q点，反馈越深，Q点就越稳定。若为正反馈，则电路不能工作在放大区。

通常电路中交流反馈、直流反馈共存，直流负反馈用来稳定Q点，交流负反馈用来改善电路的动态性能。

交流负反馈有四种组态：电压串联负反馈、电流串联负反馈、电压并联负反馈、电流并联负反馈。组态不同，对电路性能的改善也有不同的侧重。所以正确判断反馈组态对电路性能分析是十分必要的。

（3）引入交流负反馈的优点。引入交流负反馈后，放大电路的动态性能得到改善。如提高放大倍数稳定性，展宽通频带，减小非线性失真和抑制干扰，改变电路的输入电阻和输出电阻等。改善的程度与反馈深度 $|1+\dot{A}\dot{F}|$ 有关，通常负反馈愈深即 $|1+\dot{A}\dot{F}|$ 愈大，上述各项性能改善愈显著，但放大倍数降低得也愈多。

当在电路中分别引入上面提到的四种反馈组态时，将分别使电路的闭环电压、闭环互导、闭环互阻和闭环电流增益稳定性得到提高。而引入电压负反馈，可以稳定输出电压，使电路的闭环输出电阻减小；引入电流负反馈，则可以稳定输出电流，使电路输出回路的恒流特性更好。在输入回路，串联负反馈使得输入电流减小，输入电阻增大；而并联负反馈则相反。

（4）负反馈放大电路的分析方法。负反馈放大电路的分析计算根据具体情况可采取不同的方法。若为简单的负反馈放大电路，如单级工作点稳定电路、射极输出器等，可利用微变等效电路法分析计算。若为复杂的负反馈放大电路，因为比较容易满足 $|1+\dot{A}\dot{F}|\gg 1$ 的条件，所以可按深度负反馈近似计算。本章主要介绍深度负反馈放大电路闭环电压放大倍数的近似估算法。

（5）负反馈放大电路的稳定。引入负反馈虽然能改善放大电路的性能，但由于放大电路和反馈网络有附加相移，在一定条件下，负反馈可能转化为正反馈，甚至产生自激振荡，电路的放大作用反而遭到破坏。反馈放大电路的主要矛盾是既要有一定的反馈深度，又要求不能自激且要留有一定的稳定裕量，经常采用的解决办法是相位补偿法，即在放大电路或反馈网络中接入补偿网络。其指导思想是改变 $\dot{A}\dot{F}$ 的频率特性，使得在可能产生自激的频率上，不能同时满足自激的幅值条件和相位条件。本章主要介绍消除高频自激的电容补偿法和阻容补偿法，前者使通频带变窄，后者比前者有较宽的通频带。

习　　题

7-1　怎样分析电路中是否存在反馈？存在反馈的情况下，是否任何情况下反馈都起作用？

7-2　分别分析图7-27所示的各放大电路，并回答下列问题：

（1）反馈网络由哪些元件组成？

（2）电路中的反馈是正反馈还是负反馈？

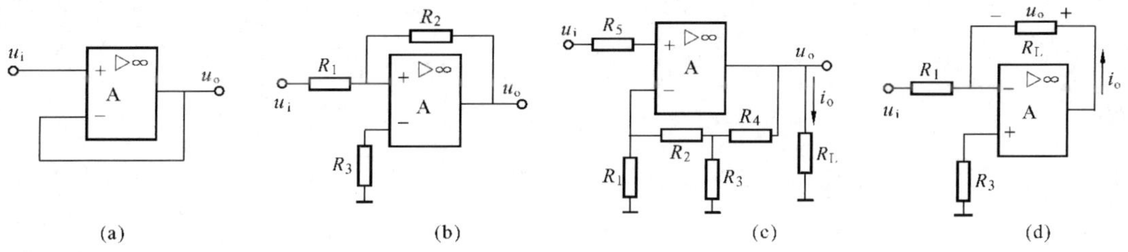

图 7-27　题 7-2 图

7-3　在图 7-28 所示的各放大电路中，分别说明有无反馈（整体反馈）？若有反馈则由哪些元件组成反馈网络，是交流反馈还是直流反馈？

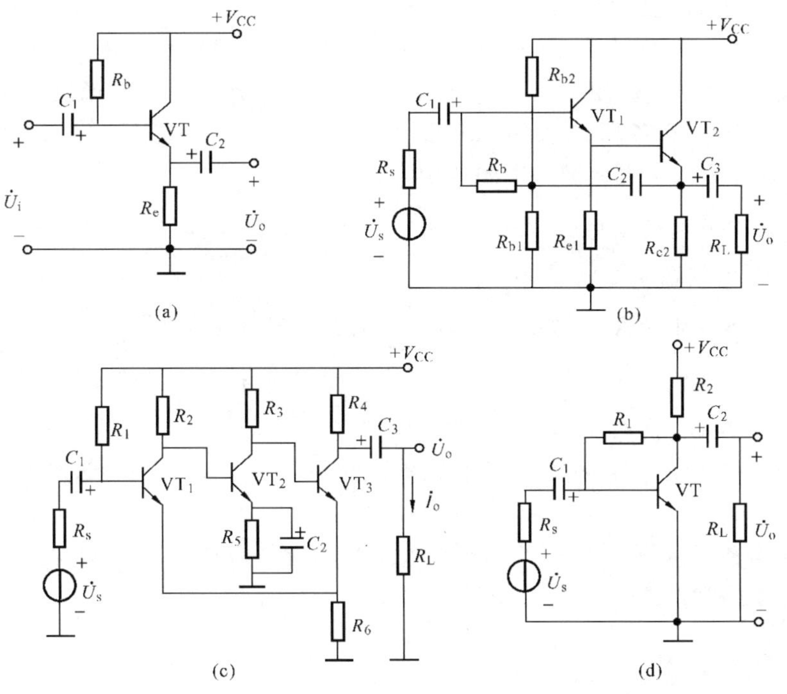

图 7-28　题 7-3 图

7-4　在图 7-28 各放大电路中若有交流反馈，用瞬时极性法判断其反馈的极性。

7-5　在图 7-28 各放大电路中若反馈的极性是负反馈则判断其反馈类型（组态），并写出反馈系数的近似表达式。

7-6　在图 7-27 各放大电路中若反馈极性是负反馈则该反馈放大电路属于哪种组态？有哪些电路能稳定输出电流？有哪些电路能稳定输出电压？

7-7　分别判断图 7-29 所示电路中的反馈组态并说明反馈网络由哪些元件组成，写出其反馈系数的近似表达式。

7-8　已知反馈放大电路如图 7-30 所示，试说明电路中有哪些反馈（包括级间反馈和局

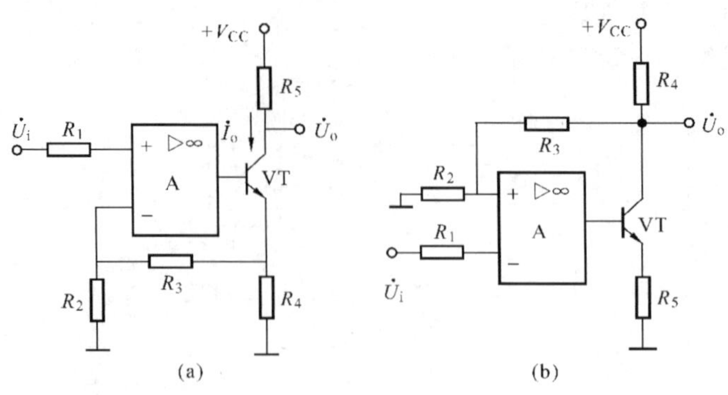

图 7-29 题 7-7 图

部反馈）并说明各反馈主要作用是什么？

7-9 在下列各项中选择填空：

A. 直流负反馈 B. 交流负反馈 C. 交流正反馈 D. 直流正反馈

在放大电路中，为了稳定静态工作点可以引入（ ）；若要稳定放大倍数应引入（ ）；某些情况下为了提高放大倍数可适当引入（ ）；若希望展宽通频带可以引入（ ）；如果要改变输入电阻或输出电阻应引入（ ）。

7-10 已知某反馈放大电路中 $|\dot{A}|=1200$，$|\dot{F}|=0.01$。试回答下列问题：

（1）其闭环放大倍数 $|\dot{A}_f|$ 是多少？

（2）如果 $|\dot{A}|$ 发生 ±20% 的变化，则 $|\dot{A}_f|$ 的相对变化量是多少？

（3）如果 $|\dot{A}|$ 变化 ±20% 时，要求 $|\dot{A}_f|$ 的相对变化量不超过 ±1% 且 $|\dot{A}_f|$ 为 100，则 $|\dot{A}|$ 至少应选多大？此时反馈系数 $|\dot{F}|$ 应选多少？

7-11 若图 7-29 所示的各放大电路满足深度负反馈条件，试写出其闭环电压放大倍数的近似表达式。

7-12 试写出图 7-30 所示电路的电压放大倍数的近似表达式。

7-13 已知电路如图 7-31 所示。试完成：

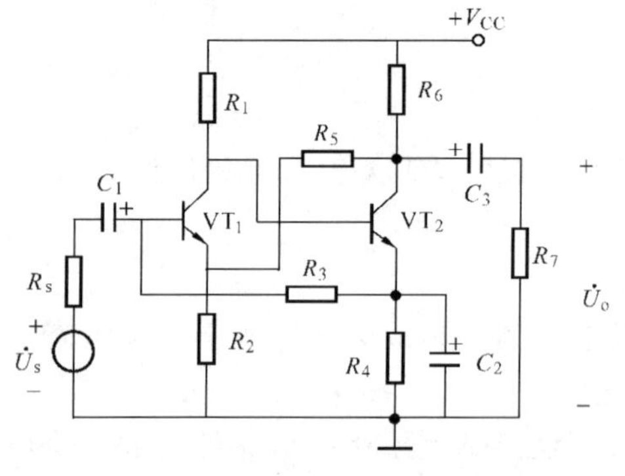

图 7-30 题 7-8 图

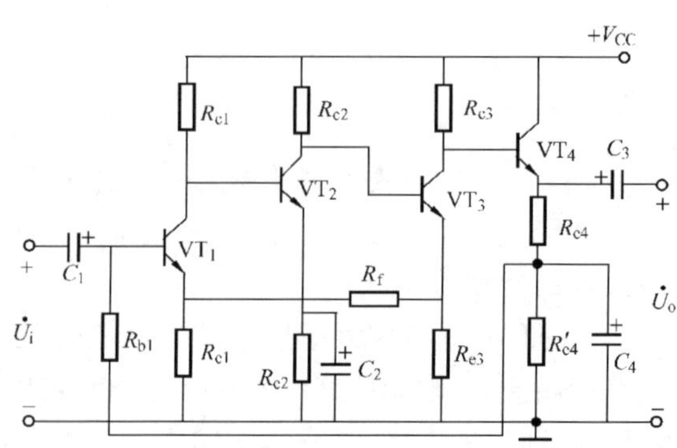

图 7-31 题 7-13 图

(1) 分析电路中共有几路级间反馈，分别说明各路反馈的极性和交直流性质，若为交流负反馈分析其反馈组态。

(2) 分别说明上述反馈对放大电路产生何种影响。

(3) 写出电路的电压放大倍数的近似表达式。

7-14　已知理想运放组成电路如图 7-32 所示，分别判断各电路中反馈的极性，说明反馈网络由哪些元器件组成。若为负反馈则判断其组态并估算电路的电压放大倍数，写出其表达式。

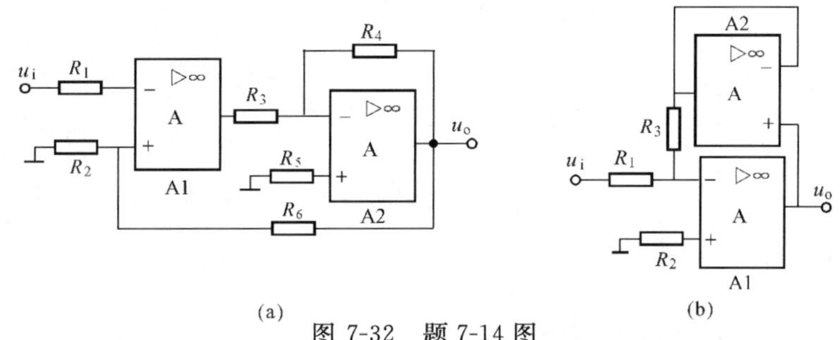

图 7-32　题 7-14 图

7-15　电路如图 7-33 所示，要求达到以下效果，分别应该怎样引入负反馈？

(1) 希望静态时，电路元件参数的改变对输出直流电压 U_o 影响较小。

(2) 动态时，要求 $\dot{I}_{c3} \approx \dot{I}_{e3}$ 的值基本不受负载变化的影响。

(3) 希望接上负载电阻 R_L 后，电压放大倍数基本不变。

7-16　判断图 7-34 所示电路的反馈组态，若满足深度负反馈条件，试估算其闭环电压放大倍数，写出其表达式。若要将该电路改接为电压并联负反馈试画出电路图（不增减元件）。

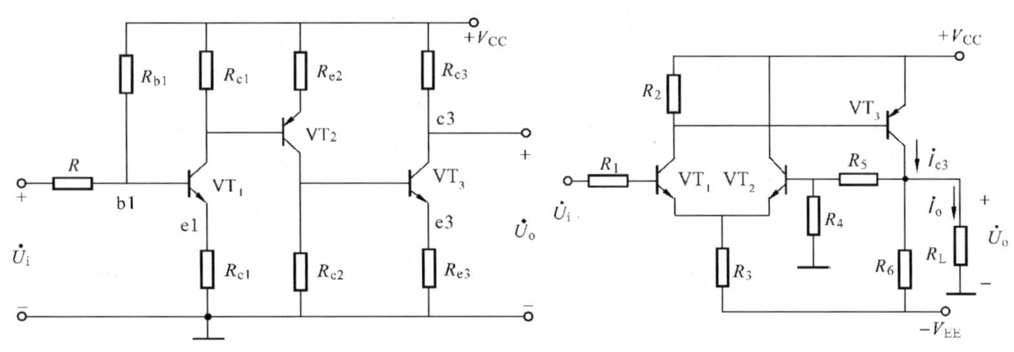

图 7-33　题 7-15 图　　　　图 7-34　题 7-16 图

7-17　填空题：

(1) 对于串联负反馈电路，为增强反馈作用应使信号源内阻（　　）。

(2) 对于并联负反馈电路，为增强反馈作用应使信号源内阻（　　）。

7-18　已知理想运放组成的反馈放大电路如图 7-35 所示，判断电路的组态并估算电路的电压放大倍数，写出其表达式。说明反馈网络由哪些元器件组成。如果要使反馈为并联的方式，则电路应做怎样的变动？画出电路图。估算变动之后电路的电压放大倍数，写出其表达式。

7-19 已知电路如图 7-36 所示，当 $\dot{U}_i=0$ 时，$\dot{U}_o=0$。试完成：

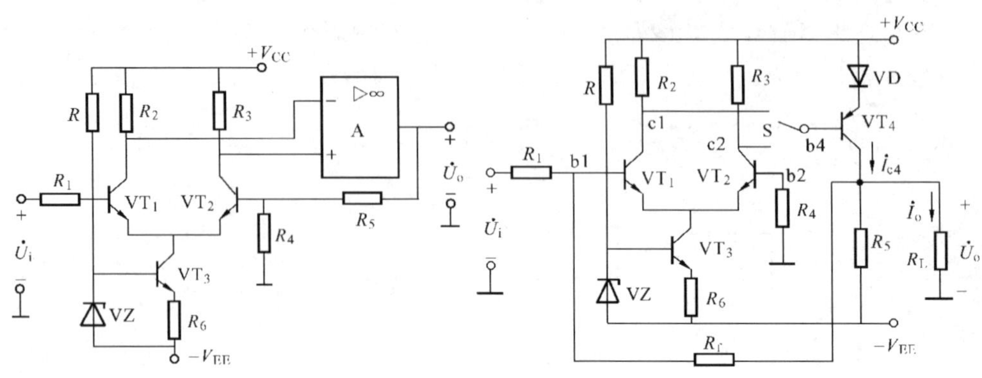

图 7-35 题 7-18 图　　　　图 7-36 题 7-19 图

(1) 判断开关 S 分别接通 c1、c2 时，电路中反馈的极性，若是负反馈判别反馈的组态。

(2) 如果将电阻 R_f 从 b1 端改接到 b2 端，重复上述分析内容。

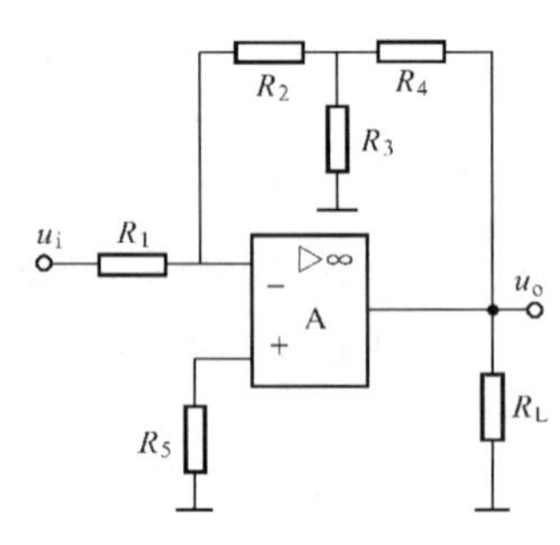

图 7-37 题 7-21 图

7-20 反馈放大电路中的负反馈在什么条件下可变为正反馈？

7-21 理想运放构成的电路如图 7-37 所示。试完成：

(1) 判断该电路的反馈极性及类型。

(2) 写出电路的电压放大倍数 $A_{uuf}=\dfrac{u_o}{u_i}$ 的表达式。

7-22 已知某负反馈放大电路的回路增益为 $\dot{A}\dot{F}=\dfrac{10^2}{\left(1+j\dfrac{f}{f_1}\right)\left(1+j\dfrac{f}{f_2}\right)\left(1+j\dfrac{f}{f_3}\right)}$，式中 $f_1=10\text{kHz}$，$f_2=100\text{kHz}$，$f_3=1000\text{kHz}$。试完成：

(1) 画出其幅频渐近波特图。

(2) 判别该反馈放大电路的稳定性。

第八章　正弦波振荡电路

正弦波振荡电路是一种应用广泛的模拟电子电路，用来产生一定频率和幅值的正弦波信号，通常把它作为信号源应用在各种电路或系统中。从结构上来说，正弦波振荡电路是一个无外加输入信号、具有选频特性的正反馈放大电路。从能量转换的角度来说，正弦波振荡电路与放大电路一样都是能量转换器，它们都可以把电源提供的直流能量转换成交变能量输出。不同之处在于放大电路是受输入信号的控制实现上述转换，而振荡电路是在没有输入信号的情况下，靠电路产生自激振荡，自行把直流电源能量转换成一定频率和幅值的正弦波信号输出。本章首先讨论正弦波振荡电路的一般问题，如产生自激振荡的条件、正弦波振荡电路的组成和分类、正弦波振荡电路分析方法等。然后介绍几种典型的 *RC* 正弦波振荡电路、*LC* 正弦波振荡电路和石英晶体振荡电路的工作原理和特点。

第一节　正弦波振荡电路的一般问题

本节讨论如何在电路中产生正弦波振荡，电路应满足什么条件，电路结构有何特点，振荡频率如何确定等问题。

一、产生自激振荡的条件

与负反馈放大电路不同的是，正弦波振荡电路本身就是一个正反馈电路，是利用正反馈来产生自激振荡的。因此可以借助反馈的概念，将前面的负反馈框图改接成正反馈，如图 8-1 所示。

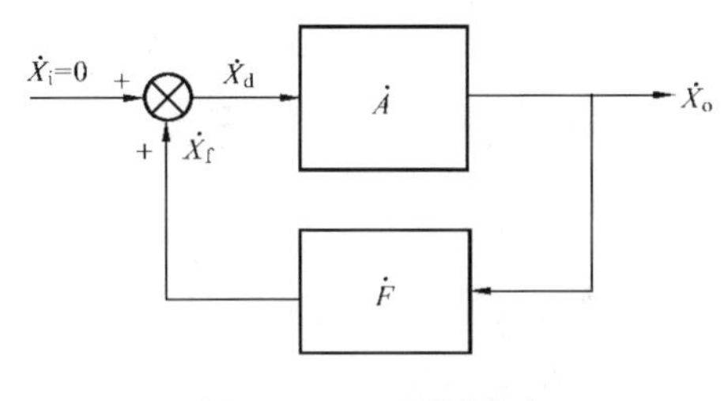

图 8-1　正反馈框图

设想在放大电路已有输出的情况下，输出信号 $\dot{X}_o$ 通过反馈网络以反馈信号 $\dot{X}_f$ 反送回放大电路的输入端，得到 $\dot{X}_d=\dot{X}_i+\dot{X}_f$，之后如果反馈信号 $\dot{X}_f$ 能完全代替原来的净输入信号 $\dot{X}_d$，则可实现没有输入（$\dot{X}_i=0$）而有输出 $\dot{X}_o$，即产生自激振荡，维持输出信号所需的 $\dot{X}_i$ 完全由反馈信号 $\dot{X}_f$ 提供，无需外加输入信号 $\dot{X}_i$。

由图 8-1 可得

$$\dot{X}_o=\dot{A}\dot{X}_d \tag{8-1}$$

$$\dot{X}_f=\dot{F}\dot{X}_o=\dot{A}\dot{F}\dot{X}_d \tag{8-2}$$

又因为要满足 $\dot{X}_f=\dot{X}_d$，所以就有

$$\dot{A}\dot{F}=1 \tag{8-3}$$

式（8-3）即是在人为引入正反馈的放大电路中能维持等幅自激振荡的平衡条件。它包含相位平衡条件和幅值平衡条件，即

$$|\dot{A}\dot{F}|=1 \tag{8-4}$$

$$\varphi_{AF} = \varphi_A + \varphi_F = \pm 2n\pi, n = \text{整数} \tag{8-5}$$

式（8-4）和式（8-5）分别是维持等幅振荡的幅值平衡条件和相位平衡条件。

幅值平衡条件是指自激振荡已经建立且电路已进入稳定的等幅振荡时所必须满足的幅值条件。式（8-4）说明幅值平衡条件为放大电路的回路增益之模等于1，即反馈信号幅值 $|\dot{X}_f|$ 与净输入信号幅值 $|\dot{X}_d|$ 相等。

相位平衡条件是指反馈信号要与净输入信号同相。式（8-5）中，φ_A 表示输出信号 $\dot{X}_o$ 与放大电路净输入信号 $\dot{X}_d$ 之间的相位差（即放大电路的相移）。一般情况下 $\dot{X}_o$ 与 $\dot{X}_d$ 不是同相($\varphi_A = 0°$)就是反相($\varphi_A = -180°$)；φ_F 表示反馈信号 $\dot{X}_f$ 与输出信号 $\dot{X}_o$ 之间的相位差（即反馈网络的相移）。式（8-5）表明，产生自激振荡的相位平衡条件为放大电路的相移与反馈网络的相移之和等于 $2n\pi$，即要求反馈信号 $\dot{X}_f$ 与 $\dot{X}_d$ 同相位。也就是说引入正反馈是产生自激振荡的必要条件。

如果一个振荡电路仅满足相位平衡条件和幅值平衡条件，虽然可以使已经建立并进入稳态的振荡持续下去，却不会使振荡从无到有地建立起来。若要建立振荡，或者说“起振”，在电路满足相位平衡条件 $\varphi_{AF} = \varphi_A + \varphi_F = \pm 2n\pi$，即正反馈条件时，必须使反馈信号 $|\dot{X}_f|$ 大于净输入信号 $|\dot{X}_d|$，即起振条件为

$$|\dot{A}\dot{F}| > 1 \tag{8-6}$$

当接通电源后，由于电路内部噪声和放大电路中直流电位的扰动等，可以等效为给放大电路输入了微弱的信号 $\dot{X}_d$，而此信号包含了极其丰富的频率分量。因为 $|\dot{A}\dot{F}| > 1$，即 $|\dot{X}_f| > |\dot{X}_d|$，使等效的输入信号每沿回路绕行一周都会比前一周增大一些，随着 $\dot{X}_d$ 不断增大，输出 $\dot{X}_o$ 也逐渐由小变大，振荡便建立起来了。随着振幅的增大，由于电路中非线性元件的限制，总会使回路增益由 $|\dot{A}\dot{F}| > 1$ 过渡到 $|\dot{A}\dot{F}| = 1$，此时电路处于稳幅振荡状态，电路输出的幅值达到稳定。

二、正弦波振荡电路的组成和分类

正弦波振荡电路是在没有外加输入信号的条件下，在电路内部自发持续地产生具有一定频率和幅度的振荡，所以它必须满足产生自激振荡的相位条件和幅值条件。为了使振荡的频率是单一的，要求回路增益具有选频特性，即仅对某一频率的信号才满足起振和维持自激振荡的条件，对其他频率的信号则不满足。通常由“选频网络”来实现选频特性，选频网络应该是一个对频率有选择作用的电路，对不同频率分量呈现不同的特性，如 LC 并联谐振回路。

随着起振过程的进行，电路中的信号幅度越来越大，为了使振荡的幅度能够自动稳定而不产生非线性失真，必要时可以在电路中设置稳幅环节来实现。

因此对于反馈型正弦波振荡电路来说，从组成上来看，应包含放大电路、正反馈网络、选频网络和稳幅环节四部分。其中放大电路、正反馈网络是电路的基本组成，可把选频网络设置在放大电路中，使 $\dot{A}$ 具有选频特性，也可将选频网络设置在正反馈网络中使 $\dot{F}$ 具有选频特性。在很多正弦波振荡电路中反馈网络与选频网络同用一个网络。稳幅环节的稳幅作用可以利用放大电路自身的非线性元件（如三极管等）来实现，也可以利用外加的非线性元件来实现。

反馈型正弦波振荡电路的选频网络若由电阻和电容元件组成，则称之为 RC 正弦波振荡

电路；若由电感和电容元件组成，则构成 LC 正弦波振荡电路；若由石英晶体组成，则为石英晶体振荡电路。RC 振荡电路一般用来产生数赫兹到数百千赫兹的低频信号，LC 振荡电路则主要用来产生数百千赫兹以上的高频信号。

三、正弦波振荡电路分析方法

一般可以采用以下步骤来分析振荡电路的工作原理。

1. 判断能否产生正弦波振荡

（1）检查电路是否具备正弦波振荡的组成部分，即是否具有放大电路、反馈网络、选频网络等。

（2）检查放大电路的静态工作点是否能保证放大电路正常工作。

（3）判断电路是否满足自激振荡条件。首先检查是否满足相位平衡条件，至于幅值条件一般比较容易满足。若满足相位平衡条件，不满足幅值条件，在测试调整时可以改变放大电路的放大倍数 $|\dot{A}|$ 或反馈系数 $|\dot{F}|$ 使电路满足 $|\dot{A}\dot{F}|>1$ 的幅值条件。

判断是否满足相位平衡条件的方法：通常采用瞬时极性法来判断。具体做法：假设断开反馈信号至放大电路的输入端点，在放大电路的断开端点处加一假想的输入信号 $\dot{U}_i$（信号频率等于选频电路的谐振频率），经放大电路和反馈网络，得反馈信号 $\dot{U}_f$，根据放大电路和反馈网络的相频特性，分析 $\dot{U}_f$ 和 $\dot{U}_i$ 的相位关系，如果 $\dot{U}_f$ 与 $\dot{U}_i$ 同相，说明 $\varphi_{AF}=\varphi_A+\varphi_F=\pm 2n\pi$，则电路满足产生振荡的相位平衡条件。

2. 估算振荡频率和起振条件

振荡频率由相位平衡条件所决定，而起振条件可由幅值条件 $|\dot{A}\dot{F}|>1$ 的关系求得。

一般情况下，主要估算振荡频率，而起振条件可通过测试调整来满足。

第二节　*RC* 正弦波振荡电路

RC 正弦波振荡电路根据选频网络结构的不同，分别有 RC 串并联网络振荡电路、RC 移相式振荡电路、RC 双 T 网络振荡电路等，本书将介绍 RC 串并联网络振荡电路和 RC 移相式振荡电路。

一、*RC* 串并联网络振荡电路

RC 串并联网络振荡电路是最常见的一种 RC 振荡电路。其主要特点是采用 RC 串并联网络作为选频网络和反馈网络。因此，必须先了解 RC 串并联网络的频率特性，再研究振荡电路工作原理。

1. *RC* 串并联网络的选频特性

RC 串并联网络如图 8-2（a）所示，它由电阻 R_1 与电容 C_1 的串联组合和电阻 R_2 与电容 C_2 的并联组合相串联而组成。R_1 与 C_1 的串联阻抗 Z_1 为

$$Z_1=R_1+\frac{1}{j\omega C_1} \tag{8-7}$$

R_2 与 C_2 的并联阻抗 Z_2 为

$$Z_2=R_2 /\!/ (1/j\omega C_2)=\frac{R_2}{1+j\omega R_2C_2} \tag{8-8}$$

下面定性讨论 RC 串并联网络的频率特性。假设输入一个幅值恒定的正弦波电压 $\dot{U}$，当

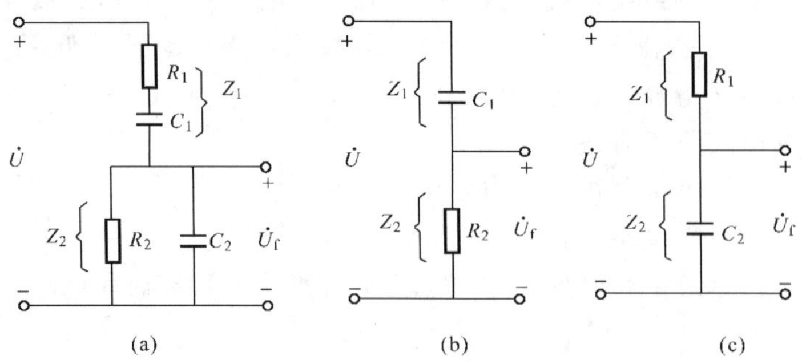

图 8-2 RC 串并联网络

（a）电路图；（b）低频等效电路；（c）高频等效电路

其频率逐渐变化时，观察 R_2C_2 并联支路两端电压 $\dot{U}_f$ 的变化情况。当 $\dot{U}$ 的频率比较低时，电容容抗增大，即有 $1/\omega C_1 \gg R_1$，$1/\omega C_2 \gg R_2$，此时可忽略 R_1 和 $1/\omega C_2$，则 $Z_1 \approx 1/\mathrm{j}\omega C_1$，$Z_2 \approx R_2$，可得图 8-2（a）的低频等效电路如图 8-2（b）所示。ω 愈低，则 $1/\omega C_1$ 愈大，$\dot{U}_f$ 的幅值愈小且$\dot{U}_f$ 超前于$\dot{U}$的相位角 φ_F 也就越大，当 ω 趋近于零时，$|\dot{U}_f|$ 趋近于零，φ_F 接近于 90°。

当 $\dot{U}$ 的频率较高时，电容的容抗减小，即有 $1/\omega C_1 \ll R_1$，$1/\omega C_2 \ll R_2$，此时可忽略 $1/\omega C_1$ 和 R_2，则 $Z_1 \approx R_1$，$Z_2 \approx 1/\mathrm{j}\omega C_2$，可得图 8-2（a）的高频等效电路如图 8-2（c）所示。ω 愈高，则 $1/\omega C_2$ 愈小，$|\dot{U}_f|$ 愈小，而 $\dot{U}_f$ 滞后于 $\dot{U}$ 的相位角 φ_F 愈大，当 ω 趋近于无穷大时，$|\dot{U}_f|$ 趋近于零，φ_F 接近－90°。

根据以上分析可以推测，随着 $\dot{U}$ 的频率从低到高变化，只有当频率为某一中间值时，$|\dot{U}_f|$ 可能有某一最大值，同时，相位角 φ_F 从超前到滞后的过程中，在某一频率下必有 $\varphi_F = 0$，即 $\dot{U}_f$ 与 $\dot{U}$ 同相位。

根据图 8-2（a）所示的电路也可以定量分析如下：

RC 串并联网络的电压传输系数（即反馈系数）为

$$\dot{F}_u = \frac{\dot{U}_f}{\dot{U}} = \frac{Z_2}{Z_1 + Z_2} = \frac{\dfrac{R_2}{1 + \mathrm{j}\omega R_2 C_2}}{R_1 + \dfrac{1}{\mathrm{j}\omega C_1} + \dfrac{R_2}{1 + \mathrm{j}\omega R_2 C_2}}$$

$$= \frac{1}{\left(1 + \dfrac{R_1}{R_2} + \dfrac{C_2}{C_1}\right) + \mathrm{j}\left(\omega R_1 C_2 - \dfrac{1}{\omega R_2 C_1}\right)} \tag{8-9}$$

通常取 $R_1 = R_2 = R$，$C_1 = C_2 = C$，此时如令 $\omega_0 = \dfrac{1}{RC}$，则式（8-9）可简化为

$$\dot{F}_u = \frac{1}{3 + \mathrm{j}\left(\dfrac{\omega}{\omega_0} - \dfrac{\omega_0}{\omega}\right)} \tag{8-10}$$

由式（8-10）可分别得 $\dot{F}_u$ 的幅频特性为

$$|\dot{F}_u| = \frac{1}{\sqrt{3^2 + \left(\dfrac{\omega}{\omega_0} - \dfrac{\omega_0}{\omega}\right)^2}} \tag{8-11}$$

$\dot{F}_u$ 的相频特性为

$$\varphi_F = -\arctan\left(\frac{\frac{\omega}{\omega_0}-\frac{\omega_0}{\omega}}{3}\right) \tag{8-12}$$

由式（8-11）和式（8-12）可知，当 $\omega=\omega_0=\frac{1}{RC}$ 时，$\dot{F}_u$ 的幅值最大，即 $|\dot{F}_u|_{max}=\frac{1}{3}$，且 $\dot{F}_u$ 的相位角为零，即 $\varphi_F=0$。这说明当 $f=f_0=1/2\pi RC$ 时，$\dot{U}_f$ 的幅值达到最大，等于 $\dot{U}$ 幅值的 1/3，且 $\dot{U}_f$ 与 $\dot{U}$ 同相位。

根据式（8-11）和式（8-12）可画出 RC 串并联网络的幅频特性如图 8-2（a）所示和相频特性如图 8-3（b）所示。

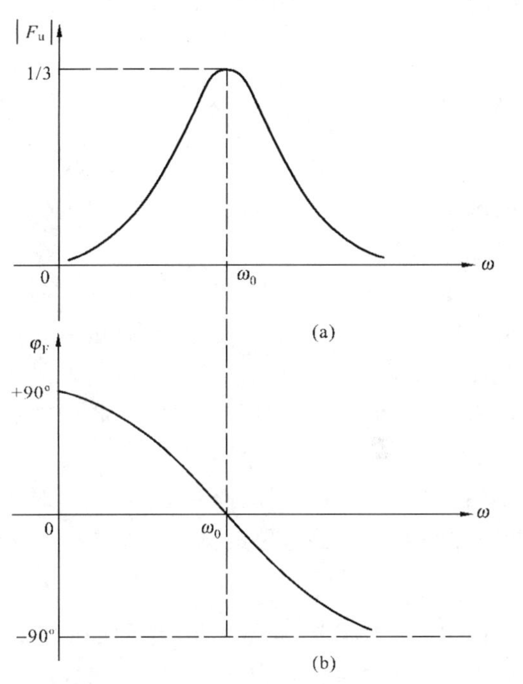

图 8-3　RC 串并联网络的频率特性
（a）幅频特性；（b）相频特性

2. *RC 串并联网络正弦波振荡电路*

（1）电路组成。RC 串并联网络正弦波振荡电路的原理如图 8-4 所示。

在前面的讨论中，已经知道正弦波振荡电路必须具有放大电路和反馈网络、选频网络等。由图 8-4 可知，该电路中 RC 串并联网络既是反馈网络也是选频网络。集成运放组成的同相比例放大电路作为放大电路 $\dot{A}$，其中同相比例放大电路中由电阻 R_f、R_1 构成负反馈网络，在放大电路中引入负反馈是为了将放大倍数控制在合适的数值上。由图 8-4 可见，RC 串并联正反馈网络中的 Z_1、Z_2 和负反馈网络中的 R_f、R_1 正好组成一个四臂电桥，而放大电路的输入端口和输出端口分别接在电桥的两个相对顶点上，所以这种电路又叫做 RC 桥式振荡电路或文氏电桥振荡电路。

（2）产生自激振荡的条件。

1）产生振荡的相位平衡条件。将反馈网络 $\dot{F}$ 反馈至放大电路的输入端点假设断开，如图 8-4 所示标有“×”的位置，在断点处假设加一输入电压 $\dot{U}_i$ 至放大电路 $\dot{A}$ 的输入端，$\dot{U}_i$ 经同相放大电路到输出 $\dot{U}_o$，则 $\dot{U}_o$ 与 $\dot{U}_i$ 同相，即 $\varphi_A=0°$；又根据 RC 串并联网络的频率选择性，仅在某一频率 $f=f_0$ 时，$\varphi_F=0°$，即 $\dot{U}_f$ 与 $\dot{U}_o$ 同相，因此 $\dot{U}_f$ 与假想的输入信号 $\dot{U}_i$ 在频率 f_0 处同相，电路满足产生振荡的相位平衡条件。因为此时，$\varphi_A=0°$，$\varphi_F=0°$，则 $\varphi_{AF}=\varphi_A+\varphi_F=0°$。这样，放大电路和由 RC 串并联网络组成的反馈网络恰好形成正反馈系统，可以满足式（8-5）的相位平衡条件。

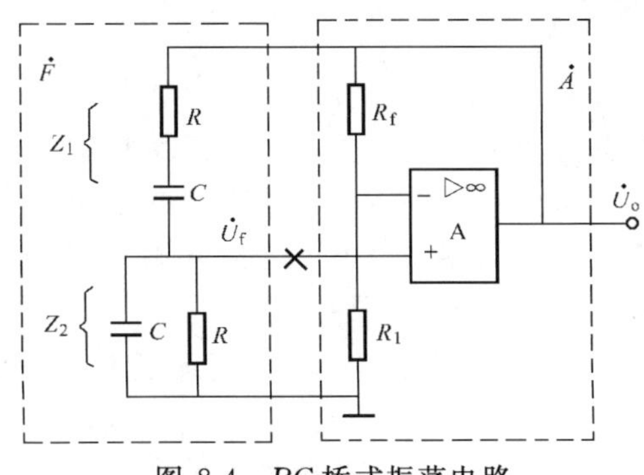

图 8-4　RC 桥式振荡电路

2）产生振荡的幅值条件。已知 $f=f_0$ 时，$|\dot{F}_u|=\frac{1}{3}$，为了满足振荡的幅值条件，必须使 $|\dot{A}_u\dot{F}_u|>1$，由此得起振条件

$$|\dot{A}_u|>3 \tag{8-13}$$

同相比例放大电路的电压放大倍数为

$$\dot{A}_u=1+\frac{R_f}{R_1}$$

所以只有满足

$$1+\frac{R_f}{R_1}>3 \text{ 或 } R_f>2R_1 \tag{8-14}$$

才能满足 $|\dot{A}_u\dot{F}_u|>1$ 的起振条件。也就是说，式（8-14）是 RC 串并联网络振荡电路的起振条件。

考虑到维持等幅振荡的条件是 $R_f=2R_1$，所以电路在 R_f 和 R_1 的取值上需要仔细调试，使电路既能起振，又不失真。若 R_f 过大，虽起振容易，但过大的输入信号将使放大管进入非线性区，输出波形畸变，若 R_f 偏小，虽不失真，但起振困难。最好在电路起振阶段，应满足 $R_f>2R_1$，而当振幅增大到一定程度后，应转变成 $R_f=2R_1$。具体实施办法如图 8-5 所示。

（3）振荡频率。因电路仅在 $f=f_0$ 时才满足产生振荡的相位平衡条件，所以 f_0 就是 RC 串并联网络振荡电路的振荡频率

$$f_0=\frac{1}{2\pi RC} \tag{8-15}$$

由式（8-15）可知选择合适的 R 和 C 的值，就可使振荡电路输出的正弦波的频率 f_0 是所需要的。改变 R、C 的值，就可调节振荡频率，通常以调节电容为频率粗调，调节 R 为频率细调。RC 串并联网络振荡电路的振荡频率范围为几赫兹至几百千赫兹。

需要特别指出，由式（8-15）所计算的振荡频率只是估算值，与电路的实际振荡频率可能有偏差。因为在对 RC 串并联网络的频率特性进行分析时，所得出的幅频特性和相频特性以及有关结论，是在输入信号 $\dot{U}$ 的内阻为零，输出端空载的条件下得出的。而在 RC 串并联网络振荡电路中，放大电路的输出信号是 RC 串并联网络的输入信号，放大电路的输出电阻 R_0 是其内阻；其输出端也不是空载，而是放大电路的输入电阻 R_i。图 8-2（a）中的 Z_1、Z_2 实际上应为

$$Z_1=R_0+R_1+\frac{1}{j\omega C_1}$$

$$Z_2=R_i\ /\!/\ R_2\ /\!/\ \frac{1}{j\omega C_2}$$

由于 R_0、R_i 的存在，使电路的实际振荡频率与计算值之间产生偏差，R_0 愈小、R_i 愈大，产生的偏差愈小，R_0、R_i 对振荡频率的影响愈小。为了减小 R_0、R_i 对振荡频率的影响，所以希望放大电路输入电阻尽可能大，输出电阻尽可能小，使 RC 串并联网络输出端趋于空载，输入信号接近理想电压源。在放大电路中由电阻 R_f、R_1 构成负反馈网络，引入电压串联负反馈，恰恰能起到此作用。

（4）振荡的稳幅。振荡电路在满足相位平衡条件下，为使电路起振，必须满足 $R_f>2R_1$ 的起振条件，通常需要通过实验调整来满足。当调整 R_f 或 R_1 时，总可以使输出电压达到或接近正弦波，但是由于温度、电源电压等外界因素的变化将导致电路元器件参数的变化，从

而破坏维持振荡的 $\dot{A}_u\dot{F}_u=1$ 的幅值平衡条件。当外界因素影响使 $\dot{A}_u\dot{F}_u$ 增加时，振荡电路的输出幅度不断增大，将使输出电压产生非线性失真；反之，当外界因素影响使 $\dot{A}_u\dot{F}_u$ 减小时，导致振荡电路的输出幅度衰减到零，即最终停振。为使输出电压幅度达到稳定，实现不受外界因素影响的稳定的等幅振荡，必须采取稳幅措施。

为此，可以选用非线性元件（如热敏电阻）代替图 8-4 所示电路中的 R_f 或 R_1，实现自动稳幅。例如，图 8-5 所示 R_f 选用负温度系数的热敏电阻。负温度系数的热敏电阻的阻值会随温度的升高而减小。当输出电压 $|\dot{U}_o|$ 增大时，R_f 上的功耗增大，其温度上升而使阻值减小，使 $|\dot{A}_u|=1+R_f/R_1$ 减小，从而使输出电压 $|\dot{U}_o|$ 下降，结果抑制了输出幅度的增长。反之，若 $|\dot{U}_o|$ 减小，R_f 上的功耗也减小，其温度降低而使阻值增大，使 $|\dot{A}_u|=1+R_f/R_1$ 增大，从而使 $|\dot{U}_o|$ 增加，结果阻止了输出幅度减小，可使输出电压幅值基本稳定且波形失真小，实现了自动稳幅的效果。

同样的原理，也可采用具有正温度系数的热敏电阻取代 R_1，来实现自动稳幅的目的。读者可自行分析。

图 8-6 所示是一实用的 RC 桥式振荡电路，与 R_3 两端并联的二极管 VD_1、VD_2 是用来稳定振荡电路的振荡幅度的。其稳幅作用类似于图 8-5 中的负温度系数热敏电阻 R_f 的作用。

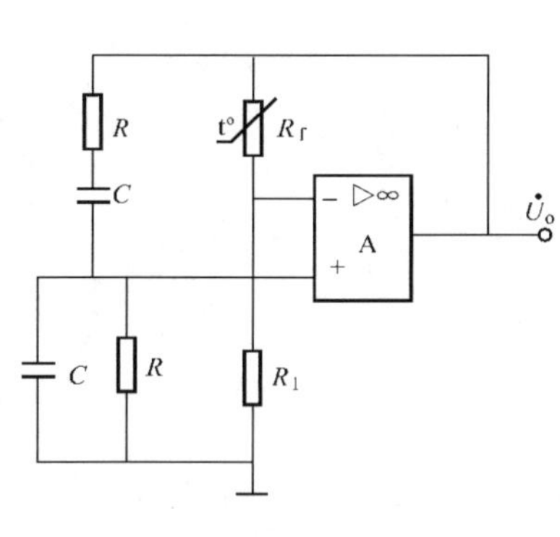

图 8-5　采用热敏电阻的 RC 桥式振荡电路

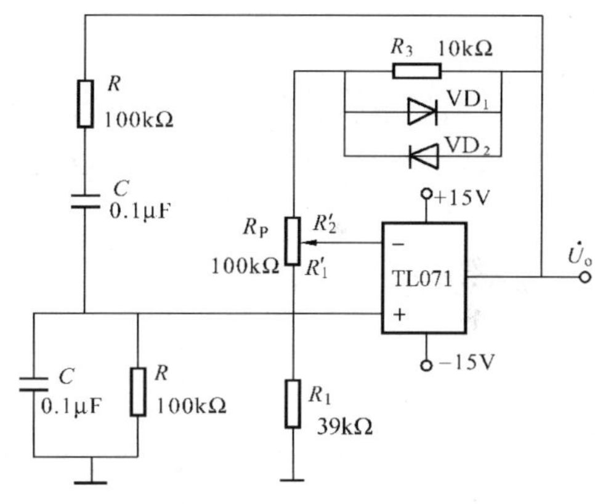

图 8-6　实用的桥式振荡电路

总之，要使振荡电路的振幅稳定，必须使 $|\dot{A}_u|$ 或 $|\dot{F}_u|$ 的变化与输出电压幅度 $|\dot{U}_o|$ 的变化趋势相反，即 $\Delta|\dot{A}_u|/\Delta|\dot{U}_o|<0$，或 $\Delta|\dot{F}_u|/\Delta|\dot{U}_o|<0$，且变化量之比的绝对值愈大，稳定振幅的效果愈好。

二、RC 移相式振荡电路

RC 移相式振荡电路由一个反相输入比例电路和三节 RC 移相电路组成，电路原理图如图 8-7 所示。

由于电路中的放大电路是一个反相输入比例电路，所以放大电路的相位移 $\varphi_A=-180°$。由三节 RC 移相网络构成振荡电路的反馈网络及选频网络。由于一节 RC 移相网络可以移相 0°～90°，则三节 RC 移相网络总的相移可达 0°～270°，因此总会有一个频率 f_0，使反馈网络的 $\varphi_F=180°$，此时 $\varphi_{AF}=\varphi_A+\varphi_F=0$，满足产生振荡的相位平衡条件，只要适当调节电阻

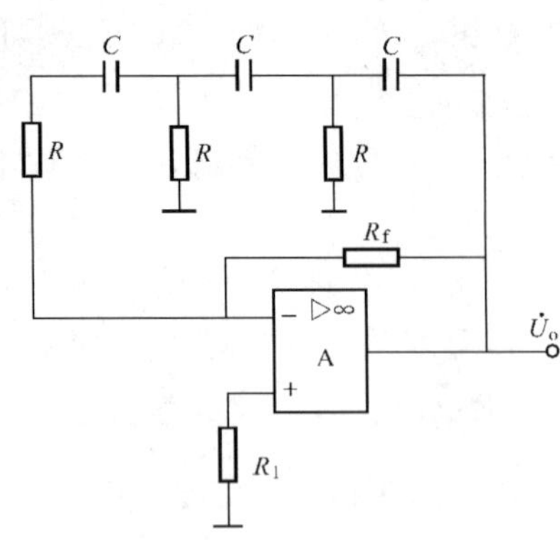

图 8-7 移相式振荡电路

R_f 使 $|\dot{A}_u|$ 适当，就可同时满足产生振荡的幅值平衡条件和起振条件，产生正弦波振荡。

由图 8-7 可列出 RC 移相网络中电压与电流的关系式，消去中间变量可得该网络的电压传输系数（即反馈系数）为

$$\dot{F}_u = \frac{\dot{U}_f}{\dot{U}_o} = \frac{1}{1-5\left(\frac{1}{\omega RC}\right)^2 - j\left[\frac{6}{\omega RC} - \left(\frac{1}{\omega RC}\right)^3\right]} \tag{8-16}$$

振荡时，$\dot{F}_u$ 为实数，式（8-16）分母中虚部为零，得

$$\frac{6}{\omega_0 RC} - \left(\frac{1}{\omega_0 RC}\right)^3 = 0$$

所以，得

$$\omega_0 = \frac{1}{\sqrt{6}RC} \tag{8-17}$$

即振荡频率为

$$f_0 = \frac{1}{2\pi\sqrt{6}RC} \tag{8-18}$$

当 $\omega=\omega_0$ 时，由式（8-16）可求出振荡时的反馈系数

$$\dot{F}_u = \frac{1}{1-5\left(\frac{1}{\omega_0 RC}\right)^2} = -\frac{1}{29}$$

即反馈系数的幅值为

$$|\dot{F}_u| = \frac{1}{29} \tag{8-19}$$

反馈系数的相位为

$$\varphi_F = 180^\circ \tag{8-20}$$

若要满足幅值平衡条件，必须使 $|\dot{A}_u\dot{F}_u|=1$，由反相输入比例电路，可得

$$\dot{A}_u = -\frac{R_f}{R} \tag{8-21}$$

由式（8-19）和式（8-21）可得幅值平衡条件

$$|\dot{A}_u\dot{F}_u| = \frac{R_f}{R}\frac{1}{29} = 1$$

即

$$R_f = 29R \tag{8-22}$$

显然式（8-22）是该 RC 移相式振荡电路的幅值平衡条件。

而起振条件为

$$R_f > 29R \tag{8-23}$$

从式（8-16）还可以得到

$$\varphi_{\mathrm{F}}=\arctan\frac{\dfrac{6}{\omega RC}-\left(\dfrac{1}{\omega RC}\right)^{3}}{1-5\left(\dfrac{1}{\omega RC}\right)^{2}} \tag{8-24}$$

用式（8-24）可画出 RC 移相网络的相频特性曲线如图 8-8 所示。

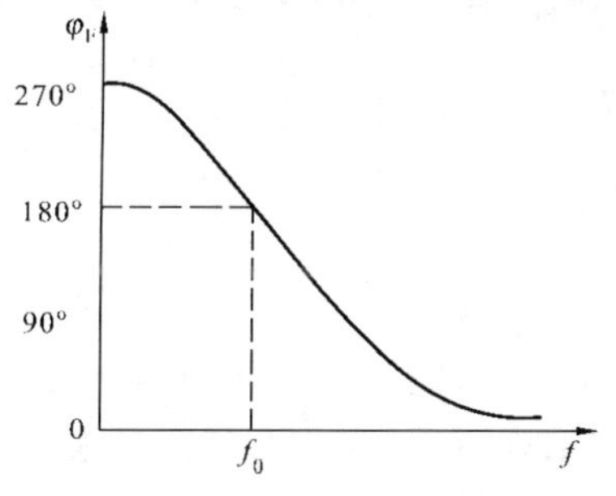

图 8-8　三节 RC 移相网络相频特性

由图 8-8 可知该 RC 移相网络是超前移相网络。同理，也可采用三节 RC 滞后移相网络来组成 RC 移相式振荡电路。

RC 移相式振荡电路结构简单，但选频作用较差，振荡频率不易调节，一般用于振荡频率固定且稳定性要求不高的场合，其输出频率范围几赫到几十千赫。

第三节　LC 正弦波振荡电路

LC 正弦波振荡电路同样是利用正反馈产生振荡，因 LC 谐振电路具有比 RC 串并联电路更好的选频特性，振荡频率也更高些，所以它主要用来产生几兆赫以上的高频正弦波信号，根据其电路结构的差异，有变压器反馈式、电感反馈式和电容反馈式及其改进型等多种电路形式。

下面，先讨论 LC 并联谐振回路的主要特性，然后介绍各种常见的 LC 正弦波振荡电路。

一、LC 并联谐振回路特性

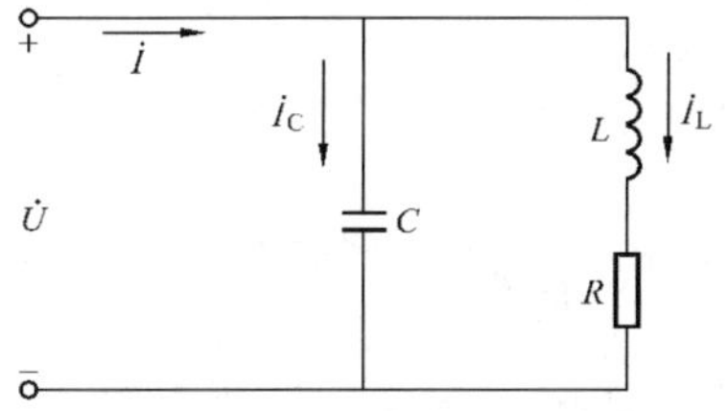

图 8-9　LC 并联谐振回路

LC 并联回路如图 8-9 所示，其中 R 表示回路中和回路所带负载的等效总损耗。由图 8-9 可得 LC 并联谐振回路的等效阻抗为

$$Z=\frac{\dot{U}}{\dot{I}}=\frac{\dfrac{1}{\mathrm{j}\omega C}(R+\mathrm{j}\omega L)}{\dfrac{1}{\mathrm{j}\omega C}+R+\mathrm{j}\omega L} \tag{8-25}$$

由于通常有 $R\ll\omega L$，则式（8-25）分子中忽略 R，可得

$$Z\approx\frac{L/C}{R+\mathrm{j}\left(\omega L-\dfrac{1}{\omega C}\right)} \tag{8-26}$$

当回路发生谐振时，$\dot{U}$ 与 $\dot{I}$ 同相，Z 为实数，则式（8-26）虚部为零，即

$$\omega L-\frac{1}{\omega C}=0 \tag{8-27}$$

由式（8-27）得谐振时的角频率

$$\omega=\omega_0=\frac{1}{\sqrt{LC}} \tag{8-28}$$

可得 LC 回路并联谐振频率

$$f=f_0=\frac{1}{2\pi\sqrt{LC}} \tag{8-29}$$

谐振时，回路的等效阻抗为纯电阻性质，其值最大，即

$$Z_{f=f_0}=Z_0=\frac{L}{RC} \tag{8-30}$$

通常令

$$Q=\frac{1}{R}\sqrt{\frac{L}{C}}=\frac{\omega_0 L}{R}=\frac{1}{\omega_0 CR} \tag{8-31}$$

Q 称为谐振回路的品质因素，是用来衡量回路损耗大小的指标。在 L、C 为定值的情况下，回路损耗 R 愈小，则 Q 值愈大。一般 Q 值约为几十到几百。由式（8-31）可得出

$$Z_0=\frac{L}{RC}=\frac{Q}{\omega_0 C}=Q\omega_0 L \tag{8-32}$$

由式（8-32）可知，Q 值愈大，谐振时回路的阻抗 Z_0 也愈大。

谐振时，若电压 $\dot{U}$ 一定的情况下，电流 $|\dot{I}|$ 将达到最小值，即

$$|\dot{I}|=|\dot{I}_0|=\frac{|\dot{U}|}{|Z_0|} \tag{8-33}$$

所以，此时各并联支路的电流为

$$\dot{I}_{\mathrm{C}}=\frac{\dot{I}Z_0}{Z_{0\mathrm{C}}}=\dot{I}\,\frac{Q/\omega_0 C}{1/\mathrm{j}\omega_0 C}=\mathrm{j}Q\dot{I} \tag{8-34}$$

$$\dot{I}_{\mathrm{L}}=\frac{\dot{I}Z_0}{Z_{0\mathrm{L}}}\approx\dot{I}\,\frac{Q\omega_0 L}{\mathrm{j}\omega_0 L}=-\mathrm{j}Q\dot{I} \tag{8-35}$$

由式（8-34）和式（8-35）可知，谐振时，电容、电感中 $\dot{I}_{\mathrm{C}}$ 和 $\dot{I}_{\mathrm{L}}$ 大小相等、相位相反，且其模值是电流 $|\dot{I}|$ 的 Q 倍，即谐振时，只需模值较小的激励电流 $\dot{I}$ 便可在并联谐振回路内产生很大的谐振电流。所以并联谐振又称为电流谐振。

由式（8-26）可得

$$Z\approx\frac{L/C}{R+\mathrm{j}\left(\omega L-\frac{1}{\omega C}\right)}=\frac{L/RC}{1+\mathrm{j}\frac{\omega L}{R}\left(1-\frac{1}{\omega^2 LC}\right)}=\frac{Z_0}{1+\mathrm{j}\frac{\omega L}{R}\left(1-\frac{\omega_0^2}{\omega^2}\right)} \tag{8-36}$$

如果式（8-36）中所讨论的并联等效阻抗只局限于 ω_0 附近，即当 $\omega\approx\omega_0$，可认为 $\frac{\omega L}{R}\approx\frac{\omega_0 L}{R}\approx Q$，代入式（8-36），可得

$$Z\approx\frac{Z_0}{1+\mathrm{j}Q\left(1-\frac{\omega_0^2}{\omega^2}\right)} \tag{8-37}$$

从而阻抗的模为

$$|Z|\approx\frac{Z_0}{\sqrt{1+Q^2\left(1-\frac{\omega_0^2}{\omega^2}\right)^2}} \tag{8-38}$$

其阻抗角为

$$\varphi_Z\approx-\arctan\left[Q\left(1-\frac{\omega_0^2}{\omega^2}\right)\right] \tag{8-39}$$

由式（8-38）和式（8-39）可画出不同 Q 值时，LC 并联谐振回路的幅频特性和相频特性如图 8-9 所示。

由图 8-10（a）幅频特性可知，当外加信号角频率 $\omega=\omega_0$ 时产生并联谐振，回路等效阻抗达最大值 $Z_0=L/RC$。当角频率 ω 偏离 ω_0 时，$|Z|$ 将减小，且 $|\omega-\omega_0|$ 愈大，$|Z|$ 愈小。

由图 8-10（b）相频特性可知，当外加信号角频率 $\omega=\omega_0$ 时，$\varphi_Z=0$，说明谐振时电路中 $\dot{U}$ 与 $\dot{I}$ 同相；等效阻抗为纯电阻性。当 $\omega\gg\omega_0$ 时，等效阻抗为电容性，φ_Z 为负值，即 $\dot{U}$ 滞后于 $\dot{I}$。反之，当 $\omega\ll\omega_0$ 时，等效阻抗为电感性，φ_Z 为正值，$\dot{U}$ 超前于 $\dot{I}$。

由图 8-10（a）、（b）可知，幅频特性曲线的形状与回路的 Q 值有密切联系，Q 值愈大，曲线愈尖锐，且相角变化愈快，在 ω_0 附近 $|Z|$ 值和 φ_Z 值变化更急剧，即说明选频特性愈好；同时，谐振时的阻抗值 $|Z_0|$ 也愈大。

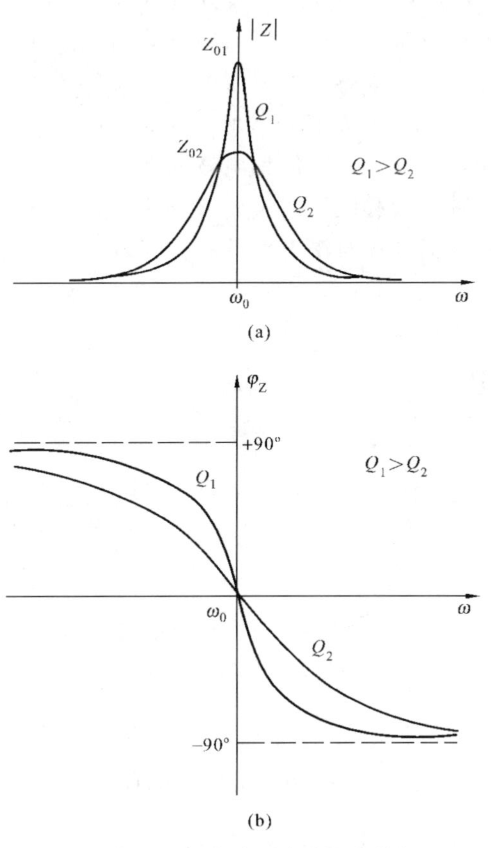

图 8-10　LC 并谐回路的频率特性
（a）幅频特性；（b）相频特性

二、变压器反馈式振荡电路

既然 LC 并联谐振回路谐振时表现为一个很大的纯阻，而一旦偏离了谐振频率，就会出现剧烈的相角变化，等效阻抗也迅速减小。那么如果将其作为三极管的集电极负载应用于放大电路中，就可以使放大电路只对与谐振频率相同的输入信号具有很强的放大能力，对于谐振频率之外的信号，则放大倍数迅速下降，并产生较大的附加相移。这种放大电路被称为选频放大电路。或者将 LC 并联谐振回路应用于反馈网络中，使反馈网络具有选频特性。这两种方法都可以使电路在构成正反馈的同时具有很好的选频特性。

变压器反馈式振荡电路的原理电路如图 8-11 所示，LC 选频网络在放大电路中代替了集电极负载 R_c，使得图中共发射极放大电路成为选频放大器，在谐振频率 f_0 下，LC 并联谐振回路呈现纯电阻特性，电路输出电压与输入电压反相，而在谐振频率之外，放大器的相移或者超前，或者滞后，均将偏离 $-180°$。所以，如果反馈网络也能移相 $180°$，则电路将在谐振频率处满足相位平衡条件，即产生频率为 $f_0=\dfrac{1}{2\pi\sqrt{LC}}$ 的正弦振荡。反馈网络由变压器二次绕组 N_2 组成，其上的感应电压即为反馈电压，反馈网络的相移依靠 N_1、N_2 两绕组间的适当绕向（同名端）来决定。C_1 为耦合电容，C_e 为旁路电容。由绕组 N_3 向负载提供正弦波信号。

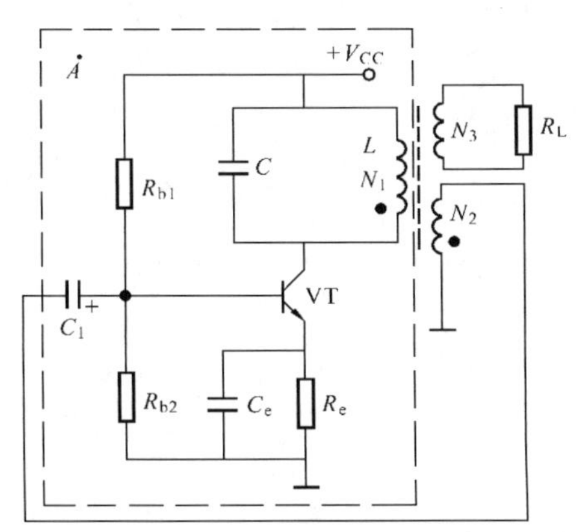

图 8-11　变压器反馈式 LC 振荡电路

放大电路的静态直流偏置要使三极管工作在放大状态，这是振荡电路工作的基础，为了分析直流工作条件，可画出电路的直流通路。在画电路的直流通路时，将电路中所有的电容视为开路，电感视为短路。图 8-11 所示电路的直流通路如图 8-12（a）所示。由图可知，R_{b1}、R_{b2}、R_e 取值适当可使放大电路有合适的静态工作点。从图 8-12（b）所示的交流通路可知，三极管 VT 的集电极和发射极并联在 LC 谐振回路两端，为避免三极管因信号振幅过大，进入饱和区，引起 Q 值下降电路停振，静态工作点通常设置的较低，靠近截止区。

下面分析自激振荡的相位条件。

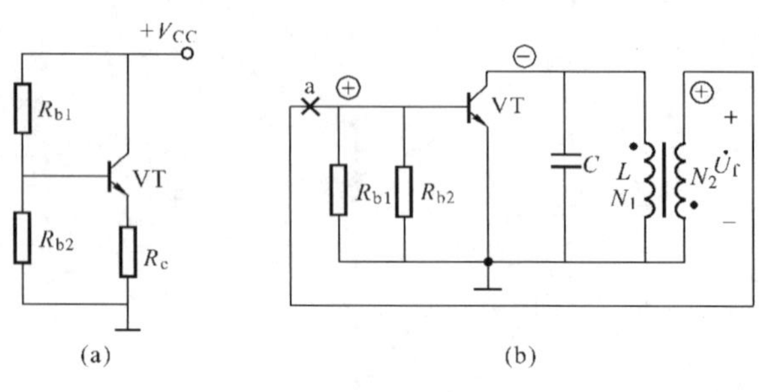

图 8-12　图 8-11 电路的直流通路和交流通路
（a）直流通路；（b）交流通路

一般可画出电路的交流通路来分析。画交流通路时，将电路中的电源 V_{CC}、耦合电容、旁路电容等作短路处理，但谐振回路中的电容不能短接，即需将谐振回路完整保留。

图 8-11 所示电路的交流通路如图 8-12（b）所示。该电路是共射放大电路。应断开基极［图 8-12（b）中的 a 点］，加入一个瞬时极性为⊕的 $\dot{U}_i$，其频率为 LC 回路的谐振频率，此时放大管的集电极的等效负载为一纯阻，则集电极电压 $\dot{U}_c$ 与 $\dot{U}_i$ 反相，得到集电极电压 $\dot{U}_c$ 的瞬时极性为⊖（$\varphi_A=-180°$），变压器绕组各同名端的极性应相同，所以经变压器绕组 N_2 得到的反馈电压 $\dot{U}_f$ 瞬时极性为⊕（$\varphi_F=180°$），所以 $\dot{U}_f$ 与 $\dot{U}_i$ 同相，即电路满足振荡的相位平衡条件（$\varphi_A+\varphi_F=\pm 2n\pi$）。

因为以 LC 并联谐振回路为负载的电路放大倍数很大，比较容易满足幅值条件。如果不能起振，只需调整 N_2 与 N_1 的耦合程度或变比即可。

振幅的稳定是利用放大管特性曲线的非线性来实现的，随着起振时振幅逐渐增大，三极管的工作点将有一段时间进入截止区。使得集电极电流波形不再连续，变成电流脉冲，如图 8-13（a）所示，振荡管的集电极电流平均值会有所增大，使得振荡管的 U_{BEQ} 减小，促进振荡管进一步靠近截止区。i_C 波形产生这种失真后，出现了高次谐波，其中基波成分在出现

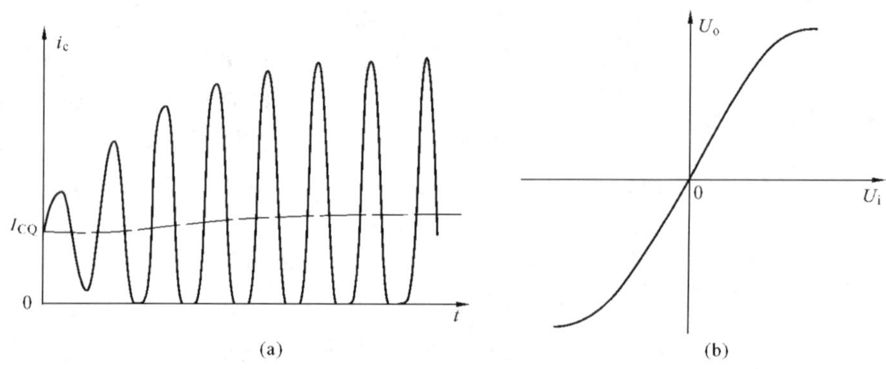

图 8-13　LC 正弦波振荡电路的起振与稳定
（a）集电极电流波形；（b）放大器的电压传输特性曲线

失真后便逐渐趋于一个定值，导致放大倍数减小（基波输出电压随输入变化的趋势变缓），如图 8-13（b）所示。由于 LC 并联谐振回路具有很好的选频能力，通过变压器绕组 N_3 送到负载的电压波形一般失真不大。

图 8-11 所示的电路，因 LC 并联谐振回路接在三极管的集电极，所以也常称为集电极调谐式振荡电路。

由分析相位平衡条件的结果知，仅在谐振频率上，电路才满足振荡条件，所以振荡频率就是 LC 并联谐振回路的谐振频率，即

$$f_0=\frac{1}{2\pi\sqrt{LC}} \tag{8-40}$$

三、电感反馈式振荡电路

由变压器反馈式振荡电路的分析中得知，在满足相位平衡条件时，变压器的一、二次绕组是异极性端接地［由图 8-12（b）看得很清楚］，实际工作中需准确确定变压器的同名端，正确接入电路，振荡电路才能正常工作。而用具有抽头的电感与电容组成 LC 并联谐振回路，即可构成电感反馈式振荡电路，如图 8-14（a）所示，其交流通路如图 8-14（b）所示。由图知，反馈网络由电感 L_2 组成，即反馈电压取自电感 L_2，故而得电路名。由于电感 L_1 和 L_2 引出的三个端点分别与放大管 VT 的三个电极交流等电位，故该电路也常称为电感三点式 LC 正弦波振荡电路。

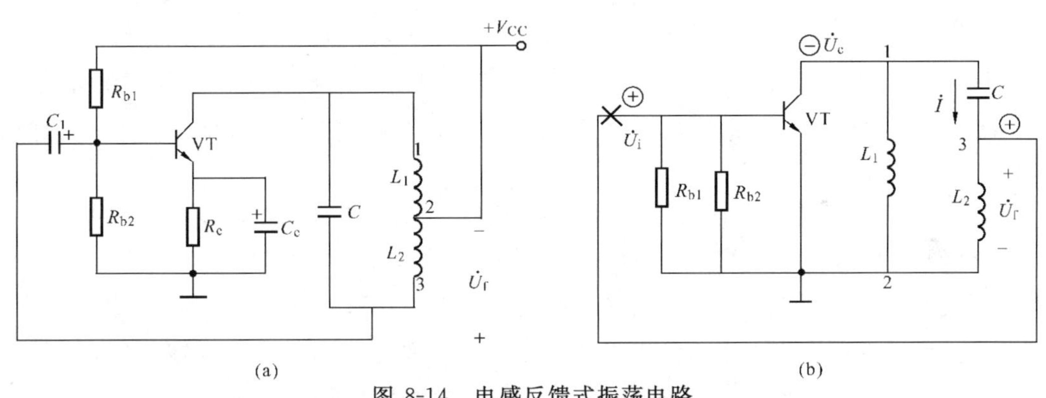

图 8-14　电感反馈式振荡电路

（a）电路原理图；（b）交流通路

为判断图 8-14 电路是否满足相位平衡条件，假设断开反馈电感 L_2 到放大电路输入端基极的连线（图 8-14 中打“×”处），在断点处，设想在输入端加一正弦波电压 $\dot{U}_i$，其对地极性为⊕，频率等于 LC 并联谐振回路的谐振频率，则 LC 并联谐振回路的阻抗为纯阻性，放大电路为共射组态，因此集电极电压 $\dot{U}_c$ 与 $\dot{U}_i$ 反相，得到 $\dot{U}_c$ 瞬时极性为⊖（即 $\varphi_A=-180°$）；在谐振频率 f_0 处 $|X_C|\gg|X_{L2}|$，L_2C 串联支路的电抗 X 呈容性，在 $\dot{U}_c$ 作用下，L_2C 串联支路电流 $\dot{I}$ 超前 $\dot{U}_c$90°，$\dot{I}$ 在 L_2 上产生的压降即反馈电压 $\dot{U}_f$ 超前 $\dot{I}$90°，所以 $\dot{U}_f$ 超前 $\dot{U}_c$180°（$\dot{U}_f$ 与 $\dot{U}_c$ 反相），得 $\dot{U}_f$ 为⊕（即 $\varphi_F=180°$）；结果，$\dot{U}_f$ 与 $\dot{U}_i$ 同相，即 $\varphi_A+\varphi_F=2n\pi$，满足相位平衡条件。

改变 L_1 与 L_2 的匝比（一般取 $L_2/L_1=1/8\sim1/4$），可使振荡器满足幅度条件。

电路的振荡频率，即 L_1、L_2、C 组成的回路谐振频率为

$$f_0=\frac{1}{2\pi\sqrt{LC}}=\frac{1}{2\pi\sqrt{(L_1+L_2+2M)\ C}} \tag{8-41}$$

式中：L 为回路的总电感；M 为 L_1 与 L_2 之间的互感系数。

电感反馈式振荡电路中的放大电路也可采用共基组态的电路，如图 8-15（a）所示，共基放大电路高频频率特性好，因此该电路的振荡频率可以做得更高一些。图 8-15（b）是其交流通路。

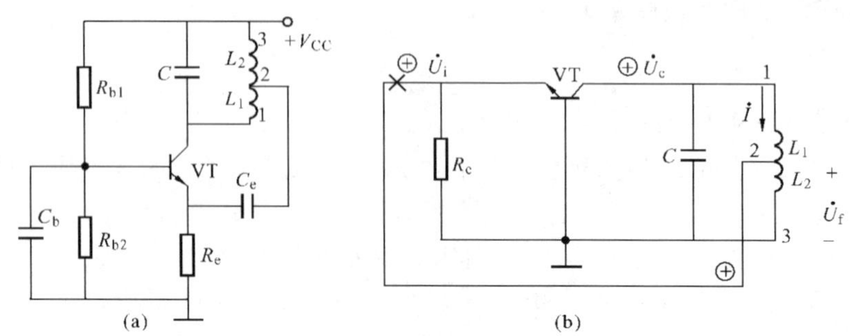

图 8-15　电感反馈式 LC 振荡器（共基组态）

（a）电路原理图；（b）交流通路

判断电路是否满足相位平衡条件的方法和过程与前面相同，这里不再赘述，判断过程已在交流通路中标出。其中在谐振频率处共基极电路是同相放大器，即 $\varphi_A=0°$，所以 $\dot{U}_c$ 与输入同相，标为⊕，电感支路电流 $\dot{I}$ 滞后集电极电压 $\dot{U}_c$90°，$\dot{I}$ 在 L_2 上产生的压降即反馈电压 $\dot{U}_f$ 超前 $\dot{I}$90°，所以 $\dot{U}_f$ 与 $\dot{U}_c$ 同相，得 $\dot{U}_f$ 为⊕，即 $\varphi_F=0°$；结果，$\dot{U}_f$ 与 $\dot{U}_i$ 同相，即 $\varphi_A+\varphi_F=2n\pi$，满足相位平衡条件。

L_1、L_2 属于自耦变压器，所以也可以根据自耦变压器同名端来判断反馈电压极性。

电感反馈式 LC 振荡电路的特点是 L_1、L_2 之间耦合较紧，易起振；LC 并联谐振回路中的电容采用可变电容可方便调节振荡频率，调节频率范围较宽，可用来产生几十兆赫兹以下的正弦信号；反馈电压取自电感 L_2，因电感对高次谐波的阻抗较大，使反馈电压 $\dot{U}_f$ 中高次谐波分量较多，使输出波形中含有较大的高次谐波，因而输出波形较差。

四、电容反馈式 LC 振荡电路

若把电感反馈式振荡电路中 LC 并联谐振回路中的 L_1、L_2 改换成电容 C_1、C_2，电容 C 换成电感 L，就可得到电容反馈式 LC 振荡电路，如图 8-16 所示。电容支路 C_1、C_2 有三个端点分别与放大管 VT 的三个电极交流等电位，故该电路也称为电容三点式振荡电路。

图 8-16（a）中放大电路采用共射组态，图 8-16（b）是其交流通路。在图 8-16（b）的断点处，假设输入一频率为 LC 并联谐振回路的谐振频率的正弦波电压 $\dot{U}_i$ 为⊕，则集电极电压 $\dot{U}_c$ 为⊖（$\dot{U}_c$ 与 $\dot{U}_i$ 反相），即 $\varphi_A=-180°$；在谐振频率 f_0 处 $|X_L|\gg|X_{C2}|$，LC_2 串联支路的电抗 X 呈感性，在 $\dot{U}_c$ 作用下，LC_2 串联支路电流 $\dot{I}$ 滞后 $\dot{U}_c$90°，$\dot{I}$ 在 C_2 上产生的压降即反馈电压 $\dot{U}_f$ 滞后 $\dot{I}$90°，所以 $\dot{U}_f$ 滞后 $\dot{U}_c$180°（$\dot{U}_f$ 与 $\dot{U}_c$ 反相），得 $\dot{U}_f$ 为⊕，即 $\varphi_F=-180°$；结果，$\dot{U}_f$ 与 $\dot{U}_i$ 同相，满足相位平衡条件（即 $\varphi_A+\varphi_F=2n\pi$）。

电容反馈式 LC 振荡电路的放大电路也可采用共基极组态，如图 8-17（a）所示电路，

图 8-17（b）是其交流通路。由图可见，反馈电压 $\dot{U}_f$ 仍是取自 C_2。

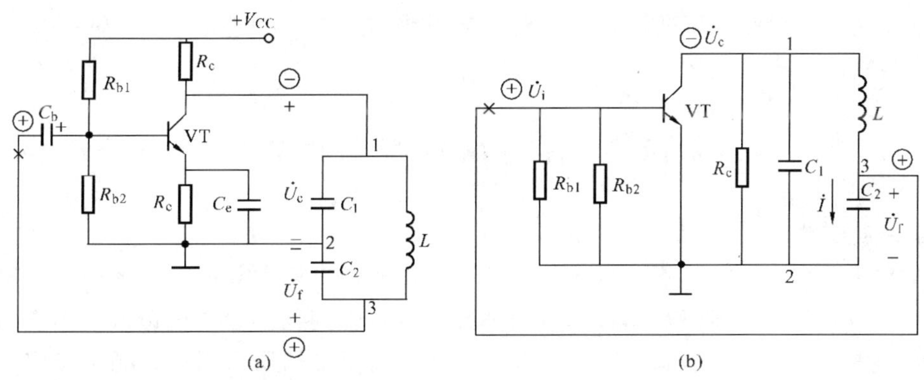

(a)　(b)

图 8-16　电容式反馈 LC 振荡电路（共射组态）

（a）电路图；（b）交流通路

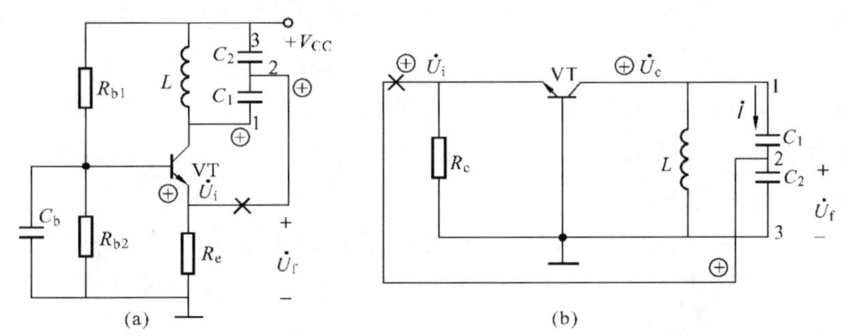

(a)　(b)

图 8-17　电容反馈式 LC 振荡电路（共基组态）

（a）电路原理图；（b）交流通路

在图 8-17（b）中，断开反馈元件 C_2 与放大电路输入端发射极的连线，在输入端假设加一与谐振频率相同的正弦电压 $\dot{U}_i$，此时，集电极负载呈纯阻性，$\dot{U}_c$ 与 $\dot{U}_i$ 同相，即 $\varphi_A=0°$；电容支路的三个端点中，3 端交流接地，反馈电压 $\dot{U}_f$（中点 2 端）与 $\dot{U}_2$（1 端）同相得 $\dot{U}_f$ 为⊕，即 $\varphi_F=0°$；结果，$\dot{U}_f$ 与 $\dot{U}_i$ 同相，即 $\varphi_A+\varphi_F=2n\pi$，满足相位平衡条件。

至于起振的幅值条件，只要保证管子的 β 值在几十倍以上，适当选取 C_1/C_2 的值，即可正常工作，通常选取 $\frac{C_1}{C_2}\leqslant 1$。

电路的振荡频率等于 LC 并联谐振回路的谐振频率，即

$$f_0=\frac{1}{2\pi\sqrt{LC}}=\frac{1}{2\pi\sqrt{L\frac{C_1C_2}{C_1+C_2}}} \tag{8-42}$$

式中：C 为 LC 并联谐振回路总的电容量。

电容反馈式 LC 振荡电路的特点是：反馈电压取自电容 C_2，因电容对高次谐波的阻抗小则反馈电压中谐波分量小，使得输出波形较好；电容 C_1、C_2 的容量可以选得较小，可使电路的振荡频率较高，一般可达 100MHz 以上；但调节振荡频率较困难。

关于三点式正弦波振荡电路，可以归纳出 LC 选频回路三个谐振元件与放大管三个电极

之间的连接规律——“射同基反”，即三个谐振元件中，与放大管发射极相连的两个元件电抗性质相同（同为电感或同为电容），与基极相连的两个元件电抗性质相反。满足此条件即可产生正弦波振荡。因此，可通过观察电路交流通路中 LC 选频网络与放大管三个电极之间的连接关系判断能否产生振荡。

第四节　石英晶体振荡电路

一、频率稳定度

正弦波振荡电路工作时，不但要求输出幅度稳定，而且要求其振荡频率稳定。而实际上由于受到外部和内部的许多因素的影响，振荡频率会发生变化。为了衡量振荡频率的稳定程度，在此引入频率稳定度的概念，它是振荡电路的一项重要的质量指标。频率稳定度常用频率的相对变化量 $\Delta f/f_0$ 表示，Δf 表示因某些因素引起的实际振荡频率与 f_0 的偏差，f_0 为额定振荡频率，$\Delta f/f_0$ 愈小表示振荡电路的频率稳定性愈好。

造成振荡频率不稳定的因素主要有选频网络元件参数随温度和时间而变化，晶体管参数变化和负载变动等。LC 振荡电路中，LC 并联谐振回路的品质因数 Q 对频率的稳定有较大的影响，Q 值愈大，频率的稳定度愈高。但一般 LC 振荡电路，其 LC 并联谐振回路的 Q 值只可达数百，使其频率稳定度 $\Delta f/f_0$ 很难突破 10^{-5} 的数量级。在要求频率稳定度更高的场合，常采用石英晶体振荡电路。

用石英晶体谐振器代替一般 LC 回路的谐振电感，由于石英晶体具有性能稳定，等效 Q 值极高等优点，使得振荡频率具有很高的稳定性和准确度，一般石英晶体振荡电路的频率稳定度可达 10^{-9} 甚至 10^{-11} 数量级。

二、石英晶体谐振器的基本特性和等效电路

石英晶体是一种各向异性的晶体，其化学成分是二氧化硅（SiO_2），具有稳定的物理化学性质。将石英晶体按一定方位角切割成薄片，称为晶片，在晶片的两个对应表面用喷涂工艺涂上银层形成一对极板，且在每个极板上焊接一根引线，装在支架上密封后就成为石英晶体谐振器，简称石英晶体。

如果在石英晶体的两个极板上加一个电场，晶片会产生机械变形；相反，如果对晶体施加机械力使其变形，又会在极板上产生相应的电荷，这种物理现象称为压电效应。如果在石英晶体的两个极板上加上交变电压，晶片便会产生机械变形振动，同时伴随着这种机械振动又会产生交变电场。这种机械变形振动的振幅一般非常微小，伴随产生的交变电场也较弱。但当外加交变电压的频率与晶片的固有频率（取决于晶片形状和几何尺寸）相等时，机械振动的幅度会急剧增加，伴随产生的交变电场强度也增大。此时晶片发生机械谐振，这种现象称为压电谐振。这种压电谐振现象与一般 LC 回路的谐振现象非常相似，故可以用电参数来模拟等效，如图 8-18 所示。图 8-18（a）是石英晶体谐振器的电路符号，图 8-18（b）是其等效电路。

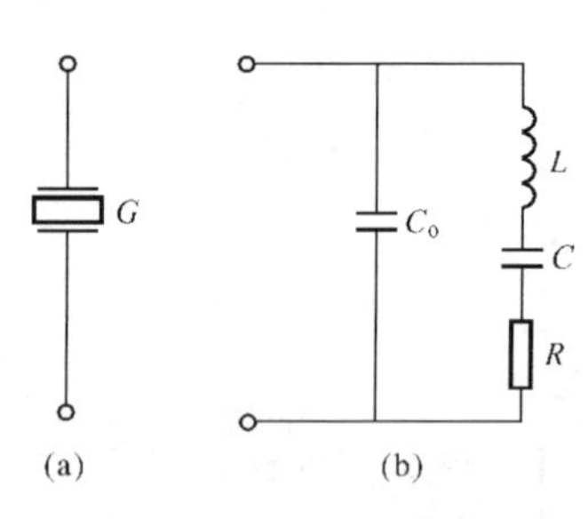

图 8-18　石英晶体谐振器
（a）符号；（b）等效电路

用静电电容 C_0 模拟等效晶片两金属极板间的静电电容，C_0 的值与晶片的几何尺寸和电极面积有关，一般约为几个皮

法到几十个皮法。用电感 L 模拟晶片机械振动的惯性，L 的值为 $10^{-3}\sim10^{2}$H。用电容 C 模拟晶片的弹性，C 的值为 $10^{-2}\sim10^{-1}$pF。电感 L、电容 C 的值与晶体的切割方式及晶片和电极的尺寸、形状等有关。晶片振动时的摩擦损耗用电阻 R 来模拟等效，R 的值约为 100Ω。晶片的等效电感 L 很大，等效电容 C 很小，等效电阻 R 也小，所以回路的品质因数 Q 很大，可高达 $10^4\sim10^6$；晶片的固有频率仅与晶片的自身的形状、几何尺寸有关，所以很稳定且可很精确。基于上述原因，由石英晶体谐振器组成的振荡电路具有很高的频率稳定度。

因等效电阻 R 很小，可以忽略。此时图 8-18（b）所示回路的等效电抗为

$$X=\frac{-\frac{1}{\omega C_0}\left(\omega L-\frac{1}{\omega C}\right)}{-\frac{1}{\omega C_0}+\left(\omega L-\frac{1}{\omega C}\right)}=\frac{\omega^2 LC-1}{\omega\ (C+C_0-\omega^2 LC_0 C)} \tag{8-43}$$

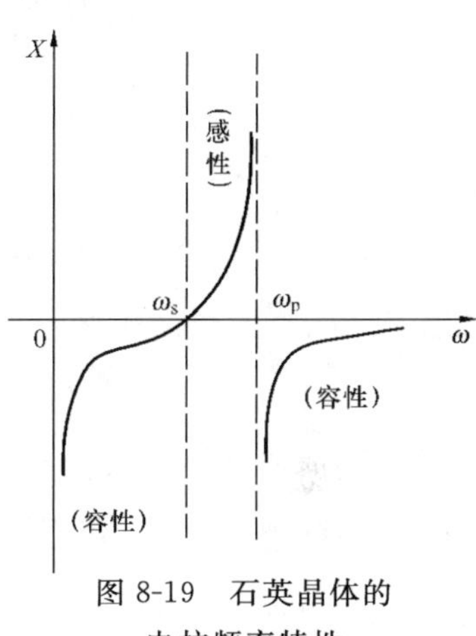

图 8-19 石英晶体的电抗频率特性

由式（8-43）可画出电抗 X 的频率特性如图 8-19 所示。

当 $X=0$ 时，相应的角频率 ω_s 是 L、C 支路的串联谐振角频率，由式（8-43）知 $\omega^2 LC-1=0$，可得

$$\omega_s=\frac{1}{\sqrt{LC}} \tag{8-44}$$

即石英晶体串联谐振频率 f_s 为

$$f_s=\frac{\omega_s}{2\pi}=\frac{1}{2\pi\sqrt{LC}} \tag{8-45}$$

当 $X\to\infty$，由式（8-43）知其分母为零时，相应的角频率 ω_p 是谐振回路的并联谐振角频率，可得

$$\omega_p=\frac{1}{\sqrt{L\frac{C C_0}{C+C_0}}}=\frac{1}{\sqrt{LC}}\sqrt{1+\frac{C}{C_0}}=\omega_s\sqrt{1+\frac{C}{C_0}} \tag{8-46}$$

由于 $C\ll C_0$，所以 ω_s 和 ω_p 非常接近。由图 8-19 可知，当 $\omega<\omega_s$，$\omega>\omega_p$ 时，电抗 X 为容性，只有 $\omega_s<\omega<\omega_p$ 时，X 呈感性。

由式（8-46）可得石英晶体并联谐振频率 f_p 为

$$f_p=\frac{1}{2\pi\sqrt{L\frac{CC_0}{C+C_0}}}=f_s\sqrt{1+\frac{C}{C_0}} \tag{8-47}$$

三、石英晶体振荡电路

石英晶体振荡电路有两种基本电路类型，即并联型晶体振荡电路和串联型晶体振荡电路。

1. 并联型石英晶体振荡电路

根据石英晶体等效电路的电抗频率特性可知在 ω_s 与 ω_p 之间，石英晶体的等效电抗 X 呈感性，即可把石英晶体作为一个电感来使用，此时若用石英晶体取代电容反馈式振荡电路中的电感 L，就构成了并联型石英晶体振荡电路，电路原理图如图 8-20（a）所示。振荡电路的选频网络由石英晶体和电容 C_1、C_2 组成。电路的交流通路如图 8-20（b）所示。

将图 8-20（b）与图 8-17（b）比较，若将石英晶体视为电感，则该电路类似于电容反馈式振荡电路，石英晶体与电容 C_1、C_2 组成并联谐振回路，因此该电路为并联型石英晶体

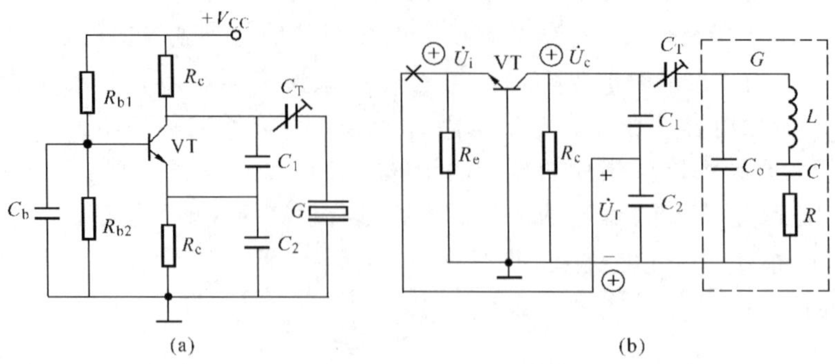

图 8-20 并联型石英晶体振荡电路

(a) 电路原理图；(b) 交流通路

振荡电路，电路的振荡频率即是并联谐振回路的谐振频率

$$f_0=\frac{1}{2\pi\sqrt{LC''}} \tag{8-48}$$

式中：C''为回路的总电容，即晶体等效电路内电感两端的等效电容。

则由图 8-20（b）可得

$$\frac{1}{C''}=\frac{1}{C'+C_0}+\frac{1}{C} \tag{8-49}$$

式中：C'是与晶体有关联的外部电容，即 $C'=\dfrac{1}{\dfrac{1}{C_1}+\dfrac{1}{C_2}+\dfrac{1}{C_T}}$。由于通常有 $C_T \ll C_1$、$C_T \ll C_2$，所以 $C' \approx C_T$。

则

$$C''=\frac{C\ (C_T+C_0)}{C+C_T+C_0} \tag{8-50}$$

代入式（8-48）得振荡频率

$$f_0=\frac{1}{2\pi\sqrt{L\dfrac{C(C_T+C_0)}{C+C_T+C_0}}}=f_s\sqrt{1+\frac{C}{C_0+C_T}} \tag{8-51}$$

由式（8-51）与式（8-47）可知，振荡频率 f_0 在 f_s 与 f_p 之间，此时石英晶体的电抗呈感性，即可把石英晶体视为一个电感。

事实上因为通常 $C \ll C_0+C_T$，所以在回路中起决定性作用的是电容 C，即 $C'' \approx C$，振荡频率近似为

$$f_0 \approx \frac{1}{2\pi\sqrt{LC}}=f_s \tag{8-52}$$

由式（8-52）可知振荡频率基本上由石英晶体的固有频率来决定，与 C' 的关系很小，因此振荡频率的稳定度很高。实际电路通常用外接微调电容 C_T 来微调晶体的振荡频率使之达到要求的频率。

2. 串联型石英晶体振荡电路

利用石英晶体作为一个正反馈电路的反馈元件可构成的串联型石英晶体振荡电路图如图 8-21 所示。电路中反馈网络由石英晶体、电阻 R 和 R_{e1} 组成，放大电路是两级直接耦合放大

电路。

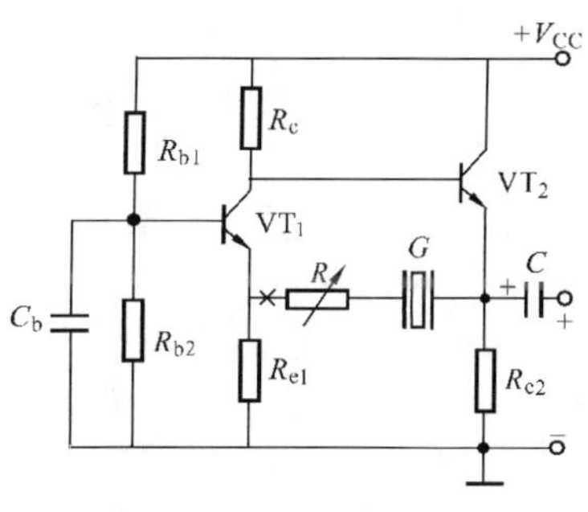

图 8-21　串联型石英晶体振荡电路

利用瞬时极性法分析图 8-21 所示电路（该电路是正反馈电路）。图中放大电路第一级是共基极电路，第二级是射极输出器，所以两级放大输出、输入是同相关系。反馈网络中石英晶体具有频率选择作用，在其串联谐振频率 f_s 处，它相当于一个纯电阻且阻值很小，此时正反馈最强，且反馈网络的相移为零，电路满足自激振荡的相位条件。对偏离 f_s 的其他频率，石英晶体呈现的阻抗增大且相移不为零，因此不满足自激振荡的相位条件。由此可知石英晶体同时也是选频网络。调节 R 的大小可改变正反馈的强弱，使电路满足自激振荡的幅值条件，输出良好的正弦波。

本　章　小　结

本章介绍正反馈型的正弦波振荡电路。

（1）正弦波振荡电路的组成有四部分：放大电路、正反馈网络、选频网络和稳幅环节。

（2）电路引入正反馈产生自激振荡的条件是 $\dot{A}\dot{F}=1$，也可分别表示为幅值平衡条件和相位平衡条件，即 $|\dot{A}\dot{F}|=1$ 和 $\varphi_A+\varphi_F=2n\pi$（$n$ 为整数）。

（3）按结构的不同，正弦波振荡电路主要有 RC 型和 LC 型两大类。石英晶体振荡电路是 LC 型的一种特殊形式，因石英晶体具有较高的 Q 值，其振荡频率稳定度很高。

（4）RC 正弦波振荡电路的振荡频率较低，一般为几赫兹至几百千赫。常采用 RC 桥式振荡电路，理想情况下其振荡频率 $f_0=\dfrac{1}{2\pi RC}$。

（5）LC 正弦波振荡电路可产生很高频率的正弦波，其振荡频率可达一百兆赫以上。常用的 LC 正弦波振荡电路有变压器反馈式、电感反馈式、电容反馈式三种。其振荡频率由 LC 并联谐振回路的参量决定，其通式为 $f_0=\dfrac{1}{2\pi\sqrt{LC}}$，其中 L 表示回路总电感，C 表示回路总电容。当要求正弦波振荡电路具有很高的频率稳定度时采用石英晶体振荡电路，其振荡频率决定于石英晶体的固有频率，频率稳定度可达 $10^{-6}\sim10^{-8}$ 数量级。

（6）判断电路能否产生正弦波振荡的一般步骤：

1）检查电路是否包括放大、反馈、选频等组成部分。

2）放大电路是否有正常的直流通路，即电路是否有合适的静态工作点。

3）用瞬时极性法或其他方法判断是否满足相位平衡条件。

4）必要时，检查幅值条件。

习　　题

8-1　根据相位平衡条件分别判断图 8-22 中各电路是否可能产生自激振荡，说明理由。如果可能振荡，说明电路属于哪种类型的正弦波振荡电路。

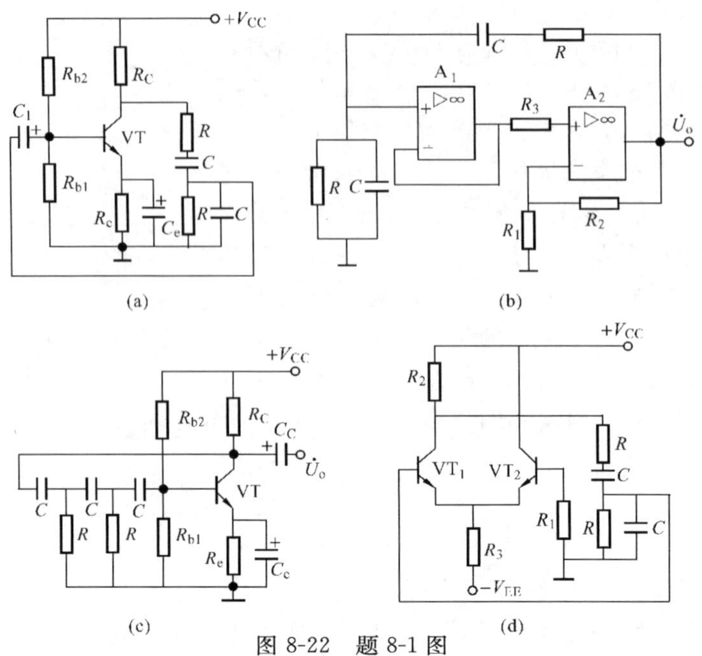

图 8-22　题 8-1 图

8-2　已知 RC 桥氏正弦波振荡电路如图 8-23 所示，试回答下列问题：

（1）电路中有几路反馈？反馈的极性和类型是什么？

（2）说明电路满足相位平衡条件的理由。

（3）电路的起振条件是什么？

（4）应调节哪个参数可减小输出波形的非线性失真？需调参数是增大还是减小？

8-3　电路如图 8-24 所示，按图接线，电路不能产生正弦波振荡。试分析原因，找出图中的错误并改正，画出修改之后的电路图。若改正之后电路能振荡则振荡频率是多少？为了实现自动稳幅，电路中哪个电阻可采用热敏电阻，其温度系数应为正还是负？

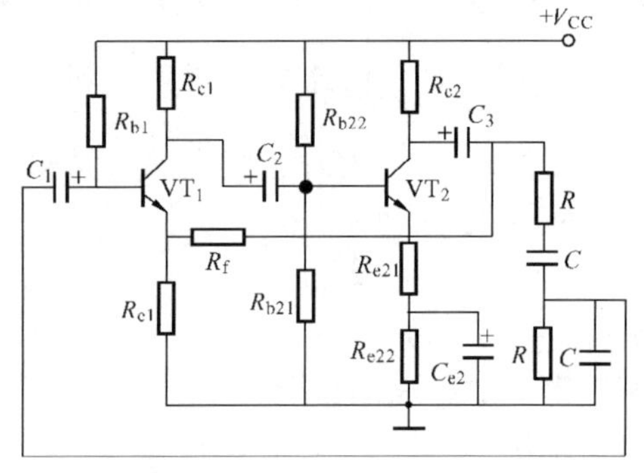

图 8-23　题 8-2 图

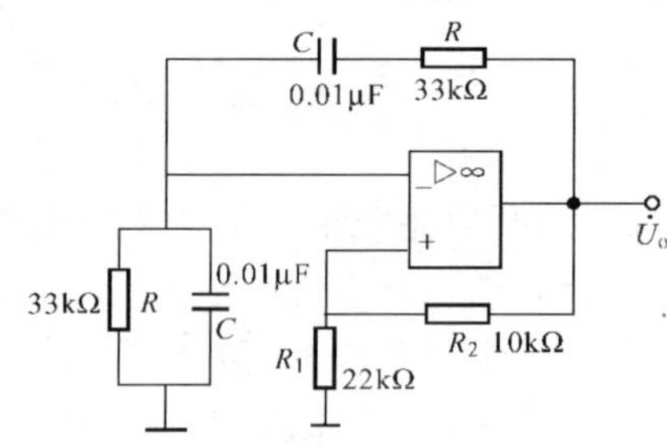

图 8-24　题 8-3 图

8-4　已知某 RC 文氏桥正弦波振荡电路的放大电路是图 8-25 所示的差动电路，试画出该 RC 文氏桥正弦波振荡电路图。

8-5　判断图 8-26 所示的各电路是否满足自激振荡的相位条件，简要说明。若不满足，如何改动可满足？

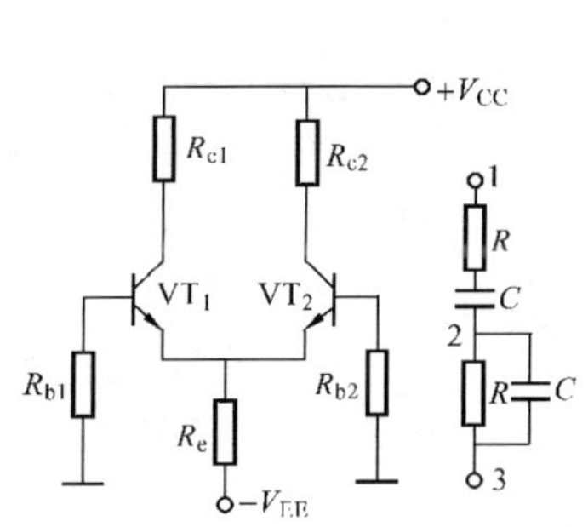

图 8-25　题 8-4 图

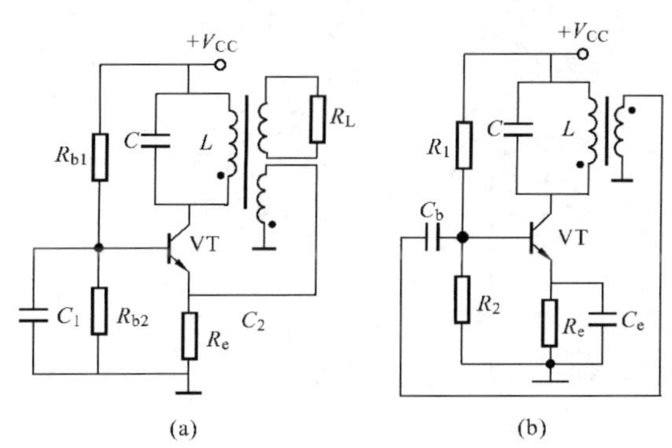

图 8-26　题 8-5 图

8-6　根据相位平衡条件分别判断图 8-27 中各电路是否可能产生自激振荡，说明理由。

8-7　已知电路如图 8-28 所示，试画出各电路的交流通路并判断电路是否可能产生正弦波振荡。

8-8　分析如图 8-29（a）、（b）所示电路是否能产生正弦波振荡，阐明理由。若不能，试修改电路使其能产生振荡。

8-9　分析如图 8-30（a）、（b）所示电路是否能产生正弦波振荡，阐明理由。若不能，试修改电路使其能产生振荡。

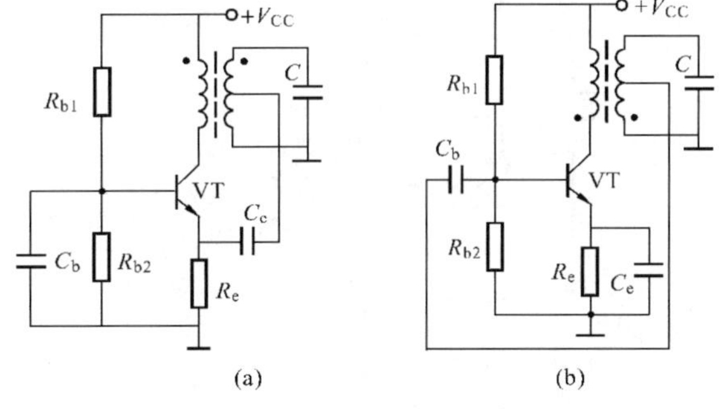

图 8-27　题 8-6 图

8-10　改进型电容三点式振荡电路如图 8-31 所示。试完成：

（1）画出其交流通路（C_e 足够大）。在图中标出反馈电压取自哪个元件。

（2）用瞬时极性法在图中标明有关位置电压极性，说明电路满足相位平衡条件。

（3）振荡频率 f_0 与哪些参量有关？写出其表达式。

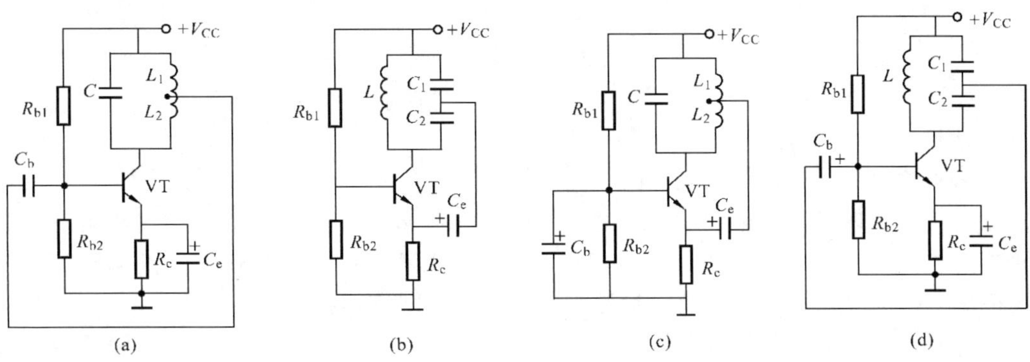

图 8-28　题 8-7 图

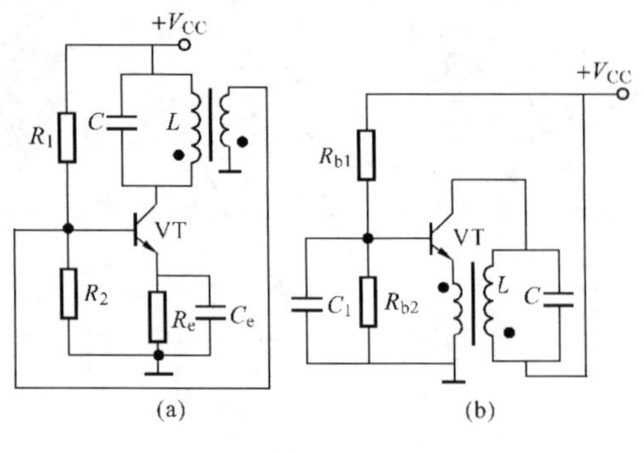

图 8-29 题 8-8 图

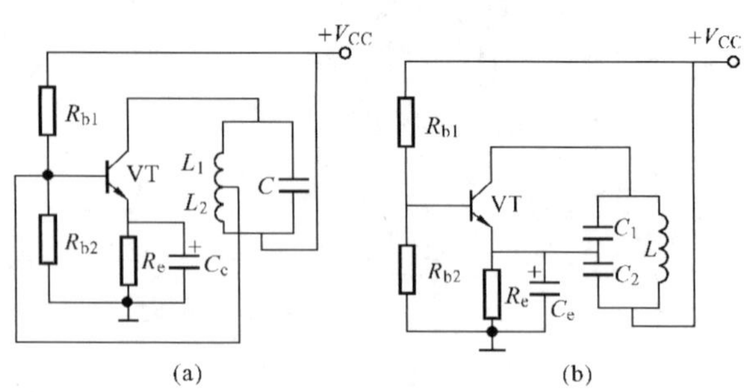

图 8-30 题 8-9 图

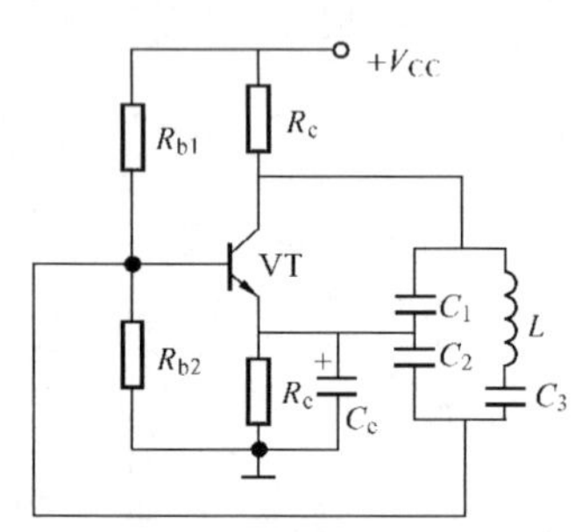

图 8-31 题 8-10 图

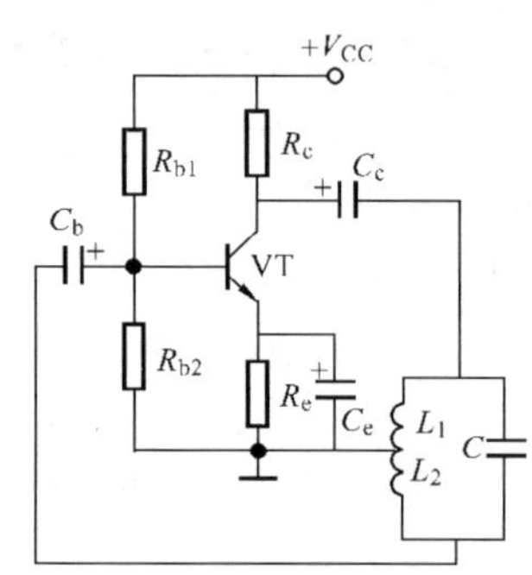

图 8-32 题 8-11 图

8-11 电感三点式振荡电路如图 8-32 所示。试完成：

（1）画出其交流通路（C_b、C_e、C_c 足够大）。在图中标出反馈电压取自哪个元件。

（2）用瞬时极性法在图中标明有关位置电压极性，说明电路满足相位平衡条件。

（3）振荡频率 f_0 与哪些参量有关？写出其表达式。

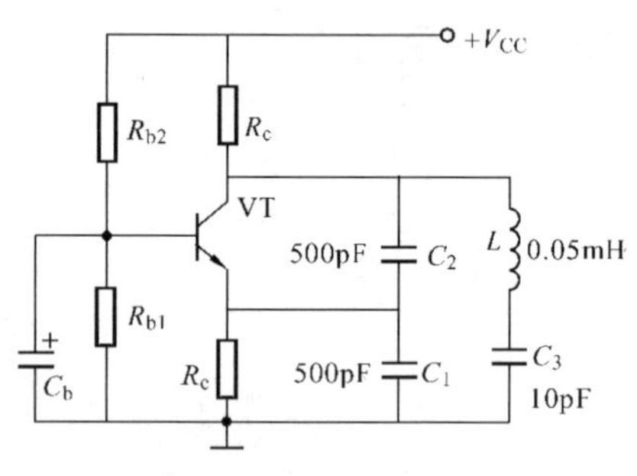

图 8-33 题 8-12 图

8-12 改进型电容三点式振荡电路如图 8-33 所示。试完成：

（1）画出其交流通路（C_b 足够大）。在图中标出反馈电压取自哪个元件。

（2）说明电路满足相位平衡条件。

（3）估算振荡频率 f_0。

（4）若将电容 C_3 短路，则 f_0 是多少？

8-13 已知由理想运放组成的 LC 正弦波振荡电路如图 8-34 所示，用瞬时极性法判断电路是否能产生正弦波振荡，如果能产生振荡，写出振荡频率 f_0 的表达式。说明电路属于哪种类型的 LC 振荡电路。归纳电路中运放与 LC 网络之间结构特点。

8-14 根据相位平衡条件判断图 8-35（a）、（b）所示电路是否能产生正弦波振荡。若能振荡，电路属于哪种类型的 LC 振荡电路，写出其振荡频率 f_0 的表达式。

8-15 已知由理想运放组成的 LC 正弦波振荡电路如图 8-36 所示，根据相位平衡条件判断电路在什么条件下有可能产生正弦波振荡，说明电路属于哪种类型的 LC 振荡电路。其振荡频率 f_0 与 $f_1=\dfrac{1}{2\pi\sqrt{L_1C_1}}$，$f_2=\dfrac{1}{2\pi\sqrt{L_2C_2}}$关系如何？

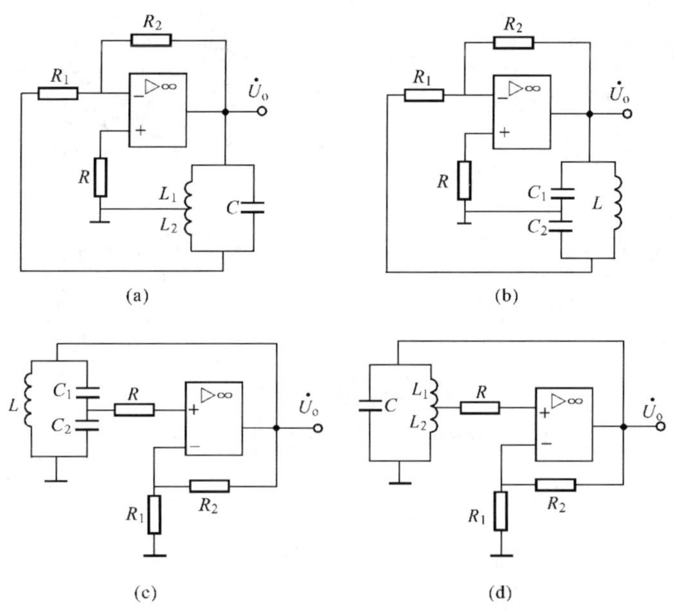

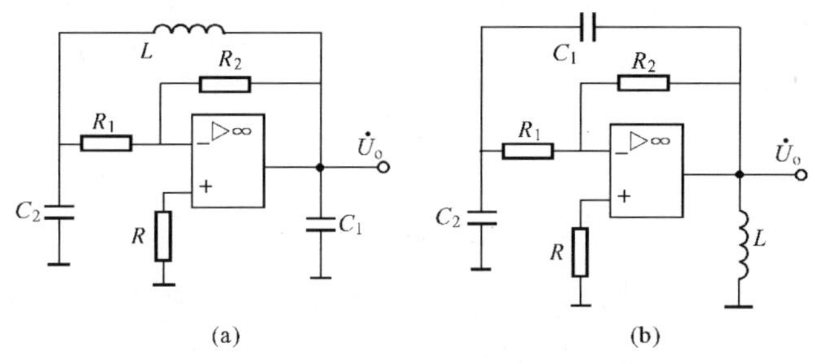

图 8-35　题 8-14 图

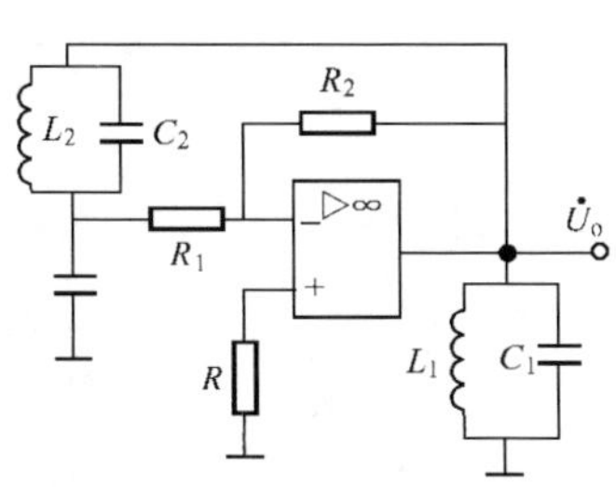

图 8-36　题 8-15 图

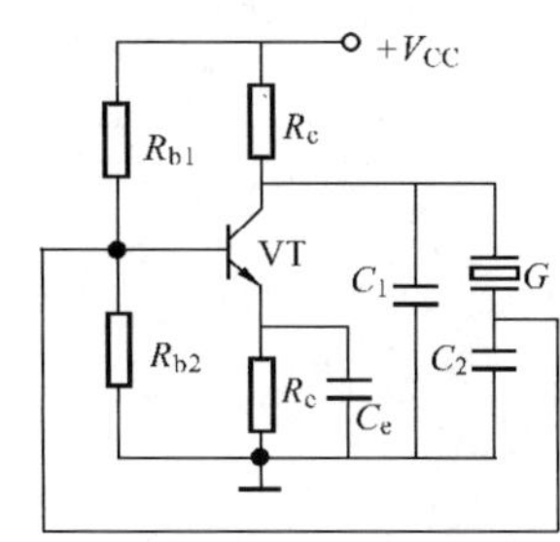

图 8-37　题 8-16 图

8-16　石英晶体振荡电路如图 8-37 所示，画出其交流通路，根据相位平衡条件判断是否能产生正弦波振荡，若能指出石英晶体在电路中的作用，说明电路的类型。

8-17 将图 8-38 所示各电路连接成正弦波振荡电路，指出其电路类型，写出振荡频率表达式。

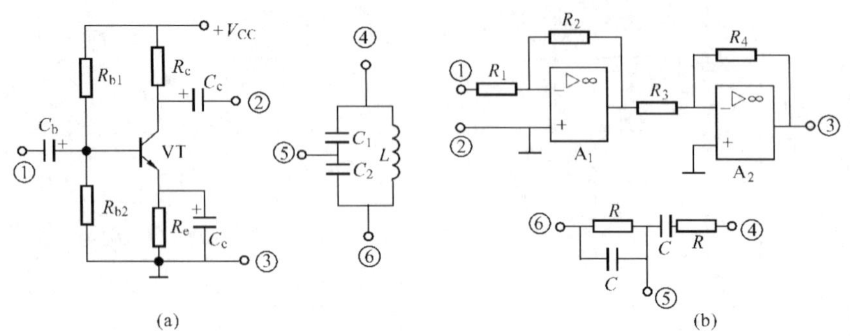

图 8-38 题 8-17 图

8-18 由三个 LC 谐振回路组成的振荡电路的交流通路如图 8-39 所示，试问：

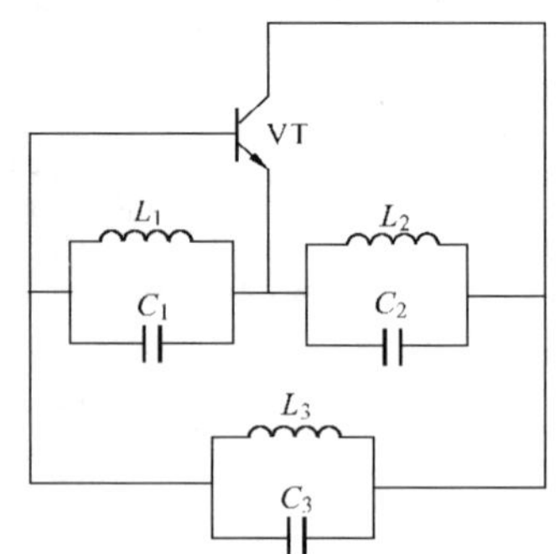

图 8-39 题 8-18 图

(1) 如果满足 $L_1C_1=L_2C_2<L_3C_3$，电路能否振荡？若能振荡，属于哪种类型振荡电路？其振荡电路频率与各回路的固有谐振频率之间有什么关系？

(2) 若 $L_1C_1=L_2C_2>L_3C_3$，电路能否振荡？若能，属于何种振荡电路？振荡频率与各谐振回路谐振频率之间有何关系？

第九章　功 率 放 大 电 路

功率放大电路与前面介绍的电压放大电路的主要区别在于电路研究的侧重点不同，功率放大电路主要研究电路的功率特性，即电路能否向负载提供足够的功率，以及电路的效率是否高等。

本章主要讨论乙类互补对称功率放大电路。首先阐明功率放大电路的主要特点，以及乙类功率放大电路的参数指标计算，然后介绍实际工作中常用的OCT和OTL互补对称功率放大电路，并介绍实际的功率放大典型电路，最后介绍目前已广泛应用的集成功率放大器。

第一节　功率放大电路的主要特点

电子放大电路系统中，电路的输出最终要驱动负载，一些负载要求电路的输出功率要足够大，如音频电路中要驱动扬声器，自动控制电路中要驱动继电器、伺服电机等执行机构。因此在电子放大电路中，电路的末级一般要求为功率放大电路，以便为负载提供足够大的功率。

与第二章所讨论的小信号电压放大电路不同，功率放大电路对电路的研究侧重面为电路功率方面的特性。功率是电压和电流的乘积，因此一个功率放大电路不仅要有足够大的输出电压，而且还应有足够大的输出电流，才能获得足够大的输出功率。

对功率放大电路的要求主要有以下几方面：

(1) 电路要能够根据负载要求，提供所需的有足够大的输出功率。电路所能提供的最大输出功率是指在正弦波输入信号下，输出波形不超过规定的非线性失真指标时，放大电路最大输出电压和最大输出电流有效值的乘积，用 P_{om} 表示，即

$$P_{om}=\text{最大输出电压有效值}\ U_o\times\text{最大输出电流有效值}\ I_o \tag{9-1}$$

(2) 电路应具有较高的效率。放大电路输出给负载的功率是由直流电源提供的。在输出功率较大的情况下，效率问题显得尤为突出。若功率放大电路的效率不高，不仅浪费能源，更主要的是消耗在电路内部的电能将转换为热能，使电路元、器件的温度升高，降低了电路的可靠性。为了将此热能散发出去，不仅要求元器件有足够的容量，而且要有庞大的散热设备，很不经济。

放大电路的效率定义为

$$\eta=\frac{P_o}{P_V}\times 100\% \tag{9-2}$$

式中：P_o 为放大电路输出给负载的功率；P_V 为直流电源 V_{CC} 所提供的功率。

(3) 尽量减少非线性失真。由于在功率放大电路中，三极管处于大信号工作状态，所以由晶体管特性的非线性而引起的非线性失真是不可避免的。因此输出波形的非线性失真比小信号放大电路要严重得多。在实际的功率放大电路中，应根据负载的要求来规定允许的失真度范围。

由于功率放大电路中的三极管通常工作在大信号状态，因此在分析电路时，一般不能采用微变等效电路法，而常常采用图解法和最大值的估算法来分析放大电路的静态和动态工作情况。

第二节　功率放大电路的技术指标分析

功率放大电路根据其功率放大管放大正弦波信号时导通角的不同，可以分为甲（A）、乙（B）、丙（C）等多种类型。甲类功率放大电路中功率放大三极管的导通角 $\theta=360°$，即整个信号周期内三极管都导通。乙类功率放大电路中功率放大三极管的导通角 $\theta=180°$，三极管只在信号的半周内导通，另半周三极管截止。在低频放大电路中，主要讨论甲类和乙类功率放大电路。

一、单管甲类功率放大电路

射极输出器的特点是，虽然其电压放大倍数约为 1，但有电流和功率放大能力，同时其输出电阻低，带负载能力比较强，因此，在输出功率要求较小时，可以考虑作为基本的功率放大电路。图 9-1（a）是一个简单的射极输出甲类功率放大电路，图中采用单电源供电，负载电阻 R_L 直接接在三极管的发射极。

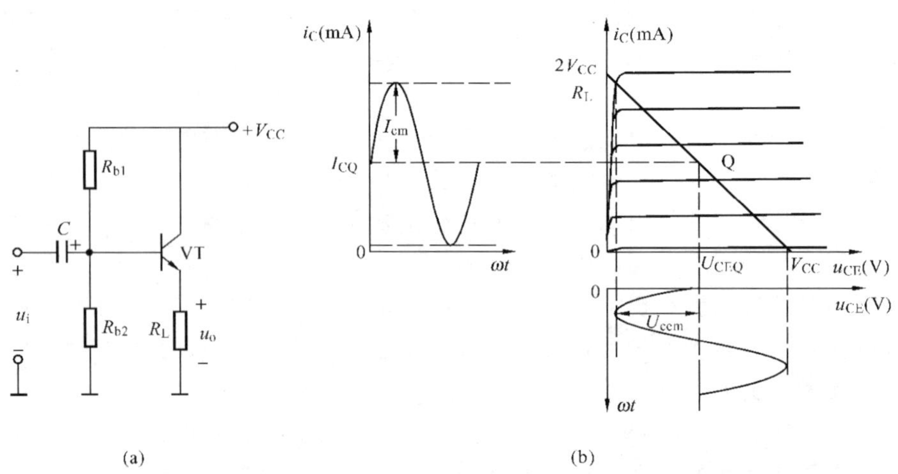

图 9-1　单管甲类功放电路

（a）电路图；（b）图解分析

图 9-1（b）为图 9-1（a）的图解分析图，由图中看出，当电路的静态工作点 Q 位于负载线的中点时，电路将获得最大的输出电流和输出电压，即电路可获得最大的输出功率，则电源提供的功率为

$$P_V=\frac{1}{2\pi}\int_0^{2\pi}V_{CC}(i_C+i_B)d(\omega t)\approx\frac{1}{2\pi}\int_0^{2\pi}V_{CC}i_Cd(\omega t)\quad(i_B\ll i_C,\text{忽略 }i_B)$$

$$=\frac{1}{2\pi}\int_0^{2\pi}V_{CC}(I_{CQ}+I_{cm}\sin\omega t)d(\omega t)=I_{CQ}V_{CC}\qquad(9\text{-}3)$$

由图 9-1（b）可得电路的最大信号输出功率为

$$P_{om}=\frac{I_{cm}}{\sqrt{2}}\frac{U_{om}}{\sqrt{2}}=\frac{I_{cm}}{\sqrt{2}}\frac{U_{cem}}{\sqrt{2}}=\frac{I_{CQ}}{2}\frac{1}{2}(V_{CC}-U_{CES})\approx\frac{1}{4}I_{CQ}V_{CC}\qquad(9\text{-}4)$$

式中：U_{CES}为三极管的饱和压降。

则效率为

$$\eta=\frac{P_{om}}{P_V}=\frac{\frac{1}{4}I_{CQ}V_{CC}}{I_{CQ}V_{CC}}=\frac{1}{4}\times 100\%=25\% \tag{9-5}$$

由式（9-5）可见单管甲类功率放大电路的效率是非常低的。实际上单管甲类功率放大电路理论上的最高效率为50%（变压器耦合式，读者有兴趣可自行分析，此处不再赘述）。因此，单管甲类功率放大电路没有多大的实用价值，只是在一些输出功率不大的简单电路中偶尔应用。

需要注意：图9-1（a）所示电路并不是实用电路，由于负载电阻R_L直接接在电路中，故负载电阻中将有很大的直流电流I_{CQ}，其负载电阻R_L将消耗很大的直流功率。负载电阻R_L上消耗的总功率为

$$\begin{aligned}P_O &= \frac{1}{2\pi}\int_0^{2\pi} i_C u_o \mathrm{d}(\omega t) = \frac{1}{2\pi}\int_0^{2\pi}[I_{CQ}+I_{cm}\sin\omega t]\cdot\left[\frac{V_{CC}}{2}+U_{cm}\sin\omega t\right]\mathrm{d}(\omega t)\\ &= \frac{1}{2}I_{CQ}V_{CC}+\frac{1}{2\pi}\int_0^{2\pi} I_{CQ}U_{cm}\sin^2\omega t\ \mathrm{d}(\omega t)\\ &= \frac{1}{2}I_{CQ}V_{CC}+\frac{1}{2\pi}\int_0^{2\pi} I_{CQ}\frac{V_{CC}}{2}\sin^2\omega t\ \mathrm{d}(\omega t)\\ &= \frac{1}{2}I_{CQ}V_{CC}+\frac{1}{4}I_{CQ}V_{CC}\end{aligned}$$

式中：第一项为负载上消耗的静态功率，无论有无输入信号其功率不变；第二项为信号引起的输出功率，其最大值为$\frac{1}{4}I_{CQ}V_{CC}$。

二、乙类互补对称功率放大电路

1. 乙类互补对称电路

由于甲类功率放大电路的效率太低，所以目前应用的功率放大电路大多为乙类功率放大电路，图9-2（a）为乙类互补对称功率放大电路的原理图。其工作原理在第四章（第二节、

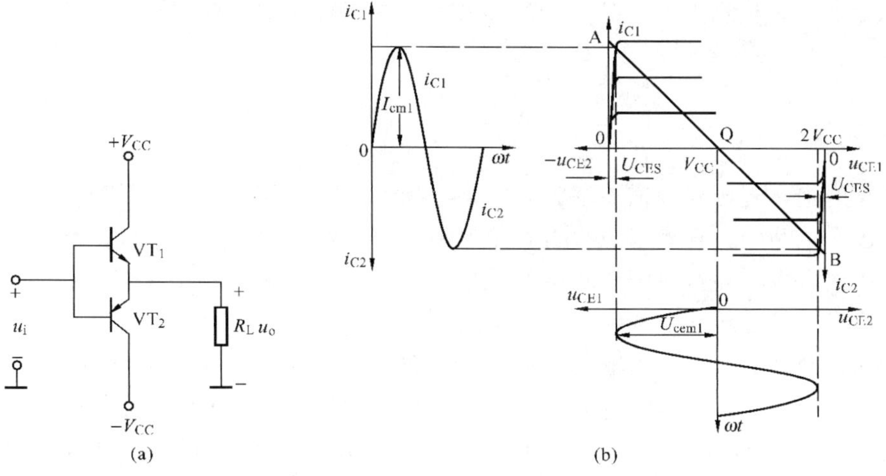

图9-2　乙类互补对称功率放大电路

（a）电路图；（b）组合特性及图解分析

五）中已经简单叙述过，下面利用图解法分析其功率指标。

为了更加直观地显示出两个三极管的工作情况，图 9-2（b）画出了 VT_1 和 VT_2 的合成输出特性曲线。其中 VT_2 为 PNP 型三极管，故横坐标为 $-u_{CE2}$。静态时，两个三极管的集电极电流均为零，两管的集电极电压分别为 $u_{CE1}=V_{CC}$，$u_{CE2}=-V_{CC}$，故两管的静态工作点如图中 Q 点所示。图中负载线的斜率决定于负载电阻 R_L 的阻值。在输入电压 u_i 的正半周，VT_1 导通，工作点沿直线 QA 向上运动，VT_1 的集电极最大电流为 I_{cm1}。负半周，VT_2 导通，工作点沿直线 QB 向下运动，VT_2 的集电极最大电流为 I_{cm2}。

设三极管 VT_1、VT_2 的特性曲线对称，则 $I_{cm1}=I_{cm2}=I_{cm}$，$U_{cem1}=|U_{cem2}|=U_{cem}$。由图 9-2（b）可见，如果输入信号的幅度足够大（射极输出器没有电压放大作用，其电压放大倍数 $A_u\approx1$，故功率放大电路在输出级前要加电压放大电路，使输出级获得足够的电压，称为推动级），则三极管集电极电压的最大值为

$$U_{cem}=V_{CC}-U_{CES}$$

式中：U_{CES}为三极管的饱和管压降。

则电路的最大输出功率为

$$P_{om}=\frac{1}{2}U_{cem}I_{cm}=\frac{1}{2}\times\frac{U_{cem}^2}{R_L}=\frac{1}{2}\times\frac{(V_{CC}-U_{CES})^2}{R_L} \tag{9-6}$$

如果满足条件 $U_{CES}\ll V_{CC}$，则可将 U_{CES}忽略，此时可近似认为

$$P_{om}\approx\frac{1}{2}\times\frac{V_{CC}^2}{R_L} \tag{9-7}$$

直流电源 V_{CC}提供的功率 P_V 等于 V_{CC}于半个周期内三极管集电极电流平均值的乘积，即

$$\begin{aligned}P_V &= V_{CC}\times\frac{1}{\pi}\int_0^{\pi}I_{cm}\sin\omega t\ d(\omega t)\\ &=\frac{2V_{CC}I_{cm}}{\pi}=\frac{2V_{CC}(V_{CC}-U_{CES})}{\pi R_L}\approx\frac{2V_{CC}^2}{\pi R_L}\end{aligned} \tag{9-8}$$

最大输出功率 P_{om}与电源提供的功率之比即为放大电路输出最大功率时的效率。当忽略饱和管压降 U_{CES}时，根据式（9-6）和式（9-7）可求得此时效率为

$$\eta=\frac{P_{om}}{P_V}\approx\frac{\frac{1}{2}\times\frac{V_{CC}^2}{R_L}}{\frac{2}{\pi}\times\frac{V_{CC}^2}{R_L}}=\frac{\pi}{4}\times100\%=78.5\% \tag{9-9}$$

若考虑三极管的饱和管压降，该功率放大电路实际上能够达到的效率将低于此值。

在功率放大电路中，直流电源给出的功率除了向负载提供输出功率外，还有一部分将转变为三极管的集电极功耗，使管子的温度升高。因此需要估算功率放大电路中三极管的最大功耗，作为选择功率管的一个重要依据。

在乙类互补对称电路中，当输入电压等于零时，三极管 VT_1、VT_2 均不导电，所以管子的静态功耗等于零，如图 9-2（b）中的 Q 点所示。当输入电压足够大，使放大电路输出最大功率 P_{om}时，由图 9-2（b）中的 A 点可见，此时虽然三极管的集电极电流达到最大值，但是，因为集电极电压很小，其值等于三极管饱和管压降 U_{CES}，故三极管的功耗并不大。可见，最大管耗应该是集电极电流等于零至 I_{cm}间的某一个中间值。下面分析最大不失真输

出功率与最大管耗之间的关系。

在图 9-2（a）中，设 $u_o=U_{om}\sin\omega t$，则 VT_1 管的管耗为

$$P_{T1}=\frac{1}{2\pi}\int_0^{2\pi}u_{CE}i_C\mathrm{d}(\omega t)=\frac{1}{2\pi}\int_0^{\pi}(V_{CC}-u_o)\frac{u_o}{R_L}\mathrm{d}(\omega t)$$
$$=\frac{1}{2\pi}\int_0^{\pi}(V_{CC}-U_{om}\sin\omega t)\frac{U_{om}\sin\omega t}{R_L}\mathrm{d}(\omega t)$$
$$=\frac{1}{R_L}\left(\frac{V_{CC}U_{om}}{\pi}-\frac{U_{om}^2}{4}\right)\tag{9-10}$$

由式（9-10）可见，三极管的管耗 P_{T1} 是输出电压 U_{om} 的函数，无信号时：$P_{T1}=0$；信号最大时（$U_{om}\approx V_{CC}$）：$P_{T1}=\frac{1}{R_L}\left(\frac{V_{CC}^2}{\pi}-\frac{V_{CC}^2}{4}\right)=\frac{V_{CC}^2}{R_L}\times\frac{4-\pi}{4\pi}$。将式（9-10）中 P_{T1} 对 U_{om} 求导，可得

$$\frac{\mathrm{d}P_{T1}}{\mathrm{d}U_{om}}=\frac{1}{R_L}\left(\frac{V_{CC}}{\pi}-\frac{U_{om}}{2}\right)$$

令上式等于零，可得

$$U_{om}=\frac{2}{\pi}V_{CC}\tag{9-11}$$

即，输出电压的幅值 $U_{om}=\frac{2}{\pi}V_{CC}=0.6V_{CC}$ 时管耗最大，其值为

$$P_{T1max}=\frac{1}{R_L}\left[\frac{\frac{2}{\pi}V_{CC}^2}{\pi}-\frac{\left(\frac{2}{\pi}V_{CC}\right)^2}{4}\right]=\frac{1}{\pi^2}\times\frac{V_{CC}^2}{R_L}\tag{9-12}$$

将式（9-12）与式（9-7）相比较可以得出一只管子的最大管耗与理想情况下最大输出功率的关系为

$$P_{T1max}=\frac{1}{\pi^2}\times\frac{V_{CC}^2}{R_L}=\frac{2}{\pi^2}P_{om}\approx 0.2P_{om}\tag{9-13}$$

式（9-13）说明，一只管子的最大管耗是最大输出功率 P_{om} 的 0.2 倍。

乙类互补对称电路的主要优点是效率高，静态时的功耗等于零。当加上交流信号时，理想情况下放大电路的效率可达 78.5%。这种电路的主要缺点是波形失真比较严重。由于在输入电压 u_i 的幅度小于三极管输入特性曲线上的死区电压时，三极管 VT_1、VT_2 均不能导电，故电流和电压波形都将出现明显的交越失真。为了克服这个缺点，可以考虑采用甲乙类互补对称电路。

2. 甲乙类互补对称电路

为了克服交越失真，实际的互补对称电路都采用甲乙类互补对称电路，给两个功率三极管设置不大的静态偏置电流，使三极管处于微导通状态。图 9-3 是甲乙类互补对称功放电路，其中包含 VD_1、VD_2 和 R 的支路用于给两个三极管加上不大的静态偏置。在工程上静态偏置应设置的使电路工作在甲乙类接近乙类的状态，这样既解决了交越失真问题，又可减小损耗，提高效率。

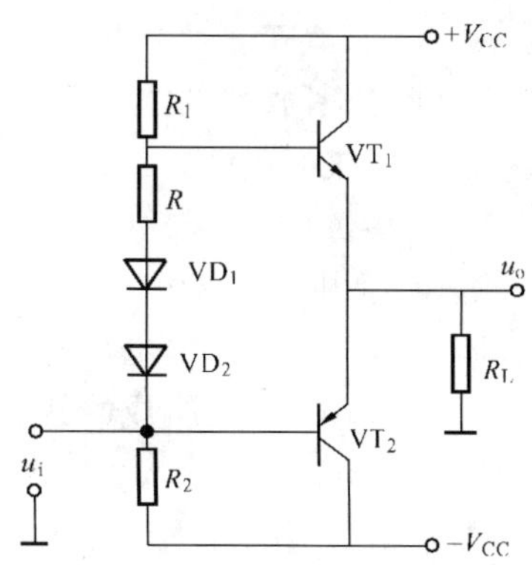

图 9-3　甲乙类互补对称功放电路

甲乙类互补对称电路的分析计算和乙类基本相同。

【例 9-1】 甲乙类功率放大电路如图 9-3 所示，已知，电源电压$\pm V_{CC}=\pm 24V$，负载电阻$R_L=8\Omega$，三极管的饱和管压降$U_{CES}=3V$。

（1）求电路的最大不失真输出功率P_{om}、效率η以及单管管耗P_{T1}。

（2）若功率晶体管的极限参数为$P_{CM}=10W$，$I_{CM}=5A$，$U_{(BR)CEO}=100V$，试计算晶体管是否可以安全工作。

解 （1）利用式（9-6）可得最大输出功率为

$$P_{om}=\frac{1}{2}\times\frac{(V_{CC}-U_{CES})^2}{R_L}=\frac{(24V-3V)^2}{2\times 8\Omega}\approx 28\ (W)$$

利用式（9-6）、式（9-8）、式（9-9）可得效率为

$$\eta=\frac{\pi}{4}\frac{V_{CC}-U_{CES}}{V_{CC}}=\frac{\pi}{4}\times\frac{21}{24}\times 100\%=68.7\%$$

利用式（9-10）可得最大输出功率时的管耗为

$$P_{T1}=\frac{1}{R_L}\left(\frac{V_{CC}U_{om}}{\pi}-\frac{U_{om}^2}{4}\right)=\frac{1}{8}\times\left[\left(\frac{24\times(24-3)}{\pi}-\frac{(24-3)^2}{4}\right)\right]\approx 6.3(W)$$

（2）计算是否可以安全工作，应计算三极管最大工作电压、电流以及最大管耗。

输出电流幅值为

$$I_{ommax}=\frac{V_{CC}-U_{CES}}{R_L}=\frac{21}{8}=2.6\ (A)$$

晶体管最高工作电压

$$U_{cemax}=2V_{CC}=48\ (V)$$

由式（9-12）可得最大管耗为

$$P_{T1max}=\frac{1}{\pi^2}\frac{V_{CC}^2}{R_L}=\frac{1}{\pi^2}\times\frac{24^2}{8}\approx 7.3\ (W)$$

由计算得知，三项指标均小于晶体管的极限参数指标，故晶体管可以安全工作。

第三节 实际的互补对称功率放大电路

一、OCL 功率放大电路

实际的功率放大电路除了输出级以外，还应该包括输入级和驱动级。图 9-4 是一个实用的 OCL 功率放大电路。

1. 电路组成

输入级是由三极管 VT_1、VT_2 组成的差动放大电路。输入电压加在 VT_1 的基极与公共端之间，并从 VT_1 的集电极输出至下一级，属于单端输入、单端输出方式。

中间级为由 VT_3 组成的共射放大电路。C_2 是相位补偿电容。

输出级由 VT_4、VT_5、VT_6、VT_7 组成，是一个 OCL 互补对称放大电路。其中 VT_5、VT_6 构成 NPN 型复合管，VT_4、VT_7 构成 PNP 型复合管。电路元件少无调整，即使采用功率较小的推动管 VT_4、VT_5 也可满足推动输出级输出 100W 以上的要求。输出级静态电

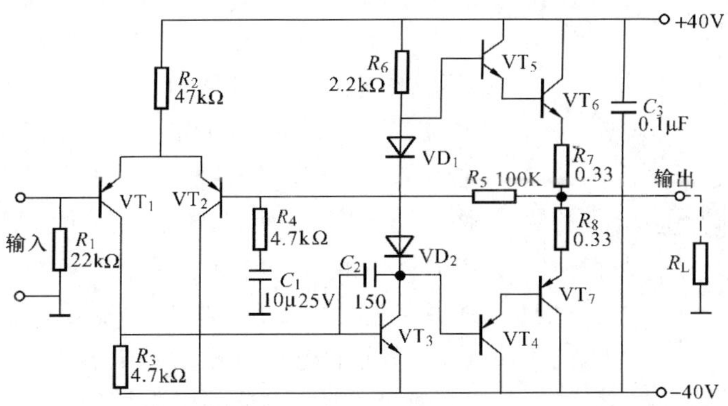

图 9-4　OCL 功率放大电路

流的设定以减小交越失真为主，通常取 40～50mA。C_3 作电源高频去耦。

从放大电路的输出端到 VT_2 的基极之间利用电阻 R_5 引入一个深度的交、直流电压串联负反馈，其作用可以展宽频带、减小输出波形的非线性失真，降低输出电阻，提高放大电路的带负载能力，并稳定静态工作点。

2. 主要技术指标

（1）闭环电压放大倍数。在电容 C_1 的容抗可以忽略的情况下，可以利用以下公式直接估算放大电路的闭环电压放大倍数，即

$$\dot{A}_{uf}=\frac{\dot{U}_o}{\dot{U}_i}\approx 1+\frac{R_5}{R_4}=1+\frac{100}{4.7}=22$$

（2）其他的性能指标。

1）VT_6、VT_7 选择不同互补大功率管时，其额定输出功率：

2N3055/MJ2955（$V_{CC}=\pm 35V$、$R_L=8\Omega$）　50W

MJ802/MJ4502（$V_{CC}=\pm 35V$、$R_L=4\Omega$）　75W

MJ802/MJ4502（$V_{CC}=\pm 35V$ 稳压、$R_L=4\Omega$）　131W

2）总谐波失真：

额定输出功率 1kHz　0.35%

频率响应（1W，±1dB）　2Hz～110kHz

二、单电源供电的 OTL❶ 功率放大电路

除了上述 OCL 功率放大电路外，在一些只能单电源供电的场合，则必须采用单电源的功率放大电路，一般采用如图 9-5 所示的 OTL 功率放大电路。它与 OCL 功率放大电路的区别在于输出端接有大容量的电容器 C_2。图中 VT_1 组成前置放大电路，VT_2、VT_4 构成 NPN 型复合管，VT_3、VT_5 构成 PNP 型复合管。设两复合管的特性相同，则调节电阻 R_1 可使得静态时 K 点的电位为 $V_{CC}/2$，C_2 上的直流电压将被充到 $V_{CC}/2$。对交流信号而言，输出信

❶　早期的乙类功放电路其输入、输出是用变压器耦合的，称为变压器耦合推挽功放电路。OTL 是 Output Transformerless（无输出变压器）的缩写，是将变压器省去，但输出端必须接一个大电容器。前述 OCL 是 Output Capacitorless（无输出电容器）的缩写，是将输出端的电容器也省去的电路。

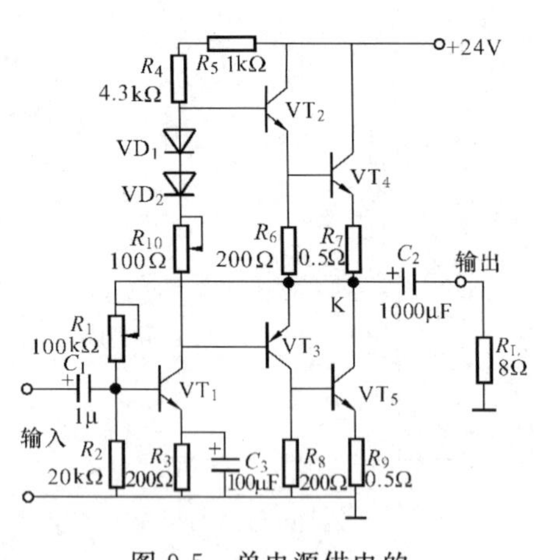

图 9-5 单电源供电的 OTL 功放电路

号正半周电源通过 VT_4 给 C_2 充电，充电回路为 $V_{CC} \to C_2 \to R_L \to$ 地。输出信号负半周电容上充的电通过 VT_5 放电，放电回路为 $C_2 \to VT_5 \to$ 地 $\to R_L$。选择电容时若满足 $R_LC_2 \gg 1/f_L$（f_L 为信号下限截止频率），电容 C_2 对于交流信号而言其容抗很低，可以看作短路，则电容 C_2 上的直流电压基本不变。那么用一个电容 C_2 和一个电源 $+V_{CC}$，就可以起到双电源的作用。VT_4 管上的电源电压就是 $V_{CC}-V_{CC}/2=V_{CC}/2$，VT_5 管上的电源电压就是电容 C_2 上的直流电压 $V_{CC}/2$。可见 OTL 电路的供电情况与 OCL 电路是类似的，只是在 OTL 电路中，每个输出管的直流电源电压为 $V_{CC}/2$。OTL 电路的工作原理与 OCL 电路完全相同，在此不再赘叙。在应用公式计算时，在式（9-6）～式（9-13）中，应当用 $V_{CC}/2$ 代替式中的 V_{CC}。

在图 9-5 中，静态时 K 点电位为电源电压的一半。前置放大电路 VT_1 的静态偏置并没有取自电源电压 V_{CC}，而是取自 K 点。优点是引入了一个交直流负反馈，既可以稳定静态工作点又可以使放大电路的指标得到改善。

第四节 集成功率放大电路

目前，随着线性集成电路的发展，利用集成电路工艺已经能生产出品种繁多的集成功率放大器。集成功放具有稳定性好、电源利用率高、功耗较低、非线性失真小、内部有完整的保护电路等一系列优点。

集成功放的种类很多，从用途划分，有通用型功放和专用型功放，前者适用于各种不同的场合，用途比较广泛；后者专为某种特定的需要而设计，例如专用于收录机或电视机等的功放电路。从输出功率划分，有小功率功放和大功率功放等，小功率的集成功放输出功率在 1 瓦以下，而大功率的集成功放输出功率可高达几百瓦。

本节将以一个具体的集成功率放大器 LM386 为例进行介绍。LM386 是常用的通用型低压集成功率放大器，其特点是增益可调（20～200 倍）、通频带宽（300kHz）、功耗低（$V_{CC}=6V$ 时静态功耗仅为 24mW）、适用电源电压范围宽（4～12V 或 5～18V）、低失真（0.2%），因而广泛应用于收音机、对讲机、电源转换及波形发生电路等。输出功率为 325mW（$V_{CC}=6V$、$R_L=8\Omega$）、1W（$V_{CC}=16V$、$R_L=32\Omega$）。该电路外接元件少，使用时不需加散热片，调整也比较方便。

图 9-6 是 LM386 的内部电路原理图。由图中可见内部电路由三级组成：输入级为由 VT_1、VT_2、VT_3、VT_4 组成的差动放大电路，VT_1、VT_4 为 VT_2、VT_3 的偏置电路，VT_5、VT_6 为 VT_2、VT_3 的恒流源负载。输入级属于双端输入单端输出的差放电路。中间级为由 VT_7 组成的推动级。输出级是由 VT_8、VT_9 和 VT_{10} 组成的准互补功放电路，其中 VT_8、VT_9 组成互补型复合管，VD_1、VD_2 给输出级提供静态偏置电压，使输出级工作在微导通状态。

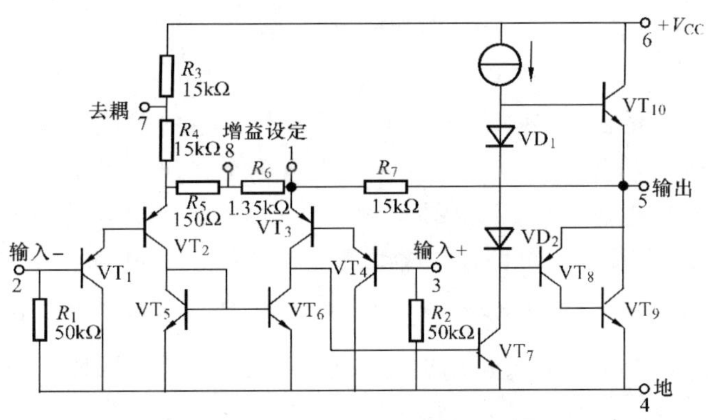

图 9-6　LM386 内部电路原理图

图 9-7 是 LM386 的外部接线图。有两个输入端其中 2 是反相输入端，3 是同相输入端。1 和 8 是增益设定端。4 是公共端，5 是输出端，6 是电源端，7 是去耦端。

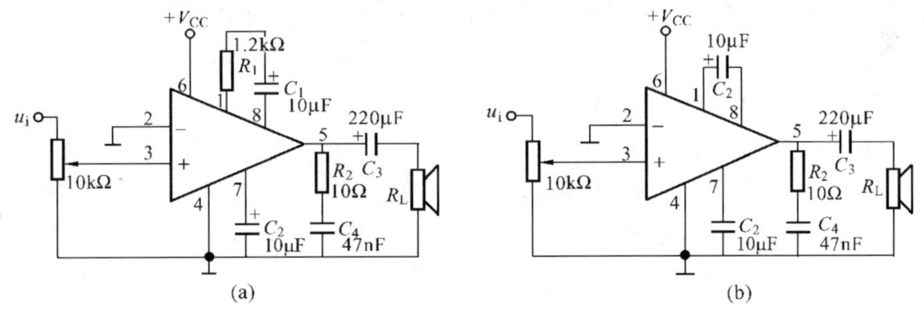

图 9-7　LM386 外部接线图

(a) 放大倍数 40 倍；(b) 放大倍数 200 倍

当 1、8 端开路时，设信号从 3 端输入，则对于差模信号来说，电阻（R_5+R_6）中点为交流地电位。电路经 R_7 引入的交流反馈类型为电压串联负反馈，则电路的闭环增益为

$$\dot{A}_{uf}=\frac{\dot{U}_o}{\dot{U}_i}\approx\frac{1}{\dot{F}}=\frac{\frac{R_5+R_6}{2}+R_7}{\frac{R_5+R_6}{2}}=1+\frac{2R_7}{R_5+R_6}=21$$

当 1 和 8 间外接 10μF 的电容时，电路的闭环电压增益为

$$\dot{A}_{uf}\approx 1+\frac{2R_7}{R_5}=201$$

如果 1～8 之间接入一个电阻 R 与一个 10μF 电容 C 串联电路，则电路的闭环增益将在 21～201 之间。取 $R=680\Omega$，则电路的增益约为 50 倍。

图中电容器 C_2 的作用是防止电路产生自激振荡，C_3 为 OTL 电路所必须外接的大电容，由于放大电路的负载通常为扬声器，属于感性负载，R_2 和 C_4 是补偿元件，作用是使负载接近于纯电阻。

关于其他各种集成功率放大电路，在此不再赘述，读者有兴趣可参阅有关文章。

本 章 小 结

（1）对功率放大电路的主要要求是能够向负载提供足够的输出功率，同时应有较高的效率和较小的非线性失真。功率放大电路的主要技术指标是输出功率 P_{om}和效率 η。

（2）常用的功率放大电路有 OCL 互补对称电路和 OTL 互补对称电路。

OCL 互补对称电路采用正、负两路直流电源，利用一个 NPN 三极管和一个 PNP 三极管接成对称形式。当输入电压为正弦波时，两管轮流导电，二者互补，使负载上的电压基本上是一个正弦波。OCL 电路的最大输出功率为 $P_{om}=\frac{(V_{CC}-U_{CES})^2}{2R_L}$。效率为 $\eta=\frac{P_{om}}{P_V}\approx78.5\%$。

OTL 互补对称电路采用单电源，但输出端需接一个大电容。OTL 电路的最大输出功率为 $P_{om}=\frac{(V_{CC}/2-U_{CES})^2}{2R_L}$，效率为 $\eta=\frac{P_{om}}{P_V}\approx78.5\%$。

（3）OCL 和 OTL 互补对称电路可以工作在乙类状态。但由于晶体管本身存在着死区电压，故电路工作在乙类状态时电路存在着严重的交越失真，因此实际的互补对称电路都工作在甲乙类工作状态。电路工作在甲乙类工作状态时，晶体管在静态时已有一个较小的基极电流，每管的导电角略大于 180°，而小于 360°。

（4）由于集成功率放大电路具有许多突出的优点，如温度特性好、电源利用率高、功耗较低、非线性失真较小等，目前已经得到了广泛的应用。集成功放的种类很多，本章以 LM386 为例，扼要介绍了集成功放。

习 题

9-1 试回答下列问题：

（1）低频功放的主要技术指标是什么？

（2）甲类功放与乙类功放功率管的导通角分别是多少？

（3）理想情况时，电阻性负载甲类功放和双电源互补对称乙类功放的最大输出功率 P_{om}，直流电源提供的最大功率 P_V 和最高效率 η 分别是多少？

9-2 试回答下列问题：

（1）乙类互补对称功放电路由于两管交替工作会产生何种失真？如何消除？

（2）乙类互补对称功放电路，当负载开路时还是当负载短路时功率管容易损坏？

9-3 放大电路如图 9-8（a）所示，晶体管输出特性如图 9-8（b）所示。试完成：

（1）$R_L=10\Omega$，静态工作点 Q 在交流负载线中点（为简化，略去饱和压降），输入电压足够大时，试用图解法求最大输出功率 P_{om}、直流电源提供的功率 P_V 和效率 η。

（2）$R_L=5\Omega$，重复（1）。

（3）$R_L=5\Omega$，静态工作点如图中 Q_1 所示（$I_{CQ}=0.25A$、$V_{CEQ}=3.75V$），重复（1）。

9-4 在图 9-9 所示的电路中，已知 V_{CC} 为 6V，R_L 为 8Ω，假设三极管的饱和压降 U_{CES} 可以忽略。试完成：

（1）估算电路的最大输出功率 P_{om}。

（2）估算电路中直流电源提供的功率 P_V。

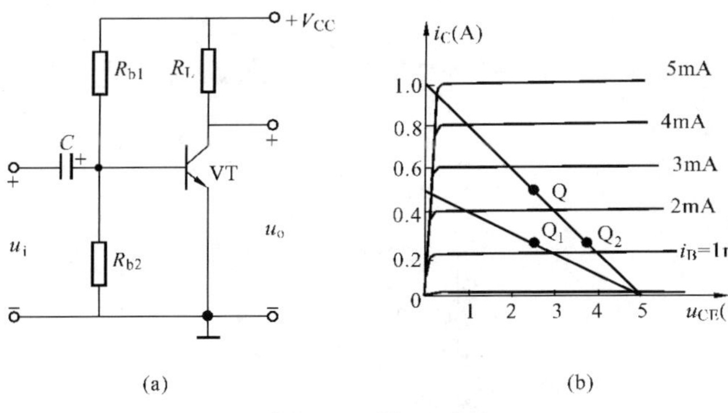

图 9-8　题 9-3 图

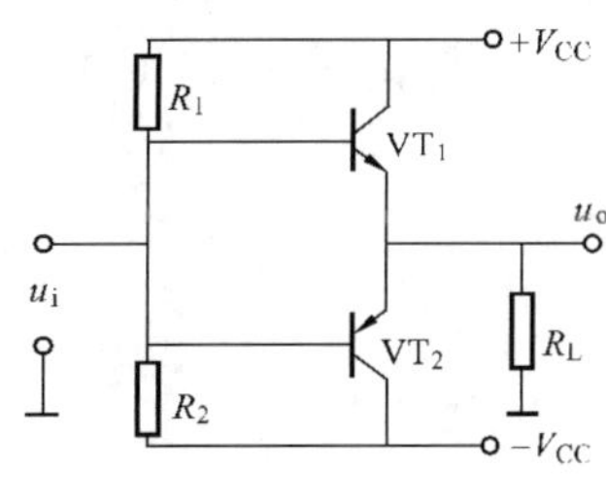

图 9-9　题 9-4 图

9-5　在图 9-9 所示的电路中，试回答：

（1）三极管的最大功耗等于多少？

（2）流过三极管的最大集电极电流等于多少？

（3）三极管集电极和发射极之间承受的最大电压等于多少？

（4）为了在负载上得到最大输出功率 P_{om}，输入端应加上的正弦波电压有效值等于多少？

9-6　在图 9-9 所示的电路中，已知 $R_L=8\Omega$，假设三极管的饱和管压降 $U_{CES}=2V$，如果要求得到最大输出功率 $P_{om}=5W$，试估算电路的直流电源电压 $V_{CC}=?$

9-7　分析图 9-10 中的 OCL 电路原理，试回答：

（1）静态时负载 R_L 中的电流应为多少？

（2）若输出电压波形出现交越失真，应调整哪个电阻？如何调整？

（3）若二极管 VD_1 或 VD_2 的极性接反，将产生什么后果？

（4）若 VD_1、VD_2、R_2 三个元件中任一个发生开路，将产生什么后果？

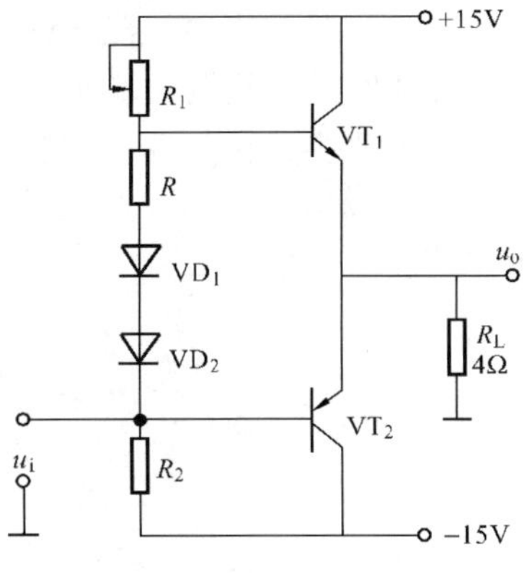

图 9-10　题 9-7 图

9-8　在图 9-10 中，设功放管导通时的发射结压降以及静态损耗均可忽略。试完成：

（1）若正弦波输入信号的有效值为 10V，求电路的输出功率、效率及单管管耗。

（2）功放管 VT_1、VT_2 的极限参数 I_{CM}、P_{CM}、和 $U_{(BR)CEO}$ 的最低值应为多大？

9-9　OTL 功放电路如图 9-11 所示。试完成：

（1）静态时电容 C_2 两端的电压应为多大？调节其值应调节哪个电阻？

（2）设功放管 VT_1、VT_2 的饱和管压降 $U_{CES}=1V$，估算电路的最大不失真输出功率 P_{om} 及效率 η。

（3）设 $R_1=1.2k\Omega$，晶体管的 $\beta=50$，$P_{CM}=200mW$。如果 R 或二极管断开，试问晶体管是否安全？（VT_1、VT_2 均为硅管，$U_{BE}=0.7V$）。

9-10　由运放推动的音频功放电路如图 9-12 所示。试完成：

（1）设晶体管的饱和压降为 1V，试问电路的最大输出功率 P_{om} 为多少？晶体管应如何选取？

（2）如输出电压 $U_{om}=\frac{2}{\pi}V_{CC}$，此时输出功率 P_o、电源提供功率 P_V 和效率 η 分别为多少？

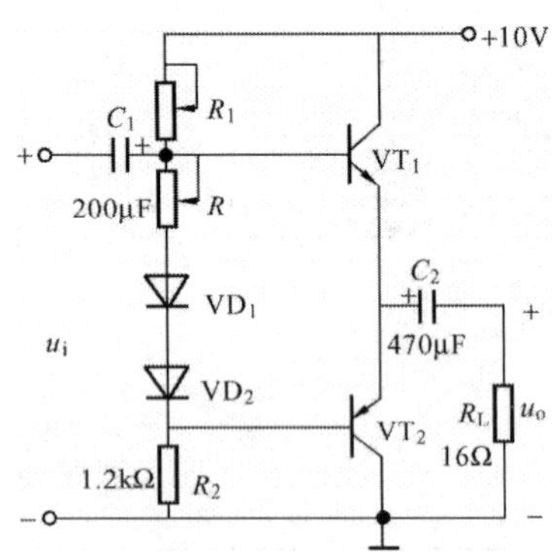

图 9-11　题 9-9 图

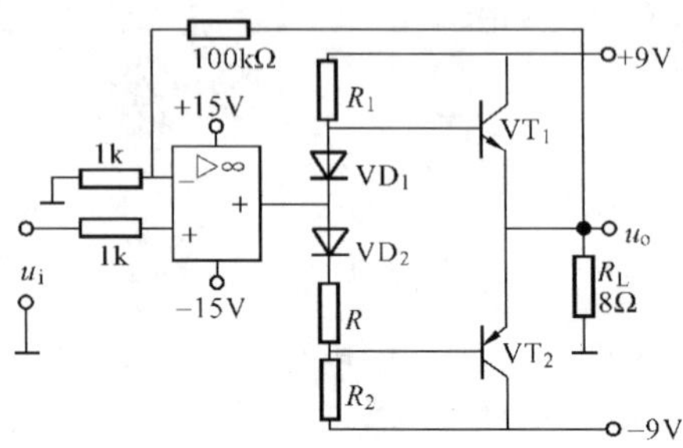

图 9-12　题 9-10 图

（3）为了达到（1）中的输出功率，输入电压 u_i 的峰值应为多少？

9-11　由 LM380 集成功率放大电路的内部简化电路并加上外接元件后的电路如图 9-13 所示。试完成：

（1）设各管导通电压相等，即 $|U_{BEQ}|=0.7V$，略去电阻 R_4 和 R_5 上的直流压降，试问 A 点的直流电压为多少？（$I_{CQ3}=I_{CQ4}$）

（2）设管子的饱和压降 $|U_{CES}|=0.3V$，为保证晶体管工作在放大区，试问 VT_1（或 VT_2）管基极允许的最低瞬时电压为多少？

（3）电路中采用何种反馈类型？电路的电压增益为多少？

（4）如 $u_i=0.18\sin\omega t$（V），则相应的输出功率为多少？

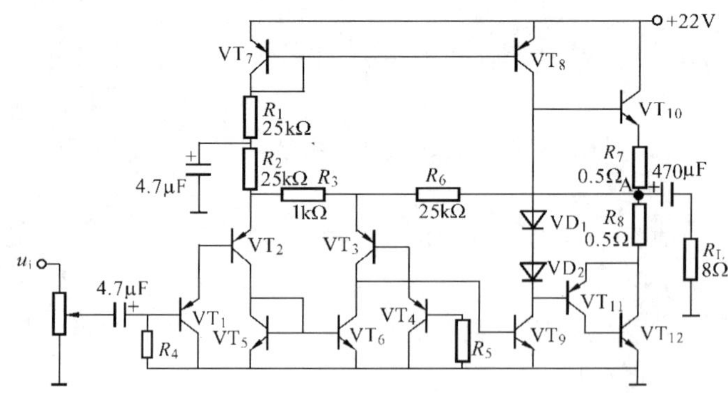

图 9-13　题 9-11 图

第十章 直 流 电 源

几乎所有的电子设备都需要由直流电源供电，一般直流电源供电的方式有两类，一类是采用化学及物理电池（如干电池、蓄电池、太阳能电池等）供电，另一类是把交流电网中的交流电变换成平滑、稳定的直流电。前一类供电方式常用于小功率的便携式电子设备中，而大多数电子设备都是采用后一类供电方式。

本章主要介绍把交流电能变换为直流电能的常用方法。首先介绍在小功率直流电源中几种常用的整流电路和滤波电路；其次介绍常用稳压电路的稳压原理和串联型稳压电路的工作原理；然后以较多的篇幅介绍线性集成稳压电路和开关稳压电路的原理及应用。

第一节 单相整流与滤波电路

一、整流电路

由于电子电路一般采用单相交流电供电，所以在此介绍单相整流电路。

整流电路通常由变压器和具有单向导电特性的二极管组成。在整流电路中，交流电网电压首先被变压器变成大小合适的交流电压值，再由整流二极管利用单向导电特性将其变换为单向脉动电压。二极管是构成整流电路的关键元件。常见的整流电路有半波整流、全波整流、桥式整流和倍压整流等。下面分别给予介绍。

1. 单相半波整流电路

单相半波整流电路是最简单的整流电路，其电路如图 10-1（a）所示，它由整流变压器 T、整流二极管 VD 及负载电阻 R_L 组成。R_L 代表需要用直流电源供电的负载。

由于二极管 VD 正偏导通时，其正向电阻通常比负载电阻 R_L 小得多，加上反偏截止时其反向电阻却比负载电阻 R_L 大得多。为分析简单化，可将二极管当作理想二极管来处理，即认为其正向电阻为零，反向电阻为无穷大。

设整流变压器二次侧电压为

$$u_2 = U_{2m}\sin\omega t = \sqrt{2}U_2\sin\omega t \tag{10-1}$$

式中：U_{2m}、U_2 分别为整流变压器二次侧电压的幅值和有效值。

在变压器二次侧电压 u_2 为正半周时，二极管 VD 因加正向电压而导通，其正向电阻为零，所以在负载电阻 R_L 上的电压为

$$u_o = u_2$$

则流过负载电阻 R_L 的电流为

$$i_o = \frac{u_o}{R_L} = \frac{u_2}{R_L}$$

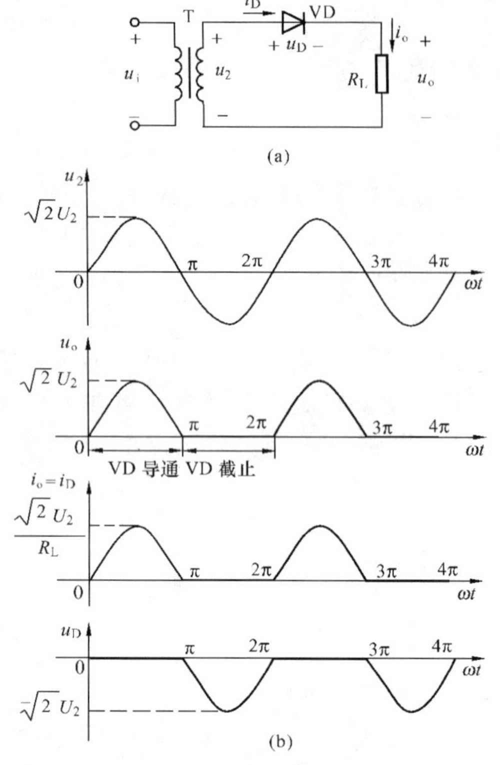

图 10-1 单相半波整流电路

(a) 电路图；(b) 波形图

流过二极管 VD 的电流为

$$i_D = i_o$$

在 u_2 为负半周时，二极管因加反向电压而截止，其反向电阻为无穷大，电流为零，即

$$i_D = i_o = 0$$

所以负载电阻 R_L 上的电压为

$$u_o = 0$$

二极管所承受的反向电压为

$$u_D = u_2$$

整流电路中各处的电压、电流波形如图 10-1（b）所示。由于负载上只得到了半个周期的波形，故称其为半波整流。

由图 10-1（b）所示波形图可以清楚地看出，负载上得到的整流输出电压 u_o 是单方向的（即极性一定），但其大小是变化的，这种电压波形中包含了直流成分，其大小可以通过计算输出电压波形面积，再在整个周期中求平均值得出。

半波整流输出电压的平均值为

$$U_{o(AV)} = \frac{1}{2\pi}\int_0^{\pi} \sqrt{2}U_2 \sin\omega t \, d(\omega t) = \frac{\sqrt{2}}{\pi}U_2 = 0.45U_2 \tag{10-2}$$

式（10-2）表示整流输出电压平均值与交流电压 u_2 有效值之间的关系。由此，可得出整流输出电流的平均值为

$$I_{o(AV)} = \frac{U_{o(AV)}}{R_L} = 0.45\frac{U_2}{R_L} \tag{10-3}$$

整流二极管正向平均电流为

$$I_{D(AV)} = I_{o(AV)} = 0.45\frac{U_2}{R_L} \tag{10-4}$$

二极管最大反向峰值电压为

$$U_{RM} = \sqrt{2}U_2 \tag{10-5}$$

通常可用输出电压脉动系数 S 衡量整流输出波形的脉动程度。脉动系数 S 定义为输出电压的基波峰值 U_{o1M} 与平均值 $U_{o(AV)}$ 之比，即

$$S = \frac{U_{o1M}}{U_{o(AV)}} \tag{10-6}$$

用傅里叶级数可将输出电压 u_o 展开为

$$u_o = \frac{\sqrt{2}U_2}{\pi} + \frac{\sqrt{2}U_2}{2}\sin\omega t - \frac{2\sqrt{2}U_2}{3}\cos 2\omega t \cdots \tag{10-7}$$

式中：第一项为 u_o 的直流分量；第二项为 u_o 的基波分量；第三项为 u_o 的二次谐波分量。

式（10-7）第二项 $\sin\omega t$ 前的系数即为 u_o 基波峰值 U_{o1M}，所以半波整流输出电压脉冲系数为

$$S = \frac{\frac{\sqrt{2}}{2}U_2}{\frac{\sqrt{2}}{\pi}U_2} = \frac{\pi}{2} \approx 1.57 \tag{10-8}$$

在整流电路中，整流二极管的选择和整流变压器二次电压有效值 U_2 的确定，可由负载的需要来确定。下面通过例题说明。

【例 10-1】　某电子装置要求电压值为 9V 的直流电源，已知负载电阻 $R_L = 750\Omega$，如选用单向半波整流电路，则变压器二次电压 U_2 应为多大？脉动系数 S 为多少？整流二极管的正向平均电流 $I_{D(AV)}$ 和最大反向峰值电压 U_{RM} 各等于多少？并选用合适的整流二极管。

解　由题意已知 $U_{o(AV)} = 9V$，因为半波整流电路中 $U_{o(AV)} = 0.45U_2$，所以得

$$U_2 = \frac{U_{o(AV)}}{0.45} = \frac{9}{0.45} = 20(V)$$

由式（10-8）知脉动系数为

$$S = 1.57$$

根据已知条件，可得输出直流电流为

$$I_{o(AV)} = \frac{U_{o(AV)}}{R_L} = \frac{9}{750} = 0.012A = 12(mA)$$

由式（10-4）知整流二极管正向平均电流为

$$I_{D(AV)} = I_{o(AV)} = 12(mA)$$

由式（10-5）可知整流二极管最大反向峰值电压为

$$U_{RM} = \sqrt{2}U_2 = \sqrt{2} \times 20V = 28.2(V)$$

通过查有关手册可知，整流二极管可选用 2AP4（16mA，50V），括号中：16mA 是二极管最大整流电流 I_F，50V 是二极管最高反向工作电压 U_R，为了使整流二极管安全工作，选管时应遵循 I_F 大于 $I_{D(AV)}$，U_R 比 U_{RM} 大一倍左右。

单向半波整流电路虽然结构简单，但其输出电压脉动大，只利用了交流电的半个周期，电源利用率低，变压器二次绕组中有直流电流分量，容易使变压器铁芯磁化饱和，故使其应用受到较大限制。

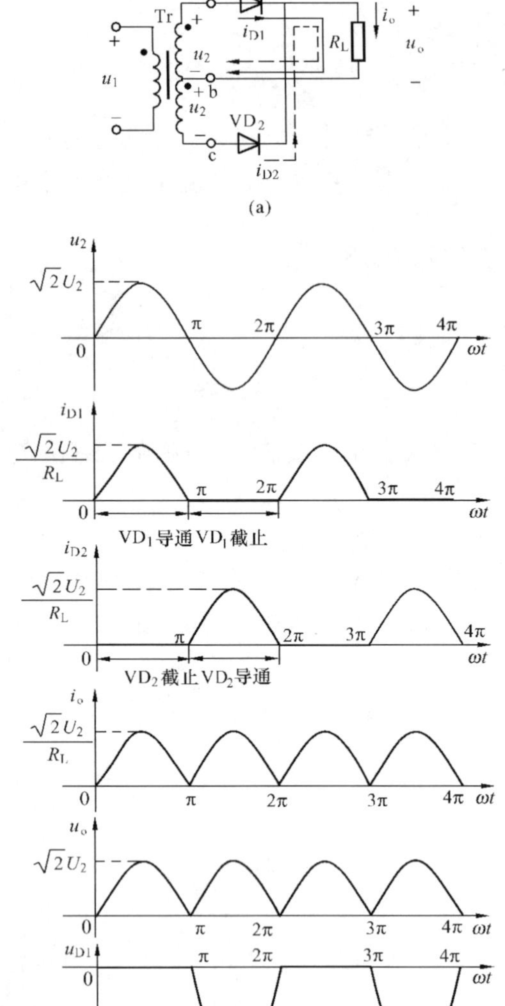

图 10-2　单相全波整流电路

(a) 电路图；(b) 波形图

2. 单相全波整流电路

在单相半波整流电路的基础上，稍加改进，可得到单相全波整流电路。

单相全波整流电路的原理图如图 10-2（a）所示，其中变压器采用具有中心抽头的变压器，同名端如图所示，二次侧两个绕组参数相同，其交流电压有效值均为 U_2。

在 u_2 正半周，u_2 的极性如图 10-2（b）所示，为上正下负，相对中心抽头 b 而言，a 点为正，c 点为负，则 VD_1 正偏导通，VD_2 反偏截止，在 a、b 两点间的交流电 u_2 的作用下，有电流 i_{D1} 流过负载 R_L，此时 $u_o=u_2$，由于 VD_1 导通，VD_2 所承受的反向电压是 a、c 两点间的交流电压，其幅值为 $2U_{2m}$，即

$$U_{RM2} = 2\sqrt{2}U_2 \tag{10-9}$$

在 u_2 的负半周，u_2 的极性与图 10-2（b）所示相反，相对 b 点，a 点为负，c 点为正，则 VD_2 正偏导通，VD_1 反偏截止，在 b、c 间交流电压 u_2 作用下，有电流 i_{D2} 流过负载 R_L，此时 $u_o=-u_2$，VD_1 上所承受的反向电压是 c、a 两点间的交流电压，其幅值仍为 $2U_{2m}$。

在图 10-2（a）中，分别用实线和虚线标出了 i_{D1} 与 i_{D2} 的流通路径，可以看出，对应于 u_2 正负两个半周，流过负载 R_L 的 i_{D1} 与 i_{D2} 方向相同，在负载上都有整流后波形输出，故称为全波整流。

全波整流电路中各点的电压、电流波形如图 10-2（b）所示。

输出直流电压平均值为

$$U_{o(AV)} = \frac{1}{\pi}\int_0^{\pi} U_{2m}\sin\omega t\,d(\omega t) = \frac{1}{\pi}\int_0^{\pi}\sqrt{2}U_2\sin\omega t\,d(\omega t) = \frac{2\sqrt{2}}{\pi}U_2 \approx 0.9U_2 \tag{10-10}$$

对比半波整流与全波整流的 u_o 波形可知，在一个周期内，全波整流的 u_o 波形所围面积比半波整流的 u_o 波形所围面积大一倍，则其平均值（直流电压）自然也就大一倍。

流过负载的电流平均值为

$$I_{o(AV)} = \frac{U_{o(AV)}}{R_L} = \frac{0.9U_2}{R_L} \tag{10-11}$$

由于 VD_1、VD_2 在一个周期内轮流导电，导电角为 π，所以每个二极管的正向平均电流

均为负载上直流电流的一半，即

$$I_{D1(AV)} = I_{D2(AV)} = \frac{1}{2} I_{o(AV)} \tag{10-12}$$

由式（10-9）可知，每个二极管所承受的最大反向电压为

$$U_{RM1} = U_{RM2} = 2\sqrt{2}U_2 \tag{10-13}$$

用傅里叶级数可将输出电压 u_o 展开为

$$u_o = \frac{2\sqrt{2}U_2}{\pi} - \frac{4\sqrt{2}U_2}{3\pi}\cos 2\omega t - \frac{4\sqrt{2}U_2}{15\pi}\cos 4\omega t - \frac{4\sqrt{2}U_2}{35\pi}\cos 6\omega t - \cdots$$

其中基波峰值为 $U_{o1m}=\frac{4\sqrt{2}U_2}{3\pi}$，由式（10-6）可得脉动系数为

$$S = \frac{\frac{4\sqrt{2}U_2}{3\pi}}{\frac{2\sqrt{2}U_2}{\pi}} = \frac{2}{3} \approx 0.67 \tag{10-14}$$

与半波整流电路的脉动系数 $S=1.57$ 相比减小了很多。

全波整流电路充分利用了交流电的正负半周，输出电压脉动减小，直流分量增加。其缺点是必须采用具有中心抽头的变压器，且每个线圈只在半个周期内通过电流，变压器的利用率较低，二是二极管承受较高的反向电压，是半波整流电路的 2 倍。

3. 单相桥式整流电路

单相桥式整流电路如图 10-3（a）所示，图 10-3（b）为图 10-3（a）的简便画法，电路采用四个整流二极管接成电桥的形式，故得其名。

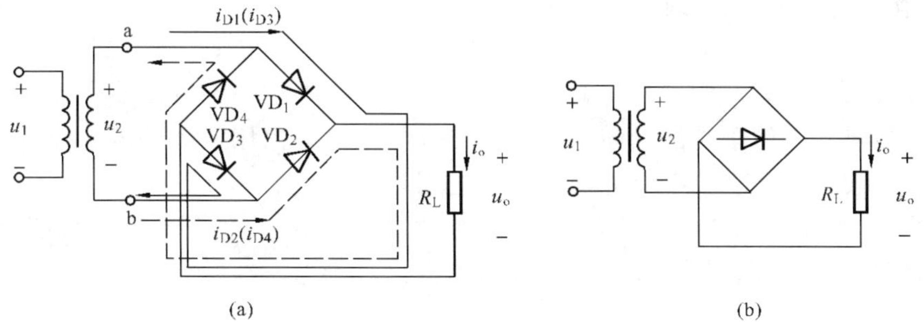

图 10-3　单相桥式整流电路

（a）电路图；（b）简便画法

在 u_2 的正半周时［u_2 的电压极性如图 10-3（a）所示 a 点正 b 点负］二极管 VD_1、VD_3 导通，VD_2、VD_4 截止，电流 i_{D1}（i_{D3}）沿图 10-3（a）中实线所示方向流过负载 R_L，$u_o=u_{ab}=u_2$，VD_2、VD_4 截止承受的反向电压为 a、b 间的交流电压 u_2，其幅值为$\sqrt{2}U_2$，即

$$U_{RM2} = U_{RM4} = \sqrt{2}U_2 \tag{10-15}$$

在 u_2 的负半周时（u_2 的电压极性 a 点负 b 点正）二极管 VD_2、VD_4 导通，VD_1、VD_3

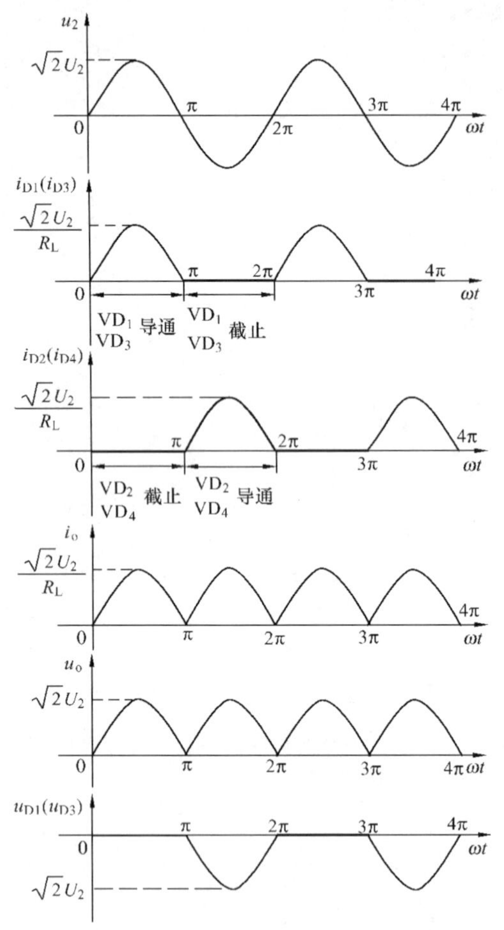

图 10-4　桥式整流电路波形图

截止，电流 i_{D2}（i_{D4}）沿图 10-3（a）中虚线所示方向流过负载 R_L，$u_o=u_{ba}=-u_2$，VD_1、VD_3 截止时所承受的反向电压为 a、b 间的交流电压 u_2，其幅值为$\sqrt{2}U_2$，即

$$U_{RM2}=U_{RM4}=\sqrt{2}U_2 \tag{10-16}$$

桥式整流电路中有关的电流、电压的波形如图 10-4 所示。

由图 10-4 的波形可知，在 u_2 的正负两个半周都有整流输出，故桥式整流电路输出电压 U_o 与全波整流输出电压波形相同。所以全波整流电路的分析结论基本适用于桥式整流电路，即桥式整流电路的输出电压平均值为

$$U_{o(AV)}=0.9U_2 \tag{10-17}$$

输出电流平均值为

$$I_{o(AV)}=\frac{0.9U_2}{R_L} \tag{10-18}$$

每个二极管正向平均电流值为

$$I_{D(AV)}=\frac{1}{2}I_{o(AV)}=0.45\frac{U_2}{R_L} \tag{10-19}$$

脉动系数为

$$S=0.67 \tag{10-20}$$

但由式（10-15）、式（10-16）可知，每个二极管的最大反向峰值电压 U_{RM} 都是$\sqrt{2}U_2$，比全波整流时小了一半，即

$$U_{RM}=\sqrt{2}U_2 \tag{10-21}$$

由上述分析结果可知，桥式整流电路不需采用具有中心抽头的变压器也能达到全波整流的目的，并且整流二极管承受的反向电压不高，只是电路中需用四个整流二极管。可见桥式整流电路优于半波整流和全波整流电路，所以应用较为广泛。

【例 10-2】　如果选用单相桥式整流电路，对［例 10-1］中的问题重新解答。

解　已知 $U_{o(AV)}=9V$，如选用单相桥式整流电路，则有

$$U_{o(AV)}=0.9U_2$$

可得变压器二次侧电压 U_2 为

$$U_2=\frac{U_{o(AV)}}{0.9}=10V$$

由式（10-20）知脉动系数 $S=0.67$

输出电流平均值为

$$I_{o(AV)}=\frac{U_{o(AV)}}{R_L}=\frac{9A}{750}=12mA$$

整流二极管正向平均电流

$$I_{D(AV)} = \frac{1}{2} I_{o(AV)} = 6\text{mA}$$

二极管所承受的最大反向峰值电压 $U_{RM} = \sqrt{2}U_2 = 14.1\text{V}$

查有关手册，整流二极管可选 2AP2（16mA，30V）。

二、滤波电路

通过对常用的各种整流电路的分析可知，整流电路的输出电压都含有较大的脉动成分，难以用作电子设备的直流电源，所以需要设法采取一定的措施去掉其中的脉动成分并保留其直流成分，这一措施就是滤波。

滤波电路一般由电容、电感等储能元件组成。将滤波电路接在整流电路与负载之间，利用电容、电感在电路中的储能作用，在脉动电压增大时，将一部分能量储存起来，而在脉动直流电压减小时，再向负载释放出能量，使负载得到的电压、电流脉动成分减小，从而得到了比较平滑的直流电压或电流。下面介绍几种常见的滤波电路。

1. 电容滤波电路

电容滤波电路是最简单的滤波电路，也是最常用的滤波形式，即在负载两端并联一个大容量的滤波电容 C，如图 10-5（a）所示。下面以此分析电容滤波电路的工作原理。

由图 10-5（a）可知半波整流电容滤波电路的输出电压 u_o 等于电容 C 两端的电压，如果通过分析找到 u_C 的波形，也就得到了输出电压 u_o。

接通电源前，设电容 C 上的电压为零，在 $\omega t=0$ 处接通电源时，变压器二次侧电压 u_2 为正半周，二极管 VD 因正偏而导通，一方面供电给负载电阻 R_L，同时对 C 充电，在忽略二极管正向电阻和变压器二次绕组电阻的情况下，充电电压 u_C 与上升的正弦电压 u_2 一致，如图 10-5（b）的 $u_o=u_C$ 波形中的 OA 所示，当 u_2 在 A 点达最大值时，u_C 也达最大值，之后 u_2 按正弦规律下降，u_C 也将由于 C 放电逐渐下降，当 $u_2<u_C$［见图 10-5（b）的 $u_o=u_C$ 波形中的 B 点］时 VD 承受反向电压而截止，C 对 R_L 放电，负载中仍有电流，此期间 u_C 按放电曲线 BD 下降，放电时间常数 $\tau=R_LC$，通常 R_LC 较大，所以 u_C 下降缓慢；在 u_2 的第二个正半周 u_2 又开始上升，当 $u_2>u_C$ 时［见图 10-5（b）的 $u_o=u_C$ 波形中的 D 点之后］VD 又重新导通，C 再次充电至最大值，之后重复第一周期中的过程。如此周而复始，形成一个周期性的电容充放电过程，由图 10-5（b）所示的 $u_o=u_C$ 的波形可见输出直流电压比未

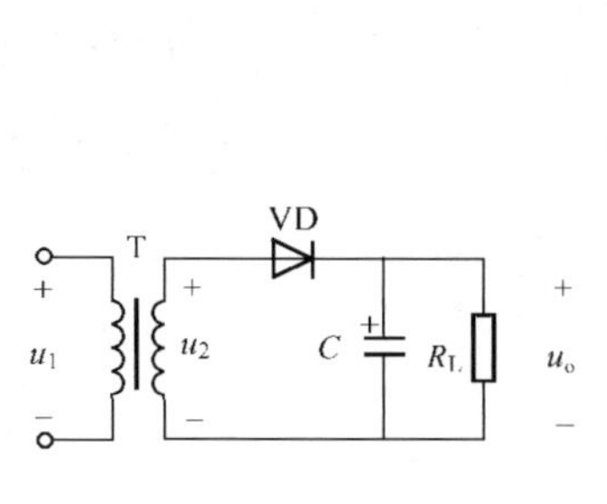

(a)

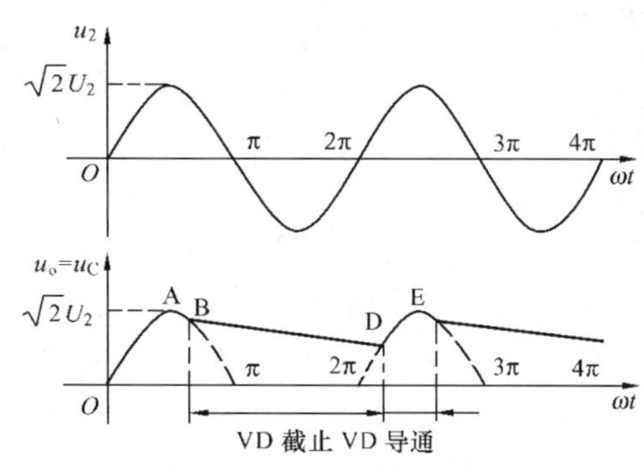

(b)

图 10-5 半波整流电容滤波电路

（a）电路图；（b）波形图

接滤波电容 C 的整流输出直流电压脉动成分大为减小，且 u_o 波形所围的面积较大，即输出直流电压较高。

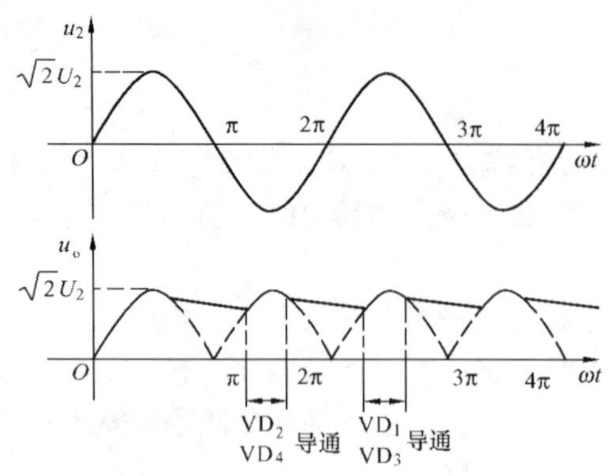

图 10-6 单相全波（桥式）整流电容滤波电路波形图

在单相全波及桥式整流电路中接入滤波电容 C 后的工作过程与上述过程基本相同，只是电容 C 在一个周期内有两次充放电过程，而电容向负载放电的时间减少了，输出波形如图 10-6 所示。与图 10-5（b）的 u_o 波形相比，前者的输出电压 u_o 的脉动更小，更加平滑，且直流电压更高一些。

单相全波（桥式）整流电容滤波电路的输出电压的平均值及其脉动程度与电容的放电时间常数 $\tau=R_LC$ 有关，τ 愈大，放电过程愈慢，输出电压脉动就愈小，且输出电压平均值愈高，即滤波效果愈好。其极限情况是负载开路时，即 $R_L=\infty$，此时电容只有充电回路，而无放电回路，电容两端电压将达到 u_2 的幅值 $\sqrt{2}U_2$，所以输出电压的平均值 $U_{o(AV)}=\sqrt{2}U_2$。为了得到比较平滑的输出电压，一般要求

$$R_LC \geqslant (3\sim5)\frac{T}{2} \tag{10-22}$$

式中：T 为交流电压 u_2 的周期。

滤波电容 C 的电容量可由式（10-22）计算得出，通常取值为几十微法到数千微法以上，由于电容量很大，一般选用电解电容器，其耐压值应大于 $\sqrt{2}U_2$（1+10%）。

当放电时间常数满足式（10-22）时，电容滤波电路的输出直流电压 $U_{o(AV)}$ 可用下式估算

$$U_{o(AV)}=U_2\text{（半波整流时）} \tag{10-23}$$

$$U_{o(AV)}=1.2U_2\text{（全波或桥式整流时）} \tag{10-24}$$

若整流电路、滤波电容器参数确定后，负载电阻 R_L 的变化对输出平均电压 $U_{o(AV)}$ 的影响较大。R_L 减小时，输出电流 $I_{o(AV)}$ 增大，则 $U_{o(AV)}$ 减小；R_L 增大时，输出电流 $I_{o(AV)}$ 减小，则 $U_{o(AV)}$ 增大。输出电压 $U_{o(AV)}$ 与输出电流 $I_{o(AV)}$ 的变化关系曲线称为电路的外特性曲线。桥式整流电容滤波电路的外特性如图 10-7 所示，由图可知，$I_{o(AV)}=0$，即 R_L 开路时，$U_{o(AV)}=\sqrt{2}U_2$，但随着的 $I_{o(AV)}$ 增大，$U_{o(AV)}$ 明显下降，其原因是 R_L 减小，电容放电加快，导致平均电压下降，当 $I_{o(AV)}$ 较大时，相当于 R_LC 很小，电容 C 上的电压在一个周期内已无法积累，则 u_o 波形将和没有滤波电容 C 时的情况相差无几，因此 $U_{o(AV)}\approx0.9U_2$。

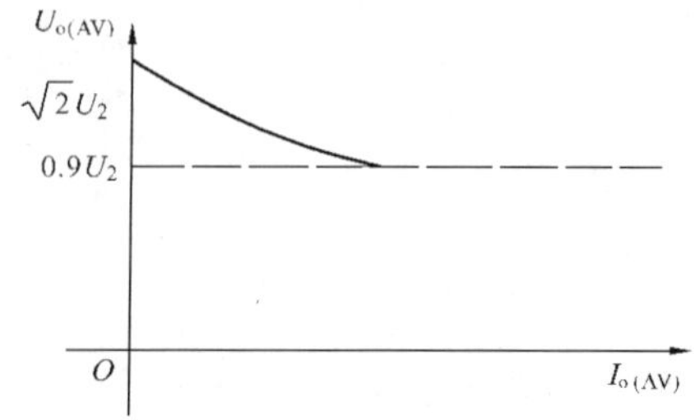

图 10-7 桥式整流电容滤波电路的外特性

由图 10-5（b）和图 10-6 中的波形可以看出接入电容 C 后，二极管的导通时间缩短了，即导通角小于 180°，而在一个周期内电容 C 的充电电荷等于放电电荷，即流过电容的电流平均值为零，所以二极管导通

期间其电流的平均值与负载电流的平均值的关系仍为

$$I_{D(AV)}=I_{o(AV)}（半波整流时） \tag{10-25}$$

$$I_{D(AV)}=\frac{1}{2}I_{o(AV)}（全波或桥式整流时） \tag{10-26}$$

而 $I_{o(AV)}=\frac{U_{o(AV)}}{R_L}$，将式（10-23）、式（10-24）代入式（10-26）可得

$$I_{D(AV)}=\frac{U_2}{R_L}（半波整流时） \tag{10-27}$$

$$I_{D(AV)}=\frac{1}{2}\times\frac{1.2U}{R_L}=0.6\frac{U^2}{R_L}（全波或桥式整流时） \tag{10-28}$$

与未接电容 C 时的情况［与式（10-4）、式（10-19）］相比较，可知二极管导通时的电流平均值很高，因此其电流峰值和有效值必然较大，产生的电流冲击易损坏二极管，所以选择整流二极管时，要考虑留有 2～3 倍的裕量以保安全。

而二极管截止时所承受的最高反向电压的情况比较见表 10-1。

由表 10-1 可以得出，只有单相半波整流电路接入电容滤波后，截止二极管的最高反向电压增大了一倍，此结果是在负载电阻 R_L 开路时得出的，因为交流电压 u_2 的正半周时电容充电使 $u_C=\sqrt{2}U_2$，因无放电回路，电容上电压维持$\sqrt{2}U_2$ 不变，u_2 负半周的最大值时，截止的二极管上所承受的反向电压为 u_2 的最大值$\sqrt{2}U_2$ 与电容上电压$\sqrt{2}U_2$ 之和，即为 $2\sqrt{2}U_2$。另外两种整流电路接入电容滤波后，截止二极管的最高反向电压不受影响。

表 10-1　　截止二极管最高反向电压 U_{RM} 比较

电　　路	无电容滤波	有电容滤波
单相半波整流	$\sqrt{2}U_2$	$2\sqrt{2}U_2$
单相全波整流	$2\sqrt{2}U_2$	$2\sqrt{2}U_2$
单相桥式整流	$\sqrt{2}U_2$	$\sqrt{2}U_2$

2. 电感滤波电路

在整流电路和负载电阻 R_L 之间串入一个铁芯电感线圈 L，即构成电感滤波电路。桥式整流电感滤波电路如图 10-8 所示。根据电感具有阻止电流变化的特点，当输出电流 i_o 发生变化时，L 两端将产生一反电势，其方向将阻止电流发生变化，从而使输出电流 i_o 比较平滑，在输出端得到比较平滑的输出电压 u_o。

图 10-8 中，整流输出端电压 u_A 与未接电感时的输出波形一样，没有发生变化，说明采用电感滤波时整流二极管的导通角仍为 180°，由此可以把 u_A 看作是由直流分量和高次谐波分量叠加而成的。电感线圈 L 对整流电路的输出电压 u_A 的交流分量具有阻抗，谐波频率越高，阻抗愈大；而 L 的直流电阻很小。因此 u_A 的直流分量经过电感后基本没有损失，而对交流分量而言，很大一部分交流分量降落在电感上，所以降低了输出电压中的脉动成分，L 愈大，R_L 愈小，滤波效果愈好。所以电感滤波适用于负载电流较大的场合。图10-8所示电感滤波电路的外特性如图 10-9 所示，由此可知其外特性下降较缓慢，外特性较硬。

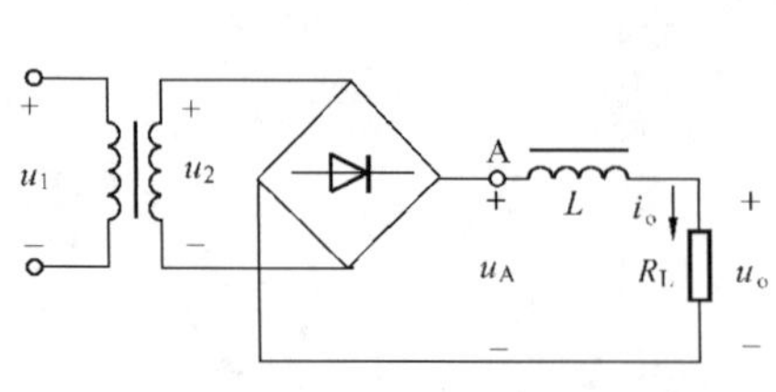

图 10-8　桥式整流电感滤波电路

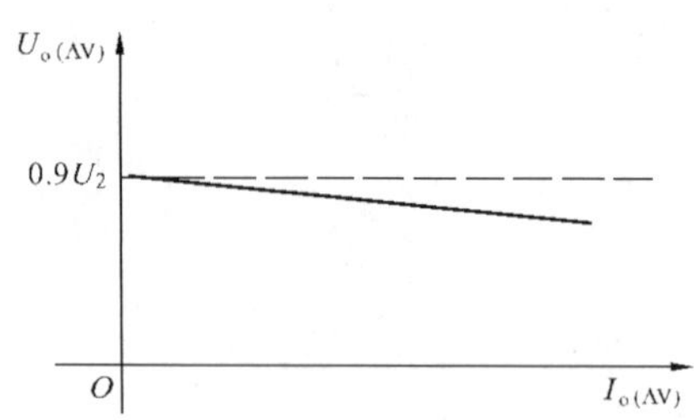

图 10-9　桥式整流电感滤波电路的外特性

电感滤波电路的特点是：整流管导通角大，没有冲击电流，外特性好。但是与电容滤波电路相比，$U_{o(AV)}$ 输出电压较低，另外电感有铁芯，其体积、质量、成本较大，且易引起电磁干扰。一般用于低压大电流的场合。

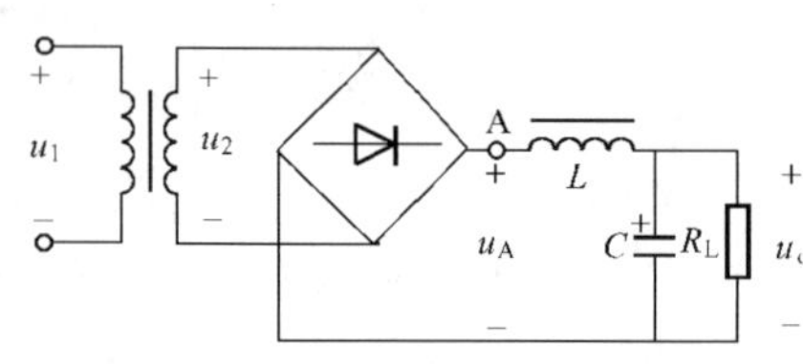

图 10-10　桥式整流 LC 滤波电路

3. *LC* 滤波电路

若要进一步减小输出电压的脉动程度，可采用 *LC* 滤波电路，这是一种复式滤波电路，是由电感滤波及电容滤波复合而成的，如图 10-10 所示。对整流输出电压 u_A 中的高次谐波分量而言，电感 L 的感抗 X_L 与电容 C、负载 R_L 的阻抗构成一分压器，由于 L 和 C 都较大，其分压比明显地小于 X_L 与 R_L 的分压比，所以负载两端电压交流分量比仅用电感滤波时将更小，输出电压更加平滑。

由式（10-17）已知桥式整流输出端 A 点的电压平均值为

$$U'_{o(AV)} = 0.9U_2$$

若忽略电感上的直流压降，则 *LC* 滤波电路的输出直流电压为

$$U_{o(AV)} \approx U'_{o(AV)} = 0.9U_2 \tag{10-29}$$

注意通常情况下，只有 $R_L < 3\omega L$ 时，才能得到上述结果。否则若 L 太小或 R_L 太大，*LC* 滤波电路将呈现出电容滤波的特性。*LC* 滤波电路适用于电流较大、要求输出电压脉动很小的场合。

4. π 型滤波电路

若要求输出电压的脉动更小，可采用 π 型滤波电路。图 10-11 所示是由电容滤波电路及 *LC* 滤波电路复合而成的 *LC*-π 型滤波电路，这也是一个复式滤波电路。由于电容 C_1 的滤波作用，C_1 两端电压已波动不大，这个电压 u_A 仍可看作是直流分量与交流分量的叠加，其中直流电压几乎全部加到 R_L 上，而交流电压绝大部分降落在电感 L 上（$X_L \gg X_{C2}$，$X_{C2} \ll R_L$）。显然输出电压的波动就更小了。

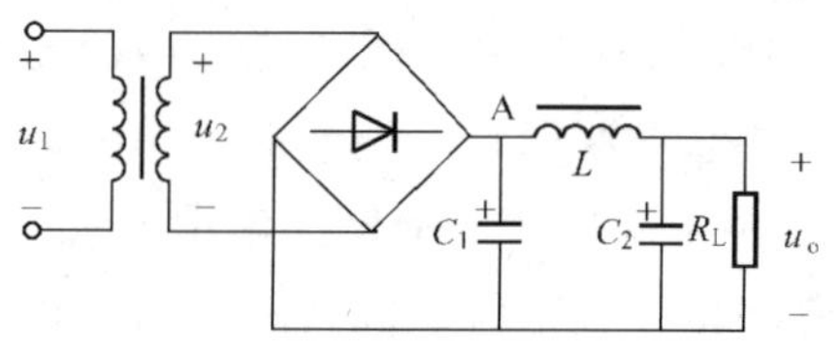

图 10-11　桥式整流 *LC*-π 型滤波电路

由式（10-24）可知桥式整流电容滤波输出端 A 点的电压平均值为

$$U'_{o(AV)} = 1.2U_2$$

忽略电感上的直流压降，则 LC-π 型滤波电路的输出平均电压为

$$U_{o(AV)} \approx U'_{o(AV)} = 1.2U_2 \tag{10-30}$$

LC-π 型滤波电路的滤波效果比 LC 滤波电路更好，但整流二极管的冲击电流较大。

由于电感线圈的体积大而笨重，成本也高，所以有时用电阻 R 来代替 LC-π 型滤波电路中的电感 L，构成了 RC-π 型滤波电路，如图 10-12 所示，u_A 的直流分量 $U'_{o(AV)}$ 在电阻上要有压降，输出电压有所减小。RC-π 型滤波电路的输出直流电压为

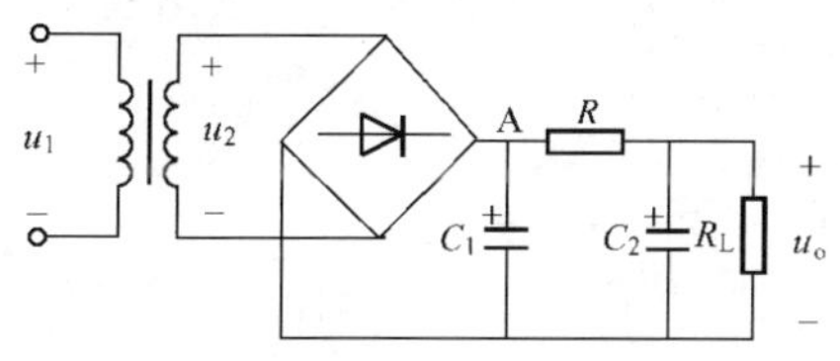

图 10-12　桥式整流 RC-π 型滤波电路

$$U_{o(AV)} = \frac{R_L}{R+R_L}U'_{o(AV)} = \frac{1.2U_2R_L}{R+R_L} \tag{10-31}$$

但当 R 与电容配合之后，可使 u_A 的交流分量较多地降落在电阻 R 两端（因为电容 C_2 的交流阻抗很小），而较少地降落在负载上，从而起到了滤波作用。R 愈大，C_2 愈大，滤波效果愈好。但 R 太大，将使其直流压降增加。RC-π 型滤波电路只适用于小电流而又要求输出电压脉动很小的场合。

第二节　稳　压　电　路

交流电经整流和滤波后得到的直流电压往往会随交流电网电压的波动和负载的变化而变化，即输出直流电压不稳定。为了能够得到更稳定的直流电源，需要在整流滤波电路的输出端加上稳压电路。下面先介绍稳压电路的主要指标，然后介绍几种常用的稳压电路。

一、稳压电路的主要指标

通常衡量稳压电路质量的主要指标有内阻 R_o、稳压系数 S_r 等。把整流滤波电路的输出直流电压作为稳压电路的不稳定输入电压 U_i，而稳压电路的输出电压为 U_o。

1. 内阻 R_o

稳压电路的内阻定义为当 U_i 不变时，稳压电路的输出电压变化量 ΔU_o 与输出电流变化量 ΔI_o 之比，即

$$R_o = \left.\frac{\Delta U_o}{\Delta I_o}\right|_{U_i=常数} \tag{10-32}$$

R_o 反映了电路对负载的适应能力的强弱，R_o 越小，负载变化时输出直流电压越稳定。

2. 稳压系数 S_r

稳压系数 S_r 定义是负载不变时，稳压电路输出电压的相对变化量与输入电压的相对变化量之比，即

$$S_r = \left.\frac{\Delta U_o/U_o}{\Delta U_i/U_i}\right|_{R_L=常数} = \left.\frac{\Delta U_o}{\Delta U_i}\frac{U_i}{U_o}\right|_{R_L=常数} \tag{10-33}$$

S_r 值的大小反映了稳压电路对输入直流电压 U_i 变化的稳定能力，S_r 越小，说明稳压电路输出直流电压的稳定性越好。

二、硅稳压管稳定电路

1. 电路组成及稳压原理

稳压管稳压电路是最简单的直流稳压电路，如图 10-13 所示，经过限流电阻 R 和稳压管

VZ 组成的稳压电路接到负载电阻 R_L 上，由于稳压管与负载是并联的，所以该电路是一种并联型稳压电路。

由图 10-13 可知稳定的输出直流电压

$$U_o = U_i - I_R R = U_Z \tag{10-34}$$

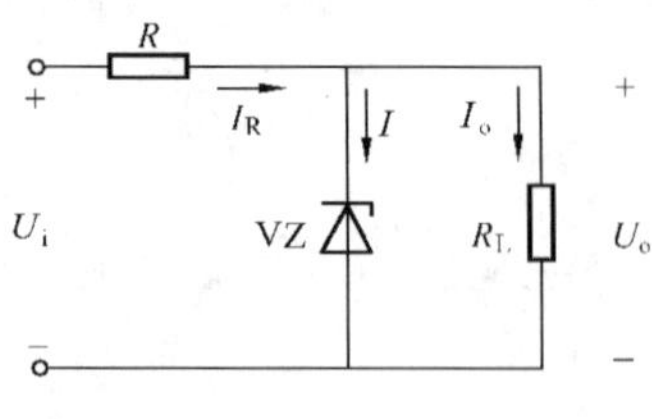

图 10-13　稳压管稳压电路

电路的稳压原理如下：

（1）当电网电压变化时（假设 R_L 不变）输入电压 U_i 就会随着变化，例如 U_i 增加时，输出电压 U_o 就有增大的趋势，而 U_o 的微小增加即是 U_Z 的微小增加，会引起稳压管电流 I 较大的增加，使得流过电阻 R 上的电流 $I_R=I_o+I$ 增大，限流电阻 R 上压降增大，以此来抵消 U_i 的增大，从而保证了 U_o 基本不变；反之，当 U_i 下降时将会引起 U_o 下降，稳压管电流 I 则迅速下降，使 $I_R=I_o+I$ 减小，R 上压降减小，从而也保证了 U_o 基本不变。

（2）电网电压不变，即 U_i 不变时，当负载电流 I_o 增大（负载电阻 R_L 减小）时，会使 U_o 有下降的趋势，但 U_o 的微小下降将会使稳压管电流 I 有较大的减小，I 的减小部分便可抵消 I_o 的增加部分，使流过限流电阻 R 的电流基本不变，从而保持了输出电压 U_o 基本稳定。

由上述分析过程可知，稳压管在电路中起着电流调整作用，即根据输出电压变化情况使自身电流 I 有相应较大变化，通过限流电阻 R 起调整电压的作用，以达到稳压的目的。这种稳压过程是“有差调节”，即上面的分析过程中，输出电压 U_o 不是绝对不变，而是稍有变化。所以加入稳压电路后，负载上电压只是比未加稳压电路时变化要小得多而已。

2. 参数选择

（1）根据负载对稳压电路的要求选择合适的稳压管和输入电压 U_i。选择合适的稳压管以满足负载对输出电压 U_o、最大负载电流 I_{omax}、稳压电路输出电阻（即内阻）R_o 的要求。

通常情况下，按下列关系式选择稳压管

$$U_Z = U_o \tag{10-35}$$

$$I_{ZM} = (2 \sim 3) I_{omax} \tag{10-36}$$

$$r_Z < R_o \tag{10-37}$$

其中式（10-36）是考虑到当负载 R_L 开路时，负载中原有电流要流入稳压管同时也要为输入电压增加时引起稳压管中电流的增加留有余地，以保证稳压管 VZ 在最恶劣的情况下耗散功率不超过允许值 P_{ZM}。

选择稳压电路的输入电压 U_i：考虑到电网电压允许有±10%的波动范围，故 U_i 也会有相同比例的变化，要避免出现 U_o 接近 U_i 的情况，可由下式选择输入电压 U_i，即

$$U_i = (2 \sim 3) U_o \tag{10-38}$$

（2）限流电阻 R 的选择。从稳压管安全工作和保证输出电压稳定的角度出发，计算限流电阻 R 的阻值范围并选择合适的限流电阻。通常限流电阻有一个上限值和下限值，下面来确定其范围。在图 10-13 中，可能会出现两种条件最恶劣的情况，其一是当输入电压 $U_i=U_{imin}$，同时 R_L 变到最小即负载电流达到最大为 I_{omax}，在这种情况下流过稳压管的电流 I 为最小值，为了维持输出电压稳定，则要求此时流过稳压管的电流大于稳定电流 I_Z，即

$$\frac{U_{\text{imin}}-U_{\text{o}}}{R}-I_{\text{omax}}>I_{\text{Z}}$$

整理后，得

$$R<\frac{U_{\text{imin}}-U_{\text{o}}}{I_{\text{omax}}+I_{\text{Z}}} \tag{10-39}$$

其二是当输入电压 $U_{\text{i}}=U_{\text{imax}}$，而负载电流为最小值 I_{omin}，在这种情况下，稳压管 VZ 中电流达最大值，为了保证稳压管安全工作，这个最大的电流值必须小于稳压管的最大稳定电流 I_{ZM}，即

$$\frac{U_{\text{imax}}-U_{\text{o}}}{R}-I_{\text{omin}}<I_{\text{ZM}}$$

整理后，得

$$R>\frac{U_{\text{imax}}-U_{\text{o}}}{I_{\text{ZM}}+I_{\text{omin}}} \tag{10-40}$$

所以，在输入电压 U_{i} 的变化范围及稳压管确定后，可按下式选择限流电阻

$$\frac{U_{\text{imax}}-U_{\text{o}}}{I_{\text{ZM}}+I_{\text{omin}}}<R<\frac{U_{\text{imin}}-U_{\text{o}}}{I_{\text{omax}}+I_{\text{Z}}} \tag{10-41}$$

如果式（10-39）及式（10-40）不能同时满足，则说明在给定条件下已超出稳压管的工作范围，需选用更大容量的稳压管或限制输入电压 U_{i} 或负载电流 I_{o} 的变化范围。

3. 内阻 R_{o} 和稳压系数 S_{r} 的估算

稳压电路的限流电阻 R、稳压管确定后，可估算出稳压电路的主要指标。

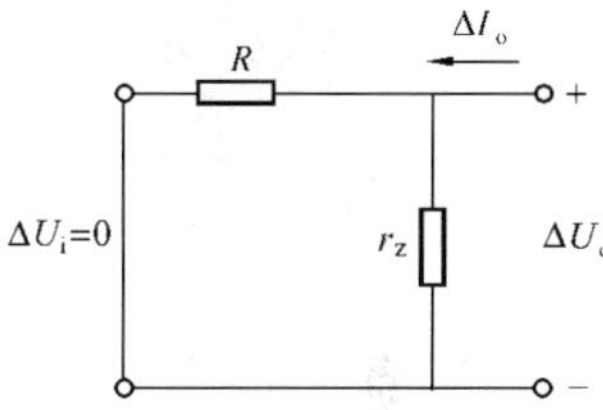

由内阻 R_{o} 的定义式（10-32）可知，在估算稳压电路的内阻时，应将负载电阻 R_{L} 开路，因 U_{i} 为常数，故其变化量 $\Delta U_{\text{i}}=0$，可将图 10-13 所示的硅稳压管电路的交流等效电路画出如图 10-14 所示。

图 10-14 估算稳压电路内阻 R_{o} 的等效电路

图 10-14 中 r_{z} 为稳压管 VZ 的动态电阻，由图可得

$$R_{\text{o}}=\left.\frac{\Delta U_{\text{o}}}{\Delta I_{\text{o}}}\right|_{\Delta U_{\text{i}}=0}=R\,/\!/\,r_{\text{z}}$$

通常情况下，有 $r_{\text{z}}\ll R$，故上式可简化为

$$R_{\text{o}}\approx r_{\text{z}} \tag{10-42}$$

式（10-42）说明稳压电路的内阻近似等于稳压管的动态内阻，r_{z} 愈小，内阻 R_{o} 也愈小，即负载变化时，稳压电路的稳压性能愈好。

由稳压系数的定义式（10-14）可知，稳压系数与 $\Delta U_{\text{o}}/\Delta U_{\text{i}}$ 有关，且此时 R_{L} 不变，画出估算稳压系数的交流等效电路如图 10-15 所示，由图可得

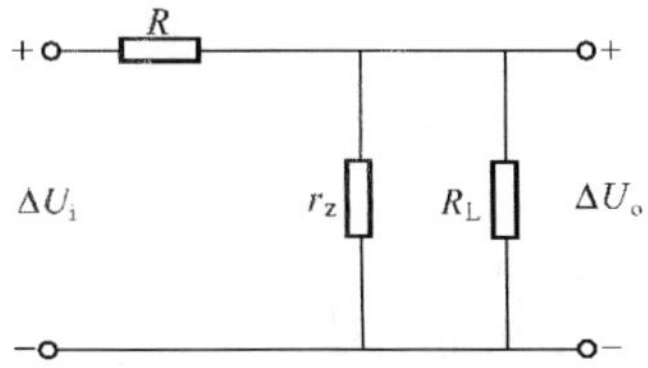

图 10-15 估算 S_{r} 的交流等效电路

$$\Delta U_{\text{o}}=\frac{r_{\text{z}}\,/\!/\,R_{\text{L}}}{R+(r_{\text{z}}\,/\!/\,R_{\text{L}})}\Delta U_{\text{i}}$$

若满足条件 $r_{\text{z}}\ll R_{\text{L}}$，$r_{\text{z}}\ll R$，上式可简化为

$$\Delta U_{\text{o}}\approx\frac{r_{\text{z}}}{R}\Delta U_{\text{i}}$$

即

$$\frac{\Delta U_o}{\Delta U_i} \approx \frac{r_z}{R} \tag{10-43}$$

由式（10-33）得

$$S_r = \frac{\Delta U_o}{\Delta U_i}\frac{U_i}{U_o} \approx \frac{r_z}{R}\frac{U_i}{U_o} \tag{10-44}$$

式（10-44）说明 r_z 愈小，R 愈大则稳压系数 S_r 愈小，即电网电压载变化时，稳压电路的稳压性能愈好。

综合上述估算的结果可知，为了使稳压电路的稳压性能提高，要尽可能选择较大的限流电阻 R 和动态内阻较小的稳压管。

硅稳压管稳压电路简单，当输出电压不需要调节，负载电流比较小的情况下，该电路的稳压效果好。但下列缺点却限制了它的应用范围：①输出电压由稳压管的型号决定，是固定值，不能连续调节；②输出电阻 R_o 仍较大，当负载电流变化时，输出电压相应也会有变化，在要求较高的场合不能使用；③输出电流受稳压管最大稳定电流 I_{ZM} 的限制不能太大，因为输出电流允许变化范围就是稳压管稳定电流的变化范围，所以负载电流较大的场合无法使用。

三、恒压源

由稳压管稳压电路和集成运算放大器组成恒压源，如图 10-16（a）、（b）所示，有反相输入恒压源、同相输入恒压源两种。

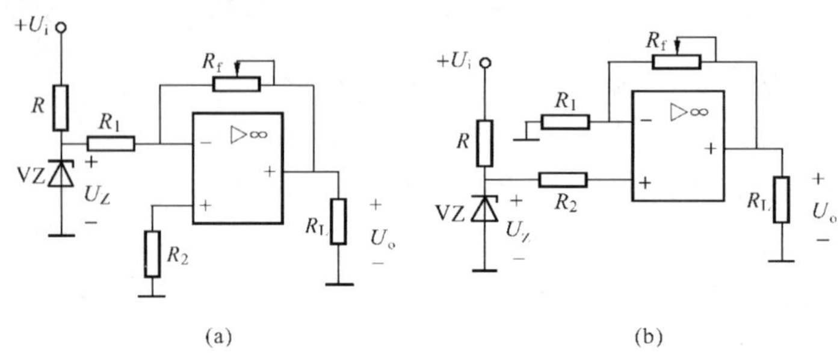

图 10-16　恒压源

（a）反相输入；（b）同相输入

图 10-16（a）是反相输入恒压源，由电路可得出

$$U_o = -\frac{R_f}{R_1}U_Z \tag{10-45}$$

图 10-16（b）是同相输入恒压源，由电路可得出

$$U_o = \left(1 + \frac{R_f}{R_1}\right)U_Z \tag{10-46}$$

恒压源的输出电压 U_o 是可调的，且因引入电压负反馈使输出电压更为稳定。其中，图 10-16（a）所示反相输入的恒压源引入了电压并联负反馈，图 10-16（b）所示同相输入的恒压源引入了电压串联负反馈。

四、串联型稳压电路

1. 电路组成及稳压原理

为了扩大输出电流的变化范围，可将同相输入恒压源中运放的输出端接到大电流晶体管 VT 的基极，而从 VT 的发射极输出，就构成了如图 10-17 所示的串联型稳压电路。该电路的另一种画法如图10-18所示。

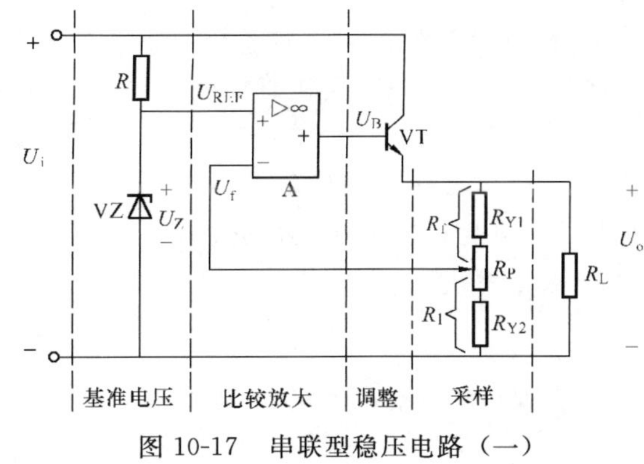

图 10-17 串联型稳压电路（一）

下面分析图 10-17 所示的串联型稳压电路的稳压工作原理。图中，假设由于输入电压 U_i 增加或者由于负载电阻 R_L 增大而使输出电压 U_o 增大，由图 10-17 可知 $U_f=\frac{R_f}{R_1}U_o$，通过 R_f、R_1 反馈到运放反相输入端的电压 U_f 也按比例增大，但其同相输入端的电压即基准电压 $U_{REF}=U_Z$ 保持不变，故运放的差模输入电压 $U_{id}=U_Z-U_f$ 将减小，则运放的输出电压减小使三极管 VT 的基极输入电压 U_B 减小，VT 的集电极电流 I_C 随之减小，而 VT 的 c、e 极间电压 U_{CE} 增大，从而使输出电压 U_o 相应减小。结果使输出电压 U_o 保持基本不变。

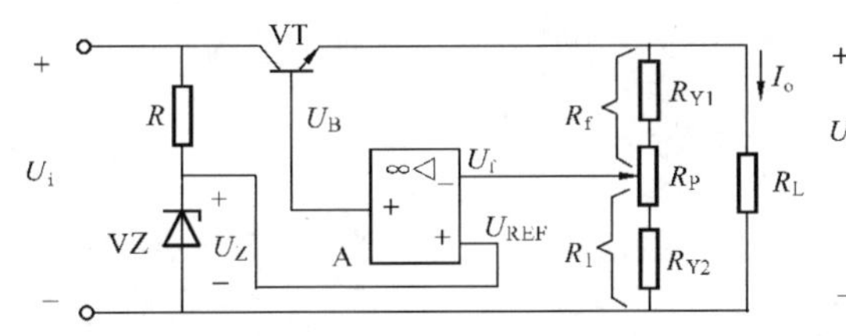
图 10-18 串联型稳压电路（二）

上述稳压过程可简述表示如下：

$$U_i\uparrow(\text{或 }R_L\uparrow)\rightarrow U_o\uparrow\rightarrow U_f\uparrow\rightarrow U_{id}\downarrow\rightarrow U_B\downarrow\rightarrow I_C\downarrow\rightarrow U_{CE}\uparrow$$

$$U_o\downarrow\leftarrow$$

同理，当输入电压 U_i 下降或负载电阻减小时，稳压过程与上述相反，仍使稳压电路输出电压 U_o 基本保持不变。

从上述的稳压过程可以看出，三极管 VT 的 U_{CE} 大小随输入电压 U_i、负载电阻 R_L 的变化而不断调整以稳定输出电压，故将三极管 VT 称为调整管。由于调整管与负载电阻 R_L 串联，故称该电路为串联型稳压电路。由电阻 R 和稳压管提供了基准电压 U_{REF}；电阻 R_f 和 R_1 构成分压器，将输出电压 U_o 的一部分取出来加到运放的反相输入端，当输出电压 U_o 变化时，在图 10-17 所示电路中，就会由 R_f、R_1 反馈到运放的反相输入端，故 R_f、R_1 称为采样电阻。当输出电压变化，反馈到运放反相输入端的电压 U_f，与基准电压 U_{REF} 比较后，其差值 U_{id} 由运放 A 加以放大，对调整管进行控制，故在此运放称为比较放大器。

根据图 10-17 电路中各元器件作用，可归纳出反映串联型稳压电路一般组成规律的框图，如图10-19所示，串联型稳压电路由调整环节、比较放大环节、基准电压环节、采样环节等组成。

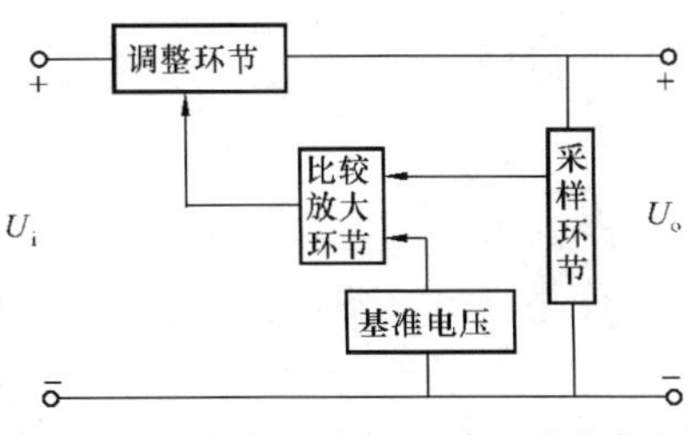

图 10-19 串联型稳压电路组成方框图

由图 10-19 通常可如下描述串联型稳压电路的稳

压原理：

采样环节将输出电压 U_o 成比例地送到比较放大器与基准电压进行比较，如果输出电压由于某种原因（U_i 或 R_L 变化）而变化时，比较放大器就把比较后的差值放大并送到调整环节，控制调整环节两端压降并产生与 U_o 相反的变化，从而达到稳压的目的。

2. 稳定输出电压及调节范围

由图 10-17 电路中，设运放是理想运放且工作在线性区，则可用虚短的概念，即 $U_+=U_-$，可得 $U_+=U_{REF}=U_Z$，$U_-=U_f$，故有

$$U_Z = U_f \tag{10-47}$$

由图 10-17 所示电路可得

$$U_f = \frac{R_1}{R_1+R_f}U_o \tag{10-48}$$

将式（10-48）代入式（10-47），整理后得

$$U_o = \frac{R_1+R_f}{R_1}U_Z \tag{10-49}$$

当 R_P 的滑动端移至最上端时，$R_f=R_{Y1}$，$R_1=R_P+R_{Y2}$，U_o 可达到最小值为

$$U_{omin} = \frac{R_{Y1}+R_P+R_{Y2}}{R_P+R_{Y2}}U_Z \tag{10-50}$$

当 R_P 的滑动端移至最下端时，$R_f=R_{Y1}+R_P$，$R_1=R_{Y2}$，U_o 可达到最大值为

$$U_{omax} = \frac{R_{Y1}+R_P+R_{Y2}}{R_{Y2}}U_Z \tag{10-51}$$

由式（10-50）和式（10-51）可得输出电压 U_o 的调节范围。

3. 调整管的选择及输入电压 U_i 的选择

（1）调整管的选择。在串联型稳压电路中，调整管担负着全部负载电流和一定的管压降 U_{CE}，管子的功耗较大，通常采用大功率的三极管。为了保证调整管安全工作，选用三极管型号时，要对管子的有关参数进行估算，以供选择时参考。

1）对集电极最大允许电流 I_{CM} 的考虑。由图 10-17 所示的串联型稳压电路中，流过调整管的集电极电流除负载电流 I_o 外还有采样电阻的电流 I_R，所以调整管 VT 中可能流过的最大集电极电流为

$$I_{Cmax} = I_{omax} + I_R \tag{10-52}$$

式中：I_{omax} 为负载电流最大额定值。

因此要求调整管的集电极最大允许电流 $I_{CM}>I_{Cmax}$，即

$$I_{CM} > (I_{omax} + I_R) \tag{10-53}$$

2）对集电极最大允许耗散功率 P_{CM} 的考虑。调整管 VT 集电极所消耗的功率为

$$P_C = U_{CE}I_C = (U_i - U_o)I_C \tag{10-54}$$

考虑到当电网电压波动 +10%，输入电压 U_i 达最大值 U_{imax}，若输出电压处于最小值，同时负载电流也达到最大值时，调整管的功耗最大为

$$P_{Cmax} = U_{CEmax}I_{Cmax} = (U_{imax} - U_{omin})I_{Cmax} \tag{10-55}$$

由式（10-52）知 I_{Cmax} 代入式（10-55）得

$$P_{Cmax}=(U_{imax}-U_{omin})(I_{omax}+I_R) \tag{10-56}$$

式中：U_{imax}为满载时整流滤波电路的最大输出电压。

若采用桥式整流电容滤波电路则

$$U_{imax}=1.1\times1.2U_2$$

所以

$$P_{Cmax}=(1.1\times1.2U_2-U_{omin})(I_{omax}+I_R) \tag{10-57}$$

因此要求调整管允许功耗为 $P_{CM}>P_{Cmax}$，即

$$P_{CM}\geqslant(1.1\times1.2U_2-U_{omin})(I_{omax}+I_R) \tag{10-58}$$

3）对击穿电压$U_{(BR)CEO}$的考虑。稳压电路正常工作时，调整管 VT 的U_{CE}约为几伏，如果负载短路，整流滤波电路的输出电压U_{imax}将全部加至 VT 的 c-e 两端，所以要求调整管的击穿电压

$$U_{(BR)CEO}>U_{imax} \tag{10-59}$$

若采用桥式整流电容滤波电路，其输出电压的最大值可能接近于变压器二次侧电压的峰值，再考虑电网可能有＋10％波动，$U_{imax}=1.1\times\sqrt{2}U_2$，则有

$$U_{(BR)CEO}>1.1\times\sqrt{2}U_2 \tag{10-60}$$

（2）输入电压U_i的选择。为了保证调整管 VT 工作在放大状态，VT 的U_{CE}不能太小，通常要使$U_{CE}=3\sim8V$，又因$U_{CE}=U_i-U_o$，所以整流滤波电路的输出电压即稳压电路的输入电压应为

$$U_i=U_{omax}+U_{CE} \tag{10-61}$$

若采用桥式整流电容滤波电路，由其输出电压U_i与变压器二次侧电压U_2的关系为

$$U_i=1.2U_2$$

因此要求变压器二次侧电压为

$$U_2=1.1\times\frac{U_i}{1.2} \tag{10-62}$$

式中：系数 1.1 是考虑电网电压可能有＋10％的波动。

4. 稳压电路中的保护环节

串联型稳压电路的调整管与负载是串联的，当负载电流过大或输出短路时，会使调整管所通过的电流过大，可能致使调整管损坏。在实用的稳压电路中通常加入必要的保护环节，要求保护环节在正常的工作情况下不影响稳压电路的工作，如果发生输出端过载或短路时，保护环节应立即动作，起到限制或减少输出电流的作用，从而达到保护调整管的目的。常用的保护环节有限流式和截流式两种。限流式保护环节在稳压电路输出端过载或短路时，能把调整管的电流限制在某一安全值内；截流式保护环节则能在过载或短路时迅速使调整管进入截止状态。

图 10-20 所示串联型稳压电路中加入了限流式保护环节。保护环节由串接在调整管发射极回路的检测电阻R_s和保护三极管 VT_1 组成。R_s的阻值很小，通常在 1Ω 左右。稳压电路正常工作时，负载电流不超过额定值，R_s上的压降U_s很小，VT_1 处于截止状态，所以对稳压电路的工作没有影响。当稳压电路发生过载或输出端短路时，负载电流会超过某一临界值I_{om}，过大的电流会使R_s上的压降增大，使 VT_1 导通，I_{C1}增大，使调整管基极电流被分流

一部分，限制了 VT 中电流的增大，保护了调整管。

图 10-21 是稳压电路接入限流保护环节的外特性。由图可知当 $I_o < I_{om}$ 时，限流保护电路不起作用，稳压电路呈恒压特性；当输出过流或短路时（$I_o > I_{om}$），限流保护电路动作，将输出电流限制在一定的范围内。

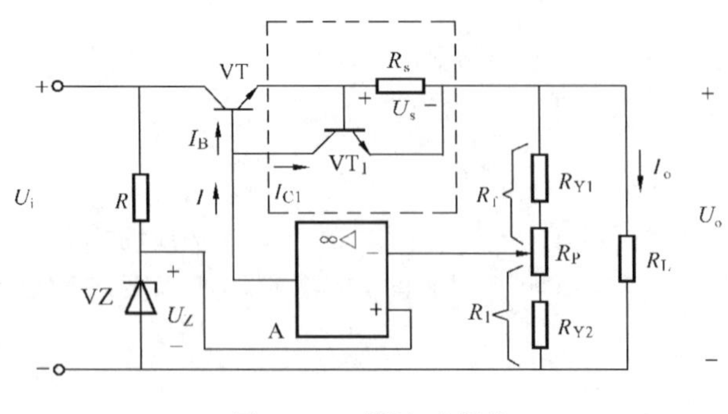

图 10-20 限流式保护

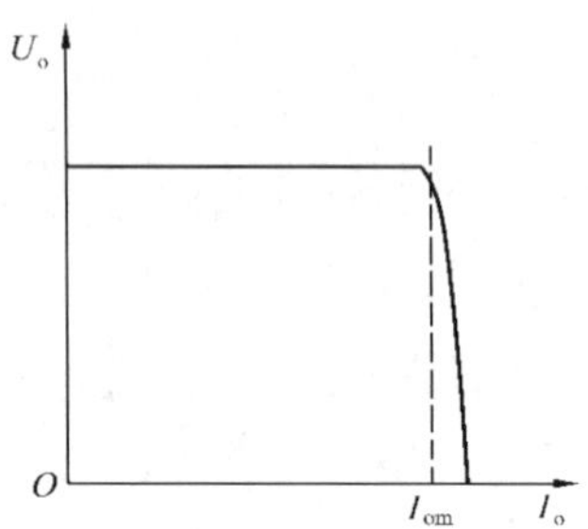

图 10-21 具有限流保护环节的稳压电路外特性

当输出短路时，调整管的管耗 P_C 很大，因为此时调整管流过的电流较大且承受了最大电压 $U_{CE}=U_i-U_o=U_i$。选用调整管时必须考虑这种最严重的情况，需要增大调整管的容量，这是限流式保护电路的不足。而若采用截流式保护环节就能克服这类缺陷。

除了过流保护电路外，可根据实际情况的要求，在电路中设置过压保护、过热保护等，相关内容可参阅有关文献。

第三节 集 成 稳 压 器

集成稳压器与一般集成电路一样，将稳压电路的所有元器件制作在一片硅片上，因而它具有一般集成电路的特点，如工艺上可以保证相邻元件在电气参数和温度特性的对偶性；电路中不使用阻值过大或过小的电阻；常大量采用镜像电流源和差动放大电路；二极管采用三极管集电极与基极短接后用发射结来代替，从而使其正向压降的温度系数接近同类型管子的温度特性，具有较好的温度补偿性能等。

集成稳压器的原理实际上与分立的线性稳压电路相同，同样包括基准电压、比较取样、误差放大以及调整电路等部分。但与用分立元件组成的线性稳压电路相比较，集成稳压器有下列特点：①稳压性能好。集成电路中可以使用较复杂的电路，比如内部基准电压的输出电阻和温度系数远小于稳压管稳压电路，误差放大器采用恒流源作有源负载，多种保护电路等，可以在电路设计上采用多种提高稳压性能的措施；②可靠性高。采用集成稳压器后，电路元件数量减少了，焊点数也减少了，所以可靠性提高了；③安装方便。多数品种不需调试，出现故障时也容易维修；④成本低。现在集成稳压器比相同性能的分立元件稳压电路的成本低，而且占用电路板的面积小。所以目前在线性稳压电源应用场合，集成稳压器已取代分立稳压电路，成为应用主流。

集成稳压器的品种非常丰富，早期生产的稳压器引出端子多，调整管需外接，外围元件较多。代表性型号有 BG602、WB712、WA705～724、W611 等。现均已淘汰。目前广泛使用的是三端集成稳压器，此外集成跟踪稳压器，集成基准电压电路也有应用。

一、集成三端稳压器

集成三端稳压器有固定电压输出和输出可调两类，固定输出电压的代表性型号有 78××（正输出电压）和 79××（负输出电压）系列，它只有三个管脚（外形及管脚排列见图 10-22）：输入（IN）、输出（OUT）和接地（GND）。其允许输出电流为 1A，输出电压有 5、6、8、9、12、15、18、24V 多种，对应型号分别为 7805～7824。此外还有允许输出电流为 100mA、500mA、3A 等品种，相应型号为 78L××、78M××、78T××。79××系列型号命名类似。输出电压可调的集成稳压器代表性型号有 LM317（正输出电压），LM337（负输出电压），它的三个管脚为输入（IN）、输出（OUT）和调整端（ADJ）。它的最大输出电流为 1.5A，输出电压范围为 1.25～37V。输出电压调整依靠外接的两个电阻完成。上述集成三端稳压器中分别含有过流限制、过热切断、安全工作区保护等多种保护电路。现以正电压输出的 78L××系列为例介绍它的工作原理。

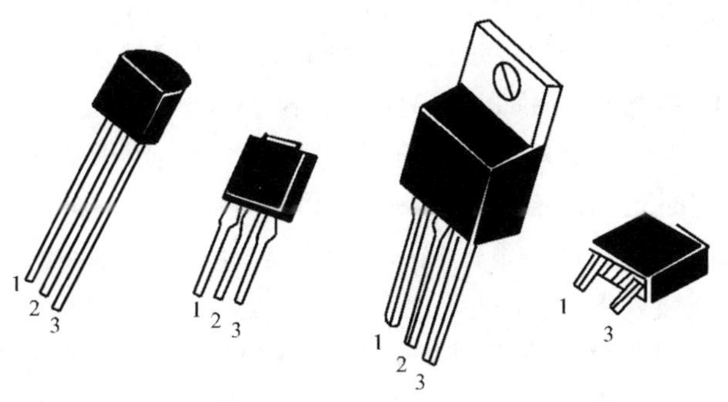

图 10-22　三端集成稳压器的几种封装形式

电路如图 10-23 所示，其内部电路由启动电路、基准电压电路、取样比较放大电路、调整电路和保护电路等部分组成。

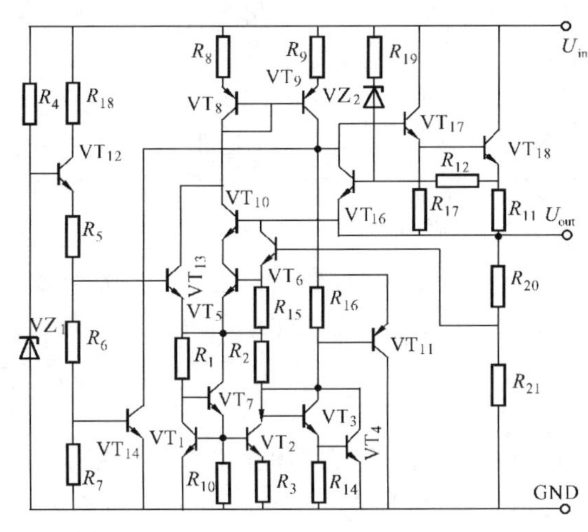

图 10-23　78M××稳压器内部电路原理图

1. 基准电压电路

由 VT_1、VT_2、VT_5、VT_6、VT_7、R_1、R_2、R_3 等元件组成，它采用了镜像电流源、直流负反馈和温度补偿技术，是一种低噪声、零温漂的基准电压源。

2. 取样比较放大电路

误差放大电路由 VT_3、VT_4 和 VT_9 组成，VT_3 和 VT_4 是共射接法的复合管电路，VT_8 和 VT_9 组成的镜像电流源作为 VT_3、VT_4 的集电极有源负载。VT_4 的集电极输出电压推动由 VT_{17}、VT_{18} 组成的调整管。因为调整管也是复合管，输入阻抗很高，所以放大器有很高的电压放大倍数。

取样电路由电阻 R_{20}、R_{21} 组成，输出电压经 R_{21}、R_{20} 分压后由 VT_6 跟随，与基准电压提供的电流相比较后送入 VT_3、VT_4 的基极，改变 VT_3、VT_4 的集电极电流，控制 VT_{17} 和 VT_{18} 以保持输出电压稳定。

3. 调整电路

调整管由 VT_{17} 和 VT_{18} 组成的复合管担任，VT_{18} 发射极电阻 R_{11} 引入局部电流串联负反馈，同时它也是过流保护电路的检测电阻。

4. 保护电路

图 10-23 中设有过流保护、芯片过热保护和调整管安全工作区保护电路。

过流保护电路由 R_{11} 和 VT_{16} 组成，在正常工作情况下，R_{11}（R_{11} 只有 0.6Ω）两端压降小于 0.5V，VT_{16} 截止。当输出电流超过规定值后，R_{11} 上压降使 VT_{16} 导通，实现对 VT_{17}、VT_{18} 基极电流的分流，从而限制了输出电流。

电阻 R_{19}、R_{12}、稳压管 VZ_2 和 VT_{16} 组成调整管安全区保护电路。当输出电流小于容许电流时，VT_{18} 的集电极—发射极电压 U_{CE18} 应被限制在一定的范围内（约 7V），如果超出这个范围（比如在电压输入端加了过高的电压）时，稳压管 VZ_2 导通，R_{19}、VD_2 支路内电流部分注入 VT_{16} 基极，使 VT_{16} 导通，从而限制了 VT_{18} 的输出电流。VT_{18} 上的管压降越高，VT_{16} 基极注入电流越大，VT_{18} 的集电极电流就减少得越多。因此 VT_{18} 上的电压和电流都可保持在安全工作区内。从而避免 VT_{18} 因过热产生二次击穿现象。

芯片过热保护电路由 R_7、VT_{14} 组成，R_7 是正温度系数的扩散电阻，常温阻值 500Ω 左右，VT_{14} 的发射结电压 U_{BE} 具有负温度系数，当芯片温度较低时，R_7 两端的压降不能使 VT_{14} 导通，截止的 VT_{14} 对调整管没有影响。当芯片温度达到额定值时，R_7 的阻值增大到使 VT_{14} 导通，实现对调整管 VT_{17}、VT_{18} 基极电流的分流，调整管的输出电流减小，因此芯片的功耗减小，芯片的温度降低。

5. *启动电路*

图 10-23 中 VT_8、VT_9 组成的镜像电流源和基准电压源因电路结构的关系，当输入电压 U_i 接入时，难以自行导通，以致输出电压无法建立，所以需要设置启动电路来帮助电路进入工作状态。启动电路由 R_4、VD_1、R_5、R_6、VT_{12}、VT_{13} 组成，当电源接通后，VD_1 进入稳压状态，VT_{12}、VT_{13} 导通，VT_{13} 的集电极电流使三极管 VT_8、VT_9 组成的电流源工作，发射极电流使 VT_1～VT_6 组成的基准电压源工作，输出电压建立起来后，VT_{10}、VT_5 导通，VT_8 的电流流经 VT_{10} 和 VT_5，使 VT_{13} 的发射极电位上升，VT_{13} 截止，启动电路与基准电压源的联系被切断。保证了基准电压源不受输入电压波动或噪声的影响。

三端可调集成稳压器是在三端固定电压稳压器的基础上发展起来的，它使用灵活，稳压精度更高。与三端固定电压稳压器相比，它的电路组成相似，只是取样电阻外接，调整外接电阻，就可以调整输出电压。

二、集成稳压器的应用

图 10-24 是 78××系列的典型应用原理图，正常工作时，输入端和输出端的电压差要在 2～3V 以上，但也不能太大，否则稳压器的功耗较大，发热严重。对于输出电压在 5～18V 之间的稳压器，要求最大输入电压不超过 37V；输出电压为 24V 的稳压器，最大输入电压不超过 40V。集成稳压器是功耗较大的器件，要将其固定在足够大的散热器上，以帮助散热。输入端接入电容 C_1，这样当集成稳压器远离整流滤波电路时，可以减小输入电压中的纹波电压，输出端接入 C_2 用来抑制电源电路窜入的高频干扰。C_3 是电解电容，它用来改善瞬态负载响应特性。VD 是保护二极管，用来在输入端短路时，给负载电容一个放电通路，防止输出端滤波电容上的电压加到调整管的发射结上，导致发射结反向击穿而损坏。

如果负载要求提供更大的电流输出，可以采用外接功率三极管扩大输出电流的办法，如图 10-25 所示。VT_2 是外接的功率 PNP 管，它与 7805 内的 NPN 调整管组成复合管，使用时应根据所需负载电流选用合适的外接功率管。VT_1 和电阻 R_1 组成 VT_2 的限流保护，以防 VT_2 因过流而损坏。

当需要同时输出正负电压时，比如为集成运算放大器供电，可采用图 10-26 所示的电

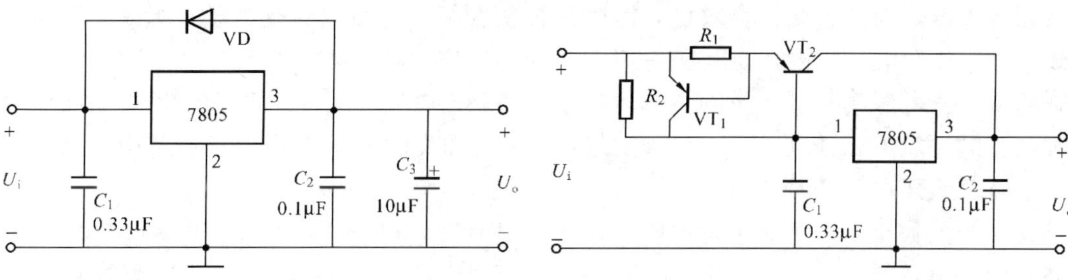

图 10-24 三端稳压器的典型应用

图 10-25 三端稳压器的扩流电路

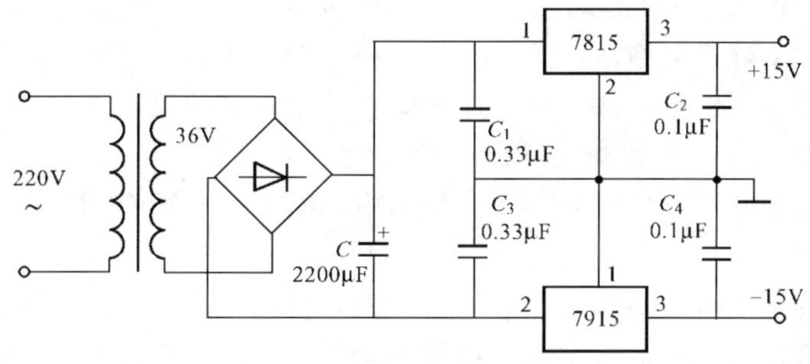

图 10-26 双路输出±15V 稳压电源

路，根据所需输出电流的大小，集成稳压器的型号可以是 78L15，79L15（100mA）或 78M15，79M15（500mA）。

三端电压可调集成稳压器 LM117/LM317（正输出）和 LM137/LM337（负输出）输出电压可在 1.25～37V 之间调节，当然为保证内部调整管始终工作在放大区，输入直流电压应比最大输出电压至少大 2～3V。图 10-27 是 LM317 的典型应用电路，电阻 R_1 两端电压为 1.25V，流过 R_1 的电流为 1.25V/R_1，该电流与调整端流出电流 I_{ADJ} 一起流过 R_2，故输出电压 U_o 为

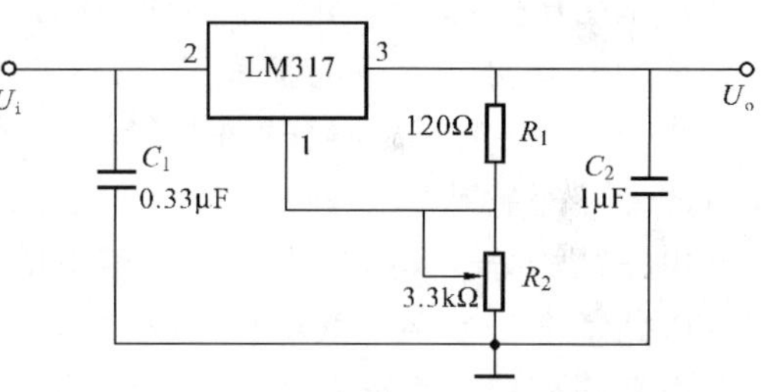

图 10-27 可调稳压器 LM317 的典型应用

$$U_o = 1.25\left(1 + \frac{R_2}{R_1}\right) + I_{ADJ}R_2$$

因调整端电流 I_{ADJ} 为 50μA，而 R_1 的阻值又较小，上式中第二项可忽略不计，所以图 10-27 电路的输出电压可以用下式估算

$$U_o = 1.25\left(1 + \frac{R_2}{R_1}\right) \quad (\text{V}) \tag{10-63}$$

第四节 开 关 稳 压 电 源

前面介绍的线性稳压电源电路简单、调整容易、输出电压波纹小，具有优良的电气特性。但由于调整管串联在负载回路中，而且必须工作在线性区，要有一定的功率损耗。所以线性稳压电源的功率转换效率比较低，一般不超过 50%。另外线性稳压电源要采用笨重的

工频电源变压器，为了给调整管散热，需要为调整管配备大面积的散热器。所以线性稳压电源有效率低、体积大而重的弱点，较适用于小功率、供电质量要求高的场合。

开关型稳压电源具有变换效率高、体积小、质量轻的优点，可以加入多种控制和保护功能，现已在航空航天、计算机、通信、交通、家用电器等领域的各类电子设备中广泛使用。

一、开关稳压电源的特点与分类

首先，开关稳压电源中功率调整管工作在开关状态，以数十千赫以上的频率在饱和、截止状态之间快速转换。当三极管作为开关使用时，导通（饱和）时，虽然要流过较大的电流，但管压降很小，不会有太大的功率消耗，而关断（截止）时，要承受较高的电压，但集电极电流基本为零，也几乎不消耗能量。因此功率转换效率大为提高，通常可达 80%以上。其次，目前使用的大多数开关稳压电源抛弃了工频电源变压器，功率管的功耗减小，发热量减小，配用的散热器也可以小一些；而工作频率在几十千赫滤波电感、电容也可以用较小数值的元件，总之，与同样功率的线性稳压电源相比，开关稳压电源的体积和重量都大为减小，有利于实现设备的小型化。此外，开关稳压电源对电网电压有很好的适应性，在 140～260V 范围内均可正常工作。

开关稳压电源的缺点是电路较复杂，调整不便，输出电压中有较大的波纹干扰。但随着技术的发展，已经可以将电路的大多数元件做到硅片中，生产出多种开关稳压电路用的集成控制芯片，有的甚至将功率调整管与调整控制电路做在一个芯片中，这就使得电路变得简单起来，而输出电压的质量也因设计理论的完善，元器件性能的提高有了长足的进步。所以可以说，上述在分立元件时代无法逾越的困难，在现在已不是主要问题了。

开关型稳压电源的实用电路多种多样，其分类也较多。按激励方式分，有自激式和他激式；按控制方式分，有保持开关频率不变，控制导通脉冲宽度的脉冲宽度调制型（称为 PWM 型）；有保持开关导通时间不变，控制开关频率的脉冲频率调制型（简称 PFM）；还有同时改变导通脉冲宽度和工作频率的混合调制型。实际使用电路中，PWM 方式用得较多。按电路结构分，又有串联开关稳压电路、并联开关稳压电路、直流变换器型稳压电路。前两种电路适合于实现对低压直流的稳压，如欲用于工频交流电向低压直流的变换，则还需配工频电源变压器和整流滤波电路，变换效率高的优势尽失，不适合用于 AC-DC 变换。由于高耐压大功率器件的普及，已可以直接将交流电网的工频 220V 交流整流滤波成直流，再经过直流—交流—直流的转换过程将其变换成低压直流，并在这种转换中实现稳压目的。这种结构转换效率高，电源的体积和质量很小，是目前 AC-DC 变换器的常见形式。

二、开关稳压电源的工作原理

如前所述，开关稳压电源种类很多。现以属于变换器型的 AC-DC 变换器为例，介绍其工作原理。图 10-28 是其框图，图中 220V 交流电通过输入回路的整流器和滤波器转换成约

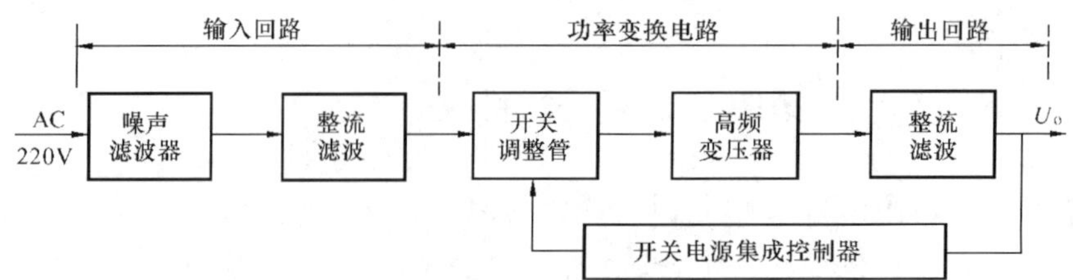

图 10-28 变换器型 AC-DC 开关稳压电路框图

300V 直流电压，送入功率变换电路。开关调整管工作在开关状态，以 20kHz 以上的频率将整流后得到的直流电压变换成高频矩形波脉冲电压，经高频变压器降压和隔离，由输出回路的高频整流器和滤波器变成直流电供给负载。稳定输出电压的任务由控制集成电路实现，控制电路内包含有基准电压、振荡电路、比较放大器、脉宽调制器等。当输出直流电压因电网电压或负载变化而波动时，比较放大器根据取样信号和基准电压对误差信号进行比较放大，改变输出脉冲的脉冲宽度，而此脉冲是高频变换器中功率开关管的激励信号，决定着开关管的通断比例。当脉冲宽度增大时，输出直流电压增加，脉宽变窄时，输出降低。由此即可实现稳压过程。

1. 输入回路

输入回路中的噪声滤波器是低通滤波器，设置它一方面是为了减少交流电网噪声对稳压电源的影响，另一方面，开关电源本身就是一个较大的噪声源，为了防止高频噪声串入交流电网，所以必须在开关电源的进线处使用低通滤波器。图 10-29 是几种常用平衡滤波电路的形式，其中图 10-29（a）、（b）是平衡 π 型；图 10-29（c）、（d）是平衡 L 型；图 10-29（e）、（f）是平衡 T 型。

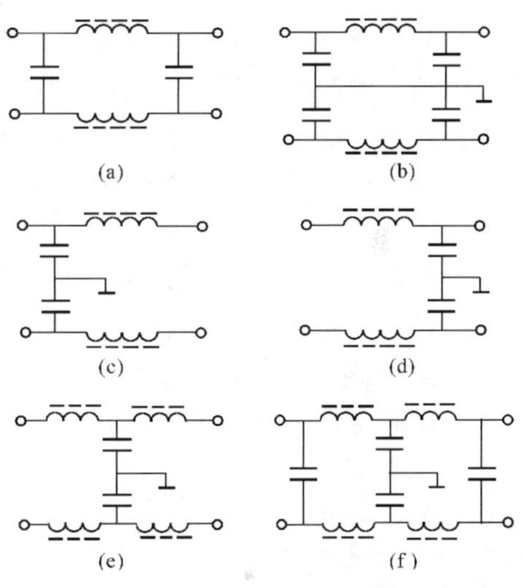

图 10-29 平衡低通滤波器

整流滤波电路与常规整流电路相同，都是为了将交流转变成直流，其形式常用桥式整流。因滤波电容负有储能之责，容量大、工作电压高，所以在接通电源的瞬间可能会形成很大的浪涌电流。在大功率开关电源中，为防止开机浪涌电流的冲击，一般设有软启动电路。

2. 功率变换电路

功率变换电路有推挽、全桥、半桥、单端反激和单端正激等形式，它是整个电路实现变压、变频和完成输出电压调整的关键部件。图 10-30 给出了上述几种功率变换电路的基本原理图。图中直流电压 U_d 是将交流电压经整流滤波后的直流电压，各电路工作原理简述如下。

（1）推挽式电路。推挽三极管 VT_1、VT_2 的基极输入信号是两个相位相反的矩形波，则两个三极管交替饱和导通。当 VT_1 导通时，集电极电流 I_{C1} 流过高频变压器一次侧的上半部分绕组，在变压器二次侧产生电压极性为上负下正，同时考虑到 I_{C1} 在一次侧下半部分绕组中产生的感应电动势，将使截止的 VT_2 承受 2 倍的电源电压即 $2U_d$。当 VT_2 导通时，I_{C2} 流过高频变压器一次侧的下半个绕组在变压器的一次侧产生极性为上正下负。同时截止的 VT_1 最大集电极—发射极电压也将达到 $2U_d$。显然，当 VT_1、VT_2 基极输入电压波形以 20kHz 以上的频率使其在饱和及截止之间交替转换时，高频变压器一次侧也将按变比产生相应的交变电压。

当一个功率管从截止向饱和变化时，另一个功率管正从饱和向截止转换。这样就会形成一小段两个功率管均处于导通状态的时间，此时会产生较大的管耗（称为动态功耗）。在信号的一个周期中，功率管的集电极会出现两次这种高电压、大电流的重叠，所以工作频率愈高、功率管的管耗愈大。为减小管耗，功率三极管必须选开关特性好的（即 t_{on}、t_{off}小的）。

所谓开关特性，指的是三极管在一定集电极电流下，在饱和、截止两种状态之间转换所需时间的长短。这里分两种情况，一是三极管由截止转变为饱和所需时间，此时集电极电流由零增大到饱和电流值，这个时间称为开通时间，用 t_{on}❶表示。二是三极管由饱和转变为截止所需时间，此时集电极电流将由饱和电流值减小到零，这个时间称为关断时间，用 t_{off}❷表示。因为三极管在饱和状态下基区会积累大量的载流子，这是维持较大饱和电流所必需的。这些载流子被称为存储电荷。当三极管基极驱动信号消失后，三极管并不能立即截止，它要经历一个存储电荷的消散过程，只有基区存储电荷全部消散后，三极管才能进入截止区。所以关断时间实际上就是存储电荷的消散时间，同理，开通时间是存储电荷的积累时间。相比之下，三极管的 $t_{off}>t_{on}$。显然，三极管的 t_{off}小，有利于减少动态功耗，提高开关速度。

（2）全桥式电路。在推挽式变换电路中，要求三极管的电压额定值必须至少是两倍的直流输入电压，考虑最坏情况，三极管的耐压应为输入电压的 3.3 倍。在 220V 交流电压直接整流的情况下，提供给变换器的直流输入电压可达到约 310V，这就需要功率管要有 1100V 以上的耐压。由于具有合适的开关速度、电流和电压的三极管价高难购，所以工程上很少采用。

图 10-30（b）所示全桥式变换器由两个推挽式电路组成，四个功率管组成四个桥臂，工作时，处于对角线上的两个管子同步导通或截止，当 VT_1、VT_4 导通（VT_2、VT_3 截止）时，高频变压器一次侧的电流方向从上到下；而当 VT_2、VT_3 导通（VT_1、VT_4 截止）时，变压器二次侧电流方向从下向上，变压器二次侧也将得到交变电压。

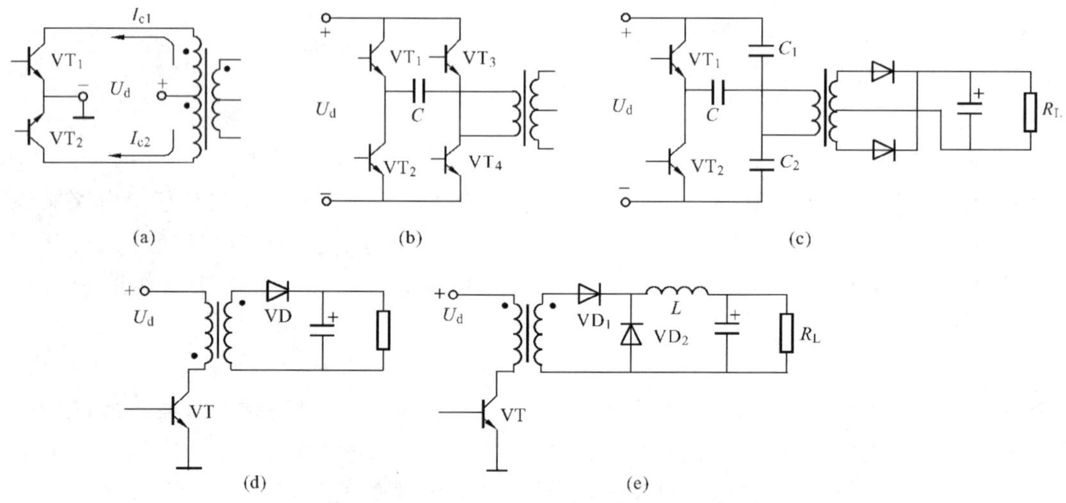

图 10-30　功率变换电路的几种形式

（a）推挽式；（b）全桥式；（c）半桥式；（d）单端反激式；（e）单端正激式

与变压器一次侧串联的电容 C 用来防止变压器进入磁滞回线的饱和区。当变压器铁芯

❶ 三极管的开通时间 $t_{on}=t_d+t_r$，t_d 叫延迟时间，t_r 是上升时间。

❷ 三极管的关断时间 $t_{off}=t_s+t_f$，t_s 叫存储时间，t_f 是下降时间。

饱和时，变压器阻抗下降，变压器的励磁电流开始按指数曲线增大，此时三极管不可能继续工作在饱和区。集电极电压和集电极电流同时增大将使三极管管耗增大，极易超出安全工作区而损坏。导致这一现象的原因可能是桥臂上两组三极管的参数（如 U_{BE}、U_{CES}、β、开关速度等）不相同，也可能是基极驱动脉冲不对称，造成流过变压器一次侧绕组上的两个方向的电流不平衡。在一个工作周期结束后，变压器铁芯的磁通密度值会偏离原始出发点，经多个周期后，铁芯进入饱和区，使集电极电流急剧增大。接入电容 C 后，由于电容的隔断直流作用，可以避免出现这样的情况，保证变压器的正常工作。

当 VT_1、VT_4 导通时，如果将饱和压降 U_{CES1} 和 U_{CES2} 忽略不计，视为零，则加在截止三极管上的最大电压是输入直流电压 U_d，所以全桥式变换器所需三极管的耐压是推挽式电路的一半。工作电压降低，可以大大提高电路的可靠性。

（3）半桥式电路。在输出功率较小的情况下，可以用两个电容器代替全桥桥臂上的两个三极管，组成半桥式变换电路。在图 10-30（c）中，电容 C_1、C_2 上的压降均为 $0.5U_d$，当 VT_1 导通时，C_1 放电，C_2 充电；当 VT_2 导通时，C_1 充电，C_2 放电。而这种电容的充放电引起的电容分压点的电位变化应很小，否则将使输出电压中的纹波电压加大。所以，加在变压器一次的电压是 $0.5U_d$，比全桥式变换器小了一半，在相同的输出功率下，半桥式电路变压器一次绕组中的电流应是全桥式的两倍。

（4）单端反激式电路。当三极管 VT 导通时，输入直流电压 U_d 便加到变压器一次绕组上，根据图中所标变压器绕组同名端，二次绕组电压为上负下正，整流二极管截止，二次绕组中没有电流。当 VT 截止时，二次绕组电压为上正下负，二极管导通，此时三极管导通期间储存在变压器中的能量通过整流二极管向负载释放。这里变压器起到了储能电感的作用。

（5）单端正激式电路。在三极管 VT 导通时，根据一次绕组同名端和整流二极管的接法，可知 VD_1 导通，输入电压经变压器向负载传输能量，此时滤波电感 L 储能。VT 截止时，VD1 截止，电感 L 中的感应电势使续流二极管 VD_2 导通，L 中储存的能量经 VD_2 向负载释放。另外，在 VT 导通期间，变压器中也储存了磁能，到 VT 截止时，VD_1 也截止，此时必须为这些储存的能量提供泄放途径，否则变压器一次绕组上会产生过电压，损坏三极管。具体方法可查阅有关资料，这里不再赘述。

在上述各种功率转换电路中，若三极管以固定的周期在饱和、截止之间高速转换时，如果延长三极管导通时间，能量传递充分一些，输出电压会增大。反之，缩短三极管的导通时间，延长截止时间，则输出电压将会减小。

3. 输出回路

输出回路的任务是将高频变压器二次侧的交变电压进行整流滤波，得到输出直流电压。整流电路常用形式有半波和全波整流［见图 10-30（c）］。在输出电压只有几伏的情况下，整流管的正向压降会明显地影响整流效率。同时考虑到整流器工作频率在几万赫兹以上，所以整流二极管应选用工作频率高，正向压降小的肖特基（SD-Schottky Diodes）整流二极管。肖特基是利用金属与半导体之间的接触势垒进行工作的多数载流子器件，它的正向压降比一般的半导体二极管低 0.2～0.3V，而且是多数载流子导电，没有少数载流子的存储效应和由此产生的扩散电容，非常适合工作在高频低电压大电流整流场合。在输出电压较高的情况下，则应选快恢复整流二极管。

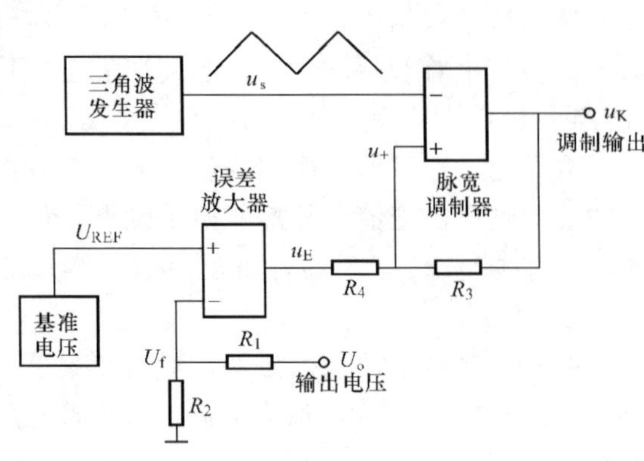

图 10-31　实现脉宽调制的一种基本方法

4．开关稳压电源的控制电路

（1）控制电路的工作原理。以常用的脉冲宽度调制(PWM)为例：若不计状态转换时间，功率管的开关工作周期 $T=T_1+T_2$，其中 T_1、T_2 分别是三极管的导通时间和截止时间。当因电网电压波动或负载电流变动致使电路输出电压不稳时，可以调整三极管的导通时间 T_1 来保持输出电压的稳定。若开关周期 T 固定，调整三极管的导通时间 T_1 就可以实现对输出电压的控制。这种方法称为脉冲宽度调制（PWM），图 10-31 是实现脉宽调制的一种基本方法。在此图中，U_o 是输出电压，误差放大器是采用差动输入方式的高增益放大器，若 U_o 增大，则电阻 R_2 上的反馈电压 U_f 大于基准电压 U_{REF}，误差放大器的输出 u_E 减小，反之，u_E 增大。且 U_o 变化越大，u_E 的变化也就越大。脉宽调制器实际上是一个输入为三角波的滞回比较器（见第六章第一节），电阻 R_3、R_4 引入正反馈。根据叠加定理，滞回比较器的同相输入端电位 u_+ 为

$$u_+=\frac{R_4}{R_3+R_4}u_k+\frac{R_3}{R_3+R_4}u_E$$

上式中的第一项与调制输出电压 u_k 有关，而 u_k 只有两个值——高电平和低电平，所以滞回比较器有两个阈值电平（见图 10-32 中 u_s 波形图中两条水平虚线）。第二项则是阈值电平的 Y 轴平移项，当 u_E 增大时，阈值电平升高，两条水平虚线等距上移，当 u_E 减小时，阈值电平下降，表示阈值电平的两条水平虚线等距下移。在图 10-32 中给出了这三种情况下的调制输出电压 u_k 的波形，可以看出，在输出电压正常时，调制输出电压波形的占空比为 50%［见图 10-32 (a)］。当电路输出电压 U_o 减小时，误差放大器输出 u_E 变大，使得阈值电平上移，调制电压波形中高电平的持续时间增加，占空比大于 50%［见图 10-32 (b)］，在此信号驱动下，功率管的导通时间增加，输出直流电压将回升，达到稳压的目的。同理，当输出电压 U_o 增大时，误差放大器输出 u_E 减小，使得阈值电平下移，调制电压波形中高电平的持续时间减少，占空比小于 50%［见图

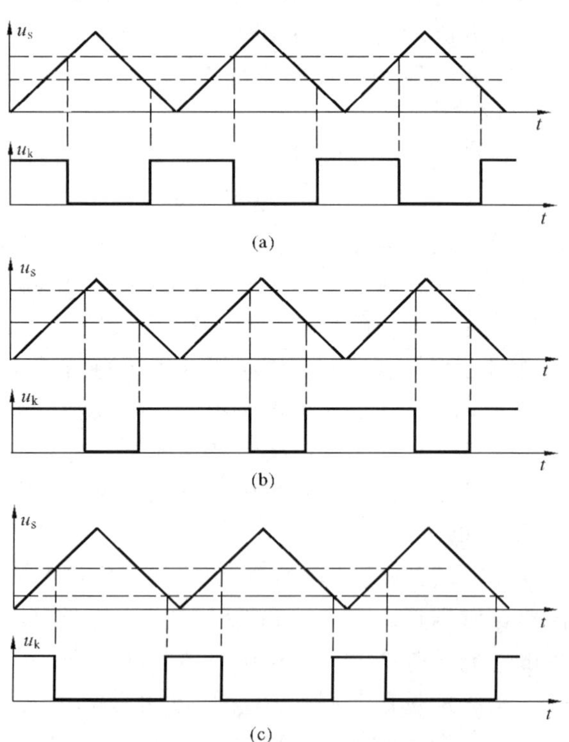

图 10-32　脉宽调制电路的波形图
(a) 输出电压等于预设值时的情况；(b) 输出电压减小时的情况；(c) 输出电压增大时的情况

10-32 (c)]，在此信号驱动下，功率管的导通时间减少，输出直流电压将下降。

在上述调整过程中，调制输出电压波形的周期是不变的，改变的是输出脉冲的宽度。

将图 10-31 的调制脉冲 u_k 经过分相电路，产生相位差 180°的互补脉冲串，分两路经死区控制电路输出。如图 10-33 所示，为形象起见，将图中调制电压 u_k 画成了正在经历调宽过程，u_k 脉宽正在增大。分相电路将 u_k 脉冲依次分送到 u_{o1} 和 u_{o2}，这两路输出脉冲频率会下降一半，经驱动电路可以作为推挽、全桥和半桥变换电路的激励信号。将两路信号并接后可以作单端变换电路的激励信号。

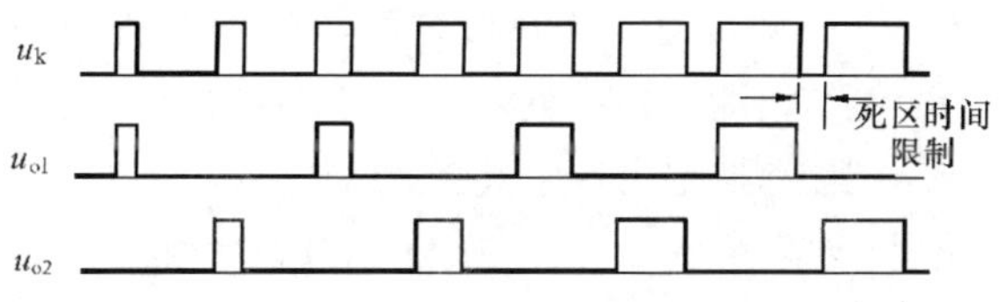

图 10-33　将调宽脉冲分相成功率管的驱动信号

在推挽、全桥、半桥等电路中，两个（组）功率管轮流导通。若占空比为 50%，则理想情况是一管导通时，另一管立即截止。但实际上，由于三极管内载流子的存储效应，会出现当一个管子导通时，另一管子尚未截止，形成所谓“同时导通”的现象，“同时导通”的三极管在输入直流电源的正、负之间形成一个低阻通路，集电极电流此时增加剧烈，功耗的增加将导致功率管的损坏。为此需要在两路控制脉冲之间有一个休止时间，即所谓死区时间。以保证彼管完全截止后，此管才导通。所以该休止时间应大于功率管的关断时间。

(2) 集成控制器芯片举例。具有上述功能的控制电路早已实现集成化，比如 20 世纪 70 年代出现的 MC3420、SG1524/2524/3524，以及后面的 TL494、SG1525、UC1840 等。它们除了具有图 10-31 的电路结构外，还添加了可调死区时间限制，过压、欠压保护，软启动等功能，使得电路工作安全可靠，外围电路愈加简单。

下面以 TL494 为例，介绍集成 PWM 控制器的电路结构和工作原理。图 10-34 是 TL494 的内部电路框图，它属于两路输出的固定频率的脉宽调制型控制器。在 7～40V 的电源电压范围内均可正常工作，芯片内部包含了锯齿波振荡电路、死区时间控制比较器、PWM 比较器、基准电压、两路误差放大器、输出脉冲分配控制电路、输出脉冲驱动等电

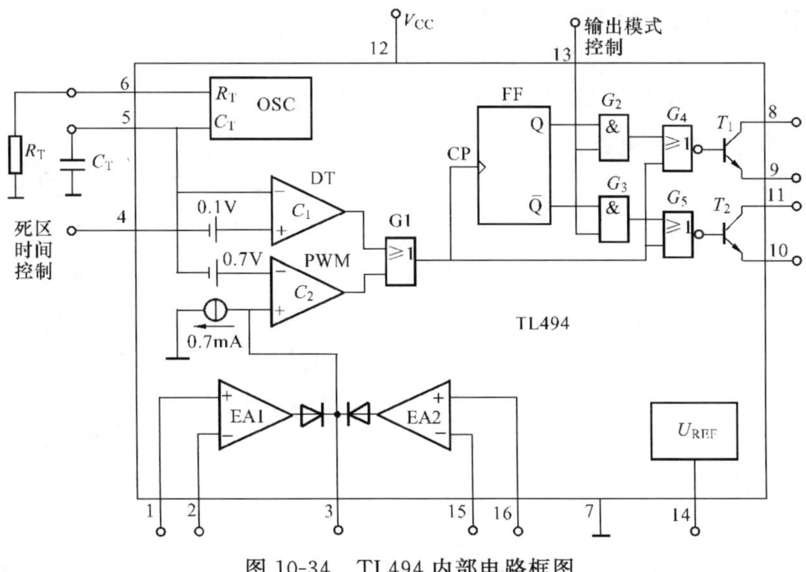

图 10-34　TL494 内部电路框图

路。电路工作频率由锯齿波振荡器决定，振荡频率由外接 RC 元件决定，振荡频率约为

$$f \approx \frac{1.1}{R_T C_T}$$

式中：R_T 一般在 5～100kΩ 之间；C_T 一般在 0.001～0.1μF 之间。

比较器 C_1 根据 4 脚输入的控制电压的大小决定死区时间的长短，输出脉冲的宽度调制由 PWM 比较器完成，它将定时电容 C_T 上的正向锯齿波与误差放大器来的信号进行比较，决定输出脉冲的宽度。G_1 是数字电路中的“或门”，其输出输入关系是当所有输入都为低电平时，输出才为低电平，否则输出为高电平。所以只有当 C_T 上的锯齿波电压大于 3 脚、4 脚输入的控制信号时，G_1 的输出信号才为低电平，而 G_1 输出为低电平时间的长短经触发器 FF 及 G_2～G_5 组成的脉冲分配电路后，直接决定着输出三极管 VT_1、VT_2 的导通时间。显然，加大 4 脚的死区控制电压或 3 脚上被放大的误差电压增大时，输出的脉冲宽度将减小。这里输出脉冲宽度受两个因素影响，一是 4 脚所加的死区时间控制电压，一是从稳压电路输出端反馈回来的误差信号。实测表明，当 3 脚上的控制电压从 0.3V 变到 3.5V 时，脉宽调制器 C_2 的输出就能使输出脉冲的占空比由死区时间控制端所确定的最大百分比下降到零。

EA_1 和 EA_2 是误差放大器，其开环电压增益约为 95dB，允许的共模输入范围为－0.3～(V_{CC}-2)V。设置两个误差放大器的原因是可以同时检测稳压电路的输出电压和输出电流，它们的输出电压以“或”的关系加到 PWM 比较器的同相输入端。决定着 3 脚的电压大小。

该芯片有两种工作模式：单端输出和双端输出，由 13 脚输出模式控制端的两种接法决定。当 13 脚接地时，电路屏蔽了触发器 FF 的分相作用，使得 G_1 输出的低电平经“或非门”G_4、G_5 后驱动输出三极管导通，此时两个三极管的工作状态是一样的，所以可以并联使用，并联后输出驱动电流增大一倍，可达 500mA，输出脉冲的频率等于锯齿波振荡器的频率。这种输出方式可用来驱动单端式变换电路。当 13 脚接到基准电压上时，触发器的输出与 G_1 输出共同作用，使得两个输出三极管交替导通与截止，用其集电极输出作为功率变换电路的驱动信号，从而实现推挽工作，可用于推挽式、半桥式或全桥式功率变换电路。此时输出脉冲频率是锯齿波振荡器频率的一半。

TL494 控制器内部有一个 5V 的基准电压 U_{REF}，输出电流能力 10mA，精度±5%。可为外围电路提供参考电压。

由于 TL494 的功能齐全，在许多开关电源电路包括计算机稳压电源中多有应用。

三、单片开关电源集成电路

单片开关电源是国际上 20 世纪 90 年代后才开始流行的新型开关电源芯片，具有代表性的是美国 PI（PowerIntegrations）公司出品 TOPSwitch 系列芯片，现在已形成了 TOPSwitch、TOPSwitchⅡ、TOPSwitch FX、TOPSwitch GX、TinySwitch 和 TinySwitch Ⅱ六大系列，有近百种型号。它们具有高集成度、性价比高、外围电路简单、性能指标优良等显著优点，现已成为国际上开发 250W 以下中、小功率开关电源、精密开关电源及电源模块的优选集成电路。其特点是在单一 CMOS 芯片上集成了功率 MOSFET、PWM 控制器、故障检测及保护、误差放大等单元电路。工作频率一般在 100kHz 以上，并且在稍后的芯片内集成了很多内置的以及用户可配置的功能，使电路性能日益完善，比如增加了软启动功能，增强了零负载调节能力，过热关断后器件的自动故障恢复，电网过、欠压检测，远程 ON/OFF，电流限制以及开关频率的选择等功能。用单片开关电源集成电路制作的开关稳压电源

体积小、电路简单、可靠性高、功能齐全，电磁兼容性能也得到较大的提高，故在中、低功率电子设备中有着广泛的应用前景。

图 10-35 给出了集成开关稳压电路 TOP221 的外形和典型应用电路。该芯片的特点是只有漏极、源极和控制极三个管脚。功率变换电路为单端反激式，瞬变电压抑制二极管 VD_1 和快恢复二极管 VD_2 组成开关稳压芯片的过电压保护，防止功率 MOS 管截止时被高频变压器一次侧上的过电压击穿。变压器下面的二次绕组和 VD_4、C_4 用来提供反馈电压，稳压管 VZ 和 R_1、光电耦合器 TLP521 组成反馈电路，同时完成了输出部分与强电部分的隔离。当输出电压发生变化时，通过光电耦合器发光二极管的电流改变，使得光耦内光敏三极管的导通情况随之而变，引起集成稳压芯片控制端电位的变化，实现对功率 MOSFET 导通时间的调制。

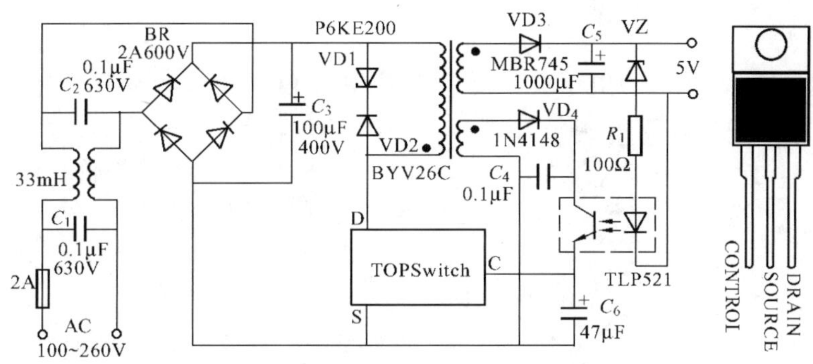

图 10-35　TOP221 芯片的典型应用及外形

本　章　小　结

直流电源的任务是将交流电变换成稳定的直流电提供给负载，其组成一般有整流、滤波、稳压等几部分。

整流电路的任务是将交流电变换成单向脉动的直流电，变换的依据是晶体二极管的单向导电性。在各种整流电路中，桥式整流电路应用最为广泛。

滤波电路的作用是把整流后输出波形中的交流分量尽可能地滤除掉，并保留其直流成分。其电路组成主要采用电抗性元件作滤波元件，将对交流分量阻抗大，对直流分量阻抗小的元件（电感）与负载串联，使交流分量大部分降落在该元件上；将对交流分量阻抗小，对直流分量阻抗大的元件（电容）与负载并联，以形成对交流分量的旁路。如果采用复式滤波电路，将使滤波效果提高。若采用电容输入式滤波电路，如电容滤波、π 型滤波等后将有较大的冲击电流，对整流二极管的安全构成威胁，因此选用二极管时要有足够的安全裕量。

在对直流电源质量要求较高的场合，需用稳压电路。稳压电路的任务是在电网电压波动或负载电流变化时，使输出电压保持基本稳定。硅稳压管稳压电路结构简单，适用于输出电压固定且负载电流较小的场合。恒压源的输出直流电压可在一定范围内连续可调，由于引入电压负反馈，输出电压更为稳定。串联型稳压电路有调整、采样、比较放大、基准电压共四个基本组成部分；其稳压的实质是引入电压负反馈来稳定输出电压；其输出电压可以在一定的范围内进行调节。为了防止负载电流过大或输出短路使元器件损坏，在实用的稳压电路中需加入各种保护电路，如限流式或截流式保护电路等。

在大功率电源供电的场合，开关稳压电源以效率高的优点成为首选，同时其应用不断在向小功率应用方面延伸。开关稳压电源中调整管工作于开关状态，通过改变调整管的通断时间就可以实现对输出电压的控制。常用的控制形式是脉冲宽度调制（PWM）。就其电路类型来说，有串联开关稳压电路，并联开关稳压电路，直流变换器型开关稳压电路。而每种类型又有多种电路结构。因篇幅所限，这里仅介绍了一些基本概念，有兴趣的读者可阅读有关资料。

习　　题

10-1　已知图 10-36 所示的单相桥式整流电路中 $u_2(t)=U_{2m}\sin\omega t$，二极管 VD_3 已损坏而呈断路，试对应 $u_2(t)$的波形，画出输出电压 $u_o(t)$的波形，并求 $U_{o(AV)}$？

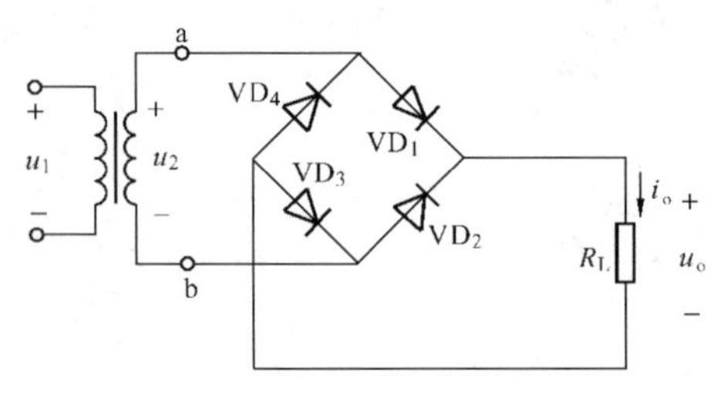

图 10-36　题 10-1 图

10-2　图 10-36 所示单相桥式整流电路中，若变压器二次侧电压有效值 $U_2=20V$，试回答：

（1）正常工作时，直流输出电压 $U_{o(AV)}$ 是多少？

（2）每个二极管的正向平均电流 $I_{D(AV)}$ 及最大反向峰值电压 U_{RM} 各是多少？

（3）若二极管 VD_1 因虚焊而断路，将会出现什么现象？直流输出电压 $U_{o(AV)}$ 是多少？

（4）若二极管 VD_1 极性接反则电路会出现什么问题？

（5）若四个二极管全部反接，则直流输出电压 $U_{o(AV)}$ 是多少？

10-3　图 10-37 所示电路是能输出两种整流电压的桥式整流电路。试分析各二极管的工作情况，在图中标出直流电压 $U_{o(AV)1}$ 和 $U_{o(AV)2}$ 对地的极性。如果已知 $U_{21}=U_{22}=10V$（有效值），求 $U_{o(AV)1}$ 和 $U_{o(AV)2}$ 各为多少？若 $U_{21}=12V$，$U_{22}=8V$ 时，画出 u_{o1}、u_{o2} 的波形，估算各个二极管的最大反向峰值电压，并求 $U_{o(AV)1}$ 和 $U_{o(AV)2}$ 各为多少？

10-4　图 10-38 所示单相桥式整流电容滤波电路中，变压器二次侧电压有效值 $U_2=20V$，$R_L=20\Omega$，试求：

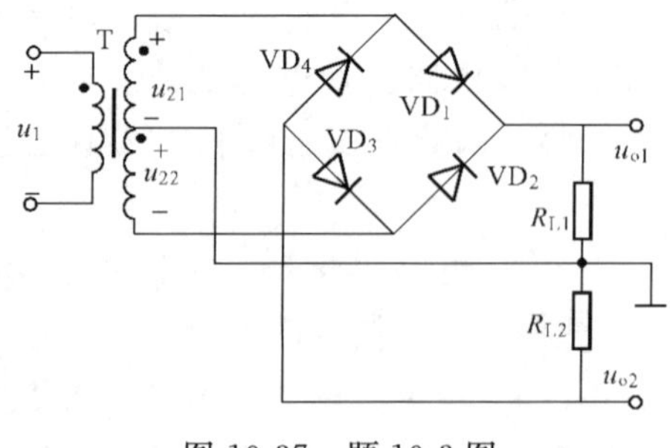

图 10-37　题 10-3 图

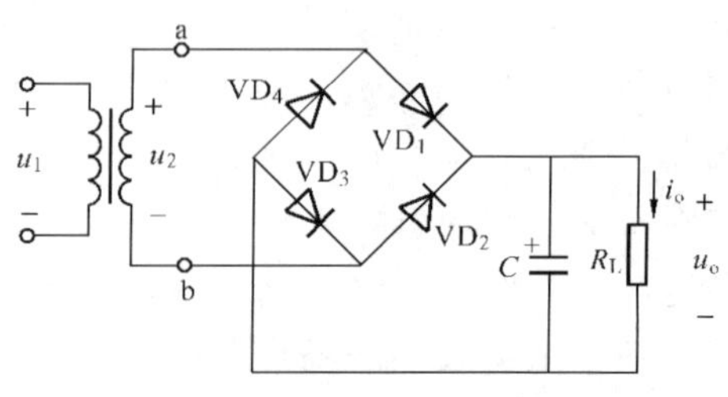

图 10-38　题 10-4 图

(1) 负载电流 $I_{o(AV)}$。

(2) 每个二极管的正向平均电流 $I_{D(AV)}$ 及最大反向峰值电压 U_{RM}。

(3) 电容 C 的耐压应为多少?

10-5 图 10-38 所示单相桥式整流电容滤波电路中,设滤波电容 $C=1000\mu F$,交流电源频率为 50Hz,$R_L=5.1k\Omega$。试问:

(1) 若要求直流输出电压 $U_{o(AV)}$ 为 18V,问变压器二次侧电压 U_2 需要多少伏?

(2) 如果 R_L 减小,直流输出电压 $U_{o(AV)}$ 是增大还是减小?二极管的导电角是增大还是减小?

(3) 若电容 C 因虚焊而未接入,直流输出电压 $U_{o(AV)}$ 是增大还是减小?二极管的导电角是增大还是减小?

10-6 图 10-38 所示单相桥式整流电容滤波电路中,已知变压器二次侧电压 $U_2=20V$,$C=1000\mu F$,$R_L=40\Omega$,试问:

(1) 电路正常工作时 $U_{o(AV)}$ 为多少?

(2) 若电路中有一个二极管因虚焊而开路,$U_{o(AV)}$ 为多少?

(3) 若电容 C 因虚焊而未接入,$U_{o(AV)}$ 为多少?

(4) 若电路中有一个二极管因虚焊而开路且电容 C 因虚焊而未接入,$U_{o(AV)}$ 为多少?

(5) 如果将负载开路(相当于 $R_L=\infty$)则 $U_{o(AV)}$ 为多少?

10-7 图 10-38 所示单相桥式整流电容滤波电路中,如果要求输出直流电压为 25V,输出直流电流为 200mA,问滤波电容 C 至少应选多大的容量?整流变压器的变比是多少?

10-8 已知倍压整流电路如图 10-39 所示,设二极管均为理想二极管,变压器二次侧电压 $u_2=\sqrt{2}\times300\sin\omega t$ (V),R_L 足够大,求电路中负载 R_L 两端的电压 U_o,并在图中标出各电容上的电压极性。

10-9 电路如图 10-40 所示,已知稳压管 VZ 的稳定电压 $U_Z=12V$、$I_{ZM}=20mA$、$I_Z=5mA$,负载电流变化范围 0~4mA,电网电压波动范围±10%,试确定限流电阻的阻值。

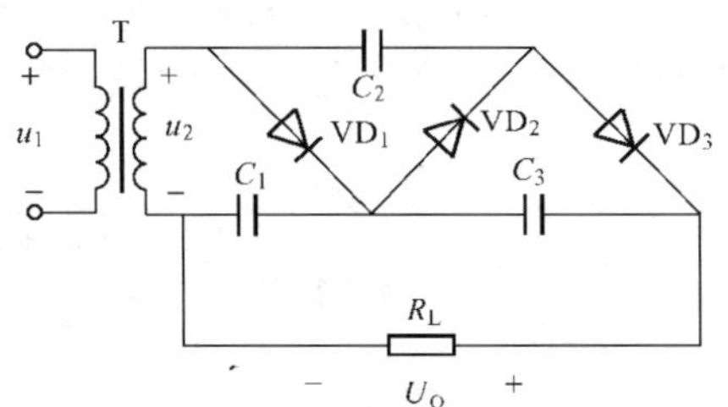

图 10-39 题 10-8 图

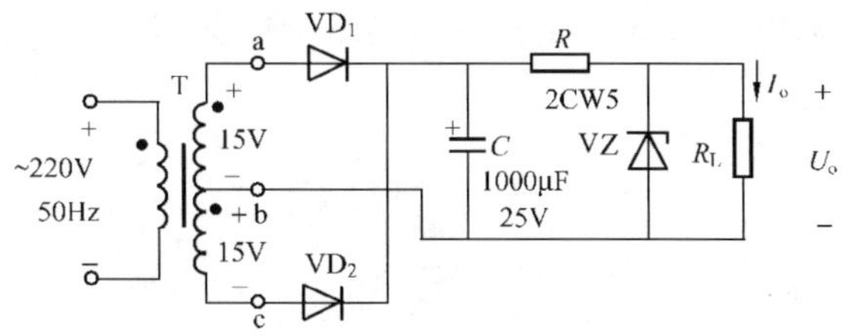

图 10-40 题 10-9 图

10-10 半导体收音机内常用的低压稳压电路如图 10-41 所示,VD_1、VD_2 为硅二极管或三极管的发射结,试说明其稳压原理。

10-11 电路如图 10-42 所示,已知稳压管 VZ 为 2CW5,其稳定电压 $U_Z=12V$、$I_{ZM}=20mA$、$I_Z=5mA$,负载电流变化范围 0~5mA,电网电压波动范围±10%,限流电阻 $R=1k\Omega$。滤波电容 C 采用耐压为 50V、容量为 470μF 的电解电容,试分析电路是否能正常工作?若不能,会出现什么问题?应改变哪个元件参数才能正常工作?

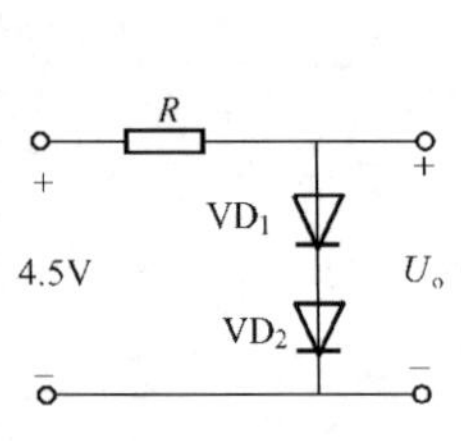

图 10-41　题 10-10 图

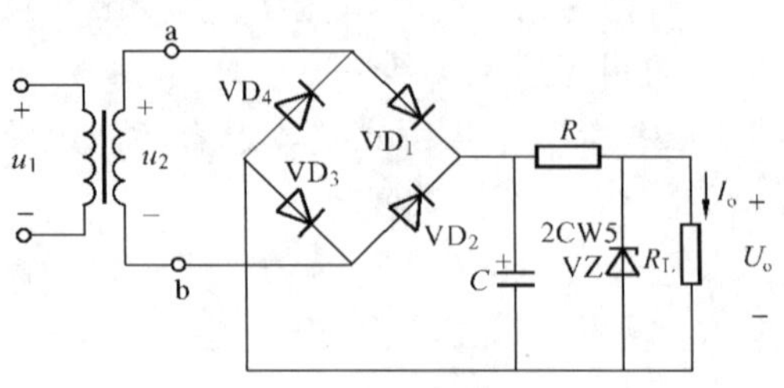

图 10-42　题 10-11 图

10-12　如图 10-43 所示的稳压电路中，已知输入电压 $U_i=10V$，稳压管 VZ 稳定电压 $U_Z=6V$，限流电阻 $R=100\Omega$，问负载电阻 R_L 减小至多少时电路将失去稳压作用？

10-13　指出图 10-44 所示直流稳压电路中是否有错误，如有错误，请加以改正，要求输出电压和输出电流如图示。

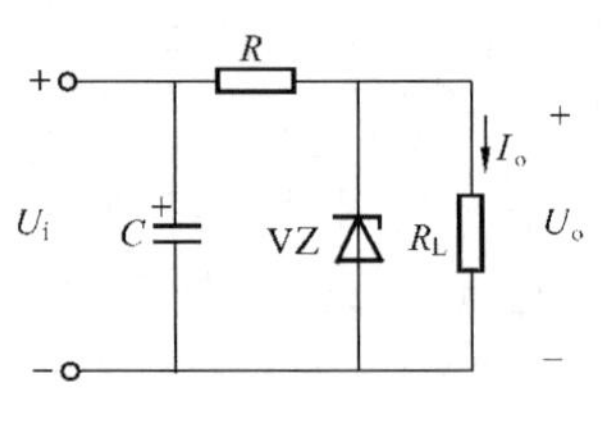

图 10-43　题 10-12 图

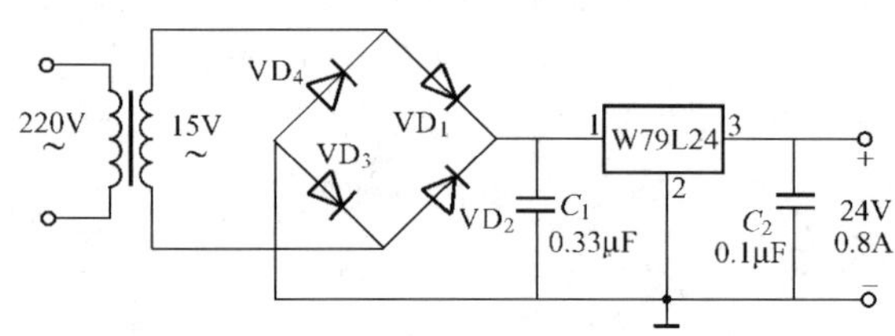

图 10-44　题 10-13 图

10-14　图 10-45 是由三端集成稳压器 W7805 组成的直流稳压电路。已知 W7805 的输出电压为 5V，$I_Z=9mA$，电路的输入电压 $U_i=18V$，求电路的输出电压。

10-15　一个由正、负固定式三端集成稳压器组成的直流稳压电路如图 10-46 所示，要求其输出电压为±15V，输出电流为 300mA，如果已选定变压器二次侧电压有效值为17V×2，试选取滤波电容器 C 的容量及耐压值，确定三端稳压器的型号，指出这种稳压器的最大输出电流值。

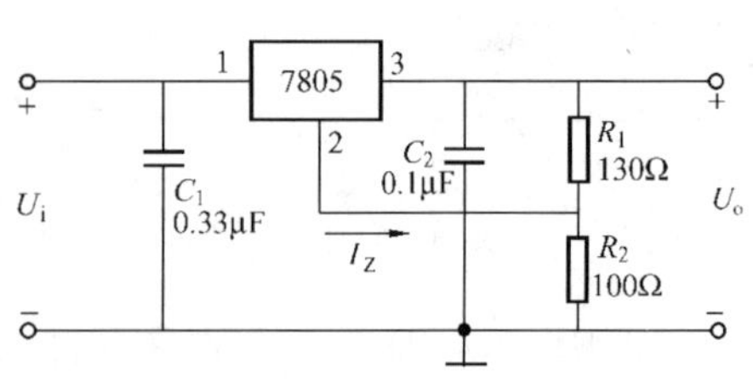

图 10-45　题 10-14 图

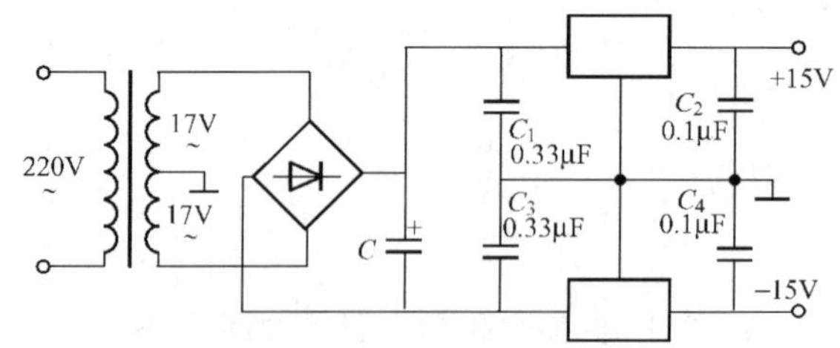

图 10-46　题 10-15 图

10-16　写出图 10-47 电路中 I_o 的表达式，已知电流 $I_Z=5mA$，求当负载电阻在 40～80Ω 之间变化时，I_o 和 U_o 的变化范围。

10-17　图 10-48 是一个工作在自激状态的单端反激式变换器。绕组 N_1、N_2 的同名端决定了在三极管 VT 进入截止区时，VD_2 导通，实现变压器中储存的磁能向负载的传递，绕组 N_3 和 VD_1 是能量回授电路，N_4 是反馈绕组，试分析电路的振荡过程。

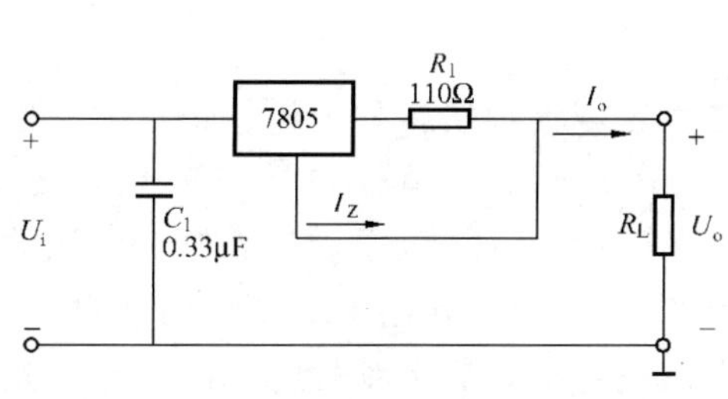

图 10-47 题 10-16 图

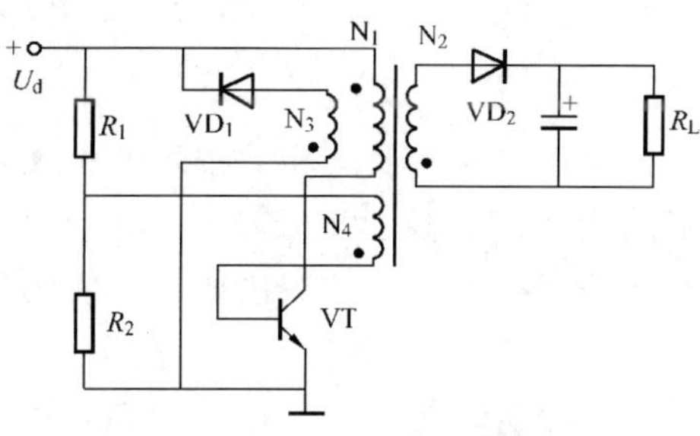

图 10-48 题 10-17 图

附录 电路的仿真分析

随着计算机技术及其相关技术的发展，在电子技术领域一种崭新的分析、设计方法正在世界范围内兴起，这就是 EDA（Electronic Design Automation，电子设计自动化）技术。这是电子信息技术发展的杰出成果，它的发展与应用正引发着一场电子设计和制造领域的革命。EDA 技术是以计算机硬件和操作系统软件为基本工作平台，利用 EDA 软件进行电子系统的设计、分析、仿真、制造等工作，可以有效地实现设计周期、系统性能和系统成本之间的最佳权衡。现在电子产品的设计过程，从概念的确立，到包括电路原理、PCB 版图、单片机程序、机内结构、FPGA 的构建及仿真、外观界面、热稳定分析、电磁兼容分析在内的物理级设计，再到 PCB 钻孔图、焊膏漏印、自动贴片、元器件清单、总装配图等生产所需工艺文件全部在计算机上完成。EDA 技术借助计算机存储量大、运行速度快的特点，可对设计方案进行人工难以完成的模拟评估、设计检验、设计优化和数据处理等工作。所以 EDA 已经成为集成电路、印制电路板、电子整机系统设计的主要技术手段。学习和掌握这一先进技术已成为对电子工程技术人员的基本要求。

目前 EDA 软件众多，功能定位各异。其中 Multisim 是一款上手容易、功能全面的仿真软件，非常适合初学电子技术的读者学习，也是电子工程师常用的虚拟实验室。

一、MultiSIM 软件简介

Multisim 是加拿大 Interactive Image Technologies 公司推出的以 Windows 为基础的仿真工具，适用于板级模拟/数字电路板的设计工作。它内含丰富的零件数据库，提供了全部的模数 SPICE 仿真功能，采用人们极为熟悉的电路原理图输入方式，早期版本称为 Electrical Workbench，简称 EWB。从 EWB6.0 开始加入了 VHDL/Verilog 设计接口和仿真功能、FPGA/CPDL 综合、RF 设计和后处理功能、印制电路板设计功能，支持电路硬件描述语言输入方式，具有丰富的仿真分析能力，成为一个功能全面的设计工具系统。软件亦改称 Multisim，目前最新版本是 Multisim10。

Multisim 的特点之一是用户界面友好，设置了许多可以拖放到电路中的虚拟仪表，主要有示波器、函数信号发生器、频率特性分析仪、失真度分析仪、频谱分析仪、逻辑分析仪、数字信号发生器等。它们的设置、使用和读数与实际的测量仪表类似，就像在实验室中使用仪表一样。从而使得电路仿真分析操作与实际实验操作过程相一致，符合工程技术人员的操作习惯。

这里将以 Multisim8 为演示软件，结合教学的实际需要，简要地介绍该软件的概况和使用方法，并给出应用实例。

1. Multisim 概貌

软件以图形界面为主，采用菜单、工具栏和快捷键相结合的方式，具有一般 Windows 应用软件的界面风格。

启动 Multisim8 后，将出现如附图 1 所示的界面。界面由多个区域构成，即菜单栏，各种工具栏，电路输入窗口，设计文件管理窗口和电子数据表显示窗口、状态条等。通过对各部

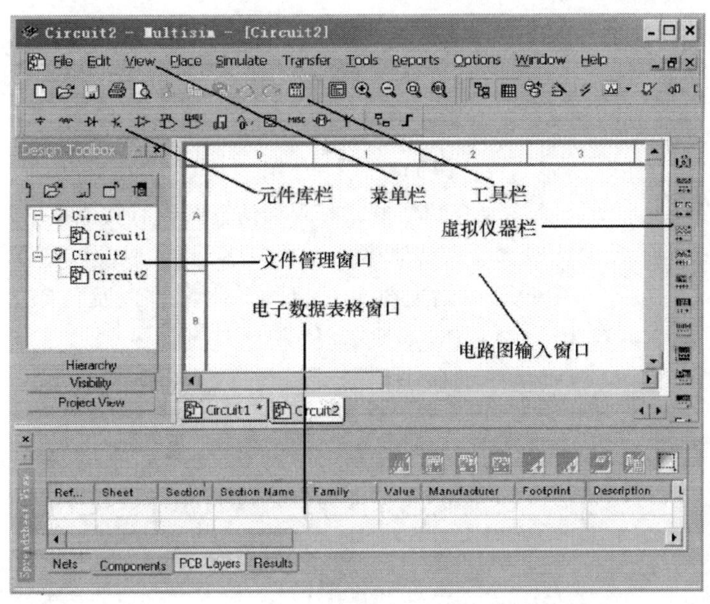

附图 1　第一次进入 Multisim 时的界面

分的操作可以实现电路图的输入、编辑，并根据需要对电路进行相应的观测和分析。用户可以通过菜单或工具栏改变主窗口的视图内容，也可以用鼠标拖拽方式安排菜单栏和工具栏的位置。例如文件管理窗口和电子数据表格窗口可以通过“View”菜单中的“Design Toolbox”和“Spreadsheet View”命令打开或关闭，也可以用鼠标直接单击这两个窗口标题栏中的 ☒ 关闭窗口。界面中所有的菜单栏、工具栏、元件库都是可以用鼠标拖拽的，只要将鼠标指针指向工具栏、元件库左侧或上端的双阴影线处，按下鼠标左键即可拖动。在进行电路实验之前，建议将界面调整为附图 2 所示形态，以方便操作。

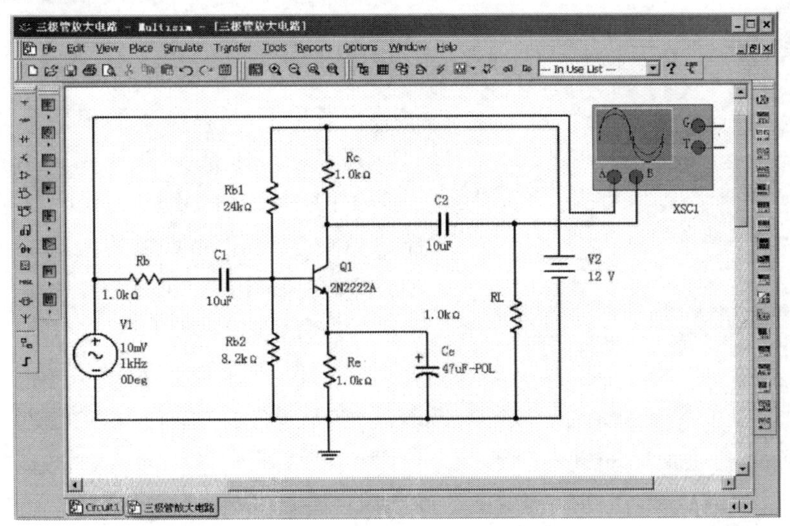

附图 2　调整后的界面

2. 菜单栏

菜单栏（见附图 3）位于界面上方，通过它可以对 Multisim 的所有功能进行操作。

菜单中有一些与大多数 Windows 平台上的应用软件一致的功能选项，如 File、Edit、

File Edit View Place Simulate Transfer Tools Reports Options Window Help

附图 3 菜单栏

View、Options、Help。此外，还有一些 EDA 软件专用的选项，如 Place、Simulate、Transfer 以及 Tools 等。为节省篇幅，下面主要介绍与电路输入和仿真操作有关的菜单功能，与一般 Windows 平台上的应用软件一致的功能选项和其他功能选项略去不讲，以便能使读者快速入门。

（1）File 菜单。File 菜单中包含了对文件和项目的基本操作以及打印等命令。如 New—建立新文件，Save as—另存为，New Project—建立新项目等。

（2）Edit 菜单。Edit 命令提供了类似于图形编辑软件的基本编辑功能，用于对电路图进行编辑。如 Copy—复制，Delete—删除等，其中命令 Orientation 用来控制元件放置的方向，它的子菜单为：

Flip orizontal　　将所选元件左右翻转，快捷键 Alt＋X

Flip Vertical　　将所选元件上下翻转，快捷键 Alt＋Y

90 ClockWise　　将所选元件顺时针 90°旋转，快捷键 Ctrl＋R

90 ClockWiseCW　　将所选元件逆时针 90°旋转，快捷键 Ctrl＋Shift＋R

选择元件最简便的方法是用鼠标左键对该元件单击。

命令 Properties 是元器件属性卡显示开关，快捷键是 Ctrl＋M，通过元件属性卡可以观察元件的各项电气参数。实际上，打开某元件属性卡最便捷的方法是用鼠标左键对该元件双击。

（3）View 菜单。通过 View 菜单可以决定使用软件时的界面环境，对一些工具栏和窗口进行控制。其中有对显示画面大小的控制命令，如 Zoom In—放大，Zoom Area—区域放大等；有对图纸和窗口的控制命令，如 Show Grid—栅格显示，Show Border—显示图纸边框，Design Toolbox—设计文件管理窗口显示，Spreadsheet View—电子数据表格窗口显示，Circuit Description B0x—电路描述窗口显示，Toolbars—工具条控制，Grapher—仿真波形显示等。其中 Toolbars 子菜单内容如附图 4 所示。

用鼠标可以选择打开或关闭相应的库或工具条。图中最后的 Description Edit Bar 是对电路进行文字描述时使用的编辑工具条，它会在使用菜单命令“Tools”中“Description Box Editor”命令时自动出现。

（4）Place 菜单。通过 Place 命令输入电路图，包括放置元件（Component）、连线（Wire）、连接点（Junction）、总线（Bus）、输入/输出端口（Connectors）和层次模块（Hierarchical Block）、子电路（Subcircuit）等。当单击“Component”命令时，就会打开除仪表仪器库外的所有元件库，如附图 5 所示。

附图 4 Toolbars 子菜单内容

在 Database 窗口列表中有三个数据库，即

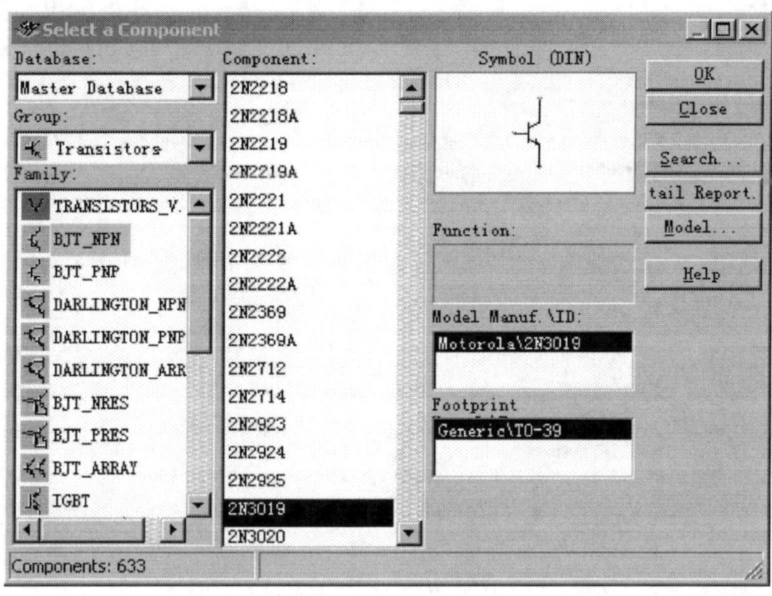

附图 5 元件库

Master、Corporate 和 User。其中 Master 库中存放的是软件为用户提供的元器件，Corporate、User 是为公司团体、用户自建元器件准备的数据库。

在 Master 中有实际元器件和虚拟元器件。其差别为：实际元器件是与该器件型号、参数值以及封装都相对应的元器件，用户对实际元器件的参数和表示方式没有编辑权。在设计中选用此类器件，不仅可以使设计仿真与实际情况有良好的对应性，还可以直接将设计导出到 Ultiboard 中进行 PCB 的设计。而虚拟元器件的参数值是该类器件的典型值，不与型号、封装对应。用户可以根据需要改变元器件的参数值，仅用于仿真。源系列分类库中的电源/信号源也属于虚拟元器件。

为便于区分，两者在工具栏和对话窗口中的表示方法不同。在元器件工具栏中，虽然代表虚拟器件图标与该类实际器件的图标形状相同，但虚拟器件的按钮有蓝绿底色，而实际器件为灰色，如附图 6 所示。在元器件类型列表中，虚拟元器件类的后缀标有 Virtual。在电路图输入窗口中实际元器件以蓝色显示，虚拟元器件以黑色显示。

(5) Simulate 菜单。通过 Simulate 菜单执行仿真分析命令。如 Run—执行仿真，Pause—暂停仿真，Instruments—取用仪表(与直接从虚拟仪器栏中取仪表效果相同)，Instrument Simulation Settings—设置仪表的预置值，Digital Simulation Settings—设定数字仿真参数，Analyses—启动各项分析功能等。其中“Analyses”子菜单的内容如附图 7 所示。

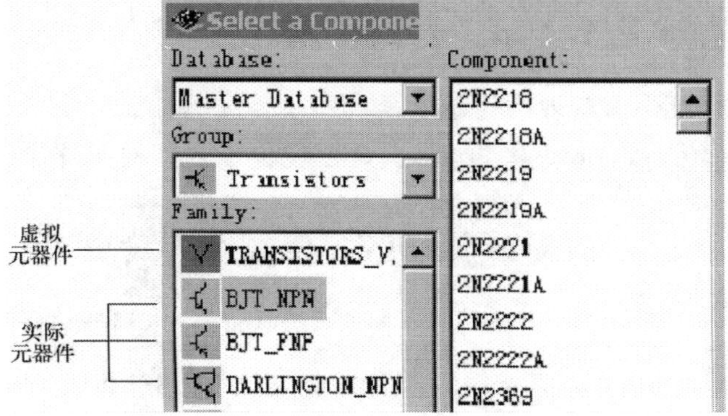

附图 6 元器件库中的虚拟元件和实际元件

(6) Transfer 菜单。Transfer 菜单提供的命令可以完成Multisim对

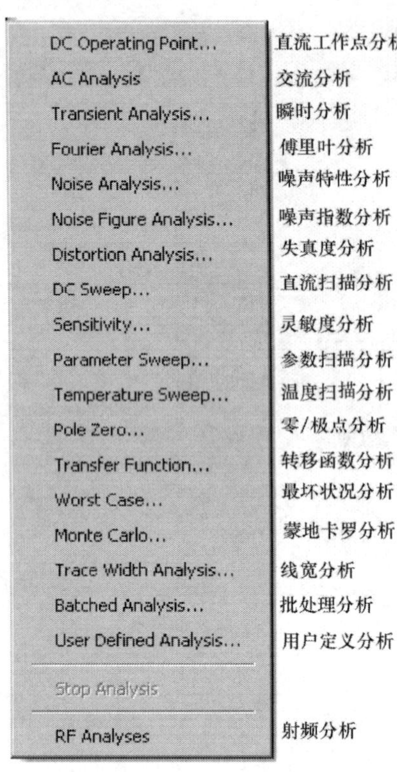

附图 7　分析子菜单内容

其他 EDA 软件需要的文件格式的输出。如 Transfer to Ultiboard—将所设计的电路图转换为 Ultiboard（Multisim 中的电路板设计软件）的文件格式，Transfer to other PCB Layout—将所设计的电路图以其他电路板设计软件所支持的文件格式，Export Netlist—输出电路网表文件等。

（7）Options 菜单。通过 Options 菜单可以对软件的运行环境进行定制和设置。其有三选项：

Global Preference	设置操作环境
Sheet Properties	设置图纸格式
Customize User Interface	定制用户界面

进入 Global Preference，有“Paths”、“Save”、“Parts”、“General”四个选项卡，其中在“Save”中可以设置自动备份时间间隔，默认值 10min。在“Parts”中可以选取元器件调用模式：单个调用，仅对多单元元件连续调用，连续调用。可以选择元器件符号标准：ANSI—美国标准符号，DIN—欧洲标准符号。在“General”中可以决定元件的选取方式：部分覆盖，完全覆盖；可以选定鼠标滚轮的功能：放大图纸，卷动图纸；可以选定自动连线功能 Autowire。

进入 Sheet Properties，有“Circuit”、“Workspace”、“Wiring”、“Font”等六个选项卡。在“Circuit”中可以选定元器件的显示内容、网络及总线的标号、显示颜色等；在“Workspace”中可以决定是否显示栅格、图纸边框、图纸尺寸等；在“Wiring”中可以调整连线和总线的宽度、总线模式等；在“Font”中可以改变字体。

而在 Customize User Interface 命令中可以对所有命令、工具条、菜单、选项做出调整。

3. 工具栏

Multisim 提供了多种工具栏，并以层次化的模式加以管理，用户可以通过 View 菜单中的选项方便地将顶层的工具栏打开或关闭，再通过顶层工具栏中的按钮来管理和控制下层的工具栏。通过工具栏，用户可以方便直接地使用软件的各项功能。

常用的工具栏有 Standard 工具栏、Zoom 工具栏、Main 工具栏，还有 Component 工具栏、Virtual 工具栏、Instrument 工具栏。这些工具栏可以拖放到工作窗口的上部，两侧或就放在工作窗口内的任意位置。

（1）Standard 和 Zoom 工具栏包含了常见的文件操作和编辑操作，如附图 8 所示。

附图 8　Standard 工具栏和 Zoom 工具栏

（2）Main 工具栏综合了菜单命令中与仿真有关的几个操作，如附图 9 所示。

其中 分别是仿真启停开关、分析项目选择、电气规则设置开关。

附图 9 Main 工具栏

(3) Component 工具栏可直接打开元器件库中相应的分类库。此工具栏可通过菜单 View 中的 Toolbars 打开。附图 10 是 Component 工具栏悬浮于工作窗口的情形。

附图 10 Component 工具栏

(4) Virtual 工具栏将元器件库中的虚拟元件按类别集中起来，在用虚拟元器件做实验时就非常方便。此工具栏可通过菜单 View 中的 Toolbars 打开。附图 11 是 Virtual 工具栏悬浮于工作窗口的情形。

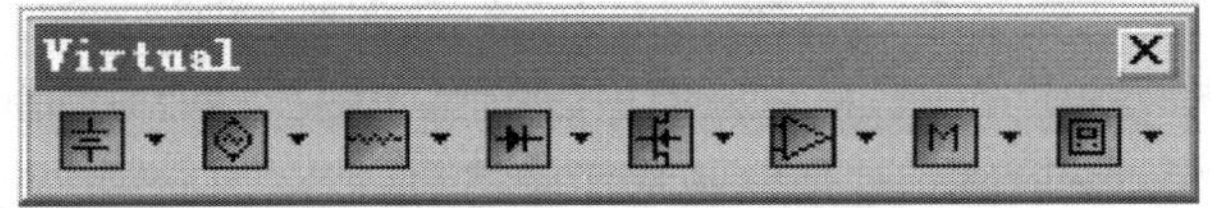

附图 11 虚拟元器件库

(5) Instruments 工具栏集中了 Multisim 为用户提供的所有虚拟仪器仪表，用户可以通过按钮选择自己需要的仪器对电路进行观测。附图 12 是 Instruments 工具栏悬浮于工作窗口的情形。

附图 12 虚拟仪器仪表库

二、Multisim 的使用操作

1. 设置 Multisim 的通用环境变量

为了适应不同的需求和用户习惯，参照前述内容在菜单 Option 中对 Multisim 界面环境进行调整，包括工具栏、元器件库、界面颜色、图纸尺寸、缩放比例、自动存储时间、元件调用模式、符号系统、打印设置等。

2. 输入并编辑电路

输入电路图是分析和设计工作的第一步，用户从元器件库中选择需要的元器件放置在电路图中并连接起来，为分析和仿真做准备。

(1) 取用元器件。取用元器件的方法有多种：从菜单取用、从工具栏取用或从快捷菜单取用。下面以三极管 2N2222A 为例说明。

1) 从菜单取用：通过菜单 Place 中的 Component 命令打开 Select a Component 窗口。在 Database 栏中选 Master Database，在分类库 Group 栏中选 Transistor（晶体管）”，在 Family 栏中选 BJT _ NPN；此时在 Component 栏中列出了程序自带的所有 NPN 型三极管的型号，从中选中 2N2222A 后，单击 OK 按钮后元器件库自动关闭，而鼠标上附有三极管符号等待确定放置地点，单击鼠标左键即可将其放于图纸上。如果事先在菜单 Option /

preferences / Parts 中选择了连续放置功能，则放下第一个元件后光标上会自动出现第二个，且元件的电路标号会自动递增。

调用虚拟三极管元件时，上述过程不变，只是在 Family 栏中选第一项（虚拟元件都在分类库中的前面且为绿色底）TRANSISTORS _ VIRTUAL，此时在 Component 栏中列出了所有虚拟晶体管，从其中选 BJT _ NPN _ VIRTUAL（虚拟 NPN 三极管），单击 OK 即可。

2）从 Component 工具栏取用：在 Component 工具栏已打开的情况下，单击工具栏中的按钮，就会打开元器件库，并直接显示相对应的分类库里。比如单击其中的 按钮，则直接打开晶体管分类库，从其中选 BJT _ NPN 和 2N2222A 即可。

3）从快捷菜单中调用：用鼠标在工作窗口空白处单击右键，即可弹出快捷菜单，如附图 13 所示。其中第一行命令：Place Component 即打开元器件库，第二行 Place Schematic 的子菜单中也有放置元件的命令。其后的执行过程与前面的步骤相同。

（2）对元器件的基本操作。当元器件放置到电路编辑窗口中后，用户就可以进行移动、旋转、复制、粘贴、删除、修改电气参数（仅对虚拟元器件而言）等编辑工作了。

1）移动元件：将光标指向元件，按下鼠标左键不松手并拖动（在按下鼠标左键的时候元件周围会出现一蓝色虚线框，表示该元件处于被选中状态），即可将元件拖走。当需要移动若干元器件并在移动过程中保持相对位置不变时，首先需将这些元器件都选中，方法是用鼠标在一合适位置处按下鼠标左键并拖动，拉出一个矩形框，应使矩形框覆盖欲集体移动的元器件，松开左键后相关元器件就同时被选中了，此时只需将光标放于其中任一元件上就可以拖动了。

2）旋转、复制、粘贴、删除元件：方法一是选中元件后，在 Edit 菜单中执行相应的命令。例如欲复制一元件，则在选中该元件后，在 Edit 中执行 Copy 和 Paste，则光标上就会粘附着一个同型元件，放好后该元件编号自动排在最后。而旋转元件则需选中元件后执行 Edit/Orientation 中的命令，可实现水平、垂直翻转或顺、逆时针 90°旋转。方法二则是将光标指向元件，单击鼠标右键，则会打开关于元件操作的快捷菜单（见附图 14），执行其中

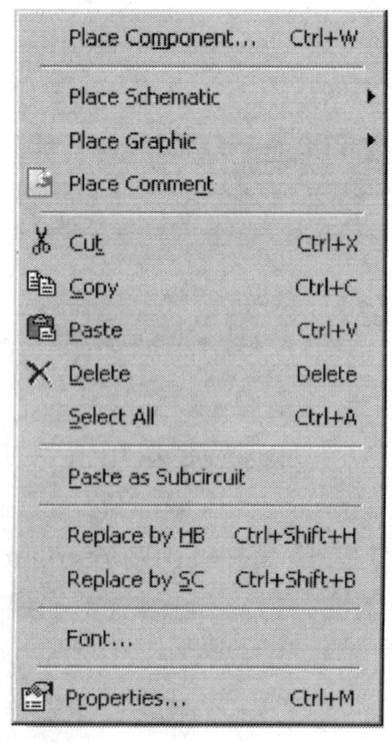

附图 13 快捷菜单之一

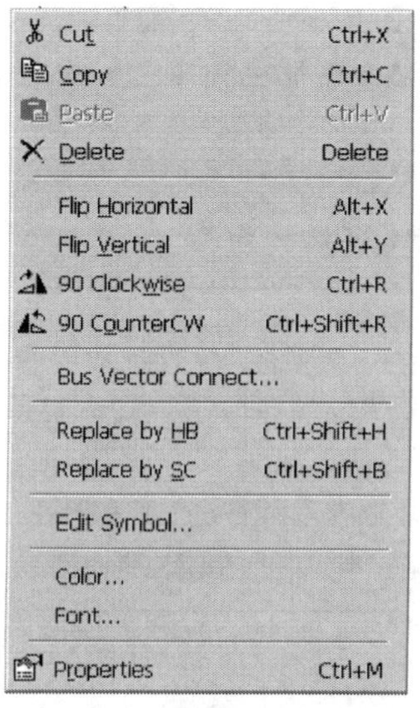

附图 14 元件操作快捷菜单

相应命令即可。

3）修改虚拟元件的电器参数：将光标指向元件，双击鼠标左键，即可打开该元件的属性（Properties）窗口，可以在其中的“Value”页面中修改元件参数。

（3）连线操作。在元器件放置好后，用鼠标就可以方便地将元器件连接起来。方法是：将光标指向元件引脚端头，此时光标变成一个小十字，单击鼠标左键并拖动鼠标至连线的终点再次单击。在连线转第二个直角之前应单击一下鼠标左键。在 Multisim 中连线的起点和终点不能悬空。

连线可以用鼠标拖动：首先单击连线，使其成为被选中状态，然后将光标置于连线之上，光标会变成双箭头，按下鼠标左键即可拖动。

将光标置于连线之上，单击鼠标右键，即可打开关于连线操作的快捷菜单，可对连线进行删除、改色等操作。

（4）进行仿真分析。对电路进行仿真分析，通过对仿真结果的分析，判断电路设计是否正确合理，是学习该软件的当前目标。在 Multisim 中集中了相当丰富的仿真功能，可以完成模拟、数字、时域、频域方面的仿真。另外，Multisim 为用户提供了类型丰富的虚拟仪器，可以在 View/Toolbars 中选中 Instruments 项，打开虚拟仪器工具栏，将所需仪器拖放到电路编辑窗口中，或用菜单命令（Simulate/ instrument）选用这些仪表。这里既有实验室中的常见仪器，也有一些昂贵的复杂仪器，这些仪器操作模式的参照对象均为世界著名厂商最畅销的仪器，这就使得 Multisim 成为一个与工程实际非常接近的实验室环境。

虚拟仪器栏中仪器中英文名称对照如下：

Multimeter	万用表
Function Generator	波形发生器
Wattmeter	瓦特表
Oscilloscope	示波器
4 Channel Oscilloscope	四通道示波器
Bode Plotter	波特图图示仪
Frequency Counter	频率计
Word Generator	字元发生器
Logic Analyzer	逻辑分析仪
Logic Converter	逻辑转换仪
Distortion Analyzer	失真度分析仪
Agilent Multimeter	安捷伦 34401A 万用表
IV-Analysis	伏安特性分析仪
Spectrum Analyzer	频谱仪
Agilent Function Generator	安捷伦 33120A 信号发生器
Network Analyzer	双端口网络分析仪
Agilent Oscilloscope	安捷伦 54622D 示波器
Tektronix Oscilloscope	泰克 TDS2024 示波器

下面结合基本共射放大电路的试验演示仿真过程。

1）从元器件库中调出电阻、电源、接地符号、三极管，并将其放置在合适的位置，如附图 15 所示。

2）连线，将各元件连成完整电路，如附图 16 所示❶。

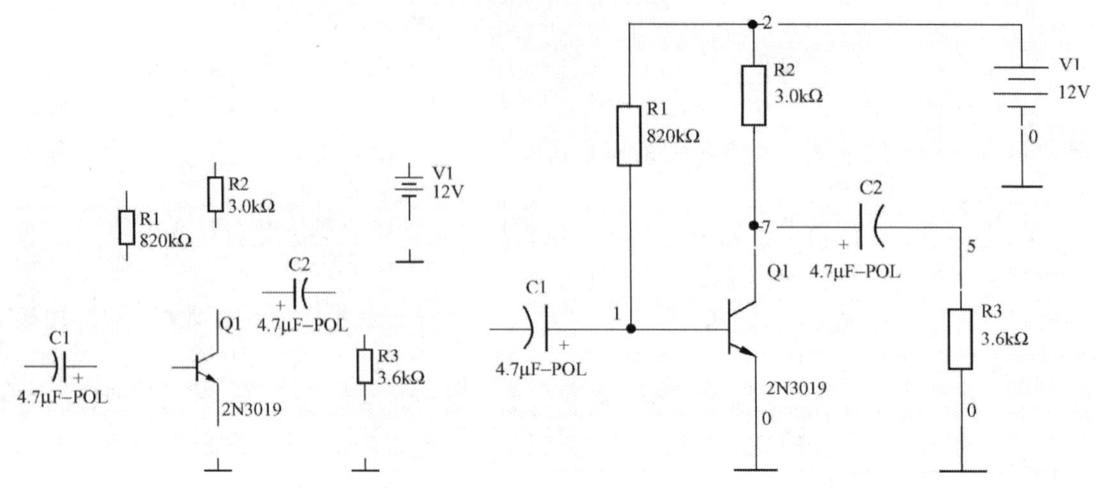

附图 15　已放好元件的电路　　　　附图 16　基本共射放大电路

3）为测量电路的静态工作点，从仪器库中调用万用表，这里用了 3 个，XMM1～XMM3，分别测量三极管电压 U_{CEQ} 和电流 I_{BQ}、I_{CQ}，如附图 17 所示；也可以到元器件库 Master Database 的分类库 Indicators 中调用电压表和电流表测量。

静态工作点测量也可以选用菜单 Simulate/Analyses 中的 DC Operating Point 来分析。

4）观察输入/输出波形和幅频特性曲线，如附图 18～附图 20 所示。

实验结果如下：$I_{BQ}\approx 14\mu A$，$I_{CQ}\approx 1.8mA$，$U_{CEQ}\approx 6.5V$，电压增益≈40dB，通频带范围为 21Hz～12MHz。

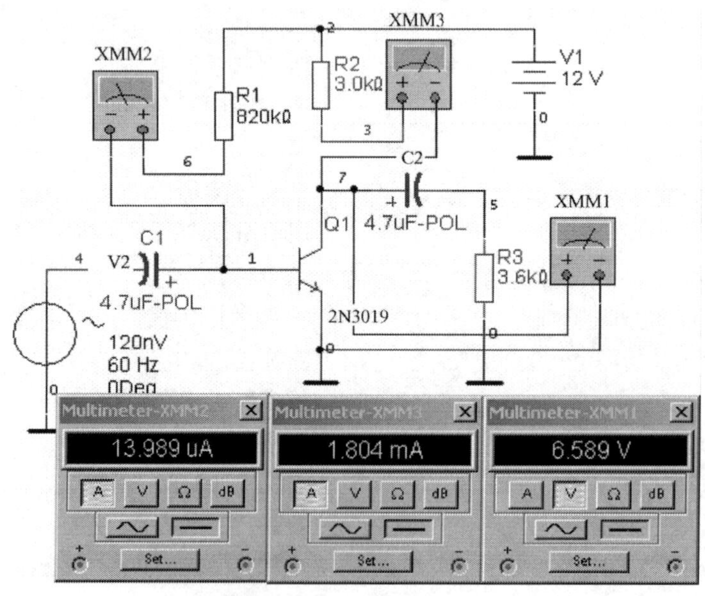

附图 17　测量静态工作点

❶ 受该软件影响，用该软件绘制的电路图中的图形符号、设备文字符号、物理量符号不完全与国标吻合。

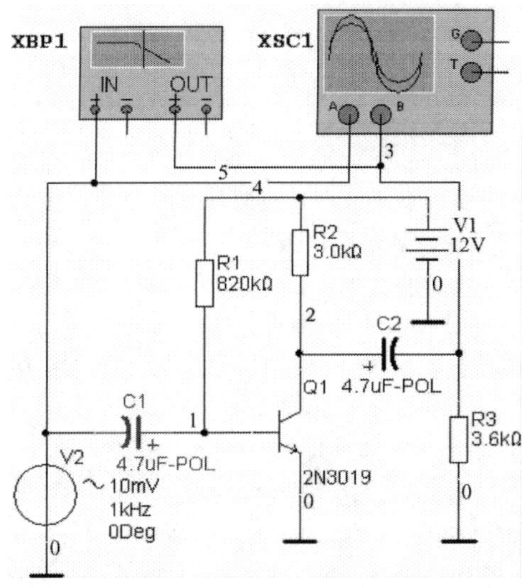

附图 18 输出输入波形和波特图接线

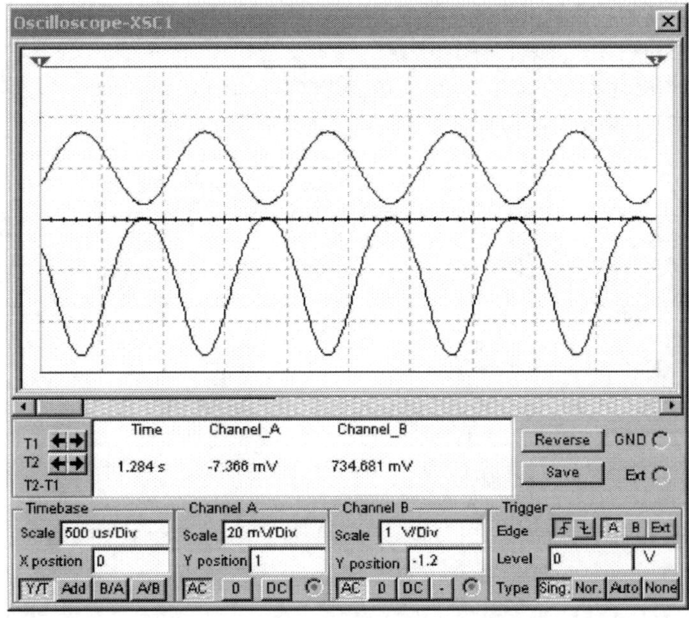

附图 19 示波器显示输入输出波形

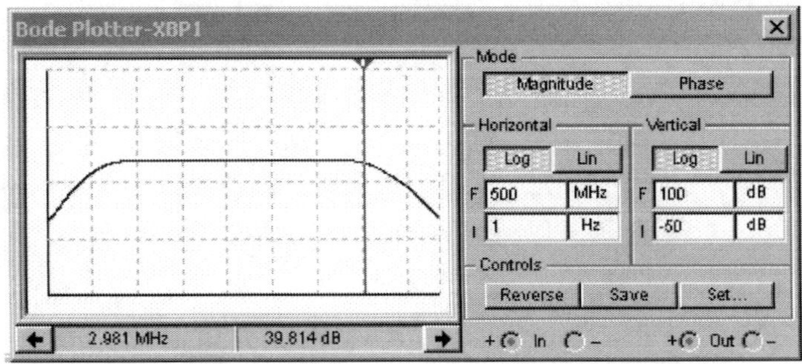

附图 20 波特图图示仪显示的频率特性曲线

参　考　文　献

1. 康华光．电子技术基础：模拟部分．4版．北京：高等教育出版社，1999.
2. 童诗白．模拟电子技术基础．北京：高等教育出版社，2002.
3. 谢嘉奎．电子线路．4版．北京：高等教育出版社，2000.
4. 陈大钦．模拟电子技术基础．武汉：华中理工大学出版社，1996.
5. 童诗白，何金茂．电子技术基础试题汇编模拟部分．北京：高等教育出版社，2001.
6. 标准集成电路数据手册—运算放大器．北京：电子工业出版社，1989.
7. 宋文涛，等．模拟电子线路习题精解．北京：科学出版社，2000.
8. 叶慧贞，杨兴洲．开关稳压电源．北京：国防工业出版社，1996.
9. 沙占友，等．新型单片开关电源的设计与应用．北京：电子工业出版社，2001.
10. 康华光．电子技术基础：模拟部分．5版．北京：高等教育出版社，2006.
11. 牛新国．电子技术常用数据手册．北京：科学技术文献出版社，1994.
12. 杨建宁．电子技术．北京：科学出版社，2005.
13. 铃木雅臣．晶体管电路设计．北京：科学出版社，2004.
14. P. R. 格雷．模拟集成电路的分析与设计．4版．北京：科学出版社，2005.
15. Stan Gibilisco. 电子工程师便携手册．北京：机械工业出版社，2003.